Dampfkessel und Feuerungen

Ein Lehr- und Handbuch

Von

Dr.-Ing. habil. Arthur Zinzen
Apl. Professor an der Technischen Universität
Berlin-Charlottenburg

Zweite neubearbeitete Auflage

Mit 183 Abbildungen
und 53 Berechnungstafeln

Springer-Verlag
Berlin / Göttingen / Heidelberg
1957

ISBN 978-3-642-53282-5   ISBN 978-3-642-53281-8 (eBook)
DOI 10.1007/978-3-642-53281-8

Alle Rechte, insbesondere das der Übersetzung in fremde Sprachen, vorbehalten
Ohne ausdrückliche Genehmigung des Verlages ist es auch nicht gestattet,
dieses Buch oder Teile daraus auf photomechanischem Wege (Photokopie, Mikrokopie)
zu vervielfältigen
Copyright 1950 by Springer-Verlag OHG., Berlin/Göttingen/Heidelberg
© by Springer-Verlag OHG., Berlin/Göttingen/Heidelberg 1957
Softcover reprint of the hardcover 2nd edition 1957

Die Wiedergabe von Gebrauchsnamen, Handelsnamen, Warenbezeichnungen usw. in diesem Werke berechtigt auch ohne
besondere Kennzeichnung nicht zu der Annahme, daß solche Namen im Sinn der Warenzeichen- und Markenschutz-
Gesetzgebung als frei zu betrachten wären und daher von jedermann benutzt werden dürfen

Vorwort zur zweiten Auflage

In der kurzen Zeitspanne seit der ersten Auflage im Jahre 1950 ist im deutschen Dampferzeugerbau viel geschehen. Die Größe der Aggregate ist beim 400 t/h-Kessel angelangt und in Druck und Temperatur ist die Grenze von 200 atü, 550 °C erreicht und stellenweise überschritten. Im Feuerungsbau ist eine Evolution im Gange, die noch zeigen wird, bei welchen Brennstoffen und unter welchen äußeren Umständen der Schmelzfeuerung oder der Staubfeuerung mit trockenem Schlackenabzug der Vorzug zu geben ist. Auch auf dem Gebiete der Forschung ist manches Neue zu beachten. So ergab sich die Notwendigkeit, große Teile dieses Buches vollständig zu überarbeiten. Aufgabe eines Lehr- und Handbuches soll aber nicht so sehr sein, die zur Zeit neuesten Konstruktionen als endgültig beste Lösungen herauszustellen und alle bestehenden Varianten zu erwähnen, sondern die Grundlagen darzulegen, auf denen jede gute Konstruktion beruht. Denn auf diese muß immer wieder zurückgegriffen werden, selbst wenn die technische Entwicklung sehr stürmisch fortschreitet.

In der vorliegenden zweiten Auflage wurden die wärmetechnische Berechnung und die Wasserumlaufberechnung wissenschaftlich vertieft und nach Möglichkeit so dargestellt, daß eine Anwendung auf alle in der Praxis vorkommenden einfachen und verwickelten Fälle erleichtert wird. Zu diesem Zweck wurde auch der Tafelanhang und das Tabellenwerk im Text entsprechend verbessert und erweitert. Hierbei kam mir die Physikalisch-Technische Bundesanstalt in der Person des Herrn Dr. W. FRITZ und der Verein Deutscher Eisenhüttenleute in der Person des Herrn Dr. H. SCHMITZ durch Überlassung der neuesten Werte für technische Gase und für warmfeste Stähle zu Hilfe, wofür ich ganz besonders dankbar bin. Auch den Firmen der Kesselindustrie und den Verbänden habe ich für die Überlassung wertvoller Unterlagen zu danken.

In Übereinstimmung mit DIN 1301 wurde in dieser Auflage als Krafteinheit (und Gewichtseinheit) das Kilopond (kp) eingeführt.

Von der großen Anzahl neuer Veröffentlichungen konnten nur diejenigen herangezogen werden, die für den Studenten oder für den praktischen Kesselbau besonders ergiebig erschienen, weil sonst der Umfang des Buches zu groß geworden wäre und der Inhalt an Übersichtlichkeit verloren hätte. Bei der Behandlung der Einzelteile der Kessel wird auf die „Technischen Vorschriften für Dampfkesselanlagen" und die „Werkstoff- und Bauvorschriften für Dampfkessel" verwiesen, weil diese Vorschriften beim Bau von Dampferzeugern ohnehin beachtet werden müssen.

Zum Schluß danke ich dem Springer-Verlag verbindlichst für die großzügige Unterstützung bei der Drucklegung und die gute Ausstattung des Buches.

Berlin, den 1. März 1957 **A. Zinzen**

Inhaltsverzeichnis

Inhaltsverzeichnis   IX

I. Grundbegriffe
Allgemeiner Aufbau eines Dampfkessels

Um die Elemente, aus denen ein Dampfkessel besteht, zu erkennen, kann man von dem einfachen Vorgang des Kochens ausgehen. Ein offenes Gefäß, teilweise mit Wasser gefüllt, steht auf dem Herd (Abb. 1); darunter befindet sich eine Feuerung, und das Wasser wird nach einer gewissen Betriebszeit kochen. Sobald dieser Zustand erreicht ist, hebt sich der Wasserspiegel, weil jetzt der Wasserraum des Gefäßes zum Teil mit Dampfblasen angefüllt ist, die vom Boden nach oben aufsteigen und durch den Wasserspiegel entweichen. Wenn das Gefäß im Anfang zu hoch gefüllt war, so kocht es über, das heißt, der Wasserspiegel hebt sich bis über den Rand des Gefäßes hinaus.

Nun soll das Gefäß oben mit einem dichten und festen Deckel verschlossen werden (Abb. 2). Durch die Wärmezufuhr steigt der *Druck*, und wenn weiter keine Vorkehrungen getroffen werden, wird das Gefäß schließlich reißen.

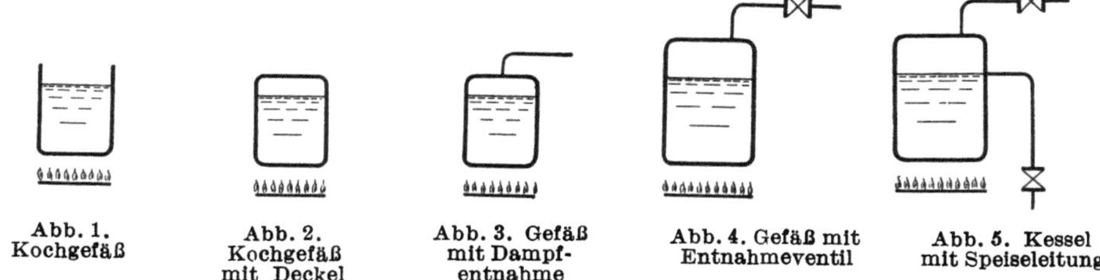

Abb. 1. Kochgefäß

Abb. 2. Kochgefäß mit Deckel

Abb. 3. Gefäß mit Dampfentnahme

Abb. 4. Gefäß mit Entnahmeventil

Abb. 5. Kessel mit Speiseleitung

Wir müssen daher in dem Deckel ein Rohr anbringen, aus dem der erzeugte Dampf entweichen kann (Abb. 3). Dann steigt der Druck nur solange, bis er dem Strömungswiderstand in dem Abflußrohr das Gleichgewicht hält. Auf diesem Vorgang beruht der Pfeifkessel, der in Haushaltungen benutzt wird.

In dem *Entnahmerohr* wird nun ein zusätzlicher Widerstand angebracht, z. B. ein *Ventil* (Abb. 4), das man so einstellen kann, daß der Druck eine gewünschte Höhe erreicht. Das Ventil kann man sich auch durch irgendeine andere Vorrichtung ersetzt denken, z. B. durch die Steuerung einer Dampfmaschine oder Dampfturbine. Da diese aber für die Erzeugung ihrer Leistung eine bestimmte Dampfmenge verbraucht, muß die Feuerung jetzt geregelt werden, damit der Dampfbedarf gerade gedeckt wird. Sobald dies erreicht ist, bleibt der Druck in dem Kessel solange konstant, wie sich der Dampfbedarf der Maschine nicht ändert. Schwankungen im Dampfbedarf haben Schwankungen im Kesseldruck zur Folge. Der Kessel hat also die Fähigkeit, durch die Drucksteigerung Wärme zu speichern.

Infolge der Dampfabgabe nimmt der Wasserinhalt im Kessel ab, und es muß neues Wasser nachgespeist werden (Abb. 5).

Die eingespeiste Wassermenge muß geregelt werden, damit gerade soviel Wasser zufließt, wie an Dampf abgegeben wird. Dann bleibt der *Wasserstand* in dem Kessel immer auf gleicher Höhe. Die *Speiseleitung* muß in Höhe des Wasserspiegels oder oberhalb desselben in den Kessel einmünden, denn sonst besteht die Gefahr, daß bei einem Versagen der Speisung der gesamte Wasserinhalt des Kessels durch die Speiseleitung wegfließt. Dann würde das Gefäß durch die Feuerung beschädigt werden, weil es nicht mehr vom Wasser gekühlt wird. Die Kühlung der druckführenden Teile des Kessels durch das Wasser ist ein wichtiger Gesichtspunkt im Kesselbau; der Dampfraum des Kessels darf nicht beheizt werden.

In der Speiseleitung sitzt das Speiseventil und ein Rückschlagventil, das verhindert, daß beim Versagen der Speisepumpenanlage Wasser aus dem Kessel zurückfließen kann.

Um die zufließende Wassermenge regeln zu können, muß man den Wasserstand im Kessel beobachten. Deshalb muß jeder Kessel mit einem *Wasserstandsanzeiger* versehen sein (Abb. 6). Dies ist ein senkrecht stehendes Glasrohr, das durch eine zweckmäßige Konstruktion auf der einen Seite mit dem Wasserraum und auf der anderen Seite mit dem Dampfraum des Kessels verbunden ist. In diesem Rohr kommuniziert das Wasser mit dem Wasserspiegel im Kessel.

Hiermit ist aus dem Gefäß bereits ein betriebsfähiger Dampfkessel geworden; es fehlen aber noch zwei Sicherheitsvorrichtungen. Wenn nämlich in der Dampfentnahme eine Stockung

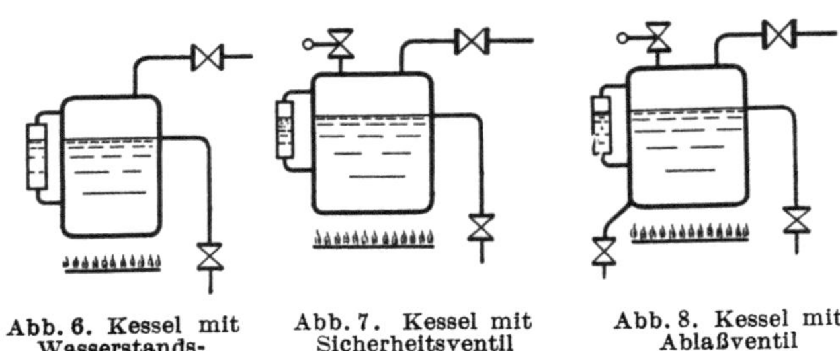

Abb. 6. Kessel mit
Wasserstands-
anzeiger

Abb. 7. Kessel mit
Sicherheitsventil

Abb. 8. Kessel mit
Ablaßventil

eintritt und die Feuerung nicht entsprechend zurückgeregelt wird, dann steigt der Druck über das zulässige Maß hinaus. Der Apparat muß also noch ein *Sicherheitsventil* erhalten (Abb. 7). Dieses wird oben auf dem Dampfraum angebracht und ist so konstruiert, daß es bei der Überschreitung eines vorgeschriebenen Druckes Dampf ins Freie entweichen läßt. Solche Sicherheitsventile werden durch ein Gewicht oder eine Feder geschlossen gehalten und öffnen sich, sobald der Druck im Kessel höher steigt, als durch das Gewicht oder die Feder festgelegt ist.

Die Sicherheitsventile müssen imstande sein, im Notfalle die gesamte im Kessel erzeugte maximale Dampfmenge ins Freie entweichen zu lassen.

Das Speisewasser enthält Bestandteile, insbesondere Salze, die nicht in den Dampf mit übergehen. Infolgedessen dickt sich das Kesselwasser im Laufe der Zeit immer mehr ein. Es muß also noch eine Vorrichtung angebracht werden (Abb. 8), durch die Wasser abgelassen werden kann; dies ist das *Ablaßventil*. Es wird von Zeit zu Zeit geöffnet, damit die Dichte des Kesselwassers im Betrieb ein festgelegtes Maß nicht überschreitet.

Über die sicherheitstechnischen Gesichtspunkte für die Bemessung der Kesselarmaturen und Speisevorrichtungen geben die „Technischen Vorschriften für Dampfkesselanlagen" Auskunft[1].

Mit diesen Vorrichtungen ist das Gefäß zu einem vollständigen Dampfkessel geworden, und zwar zu einem *Behälterkessel* oder „*Großwasserraumkessel*", also einem Kessel mit großem Wasserraum. Würde man die Regelung der Feuerung so einrichten, daß sie jeder Schwankung in der Dampfentnahme augenblicklich folgt, dann würde man auf den großen Wasserraum verzichten können. Da dies aber nicht möglich ist, muß der Kessel immer einen gewissen Wasserinhalt haben. Je größer dieser ist, um so größer ist die Speicherfähigkeit des Kessels, und um so weniger braucht die Feuerung den Entnahmeschwankungen nachzukommen. Das gleiche gilt auch für die Regelung der Speisewasserzufuhr. Deshalb kann man bei Behälterkesseln dem Personal die Bedienung der Feuerung und der Speisung überlassen. Die Feuerung wird so „gefahren", daß der Druck im Kessel im allgemeinen gleich bleibt, und die Speisung wird so durchgeführt, daß von Zeit zu Zeit, wenn der Wasserspiegel um ein Stück gesunken ist, das Speiseventil von Hand geöffnet oder die Speisepumpe in Betrieb gesetzt wird. Je kleiner der Wasserraum des Kessels ist, um so genauer müssen Speisung und Feuerung nachgeregelt werden. Viele Kessel besitzen eine selbsttätige Speiseregelung, abhängig vom Wasserstand, während die Bedienung der Feuerung dem Heizer überlassen bleibt.

[1] Entwurf 1956. Köln-Berlin: Carl Heymann 1956.

Der Großwasserraumkessel besteht gewöhnlich aus einem liegenden zylindrischen Behälter, durch den von vorn nach hinten ein oder mehrere große Rohre hindurchgehen, in denen die Feuerungen untergebracht sind. Dies ist der Typ des *Flammrohrkessels*.

Bei den *Kleinwasserraumkesseln* wird der Behälter in eine große Anzahl von Rohren aufgelöst, durch die das Wasser zirkuliert. Diese Bauform nennt man *Wasserrohrkessel*. Die Großwasserraumkessel sind nur für kleine Leistungen bis etwa 4000 kp/h Dampf, auf Schiffen bis etwa 7500 kp/h Dampf und für Dampfdrücke bis 18 atü ausführbar. Für höhere Leistungen und Drücke werden Wasserrohrkessel gebaut.

II. Die Brennstoffe

A. Allgemeines

1. Begriffsbestimmungen

Man unterscheidet feste, flüssige und gasförmige Brennstoffe, und zwar natürliche und künstliche. Die natürlichen festen Brennstoffe sind Holz, Torf, Braunkohle und Steinkohle. Durch Wärmebehandlung entstehen künstliche feste Brennstoffe wie Schwelkoks, Zechenkoks und Gaskoks, durch mechanische Behandlung Briketts sowie Abfallbrennstoffe aus der Nahrungsmittelindustrie, wie Bagasse, Schalen und Kerne verschiedener Früchte usw. Von den flüssigen Brennstoffen kommt das natürliche Erdöl für Kesselfeuerungen nicht in Frage, sondern nur die Destillationsprodukte daraus, die unter den Bezeichnungen Masut, Pakura oder Fuel Oil bekannt sind, ferner das aus der Steinkohle gewonnene Teeröl. Von den gasförmigen Brennstoffen steht natürliches Erdgas für Kesselfeuerungen nur in der Nähe der Vorkommen zur Verfügung; künstliches Brenngas entsteht durch Reduktionsvorgänge in Koksöfen, Gasgeneratoren, Hochöfen usw.

Für die Dampfkesselfeuerungen liegt in Deutschland das Schwergewicht bei den festen Brennstoffen, und zwar bei den Kohlen. Für die Beschreibung der Kohlen und ihrer Eigenschaften haben sich folgende Begriffe eingeführt (Tab. 1):

Tabelle 1. *Bestandteile der Kohle*

<table>
<tr>
<td>Ursprungs-Kohle</td>
<td colspan="8">Grubenfeuchte Kohle, „Rohkohle"</td>
</tr>
<tr>
<td rowspan="2">Allgemeine Zusammensetzung</td>
<td colspan="5" rowspan="2">Brennbare Substanz, „Reinkohle"</td>
<td colspan="3">Ballaststoffe</td>
</tr>
<tr>
<td colspan="2">Mineralsubstanz</td>
<td rowspan="3">Grobe Feuchtigkeit</td>
</tr>
<tr>
<td>Trocknung an der Luft</td>
<td colspan="7">Lufttrockene Kohle</td>
</tr>
<tr>
<td>Trocknung bei 106 °C</td>
<td colspan="6">Trockenkohle</td>
<td>Hygroskopische Feuchtigkeit, Kristallwasser</td>
</tr>
<tr>
<td>Kurz-Analyse</td>
<td>Fester Kohlenstoff, „Reinkoks"</td>
<td colspan="4">Flüchtige Bestandteile</td>
<td>Asche</td>
<td colspan="2" rowspan="2">Wasser</td>
</tr>
<tr>
<td>Chemische Analyse</td>
<td>Kohlenstoff</td>
<td>Wasserstoff</td>
<td>Sauerstoff</td>
<td>Stickstoff</td>
<td>Schwefel</td>
<td>Asche</td>
</tr>
</table>

Die aus der Grube geförderte Kohle nennt man *Rohkohle* oder *grubenfeuchte Kohle*. Selbst wenn diese Kohle noch einen Aufbereitungsprozeß durchgemacht hat, in dem sie durch Zerkleinerung oder Absiebung oder ähnliche Vorgänge in eine bestimmte Sorte verwandelt worden ist, ist sie immer noch eine Rohkohle. Sie besteht aus der *brennbaren Substanz* und den *Ballaststoffen*. Für die brennbare Substanz hat man die Bezeichnung *Reinkohle* eingeführt. Die Ballaststoffe zerfallen in die *Mineralsubstanz* und die *grobe Feuchtigkeit*. Die grobe Feuchtigkeit, auch Oberflächenwasser genannt, ist nach DIN 51718 vom August 1950 das Wasser, das beim Liegen des Brennstoffes an der Luft bei Raumtemperatur verdunstet. Die so getrocknete Probe wird als *lufttrockener Brennstoff* bezeichnet. Daneben enthält der Brennstoff noch die *hygroskopische Feuchtigkeit*. Diese ist das Kristallwasser, das in den kristallinen Verbindungen der brennbaren Substanz und der Mineralsubstanz eingelagert ist. Es ist durch die Trocknung bei Raumtemperatur nicht zu entfernen, sondern durch Erwärmen des Brennstoffes auf 106 °C $\pm$ 2° im Trockenschrank oder durch Destillation mit Xylol. Dieses letztere Verfahren wird für die Trocknung von jüngeren Braunkohlen und Schwelkoks wegen der Empfindlichkeit dieser Brennstoffe gegen Sauerstoff und Wärme bevorzugt.

So entsteht die *Trockenkohle*, die nun kein Wasser mehr enthält, weder Kristallwasser noch grobe Feuchtigkeit.

Die brennbare Substanz besteht aus *festem Kohlenstoff* und *flüchtigen Bestandteilen*. Diese werden nach DIN 51720 vom August 1950 definiert als die bei der Erhitzung auf 875 °C $\pm$ 10° unter Luftabschluß gas- und dampfförmig entweichenden Zersetzungsprodukte der organischen Brennstoffsubstanz. Es handelt sich um große Moleküle, die neben Kohlenstoff noch Wasserstoff, Sauerstoff, Stickstoff und Schwefel enthalten. Dazu ist zu bemerken, daß das gegebenenfalls aus Karbonaten stammende Kohlendioxyd nicht als flüchtiger Bestandteil des Brennstoffes gewertet wird. Der nach einem solchen Versuch ermittelte Gehalt an flüchtigen Bestandteilen wird auch *Gasausbeute* genannt. Der zurückbleibende feste Kohlenstoff ist die *Tiegelkoksausbeute*. Hierzu ist jedoch zu bemerken, daß es sich bei der Verkokungsprobe um ein Konventionsverfahren handelt, das nur relative Werte liefert, die von der Erhitzungsgeschwindigkeit, der Verkokungstemperatur und der Verkokungsdauer abhängig sind. Die so gewonnene Tiegelkoksausbeute enthält daher noch einen geringen Anteil an flüchtigen Bestandteilen. Nach HÜLSBRUCH ergibt sich das praktische Koksausbringen K aus der Tiegelkoksausbeute T nach der Beziehung

$$K = 0,88\,T + 12$$

in Prozent, wenn man beide Größen auf die wasserfreie Substanz bezieht. In der Feuerungstechnik bezeichnet man das Koksausbringen gewöhnlich mit dem Wort „fester Kohlenstoff" oder „Reinkoks".

Ein weiteres wichtiges Kennzeichen für einen Brennstoff ist sein *Aschengehalt*. Dieser wird nach DIN 51719 vom August 1950 durch Verbrennung des Brennstoffes bei 775 °C $\pm$ 25° bestimmt. Die Asche ist der dabei verbleibende Verbrennungsrückstand.

Die Gesamtheit der Bestimmungen des Wassergehaltes, der flüchtigen Bestandteile, des festen Kohlenstoffes und des Aschengehaltes wird unter der Bezeichnung „Kurzanalyse" zusammengefaßt. Die Kurzanalyse dient zur Ermittlung der wichtigsten verbrennungstechnischen Eigenschaften eines Brennstoffes.

Schließlich ist die *chemische Analyse* anzuführen, die neben dem Gehalt an Wasser und Asche die *Elementarbestandteile* der brennbaren Substanz bestimmt, nämlich Kohlenstoff, Wasserstoff, Sauerstoff, Stickstoff und Schwefel. Hierbei ist zu bemerken, daß ein Teil des Schwefels zur Asche gehört, weil auch diese Schwefelverbindungen enthält. Deshalb weicht der Aschengehalt, der sich durch die chemische Analyse ergibt, vielfach von dem aus der Kurzanalyse ab.

Auch der in der chemischen Analyse bestimmte Kohlenstoffgehalt des Brennstoffes ist nicht identisch mit dem festen Kohlenstoff, der in der Kurzanalyse festgestellt wird, denn die flüchtigen Bestandteile enthalten Kohlenwasserstoffe und damit auch wieder Kohlenstoff. Ferner können in der Mineralsubstanz vorliegende Karbonate den Kohlenstoffgehalt erhöhen, ohne zur Verbrennungswärme etwas beizutragen. Die chemische Analyse ist eine *Elementaranalyse*, d. h. sie liefert die Zusammensetzung der brennbaren Substanz an Elementen. Sie gibt aber keinen Aufschluß darüber, in welchen Verbindungen diese Elemente in Wirklichkeit in der

Kohle auftreten. Es ist deshalb nicht möglich, aus der Elementaranalyse genaue Schlüsse auf die Verbrennungswärme eines Brennstoffes zu ziehen, weil man die Bildungswärme der großen Moleküle nicht kennt, aus denen die Kohle tatsächlich besteht.

2. Wichtige Kenngrößen der Brennstoffe

a) Höchstmöglicher Kohlensäuregehalt des Rauchgases[1]

Wenn man eine Kohle verbrennt, so entsteht nach der Überwindung von Zwischenstadien schließlich aus dem Kohlenstoff C in Verbindung mit dem Sauerstoff O_2 der Luft Kohlensäure CO_2. Wird gerade soviel Luft zugeführt, wie für die Verbrennung der Kohle ausreicht, so enthält das entstehende Gas, Rauchgas genannt, keinen Sauerstoff mehr. Bei der Verbrennung von reinem Kohlenstoff muß dann das Rauchgas genau 21% CO_2 enthalten, weil die Luft 21% O_2 enthält. Wenn aber außer Kohlenstoff auch noch andere brennfähige Elemente in der Kohle enthalten sind, wie insbesondere Wasserstoff, dann wird ein Teil des Luftsauerstoffes zur Verbrennung dieser Stoffe verbraucht.

Eine Rauchgasanalyse bezieht sich immer nur auf den trockenen Anteil dieses Gases, da sich der Wasserdampf bei der Probenahme niederschlägt und somit ausscheidet. Wird mehr Luft als unbedingt notwendig zugeführt und infolgedessen ein Teil des Luftsauerstoffs nicht zur Bildung von CO_2 verbraucht, dann kann auch der CO_2-Gehalt im trockenen Rauchgas nicht mehr 21% sein, sondern er muß geringer werden.

Je nach der Zusammensetzung der flüchtigen Bestandteile einer Kohle ist der höchst erreichbare CO_2-Gehalt im trockenen Rauchgas verschieden. Es ist üblich, hierfür die Bezeichnung k_{max} zu verwenden. Dieser Wert k_{max} ist somit eine Kenngröße für die Brennstoffe und wird in den Brennstofftabellen vielfach mit angegeben. Deshalb ist es notwendig, diesen Begriff schon hier zu erwähnen.

Wenn die Kohle Sauerstoff enthält, so ist ihr Bedarf an Luftsauerstoff für die Verbrennung entsprechend geringer, und hierdurch kann der Wert von k_{max} stark beeinflußt werden. Ein Beispiel hierfür ist Holz, das gerade soviel Sauerstoff enthält, daß damit der vorhandene Wasserstoff zu H_2O aufoxydiert werden kann. Hierdurch verschwinden die beiden Elemente H_2 und O_2 aus der Berechnung, und es ergibt sich für das trockene Rauchgas von Holz ein k_{max} von fast 21%, das ist der gleiche Wert wie für reinen Koks, obwohl Holz sehr viel flüchtige Bestandteile enthält. Auch bei sehr jungen Braunkohlen findet man hohe k_{max}-Werte. Bei Steinkohle liegt k_{max} gewöhnlich zwischen 18,7 und 19,1%. Dabei gelten die höheren Werte für sehr magere und sehr gasreiche Kohlenarten, während dazwischen ein Gebiet kleinerer k_{max}-Werte liegt. Eine graphische Darstellung zeigt Abb. 10, S. 14.

Bei gasförmigen Brennstoffen, die sehr viel sauerstoffarme Kohlenwasserstoffe enthalten, kann der Wert von k_{max} bis auf 10% heruntergehen. Auf der anderen Seite kann in chemisch-technischen Brennreaktionen der Wert von 21% CO_2 im Abgas auch weit überschritten werden, wenn Sauerstoff aus dem gebrannten Gut in das Rauchgas übergeht. Dies ist z. B. beim Hochofengas der Fall, das ein Abgas mit einem höchsterreichbaren CO_2-Gehalt von etwa 28,4% liefert.

Für den Feuerungsbetrieb muß man den k_{max}-Wert des Brennstoffes ungefähr kennen, um beurteilen zu können, welcher Kohlensäuregehalt im praktischen Betrieb eingehalten werden soll, um eine möglichst vollkommene wirtschaftliche Verbrennung zu erzielen.

b) Verbrennungswärme, Heizwert

Die Verbrennungswärme eines Brennstoffes bezeichnet man in der Technik mit dem Wort Heizwert, der in kcal/kp, kcal/kmol oder kcal/Nm³ angegeben wird. Man unterscheidet zwischen oberem und unterem Heizwert. Es ist nämlich zu beachten, daß der Wassergehalt bei der hohen Temperatur der Verbrennung verdampft wird. Ein Teil der Verbrennungswärme wird also selbst zum Verdampfen des Wassers verbraucht. Nutzt man das entstandene Rauchgas bei-

---

[1] Vgl. Abschn. III B 5, S. 42.

spielsweise im Dampfkessel soweit aus, daß es sich wieder bis unter die Taupunkttemperatur abkühlt, dann wird das Wasser wieder flüssig, und die dabei freiwerdende Verdampfungswärme des Wassers wird als nutzbare Wärme empfunden. Dieser Vorstellung liegt der obere Heizwert zugrunde; er ist die Verbrennungswärme unter der Annahme, daß das gesamte im Brennstoff vorhandene und das zusätzlich in der Verbrennung gebildete Wasser sich nach der Verbrennung und dem Durchgang durch die Anlage in flüssigem Zustand befindet und auf die Zuführungstemperatur von Brennstoff und Verbrennungsluft, nämlich 20 °C, abgekühlt ist. Vgl. DIN 51708 vom August 1950. Bei der Feststellung des unteren Heizwertes rechnet man nicht damit, daß die Verdampfungswärme des Wassers wieder ausgenutzt werden kann und gibt sie verloren. Diese Verdampfungswärme hat den Wert von 597 oder rund 600 kcal/kp Kohle oder Öl oder 460 kcal/Nm³ Brenngas. Der untere Heizwert ist hiernach die Verbrennungswärme unter der Annahme, daß zwar das Rauchgas beim Durchgang durch die Anlage auf die Zuführungstemperatur von Brennstoff und Verbrennungsluft, nämlich 20 °C, abgekühlt wird, das gesamte darin enthaltene Wasser sich jedoch in dampfförmigem Zustand befindet. Aus den stöchiometrischen Beziehungen ergibt sich, daß das Gewicht des Verbrennungswassers neunmal so groß ist wie der Wasserstoffgehalt des ursprünglichen Brennstoffes. So kommt man zu der Formel:

$$H_u = H_o - 597 \, (9h + w) \; \text{kcal/kp,} \tag{1}$$

wobei H_u der untere und H_o der obere Heizwert in kcal/kp ist und die Buchstaben h und w den Wasserstoff- und Wassergehalt des ursprünglichen Brennstoffes in Gewichtsanteilen ausdrücken. In der Technik rechnet man mit dem unteren Heizwert, weil es in den Dampfkessel- und Ofenanlagen nicht möglich ist, die Verbrennungswärme des im Abgas enthaltenen Wasserdampfes zurückzugewinnen.

Nach den Angaben der chemischen Literatur[1] kann Kohlenstoff verschiedene Verbrennungswärmen haben, und zwar:

α-Graphit	$H = 7832$ kcal/kp
β-Graphit	$H = 7856$,,
Diamant	$H = 7873$,,
Amorpher Kohlenstoff	$H = 8080$,,

Die Verbrennungswärme der kristallinen Formen des Kohlenstoffes Graphit und Diamant ist um den Betrag der Kristallisationswärme niedriger als die des amorphen Kohlenstoffes.

Ob es in der Natur amorphen Kohlenstoff gibt, ist fraglich. Die Verbrennungswärme von 8080 kcal/kp ist diejenige Verbrennungswärme des Kohlenstoffs, die sich ergibt, wenn man Kohlenstoffverbindungen verbrennt und die Bildungswärme der Verbindungen in Rechnung stellt.

Ein künstlicher amorpher Kohlenstoff entsteht beim Verschwelen und Verkoken der Kohle, d. h. wenn man die flüchtigen Bestandteile durch Zufuhr von Wärme unter Luftabschluß austreibt. Dann bleibt schließlich der feste Kohlenstoff als Koks zurück. Im Reinkoks ist bereits eine weitgehende Graphitierung des Kohlenstoffes zu erkennen, aber ein vollständiger Übergang in die Kristallform Graphit findet nicht statt. Der Heizwert von Reinkoks liegt zwischen dem des Graphit und dem des sogenannten amorphen Kohlenstoffes, nämlich bei 7934 kcal/kp. Für die übrigen Elementarbestandteile der Kohle sind folgende Heizwerte bekannt:

Wasserstoff, unterer Heizwert H_u	$= 28600$ kcal/kp
Schwefel	$H = 2210$,,

Aus diesen Angaben kann man eine Formel für den Heizwert fester Brennstoffe aufbauen, in der die Heizwerte der Bestandteile anteilig zusammengezählt werden. Diese sogenannte „Verbandsformel" lautet mit abgerundeten Zahlen:

$$H_{u\,\text{max}} = 8100 \, c + 29000 \left(h_2 - \frac{o_2}{8}\right) + 2500 \, s - 600 \, w \; \text{kcal/kp.} \tag{2}$$

---

[1] ROTH, W. A.: Die Verbrennungswärme von Hüttenkoks und anderen Kohlenstoffarten. Arch. Eisenhüttenw. **2**, 245—247 (1928).

Die Formel gibt den höchsten Heizwert an, der möglich ist, wenn zwischen den Bestandteilen des Brennstoffes keine Bindungen bestehen würden. Von den im Schrifttum erschienenen Angaben zur Berücksichtigung dieser Bindungen erscheinen die von W. TÖLLER[1] am einleuchtendsten, denn sie enthalten einfach die Mittelwerte aus 300 Messungen.

Nach TÖLLER ist für Steinkohle

$$H_u = H_{u\,max} - \Delta H_u \qquad (3)$$

wo ΔH_u nach folgender Tabelle einzusetzen ist:

Gehalt der Reinkohle an flücht. Bestandteilen %	ΔH_u kcal/kp
13	235
13—15	240
15—18	250
18—20	260
20—22	270
22—30	280

Die Genauigkeit dieser Tabelle wird mit $\pm$ 25 kcal/kp angegeben.

Den Heizwert eines gasförmigen Brennstoffes kann man jedoch aus der chemischen Zusammensetzung des Gases errechnen, indem man die bekannten oberen oder unteren Heizwerte der Verbindungen, die in dem Gas enthalten sind, anteilig zusammenzählt.

Über die durchschnittlichen Heizwerte verschiedener Brennstoffe wird im Abschn. II F (S. 25 ff.) berichtet.

B. Entstehung und Eigenschaften der natürlichen Brennstoffe[2]
Petrographische Übersicht

1. Torf und Braunkohle

Der Ursprung aller Kohlen und verwandten Produkte ist der Wald. Er liefert einerseits Holz und andererseits Nadeln, Blätter und Blüten. Holz[3] besteht zu etwa 22% aus Stoffen, die als Lignin bestimmt werden und zu 72% aus Zellulose und Holzpolyosen, die wie die Zellulose von faseriger Struktur sind. Die Zellulose ist der Faserstoff, der die Zellhüllen bildet, ihre Kettenmoleküle haben die Gestalt

$$(C_6H_{10}O_6)_x ,$$

Das Molekulargewicht ist $(162,14)_x$.

Lignin ist die Substanz, die die Zellen ausfüllt; als Summenformel des Lignins wird angegeben:

$$C_9H_8O_{2,4}(OCH_3)_{0,9} .$$

Bei der Verwitterung und Vermoderung wird die Zellulose zersetzt; das Lignin spaltet Huminsäuren ab, die bei der weiteren Entwicklung wiederum Humin aussondern. Diesen über lange Zeiträume sich erstreckenden Vorgang nennt man die Diagenese. Die übrigen, im Holz vorhandenen, nicht brennbaren Bestandteile erscheinen in den Brennstoffen als Asche. Man unterscheidet neben dieser Eigenasche, die aus der Holzsubstanz anfällt, noch die Fremdasche, die von außen dazugekommen ist.

Aus den übrigen Bestandteilen des Waldes, wie Blättern, Rinden und Blüten, entsteht der Faulschlamm, auch Sapropel oder Torfmudde genannt, dessen Hauptbestandteile Bitumen, Wachs und Harz sind. Das hieraus entstehende Produkt nennt man Pyropissit, auch Opaksubstanz.

---

[1] TÖLLER, W.: Heizwertberechnung von Kohlen. Mitt. VGB **1951**, 302—303.

[2] Vgl. hierzu B. RIEDIGER, Brennstoffe, Kraftstoffe, Schmierstoffe. Berlin/Göttingen/Heidelberg: Springer 1949.

[3] KOLLMANN, F.: Stand der Wissenschaft vom Holz. Z. VDI **87**, 737—753 (1943).

Unsere Kohlen entstehen also aus diesen beiden Hauptgruppen, den Huminen und dem Pyropissit (vgl. Abb. 9).

Eine Sonderstellung in der Reihe der aus der Pflanzenverwitterung entstandenen Brennstoffe nimmt der Torf[1] ein. Ein Torfmoor ist ein abflußloses Becken, in dessen stehendem Wasser Sumpfpflanzen, Heidepflanzen und auch Bruchwald absterben. Diese bilden den Nährboden für neue Pflanzenschichten, die die unteren gegen Luftzutritt abdecken und zusammenpressen, dann selbst absterben, usw.

Man unterscheidet Flach- oder Niederungsmoore und Hochmoore. Erstere entstehen unterhalb des Grundwasserspiegels, letztere wachsen hoch über den Wasserspiegel hinaus, indem sie Wasser aus den tieferen Schichten ansaugen. Die Flachmoore bestehen hauptsächlich aus Resten von Sumpfpflanzen; junger Niederungstorf zeigt oft noch deutlich die Pflanzenstruktur, man bezeichnet ihn dann als Fasertorf. Im einzelnen kann man im Flachmoor Schilftorf, Seggentorf, Astmoortorf und Bruchwald- und Reisertorf unterscheiden. Der Aschengehalt beträgt 10—20%, wovon 2—3% als Pflanzenasche, der Rest als Fremdasche anzusehen sind. Die eingeschwemmten Mineralien enthalten gelegentlich ansehnliche Mengen alkalischer Salze.

Der Hochmoortorf ist im wesentlichen aus Moosen

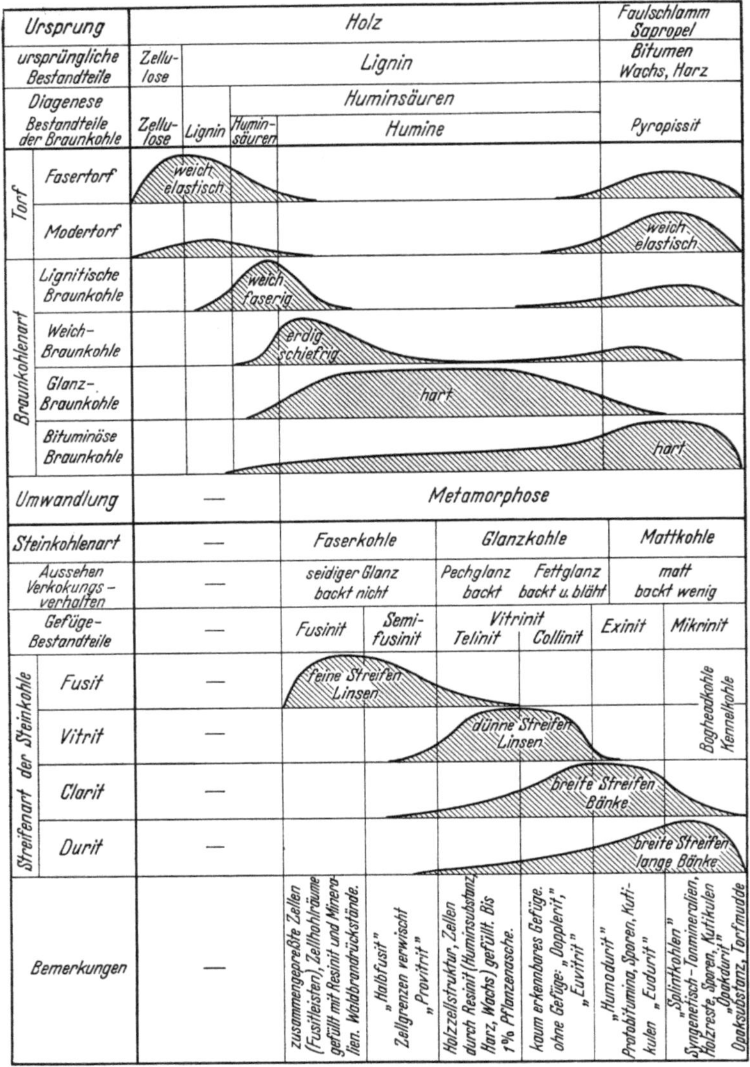

Abb. 9. Entstehung und Eigenschaften der Kohle

und Heidepflanzen entstanden und bedeutend homogener als der Flachtorf. Fremdasche kommt hier nur in geringem Ausmaße vor, und der Aschengehalt liegt im allgemeinen bei nur 1,5—3,5%.

Es gibt auch Übergangsmoore, die in ihrem Charakter zwischen den Hoch- und Niederungsmooren liegen. Ihr Aschengehalt wird mit 5—8% angegeben.

Die Zersetzungsprodukte der Pflanzen sind im Torf etwa wie folgt verteilt:

Zellulose und Hemizellulose bis 25%
Lignin 10—25%
Humusstoffe 45% und mehr
Bitumina 3—20%

---

[1] KADNER, R.: Über die chemische Zusammensetzung der verschiedenen Torfarten. Chem. Techn. **2**, 23—27 (1950).

Der Inkohlungsgrad beträgt je nach dem Alter des Torfs 55—65%, der Wasserstoffgehalt 5,5—6%, der Gehalt an $N + O + S$ etwa 30—40%.

Torf ist gegen äußeren Druck elastisch.

Die unterste Gruppe der Kohle bilden weiche lignitische Braunkohlen, deren wichtigster Bestandteil die Huminsäure ist. Sie enthalten auch Pyropissit und Lignin, während die Zellulose schon weitgehend abgebaut ist. Die Struktur dieser lignitischen Braunkohle ist weich und faserig. Die Holzstruktur ist noch sehr gut zu erkennen. Die Inkohlung ist aber schon über 60% angestiegen. Im Gegensatz zum Torf ist die Braunkohle nicht elastisch, sondern plastisch.

Dann folgt eine Gruppe erdiger huminöser Weichbraunkohle, die schon zum größten Teil aus Huminen besteht, während die Huminsäure zurücktritt. Diese weichen Braunkohlen enthalten nur wenig Pyropissit. Ihre Struktur ist erdig schieferig.

Die älteste Humusbraunkohle, bei der die Vorgänge der Diagenese am weitesten fortgeschritten sind, ist die harte Glanzbraunkohle. Sie besteht fast nur aus Huminen und ist in ihrer Struktur homogen und hart.

Eine andere Form der harten Braunkohle ist die bituminöse Braunkohle. Diese stammt hauptsächlich aus dem Faulschlamm, also aus Pyropissit. Auch diese hat eine lange Entwicklungszeit durchgemacht und stellt ein homogenes hartes Produkt dar.

Im Gebiet der nordeuropäischen Tiefebene und ihrer angrenzenden Mittelgebirge liegen in der Hauptsache huminöse Weichbraunkohlen von erdiger Struktur. Ein Beispiel für harte und bituminöse Braunkohle bilden die böhmischen Braunkohlen von Dux und Brüx, harte Glanzbraunkohlen liegen in Oberbayern und in der Steiermark.

Sehr deutlich unterscheiden sich die Braunkohlentypen in Europa auch durch den Charakter ihrer Asche. Die Braunkohlenlager der nordeuropäischen Tiefebene sind im Tertiär wiederholt ausgedehnten Überflutungen durch Meerwasser ausgesetzt gewesen, und dabei sind als Rückstände große Mengen von kalkhaltigen Körpern kleiner Meertiere liegen geblieben. Die Fremdasche dieser Braunkohle enthält infolgedessen sehr viel CaO. Die böhmischen Braunkohlen sind von den Überflutungen nicht berührt worden, infolgedessen fehlt in ihren Aschen der große Kalküberschuß. Sie enthalten dagegen in der Hauptsache tonige Substanzen als Beimengungen.

Die meisten Braunkohlen sind im Tertiär entstanden, eine bekannte Ausnahme ist die Moskauer Glanzbraunkohle, die aus dem Karbon stammt, also aus dem Zeitalter, dem die Bildung unserer Steinkohlenlager zugeschrieben wird.

In Japan findet sich jedoch auch hiervon eine Ausnahme, nämlich eine Steinkohle aus dem Tertiär.

2. Die Steinkohle

Als die Kohlenlager des Karbon-Zeitalters durch Veränderungen in der Gestalt der Erdoberfläche hohen Drücken und Temperaturen ausgesetzt wurden, fand eine durchgreifende Veränderung in der Konstitution der Kohle statt, die man als Metamorphose bezeichnet. Dadurch wurden die Braunkohlen in Steinkohlen umgewandelt. Unsere Steinkohlen liegen meist tiefer unter der Erdoberfläche als die Braunkohlen, was durch die Verschiebungen der Gebirge zu erklären ist. Stellenweise sind sie jedoch auch wieder näher an die Oberfläche herangeschoben worden, andere jedoch liegen so tief, daß sie nicht als abbauwürdig gelten können.

Die Steinkohlen enthalten keine Zellulose und kein Lignin mehr, sondern nur noch Humine und Bitumen. In den huminösen Steinkohlen unterscheiden wir Faserkohle und Glanzkohle, während die bituminöse Steinkohle eine Mattkohle ist. Die Faserkohlen haben einen seidigen Glanz, während man das Aussehen der Glanzkohle als Pechglanz oder Fettglanz bezeichnet.

Mit der Erforschung der Eigenschaften der Steinkohle befaßt sich die Kohle-Petrographie. Ihr Forschungsverfahren beruht auf der Anfertigung von Schliffen, die im Mikroskop betrachtet werden. Nach dem Aussehen der Schliffe läßt sich feststellen, aus welchen Bestandteilen das Gefüge der Kohlen zusammengesetzt ist.

Man findet in der Steinkohle eine ausgeprägte Streifenbildung und unterscheidet verschiedene Streifenarten, die den Charakter der Kohle kennzeichnen. Die Petrographie hat hierfür Kennworte eingeführt, die heute international einigermaßen abgestimmt sind. Man unterscheidet folgende Streifenarten:

a) *Fusit.* Das ist eine huminöse Streifenart, die noch die fossile Zellstruktur erkennen läßt.

b) *Vitrit.* Bei dieser huminösen Streifenart ist die Zellstruktur nur noch schwach oder nicht mehr zu erkennen.

c) *Clarit.* Im Clarit ist die Zellstruktur nicht mehr wahrzunehmen. Er enthält nicht nur huminöse, sondern auch schon bituminöse Bestandteile und stellt ein ziemlich homogenes Produkt dar.

d) *Durit.* Diese Streifenart ist eine reine Faulschlammkohle, sie ist besonders hart.

In jeder Streifenart unterscheidet man nun wiederum verschiedene Gefügebestandteile, deren Bezeichnung durch das Einschieben der beiden Buchstaben „ni" aus dem Namen der Streifenarten abgeleitet ist. So besteht der Fusit aus Fusinit und Semifusinit, er bildet feine Streifen oder Linsen, die zusammengepreßten Zellen sind deutlich zu erkennen. Man spricht von Fusitleisten. Die Hohlräume der Zellen sind leer oder mit Mineralsubstanz gefüllt, die später eingeschwemmt wurde. Es handelt sich demnach um epigenetische Fremdasche. In unseren Steinkohlen macht der Fusinit nur einen geringen Bruchteil aus. Lediglich in der Zwickauer Kohle steigt sein Anteil auf etwa 25%.

Der Semifusinit ist, wie der Name sagt, nur noch ein halber Fusinit. Hier sind die Zellgrenzen bereits verwischt, und er bildet den Übergang zum Vitrit.

Der Vitrit besteht hauptsächlich aus dem Gefügebestandteil Vitrinit, bei dem man aber wieder zwei Untergruppen unterscheidet, nämlich den Telinit und den Collinit. Der Telinit läßt die Holz-Zellstruktur noch erkennen, und die Zellen sind mit Huminsubstanz, Resinit, gefüllt. Der wichtige Unterschied gegen den Fusinit ist aber, daß der Vitrinit beim Erhitzen erweicht und zusammenbackt, was bei der Faserkohle nicht der Fall ist. Im Collinit ist das Gefüge kaum noch zu erkennen. Es handelt sich um eine fast homogene Masse. Hierfür sind auch noch andere Bezeichnungen bekannt, nämlich Dopplerit und Euvitrit. Diese Substanz backt stark und bläht beim Verkoken.

Der Clarit bildet den Übergang von der Glanzkohle zur Mattkohle. Sein Hauptgefügebestandteil ist Exinit. Aber auch Vitrinit kommt im Clarit in ziemlich erheblichem Umfange vor. Der Exinit besteht fast nur aus Faulschlamm-Produkten, daneben auch aus Zellresten, deren Gefüge aber nicht mehr zu erkennen ist. Einen Exinit, der mehr Huminsubstanz enthält als gewöhnlich, nennt man auch Humodurit, das ist also ein Durit mit außergewöhnlich starkem Humingehalt. Auf der anderen Seite spricht man von Eudurit, wenn der Exinit weit überwiegend bituminösen Ursprungs ist.

Dieser Clarit tritt in breiten Streifen oder Bänken auf; das Backvermögen ist gegenüber dem Vitrit stark vermindert.

Der Durit enthält in der Hauptsache den Gefügebestandteil Mikrinit, in dem viel Exinit und geringe Anteile von Vitrinit eingelagert sind. Er ist aus dem Faulschlamm hervorgegangen, also eine bituminöse Kohle und bildet lange Bänke oder breite Streifen von sehr harter Konstitution. Aus der Bezeichnung „Opakmasse" für den Pyropissit ist für den Mikrinit das Wort Opakdurit abgeleitet worden. Dies ist also ein Durit, der fast nur aus Mikrinit besteht. Solche Kohle backt fast gar nicht bei der Verkokung.

Aus der petrographischen Betrachtung der Brennstoffe lassen sich Folgerungen für die wichtigsten Eigenschaften derselben ableiten. Wir können etwa folgendes feststellen:

a) *Konstitution.* Eine Kohle, die viel Fusit enthält, ist spröde und leicht zerreiblich. Wir finden deshalb den Fusit hauptsächlich in den Feinkohlen. Daneben enthält diese Fraktion aber auch oft viel Vitrit, weil dieser ebenfalls leicht zerfällt. Wir haben also bei den Feinkohlen mit nicht backenden fusitreichen und backenden vitritreichen Kohlen zu rechnen. Der Durit reichert sich infolge seiner großen Härte in Stückkohlen an.

b) *Flüchtige Bestandteile.* Der Fusit enthält wenig flüchtige Bestandteile und kommt hauptsächlich in Anthrazit und Magerkohle vor. Der Gehalt an flüchtigen Bestandteilen in den Streifenarten Vitrit, Clarit und Durit ist nicht sehr unterschiedlich, und man kann sagen, daß die Streifenarten, mit Ausnahme von Fusit, auf den Gasgehalt der Kohle keine Rückschlüsse zulassen.

c) *Backvermögen.* Der Vitrit ist der Hauptträger der Fettkohlen, die bei der Erwärmung auf etwa 1000 °C erweichen und stark backen. Der Vitrinit ist die Ursache des Blähens der Fettkohlen. Das Backen der Kohlesubstanz ist scharf zu unterscheiden von dem Klebrig- oder Flüssigwerden der Asche, wodurch die Verschmutzungen der Kesselheizflächen verursacht werden. Das Backen ist für die Verbrennung der Kohle auf Rosten sehr hinderlich, weil es nicht möglich ist, durch die zusammengebackene Kohleschicht Luft hindurchzublasen. Es sind deshalb besondere Vorkehrungen notwendig, um backende, vitritreiche Kohle auf Rosten zu verbrennen. Vorteilhaft ist das Backvermögen dagegen bei der Verkokung. Deshalb tragen die Fettkohlen auch die Bezeichnung Kokskohle.

d) *Verhalten beim Schwelen.* Unter Schwelen versteht man die Entgasung der Kohle bei einer Temperatur von 450—500 °C. Hierbei werden die leicht flüchtigen Bestandteile als Teer und in geringen Mengen auch unmittelbar als Gase ausgeschieden. Der Fusit enthält keinen Teer. Auch der Mikrinit ist sehr teerarm, während Vitrit und Clarit einen sehr hohen Urteergehalt aufweisen. Der Hauptträger hierfür scheint der Exinit zu sein.

e) *Verhalten beim Verkoken.* Unter Verkoken versteht man das fast vollständige Entgasen der Kohle bei 800—1200 °C. Der leicht zerfallende Fusit ergibt dabei einen pulverförmigen, schwach gesinterten Koks, während die Vitrit- und Clarit-Kohlen den besten stückigen Koks liefern. Solche Kokskohlen sind Fettkohlen mit einem Gehalt von 20—30% an flüchtigen Bestandteilen. Der harte Durit ergibt einen grobstückigen, dichten, aber mürben Koks.

f) *Aschen.* Der Fusit enthält viel Pflanzenasche und daneben auch viel Fremdasche. Bei der Fremdasche unterscheidet man noch die syngenetische und die epigenetische Fremdasche. Die syngenetische besteht aus Stoffen, die ursprünglich mit der Kohlensubstanz zusammenlagerten, während die epigenetische Asche später hinzugekommen ist. Die Fremdasche des Fusit ist eine epigenetische. Syngenetische Fremdasche findet sich hauptsächlich im Durit, was leicht dadurch zu erklären ist, daß im Faulschlamm neben den brennbaren Substanzen auch Ballaststoffe eingelagert sind. Die Streifenarten Vitrit und Clarit enthalten in der Hauptsache Pflanzenasche. Der Aschengehalt ist im Fusit am höchsten und im Vitrit am niedrigsten.

Die Bestandteile der verschiedenen Aschenarten sind etwa folgende:

Die Pflanzenasche besteht aus Phosphorsäure, Alkalien, Kieselsäure und einigen anderen nur in Spuren auftretenden Bestandteilen. Die Fremdasche kann zunächst Tonbestandteile enthalten, insbesondere Kaolin, Montmorillonit und glimmerartige Tonmineralien; auch echte Glimmer, wie Muskowit und Serizit kommen vor, ferner Schwefeleisen meist in Form von Pyrit als sehr harter und für die Feuerungen und Mahlanlagen unangenehmer Bestandteil der Asche; weiterhin Karbonate, insbesondere Dolomit, Ankerit, Kalkeisenspat, die in der Feuerung ihre Kohlensäure freigeben, sowie Hämatit; schließlich Quarz, meist in Form von Sand, der ebenfalls wegen seiner Härte in den Mahlanlagen der Staubfeuerungen gefürchtet ist. Die übrigen Bestandteile sind von geringer Bedeutung.

Durch das Überwiegen der Silikate in den Steinkohlenaschen werden diese als tonige Aschen charakterisiert, während in den Braunkohlenaschen der bei den Überflutungen eingeschwemmte Kalk überwiegt.

In Tab. 2 sind die Einflüsse der Streifenarten auf die Eigenschaften der Steinkohle übersichtlich zusammengestellt (s. S. 12).

3. Erdöl und Erdgas

Die flüssigen und gasförmigen natürlichen Brennstoffe sind durch Zersetzung von Wasser und Anlagerung des Wasserstoffs an die Kohle in den Tiefen der Erde unter sehr hohem Druck in Anwesenheit wirksamer Katalysatoren entstanden. Das sind Vorgänge, die in den neuzeitlichen Hydrierwerken künstlich nachgeahmt werden. Dabei entstehen in der Hauptsache

Tabelle 2. *Eigenschaften der Streifenarten der Steinkohle*

	Fusit	Vitrit	Clarit	Durit
Spez. Gewicht	1,35—1,6	1,3	1,3	1,25—1,45
Konstitution	homogen. Leicht zerreiblich, brüchig. Holzkohlenstruktur. Anreicherung im Feinkorn (außer Hartfusit)	homogen. Spröde, zerfällt leicht. Anreicherung im Feinkorn	heterogen. Zäher und fester als Vitrit	heterogen. Sehr fest und zäh. Anreicherung im Grobkorn
Flüchtige Bestandteile	gering	der Gehalt an flüchtigen Bestandteilen ist von der Streifenart fast unabhängig		
Backvermögen	backt nicht	bläht in der Fettkohle stark / das gute Backvermögen der Fettkohle ist durch den Gehalt an Vitrit und Clarit bedingt		backt wenig
Verhalten beim Schwelen (Erhitzen unter Luftabschluß auf 450—500 °C)	keine Teerausbeute	hoher Urteergehalt		Exinit ergibt gute Teerausbeute aus Feinkorn
Verhalten beim Verkoken (Erhitzen unter Luftabschluß auf 800—1200 °C)	ergibt pulverförmig., schwach gesinterten Koks	gute Kokskohlen bei einem Gehalt an flüchtigen Bestandteilen von 20—30%		ergibt grobstückigen dichten, aber mürben Koks
Aschengehalt %	4—10 selten bis 30	0,5—1	0,5—2	3—5
Art der Asche	viel Pflanzenasche, viel epigenetische Fremdasche	Pflanzenasche, wenig Fremdasche	mehr Pflanzenasche als Vitrit, auch Fremdasche	viel Pflanzenasche, viel syngenetische Fremdasche, fein verteilt

Bestandteile der Asche:

Pflanzenasche:

Phosphorsäure: P_2O_5
Alkalien: Na, K
Kieselsäure: SiO_2
Vanadium
Zink
Halogene: F, Cl
(außer Alkalihalogeniden)

Fremdasche:

Tone:
Kaolin $Al_4 [Si_4O_{10}/(OH)_8]$
Montmorillonit $Al_2 [Si_4O_{10}/(OH)_2] \cdot m\, H_2O$
Glimmerartige Tone
Muskowit $KAl_2 [Si_3 AlO_{10}/(OH)_2]$
Serizit $(K, Na) Al_2 [Si_3AlO_{10}/(OH)_2]$ } Glimmer

Schwefelkies FeS_2 als Pyrit, Melnikowit und Markasit
Dolomit $Ca\, Mg(CO_3)_2$ (Dolomitknollen)
Ankerit $Ca (Mg, Fe, Mn) (CO_3)_2$, Kalkspat $CaCO_3$
Eisenspat $FeCO_3$, Hämatit Fe_2O_3
Quarz SiO_2
Zinkblende ZnS, Kupferkies $CuFeS_2$, Bleiglanz PbS.

aliphatische Kohlenwasserstoffe von flüssiger und gasförmiger Konstitution. Infolgedessen treten Erdöl und Erdgas meistens gemeinsam auf.

Das Erdöl wird nicht im Ursprungszustand verfeuert, sondern zunächst einer Destillation unterworfen. Die hochwertigen Produkte dieser Destillation sind Benzine und Schmieröle. Die für Kesselfeuerungen verwendeten Rückstände sind die schwer siedenden Derivate, die bei der Destillation, die bei etwa 400° C stattfindet, zurückbleiben. Sie werden in verschiedenen Ländern unterschiedlich bezeichnet:

Pakura (Rumänien),

Masut (Sowjetunion),

Fuel Oil (Großbritannien, USA).

Die Erdöle enthalten noch geringe Mengen von Asche.

Das Erdgas besteht zum größten Teil aus Methan (CH_4).

C. Einteilung der Kohlen nach dem Inkohlungsgrad

Unter Inkohlung versteht man die Zunahme des Kohlenstoffgehaltes der Kohle infolge fortschreitender Entgasung im Laufe der Entwicklung. Die Unterscheidung der Kohlen nach dem Inkohlungsgrad führt auf die Bezeichnungen, die in der Technik für die Brennstoffe angewendet werden. Man unterscheidet folgende Kohlenarten:

a) Junge erdige Braunkohlen enthalten etwa 50—60% flüchtige Bestandteile und nur 64—70% Kohlenstoff. Sie bilden die gasreichste Gruppe aller Kohlen.

b) Die älteren Glanzbraunkohlen und bituminösen Braunkohlen enthalten 40—55% flüchtige Bestandteile und 70—76% Kohlenstoff.

c) Die gasreichsten Arten der Steinkohle sind unter den Namen Sinterkohlen, Flammkohlen oder Pechkohlen bekannt. Die meisten dieser Kohlen liegen mit ihren flüchtigen Bestandteilen bei 40—50%. Hierzu gehören beispielsweise die oberbayerischen Pechkohlen. Der Inkohlungsgrad dieser Gruppe wird durch einen Kohlenstoffgehalt von 75—82% gekennzeichnet.

d) Die nächste Gruppe bilden die Gasflammkohlen mit 35—40% an flüchtigen Bestandteilen und einem Inkohlungsgrad von 79—86%. Beispiele hierfür sind viele Kohlenarten aus dem Ruhrgebiet, dem Aachener Becken und dem Saargebiet. Die oberschlesischen Kohlen bestehen, soweit sie bisher abgebaut werden, fast nur aus Gasflammkohlen, während die übrigen genannten Reviere auch magerere Sorten liefern.

e) Nun folgen die backenden Kokskohlen, zunächst die Gaskohlen, wie sie u. a. in Gaswerken zur Erzeugung von Stadtgas verwendet werden. Die Gaskohlen werden als Kohlen mit 28—35% flüchtigen Bestandteilen definiert, was einem Inkohlungsgrad von 83—88% entspricht.

f) Die zweite Gruppe der backenden Kokskohlen ist die Fettkohle mit 19—28% flüchtigen Bestandteilen und 86—90% Kohlenstoff. Diese Kohlen dienen u. a. zur Kokserzeugung in den Kokereien der Bergwerke.

g) Von den mageren Kohlenarten ist zunächst die Eßkohle zu erwähnen, die einen Gehalt an flüchtigen Bestandteilen von 14—19% besitzt. Der Inkohlungsgrad der Eßkohle liegt bei 89—90,5%. Diese Kohlen werden als Schmiedekohlen verwendet und haben ihren Namen von der Esse des Schmiedefeuers.

h) Die Magerkohlen haben nur noch 10—14% flüchtige Bestandteile und einen Inkohlungsgrad von 90—91,5%.

i) Als besonders gasarmen Typ der Magerkohle unterscheidet man noch den Anthrazit, der weniger als 10% Gasgehalt hat und 91—96% Kohlenstoff enthält.

Auch in Hinsicht auf den Heizwert der Kohle ergibt sich eine ähnliche Einstufung in derselben Reihenfolge, wobei die stark inkohlten gasarmen Arten diejenigen mit dem höchsten Heizwert sind.

Die hier genannten Zahlen für die flüchtigen Bestandteile der Steinkohlenarten entsprechen den konventionellen deutschen Definitionen, wie sie in der Vornorm DIN 23003 vom September 1954 in Tafel 5 genannt werden. Die zugehörigen Inkohlungsgrade entsprechen im Mittel den Ergebnissen einer Versuchsreihe an Vitrit, die in den Richtlinien für die Herstellung und Ausgestaltung des Bergmännischen Rißwerks, DIN 21900 vom August 1951 unter Abschn. 3.08 bekanntgegeben worden ist.

In dem Schaubild Abb. 10 ist der Inkohlungsgrad oder der Kohlenstoffgehalt der Kohlen abhängig von den flüchtigen Bestandteilen aufgetragen. Diese Werte beziehen sich auf Reinkohle ohne den Wasser- und Aschengehalt.

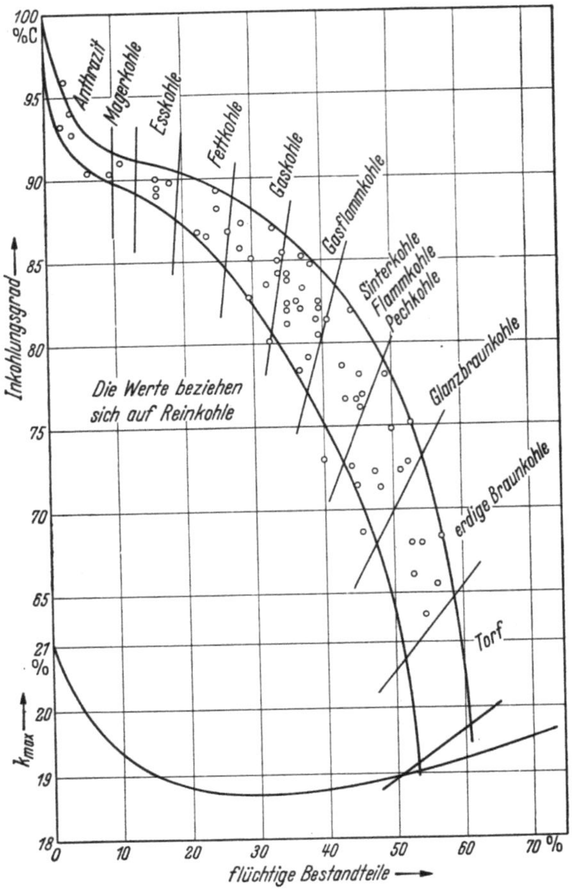

In dieser Abbildung sind auch die Werte des höchsten Kohlensäuregehaltes k_{max} mit eingetragen. Vgl. Abschn. II A 2a (S. 5).

Abb. 10. Flüchtige Bestandteile, höchster Kohlensäuregehalt und Inkohlungsgrad der Kohlen

D. Brennstoffaschen

1. Einführung

Die Aschen bilden Verschlackungen und Verschmutzungen in den Feuerungen und Kesselzügen. Es kommt vor, daß ein Dampfkessel schon nach einer ganz kurzen Betriebszeit stillgelegt werden muß, weil seine Heizflächen so stark verschlackt und verschmutzt sind, daß ein Betrieb unmöglich wird. Unter normalen Bedingungen rechnet man mit Betriebsdauern von einem halben Jahr und mehr zwischen zwei Reinigungen des Kessels, wobei der sich ansammelnde Aschenstaub durch Rußbläser laufend entfernt wird. Eine unerträglich kurze Betriebsperiode liegt aber vor, wenn die Reinigung bereits nach einigen Wochen erforderlich wird. Um die Ursache dieser Erscheinungen zu ergründen, ist die Kenntnis der Zusammenhänge notwendig, die zwischen der Zusammensetzung der Asche und ihrem Verhalten in den Kesselanlagen bestehen.

Es gibt auch Feuerungen, bei denen die Asche in flüssiger Form abgezogen wird, sogenannte Schmelzfeuerungen. Will man beurteilen, ob ein Brennstoff für die Schmelzfeuerung geeignet ist, so muß man die Schmelzeigenschaften seiner Asche kennen, ihre Schmelztemperatur und Viskosität.

Aus diesen Gründen ist es notwendig, sich mit dem chemischen und mineralogischen Verhalten der Ballaststoffe unserer Brennstoffe bei der Erhitzung in den Feuerungen zu beschäftigen[1].

2. Zusammensetzung der Brennstoffaschen

Bei einer Aschenanalyse werden im allgemeinen folgende Bestandteile festgestellt:

SiO_2	Kieselsäure
Al_2O_3	Tonerde
Fe_2O_3	Eisenoxyd
CaO	Kalk
MgO	Magnesiumoxyd
SO_3	Schwefeltrioxyd
P_2O_5	Phosphorpentoxyd.

[1] Vgl. A. ZINZEN: Brennst.-Wärme-Kraft **2**, 63—68 (1950).

Außer diesen Stoffen werden manchmal auch noch folgende ermittelt:

FeO   Eisenoxydul
K_2O Kaliumoxyd
Na_2O Natriumoxyd.

Die letzteren beiden werden oft als Alkalien zusammengefaßt. Wie man hieraus ersieht, werden die Bestandteile in der Form ihrer höchsten Oxydationsstufe bestimmt, obwohl sie nicht unbedingt in dieser Form in der Asche vorliegen müssen. Um festzustellen, ob auch niedrigere Oxydationsstufen oder andere Verbindungen, wie z. B. Sulfide, Sulfate, Chloride usw. vorliegen, müssen besondere Untersuchungen angestellt werden, was aber gewöhnlich nur auf Anforderung geschieht.

Jeder der genannten Stoffe hat einen Einfluß auf das Verhalten der Aschenkörper beim Glühen. Dabei ist noch zwischen dem Glühen in oxydierender, reduzierender oder gemischter Atmosphäre zu unterscheiden.

Die Elementaranalyse zeigt ferner nicht, welche Mineralien in den Ballaststoffen des Brennstoffes vorliegen. Das kann aber von Wichtigkeit sein, denn ein Stoff, der frei auftritt, kann ganz andere Wirkungen in bezug auf die Verschlackung der Kesselheizflächen haben als dann, wenn er Bestandteil eines Minerals ist, dessen Kristalle noch bei hoher Temperatur beständig sind. Erst in flüssigem Zustand fallen alle Mineralien in die einzelnen Oxyde auseinander. Sobald aber eine Schmelze erstarrt, können sich sofort wieder Kristalle bilden, die aus mehreren Oxyden zusammengesetzt sind; oder es bilden sich Gläser, d. h. Gebilde, die keine Kristallform haben, sondern eine unregelmäßige Verkettung verschiedener Stoffe darstellen.

Um das Verhalten der Asche in den Feuerungen zu verstehen, ist es nicht notwendig, alle Mineralien zu kennen, die in den Ballaststoffen der Brennstoffe vorliegen. Nur in einzelnen Fällen muß man hierauf zurückgreifen, um das besondere Verhalten bestimmter Aschen erklären zu können. Im allgemeinen kann man aus der Erfahrung sagen, daß sich die Aschen beim Erhitzen ungefähr gleich verhalten, wenn ihre Elementaranalysen miteinander übereinstimmen.

3. Die Verschmutzung der Kesselheizflächen

a) Das „Allgemeine Schmelzdiagramm"

α) Aufbau des Schaubildes. Wenn sich in einem Körper, der aus den oben genannten Stoffen zusammengesetzt ist, der Anteil eines Stoffes verändert, dann ändert sich auch das Verhalten des Körpers beim Glühen, und man kann durch einen Versuch feststellen, welchen Einfluß eine solche Änderung hat. Wir kennen aus der Mineralogie viele Untersuchungen über Dreistoffsysteme, deren Ergebnisse anschaulich in Dreieckkoordinaten darstellbar sind. Wenn wir ein System von vier Stoffen betrachten, so kommen wir schon auf 4 Koordinaten, also auf eine räumliche Darstellung, was die Ablesung bereits stark erschwert; kommen weitere Stoffe hinzu, so ist eine einheitliche Darstellung unmöglich.

Für die Feuerungstechnik ist aber auch eine so genaue Kenntnis der einzelnen Einflüsse nicht notwendig, sondern es genügt eine mehr statistische Betrachtungsweise, die darauf beruht, daß verschiedene Stoffe zwar nicht den gleichen, aber doch einen ähnlichen Einfluß auf das Verhalten des Körpers haben.

Wenn man z. B. den Kieselsäuregehalt erhöht, so hat dies zwar nicht dieselbe Wirkung, wie sie eine Erhöhung des Tonerdegehaltes hervorruft, aber im allgemeinen doch eine ähnliche. Erhöht man aber gleichzeitig den Gehalt an diesen beiden Stoffen, so wird man ungefähr den Einfluß feststellen, der für die praktische Beurteilung von Brennstoffaschen ausreicht.

Solche Überlegungen führten zum Entwurf eines „Allgemeinen Schmelzdiagrammes". Das ist ein Diagramm in Dreieckkoordinaten, bei dem auf jeder Seite mehrere Stoffe zusammengefaßt sind (Abb. 11).

Auf der ersten Koordinate sind die beiden Tonbestandteile Kieselsäure und Tonerde aufgetragen, auf der zweiten Eisenoxyd und, wenn es besonders bestimmt worden ist, Eisenoxydul.

Für die dritte Koordinate verbleiben dann Kalk, Magnesiumoxyd und Schwefeltrioxyd sowie der Rest, der gewöhnlich aus sehr kleinen Mengen von P_2O_5 und Na_2O besteht. Die Stoffe der

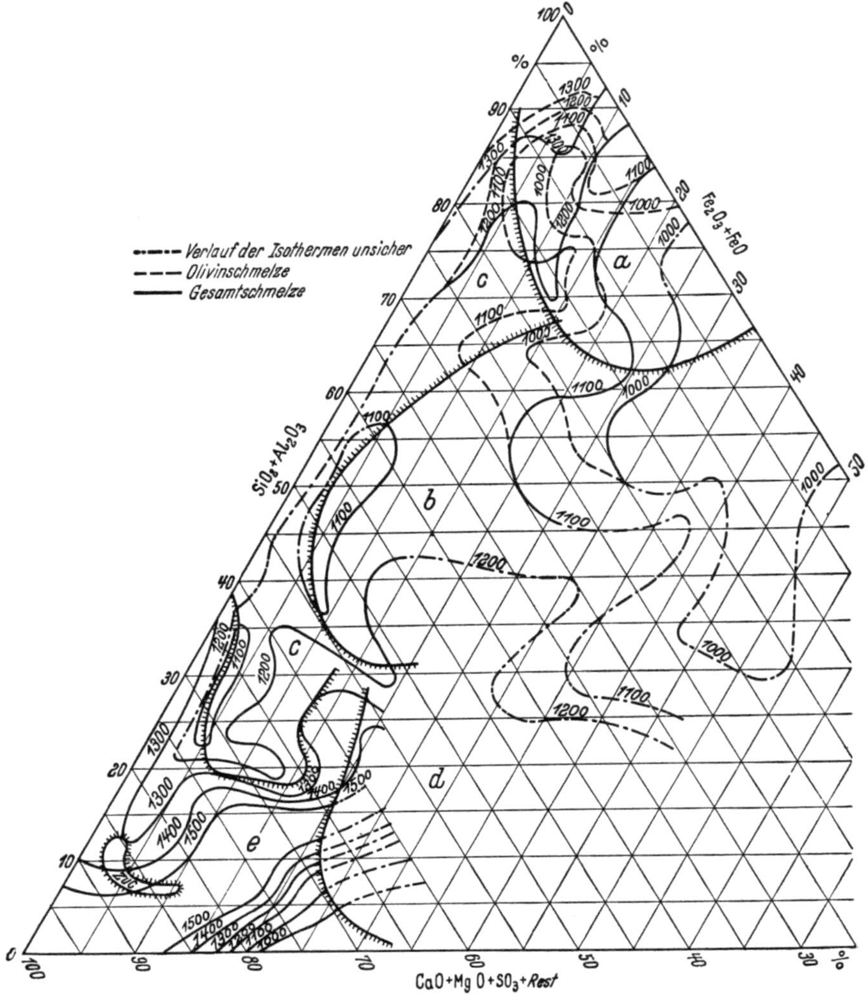

Abb. 11. Allgemeines Schmelzdiagramm für Brennstoffaschen

dritten Koordinate treten in der Asche meist sowohl als Oxyde wie als Sulfate auf und verursachen beim Glühen gleichartige Reaktionen, so daß ihre Zusammenfassung auf einer Seite des Diagramms gerechtfertigt erscheint.

In dieses seiner Anlage nach bewußt ungenaue Diagramm wurden nun Linien gleicher Schmelztemperatur eingezeichnet, deren Verlauf empirisch durch Untersuchungen vieler Brennstoffaschen ermittelt worden ist. Als Untersuchungsverfahren wurde die Methode von BUNTE und BAUM verwendet, bei der man folgendermaßen vorgeht. Die Kohle wird bei etwa 750 °C verascht, und aus der gewonnenen Asche wird ein würfelförmiges Brikett von 1 cm Kantenlänge gepreßt. Als Bindemittel dient dabei ein wenig Dextrin. Der BUNTE-BAUM-Apparat ist ein Ofen, in welchem das Aschenbrikett zwischen zwei kleinen Kohlestempeln gehalten wird. Das Brikett wird nun langsam erwärmt und gleichzeitig wird beobachtet, welche räumliche Veränderung an ihm stattfindet. Um diese Beobachtung von der Person des Beobachters unabhängig zu machen, ist der eine von den beiden Kohlestempeln beweglich, so daß er einer Schrumpfung des Probekörpers folgen kann. Seine Bewegung wird auf einen Papierstreifen automatisch aufgezeichnet. In dem Apparat kann eine reduzierende oder eine gemischte Atmosphäre aufrechterhalten werden. Infolge der Anwesenheit von Kohlenstoff in den beiden den

Probekörper haltenden Stempeln ist immer eine Reduktionswirkung dieses Kohlenstoffes auf die Bestandteile des Probekörpers möglich. Wird im übrigen die Atmosphäre als gemischt aufrechterhalten, so hat man ungefähr die Verhältnisse wiedergegeben, die in einer Feuerung herrschen, aber auch nur ungefähr, denn der Aschenkörper selbst ist ja schon so zusammengesetzt, wie er sich in der Feuerung erst am Ende der Verbrennung bildet. Man kann also im BUNTE-BAUM-Apparat die Vorgänge nicht in der Reihenfolge reproduzieren, wie sie in der Feuerung stattfinden. Wenn man eine reduzierende Atmosphäre herstellt, so bildet man damit etwa die ungünstigsten Verhältnisse ab, die in einer Feuerung vorkommen können, nämlich überall dort, wo Luftmangel herrscht. Und da die Verschmutzung der Kesselheizfläche durch Luftmangel in der Feuerung sehr gefördert wird, so empfiehlt es sich, die Untersuchungen im BUNTE-BAUM-Apparat in reduzierender Atmosphäre durchzuführen, weil man dann die Verhältnisse trifft, die die Verschlackung am meisten fördern.

Ursprünglich wurden die im BUNTE-BAUM-Apparat gewonnenen Diagramme in der Weise konventionell ausgewertet, daß man die Temperatur, bei der der Probekörper 20% seiner Höhe verloren hat, als Erweichungspunkt, und die, bei der er 80% verloren hat, als Schmelzpunkt definierte. Das widerspricht aber dem Verlauf der Kurven. Denn diese zeigen ganz deutlich einzelne „Sinter"-Stufen, in denen der Körper schnell an Höhe verliert, wonach er sich wieder stabilisiert und bei weiter steigender Temperatur auf der verminderten Höhe verharrt, bis plötzlich bei einer bestimmten höheren Temperatur ein neuer Abfall auftritt, der entweder nochmals eine Stabilisierung zur Folge hat oder zum vollständigen Zusammensinken führt. Dieses höchst auffällige und aufschlußreiche Verhalten des Probekörpers wird bei der überlieferten Auswertung der Diagramme ignoriert. Denn es ist einleuchtend, daß diejenige Temperatur als Beginn der Erweichung gewertet werden muß, bei der der Körper klebrig wird, nicht aber diejenige Temperatur, bei der er zufällig durch die Ordinate 80% hindurchgeht. Zu untersuchen ist deshalb nur die Frage, in welcher Stufe die Erweichung beginnt, und in welcher Stufe die Gesamtschmelze des Körpers einsetzt.

Im folgenden wird über einen Versuch berichtet, die BUNTE-BAUM-Kurven in der angegebenen Weise zu deuten, um etwas darüber aussagen zu können, bei welcher Temperatur der Asche eine Heizflächenverschmutzung zu erwarten ist.

Im „Allgemeinen Schmelzdiagramm" sind diejenigen Temperaturen als Schmelzpunkte gewertet worden, bei denen die Asche beginnt, endgültig zusammenzusinken, das sind also die Temperaturen des Schmelzbeginns. Die Isothermen der Schmelztemperatur sind nach der Eintragung von etwa 400 Proben gezeichnet worden und dürften im allgemeinen mit einem Spielraum von $\pm$ 50 grd, selten $\pm$ 100 grd zutreffen. In dem Gebiet der ton- und eisenreichen Aschen bezeichnet eine zweite Kurvenschar die Erweichungstemperatur, bei der diese Aschen beginnen, klebrig zu werden.

Zunächst gibt es in unserem Diagramm zwei deutlich zu unterscheidende Gebiete, in denen die Aschen der Steinkohle und der Braunkohle liegen. Jene enthalten in der Hauptsache die Tonbestandteile Kieselsäure und Tonerde, daneben oft viel Eisen, aber wenig Kalk. Sie liegen daher im oberen Teil des Diagramms, d. h. in der Ecke, wo der Anteil an SiO_2 und Al_2O_3 groß ist. Die Braunkohlen dagegen, die, wie oben erwähnt wurde, im Tertiärzeitalter wiederholten Überflutungen ausgesetzt waren, enthalten in ihren Aschen im wesentlichen die Rückstände dieser Überflutungen, nämlich Kalk und viel organischen Schwefel, so daß beim Glühen viel $CaSO_4$ entsteht. Diese Aschen liegen in der unteren linken Ecke des Allgemeinen Schmelzdiagramms, wo der Gehalt an CaO, SO_3 usw. hoch ist. Sandreiche Braunkohlenaschen reichen bis in die Mitte des Diagramms hinein, wo sie sich mit außerordentlich kalkreichen Steinkohlenaschen treffen.

β) Einteilung des Allgemeinen Schmelzdiagramms in Felder. Eine weitere Gliederung läßt sich treffen, wenn man versucht, die Vorgänge zu identifizieren, die die einzelnen Sinterstufen in der BUNTE-BAUM-Kurve hervorrufen. Dann findet man im Allgemeinen Schmelzdiagramm 5 Felder, in denen sich die Aschen gleichartig verhalten. Vergl. Abb. 12.

Feld a). Diejenigen Steinkohlenaschen, die neben SiO_2 und Al_2O_3 fast nur Eisenoxyd enthalten, zeigen eine erste Volumenabnahme oder „Sinterung" bei 900—1000 °C, die durch die Reduktion von Fe_2O_3 in FeO verursacht wird.

Diese Reduktion des Eisenoxyds kann allein durch den Kohlenstoff begründet werden, sie wird aber zweifellos durch die Anwesenheit von SiO_2 unterstützt, das sich mit FeO, nicht aber mit Fe_2O_3 chemisch verbinden kann. Ferner ist mit Nachdruck auf die Reduktionswirkung des Schwefeleisens hinzuweisen, für die folgende Gleichung angegeben wird:

$$FeS + 3Fe_2O_3 = 7FeO + SO_2. \quad (4)$$

Wenn also nur ein Eisenatom an Schwefel gebunden ist, so führt es für sich und sechs weitere Eisenatome die ungesättigte Verbindung FeO herbei. Dieser Vorgang soll schon von 500 °C an einsetzen können.

In dieser Sinterstufe schrumpft der Probekörper durch die Abgabe von flüchtigen Bestandteilen wie CO, CO_2 und SO_2 ein. Eine merkliche Erweichung dürfte dabei aber noch nicht eintreten. Dann folgt aber eine Teilschmelze, die die Asche klebrig macht; diese wurde mit dem Wort „Olivinschmelze" bezeichnet. Sie ist dadurch gekennzeichnet, daß sich Olivine von Ca, Mg und Fe bilden, $2CaO \cdot SiO_2$, $2MgO \cdot SiO_2$, $2FeO \cdot SiO_2$ oder $2(Ca, Mg, Fe) O \cdot SiO_2$. Diese bilden mit SiO_2 Schmelzen zwischen 1000 und 1150 °C. Besonders lästig ist das Eisenolivin Fayalit: $2FeO \cdot SiO_2$. Für die Schmelzen von Fayalit mit Kieselsäure, die schon unterhalb 1000° C auftreten, wurde auch die Bezeichnung „Fayalitschmelze" eingeführt. In dieser Schmelze bilden sich neue Verbindungen, die bei

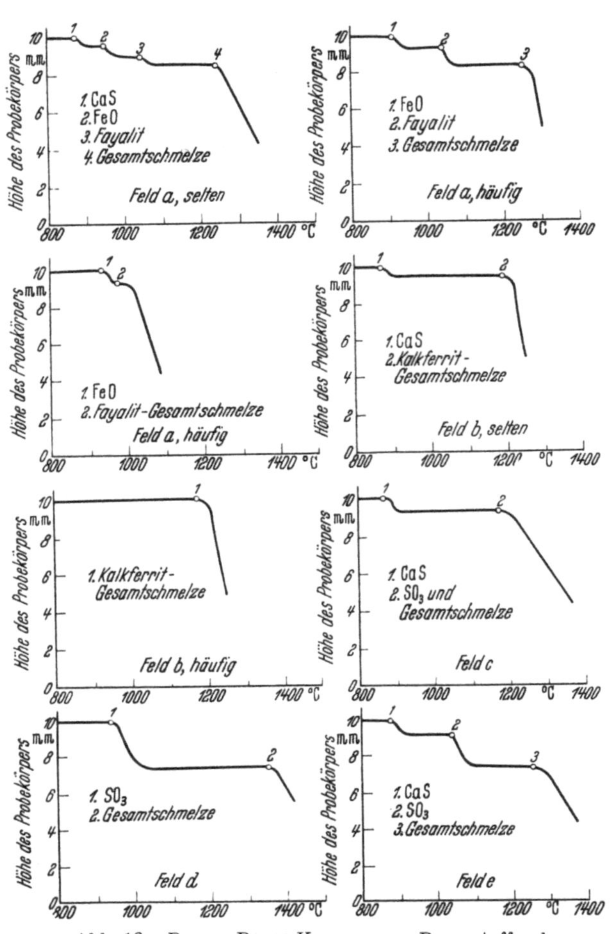

Abb. 12. BUNTE-BAUM-Kurven von Brennstoffaschen

der vorhandenen Temperatur noch fest sind; infolgedessen bleibt es gewöhnlich bei einer Teilschmelze, die den Körper nur vorübergehend erweicht. Er schmilzt dann erst in einer dritten Sinterstufe vollständig. Diese Hauptschmelze liegt bei den tonreichen Steinkohlenaschen meist bei 1100—1300 °C. Eisenreiche Aschen dagegen schmelzen schon in der Fayalitschmelze.

Das Feld im Allgemeinen Schmelzdiagramm, in dem die Aschen das beschriebene Verhalten zeigen, wurde mit dem Buchstaben „a" bezeichnet.

Feld b). Bei zunehmendem Kalkgehalt der Asche tritt die Reduktion des Eisenoxyds zurück. Die erste Sinterstufe des Feldes a fällt fort. Es bilden sich Kalkferrite und Kalksilikate. Aber auch der Schwefelgehalt ist höher als im Feld a, und $CaSO_4$ ist an den Schmelzen beteiligt. Diese Aschen haben meistens nur eine einzige Sinterstufe, in der sie schnell zusammenschmilzen, ihre Schmelzkurve sieht aus wie die von homogenen Mineralien. Die Schmelze ist meist sehr dünnflüssig.

Feld c). Bei 850—900 °C kann sich aus FeS und CaO Kalziumsulfid bilden nach der Gleichung

$$FeS + CaO + C = CaS + Fe + CO. \quad (5)$$

Auch kann eine Reduktion von $CaSO_4$ nach der Gleichung

$$CaSO_4 + 4C = CaS + 4CO \tag{6}$$

eintreten. Beide Reaktionen treten nach OELSEN und MAETZ bei etwa 800 °C ein, sie werden durch Tonbeimengungen nach oben hin verschoben[1]. Dies führt zu einer Sinterstufe bei der genannten Temperatur, in der die Asche zusammenbackt. Nach H. JAKISCH[2] handelt es sich um die Bildung einer Art Sulfatklinker. Sodann reagiert CaS mit $CaSO_4$ weiter:

$$CaS + 3CaSO_4 = 4CaO + 4SO_2. \tag{7}$$

Die Summe dieser Vorgänge führt auf die Gleichung:

$$4CaSO_4 + 4C = 4CaO + 4CO + 4SO_2$$

oder

$$CaSO_4 + C = CaO + CO + SO_2. \tag{8}$$

Man sieht, daß CaS nur vorübergehend auftritt.

Diese CaS-Sinterung tritt gelegentlich schon im linken Teil des Feldes a auf, dann ist sie der Eisenreduktionsstufe noch vorgelagert. Ganz deutlich ist sie aber im Feld c zu sehen. Die Kohlenaschen aus diesem Gebiet sind daher besonders bösartig, denn sie können schon bei entsprechender Zusammensetzung von 850 °C an haften bleiben. In diesem Feld ist die Eisenreduktion nicht zu erkennen, einfach aus dem Grunde, weil der Eisengehalt sehr gering ist. Als zweite Sinterstufe tritt die gleiche Schmelze auf wie im Feld b, und zwar unter starker Abgabe von SO_2 und SO_3. Hier bilden sich also Kalkferrite und Kalksilikate, während sich der Schwefel vom CaO trennt und als Oxyd entweicht. Dieser Vorgang führt im Feld c unmittelbar zur Hauptschmelze der Asche. Ist der Eisengehalt höher, so bildet sich bei starker Reduktionswirkung FeS an Stelle von CaS, was durch die Zusammensetzung der Ansätze an den Heizflächen, besonders des Überhitzers, oft bestätigt wird. JAKISCH, der hierüber ausführlich berichtet hat, betont, daß sich in der Feuerung das Sulfid vor dem Sulfat bildet, während es bei dem Prüfverfahren mit dem BUNTE-BAUM-Apparat umgekehrt ist.

Feld d). Im Feld d des Allgemeinen Schmelzdiagramms bleibt die CaS-Bildung aus. Hier tritt infolge des hohen Eisengehaltes die Ferritbildung bei einer so niedrigen Temperatur auf, daß es zur CaS-Bildung nicht mehr kommt. Bei der Ferritbildung entweicht der Schwefel sofort in großer Menge in Form von SO_2 oder SO_3, z. B.

$$CaSO_4 + Fe_2O_3 + C = CaO \cdot Fe_2O_3 + SO_2 + CO. \tag{9}$$

Diese Sinterung ist trocken und gibt keinen Anlaß zu Verschmutzungen. Die Hauptschmelze tritt im Feld d in einer neuen Sinterstufe auf, die bei höherer Temperatur liegt. Derartige Aschen sind gutartig.

Feld e). Ist der Eisengehalt geringer und der Kalk- und $CaSO_4$-Gehalt entsprechend höher, so finden wir ein ähnliches Verhalten wie im Feld c. Der Unterschied zwischen den Bereichen c und e besteht nur darin, daß in letzterem die Hauptschmelze nicht mit der Abgabe von SO_2 zusammenfällt, sondern daß sich der Körper nach diesem Vorgang noch einmal stabilisiert und erst bei höherer Temperatur, in einer dritten Sinterstufe, zusammenschmilzt.

So kann man aus der Lage einer Aschenanalyse im Allgemeinen Schmelzdiagramm ablesen, wie sich die Asche in der Feuerung und im Kessel verhalten wird. Auf die Notwendigkeit, Ungenauigkeiten in Kauf zu nehmen, darf hier noch einmal hingewiesen werden.

Das Untersuchungsverfahren von BUNTE und BAUM ist in den letzten Jahren in vielen Laboratorien durch die rein optische Methode ersetzt worden, bei der die Gestaltänderungen

---

[1] OELSEN, W., u. H. MAETZ: Die Umsetzung von Eisensulfid, Mangansulfid und Kalziumsulfid mit den Oxyden des Eisens und dabei auftretende Nebenreaktionen. Arch. Eisenhüttenw. 4, 375—382 (1930/31).

[2] JAKISCH, H.: Verschlackung der Feuerräume unterhalb des Erweichungspunktes der Asche. Arch. Wärmew. 23, 211—214 (1942).

2*

des Probekörpers durch ein Mikroskop beobachtet werden. Dieses Verfahren lehnt sich an das ursprünglich von BRO und ENDELL entwickelte an und ist durch DIN 51730 vom Juni 1954 in die deutschen Normen aufgenommen worden. Abb. 13 zeigt eine Serie von Aufnahmen, die mit dem Mikroskop gemacht worden sind. Sie scheinen die oben geäußerte Auffassung zu bestätigen, wonach der der ersten Teilschmelze vorgelagerte Reduktionsvorgang bei Steinkohlenaschen keine Erweichung des Probekörpers hervorruft, sondern ein trockenes Schrumpfen.

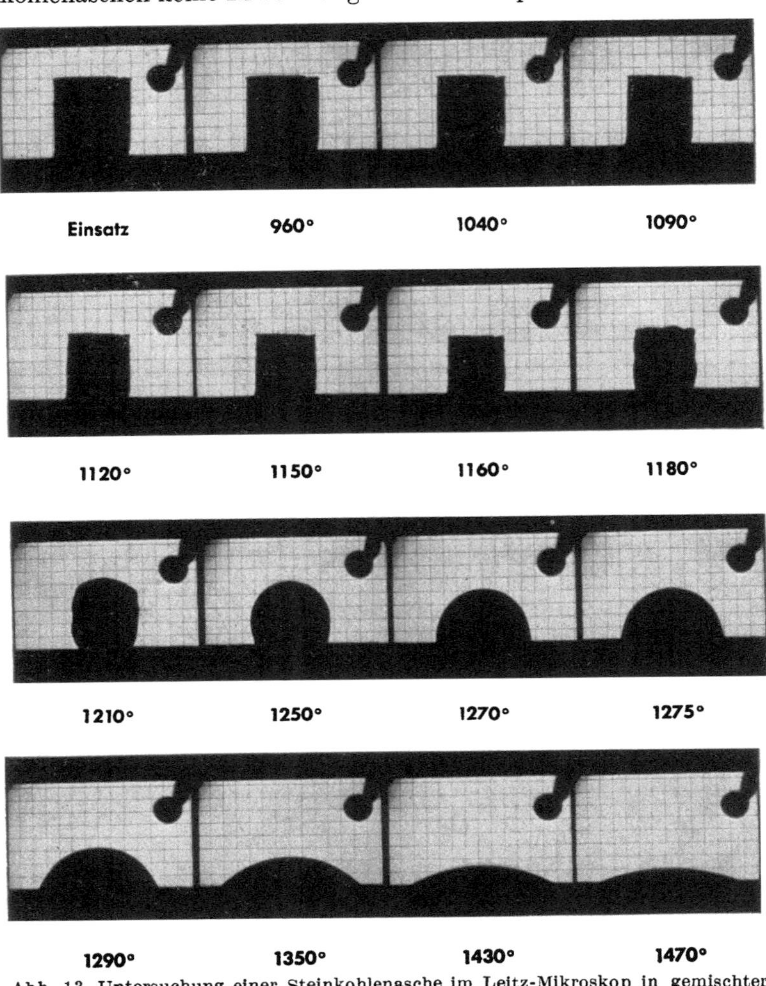

Abb. 13. Untersuchung einer Steinkohlenasche im Leitz-Mikroskop in gemischter CO/CO₂-Atmosphäre. Bei 1180 °C Erweichen, bei 1270 °C „Halbkugelpunkt", der als Schmelzpunkt definiert wird, bei ca. 1350 °C Fließpunkt. [Nach Ruhrkohlenhandbuch, 4. Aufl. Essen (1954)]

Die im BUNTE-BAUM-Apparat durch die schwache Belastung des Probekörpers mit dem oberen Kohlestempel hervorgerufene deutliche Ausprägung der einzelnen Sinterstufen ist hier jedoch nicht vorhanden, wie überhaupt die optische Methode den Nachteil hat, daß auf die graphische Darstellung des Schmelzvorganges, die das BUNTE-BAUM-Diagramm bietet, verzichtet wird. Ferner ist die konventionelle Definition des Schmelzpunktes durch den sogenannten „Halbkugelpunkt" (das elfte Bild in Abb. 13), wodurch die subjektive Note dieses Prüfverfahrens ausgeschaltet werden soll, willkürlich. Auch die Definition des Fließpunktes als der Temperatur, bei der der Körper bis auf 30% seiner ursprünglichen Höhe zusammengesunken ist, ist konventionell und braucht nicht unbedingt immer mit einem Flüssigwerden der Probe übereinzustimmen.

Eine Vergleichbarkeit der Ergebnisse der beiden Prüfverfahren von BUNTE-BAUM und nach DIN 51730 ist nicht gegeben.

Die Einführung eines Prüfverfahrens verführt leicht zu der Vorstellung, daß man durch die Untersuchung einer oder einiger Aschenproben erschöpfend Auskunft über den Charakter der zu untersuchenden Asche erhielte. Hierüber kann man aber viel besser urteilen, wenn man sich ihre Lage im Allgemeinen Schmelzdiagramm ansieht. Denn man will ja nicht allein den Schmelzverlauf einiger Proben kennenlernen, sondern auch wissen, ob man bei Verwendung der betreffenden Kohle noch andere Schwierigkeiten zu erwarten hat. Wenn man die Lage im Allgemeinen Schmelzdiagramm kennt, kann man auf die Aufnahme einer Schmelzkurve im BUNTE-BAUM-Apparat oder auf die Beobachtung des Schmelzvorganges mit dem Mikroskop durchaus verzichten, weil man nichts erfährt, was man nicht schon wüßte. Die Bedeutung dieser Prüfmethoden liegt daher heute wesentlich auf der Seite der wissenschaftlichen Forschung, weniger auf der der praktischen Beratung des Kesselkonstrukteurs.

b) Verdampfende und sublimierende Aschenbestandteile

Einige Bestandteile der Asche haben die Eigenschaft, bei den in der Feuerung vorkommenden Temperaturen zu verdampfen oder zu sublimieren. Hier ist besonders das Siliziumsulfid SiS zu nennen, das sich zwischen 1300 und 1400 °C aus SiO_2 unter reduzierenden Bedingungen bildet:

$$SiO_2 + FeS + C = SiS + FeO + CO. \tag{10}$$

Dieser Stoff sublimiert schon bei 940 °C, schlägt sich also auf den Kessel- und Überhitzerheizflächen, die eine Temperatur von nur 250—550 °C haben, wieder nieder und bildet Anlaß zu unangenehmen Verschmutzungen. Eine zweite Form, das Siliziumdisulfid SiS_2, sublimiert bei 700 °C. K. Schwarz und H. H. Müller-Neuglück[1] machen darauf aufmerksam, daß sich über die von Siller[2] angegebene Zwischenreaktion

$$5C + 2SO_2 = CS_2 + 4CO \tag{11}$$

aus Aluminiumphosphat $AlPO_4$ und dem entstandenen Schwefelkohlenstoff in der Rotglut Aluminiumsulfid und Phosphorpentasulfid bilden können:

$$2AlPO_4 + 4CS_2 = Al_2S_3 + P_2S_5 + 4CO_2. \tag{12}$$

Aluminiumsulfid schmilzt bei 1100 °C und beginnt bei 1300 °C zu sublimieren. Durch Reaktion des Al_2S_3 mit Wasserdampf oder Kieselsäure kann sich H_2S oder SiS_2 bilden.

Das Phosphorpentasulfid siedet bei 514 °C. Es reagiert mit Wasserdampf, wobei sich H_2S bildet.

Auch P_2O_5, das durch die Einwirkung von Kieselsäure auf Kalziumphosphat frei wird, geht schnell in die gasförmige Phase über, es sublimiert bei 358 °C. Man findet infolgedessen Niederschläge von P_2O_5 besonders an den kälteren Heizflächen der Kesselanlagen, am Speisewasser- und Luftvorwärmer, auch am Mauerwerk, und nur selten am Überhitzer. Diese phosphorhaltigen Ansätze haben meist nur geringen Umfang, weil der Gehalt der Aschen an P_2O_5 in der Regel nicht höher als 1% ist.

M.-Th. Mackowsky macht auf Grund äußerst aufschlußreicher Versuche darauf aufmerksam, daß beim Glühen von Steinkohlenaschen gasförmiges Siliziumsuboxyd SiO entsteht, das sich dann genau wie SiS auf den Kesselrohren niederschlagen kann[3]. Ferner sei auf die Möglichkeit der Bildung von Siliziumdampf durch Einwirkung von Wasserstoff auf Kieselsäure hingewiesen[4].

Zu den verdampfenden Aschenbestandteilen gehören insbesondere die alkalischen Salze. NaCl verdampft bei 1465 °C. KCl zersetzt sich bei 1407 °C, wobei K_2O entsteht, das sich oberhalb 1300 °C in gasförmigem Zustand befindet. Diese Stoffe kondensieren dann auf den Kesselheizflächen, wo sie auch die flüssige Phase durchlaufen und infolgedessen den Boden für das Anhaften aller anfliegenden Staubteilchen bilden.

Diese heterogenen Vorgänge, an denen neben der festen Phase des Kohlenstoffes und einiger Aschenbestandteile auch die Gasphase beteiligt ist, kommen im Allgemeinen Schmelzdiagramm nicht zum Ausdruck. Es kann jedoch aus der Erfahrung berichtet werden, daß die Bildung von Siliziumsulfid besonders häufig im Feld b auftritt. Auch im unteren Teil des Feldes a, wo viel Pyrit in der Kohle angenommen werden kann, ist mit dieser Reaktion zu rechnen.

c) Alkalische Aschen

Wenn der Gehalt an Alkalien, die in den Aschen fast nur als Natriumsalze auftreten, den Betrag von etwa 3% Na_2O in der Asche übersteigt, so gilt das Allgemeine Schmelzdiagramm nicht mehr, denn es zeigen sich dann zusätzliche Teilschmelzen oder auch vollkommene

---

[1] Müller-Neuglück, H. H., u. K. Schwarz: Arten der Kesselverschmutzung, BWK **3**, 179—185 (1951).

[2] Siller, C. W.: Carbonsulfide from Sulphur-Dioxyde and Anthracide. Industr. Engng. Chem. **40**, 1227 (1948).

[3] Mackowsky, M.-Th.: Das Verhalten der Kohlemineralien bei hoher Verbrennungstemperatur unter Berücksichtigung langsamer und schneller Aufheizung. Mitt. VGB **38**, 16—22 (1955) und E. Zintl, W. Bräuning, H. L. Grube, W. Krings u. W. Morawietz: Silizium-Monoxyd, Z. anorg. allg. Chem. **249**, 1—7 (1940).

[4] Biltz, W. u. P. Ehrlich: Naturwiss. **26**, 188 (1938). Vgl. W. Eitel, Physikalische Chemie der Silikate, 2. Aufl. Verlag I. A. Barth 1941, S. 456—460; dort weitere Schrifttumsangaben.

Schmelzen bei niedrigeren Temperaturen. Deshalb bezeichnen wir als salzhaltig solche Kohlen, deren Asche mehr als etwa 3% Na_2O enthält. Das Natrium tritt hauptsächlich als NaCl, Steinsalz oder Kochsalz auf. Glaubersalz, Na_2SO_4, entsteht in der Flamme aus Natriumhumaten durch Reaktion mit dem Schwefelgehalt der Kohle. Die Mischung dieser beiden Salze schmilzt eutektisch bereits bei 623 °C. Damit ist schon eine der wichtigsten Ursachen für die Verschlackung von Kesseln bei der Verfeuerung salzhaltiger Kohle festgestellt. Steinsalz allein schmilzt bei 801 °C, Glaubersalz bei 884 °C. Bei höheren Temperaturen setzt bald die Verdampfung der Alkalisalze ein.

Eine zweite Gruppe von Stoffen, die an der Verschlackung mitwirken, können Sulfide sein. Neben Kalziumsulfid und Eisensulfid kann in der reduzierenden Atmosphäre der Flamme vorübergehend auch Na_2S auftreten, was bisher allerdings noch nicht festgestellt worden ist. Falls es aber vorkommt, so verursacht es Schmelzen von 585 °C an.

Schließlich ist noch auf die Verbindungen zwischen Na_2O und SiO_2 hinzuweisen. Das sind die Wassergläser, die von 750 °C an in eutektische Schmelzen miteinander eintreten. Diese sind zu erwarten, wenn neben den Alkalien viel Sand in der Kohle enthalten ist.

Neben diesen Salzen und Wassergläsern, die niedrige Schmelzen miteinander eingehen, finden wir auch Mineralien, die trotz eines Gehaltes an Alkalien erst bei hoher Temperatur schmelzen. Das sind glimmerartige Tonmineralien, Feldspate usw. Solche Stoffe bilden sich auch im Feuer aus den anwesenden Komponenten, und hieraus ergibt sich die Möglichkeit, durch Beimischung von Ton das Alkali an diese anzuhängen und so unschädlich zu machen. Von den Tonkomponenten ist die Kieselsäure meist in überreicher Menge in Form von Quarzsand anwesend, während es an Tonerde, Al_2O_3, vielfach mangelt. Hiernach kann man eine salzhaltige Kohle durch Möllerung mit einer Erde, die viel Tonerde enthält, gutartiger machen. Hierzu kann man auch eine Kohle mit tonreicher Asche verwenden, die man mit der salzhaltigen Kohle mischt. Oder man findet vielleicht Schichten aus dem Abraum, die hierzu brauchbar sind. Versuche haben erwiesen, daß die Zugabe von Ton einen sehr günstigen Einfluß hat und die Betriebszeiten der Kessel erheblich verlängert.

Eine vollständige Beseitigung der Schwierigkeiten mit der Salzkohle wird durch die Möllerung jedoch nicht erreicht, und man muß bei ihrer Verbrennung damit rechnen, daß bei Temperaturen oberhalb 700 °C starke Verschlackungen auftreten. Deshalb sind besondere konstruktive und betriebliche Maßnahmen erforderlich, um für solche Anlagen erträgliche Betriebsverhältnisse zu erreichen.

In Steinkohlenaschen treten, wie röntgenspektroskopische Aufnahmen erwiesen haben, die Alkalien als Bestandteile glimmerartiger Tonmineralien auf. Da diese einen verhältnismäßig hohen Schmelzpunkt haben, verursachen derartige Aschen im allgemeinen keine besonderen Schwierigkeiten.

d) Zusammenfassung

Man unterscheidet im wesentlichen zwei Typen von Brennstoffaschen:

α) Aschen vom Steinkohlentyp aus den Feldern a und b, die sich in der Flamme chemisch nicht mehr wesentlich verändern. Sie zeigen in der zweiten Sinterstufe (Feld a) oder auch schon in der ersten Sinterstufe (Feld b) erste Schmelze. Je nach den physikalischen Bedingungen können sie schon bei dieser Temperatur vollständig zum Schmelzen kommen, oder es tritt noch einmal eine Verfestigung auf, so daß die Schmelze erst bei höherer Temperatur einsetzt. Jedenfalls muß bei diesen Aschen damit gerechnet werden, daß sie schon in der Eisenschmelze klebrig werden. Aus diesem Grunde sind im Allgemeinen Schmelzdiagramm in den Feldern a und b gestrichelte Kurven eingezeichnet, die die Temperatur der Eisenschmelze angeben. Bei der Kesselkonstruktion muß darauf geachtet werden, daß die Asche vor dem Eintritt in die Berührungsheizfläche des Kessels kälter ist als die Temperatur der Eisenschmelze.

β) In anderen Aschen, wie sie besonders in unseren Braunkohlen vorkommen (Felder c und e), treten in der Flamme Reduktionswirkungen ein, die zu der Bildung von Sulfiden führen. Im BUNTE-BAUM-Apparat werden diese lediglich durch Reduktion der Sulfate erzeugt. In

der Brennkammer aber bilden sie sich auch unmittelbar durch Reaktion von Aschenbestandteilen, wie z. B. Kalk, mit dem organischen Schwefel aus den Humaten der Kohlesubstanz.
Zu erwähnen sind besonders CaS und FeS, daneben auch MgS. Da der Kohlenstoff das hier
wirksame Reduktionsmittel ist, bilden sich die Sulfide in der leuchtenden Flamme selbst.

Daneben ist die Bildung des gasförmigen Siliziumsulfids besonders aus pyrithaltigen Kohlen
zu erwähnen, was besonders im Feld b zu erwarten ist.

e) Maßnahmen gegen die Kesselverschmutzung

Man muß nun im Betrieb anstreben, die gasförmigen und auch die festen Sulfide zu verbrennen, ehe die Asche in die Berührungsheizfläche des Kessels gelangt. Dadurch fallen dann
die Teilschmelzen fort, die durch die Sulfide verursacht werden, und die Asche wird dann verhältnismäßig gutartig. So finden wir im Feld e einen Rücken, auf welchem die Schmelztemperatur der Asche noch oberhalb von 1600 °C liegt. Dann ist es nicht notwendig, die Kessel
so zu bauen, daß die Temperatur der Teilschmelzen unterschritten wird, an denen die Sulfide
beteiligt sind, sondern man muß die Sulfide verbrennen; und dann gilt für die Konstruktion
des Kessels die Temperatur der Hauptschmelze, wie sie das Allgemeine Schmelzdiagramm in
diesen Feldern angibt, als Richtlinie für die Eintrittstemperatur der Asche in die Berührungsheizfläche des Kessels. Hierbei kann berücksichtigt werden, daß die Temperatur der Asche
etwas niedriger ist als die des Rauchgases, in dem sie schwimmt, denn die Abstrahlung der
Aschenteilchen, die etwa der schwarzen Strahlung entspricht, ist größer als die des Rauchgases, das nur bunt strahlt. Man darf annehmen, daß unter normalen Verhältnissen die Asche
um 50—100 grd kälter ist als das Rauchgas[1].

Als ein ausgezeichnetes Mittel zur Bekämpfung der Verschlackung und Verschmutzung der
Kessel hat sich die Anfeuchtung der Verbrennungsluft erwiesen. W. GUMZ[2] berichtet ausführlich über die Anwendung dieses Verfahrens in der Vergasungs- und Verbrennungstechnik
und bringt dann einige besonders eindrucksvolle Beispiele aus den USA. Sodann berichtet
K. SCHWARZ[3] über ähnliche Erfolge an deutschen Anlagen mit Wanderrosten, wo die Betriebszeit stark verschmutzender Anlagen durch die Anfeuchtung der Verbrennungsluft auf das
Zehnfache gesteigert werden konnte. Der Erfolg ist eindrucksvoll daran zu erkennen, daß
die Abgastemperatur im Dauerbetrieb nahezu konstant bleibt, während sie bei starker Verschmutzung natürlich sehr schnell auf untragbare Werte ansteigt.

Diese Wirkung der Luftfeuchte wird im allgemeinen auf die Herabsetzung der Verbrennungstemperatur durch den Wasserdampf zurückgeführt, so daß gewisse Stoffe, die sich erst bei
hoher Temperatur bilden können, überhaupt nicht in Erscheinung treten. Es ist aber auch zu
beachten, daß der Wasserdampf, sei es unmittelbar, sei es über Zwischenreaktionen, mit den
ungesättigten Verbindungen, insbesondere also mit SiS und SiO reagiert und diese Stoffe zerstört, wobei der frei werdende Wasserstoff ohne weiteres verbrennt. Auch GUMZ legt großen
Wert auf diese Überlegung. Danach ist die Anfeuchtung der Verbrennungsluft besonders wirksam bei pyrithaltigen Steinkohlen.

Daneben ist auch auf den günstigen Einfluß des Wasserdampfes auf die Verbrennung selbst
hinzuweisen. Man sollte die Anfeuchtung der Verbrennungsluft nicht nur zur Bekämpfung
der Verschlackung, sondern auch zur Verbesserung der Verbrennung, besonders bei Rostfeuerungen, einsetzen.

Abschließend zu diesem Abschnitt darf mitgeteilt werden, daß sich die hier vorgetragene
Theorie der Brennstoffaschen in der Praxis bewährt hat. Besonders die Untersuchung der

---

[1] Über die Ausscheidung von reinem Schwefel durch Einwirkung von CO auf SO_2 sowie die Bildung von
Schwefelsäure s. Abschn. III A 3, S. 37.

[2] GUMZ, W.: Nasse Verbrennung, Mitt. VGB **31**, 279—297 (1954). Dort auch umfangreiches Schrift-
tumsverzeichnis.

[3] SCHWARZ, K.: Versuche an Wanderrostkesseln mit befeuchteter Verbrennungsluft. Mitt. VGB **31**,
297—308 (1954).

Ansätze an vorhandenen Kesselanlagen, wie sie beispielsweise von SCHWARZ und MÜLLER-NEUGLÜCK veröffentlicht worden sind, haben die wissenschaftlichen Überlegungen sehr gut bestätigt.

4. Die Viskosität geschmolzener Schlacken

Zur Beurteilung der Frage, ob eine Kohle für die Verwendung in der Schmelzfeuerung geeignet ist, muß man die Viskosität der Schlacke kennen. Hierüber haben K. ENDELL und D. ZAULECK[1] eine ausführliche Forschungsarbeit durchgeführt, deren Ergebnis in folgender Zähigkeitskennziffer zusammengefaßt ist:

$$K_z = MgO + 0,5\,(aeq\ Fe_2O_3 + CaO) \text{ in Gewichtsprozenten}. \tag{13}$$

Diese Ziffer soll mindestens folgende Werte haben:

Temperatur der Schlackenoberfläche °C	K_z
1600	8
1500	9,5
1400	11,5

Wenn man vorsichtig rechnet und sicher gehen will, daß auch bei Teillast die Kammer nicht einfriert, wird man hiernach verlangen, daß das K_z der Brennstoffasche etwa ≥ 10 sein muß.

Hierbei ist angenommen, daß eine obere Viskositätsgrenze von 250 Poise ($= \text{p/cm} \cdot \text{sek}$) zugelassen werden kann. Die genannten Werte werden von ENDELL als Richtlinien bezeichnet, deren Brauchbarkeit in der Praxis noch erwiesen werden muß.

Bemerkenswert ist das Auftreten sogenannter kurzer Schlacken. Das sind solche, die bei sinkender Temperatur plötzlich auskristallisieren und infolgedessen bei Teillast leicht zu einem Einfrieren der Schmelzkammer führen können. Als solche sind besonders eisenoxyd- und kalkreiche, aber SiO_2-arme Schlacken bekannt. Alle anderen Schlacken, deren Viskosität mit fallender Temperatur langsam ansteigt, werden als lange Schlacken bezeichnet. Da die Steinkohlenschlacken meistens unter diesen Begriff fallen, kann die Schmelzfeuerung für viele Steinkohlen verwendet werden.

Neben der Viskosität interessiert natürlich auch die Schmelztemperatur der Schlacken selbst. Diese kann aus dem Allgemeinen Schmelzdiagramm entnommen werden, das die Temperatur des Beginns der Gesamtschmelze angibt. Es sagt allerdings nichts darüber aus, ob der Körper bei dieser Temperatur schnell schmilzt oder welche weitere Steigerung der Temperatur nötig ist, um glattes Schmelzen zu erreichen. Manche BUNTE-BAUM-Kurven zeigen, daß der Körper bei steigender Temperatur verhältnismäßig langsam an Höhe verliert, und manche Aufnahmen im LEITZ-Mikroskop zeigen zwischen dem Halbkugelpunkt und dem Fließpunkt des Körpers noch eine erhebliche Temperaturspanne. Nach dem Aussehen der BUNTE-BAUM-Kurven kann man sagen, daß das Feld b für die Schmelzfeuerung am günstigsten ist, weil hier die Schlacken nach dem Erweichen der Schmelztemperatur sehr schnell ganz zusammensinken. Das gleiche trifft für eisenreiche Schlacken aus dem Feld a zu.

Schlacken aus dem oberen linken Rande des Feldes a werden nur durch Möllerung mit 2—3% Kalk zu beherrschen sein.

Bei Braunkohlen ist zu beachten, daß Aschen mit 5—15% Tongehalt und 10--20% Fe_2O_3 erst oberhalb 1500 °C schmelzen. Da bei vielen Braunkohlen eine solche Zusammensetzung der Asche gelegentlich vorkommen kann, ist bei der Anwendung der Schmelzfeuerung Vorsicht am Platze. In diesem Gebiet wird eine Möllerung mit Sand erforderlich sein; dadurch verschiebt man die Schlacke aus dem Feld e nach dem Feld c hin, wo man günstigere Verhältnisse antrifft.

E. Kohlensorten

Bei der Aufbereitung der Kohle werden die Kohlensorten hergestellt, die sich in der Korngröße und im Gehalt an Asche und Wasser voneinander unterscheiden. Für die deutschen Kohlenbezirke gilt folgende Einteilung:

---

[1] ENDELL, K., u. D. ZAULECK: Beziehungen zwischen chemischer Zusammensetzung und Zähigkeit flüssiger Kohlenschlacken in Schmelzkammerfeuerungen. Bergbau- und Energiewirtschaft **3**, 42—50 und 70—73 (1950). J. ENDELL: Kohlenaschen, ein Rohstoff für die Industrie der Steine und Erden. Tonind.-Ztg. **74**, 1—7 (1950).

a) **Förderkohle.** Dies ist eine Kohle sehr unterschiedlicher Stückgröße, wie sie für Lokomotiven und Schiffe zur Verfügung gestellt wird. Für stationäre Kesselanlagen wird sie auf eine Korngröße bis höchstens 30 mm vorgebrochen.

b) **Nußkohle**[1]**.** Man unterscheidet die Sorten Nuß I bis Nuß V nach Tab. 3. Von diesen kommen für industrielle Anlagen nur die Sorten III bis V in Frage.

c) **Feinkohle.** Die Feinkohlen werden in der Korngröße 0—10 mm geliefert. Daneben besteht noch eine Sorte mit der Körnung 0—6 mm, deren Verfeuerung auf Rosten verhältnismäßig unwirtschaftlich ist.

d) **Mittelprodukt.** Dies ist eine Abfallkohle, die bei der Aufbereitung anfällt und nur für die Verfeuerung in Zechenkraftwerken in Frage kommt, weil sie wegen ihrer geringen Qualität unverkäuflich ist. Ihre Körnung ist 0—30 mm und der Aschengehalt 10—40%. Auch der Wassergehalt ist mit 8—15% verhältnismäßig hoch.

Tabelle 3. *Kohlensorten*

Nuß	Körnung mm
I	50—80
II	30—50
III	18—30
IV	10—18
V	6—10

e) **Schlammkohle.** Dieses Produkt, das ebenfalls ein Abfall aus der Wäsche ist, besteht aus sehr feiner staubförmiger Kohle, die aber durch den hohen Wassergehalt von 15—25% Schlammcharakter besitzt. Der Aschengehalt ist 9—20%.

In den deutschen Bezirken gibt es auch noch andere Sorten, die in der Tab. 5 aufgeführt sind. In dieser findet man auch die böhmischen Braunkohlen, ferner Industriebriketts, Braunkohlenschwelkoks und Steinkohle-Koksgrus. Die Tabelle umfaßt alle Brennstoffe, die für Wanderrostfeuerungen in Betracht kommen.

Da der Aschen- und Wassergehalt der verschiedenen Kohlensorten verschieden ist, so ändert sich auch jedesmal der Heizwert, und es ist nicht zweckmäßig, Heizwerte beispielsweise für Nußkohle ganz allgemein anzugeben, denn es kommt darauf an, um welche Sorte es sich handelt. Auch ist es nicht zweckmäßig, die genauen Werte von Heizwertbestimmungen in Tabellenform aufzuführen, weil der Leser von der Genauigkeit der Zahlen keinen Vorteil hat, sondern wissen muß, in welchem Bereich der Heizwert der Kohlensorte etwa liegen kann. Deshalb sind in Tab. 5 die Heizwerte mit dem erforderlichen Spielraum angegeben. Dabei gehört die kleine Zahl zu der Kohle mit dem höheren Asche- oder Wassergehalt und die größere Zahl zu der Kohle mit dem geringeren Gehalt an Ballaststoffen. Wie man aus der Tabelle ersieht, sind die Heizwerte auch verschieden für die verschiedenen Kohlensorten und -arten. Sie sind für die hochinkohlten Gruppen am höchsten und nehmen mit zunehmendem Gasgehalt der Kohle ab.

F. Heizwerte natürlicher fester Brennstoffe

1. Holz

Für verschiedene Holzarten finden sich Angaben in der Literatur[2], die auf den oberen Heizwert bezogen sind. Hieraus kann man für den unteren Heizwert folgende Beziehungen aufstellen, wobei a und w den Gehalt an Asche und Wasser in dem betreffenden Holz darstellen:

$$H_u = H_{o \text{ (Reinkohle)}} \cdot (1 - (a + w)) - 600\, w. \tag{14}$$

Hieraus ergeben sich dann folgende Zahlen für verschiedene Holzsorten:

Ulme	$H_u = 4420 - 5020\, w$
Buche	$H_u = 4460 - 5050\, w$
Eiche	$H_u = 4355 - 4950\, w$
Esche	$H_u = 4390 - 5000\, w$
Fichte	$H_u = 4750 - 5350\, w$

Die Mechanische Prüfungsanstalt in Stockholm[3] gibt folgende Formel an, die sich besonders auf Prüfergebnisse an Nadelhölzern stützt:

$$H_u = 4590 - 5190\, w. \tag{15}$$

---

[1] Vgl. Ruhrkohlenhandbuch, 4. Aufl. Essen: Verlag Glückauf 1957.
[2] HELLMANS, T. N.: Wärme-Techn. (Holland) **12**, 31—35 (1941).
[3] HAKANSON, H., u. H. LUNDBERG: Ing. Vetensk. Akad. Handl. Nr. 17 und M. T. LINDHAGEN: Ing. Vetensk. Akad. Medd. Nr. 25.

Für den Wassergehalt können folgende Zahlen angenommen werden:

für frisches Holz	$w = 0,40{-}0,50$
für lufttrockenes Holz	$w = 0,10{-}0,15$
für Stubben	$w = 0,10{-}0,12$

Der Aschengehalt des Holzes ist in den obigen Gleichungen mit 0,5% berücksichtigt. Der Gehalt an flüchtigen Bestandteilen ist 70—78%, bezogen auf Reinkohle. Der höchste Kohlensäuregehalt ist 20,2—20,9%.

2. Torf

Der obere Heizwert der aschenfreien Torftrockensubstanz wird wie folgt angegeben:
1. Hochmoortorf. 5300—5700 für älteren Moostorf, 4500 für jüngeren Moostorf.
2. Niederungstorf. 4000—4250 für Schilf- und Seggentorf sowie Bruchwaldtorf.

Der Wassergehalt des frischen Torfes liegt bei 84—90%, der des abgepreßten Torfes bei 75—80% und der des lufttrockenen Torfes bei 18—25%.

3. Braunkohle

Für die deutschen Rohbraunkohlen gelten die Zahlen der Tab. 4.

Tabelle 4. *Kennzahlen deutscher Rohbraunkohlen*

Fundort	Flüchtige Bestandteile der wasser- und aschefreien Substanz in %	CO_2 max %	Asche %	Wasser %	Unterer Heizwert kcal/kp
Helmstedt.	50—55	19,1	5— 7	45—47	2800—3100
Hessen-Nassau	51—56	19,3	5— 6	48—51	2400—2600
Halle-West	57—60	19,0	5— 7	48—52	2700—2800
Thüringen-Zeitz	56—60	18,8	5— 7	48—52	2500—2700
Bitterfeld-Golpa	55—60	19,1	5— 7	48—52	2400—2600
Niederlausitz	56—62	19,5	3—11	49—55	2000—2300
Niederbayern	50—55	19,2	10—14	44—45	2200—2600
Oberpfalz	52—56	19,1	7—12	52—55	1700—2100
Niederrhein	53—60	19,8	2— 3	56—62	1750—2100

4. Steinkohle, Glanzbraunkohle, Briketts und Koks

Hierfür gilt die Tab. 5. Man sieht hieraus, wie sich der Heizwert nicht nur mit der Kohlenart, sondern auch mit der durch die Aufbereitung bedingten Sortierung verändert. Ferner erkennt man, welcher Kohlentyp in den einzelnen Bezirken vorkommt.

Die Schwankungen im Heizwert sind verhältnismäßig groß, da Wasser- und Aschengehalt stark streuen.

Für Koks und Koksgrus läßt sich wieder eine Formel aufstellen, da der Heizwert des Reinkoks-Kohlenstoffes mit 7934 kcal/kp bekannt ist. Rechnet man den Wasserstoffgehalt der wirklichen Kokssubstanz mit etwa 1%, dann ergibt sich die Gleichung:

$$H_u = 7900 \cdot (1 - a) - 8500\, w \text{ kcal/kp}. \tag{16}$$

Diese Gleichung ist anwendbar für alle Koksarten vom hochwertigen Zechenkoks bis herunter zum minderwertigen Koksgrus.

An dieser Stelle sei auch der Ölschiefer erwähnt. Für estnischen Ölschiefer wird der untere Heizwert mit etwa 2550 kcal/kp angegeben. Deutscher Ölschiefer[1] aus der Grube Messel bei Darmstadt besteht zu 25% aus organischer Substanz, 35% aus Asche und 40% aus Wasser. Der Gehalt an flüchtigen Bestandteilen, bezogen auf Reinkohle, ist etwa 30%.

---

[1] BEYER, H. A.: Ölschiefer, Umschau **1954**, 483—485.

Tabelle 5. *Unterer Heizwert H_u kcal/kp mitteleuropäischer Kohlensorten (für Wanderrostfeuerungen)*

Kohlensorte	Körnung	Asche	Wasser	Koks	Anthrazit u. Magerkohle	Eßkohle	Fettkohle	Gaskohle	Gas-flammkohle	Sinterkohle	Glanzbraun-kohle	Braunk.-Briketts	Braunk.-Schwelkoks
Flücht. Bestandteile der Reinkohle %	—	—	—	1-8	6-14	14-19	19-28	28-35	35-40	40-50	44-54	40-50	10-20
Ruhr, Aachen, Saar, Oberschlesien													
Förderkohle	0-30 bis 30% unter 4	6-16	1-6	—	6400-7800	6400-7800	6400-7800	—	6300-7500	—	—	—	—
Eiformbriketts	—	6-10	1-2	—	7500-7900	7500-7900	—	—	—	—	—	—	—
Nuß III—IV	10-30	4-12	2-6	—	7000-7900	7000-7900	6700-7900	—	6500-7600	—	—	—	—
Nuß V	6-10	5-15	3-12	—	6100-7700	6100-7700	6000-7600	5800-7300	5700-7300	—	—	—	—
Feinkohle I	0-10	5-15	5-13	—	6900-7500	6100-7700	6000-7600	5600-7000	6400-7400	—	—	—	—
Feinkohle II	0-6	4-15	4-12	—	—	—	6000-7600	5600-7000	6400-7400	—	—	—	—
Mittelprodukt I	0-30	10-26	8-15	—	4400-6800	4400-6800	4300-6700	—	4800-6500	—	—	—	—
Mittelprodukt II	0-30	26-40	8-15	—	4300-5500	4300-5500	4000-5400	—	3800-5200	—	—	—	—
Schlammkohle	—	9-20	15-25	—	—	4500-6300	4400-6100	4200-5900	4200-5900	—	—	—	—
Niederschles. Feinkohle	0-10	6-16	3-10	—	—	—	—	5700-7300	—	—	—	—	—
Sächsische Waschklarkohle	3-8 0-8 0-3	6-16 6-16 6-16	8-17 8-17 8-17	—	—	—	—	{5200-6800}	—	—	—	—	—
Oberbayr. Nußkohle	6-25	9-14	9-16	—	—	—	—	—	—	5000-5400	—	—	—
Oberbayr. Waschgries	1-6	10-15	10-20	—	—	—	—	—	—	4700-5100	—	—	—
Böhm. Nußbraunkohle	8-20	2-10	15-40	—	—	—	—	—	—	3400-5900	—	—	—
Böhm. Klarkohle	0-10	4-12	25-35	—	—	—	—	—	—	3500-4500	—	—	—
Rhein. Ind.-Briketts	60 ⌀ 40 lg.	4-14	12-21	—	—	—	—	—	—	—	4100-5400	—	—
Mitteld. Ind.-Briketts	50-70 ⌀ 30-60 lg.	4-14	12-21	—	—	—	—	—	—	—	4100-5400	—	—
Braunkohlen-Schwelkoks	40-50 30-40 20-30 20 } % unter 1 mm	14-22 14-22 14-22 14-22	8-30 8-30 8-30 8-30	—	—	—	—	—	—	—	—	—	{3500-5800}
Koksgrus I	0-10	7-14	9-15	5500-6600	—	—	—	—	—	—	—	—	—
Koksgrus II	0-10	14-20	15-20	4500-5500	—	—	—	—	—	—	—	—	—
k_{max} %	—	—	—	20,6	19,7	19,1	18,75	18,7	18,75	19,0	18,6	18,6-19,7	20,0

5. Verschiedene Brennstoffe

Neben den oben genannten Brennstoffen kommen gelegentlich auch Abfallprodukte für die Verfeuerung unter Dampfkesseln in Frage, die aus verschiedenen Industrien, insbesondere aus der Nahrungsmittelindustrie, stammen.

Bei der Rohrzuckerindustrie fällt als Abfall das ausgepreßte und auf 0—20 cm Länge zerkleinerte Zuckerrohr, Bagasse genannt, an, dessen Heizwert[1] mit der Formel

$$H_u = 4250 - 4850\,w \tag{17}$$

gut erfaßt wird. Dabei ist ein Durchschnitt von 93,5% Fiber, 3% Zucker, 1% Glykose und 2,5% Asche angenommen. Die Trockensubstanz einer solchen Bagasse hat folgende Zusammensetzung:

$$
\begin{array}{ll}
\text{C} & 47,0\% \\
\text{H}_2 & 6,5\% \\
\text{O}_2 & 44,0\% \\
\text{Asche} & 2,5\%.
\end{array}
$$

Sie enthält etwa 80% flüchtige Bestandteile, das k_{max} ist etwa 20%.

Für Palmölabfälle wird angegeben:

$$H_u = 4450\ \text{Trockensubstanz} + 4950\ \text{Tripalmitin}\ (C_{51}H_{98}O_6) - 600\,w. \tag{18}$$

Hieraus errechnet sich für die Pulpe mit 75% Trockensubstanz ein unterer Heizwert von etwa 3200 kcal/kp. Das k_{max} ist 19,6%.

Für Nußschalen findet man einen unteren Heizwert von etwa 4000 kcal/kp bei einem Wassergehalt von 12%, hier beträgt das k_{max} 20,9%.

Ferner nennen wir noch

$$
\begin{array}{lll}
\text{gepreßte Lohe} & H_u = 1300\ \text{kcal/kp}, & k_{max} = 20,1\ \% \\
\text{getrocknete Lohe} & H_u = 3000\ \text{kcal/kp}, & k_{max} = 20,3\ \%.
\end{array}
$$

G. Künstliche Brennstoffe

1. Künstliche feste und flüssige Brennstoffe

Über die Entstehung und Zusammensetzung sowie den Heizwert der künstlichen Brennstoffe gibt die Tab. 6 Auskunft. Hier sind auch die flüssigen Brennstoffe mit aufgeführt.

Aus dieser Aufstellung kann man ersehen, wie durch Erwärmen der Kohle unter Luftabschluß bei verschiedenen Temperaturen verschiedene künstliche Brennstoffe entstehen. Zunächst ist die Holzkohle zu erwähnen, die durch Verkoken von Holz in Meilern bei 500—800 °C unter Luftabschluß entsteht.

Bei der Erwärmung der Braunkohle auf 300—350 °C unter Luftabschluß (Karburierung) entsteht ein Brennstoff, den man mit Karbozit bezeichnet. Dieser hat einen Heizwert von etwa 6300 kcal/kp.

Geht man mit der Erwärmung auf 450—500 °C (Schwelung), so erhält man Schwelkoks oder Grudekoks, der je nach seinem Aschengehalt im Heizwert zwischen 3500 und 6000 kcal/kp schwankt. Dieser Schwelkoks enthält noch 7—15% flüchtige Bestandteile in der Reinkohle.

Durch Schwelung von Steinkohle bei der gleichen Temperatur entsteht der Steinkohlen-Schwelkoks mit etwa 10% flüchtigen Bestandteilen und einem Heizwert von etwa 7500 kcal/kp.

Treibt man die Temperatur auf 800—1200 °C, so entsteht Zechenkoks oder Gaskoks je nach der verwendeten Kohle. Zechenkoks entsteht aus der Fettkohle und der Gaskoks aus der gasreichen Abart der Fettkohle, der Gaskohle; daher führt die Fettkohle auch die Bezeichnung Kokskohle.

In der Tab. 6 findet man ferner die flüssigen Brennstoffe Masut oder Pakura, die aus der Erdöldestillation gewonnen werden, und das aus der Steinkohlendestillation stammende Steinkohlenteeröl.

Schließlich sind noch die Preßkohlen mit den wichtigsten Angaben aufgeführt.

---

[1] MICHEL, F.: Bagassefeuerungen, BWK 7, 102—107 (1955).

Tabelle 6. *Künstliche feste und flüssige Brennstoffe*

Brennstoff	Entstehungsart	Zusammensetzung %		Unt. Heizwert H_u kcal/kp	Flüchtige Bestandteile der Reinkohle %	CO_2 max %
Holzkohle	Verkoken von Holz im Meiler bei 500–800 °C unter Luftabschluß	$c = 86$–90 $h = 3$ $o + n = 7$–10	$a = 2$–3 $w = 3$–6	~ 7000	12–18	$\sim 20{,}5$
Karbozit	Karburierung der Braunkohle bei 300–350 °C unter Luftabschluß	Beispiel: $c = 69{,}5$ $h = 4$ $s = 1$	$o + n = 14$ $a = 5$ $w = 6{,}5$	~ 6300	hoch	19,5–20
Schwelkoks und Grudekoks	Schwelung der Braunkohle bei 450–500 °C unter Luftabschluß	$c = 60$–65 $h = 2{,}5$–3 $s = 0{,}5$–$1{,}5$	$o + n = 7$–10 $a = 12$–24 $w = 8$–30	3500–6000	7–15	~ 20
Steinkohlen-Schwelkoks	Schwelung nicht backender Steinkohlen bei 450 bis 500 °C unter Luftabschluß	$c = 80$–85 $h = 2{,}5$–3 $s = 0{,}5$–1	$o + n = 5$–6 $a = 6$–10 $w = 0{,}6$	~ 7500	~ 10	~ 19
Zechenkoks	Verkokung backender Fettkohlen bei 850–1200 °C unter Luftabschluß	$c = 86$–90 $h = 0{,}3$–$0{,}4$ $s = 0{,}5$–$0{,}8$	$o + n = 1{,}4$–2 $a = 6$–10 $w = 3$	~ 7000	1–2,5	20,7
Koksgrus	Verkokung backender Fettkohlen bei 850–1200 °C unter Luftabschluß	$c = 86$–90 $h = 0{,}3$–$0{,}4$ $s = 0{,}5$–$0{,}8$	$o + n = 1{,}4$–2 $a = 7$–10 $w = 7$–20	4500–6000	1–3	20,7
Gaskoks	Verkokung backender Gaskohlen bei 850–1200 °C unter Luftabschluß	$c = 84$–88 $h = 0{,}3$–$0{,}4$ $s = 0{,}5$–$0{,}8$	$o + n = 1{,}4$–2 $a = 6$–10 $w = 4$–9	~ 7000	0,5–1	20,6
Masut / Fuel Oil / Pakura } flüssig	Destillation von Erdöl $\gamma = 0{,}91$–$0{,}97$	$c = 88$ $h = 12$	$a = $ Spuren $w = 0$–$0{,}5$	9500 bis 10000	88–99	~ 19
Steinkohlen-Teeröl . .	Destillation der Steinkohle $\gamma = 1{,}04$–$1{,}08$	$c = 88$–90 $h = 7$–8	$w = 0{,}5$	8950–9300	96–99	~ 19
Hausbrandbriketts $183 \times 60 \times 40$ mm	Brikettierung der Braunkohle. Gewicht 0,5 kp	Je nach der verwendeten Braunkohle	$a = 4$–14 $w = 10$–18	4700–5100	45–50	~ 19
Industriebriketts 60×40 mm, eiförmig	Brikettierung der Braunkohle. Gewicht 0,17 kp	Je nach der verwendeten Braunkohle	$a = 4$–14 $w = 10$–18	4700–5100	45–50	~ 19
Steinkohlenbriketts 60×40 mm, eiförmig und andere	Brikettierung des Eßkohle	$c = 78$–81 $h = 3$–$4{,}5$ $s = 0{,}5$–$1{,}5$	$o + n = 5$–7 $a = 7$–9 $w = {<}\,2$	7700	15–22	~ 19

2. Künstliche gasförmige Brennstoffe

Die brennfähigen Gase, die für Kesselfeuerungen in Frage kommen, entstehen entweder durch Entgasung von Kohle oder durch die Vergasung von Brennstoffen mit Wasserdampf oder mit Luft (Tab. 7). Bei der Entgasung ohne Luftzufuhr entstehen Brenngase von hohem Heizwert, für die auch die Bezeichnung Reichgase eingeführt worden ist. Diese Gase werden durch Schwelung oder Verkokung erzeugt, wie im vorigen Abschnitt schon erwähnt wurde.

Die wichtigsten Gasarten sind:

a) Koksofengas, das vom Ruhrgebiet aus unter dem Namen Ruhrgas durch Fernleitungen in weit entfernte Städte zum Verbrauch geleitet wird.

b) Stadtgas. Dies ist ein Mischgas aus Koksgas und Schwelgas, das in den Gasanstalten der Städte erzeugt wird. Es trägt auch den Namen Leuchtgas. Eine besondere Abart davon ist das entgiftete Stadtgas, in welchem der Kohlenoxydgehalt fast bis auf den Wert 0 herabgesetzt ist. An seiner Stelle ist der Wasserstoffgehalt entsprechend höher.

c) Steinkohlen-Schwelgas. Dies ist ein sehr hochwertiges Gas mit einem Heizwert von über 7400 kcal/Nm³. Es enthält verhältnismäßig viel schwere Kohlenwasserstoffe.

d) Daneben ist das Braunkohlen-Schwelgas zu erwähnen. Hier ist der Gehalt an Kohlenwasserstoffen wieder viel geringer und der CO-Gehalt besonders hoch.

e) Durch Vergasen von Kohle mit Wasserdampf entsteht Wassergas. Da auch hier keine Luft als Vergasungsmittel verwendet wird und infolgedessen kein zusätzlicher Stickstoff in das Gas hineinkommt, besitzt das Wassergas noch einen verhältnismäßig hohen Heizwert mit etwa 2500 kcal/Nm³.

f) Daneben wird in Oberschlesien unter dem Namen Doppelgas ein Wassergas erzeugt, das infolge eines höheren Methangehaltes im Heizwert höher liegt als das gewöhnliche Wassergas.

g) Wird als Vergasungsmittel Luft verwendet, die große Mengen von Stickstoff in das Gas hineinbringt, so entstehen die Armgase. Hier unterscheiden wir das gewöhnliche Generatorgas mit etwa 1200 kcal/Nm³ und das aus dem Hochofenbetrieb anfallende Gichtgas mit etwas über 1000 kcal/Nm³.

Tabelle 7. *Gasförmige Brennstoffe*

	Bezeichnung	Mol. Gewicht	Spez. Gewicht kp/Nm³	Beispiel einer Zusammensetzung in %									Unterer Heizwert kcal/Nm³ H_u	CO_2 max %
				CO	H_2	CH_4	C_2H_6	C_2H_4	H_2S	CO_2	N_2	O_2		
Ent-gasung	Koksofengas (Ruhrgas)	10,95	0,4883	5,4	56,8	23,9	—	1,6	—	2,2	9,3	0,4	4029	10,03
	Stadtgas (Mischgas) .	13,22	0,5912	21,5	51,5	17,0	—	2,0	—	4,0	4,0	—	3713	13.78
	Stadtgas (entgiftet) .	11,48	0,5145	1,0	63,6	17,6	—	1,9	—	13,2	2,7	—	3442	11,38
	Steinkohlen-Schwelgas	17,72	0,8598	3,2	23,8	46,1	13,6	0,8	—	4,5	5,0	0,5	7415	12,36
						+ 2,5% schwere Kohlenwasserstoffe								
	Braunkohlen-Schwelgas	33,33	1,5994	13,6	5,5	11,9	5,2	6,1	6,0	43,6	2,9	0,8	3582	15,45
Vergasung — mit H_2O	Wassergas	15,77	0,7047	40,0	50,0	0,3	—	—	—	5,0	4,7	—	2519	20,48
	Doppelgas (aus OS.-Steinkohle) . .	23,88	1,0682	37,3	47,8	6,7	—	1,2	—	3,4	3,5	0,1	3100	18,01
mit Luft	Armgase: Generatorgas (Koks) .	25,92	1,1574	29,0	11,0	0,3	—	—	—	5,0	54,7	—	1184	20,60
	Gichtgas	28,82	1,2874	31,0	2,3	0,3	—	—	—	9,0	57,4	—	1021	24,78

Tabelle 8. *Heizwerte der Brenngasbestandteile*

Bezeichnung	Name	Unterer Heizwert kcal/Nm³
CO	Kohlenoxyd	3020
H_2	Wasserstoff	2570
CH_4	Methan	8550
C_2H_6	Äthan	15370
C_2H_4	Äthylen	14320
H_2S	Schwefelwasserstoff	5660

In der Tab. 7 ist auch der Wert von k_{max} angegeben, und man sieht, wie stark diese Zahlen infolge der unterschiedlichen Anwesenheit von Wasserstoff in den Brenngasen streuen.

Will man den unteren Heizwert eines Brenngases aus der Analyse berechnen, so sind die Werte der Tab. 8 zu benutzen.

H. Zündtemperatur, Zündgeschwindigkeit

Unter der Zündtemperatur versteht man diejenige Temperatur, bei der die durch Reaktion entwickelte Wärmemenge größer ist als die in derselben Zeit durch Strahlung abgegebene. Sie ist ein Maß für die Reaktionsfähigkeit des Brennstoffes. W. H. FRITSCH[1] definiert in diesem Sinne die Zündtemperatur als den Wendepunkt der Temperaturzeitkurve, die zur Bestimmung der Reaktionsfähigkeit aufgenommen wird. Er findet in einer breit angelegten theoretischen Untersuchung eine Abhängigkeit der Zündtemperatur von zwei Reaktionskonstanten A und B. Sein Gedankengang ist etwa folgender:

Wenn D die Diffusionskonstante für ein Gasgemisch, z. B. für ein Gemisch aus O_2 und CO_2 in m²/h und d der Durchmesser des Brennstoffkorns ist, dann läßt sich eine dimensionslose Kennzahl Φ durch folgende Gleichung definieren:

$$\Phi = \varphi \, \frac{d}{D}. \tag{19}$$

Der Faktor φ kann als chemische Stoffübergangszahl bezeichnet werden und hat die Dimension m/h. Für die Reaktionskonstante Φ findet man nun eine Gleichung:

$$\Phi = e^{A - \frac{B}{T}}, \tag{20}$$

für die sich eine zweite Beziehung aus einer Aufstellung der Wärmebilanz für die Oberfläche des Körpers für den Fall ergibt, daß ihre Temperatur konstant bleiben soll. So gelingt es, die

Tabelle 9. *Berechnung der Zündtemperatur*

	Flüchtige Bestandteile	A	B	Zündtemperatur	
				errechnet	gemessen
	%	—	°K	°C	°C
Gaskohle	35	3,92	1650	210	214—230
Fettkohle	25	4,4	2200	257	243—248
Eßkohle	16	5,43	3050	261	260
Magerkohle.	11	6,8	4300	354	339

Über die Größen A und B gibt auch die Abb. 14 Auskunft.

Größe Φ zu eliminieren und für den Zusammenhang zwischen A, B und der Temperatur folgende einfache Gleichung zu formulieren:

$$T_z = \frac{B}{A - \ln\left(\dfrac{T_z}{T_G} - 1\right) - C} \tag{21}$$

Hier ist

T_z die Zündtemperatur des Brennstoffteilchens in °K,

T_G die Temperatur des umgebenden Gases in °K,

C eine von der Versuchsanordnung abhängige Konstante.

Hiernach errechnet FRITSCH die Zündtemperaturen, die in der Tab. 9 angegeben sind.

W. HACK[2] macht noch darauf aufmerksam, daß die Zündtemperatur nicht nur von dem Gehalt eines Brennstoffes an flüchtigen Bestandteilen abhängig ist, sondern auch noch von der absoluten Menge des Brennbaren in den

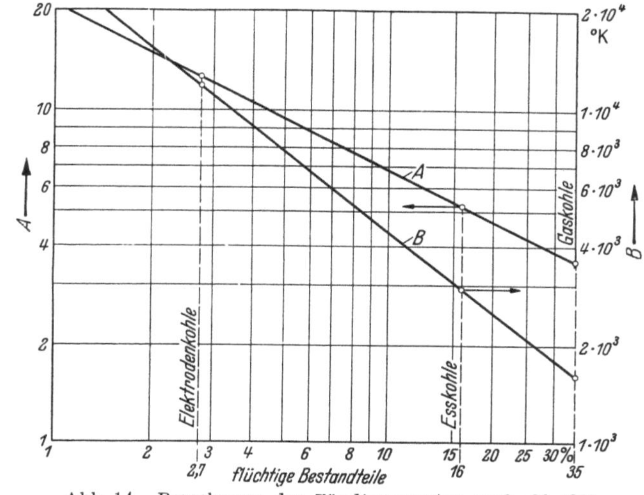

Abb. 14. Berechnung der Zündtemperatur nach Gl. (21)

[1] FRITSCH, W. H.: Schnelle Verbrennung fester Brennstoffe, Vortrag gehalten vor der Technischen Kommission des Wasserrohrkessel-Verbandes im März 1951.
[2] HACK, W.: Diss. Berlin 1931. Brennstoff-Chemie **13**, 361—364 (1932).

flüchtigen Bestandteilen. Wenn diese verhältnismäßig viel Sauerstoff enthalten, so liegt die Zündtemperatur niedriger als bei solchen Brennstoffen, deren flüchtige Bestandteile in der Hauptsache aus Kohlenwasserstoffen bestehen.

Über gemessene Zündtemperaturen fester, flüssiger und gasförmiger Brennstoffe gibt die Tab. 10 Auskunft. Hierbei ist zu bemerken, daß es sich nur um Anhaltszahlen handeln kann, da die Reaktionsfähigkeit auch von dem Wassergehalt des Brennstoffes, der Temperatur der Umgebung, den Abstrahlungsverhältnissen, der Luftgeschwindigkeit und ähnlichen Faktoren abhängt und man nicht beurteilen kann, inwieweit bei den verschiedenen Versuchen die äußeren Bedingungen verschieden waren.

Tabelle 10. *Zündtemperaturen in Luft*

Brennstoff	Zündtemperatur °C	Brennstoff	Zündtemperatur °C
a) feste Brennstoffe		b) flüssige Brennstoffe	
lufttrockener Torf	225—280	Heizöl	212
Rohbraunkohle	230—240	Braunkohlenteeröl	260
Braunkohlen-Schwelkoks . .	300—400	Steinkohlenteeröl	315
Böhmische Braunkohle . . .	208—218		
Gasflammkohle (O. S.) . . .	214—230		
Fettkohle (Ruhr)	243—248	c) gasförmige Brennstoffe	
Eßkohle (Ruhr).	260	Wasserstoff	510
Magerkohle (Ruhr)	339	Methan	645
Ruß	370—440	Äthan	530
Steinkohlen-Schwelkoks . . .	395—420	Äthylen	540
Hoch-Temperatur-Koks . . .	600	Acetylen	335
Hüttenkoks	600—750	Propan	510
Graphit	700—850	Kohlenoxyd	630—715
weiche Holzkohle	250—300	Leuchtgas	560
harte Holzkohle	300—450	Schwefelwasserstoff	290

Neben der Zündtemperatur interessiert bei Gasen noch besonders die Zündgeschwindigkeit. Hierunter versteht man die Verbrennungsgeschwindigkeit in einem laminar strömenden Gas-luftgemisch.

Aus den Zahlen der Tab. 11 kann man ersehen, daß die Verbrennung eines Gases in Anwesenheit einer ausreichenden Luftmenge nicht aufzuhalten ist, sobald die Zündtemperatur erreicht wird. Man hat hieraus den bekannten Satz abgeleitet: ,,Gemischt ist verbrannt''. Man sieht allerdings aus der letzten Tabelle, daß dieser Satz besonders für Wasserstoff und wasserstoffreiche Gase gilt, während die Zündgeschwindigkeit von Kohlenoxydgas doch verhältnismäßig niedrig liegt. Für die Umstände, die in Kesselfeuerungen gegeben sind, ist aber die Zündung und Verbrennung der Gase kein Problem, wenn nur, was manchmal nicht ganz einfach ist, eine ausreichende Versorgung des Gases mit Luft zu dem Zeitpunkt gewährleistet ist, an welchem die Verbrennung stattfinden soll. Auch muß die Zündtemperatur an der Stelle vorhanden sein, was oft über einem frisch überschütteten Brennstoffbett nicht der Fall ist.

Tabelle 11. *Höchste Zündgeschwindigkeit von Brenngasen mit Luft* (m/s)

Wasserstoff.	2,67
Kohlenoxyd	0,33
Methan	0,35
Acetylen.	1,31
Propan	0,32
Wassergas	1,60
Stadtgas	0,64

I. Schüttgewicht und Schüttwinkel fester Brennstoffe

Für den Transport von festen Brennstoffen werden im folgenden einige Angaben gemacht. Wichtig ist zunächst das Schüttgewicht in kp/m^3, damit man berechnen kann, welche Brennstoffmengen beispielsweise in Bunkern unterzubringen sind. Ferner ist es aber auch notwendig, den Schüttwinkel in Grad zu kennen, weil es bei ungeschickter Ausführung der Bunker- und

Transportanlagen leicht vorkommt, daß der Brennstoff nicht nachrutscht, wenn die Bunkerwände oder die Neigung von Schurren zu flach ausgeführt werden. Die in der Tab. 12 angegebenen Zahlen sind ungenau, weil der Schüttwinkel sehr stark von dem Feuchtigkeitsgehalt des Brennstoffgutes abhängt. Sie geben aber doch einen gewissen Anhalt.

Tabelle 12. *Schüttgewicht und Schüttwinkel fester Brennstoffe*

Brennstoff	Schüttgewicht kp/m³	Schüttwinkel Grad
Scheitholz	320—400	
Torf, lufttrocken	325—410	
Torf, feucht	550—650	
Rohbraunkohle, stückig, lufttrocken	ca. 700	35—42
Braunkohlen-Briketts, geschüttet	ca. 800	ca. 30
Steinkohle[1]		
Förderkohle	850—890	
Stückkohle	770—810	
Nuß 1 und 2	740—780	
Nuß 3, 4 und 5	720—750	25—33
Gewaschene Feinkohle	820—860	40—50
Ungewaschene Feinkohle	900—950	40—50
Staubkohle	500—650	ca. 25
Nasse Schlammkohle	ca. 1400	0
Koksgrus	700—760	25—30
Eiformbriketts	740—780	
Stückbriketts, gestapelt oder gepackt	980—1080	
Stückbriketts geschüttet	700—800	
Flugasche	ca. 1100	45—60

III. Verbrennung

A. Verhalten der Brennstoffbestandteile

1. Kohlenstoff

Unter Verbrennung versteht man die Verbindung der Brennstoffbestandteile mit Sauerstoff. In technischen Feuerungen wird hierzu der Sauerstoff der Luft benutzt. Bei der Betrachtung der Verbrennung von Kohlenstoff ist zu beachten, daß dieser nicht nur ein Brennstoff, sondern auch ein starkes Reduktionsmittel ist. Da auch bei der Reduktion Kohlenstoff verbraucht wird, wird durch sie die feste Phase des Kohlenstoffs aufgelöst, ohne ihn zu verbrennen. Dies führt zur Vergasung der Kohle.

Diese Reaktion wird am einfachsten durch die BOUDOUARDsche Gleichung dargestellt:

$$C + CO_2 \rightleftarrows 2CO, \tag{22}$$

wonach der Kohlenstoff nicht unmittelbar verbrennt, sondern zuerst durch Kohlendioxyd abgebaut wird; dann erst verbrennt das gebildete CO nach der Gleichung:

$$2CO + O_2 \rightleftarrows 2CO_2. \tag{23}$$

Bei der ersten Reaktion wird Wärme verbraucht. Die Wärmetönung Q_M, bezogen auf die in kmol gerechneten Mengen, ist

$$Q_M (C + CO_2 - 2CO) = -38200 \ \text{kcal/kmol}, \tag{24}$$

bei der zweiten Reaktion wird Wärme frei, nämlich

$$Q_M (2CO + O_2 - 2CO_2) = 135200 \ \text{kcal/kmol}. \tag{25}$$

---

[1] z. T. nach Ruhrkohlen-Handbuch, 4. Aufl. Essen: Verlag Glückauf 1954.

Für die Summenformel

$$C + O_2 = CO_2 \tag{26}$$

ergibt sich

$$Q_M (C + O_2 - CO_2) = 97000 \text{ kcal/kmol}. \tag{27}$$

Bezieht man die Wärmetönung auf das eingebrachte Gewicht Kohlenstoff, $Q_{G,C}$, so ist

$$Q_{G,C} (C + O_2 - CO_2) = \frac{97000}{12,01} = 8080 \text{ kcal/kp C}, \tag{28}$$

hier ist 12,01 das Molekulargewicht von Kohlenstoff.

Ferner ist die heterogene Wassergasreaktion zu beachten, wonach die feste Phase des Kohlenstoffs auch durch Wasser abgebaut wird; sie lautet

$$C + H_2O \rightleftarrows CO + H_2 \tag{29}$$

mit der Wärmetönung

$$Q_M (C + H_2O - CO - H_2) = -28200 \text{ kcal/kmol}. \tag{30}$$

Anschließend verbrennen CO und H_2 in der Gasphase. Die Verbrennungsgleichung für CO wurde bereits genannt (Gl. (23)), die für H_2 lautet

$$2 H_2 + O_2 = 2 H_2O \tag{31}$$

mit der Wärmetönung (unterer Heizwert)

$$Q_M (H_2 + {}^1/_2 O_2 - H_2O) = 57600 \text{ kcal/kmol}. \tag{32}$$

Als Summenformel erhalten wir wieder Gl. (26) mit der Wärmetönung von 97000 kcal/kmol.

Nach diesen Ausführungen geht die Verbrennung von Kohlenstoff zu Kohlendioxyd immer über die Vergasung. S. TRAUSTEL[1] begründet dies damit, daß sich an der Brennstoffoberfläche eine laminare Gasschicht ausbildet, durch die hindurch CO_2 auf den Brennstoff zu diffundiert und so mit dem Kohlenstoff zur Reaktion kommt, während das gebildete CO nach außen hin diffundiert, wo es auf freien Luftsauerstoff stößt, mit dem es verbrennt. Die Funktion von CO_2 kann auch von H_2O übernommen werden. Die laminare Schicht kann jedoch durch starkes Anblasen der Kohle mit Luft so dünn werden, daß man praktisch von der unmittelbaren Verbrennung des Kohlenstoffs sprechen kann. Auch bei der Zündung von Kohlenstoff ist ein ähnlicher Vorgang anzunehmen, da ja vor der Zündung die feste Phase nicht von inerten Gasen, sondern von Luft umhüllt ist.

Die Gleichgewichtsverhältnisse an der Kohlenoberfläche sind stark von der Temperatur abhängig. So führt FISCHBECK[2] aus, daß zwischen 900 und 1200 °C die Verbrennungsreaktion von Kohlenstoff nach folgendem Schema verläuft:

$$4C + 3O_2 = 2CO_2 + 2CO; \tag{33}$$

und für den Temperaturbereich oberhalb 1200 °C wird angegeben

$$3C + 2O_2 = CO_2 + 2CO. \tag{34}$$

Diese Zusammenhänge kann man an Hand der Gleichgewichtskonstanten der verschiedenen Reaktionen noch genauer verfolgen. Für den Feuerungsbau und -betrieb jedoch genügt es, zu wissen, daß die Verbrennung von Kohlenstoff mit der Reduktion von Oxyden aufs engste gekoppelt ist. Letztere beschränkt sich nicht nur auf Kohlendioxyd und Wasser, sondern betrifft auch, wie in Abschn. II D gezeigt wurde, die Bestandteile der Asche, wie Fe_2O_3, $CaSO_4$ u. a. Dabei fällt auf, daß sich jedes Kohlenstoffatom mit einem Sauerstoffatom zu CO verbindet und erst bei der Anwesenheit von überschüssigem Sauerstoff auch das Dioxyd CO_2 entsteht. Man kann hieraus für den Feuerungsbetrieb folgende rohe, aber brauchbare Regel ableiten: Bei ausreichender Temperatur sucht sich jedes Kohlenstoffatom mit einem Sauerstoffatom

---

[1] TRAUSTEL, S.: Über die Verbrennung, Bergbau und Energiewirtsch. 3, 19—22 (1950).

[2] FISCHBECK: Reaktionsgeschwindigkeit in heterogenen Systemen. Der Chemieingenieur (A. EUCKEN). Leipzig 1937, Bd. III, 1. Teil, S. 242.

zu verbinden und löst dieses auch aus einem Oxyd heraus, das die Kohlenoberfläche berührt. Derartige Oxyde sind beispielsweise CO_2, H_2O, Fe_2O_3, $CaSO_4$, $MgSO_4$, Na_2SO_4. So wird die feste Phase des Kohlenstoffs abgebaut.

Die Idealreaktion für alle diese Vorgänge, die sich in isolierter Form allerdings nur bei einer sehr hohen Temperatur verwirklichen lassen würde, lautet demnach

$$2C + O_2 = 2CO \tag{35}$$

mit der Wärmetönung

$$Q_M \left(C + {}^1/_2 \, O_2 - CO\right) = 29600 \; \text{kcal/kmol}. \tag{36}$$

Solange die Flamme leuchtet, solange also noch fester Kohlenstoff vorhanden ist, besteht auch seine Neigung, reduzierend zu wirken. Aufgabe der Feuerungstechnik ist es, die dabei entstehenden ungesättigten Verbindungen zu verbrennen, was bei CO und H_2 auf homogene Gasreaktionen, bei den Resten der Aschenbestandteile dagegen auf heterogene Reaktionen führt, an denen mehrere Phasen beteiligt sind.

2. Kohlenwasserstoffe

Die schweren Kohlenwasserstoffe zerfallen schon bei der Erwärmung ohne Luftzufuhr in leichte, die bei der Schwelung und Verkokung des Brennstoffs als „flüchtige Bestandteile" aus der festen Phase entweichen. In der hohen Temperatur der Flamme spalten sich weitere Wasserstoffmoleküle ab, so daß eine Inkohlung der einzelnen Verbindungen entsteht, die schließlich zur Selbstkarburierung, d. h. zur Bildung von reinen Kohlenstoffskeletten, Ruß genannt, führt. Dieser strahlt in der Hitze stark und ist die wesentliche Ursache für das gelblichweiße Leuchten der Flamme. Um dies an dem einfachsten Beispiel zu erläutern, sei auf die Methanreaktion hingewiesen

$$C + 2H_2 \rightleftarrows CH_4 \tag{37}$$

mit der Wärmetönung

$$Q_M \left(C + 2H_2 - CH_4\right) = 21000 \; \text{kcal/kmol}. \tag{38}$$

Bei starker Wärmezufuhr kann diese Reaktion von rechts nach links bis zur völligen Freistellung des Kohlenstoffs verlaufen, wobei eine kaum zu erfassende Anzahl von Zwischenstufen durchschritten wird. Bei einem solchen Vorgang entstehen etwa 10^8 Teilchen von $0{,}0175-0{,}03 \, \mu m$ auf $1 \, cm^3$, womit das starke homogene Strahlen der Flamme hinreichend erklärt werden kann.

Es ist einleuchtend, daß kohlenstoffreiche Kohlenwasserstoffe ganz besonders zur Rußbildung neigen; solche sind beispielsweise:

C_2H_2	Acetylen
C_2H_4	Äthylen
C_3H_6	Propylen
C_7H_8	Toluol
C_8H_{10}	Xylol
$C_{10}H_8$	Naphthalin
$C_{14}H_{10}$	Anthrazen.

Derartige Kohlenwasserstoffe sind in den flüchtigen Bestandteilen gasreicher langflammiger Kohlen, besonders auch von Holz, und in Brennölen enthalten. Gelingt ihr vollständiger Abbau oder ihre unmittelbare Verbrennung nicht, dann können sie bei der Abkühlung kondensieren, wodurch dann der Ruß eine fettige Konstitution erhält. Bei Fettkohle gehen die festen Kohlenwasserstoffe auch in die flüssige Phase (Teer) über, wodurch das Backen der Kohle verursacht wird. Die Teere enthalten flüssige Kohlenwasserstoffe von hohem Kohlenstoffgehalt, die bei der weiteren Erwärmung reines C als Koks ausscheiden.

Manche Brennöle rußen schon bei der Verdampfungstemperatur des Öls, was die Brennerkonstrukteure vor besondere Aufgaben stellt.

Von den Zerfallsprodukten der Kohlenwasserstoffe verbrennt der Wasserstoff bei der Zuführung von Luft ohne weiteres. Für den Ruß gilt das, was oben über die Verbrennung von

Kohlenstoff gesagt wurde. Da er aber erst in der Flamme entsteht und mit dem Rauchgasstrom weitergetragen wird, kommt er oft nicht mehr bei ausreichender Temperatur mit Wasserdampf, Kohlensäure oder Sauerstoff in Berührung, um vergast oder verbrannt zu werden. Er schlägt sich dann unverbrannt auf den Heizflächen des Kessels nieder und bildet einen pelzigen Belag, in welchem alle angewehten Aschenteilchen hängenbleiben.

Auch ein qualmender Schornstein ist ein Zeichen für die Anwesenheit unverbrannter Kohlenwasserstoffe in den Rauchgasen. Die vielfach verbreitete Meinung, daß er einen hohen Kohlenoxydgehalt im Rauchgas anzeigt, ist unmittelbar nicht richtig. Man kann jedoch aus der Anwesenheit unverbrannter Kohlenwasserstoffe den Schluß ziehen, daß in diesem Rauchgas wahrscheinlich auch noch unverbranntes CO vorhanden ist.

Die Flamme aus Brenngasen, die nur einen sehr geringen Gehalt an schweren Kohlenwasserstoffen enthalten, leuchtet und rußt praktisch nicht. Auch Methan, CH_4, verbrennt ohne vorherige Umwandlung mit nichtleuchtender, nichtrußender Flamme. Wärmt man aber die Verbrennungsluft auf 300—500 °C vor, dann werden in der Flamme günstige Umwandlungstemperaturen erreicht, so daß die Flamme dann zum Rußen neigt. Erhöht man die Vorwärmung noch weiter, so zerfallen die schweren Kohlenwasserstoffe wieder, und die Karburierung hört auf. Dies ist bei Gasfeuerungen mit vorgewärmter Verbrennungsluft zu beachten.

Da Brenngase im allgemeinen keinen Ruß bilden und eine nicht leuchtende Flamme entwickeln, und da sie auch keine Asche enthalten, so darf die aus ihnen entstehende Flamme die Heizflächen des Kessels unmittelbar bespülen, ohne daß man Verschmutzungen oder andere Nachteile erwarten müßte.

3. Schwefel

Von den Oxyden des Schwefels, SO_2 und SO_3, entsteht in der Flamme fast ausschließlich das erstere:

$$S + O_2 = SO_2 \tag{39}$$

mit der Wärmetönung

$$Q_M (S + O_2 - SO_2) = 70860 \text{ kcal/kmol}. \tag{40}$$

Für das Verhältnis SO_3/SO_2, das sich aus einer Gleichgewichtsbetrachtung über die Reaktion

$$2 SO_2 + O_2 \rightleftarrows 2 SO_3 \tag{41}$$

ermitteln läßt, gilt die Beziehung

$$\frac{SO_3}{SO_2} = a \sqrt{\lambda} \,, \tag{42}$$

wo λ das Luftverhältnis und a eine dimensionslose Konstante ist. W. Gumz[1] zeigt, daß unterhalb 1000 °C, bei normalen Verhältnissen aber sicher unterhalb 700 °C, eine merkliche SO_3-Bildung einsetzt, sobald SO_2 noch mit freiem Luftsauerstoff in Berührung kommt. Dies kann in den oberen Zonen der Brennkammer, insbesondere durch das Einblasen kalter Wirbelluft an einer zu weit von der Flamme entfernten Stelle, oder bei der Berührung der durch den hinteren Teil eines Wanderrostes unverbraucht streichenden Kaltluft mit dem aus der Verbrennungszone stammenden Rauchgas eintreten. Die Erfahrung zeigt, daß Rostfeuerungen in dieser Beziehung anfälliger sind als Staubfeuerungen.

Auch bei der Durchwirbelung des Rauchgases zwischen den Rohrschlangen eines Überhitzers dürfte noch Gelegenheit für das Auftreten dieser Reaktion gegeben sein.

Das SO_3 verursacht Korrosionen in den letzten, kältesten Teilen der Kesselanlage, indem es einerseits in Schwefelsäure übergeht und andererseits den Taupunkt des Abgases stark heraufsetzt.

Der Übergang von SO_3 in H_2SO_4 durch Reaktion mit dem Wasserdampf des Rauchgases beginnt unterhalb 500 °C und erreicht schon bei etwa 250 °C die Sättigungsgrenze. Es ist

---

[1] Gumz, W.: Brennstoffschwefel und Rauchgastaupunkt. BWK **5**, 264—269 (1953).

also zu erwarten, daß im Abgas etwa vorhandenes SO_3 sehr weitgehend in Schwefelsäure übergegangen ist.

Über die Erhöhung des Taupunktes durch H_2SO_4 zeigen Messungen verschiedener Forscher übereinstimmend, daß der Taupunkt von Rauchgas bei einem H_2SO_4-Teildruck von $4 \cdot 10^{-5}$ at bereits 150 °C beträgt. Dabei entsteht ein Kondensat von sehr hoher Konzentration; es enthält schätzungsweise 50% Schwefelsäure. Hiermit ergibt sich für den Konstrukteur die Aufgabe, bei äußerster Ausnutzung der Wärme des Abgases eine zu starke örtliche Abkühlung der Heizflächen zu vermeiden.

Bei unvollständiger Verbrennung des Kohlenoxyds kann sich in den kälteren Teilen der Kesselanlage auch reiner Schwefel ausscheiden[1], indem SO_2 mit CO reagiert:

$$SO_2 + 2CO \rightleftarrows 2CO_2 + {}^1/_2 S_2. \tag{43}$$

Diese Reaktion verläuft bei niedriger Temperatur von links nach rechts. Derartige Schwefelablagerungen in den nachgeschalteten Heizflächen von Kesselanlagen sind ein Beweis dafür, daß das Rauchgas noch unverbranntes CO enthält und die Verbrennung im Feuerraum unvollkommen ist.

Eine analoge Reduktion des SO_2 kann auch durch freien Wasserstoff herbeigeführt werden. Dies dürfte jedoch wegen der hohen Zündgeschwindigkeit des Wasserstoffs für technische Feuerungen von untergeordneter Bedeutung sein.

B. Verbrennungsluft und Rauchgas

1. Allgemeine Regeln

In der Feuerungstechnik beziehen wir die Verbrennungsgleichungen nicht auf Kilomole sondern bei der Verbrennung von Gasen auf Normvolumina, und bei der Verbrennung von festen und flüchtigen Brennstoffen auf das Gewicht des eingebrachten Brennstoffes.

Grundlage für die Umrechnung von Kilomolen auf Normkubikmeter ist das Gesetz von AVOGADRO, wonach für alle idealen Gase bei gleichem Druck und gleicher Temperatur die Anzahl der Molekeln im gleichen Raum gleich groß ist. Als Vergleichsraum gilt das Molvolumen von 22,4 m³, das bei Normverhältnissen, also bei 0 °C und 760 Torr, $6{,}023 \cdot 10^{26}$ Atome oder Molekeln eines idealen Gases enthält.

Für wirkliche Gase und Dämpfe ist das Molvolumen nicht genau 22,4 Nm³, sondern es weicht von dieser Zahl ein wenig ab. Nach E. JUSTI[2] gelten für die in der Feuerungstechnik vorkommenden Gase nebenstehende Zahlen:

Gas	Mol-Volumen Nm³/kmol
N_2	22,40
O_2	22,39
CO	22,40
CO_2	22,26
H_2	22,43
H_2O	23,45
SO_2	21,89
H_2S	22,14
CH_4	22,36
C_2H_6	22,16
C_2H_4	22,24
Luft	22,40

Da zur Verbrennung der Sauerstoff der Luft verwendet wird, die 21 Volumprozente Sauerstoff enthält, muß der Sauerstoffbedarf in den entsprechenden Luftbedarf umgerechnet werden. Ist V_L eine Luftmenge in Nm³, so ist ihr Sauerstoffgehalt

$$O_2 = 0{,}21\,V_L \tag{44}$$

dabei wird ein Stickstoffballast

$$N_2 = 0{,}79\,V_L \tag{45}$$

mitgeführt.

Jede Feuerung muß mit einem Überschuß an Luft betrieben werden, um eine vollständige Verbrennung zu erzielen. Ist V_{L_0} der Luftbedarf und V_L die zugeführte Luftmenge, so ist $V_L - V_{L_0}$ der „Luftüberschuß". Das Verhältnis V_L/V_{L_0} nennt man das „Luftverhältnis", wir bezeichnen es mit dem Buchstaben λ, und so ist

$$V_L - V_{L_0} = (\lambda - 1)\,V_{L_0}. \tag{46}$$

---

[1] ZINZEN, A.: Wichtige Nebenreaktionen in technischen Feuerungen. Arch. Wärmew. **23**, 235—236 (1942).
[2] D'ANS, J., u. E. LAX: Taschenbuch für Chemiker und Physiker. Berlin: Springer 1943, S. 822.

Das Rauchgas enthält nach dem Ablauf des Verbrennungsprozesses noch einen Sauerstoffgehalt von

$$O_2 = 0{,}21\,(\lambda - 1)\,V_{L_0}, \tag{47}$$

während sein Stickstoffgehalt sich einfach aus der zugeführten Luftmenge

$$N_2 = 0{,}79\,\lambda\,V_{L_0} \tag{48}$$

errechnet.

2. Verbrennung von Brenngasen

Die Berechnung des Luftbedarfs und der Rauchgasmenge bei der Verbrennung von Brenngasen, die auf das Normvolumen bezogen wird, entspricht der Berechnung in Molen unter Berücksichtigung der Unterschiede im Molvolumen der einzelnen Gase. Wir können also in diesem Falle unmittelbar auf die Summenformeln des vorigen Abschnittes zurückgreifen, indem wir jeweils in Nm³ gerechnete Ausdrücke für die Molvolumina anschreiben, die den betrachteten Stoffmengen entsprechen.

Als Beispiel wählen wir Methan. Enthält das Brenngas m_1 Nm³ CH_4, das nach der chemischen Summenformel

$$CH_4 + 2\,O_2 = CO_2 + 2\,H_2O \tag{49}$$

verbrennt, so schreiben wir

$$22{,}36\,m_1\,Nm^3\,CH_4 + 2 \cdot 22{,}39\,m_1\,Nm^3\,O_2 = 22{,}26\,m_1\,Nm^3\,CO_2 + 2 \cdot 23{,}45\,Nm^3\,H_2O. \tag{50}$$

Da wir mit Luft verbrennen, ersetzen wir den Posten für den Sauerstoff durch die entsprechende Luftmenge. Dabei tritt im Rauchgas der von der zugeführten Luft mitgebrachte Stickstoff auf. Beziehen wir nun alles auf m_1 Nm³ CH_4, so finden wir

$$m_1\,Nm^3\,CH_4 + 2\,\frac{22{,}40}{22{,}36 \cdot 0{,}21}\,m_1\,Nm^3\,Luft \tag{51}$$

$$= \frac{22{,}26}{22{,}36}\,m_1\,Nm^3\,CO_2 + 2\,\frac{23{,}45}{22{,}36}\,m_1\,Nm^3\,H_2O + 2\,\frac{22{,}40 \cdot 0{,}79}{22{,}36 \cdot 0{,}21}\,m_1\,Nm^3\,N_2.$$

Nach diesem Schema ist die Tab. 13 aufgestellt.

Erläuternd sei dazu folgendes bemerkt. Die Volumanteile des Brenngases sind in der dritten Spalte mit kleinen Buchstaben bezeichnet. Die Summe dieser Anteile ergibt die vollständige Brenngasanalyse. Die Summe der Posten der vierten Spalte ergibt den gesamten Luftbedarf V_{L_0}, daraus findet man mit $V_L = \lambda\,V_{L_0}$, wie unten vermerkt, die Verbrennungsluftmenge mit dem Luftverhältnis λ. Die Summe aller Posten der fünften Spalte ergibt den trockenen Anteil des Rauchgases. Da man dabei für den Sauerstoff- und Stickstoffgehalt des Rauchgases das Luftverhältnis λ benötigt, muß man die Luftmenge nach Spalte 4 ausrechnen, ehe man die Spalte 5 erledigen kann.

In der siebenten Spalte erscheint der Wassergehalt des Rauchgases. Diese Aufteilung des Rauchgases in den trockenen Anteil und in Wasserdampf ist notwendig, weil es nicht möglich ist, den Kohlensäuregehalt des gesamten Rauchgases zu messen. Wenn man nämlich eine Probe des Rauchgases in den chemischen Apparat (Orsat-Apparat) leitet, um die Analyse zu machen, so schlägt sich durch die Abkühlung der Wasserdampf nieder, ehe das Gas den Apparat erreicht, und man mißt dann den Kohlensäuregehalt des trockenen Rauchgases. Diese Tatsache ist für die Feuerungspraxis von großer Wichtigkeit.

Die Wärmetönung des Brenngases errechnet man nach der letzten Spalte der Tabelle als Summe aus den Wärmetönungen der einzelnen Prozesse. Enthält das Brenngas selbst Wasserdampf, so wird dessen Verdampfungswärme durch den Posten $- 460\,w_1$ abgezogen.

Die Tabelle besteht aus zwei Teilen. Im oberen sind die Zahlenwerte nicht ausgerechnet, sondern als Brüche geschrieben, damit man erkennt, wie sie sich zusammensetzen. Im unteren Teil sind die Zahlenwerte ausgerechnet.

Tabelle 13. *Luftbedarf, Verbrennungsprodukte und Wärmetönung von Brenngasen*

Brenngas und Luft				Rauchgas			Wärmetönung
Bestandteil			Luftbedarf V_{L_0}	trocken		Wasserdampf H_2O	
Name	Symbol	eingebrachtes Normvolumen Nm^3	Nm^3	Nm^3	Symbol	Nm^3	kcal
		$+$		$=$		$+$	
Kohlenoxyd	CO	c_1	$\dfrac{22{,}40}{2\cdot 22{,}40\cdot 0{,}21}\,c_1$	$\dfrac{22{,}26}{22{,}40}\,c_1$	CO_2	—	$+\,\dfrac{67\,600}{22{,}40}\,c_1$
Kohlendioxyd . . .	CO_2	c_2	—	c_2	CO_2	—	—
Wasserstoff	H_2	h_2	$\dfrac{22{,}40}{2\cdot 22{,}43\cdot 0{,}21}\,h_2$	—	—	$\dfrac{23{,}45}{22{,}43}\,h_2$	$+\,\dfrac{57\,600}{22{,}43}\,h_2$
Methan	CH_4	m_1	$2\,\dfrac{22{,}40}{22{,}36\cdot 0{,}21}\,m_1$	$\dfrac{22{,}26}{22{,}36}\,m_1$	CO_2	$2\,\dfrac{23{,}45}{22{,}36}\,m_1$	$+\,\dfrac{191\,000}{22{,}36}\,m_1$
Äthan	C_2H_6	$\ddot{a}_1$	$3{,}5\,\dfrac{22{,}40}{22{,}16\cdot 0{,}21}\,\ddot{a}_1$	$2\,\dfrac{22{,}26}{22{,}16}\,\ddot{a}_1$	CO_2	$3\,\dfrac{23{,}45}{22{,}16}\,\ddot{a}_1$	$+\,\dfrac{340\,000}{22{,}16}\,\ddot{a}_1$
Äthylen	C_2H_4	$\ddot{a}_2$	$2\,\dfrac{22{,}40}{22{,}24\cdot 0{,}21}\,\ddot{a}_2$	$2\,\dfrac{22{,}26}{22{,}24}\,\ddot{a}_2$	CO_2	$2\,\dfrac{23{,}45}{22{,}24}\,\ddot{a}_2$	$+\,\dfrac{318\,000}{22{,}24}\,\ddot{a}_2$
Schwefelwasserstoff .	H_2S	s_1	$1{,}5\,\dfrac{22{,}40}{22{,}14\cdot 0{,}21}\,s_1$	$\dfrac{21{,}89}{22{,}14}\,s_1$	SO_2	$\dfrac{23{,}45}{22{,}14}\,s_1$	$+\,\dfrac{125\,000}{22{,}14}\,s_1$
Schwefeldioxyd. . .	SO_2	s_2	—	s_2	SO_2	—	—
Wasserdampf . . .	H_2O	w_1	—	—	—	w_1	$-\,460\,w_1$
Sauerstoff	O_2	o_2	$-\,\dfrac{22{,}40}{22{,}39\cdot 0{,}21}\,o_2$	$0{,}21\,(\lambda-1)\cdot V_{L_0}$	O_2	—	—
Stickstoff	N_2	n_2	—	$n_2+0{,}79\,\lambda\cdot V_{L_0}$	N_2	—	—
		$+$		$=$		$+$	
Kohlenoxyd	CO	c_1	$2{,}381\,c_1$	$0{,}9938\,c_1$	CO_2	—	$+\;3020\,c_1$
Kohlendioxyd . . .	CO_2	c_2	—	c_2	CO_2	—	—
Wasserstoff	H_2	h_2	$2{,}377\,h_2$	—	—	$1{,}0455\,h_2$	$+\;2570\,h_2$
Methan	CH_4	m_1	$9{,}626\,m_1$	$0{,}9955\,m_1$	CO_2	$2{,}0976\,m_1$	$+\;8550\,m_1$
Äthan	C_2H_6	$\ddot{a}_1$	$16{,}678\,\ddot{a}_1$	$2{,}009\,\ddot{a}_1$	CO_2	$3{,}175\,\ddot{a}_1$	$+\;15370\,\ddot{a}_1$
Äthylen	C_2H_4	$\ddot{a}_2$	$9{,}592\,\ddot{a}_2$	$2{,}0135\,\ddot{a}_2$	CO_2	$2{,}109\,\ddot{a}_2$	$+\;14320\,\ddot{a}_2$
Schwefelwasserstoff .	H_2S	s_1	$7{,}227\,s_1$	$0{,}9888\,s_1$	SO_2	$1{,}059\,s_1$	$+\;5660\,s_1$
Schwefeldioxyd . .	SO_2	s_2	—	s_2	SO_2	—	—
Wasserdampf . . .	H_2O	w_1	—	—	—	w_1	$-\;460\,w_1$
Sauerstoff	O_2	o_2	$-\,4{,}7640\,o_2$	$0{,}21\,(\lambda-1)\cdot V_{L_0}$	O_2	—	—
Stickstoff	N_2	n_2	—	$n_2+0{,}79\,\lambda\cdot V_{L_0}$	N_2	—	—
Brennstoff-Analyse in Nm^3			$\Sigma = V_{L_0}$ $V_L = \lambda\,V_{L_0}$	$\Sigma =$ trockener Rauchgasanteil		$\Sigma =$ Wasserdampf im Rauchgas	$\Sigma =$ unterer Heizwert

3. Verbrennung fester und flüssiger Brennstoffe

Bei diesen Brennstoffen bezieht man die in Normvolumen ausgedrückten Mengen der Verbrennungsluft und des Rauchgases auf das Gewicht der eingebrachten Brennstoffbestandteile. Hierzu benötigen wir die Molekulargewichte dieser Bestandteile. Sie sind:

Stoff	Molekulargewicht
C	12,01
H_2	2,016
S	32,06

Für die Verbrennungsluft und das Rauchgas, die in Nm^3 gemessen werden, können wir die Ansätze aus dem vorigen Abschnitt übernehmen.

Als Beispiel wählen wir den Kohlenstoff. Für 1 kmol C müssen wir 12,01 kp C aufbringen, also ist, wenn c_1 kp Kohlenstoff eingebracht werden,

$$12,01\,c_1\ \text{kp C} + 22,39\,c_1\ Nm^3\ O_2 = 22,26\,c_1\ Nm^3\ CO_2. \tag{52}$$

Da die Verbrennung mit Luft geschieht, ersetzen wir wieder den Posten für den Sauerstoff durch die entsprechende Luftmenge und erhalten im Rauchgas einen zusätzlichen Posten für den von der Luft mitgebrachten Stickstoff. Wir beziehen alles auf c_1 kp C und erhalten

$$c_1\ \text{kp C} + \frac{22,40}{12,01 \cdot 0,21}\,c_1\ Nm^3\ \text{Luft}$$
$$= \frac{22,26}{12,01}\,c_1\ Nm^3\ CO_2 + \frac{22,40 \cdot 0,79}{12,01 \cdot 0,21}\,c_1\ Nm^3\ N_2. \tag{53}$$

In der Tab. 14 sind für die Verbrennung von Kohlenstoff zwei Zeilen vorgesehen. Die erste zeigt die Berechnung, wenn nur ein Anteil $\alpha\,c_1$ des eingebrachten Kohlenstoffs zu CO_2 verbrennt; die zweite Zeile zeigt die Berechnung für den Rest $(1 - \alpha)\,c_1$, wenn dieser nur zu CO verbrennt. Bei vollständiger Verbrennung ist $\alpha = 1$. Analog ist ein Faktor β für eine unvollkommene Verbrennung des Wasserstoffs eingeführt. Dann erscheint ein Posten $(1 - \beta)\,h_2$ unverbrannt im Rauchgas, ein allerdings sehr unwahrscheinlicher Fall.

Im übrigen zeigt die Tab. 14 alle Werte, die für die Berechnung des Luftbedarfs und der Rauchgasmenge eines festen oder flüssigen Brennstoffs auf Grund der in Gewichtsanteilen ausgedrückten Elementaranalyse erforderlich sind. Sie ist ganz analog der Tab. 13 aufgebaut, und die für jene gegebene Erläuterung gilt sinngemäß auch hier. Für die Gewichte der Brennstoffbestandteile sind wieder kleine Buchstaben gewählt worden, jedoch sind sie alle mit dem Index 0 versehen, um sie von den Volumanteilen bei den Brenngasen zu unterscheiden, bei denen wir andere Ziffern dafür verwendet haben.

4. Abgekürzte Ermittelung aus dem Heizwert des Brennstoffes

Da die Elementaranalyse des Brennstoffes nicht immer bekannt ist, ist es nicht immer möglich, den Luftbedarf und die Rauchgasmenge zu berechnen. Diese Schwierigkeit läßt sich durch eine statistische Methode umgehen, denn es ist an Hand einer großen Anzahl von Messungen festgestellt worden, daß im allgemeinen ein praktischer Zusammenhang zwischen dem unteren Heizwert und dem Luftbedarf und der Rauchgasmenge besteht. Diese erstmalig von Rosin[1] durchgeführten Untersuchungen, die später von Boie[2] ergänzt wurden, haben zu Diagrammen geführt, die in den Tafeln 1 bis 3 wiedergegeben sind. Wie man sieht, handelt es sich um eine lineare Abhängigkeit.

Für feste Brennstoffe lauten die empirischen Gleichungen:

$$\text{Luftbedarf} \quad V_{L_0} = \frac{1,001}{1000}\,H_u + 0,5505\ Nm^3/\text{kp}, \tag{54}$$

$$\text{Rauchgasmenge} \quad V = \frac{0,898}{1000}\,H_u + 1,65 + (\lambda - 1)\,V_{L_0}\ Nm^3/\text{kp}. \tag{55}$$

---

[1] Rosin, P., u. R. Fehling: Das *It*-Diagramm der Verbrennung. Berlin 1929.
[2] Boie, W.: Die statistische Verbrennungsrechnung. Feuerungstechn. **30**, 161—164 (1942).

Tabelle 14. *Luftbedarf, Verbrennungsprodukte und Wärmetönung fester und flüssiger Brennstoffe*

Brennstoff und Luft		Rauchgas				Wärmetönung
Symbol	Bestandteil eingebrachtes Gewicht kp	Luftbedarf V_{L_0} Nm³	trocken Nm³	Symbol	Wasserdampf H_2O Nm³	kcal
		$+$	$=$	$+$		
C	αc_0	$\dfrac{22{,}40}{12{,}01 \cdot 0{,}21}\,\alpha c_0$	$\dfrac{22{,}26}{12{,}01}\,\alpha c_0$	CO_2	—	$+\dfrac{97000}{12{,}01}\,\alpha c_0$
C	$(1-\alpha) c_0$	$\dfrac{22{,}40}{2 \cdot 12{,}01 \cdot 0{,}21}\,(1-\alpha) c_0$	$\dfrac{22{,}40}{12{,}01}\,(1-\alpha) c_0$	CO	—	$+\dfrac{29600}{12{,}01}\,(1-\alpha) c_0$
S	s_0	$\dfrac{22{,}40}{32{,}06 \cdot 0{,}21}\,s_0$	$\dfrac{21{,}89}{32{,}06}\,s_0$	SO_2	—	$+\dfrac{70860}{32{,}06}\,s_0$
H_2	βh_0	$\dfrac{22{,}40}{2 \cdot 2{,}016 \cdot 0{,}21}\,\beta h_0$	—	—	$\dfrac{23{,}45}{2{,}016}\,\beta h_0$	$+\dfrac{57600}{2{,}016}\,\beta h_0$
H_2	$(1-\beta) h_0$	—	$\dfrac{22{,}43}{2{,}016}\,(1-\beta) h_0$	H_2	—	—
H_2O	w_0	—	—	—	$\dfrac{23{,}45}{18{,}016}\,w_0$	$-\,600\,w_0$
O_2	o_0	$-\dfrac{22{,}40}{32{,}00 \cdot 0{,}21}\,o_0$	$0{,}21\,(\lambda-1)\,V_{L_0}$	O_2	—	$-\dfrac{2 \cdot 57600}{32{,}00}\,o_0$
N_2	n_0	—	$\dfrac{22{,}40}{28{,}016}\,n_0 + 0{,}79\lambda\,V_{L_0}$	N_2	—	—
		$+$	$=$	$+$		
C	αc_0	$8{,}878\,\alpha c_0$	$1{,}8535\,\alpha c_0$	CO_2	—	$+\,8080\,\alpha c_0$
C	$(1-\alpha) c_0$	$4{,}439\,(1-\alpha) c_0$	$1{,}865\,(1-\alpha) c_0$	CO	—	$+\,2470\,(1-\alpha) c_0$
S	s_0	$3{,}326\,s_0$	$0{,}6828\,s_0$	SO_2	—	$+\,2210\,s_0$
H_2	βh_0	$26{,}443\,\beta h_0$	—	—	$11{,}632\,\beta h_0$	$28600\,\beta h_0$
H_2	$(1-\beta) h_0$	—	$11{,}126\,(1-\beta) h_0$	H_2	—	—
H_2O	w_0	—	—	—	$1{,}302\,w_0$	$-\,600\,w_0$
O_2	o_0	$-\,3{,}332\,c_0$	$0{,}21\,(\lambda-1)\,V_{L_0}$	O_2	—	$-\,3570\,o_0$
N_2	n_0	—	$0{,}800\,n_0 + 0{,}79\,\lambda\,V_{L_0}$	N_2	—	—
Brennstoff-Analyse in kp		$\Sigma = V_{L_0}$ $V_L = \lambda\,V_{L_0}$	$\Sigma = $ trockener Rauchgasanteil		$\Sigma = $ Wasserdampf im Rauchgas	$\Sigma = H_{u\,\max}$

In Tafel 1 ist ferner noch eine Kurve eingezeichnet, die angibt, für welchen durchschnittlichen Wassergehalt des Brennstoffes die Kurven gelten. Dies muß berücksichtigt werden, weil durch den Wassergehalt Abweichungen von denWerten der Kurven bedingt sein können. So gilt z. B. bei einem Heizwert von 3500 kcal/kp das Kurvenblatt für eine Braunkohle mit etwa 40% Wassergehalt. Handelt es sich aber um ein Mittelprodukt aus Steinkohle, bei welchem der geringe Heizwert nicht durch einen hohen Wassergehalt, sondern durch den großen Aschengehalt verursacht wird, dann gilt das Kurvenblatt nicht mehr. Man muß dann den Wert der zugehörigen guten Kohle aus dem Diagramm abgreifen, die den gleichen Wassergehalt hat wie das Mittelprodukt. Die wirkliche Rauchgasmenge des Mittelproduktes ergibt sich dann durch die Überlegung, daß die Rauchgasmenge bei konstantem Wassergehalt im umgekehrten Verhältnis der Aschengehalte oder im direkten Verhältnis der Heizwerte abnehmen muß:

$$V_2 = \frac{H_{u2}}{H_{u1}}\,V_1. \tag{56}$$

Eine weitere Abweichung von den Kurven von Rosin kann durch die flüchtigen Bestandteile des Brennstoffes verursacht werden, wenn diese einen unverhältnismäßig hohen oder niedrigen Wasserstoff- oder Sauerstoffgehalt aufweisen. Dies trifft zu für Holz einerseits und Koks andererseits. Für diese beiden Brennstoffe ergibt dieses Diagramm keine genauen Werte.

Für flüssige Brennstoffe lauten die Gleichungen wie folgt:

$$\text{Luftbedarf} \quad V_{L_0} = \frac{1{,}288}{1000} H_u - 1{,}37 \; \text{Nm}^3/\text{kp}, \tag{57}$$

$$\text{Rauchgasmenge} \quad V = \frac{1{,}539}{1000} H_u - 3{,}765 + (\lambda - 1)\, V_{L_0} \; \text{Nm}^3/\text{kp}. \tag{58}$$

Dieses Diagramm gilt mit ausreichender Genauigkeit für alle bekannten flüssigen Brennstoffe.

Für Brenngase verzichten wir auf die Wiedergabe von Gleichungen, weil hier, wie Gumz[1] betont, eine erhebliche Streuung unvermeidlich ist. Die Kurven der Tafel 3 geben daher nur Anhaltswerte, die aber für Überschlagsrechnungen brauchbar sind. Bei Gasen wird man im allgemeinen immer von der Gasanalyse ausgehen und nach Abschn. III B 2 rechnen können.

5. Auswertung der Rauchgasanalyse

Da der CO_2-Gehalt nur für den trockenen Rauchgasanteil gemessen wird, ist es notwendig, zu prüfen, welcher Zusammenhang zwischen dem Kohlensäuregehalt des trockenen Rauchgasanteils und dem Luftüberschuß besteht. Man kann dann den Kohlensäuregehalt selbst als Maß für den Luftüberschuß benutzen, wie das auch in der Praxis üblich ist.

Bezeichnet man mit V' die trockene Rauchgasmenge in Nm^3/kp, dann ist der Kohlensäuregehalt dieses Gases

$$k = \frac{1{,}8535}{V'} c, \tag{59}$$

wo c den Kohlenstoffgehalt des Brennstoffes als Gewichtsanteil darstellt.

Bezeichnet man ferner mit V_0' die trockene Rauchgasmenge im Betrieb ohne Luftüberschuß, so erhält man den höchsten Kohlensäuregehalt, der noch bei vollkommener Verbrennung erreichbar ist, durch folgende Gleichung:

$$k_{\max} = \frac{1{,}8535}{V_0'} c. \tag{60}$$

Es ist also

$$\frac{k}{k_{\max}} = \frac{V_0'}{V'}. \tag{61}$$

Nach Abschn. III B 1 können wir ferner schreiben:

$$V' = V_0' + (\lambda - 1)\, V_{L_0}. \tag{62}$$

Also ist

$$\frac{k_{\max} - k}{k} = (\lambda - 1)\, \frac{V_{L_0}}{V_0'}. \tag{63}$$

In den meisten Fällen liegen die Werte von V_0' und V_{L_0} nur um $0-2\%$ auseinander. Dadurch ergibt sich eine Annäherungsgleichung, die lautet:

$$\lambda \cong \frac{k_{\max}}{k}. \tag{64}$$

Mit dieser Annäherung wird in der Praxis sehr viel gerechnet.

Neben dem Kohlensäuregehalt des trockenen Rauchgases wird auch vielfach der Sauerstoffgehalt gemessen, da man hieraus Rückschlüsse auf die Vollständigkeit der Verbrennung des Kohlenstoffs zu CO_2 ziehen kann. Diese Messung ist leichter durchzuführen als die unmittelbare Messung des Kohlenoxydgehaltes.

---

[1] Gumz, W.: Kurzes Handbuch der Brennstoff- und Feuerungstechnik. 2. Aufl. Berlin/Göttingen/ Heidelberg: Springer 1953.

Der Zusammenhang zwischen dem Sauerstoffgehalt und dem Kohlensäuregehalt des trockenen Rauchgasanteils ist durch folgende einfache Beziehung gegeben.

Bezeichnen wir den Sauerstoffgehalt des trockenen Rauchgases mit a, dann gilt hierfür folgende Gleichung:

$$a = \frac{O_2}{V'}, \tag{65}$$

wofür wir nach Gl. (47) auch schreiben können:

$$a = 0{,}21\,(\lambda - 1)\,\frac{V_{L_0}}{V'}. \tag{66}$$

Durch Vergleich mit Gl. (63) finden wir hieraus die wichtige Beziehung

$$\frac{a}{0{,}21} + \frac{k}{k_{\max}} = 1. \tag{67}$$

Diese Gleichung kann man benutzen, um die Vollständigkeit der Verbrennung zu prüfen. Wenn sie nämlich nicht erfüllt ist, so kann man daraus schließen, daß noch Kohlenoxyd in den Rauchgasen vorhanden ist.

Sie ist die Gleichung einer geraden Linie im a–k-Diagramm (Abb. 15), das man nach seinem Erfinder das OSTWALDsche Verbrennungsdreieck[1] genannt hat.

Man trägt als Abszisse den Sauerstoffgehalt und als Ordinate den Kohlensäuregehalt des trockenen Rauchgases auf. Dann schneidet die genannte Gerade die Sauerstoff-Koordinate im Punkt 0,21 und die Kohlensäure-Koordinate im Punkt $k_{\max}$. Für alle Punkte, die auf dieser Geraden liegen, ist die Verbrennung vollkommen. Liegt ein gemessener Punkt aber unterhalb dieser Geraden, so liegt unvollkommene Verbrennung vor.

Die Gl. (67) ist eine spezielle Form der allgemeinen Gleichung

$$\frac{a}{0{,}21} + \frac{k + k'}{(k + k')_{\max}} = 1, \tag{68}$$

wo k' der CO-Gehalt des trockenen Rauchgasanteiles ist. Das aus der C-Verbrennung stammende Rauchgasvolumen ist nämlich immer gleich groß, gleichgültig ob es sich aus CO_2 und CO zusammensetzt, oder ob es nur aus CO_2 oder nur aus CO besteht. Dies ist auch aus Spalte 4 der Tab. 14 zu ersehen. Eine vernachlässigbar kleine Differenz

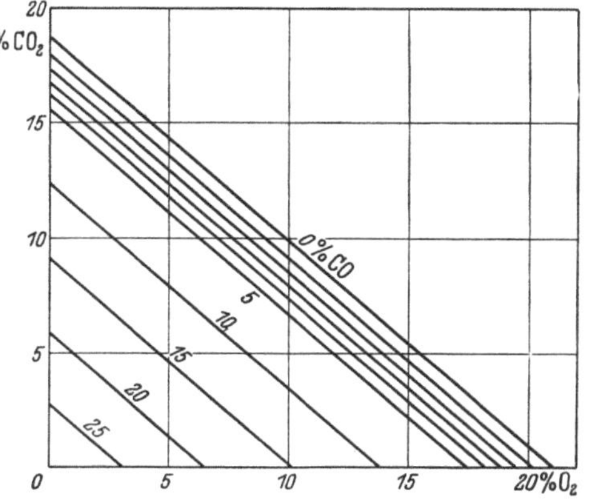

Abb. 15. OSTWALDsches Verbrennungsdreieck für eine Steinkohle mit $k_{\max} = 18{,}85\,\%$

tritt lediglich durch den geringen Unterschied im Molvolumen von CO_2 und CO auf.

Neben der Gl. (63) besteht also auch die Beziehung

$$\frac{(k + k')_{\max} - (k + k')}{k + k'} = (\lambda - 1)\,\frac{V_{L_0}}{V'_0}, \tag{69}$$

wo V_{L_0} diejenige Luftmenge ist, die zur Durchführung der unvollkommenen Verbrennung erforderlich ist, wenn in den entstehenden Rauchgasen, die an CO_2 und CO den Anteil $(k + k')_{\max}$ enthalten, kein Sauerstoff vorhanden sein soll. V'_0 ist der trockene Anteil dieser sauerstofflosen Rauchgasmenge. Und aus diesen Zusammenhang folgt die Gültigkeit der Gl. (69).

---

[1] Aus dem sehr umfangreichen Schrifttum seien erwähnt: W. OSTWALD: Beiträge zur graphischen Feuerungstechnik. Feuerungstechn. **7**, 53—57 (1919) und **9**, 173—177 (1921). Vgl. auch F. SEUFERT, Z. VDI **64**, 505—507 (1920); ferner E. KRAEMER: Feuerungstechn. **10**, 3—6, 21—25, 34—37 (1921); G. ACKERMANN: Das Verbrennungsdreieck bei Rußbildung; Forschungsheft 366, Berlin 1934; R. KRAUSS: Feuerungstechn. **29**, 131—138 (1941); S. TRAUSTEL: Ein universales Abgasdreieck, BWK **5**, 262—264 (1953); W. BOIE u. S. TRAUSTEL: Brennstoff-Kenngrößen zum universalen Abgasdreieck, BWK **6**, 193—196 (1954).

Setzt man in dieser Gleichung $k = 0$, so erhalten wir eine gerade Linie, die dargestellt wird durch

$$\frac{a}{0{,}21} + \frac{k'}{k'_{\text{max}}} = 1. \tag{70}$$

Im OSTWALDschen Dreieck ist diese Linie die Abszissen-Achse selbst. Sie zeigt, daß die Skala der CO-Werte auf der Abszissen-Achse in linearer Weise aufgetragen werden kann, beginnend mit $k' = 0$ für $a = 0{,}21$ und endend mit $k' = k'_{\text{max}}$ im Punkt $a = 0$.

Der Wert für k'_{max} ist aus Tab. 14, Zeile 2 zu entnehmen, wenn man $\alpha = 0$ und $\lambda = 1$ setzt. Bezeichnet man mit V'_{L_0} den Luftbedarf für die unvollkommene Verbrennung, bei der zwar der gesamte Wasserstoff verbrennt, der gesamte Kohlenstoff aber nur zu CO vergast wird, so ist

$$V'_{L_0} = V_{L_0} - 4{,}4387\,c. \tag{71}$$

Durch eine analoge Überlegung findet man für die trockene Rauchgasmenge, die bei der Vergasung zu CO ohne Luftüberschuß entsteht, folgenden Ansatz:

$$\begin{aligned}
(V'_0)' &= V'_0 - 0{,}79\,(V_{L_0} - V'_{L_0}) \\
&= V'_0 - 0{,}79 \cdot 4{,}4387\,c \\
&= V'_0 - 3{,}5016\,c.
\end{aligned} \tag{72}$$

Hieraus ergibt sich der höchstmögliche CO-Gehalt wie folgt:

$$k_{\text{max}} = \frac{1{,}868c}{V'_0 - 3{,}502\,c}. \tag{73}$$

Dieser Wert des CO-Gehaltes wird in dem OSTWALDschen Diagramm im Koordinaten-Angriffspunkt erreicht.

In der Verbrennungstechnik wird von diesem Dreieck praktisch nur die rechte Begrenzungslinie gebraucht, weil bereits ein geringer CO-Gehalt einen hohen Feuerungsverlust mit sich bringt.

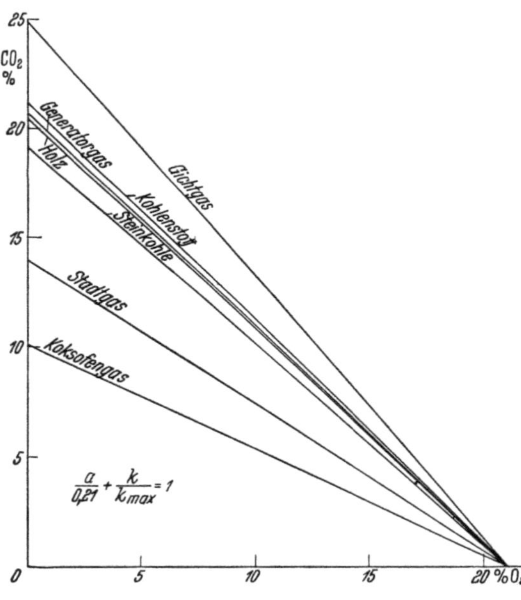

Abb. 16. Verbrennungsdreieck für verschiedene Brennstoffe

Außerdem muß betont werden, daß jeder Punkt außerhalb der rechten Begrenzungsseite des Dreiecks nicht nur eine unvollkommene Verbrennung anzeigt, sondern auch deutlich macht, daß noch freier Sauerstoff in den Rauchgasen vorhanden ist, der eine vollkommene Verbrennung herbeiführen könnte. Es besteht also ein chemisches Ungleichgewicht, das nur dadurch aufrecht erhalten werden kann, daß der Sauerstoff der Luft mit dem brennbaren Kohlenoxyd nicht zusammenkommt.

In Abb. 16 ist noch eine Darstellung gezeigt, die an das sogenannte BUNTE-Diagramm angelehnt ist. Hier sind die Geraden nach der Gl. (67) für verschiedene Brennstoffe dargestellt. Die praktische Anwendung dieses Diagrammes besteht darin, daß man bei einem Feuerungsversuch den Kohlensäuregehalt k und den Sauerstoffgehalt a des trockenen Rauchgases mißt und den betreffenden Punkt in das Diagramm einträgt. Liegt er auf der eingezeichneten Geraden, die für den Brennstoff gültig ist, so ist die Verbrennung vollkommen. Liegt er unterhalb davon, so ist noch CO im Rauchgas vorhanden, und die Feuerführung muß verbessert werden. Dieses Diagramm reicht für die Praxis im allgemeinen vollkommen aus.

In der Praxis wird an Stelle der genauen Gl. (67) vielfach eine Näherungsformel benutzt, die darauf fußt, daß bei der Verfeuerung fester Brennstoffe die Zahl k_{max} nicht weit von dem

Wert 0,21 entfernt ist. Setzt man die beiden einander gleich oder wählt als Nenner einen mittleren Wert, der zwischen k_{max} und 0,21 liegt, so lautet die Näherungsformel

$$a + k \sim k_{max}. \tag{74}$$

Die genaue Gleichung ist jedoch auch so einfach, daß sie in der Praxis durchaus benutzt werden könnte. Insbesondere gilt sie auch für alle festen, flüssigen und gasförmigen Brennstoffe, was für die abgekürzte Näherungsgleichung nicht zutrifft.

Für die Anwendung der genauen Gleichung geben wir noch folgendes Beispiel:

Beispiel: Der Wert des höchsterreichbaren Kohlensäuregehaltes k_{max} der verfeuerten Kohle sei 18,7%, der Kohlensäuregehalt im Betrieb sei $k = 13\%$. Bei vollständiger Verbrennung muß folgender Sauerstoffgehalt gemessen werden:

$$a = 0,21 \left(1 - \frac{0,13}{0,187}\right) = 0,064$$

oder 6,4% Sauerstoff.

Enthält aber das Rauchgas beispielsweise noch 1% Kohlenoxyd, dann ist

$$k + k' = 0,13 + 0,01 = 0,14,$$

und es wird

$$a = 0,21 \left(1 - \frac{0,14}{0,187}\right) = 0,0525.$$

In diesem Falle wird also ein Sauerstoffgehalt von 5,25% gemessen. Die Differenz gegen 6,4 läßt dann, wie oben gezeigt, auf die Anwesenheit von Kohlenoxyd schließen.

C. Verluste

1. Verluste durch unverbranntes Kohlenoxyd im Abgas

Wärmeverluste, die durch unvollkommene Verbrennung entstehen, sind verhältnismäßig hoch. Dies soll an einem Beispiel gezeigt werden.

Die Verbrennungswärme von reinem Kohlenstoff ist bei unvollständiger Verbrennung $H_u' = 8080\,\alpha\,c + 2410\,(1-\alpha)\,c$.

Es soll angenommen werden, daß 10% des Kohlenstoffes nur zu CO verbrennen, dann ist $\alpha = 0,9$, und die Wärmetönung wird:

$$H_u' = (7272 + 241)\,c = 7513\,c \ \text{kcal/kp}.$$

Das ist um 7% geringer als die Verbrennungswärme des Kohlenstoffes bei vollständiger Verbrennung. Das Rauchgas hat dann, wenn man das Luftverhältnis $\lambda = 1,4$ annimmt, folgende Zusammensetzung:

	vollkommene Verbrennung $\alpha = 1$	unvollkommene Verbrennung $\alpha = 0,9$
a) Luftbedarf V_{L_0}		
für CO_2 $8,878\,\alpha$	8,878	7,98
für CO $4,439\,(1-\alpha)$	0	0,44
V_{L_0}	8,878	8,42
b) Luftmenge		
$V_L = \lambda\,V_{L_0}$	12,4	11,8
c) Rauchgasmenge V		
CO_2 $1,8535\,\alpha$	1,8535	1,668
CO $1,865\,(1-\alpha)$	0	0,187
N_2 $0,79\,V_L$	9,800	9,32
O_2 $0,21 \cdot 0,4\,V_{L_0}$	0,745	0,71
V	12,40	11,89
d) Kohlensäuregehalt %	15,0	14,0
Kohlenoxydgehalt %	0	1,58

Dem Verlust von 7% in der Verbrennungswärme steht also ein Kohlenoxydgehalt von 1,58% gegenüber. 1% CO entspricht also einem Verlust von $\frac{7}{1,58} = 4,4\%$.

Bei wirklichen Kohlen, die noch Wasserstoff und Schwefel enthalten, ist diese Zahl etwas geringer. Man kann im Durchschnitt damit rechnen, daß 1% CO etwa 4% Feuerungsverlust anzeigt.

Da dies schon ein sehr empfindlicher Verlust ist, gilt in der Praxis die Regel, daß die Feuerführung sofort verbessert werden muß, sobald der CO-Messer den geringsten Ausschlag zeigt.

2. Der Abgasverlust

Ist t_a die Abgastemperatur am Austritt aus der Kesselanlage und i_a die Enthalpie des Abgases bei dieser Temperatur, bezeichnen wir ferner mit V_a die Abgasmenge je kp Kohle und mit B die tatsächlich verbrannte Brennstoffmenge in der Stunde, so ist

$$Q_a = B\, V_a\, i_a \text{ kcal/h} \tag{75}$$

die Wärmemenge, die in der Stunde mit dem Abgas die Anlage verläßt.

Würde das Abgas in der Kesselanlage bis auf die Temperatur t_0 der Umgebung abgekühlt werden, bei der die Enthalpie den Wert i_0 hat, so würde die Wärme

$$Q_0 = B\, V_a\, i_0 \text{ kcal/h} \tag{76}$$

abgeführt werden.

Der Abgasverlust ist die Differenz zwischen diesen beiden Werten, verglichen mit der der Anlage zugeführten Wärme, die sich als Produkt aus der gesamten zugeführten Brennstoffmenge B_0 und ihrem unteren Heizwert H_u darstellt, gegebenenfalls vermehrt um die Wärme fremd vorgewärmter Verbrennungsluft, was wir hier außer Betracht lassen wollen,

$$h_a = \frac{B\, V_a}{B_0\, H_u}\,(i_a - i_0). \tag{77}$$

Man kann diesen Ausdruck noch umformen, indem man auf die Differenz zwischen der Abgastemperatur t_a und der Außenlufttemperatur t_0 Bezug nimmt. Ist c_p die spezifische Wärme des Abgases im Bereich der Temperaturen t_a und t_0, dann finden wir folgenden Ausdruck, den wir gleich in Prozent der zugeführten Wärme anschreiben wollen:

$$h_a = 100\, \frac{B\, V_a\, c_p}{B_0\, H_u}\,(t_a - t_0)\ \%. \tag{78}$$

Wir ziehen den Faktor

$$\alpha = 100\, \frac{V_a}{H_u}\, c_p \tag{79}$$

heraus und schreiben

$$h_a = \alpha\, \frac{B}{B_0}\,(t_a - t_0)\ \%. \tag{80}$$

Für die Auswertung dieser Gleichung können wir die Kurven von Rosin und Boie benutzen, die für den Quotienten V_a/H_u statistisch ermittelte Werte liefert. Als Mittelwert für die spezifische Wärme setzen wir für feste Brennstoffe die Zahl $c_p = 0,328$ kcal/Nm³ grd ein, die in diesem Temperaturbereich nur sehr wenig schwankt. So erhalten wir

$$\alpha = 32,8\, \frac{V_a}{H_u}. \tag{81}$$

Für Brennöle kann man

$$\alpha = 33,5\, \frac{V_a}{H_u} \tag{82}$$

und für Brenngase

$$\alpha = 34,0\, \frac{V_a}{H_u} \tag{83}$$

setzen. Die Werte des Faktors α sind in Tafel 4 dargestellt, die natürlich als Ergebnis einer Statistik in demselben Grad ungenau sind wie die Werte der Tafeln 1 bis 3.

Aus den Kurven der Tafel 4 ersieht man, daß ein hoher Luftüberschuß den Abgasverlust vergrößert. Im Betrieb benutzt man gewöhnlich als Kennzeichen für eine gute Betriebsführung nicht das Luftverhältnis, sondern den Kohlensäuregehalt des trockenen Anteils der Rauchgase, den man unmittelbar messen kann. Es ist also anzustreben, im Betrieb mit einem so hohen Kohlensäuregehalt zu fahren, daß gerade noch eine vollständige Verbrennung erreicht wird.

3. Verluste durch Unverbranntes in den Rückständen

In jeder Feuerung entstehen dadurch Verluste, daß fester Kohlenstoff überhaupt nicht zur Reaktion kommt. Infolgedessen findet sich in der Brennkammerschlacke und Flugasche noch Verbrennliches in Form von Koks. Nach Abschn. II F 4 kann man hierfür einen Heizwert von $H_K = 7900$ kcal/kp annehmen.

Ist der Gehalt der anfallenden Asche an Brennbarem b_a, so ist die in der Asche verlorengehende Wärme $H_K b_a$ kcal je kp Asche. Der Aschengehalt der aufgegebenen Kohle sei a kp/kp Kohle, dann ist die anfallende Aschenmenge $a\,(1 + b_a)$ kp/kp, und der Verlust je kp Kohle ist das Produkt aus der Menge und der je Mengeneinheit verlorenen Wärme:

$$a\,(1 + b_a)\,b_a\,H_K \text{ kcal/kp}.$$

Vergleichen wir dies mit dem Heizwert H_u der Kohle, so erhalten wir den Verlust an Unverbranntem in %:

$$h_u = 100\,a\,(1 + b_a)\,b_a\,\frac{H_K}{H_u}\,\%$$

oder, wenn wir $H_K = 7900$ kcal/kp einsetzen,

$$h_u = 100\,\frac{7900\,a\,b_a}{H_u}\,(1 + b_a)\,\%. \tag{84}$$

Dieser Betrag muß bei der Berechnung des Luftbedarfs und der Rauchgasmenge von der aufgegebenen Brennstoffmenge abgesetzt werden; ist B_0 die aufgegebene Menge, so ist die tatsächlich verbrannte Menge nur

$$B = B_0\left(1 - \frac{h_u}{100}\right) \text{ kp Kohle/h}. \tag{85}$$

Bei der Auswertung von Leistungsversuchen an Feuerungen kann man mit Hilfe dieser Überlegung den Verlust U ermitteln, wenn man den Gehalt an Unverbranntem in der Schlacke und Asche gemessen hat.

Man wird aber in der Brennkammerschlacke einen anderen Gehalt an Brennbarem finden als in der Flugasche. Deshalb muß man sich ein Bild darüber machen, wie sich die gesamte Aschenmenge auf Brennkammerschlacke und Flugasche verteilt, damit man hieraus den richtigen Mittelwert für den Koksgehalt der gesamten anfallenden Rückstände ermitteln kann.

Über die zu erwartende Größe dieses Verlustes läßt sich allgemein nur wenig voraussagen, da er nicht nur von der Brennstoffbeschaffenheit, sondern in hohem Maße auch von der Konstruktion der Feuerung und ihrer Belastung abhängt.

Vom Verlust durch Unverbranntes ist der Rostdurchfall bei Rostfeuerungen zu unterscheiden, in denen die Kohle entweder durch eine Schürbewegung über den Rost transportiert oder, wie beim Wanderrost, mit diesem selbst durch die Brennzone gefahren wird. Auf diesem Transportwege fällt Kohle unverbrannt durch den Rost hindurch. Dieser Rostdurchfall besteht nicht aus Koks, sondern aus feiner Kohle, die entweder noch ganz unverändert ist oder bereits einen Teil der Trocknung und Entgasung durchgemacht hat. Es ist zweckmäßig, den Rostdurchfall wieder zur Kohlenaufgabe zurückzuführen, da es sich hier um echten, mit Asche nicht angereicherten Brennstoff handelt. Geschieht das nicht, so muß man ihn als Verlust buchen. Bei nichtbackenden Feinkohlen kann der Rostdurchfall erheblich werden. Durch seine Wiederaufgabe wird die mittlere Korngröße der aufgegebenen Kohle verringert, was bei der Beurteilung der zulässigen Rostbelastung beachtet werden muß.

Zu den Verlusten durch Ausfall festen Kohlenstoffes gehört auch der Verlust, der durch Rußbildung verursacht wird. Es lohnt sich aber nicht, diesen gesondert zu erfassen. Denn eine

Rußausscheidung ist immer ein Zeichen für eine mangelhafte Feuerführung, also für einen unerwünschten Zustand, der möglichst schnell wieder beseitigt werden muß.

D. Temperatur und Enthalpie des Rauchgases

1. Enthalpie und theoretische Verbrennungstemperatur

Die Enthalpie des Rauchgases, das aus der Verbrennung irgendeines Brennstoffes hervorgegangen ist, setzt sich zusammen aus der Wärme, die aus dem Brennstoff stammt, und derjenigen, die von der Verbrennungsluft mitgebracht wird:

$$i_{0R} = q_R + q_L \ \text{kcal/Nm}^3. \tag{86}$$

Der erste Posten ist das Verhältnis zwischen dem unteren Heizwert und dem Rauchgasvolumen V_R

$$q_R = \frac{H_u}{V_R}. \tag{87}$$

Hier ist V_R die aus dem Abschn. III B bekannte Rauchgasmenge, gemessen in Nm^3/kp.

Der zweite Posten läßt sich darstellen als Enthalpie der Verbrennungsluft, umgerechnet von der Luftmenge V_L auf die Rauchgasmenge V_R:

$$q_L = \frac{V_L}{V_R} i_L \ \text{kcal/Nm}^3 \ \text{Rauchgas}. \tag{88}$$

Die Enthalpie der Luft selbst ist nicht bekannt, wohl aber ihre Temperatur. Man muß also den Zusammenhang zwischen Temperatur und Enthalpie kennen. Die Verhältniszahl, die dies ausdrückt, ist die mittlere spezifische Wärme bei konstantem Druck:

$$c_{pm} = \frac{\Delta i}{\Delta t}. \tag{89}$$

Als Bezugsniveau wählt man 0 °C und rechnet mit der Enthalpie von hier aus, d. h. bei 0° ist die Enthalpie $0 \ \text{kcal/Nm}^3$. Dann kann man für c_{pm} einfach schreiben:

$$c_{pm} = \frac{i}{t}. \tag{90}$$

Führen wir nun die Luft mit einer Temperatur t_L °C zu, so ist ihre Enthalpie

$$i_L = t_L \, (c_{pm})_L, \tag{91}$$

und so folgt die Enthalpie des Rauchgases:

$$i_{0R} = \frac{H_u + V_L \, t_L \, (c_{pm})_L}{V_R} \ \text{kcal/Nm}^3. \tag{92}$$

Die spezifische Wärme des Rauchgases ist das Verhältnis zwischen seiner Enthalpie und seiner Temperatur. Wir erhalten also die Temperatur des Rauchgases durch die Gleichung:

$$t_{0R} = \frac{H_u + V_L \, t_L \, (c_{pm})_L}{V_R \, (c_{pm})_R} \ °\text{C}. \tag{93}$$

Wird nicht die gesamte Verbrennungsluft vorgewärmt, sondern nur ein Anteil α, so lautet die Gleichung für die Enthalpie des Rauchgases:

$$i_{0R} = \frac{H_u + \alpha \, V_L \, t_L \, (c_{pm})_L}{V_R} \ \text{kcal/Nm}^3 \tag{94}$$

und die der zugehörigen Temperatur:

$$t_{0R} = \frac{H_u + \alpha \, V_L \, t_L \, (c_{pm})_L}{V_R \, (c_{pm})_R} \ °\text{C}. \tag{95}$$

Dies ist die *theoretische Verbrennungstemperatur*, nämlich diejenige, die sich ergibt, wenn die Verbrennung in einem vollkommen wärmedichten Raum ohne jede Abstrahlung stattfinden würde. Entsprechend ist i_{0R} die theoretische Enthalpie des Rauchgases ohne Abstrahlung.

Man muß entweder die theoretische Verbrennungstemperatur t_{0R} oder die theoretische Enthalpie i_{0R} des Rauchgases kennen, damit man weiß, von welchem Wert man rechnerisch ausgehen muß, wenn man die Verhältnisse in einer Brennkammer berechnen und die Wärmebilanz aufstellen will.

Da die von der Verbrennungsluft mitgebrachte Wärme verhältnismäßig klein ist, die Rauchgasmenge aber durch erhöhten Luftüberschuß stark vergrößert wird, so werden die Werte für i_{0R} und t_{0R} um so niedriger, je höher der Luftüberschuß bei der Verbrennung ist. Man kann sie noch weiter herabsetzen, indem man Wasserdampf zuführt. Hiervon wird im Generatorbetrieb Gebrauch gemacht, indem man durch Zugabe von Wasserdampf zur Vergasungsluft die Temperatur in der Brennzone des Generators soweit herabsetzt, daß keine Verschlackungsschwierigkeiten auftreten. Im Feuerungsbetrieb ist dieses Mittel nicht üblich, weil der zugesetzte Wasserdampf die Kesselanlage mit der Abgastemperatur, die meist bei 160—200 °C liegt, verläßt und dadurch die entsprechende Wärme des Wasserdampfes verloren geht. Hierdurch würde der Wirkungsgrad der Anlage herabgesetzt werden. Abb. 17 zeigt die theoretische Verbrennungstemperatur bei steigendem Luftüberschuß für verschiedene Brennstoffe, wobei die Lufttemperatur mit 0 °C angenommen ist. Wird die Luft auf eine höhere Temperatur vorgewärmt, dann ist auch die theoretische Verbrennungstemperatur höher. Das Schaubild ist also für vorgewärmte Luft nicht zu verwenden, es soll nur einen Überblick geben, wie die theoretischen Verbrennungstemperaturen verschiedener Brennstoffe zueinander liegen.

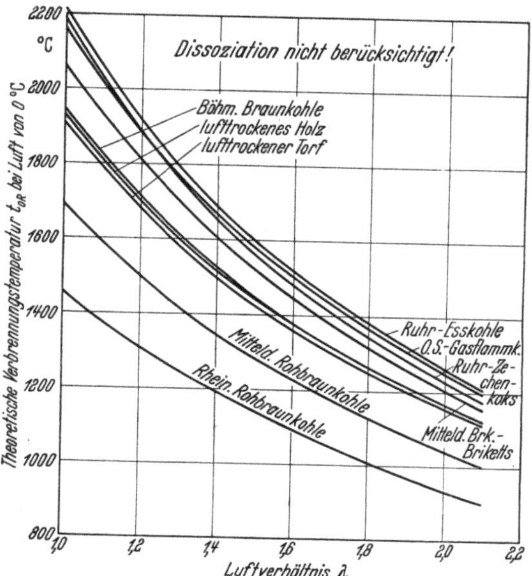

Abb. 17. Theoretische Verbrennungstemperatur für feste Brennstoffe bei Verwendung kalter Luft

Unterer Heizwert und Wassergehalt der eingetragenen Brennstoffe

Brennstoff	H_u kcal/kp	w %
Ruhr-Eßkohle	7575	4,0
O. S.-Gasflammkohle	6505	7,3
Ruhr-Zechenkoks	6905	3,0
Böhm. Braunkohle.	4120	30,2
Mitteld. Brk.-Briketts	5015	13,9
Mitteld. Rohbraunkohle	2660	51,5
Rhein. Rohbraunkohle	2010	59,0
Torf, lufttrocken.	3635	25,0
Holz, lufttrocken	3660	15,0

2. Wahre und mittlere spezifische Wärme

Neben der mittleren spezifischen Wärme, die im vorigen Abschnitt bereits benutzt wurde, benötigt man für Wärmeübergangsrechnungen auch die wahre spezifische Wärme.

Die mittlere spezifische Wärme als Verhältnis zwischen Enthalpie und Temperatur ist diejenige Wärmenge, die nötig ist, um das Medium von einer festen Ausgangstemperatur, z. B. 0 °C, auf eine vorgeschriebene Endtemperatur zu erwärmen.

Die wahre spezifische Wärme ist diejenige Wärmemenge, die bei irgendeiner Temperatur aufgewendet werden muß, um eine kleine Temperatursteigerung des Rauchgases herbeizuführen. Sie ist also definiert durch die Gleichung:

$$c_p = \frac{di}{dt} \tag{96}$$

und man kann setzen

$$\int c_p \, dt = i_2 - i_1 = c_{pm}\,(t_2 - t_1) \tag{97}$$

oder

$$c_{pm} = \frac{\int c_p \, dt}{t_2 - t_1}. \tag{98}$$

Hiermit ist der Zusammenhang zwischen c_p und c_{pm} gegeben.

4 Zinzen, Dampfkessel, 2. Aufl.

Die spezifische Wärme der Einzelbestandteile der Rauchgase ist in der Physik sehr genau ermittelt worden. Die Werte nach JUSTI sind in Tafel 5 und 6 aufgetragen. In dem oberen Bild der Abbildungen sieht man die mittlere spezifische Wärme, in dem unteren die wahre. Da die mittlere spezifische Wärme mit der Enthalpie durch die Gleichung:

$$i = t\, c_{pm} \tag{99}$$

verbunden ist, so ist es möglich, in dem c_{pm}-Diagramm Linien gleicher Enthalpie als Hyperbeln einzutragen, so daß man hier nicht nur die mittlere spezifische Wärme, sondern auch unmittelbar die Enthalpie des betreffenden Gases bei jeder Temperatur ablesen kann.

Für ein Rauchgas, das aus verschiedenen einfachen Gasen zusammengesetzt ist, gilt die Regel, daß seine spezifische Wärme dem arithmetischen Mittel aus der spezifischen Wärme der Einzelbestandteile gleich ist. Besteht also das Rauchgas aus x Bestandteilen in Volumenanteilen V_x, so gelten die beiden Gleichungen:

$$c_p = \frac{\Sigma\, V_x\, c_{px}}{V_R} \tag{100}$$

$$c_{pm} = \frac{\Sigma\, V_x\, (c_{pm})_x}{V_R}\,. \tag{101}$$

Man kann die genannte Rechnung, die hier auf Volumenanteile bezogen worden ist, auch für Gewichtsanteile durchführen. Man bekommt dann andere c_p-Werte, aber sonst bleibt alles analog. In Amerika ist es üblich, mit Gewichtsanteilen zu rechnen. Da diese Berechnung nach den vorangegangenen Ausführungen keine Schwierigkeiten machen dürfte, wird auf eine ausführliche Darstellung hier verzichtet.

Es ist noch darauf hinzuweisen, daß die spezifische Wärme und die Temperatur der Gase bei allen hier angestellten Berechnungen ohne Berücksichtigung der Dissoziation des Wasserdampfes und der Kohlensäure ermittelt wurden. In Wirklichkeit findet bei sehr hohen Temperaturen eine Aufspaltung der Oxyde statt, z. B.

$$H_2O \rightleftharpoons {}^1\!/_2 H_2 + OH \tag{102}$$

$$CO_2 \rightleftharpoons CO + {}^1\!/_2 O_2\,. \tag{103}$$

Zwischen den dabei entstehenden Bestandteilen gilt das homogene Wassergas-Gleichgewicht

$$H_2O + CO \rightleftharpoons H_2 + CO_2\,. \tag{104}$$

Bei jeder Temperatur gibt es einen Gleichgewichtszustand zwischen allen Bestandteilen und Zerfallsprodukten. Die Abweichungen in den Berechnungswerten für Temperatur und spezifische Wärme beginnen erst oberhalb von 1700 °C ein merkliches Ausmaß anzunehmen. Da aber praktisch in den Feuerungen solche Temperaturen nicht erreicht werden, hat es auch keinen Zweck, für die theoretische Verbrennungstemperatur und die c_p-Werte die Dissoziation zu berücksichtigen. Man muß sich nur darüber klar sein, daß die aus den angegebenen Gleichungen hervorgehenden theoretischen Verbrennungstemperaturen um so ungenauer sind, je höher sie sind, daß aber für die wirkliche Temperatur in einer Brennkammer die Genauigkeit nicht beeinträchtigt ist.

3. Das i-t-Diagramm der Verbrennung

Wie im vorigen Abschnitt ausgeführt wurde, kann man nach Einzeichnung der Hyperbeln mit dem Parameter i in das c_{pm}-Diagramm unmittelbar auch die Enthalpie des betreffenden Gases ablesen, ohne die spezifische Wärme zu notieren. Von manchen Ingenieuren wird eine Darstellung bevorzugt, die als Abszisse die Enthalpie i und als Ordinate die Temperatur t zeigt, das sogenannte i-t-Diagramm. Als Parameter wählt man das Luftverhältnis oder den Kohlensäuregehalt des trockenen Rauchgasanteils. Dieser Parameter ist aber auch im c_{pm}-Diagramm aufgetragen, so daß hier bereits ein Diagramm zur Verfügung steht, welches alle Vorteile des i-t-Diagrammes schon aufweist. Deshalb wird hier auf die Umzeichnung auf die Koordinaten i und t verzichtet. In jeder der beiden Darstellungen kann man den Verlauf von Rauchgaszusammensetzung, Temperatur und Enthalpie in einem Dampfkessel anschaulich und zeichnerisch verfolgen.

Tabelle 15.

Berechnungsbeispiel für die spez. Wärme
Beispiel für Berechnung des Luftbedarfs, der Rauchgasmenge und des c_p

Zusammensetzung der Kohle kp/kp	Luftbedarf V_{L_0} Nm³/kp	Rauchgasmenge V_0 Nm³/kp für $\lambda = 1$	Zusammensetzung des Rauchgases V_0
$c = 0{,}690$	$8{,}878\,c = 6{,}110$	$1{,}8535\,c = 1{,}280$ Nm³/kp CO_2	$17{,}25\%$ CO_2
$s = 0{,}006$	$3{,}326\,s = 0{,}020$	$0{,}6828\,s = 0{,}004$ Nm³/kp SO_2	$0{,}05\%$ SO_2
$n = 0{,}014$	—	$\left.\begin{array}{l} 0{,}800\,n = 0{,}011 \\ 0{,}79\,V_{L_0} = 5{,}530 \end{array}\right\}$ Nm³/kp N_2	$74{,}50\%$ N_2
		$6{,}825$ Nm³/kp	
$h = 0{,}044$	$26{,}443\,h = 1{,}165$	$\left.\begin{array}{l} 11{,}632\,h = 0{,}512 \\ 1{,}302\,w = 0{,}096 \end{array}\right\}$ Nm³/kp H_2O	$8{,}20\%$ H_2O
	$7{,}295$		
$w = 0{,}073$	—	$0{,}608$ Nm³/kp H_2O	
$o = 0{,}092$	$-3{,}332\,o = -0{,}305$	—	
$a = 0{,}081$	—	—	
$\Sigma = 1{,}000$	$V_{L_0} = 6{,}990$	$V_0 = 7{,}433$ Nm³/kp	$100{,}00\%$

c_p-Werte des Rauchgases V_0

t	100	300	500	1000	2000
CO_2	0,432	0,500	0,546	0,607	0,643
SO_2	—	—	—	—	—
N_2	0,311	0,319	0,335	0,366	0,388
H_2O	0,361	0,383	0,408	0,472	0,555
für 0,1725 CO_2	0,0745	0,0862	0,0940	0,1047	0,1110
für 0,7450 N_2	0,2320	0,2380	0,2500	0,2725	0,2890
für 0,0820 H_2O	0,0296	0,0314	0,0334	0,0388	0,0455
c_{pR_0}	0,3361	0,3556	0,3774	0,4160	0,4455

Rauchgas mit 30% Luftüberschuß $\lambda = 1{,}3$

$$\begin{array}{ll} V_0 = 7{,}433 & \text{enthält } 78\% \text{ Gas vom Typ } V_0 \\ (\lambda - 1)\,V_{L_0} = 2{,}100 & \text{enthält } 22\% \text{ Luft} \\ \overline{V = 9{,}533} & \end{array}$$

c_p Luft	0,312	0,324	0,337	0,366	0,390
für 0,22 Luft	0,068	0,071	0,074	0,081	0,086
für 0,78 Typ V_0	0,262	0,277	0,294	0,324	0,347
c_{pR}	0,330	0,348	0,368	0,405	0,433

4. c_p-Diagramme für verschiedene Brennstoffe

Aus den beiden Diagrammen für die Einzelbestandteile der Brennstoffe in Tafel 5 und 6 sind in den Tafeln 7 bis 10 Diagramme für einige wichtige Brennstoffe entwickelt worden. Sie gelten alle für die spezifische Wärme bei konstantem Druck für ein Nm³ Rauchgas.

Die behandelten Brennstoffe sind:

Eßkohle . . . . Tafel 7
Gasflammkohle . . . . . . Tafel 8
Rohbraunkohle . . . . . . Tafel 9
Gichtgas . . . . Tafel 10

4*

Aus den c_{pm}-Diagrammen kann man auch die Enthalpie des Rauchgases direkt ablesen.

Tab. 15 bringt schließlich noch eine Darstellung des Berechnungsganges für die Ermittlung der spezifischen Wärme eines Rauchgases, das aus einer Kohle bestimmter Zusammensetzung entstanden ist. Für diese Berechnung kann man die abgekürzte Methode von Rosin für die Ermittlung der Luft- und Rauchgasmenge nicht benutzen, sondern man muß diese nach den Tab. 13 oder 14 aus der Brennstoffzusammensetzung errechnen.

IV. Feuerungen
A. Allgemeines

Aus dem Aggregatzustand der Brennstoffe ergibt sich eine Unterteilung der Feuerungen in solche für feste, flüssige und gasförmige Brennstoffe. Allen gemeinsam sind einige Konstruktionsgrundsätze, die man folgendermaßen kennzeichnen kann.

a) ein großes Brennstoffprogramm, d. h. die Möglichkeit, viele und verschiedenartige Brennstoffe in einer Feuerung zu verwerten;

b) möglichst vollkommene Verbrennung;

c) Verbrennung mit geringem Luftüberschuß;

d) möglichst geringe und leicht zu beherrschende Verschlackung der Feuerung und des Kessels;

e) günstige Bedingungen für den Wärmeübergang an die Kesselheizflächen;

f) leichte Bedienbarkeit der Anlage;

g) geringer Aufwand an Material und Raum;

h) geringer Verschleiß und geringer Bedarf an Ersatzteilen;

i) geringer Kraftbedarf für die Hilfsmaschinen der Anlage.

Von diesen Anforderungen bilden die ersten beiden die eigentliche verbrennungstechnische Aufgabe. Sie sind bei Gasfeuerungen am leichtesten durch die Konstruktion geeigneter Brenner, die eine schnelle und innige Mischung von Brenngas und Verbrennungsluft herbeiführen, zu erfüllen. Bei Ölfeuerungen handelt es sich im wesentlichen um die Zerstäubung des Brennöls, um eine möglichst große Reaktionsoberfläche zu erzeugen und dadurch eine schnelle vollkommene Verbrennung ohne Rußabscheidungen zu erreichen.

Die Feuerungen für feste Brennstoffe müssen den jeweiligen physikalischen und chemischen Eigenschaften des Brennstoffes angepaßt werden. Hier kann jede einzelne der oben genannten Anforderungen eine besondere Bedeutung gewinnen. Die wichtigsten Brennstoffeigenschaften, die die Konstruktion bestimmen, sind

1. die Körnung;
2. der Gehalt an flüchtigen Bestandteilen und Teeren;
3. der Gehalt und der Charakter der Asche;
4. der Wassergehalt.

Die Körnung ist ein Maß für das Verhältnis der reagierenden Oberfläche eines Brennstoffstückes zu seinem Volumen und damit zu seiner Menge an Substanz. Je feiner die Körnung ist, um so größer ist daher die Zündwilligkeit und die Reaktionsfähigkeit des Brennstoffkorns.

Der Gehalt an flüchtigen Bestandteilen bestimmt, wie im Abschn. II ausführlich dargelegt wurde, die Zünd- und Reaktionsfähigkeit der Brennstoffsubstanz und den Verlauf der Verbrennung im einzelnen.

Der Aschengehalt beeinflußt ebenfalls den Verbrennungsverlauf. Besonders die syngenetische, mit der brennbaren Substanz stark verwachsene Asche kann die Reaktionsfähigkeit des Brennstoffes stark behindern. Ein großer Aschengehalt des Brennstoffes erfordert besondere Einrichtungen zur Abführung der Asche und Schlacke aus der Feuerung und der Kesselanlage.

Der Wassergehalt setzt die Temperatur in der Brennkammer herab und verzögert dadurch die Verbrennung. Auf der anderen Seite hat aber auch eine gewisse Feuchtigkeit, wie die heterogene Wassergasreaktion zeigt, einen sehr günstigen Einfluß auf die Reaktionsfähigkeit. So ergibt sich bei Brennstoffen mit hohem Wassergehalt die Notwendigkeit einer Trocknung, die in manchen Fällen der Feuerung vorgeschaltet wird, in anderen Fällen aber auch in der Feuerung selbst stattfinden kann. Bei sehr trockenen gasarmen Brennstoffen dagegen kann oft ein Anfeuchten des Brennstoffes oder der Verbrennungsluft zweckmäßig sein.

In einer Universalfeuerung müßte man alle festen Brennstoffe vollkommen und unter günstigen Bedingungen verbrennen können. Eine solche Feuerung müßte jedoch für die Verarbeitung schwieriger Brennstoffe Einrichtungen besitzen, die für die Verfeuerung gutartiger Kohle unnötig sind; sie würde daher für leicht zu beherrschende Brennstoffe zu teuer sein. Die Erfahrung zeigt ferner, daß schon mit verhältnismäßig nahe verwandten Brennstoffen unter Umständen sehr unterschiedliche Leistungen in einer Feuerung erzielt werden. Der Feuerungsbau ist jedoch zu gewissen Konstruktionen gelangt, die es gestatten, große Gruppen von Brennstoffen zusammenzufassen.

Von den genannten Eigenschaften der Brennstoffe kann man neben dem Wassergehalt nur die Körnung beeinflussen, indem man sie durch Zerkleinern einengt. Auf diesem Wege gelangt man zu den beiden großen Gruppen von Feuerungen, den Rostfeuerungen, in denen stückige, vielfach vorzerkleinerte Brennstoffe verfeuert werden, und den Staubfeuerungen, in denen gemahlene Kohlen verbrannt werden.

Bei den Rostfeuerungen findet man eine starke Abhängigkeit der Leistungsfähigkeit der Anlage von der Körnung der Kohle und ihrem Wassergehalt. Der Wirkungsgrad hängt außerdem stark vom Aschengehalt des Brennstoffes ab. Aus diesen Gründen ist das Brennstoffprogramm einer Rostfeuerung im allgemeinen enger begrenzt als das einer Staubfeuerung, und es gibt daher verschiedene Systeme von Rostfeuerungen, von denen jedes für eine bestimmte Gruppe von Brennstoffen am besten geeignet ist.

Aber auch der Aufbau eines Kessels mit Staubfeuerung hängt wesentlich von den Eigenschaften der verwendeten Kohle ab. Hier ist es besonders der absolute Gehalt des Brennstoffes an flüchtigen Bestandteilen, der die Zündwilligkeit des Staubes bestimmt. Der Charakter der Asche ist entscheidend für die Größe der Brennkammer und für die Frage, ob flüssiger oder trockener Aschenabzug möglich ist.

Staubfeuerungen sind die eigentlichen Feuerungen für Großanlagen, denn man kann sie in jeder beliebigen Größe bauen, während Rostfeuerungen von einer bestimmten Größe an zu unvertretbar schweren Konstruktionen führen, eine sehr große Grundfläche beanspruchen und auch an die Bedienung unerfüllbare Anforderungen stellen.

Jeder Brennstoff durchläuft bei seiner Verbrennung folgende Phasen:

1. die Trocknung;
2. die Entgasung;
3. die Vergasung und Verbrennung des festen Kohlenstoffes;
4. die Verbrennung der Entgasungs- und Vergasungsprodukte.

Die Trocknung nimmt bei wasserreichen Brennstoffen einen breiten Raum ein; deshalb müssen Feuerungen für Rohbraunkohle und pflanzliche Abfallstoffe mit besonderen Einrichtungen zum Trocknen des Brennstoffes ausgerüstet werden. Hierzu bestehen verschiedene Möglichkeiten:

a) außerhalb des Kesselaggregates durch vorgewärmte Luft oder vom Kessel entnommenes heißes Rauchgas, oder durch Kombination dieser beiden Möglichkeiten;

b) innerhalb des Kessels durch strahlende Wärme in der Brennkammer, vielfach in Verbindung mit vorgewärmter Verbrennungsluft.

Die Entgasung schließt an die Trocknung an und überdeckt sich mit ihr zum Teil. Sie besteht darin, daß durch die Einwirkung von Wärme die leichtflüchtigen Kohlenwasserstoffe in die Gasphase überführt werden. Bei dieser Schwelung wird keine Luft benötigt. Die Zuführung von Luft in geringer Menge ist jedoch kein Fehler, weil die Entgasungsprodukte in der Feuerung verbrannt werden sollen. Deshalb ist in den meisten Feuerungen die Entgasungsphase gemischt mit der Verbrennung eines Teils der flüchtigen Bestandteile. Dies trifft besonders für Staubfeuerungen zu. Auf mechanischen Rosten dagegen, auf denen der Brennstoff langsam von vorn nach hinten durch die Feuerung transportiert wird, muß man besondere Vorkehrungen treffen, um die aus der Entgasungszone aufsteigenden Brenngase mit der erforderlichen Verbrennungsluft zusammenzuführen.

Für die anschließende Vergasung und Verbrennung des Restkohlenstoffes muß Luft zugeführt werden. In dieser Zone kommt es darauf an, die feste Phase möglichst vollständig zu vergasen oder unmittelbar zu verbrennen. Man muß deshalb eine hohe Relativgeschwindigkeit zwischen der Verbrennungsluft und den Brennstoffteilchen anstreben, damit der Prozeß in möglichst kurzer Zeit abläuft.

Diese dritte Phase des Verbrennungsvorganges bildet den Kern der leuchtenden Flamme, denn hier wird der größte Teil der im Brennstoff zugeführten Wärme frei, und es entstehen hohe Temperaturen, so daß die noch festen Brennstoff- und Ascheteilchen bis zur Weißglut erhitzt werden.

Da durch die reduzierende Wirkung des Kohlenstoffs auf die in der Flamme entstandenen Verbrennungsprodukte neue brennfähige Gase und auch aus der Asche neue Verbindungen entstehen, schließt sich noch eine vierte Phase an, in der diese gemeinsam mit noch unverbrannten Gasen aus der Schwelzone verbrannt werden. Dies wird durch eine kräftige Durchwirbelung des Gasluftgemisches erreicht, das aus der Flamme hervorgeht. Man verwendet hierfür Umlenkkonstruktionen oder Wirbelluft, die zusätzlich eingeblasen wird. Bei sehr gasreichen Brennstoffen kann auch die Zufuhr echter Sekundärluft an dieser Stelle zweckmäßig sein.

Es kommt nun bei der Konstruktion von Feuerungen darauf an, diese Verbrennungsphasen so zu beherrschen, daß die gesamte Verbrennung in möglichst kurzer Zeit und in einem möglichst kleinen Raum stattfindet.

Dabei ist auch besonders auf die Ausnutzung der strahlenden Wärme der Flamme für den Wärmeübergang an die Kesselheizflächen hinzuweisen. Das Rauchgas soll durch Wärmeabgabe in der Brennkammer schon so weit abgekühlt werden, daß die Aschenteilchen, die in ihm schwimmen, nicht mehr klebrig sind, wenn sie in den Bereich der Berührungsheizfläche des Kessels gelangen.

B. Rostfeuerungen

1. Allgemeines

Jede Rostfeuerung hat drei Aufgaben zu erfüllen:

a) den Transport des Brennstoffes in die Brennzone;

b) die Durchführung der Verbrennung in allen ihren Phasen;

c) die Entfernung der Schlacke.

Für den Nachschub der Kohle in die Brennzone bestehen verschiedene Möglichkeiten:

a) Aufwerfen von Hand oder durch mechanische Wurfbeschicker auf einen feststehenden Rost (Planroste).

b) Nachrutschen des Brennstoffes auf einem feststehenden Schrägrost infolge der Schwerkraft (Treppenroste).

c) Mechanischer Vorschub des Brennstoffes durch hin- und hergehende Roststäbe des Plan- oder Schrägrostes mit oder ohne gleichzeitige Ausnutzung der Schwerkraft (Schürroste).

d) Mechanischer Vorschub des Brennstoffes auf einen Planrost oder Schrägrost durch Vorschubkolben, Schnecken, Räumer usw. (Schubroste).

e) Vortragen des Brennstoffes durch eine gleichmäßige Bewegung des Rostes nach dem Prinzip der endlosen Kette (Wanderroste).

Die Vorrichtung zum Austragen der Schlacke wird bei den mechanischen Feuerungen im allgemeinen mit der Vorschubeinrichtung für den Brennstoff kombiniert. Ist dies nicht möglich, so wird die Schlacke entweder von Hand oder durch eine besondere mechanische Einrichtung vom Rost entfernt.

Die Art des Brennstoffvorschubes hat bestimmte Folgen für den Verlauf der Verbrennung und den Verschleiß von Roststäben und anderen Teilen infolge der Einwirkung des Feuers. Dadurch scheiden sich die Feuerungen in solche, die besonders für Steinkohle geeignet sind und andere, die vorzugsweise für Braunkohle und minderwertige Brennstoffe in Betracht kommen. Für die Verfeuerung von Steinkohle kommen nur solche Roste in Frage, bei denen die Roststäbe gegen die Einwirkung der hohen Temperaturen wirksam geschützt werden. Beispiel hierfür sind die Planroste, die in ihrer vollen Ausdehnung mit Brennstoff bedeckt werden, so daß sie der unmittelbaren Flammenstrahlung nicht preisgegeben sind. Außerdem werden die Roststäbe des Planrostes durch die Verbrennungsluft wirksam gekühlt. Auch einige Schubroste und Schürroste sind so konstruiert, daß sie immer gut mit Brennstoff bedeckt sind. Bei den Wanderrosten wird die Kühlung dadurch erreicht, daß die Roststäbe, sobald sie durch die Brennzone gefahren sind, aus dieser herausgeführt werden und in einer Atmosphäre verhältnismäßig kalter Luft zur Kohlenaufgabe zurückkehren. Nur auf einem Drittel ihres Weges sind sie der Einwirkung des Feuers und der strahlenden Wärme aus der Brennkammer ausgesetzt.

Treppenroste und Schürroste sind für den Betrieb mit Steinkohle im allgemeinen nicht geeignet, nur bestimmte Sonderbauarten von Schürrosten, die mit einer sehr hohen Kohlenschicht arbeiten, kommen für die Verbrennung minderwertiger Steinkohle in Betracht.

Im übrigen sind die letztgenannten Bauarten reine Braunkohlenfeuerungen. Große Schürroste unterliegen jedoch auch beim Betrieb mit Braunkohle einem hohen Roststabverschleiß, und man muß wegen der Einwirkung des Feuers die Roststäbe solcher Anlagen hoch mit Chrom legieren, um ihnen eine ausreichende Lebensdauer zu verschaffen.

In bezug auf den Ablauf der Verbrennung hat die Wahl der Transporteinrichtungen für den Kohlenvorschub einschneidende Folgen.

Beim Planrost wird die Kohle von oben auf den gesamten Rost aufgeworfen. Die Zündung erfolgt durch die bereits brennende Kohle, die auf dem Rost liegt. Dieses Verfahren nennt man Unterzündung, weil die frische Kohle von unten her gezündet wird. Hierbei finden alle Vorgänge, die Trocknung, Entgasung, Vergasung und Verbrennung an ein und derselben Stelle des Rostes zeitlich hintereinander statt. Dies hat zwar den Vorteil der verhältnismäßig sicheren Zündung, der Nachteil aber ist, daß nach dem Beschicken zunächst Abkühlung und Luftmangel eintreten und die flüchtigen Bestandteile zum Teil unverbrannt entweichen. Der Rost arbeitet bis zum Durchzünden der neuen Schicht wie ein Generator und erzeugt Brenngase, die erst oberhalb der Brennstoffschicht verbrennen müssen, wozu dann nicht genügend Luft vorhanden ist.

Bei den mechanisch arbeitenden Rosten, bei denen die Kohle während der Verbrennungsvorgänge weitertransportiert wird, werden die einzelnen Verbrennungsphasen räumlich auseinandergezogen. Hier entsteht unmittelbar hinter der Aufgabestelle die Trocknungszone. Dann folgt die Entgasungszone und schließlich die Vergasungs- und Verbrennungszone. Je nach der Art des Vorschubs überdecken sich diese mehr oder weniger, aber es bleibt doch die Tatsache bestehen, daß im Anfang Wasserdampf, sodann Schwelgas und schließlich eine Mischung aus Vergasungs- und Verbrennungsprodukten aus der Kohlenschicht aufsteigen.

Wenn man so die Verbrennungsphasen räumlich auseinanderzieht, kann man einen Beharrungszustand erreichen, der einen guten Ausbrand und hohen Wirkungsgrad gewährleistet.

2. Planroste

a) Planroste mit Wurfbeschickung

α) Beschreibung. Der Planrost ist die am weitesten verbreitete Rostart. Er kommt vor allem für kleine Anlagen mit Handbedienung oder als halbmechanische Feuerung für Steinkohle in Betracht.

Ein solcher Rost ist in Abb. 18 dargestellt. Hinter dem Feuergeschränk, das aus Feuertür und Schürplatte besteht, liegen die Roststäbe. Sie sind auf quer zur Feuertür angeordneten

Roststabträgern nebeneinander aufgereiht. Bei größeren Planrosten liegen mehrere solcher Roststabgruppen hintereinander. Am Ende des Planrostes ist die Feuerbrücke angeordnet; das ist ein aus Schamottesteinen aufgebautes Wehr, das den Rost nach hinten begrenzt und ein Überlaufen der Kohle über den Rost hinaus verhindert. Abb. 19 zeigt den genormten Plan-

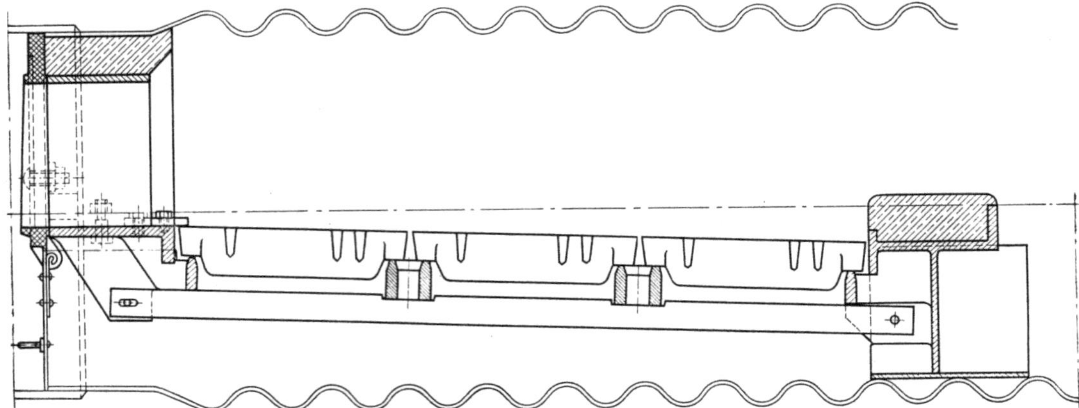

Abb. 18. Planrost als Innenfeuerung in einem Flammrohr

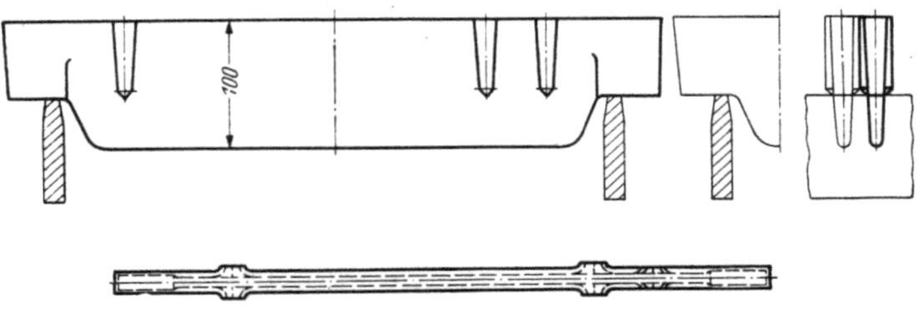

Abb. 19. Planroststab nach DIN 2911

roststab nach dem Einheitsblatt DIN 2911 vom April 1944, der sich gut bewährt hat[1]. Die Berührungsnocken an diesen Roststäben sind so angeordnet, daß man zwei verschiedene Rostspalten erhält, je nachdem, ob man die Stäbe parallel nebeneinanderlegt oder jeden zweiten Stab umdreht (Abb. 20). Über die Hauptabmessungen gibt die Tab. 16 Auskunft. Sie zeigt die Möglichkeiten, die gegeben sind, um eine bestimmte „freie Rostfläche" zu erhalten. Darunter versteht man das Verhältnis der Größe der Luftspalten zur gesamten vom Rost bedeckten Fläche in Prozent. Dabei sind die von den Berührungsnocken beanspruchten Flächen berücksichtigt.

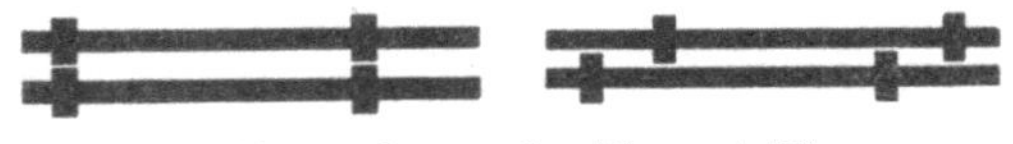

Abb. 20. Verlegung der Planroststäbe

Tabelle 16. *Freie Rostfläche von Planrosten*

Breite des Roststabes mm	Spaltes mm	Freie Rostfläche in % bei folgenden Roststablängen in mm			
		400	500	600	700
12	3,5	19,0	19,7	20,2	20,6
12	7	33,9	34,5	34,9	35,2
15	3	14,0	14,5	14,9	15,2
15	6	26,3	26,7	27,1	27,3
18	4,5	16,8	17,4	17,9	18,2
18	9	30,7	31,2	31,6	31,9

[1] Vgl. W. WECK: Normroststab und Roststabverschleiß, Energie **5**, 166—168 (1953).

Die Roststäbe müssen so hoch ausgeführt werden, daß die Oberfläche ihrer Flanken ausreicht, um die durch die brennende Kohle zugeführte Wärme an die Verbrennungsluft wieder abzugeben, so daß ihre Temperatur nicht zu hoch ansteigen kann. Die Feuerungsbauer benutzen hierfür den Begriff „Kühlverhältnis", d. i. das Verhältnis der Gesamtoberfläche aller Roststabflanken zur Rostfläche; es beträgt beim 15 mm breiten Normroststab mit 6 mm Spaltbreite 9,5 m²/m² und bei 3 mm Spaltbreite 11 m²/m². Dieser Roststab ist 100 mm hoch. Die Roststäbe werden aus Grauguß nach DIN 1691 hergestellt. Die Zusammensetzung ist etwa 3,2—3,4% C, davon etwa 1,8% Graphit, 1,4—1,6% Si, unter 0,5% Mn, unter 0,5% P, unter 0,12% S. Eine Legierung mit 0,4—0,5% Cr ist vorteilhaft.

Die Kohle wird auf den Planrost von oben aufgeworfen. Hierzu muß bei Handbeschickung jedesmal die Feuertür geöffnet werden, so daß kalte Luft in die Brennkammer gelangt, der Luftüberschuß übermäßig erhöht und die Temperatur im Feuerraum erheblich gesenkt wird.

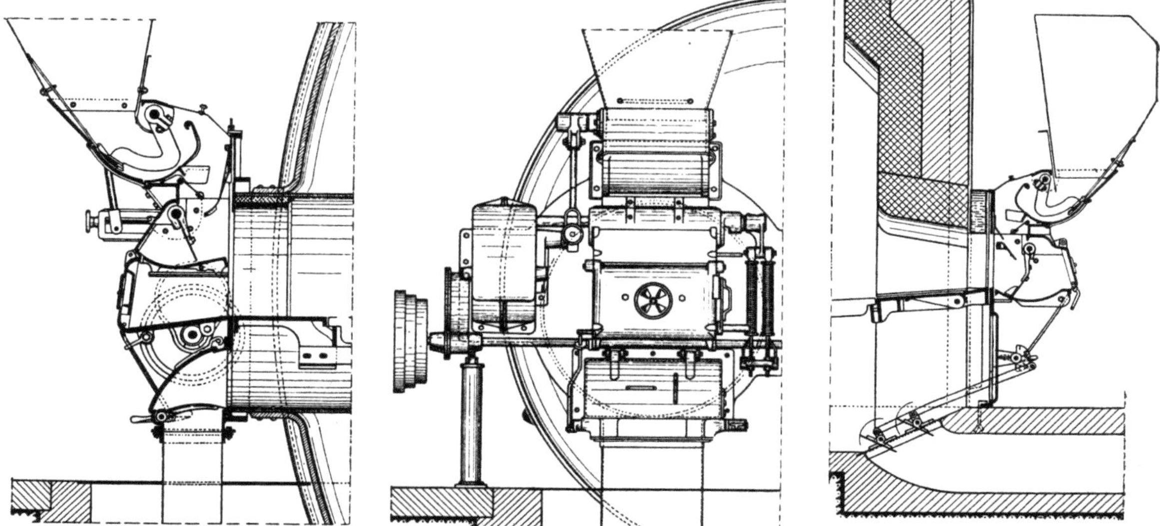

Abb. 21. Wurffeuerung mit Unterwindeinrichtung (Weck). Links: für Innenfeuerung, rechts: für Unterfeuerung

Diese Abkühlung ist so stark, daß die einströmende Kaltluft mit den aus der Kohlenschicht aufsteigenden Brenngasen nicht mehr zur Reaktion kommt und diese Gase trotz momentan hohen Luftüberschusses unverbrannt durch den Kessel abziehen. Auch die Entschlackung des Rostes, die von Hand geschehen muß, verursacht derartige Störungen. Aus diesen Gründen ist der Wirkungsgrad solcher Anlagen gering.

Eine wesentliche Verbesserung wird durch automatische Wurfbeschicker[1] erreicht, wie sie in Abb. 21 dargestellt sind. Bei diesen wird die Kohle in einen Trichter aufgegeben, der in einen kleinen Behälter ausläuft, der in der Feuertür liegt. Dieser wird periodisch durch Federkraft entleert, wobei sein Inhalt etwa alle 2—5 Minuten auf die Brennstoffschicht des Rostes aufgeworfen wird. Hierbei bleiben die Türen geschlossen, so daß die Störungen, die mit der Handbeschickung verbunden sind, vermieden werden. Für die Entschlackung müssen jedoch auch bei dieser Bauart die Feuertüren geöffnet werden.

Abb. 21 zeigt gleichzeitig die Anwendung von Unterwind; die Verbrennungsluft wird hier nicht durch den Schornsteinzug angesaugt, wie es bei einfachen Feuerungen üblich ist, sondern durch einen Ventilator unter den Rost gedrückt. Hierdurch erreicht man die Möglichkeit, die Anlage höher zu belasten und insbesondere feinkörnige Brennstoffsorten, die einen hohen Schichtwiderstand verursachen, noch zu verfeuern.

---

[1] C. H. Weck.

β) Verbrennungsvorgang. Unmittelbar nach dem Aufwerfen der frischen Kohle findet deren Trocknung und Entgasung statt. Da die Schwelgase durch die beim Beschicken einströmende Kaltluft so stark abgekühlt werden, daß sie nicht mehr zünden, erkennt man den handbeschickten Planrost an einem periodischen Qualmen des Schornsteins bei jeder Beschickung des Rostes mit frischer Kohle. Dies ist jedem Heizer, der solche Anlagen bedient, bekannt und läßt sich nicht vermeiden. Jeder Reisende kennt diese Erscheinungen bei den Lokomotivfeuerungen, und jeder Seefahrer weiß, daß man den Weg eines mit Wurffeuerungen betriebenen Schiffes an den Rauchwolken verfolgen kann, die es in regelmäßigen Abständen ausstößt.

Die aus der verbrannten Kohle entstandene Schlacke bleibt auf dem Planrost liegen und schützt die Roststäbe vor der Wärmeeinstrahlung von der brennenden Kohlenschicht. Die Temperatur in dieser Ascheschicht kann bei hohem Aschengehalt so niedrig werden, daß die Verbrennung des in der Asche noch eingeschlossenen Kokses nicht mehr möglich ist. Diesem Nachteil kann man durch Schüren entgegenwirken, indem man die erst teilweise ausgebrannten Stücke mit der brennenden Kohle vermischt und sie auf diese Weise wieder in den Bereich der hohen Temperatur bringt, die erforderlich ist, um den Kohlenstoff weiter abzubauen.

Nach W. WECK beträgt die Roststabtemperatur an der Oberfläche bei Betrieb ohne Unterwind etwa 440 °C, bei Unterwindbetrieb etwa 100 Grad weniger, wobei der Rost mit einer Schlackenschicht von etwa 1 cm Dicke bedeckt ist, die auf ihrer Unterseite etwa 750 °C hat. Bei diesen Verhältnissen gehen etwa 37 000 kcal/m²h von der Brennstoffwärme über die Roststäbe an die Luft über, die sich dabei um etwa 70 grd erwärmt.

Vorteilhaft ist beim Planrost, wenn er als Innenfeuerung in Flammrohrkesseln verwendet wird, die Umlenkung der aus dem Feuerbett aufsteigenden Rauchgase in die horizontale Richtung, denn hierbei entstehen Wirbel, die die brennbaren Bestandteile der Gase mit dem Sauerstoff der vorhandenen Verbrennungsluft zusammenführen. Dadurch entsteht eine schnelle Verbrennung der Entgasungs- und Vergasungsprodukte und eine Verringerung der Verschlackungsgefahr, die bei hohen Feuerräumen so große Schwierigkeiten bereitet. Dieser Vorteil gilt besonders für Anlagen mit mechanischer Wurfbeschickung. Liegt aber der Planrost unter einem Wasserrohrkessel, so daß die Rauchgase senkrecht von unten nach oben in den Bereich der Kesselheizflächen hineinströmen können, so muß auf die Verbrennung der aus der Flamme stammenden Gase besonders geachtet werden. Hier wird nötigenfalls der Einbau von Umlenk-Gewölben oder -Decken oder das Einblasen von Wirbelluft zum Erfolg führen.

γ) Leistungsfähigkeit. In der Leistung ist der Planrost durch die Reichweite der Handbeschickung oder der automatischen Wurfbeschickung begrenzt. Man muß beachten, daß der Heizer durch die kleine Feuertür die Kohle aufwerfen und dabei beobachten soll, daß das Brennstoffbett gleichmäßig bedeckt ist. Aus diesem Grunde ist bei Handbeschickung eine Rostlänge von etwa 2 m nicht zu überschreiten. Bei der Verwendung mechanischer Beschickungsapparate kann man etwa 2,5 m bestreichen. Bei diesen Apparaten ist aber Bedingung, daß eine stückige Kohle bestimmter Korngröße, etwa Nuß III—V verwendet wird, weil die Wurfapparate größere Stücke nicht durchlassen und bei feineren Körnungen viel Flugkoks erzeugen.

Das Brennstoffprogramm des Planrostes ist verhältnismäßig groß. Man kann darauf alle Steinkohlenarten und Kokse verbrennen, sofern sie nicht mehr als 20% Wasser enthalten. Bei gasarmen Kohlen fallen jedoch die Mittelprodukte wegen ihres hohen Aschengehaltes aus. In der Körnung besteht bei Handbeschickung weitgehende Freiheit. Bei der Verbrennung von Feinkohlen sind allerdings die Verluste hoch, weil sie einen hohen Rostdurchfall verursachen, der durch das Schüren und Entaschen mit Handwerkzeugen begünstigt wird. Auch ist zu beachten, daß der Durchfall an unverbrannter Kohle nicht von der Asche zu trennen ist und als verloren betrachtet werden muß. Durch die Anwendung von Unterwind wird der Betrieb erleichtert und verbessert.

Große Stücke können auf den Planrost bei Handbeschickung aufgegeben werden, weil ihre Aufenthaltsdauer auf dem Rost praktisch unbegrenzt ist. So ist der Planrost die einzige Feuerung, auf der man nichtvorgebrochene Förderkohle verfeuern kann.

Die Aufgabe großer Stücke ohne Zusatz kleinerer sollte jedoch möglichst vermieden werden, weil die letzteren leichter zünden und dadurch die Temperatur aufrechterhalten, die für die

Reaktion der großen Stücke erforderlich ist. Die günstigste Korngröße für eine gute Verbrennung auf dem Planrost liegt im Bereich von 7—25 mm.

Auch Briketts aller Art lassen sich auf dem Planrost gut verbrennen, ferner Holz in jeder Form, außer Sägemehl, von dem wegen der geringen Korngröße viel durchfällt. Bei der Verbrennung von Knüppelholz muß darauf geachtet werden, daß die frischen Stücke möglichst vorsichtig auf die Schicht aufgelegt werden, damit nicht die darunterliegenden brennenden Klötze zu schnell zerfallen. Hierdurch würde nämlich auf dem Rost eine große Menge kleiner Holzkohlestücke entstehen, die der Verbrennungsluft einen so starken Widerstand entgegensetzen, daß der Verbrennungsvorgang zum Erliegen kommt.

Es ist zweckmäßig, die Rostspalten der Korngröße anzupassen. Für die Verfeuerung von Förderkohle, Nuß I—III und Briketts sind Rostspalten von 6—9 mm zu empfehlen, was einer freien Rostfläche von 25—30% entspricht. Hierfür wird man also die Normroststäbe mit 15 und 18 mm Stabbreite und Spalten von 6 und 9 mm verwenden. Bei Knüppelholz geht man zweckmäßig auf Sonderroststäbe mit 16 mm Spaltbreite über. Für Feinkohle mit Unterwindbetrieb sind die Normstäbe mit 15 und 18 mm Breite, jedoch umgelegt auf Spaltbreiten von 3 und 4,5 mm geeignet. Für die besten Sorten Nuß III bis V sind die 15-mm-Stäbe mit 6 mm Spaltbreite oder die umgelegten 18-mm-Stäbe mit 4,5 mm Spaltbreite zu empfehlen.

Die Rostbelastung wählt man beim Planrost ohne Unterwind mit 0,8 bis $0,9 \cdot 10^6$ kcal/m²h. Bei Unterwindbetrieb und guter Kohle kann man bis auf $1,2 \cdot 10^6$ kcal/m²h gehen. Für Lokomotivfeuerungen ohne Unterwind werden Rostbelastungen bis zu $4 \cdot 10^6$ kcal/m²h zugelassen, wobei zu bemerken ist, daß hier nur kurze Betriebszeiten verlangt und ein hoher Verlust an Unverbranntem und eine erhebliche Verschlackung der Brennkammer in Kauf genommen werden.

Der Feuerungs-Wirkungsgrad ist stark abhängig von der Brennstoffbeschaffenheit. Er wird besonders durch den hohen Herdverlust, der beim Entschlacken entsteht, ferner durch den niedrigen Kohlensäuregehalt des Rauchgases beeinträchtigt, der durch das häufige Öffnen der Feuertür verursacht wird. Auch der Nachteil der Unterzündung, das Entstehen unverbrannter Schwelgase und Vergasungsprodukte aus der frisch aufgeworfenen Kohle, drückt den Wirkungsgrad herab.

Bei der Überlastung der Planroste in Lokomotivfeuerungen vervielfachen sich die Verluste. Die Lokomotivlösche, das ist das Gemisch aus Kohle und Schlacke, das man aus den Lokomotivfeuerungen herausholt, wenn die Maschinen nach beendeter Fahrt stillgesetzt werden, dient noch als Brennstoff für Kesselfeuerungen.

Bei Unterwindbetrieb wird zwar der Herdverlust verringert, aber es entsteht ein zusätzlicher Verlust durch Flugkoks besonders dann, wenn die Kohle sehr feinkörnig ist und nicht backt.

Backende Fettkohlen können auf dem Planrost leichter verbrannt werden als auf dem Wanderrost. Solche Brennstoffe erfordern ein häufiges Schüren, um die zusammenbackende Kohle aufzureißen.

b) Planstoker[1]

α) Beschreibung (Abb. 22). Die Nachteile, die mit der Unterzündung verbunden sind, werden vermieden, wenn man die Kohle von vorn auf den Rost schiebt, so daß sie sich infolge dieser Bewegung auf dem ganzen Rost ausbreitet.

Als Aufgabeelement dient ein Stößel oder Kolben, der sich von vorn nach hinten und zurück bewegt. Beim Rückwärtsgang fällt neue Kohle aus dem Aufgabetrichter vor den Kolben, so daß er diese beim nächsten Hingang auf den Rost schiebt.

Das erste Rostfeld, das von dem Vorschubkolben bestrichen wird, besteht aus einer geschlossenen Platte, so daß hier die Trocknung und Entgasung der Kohle ohne Luftzufuhr stattfindet. Dann folgt der Hauptverbrennungsrost, auf dem eine weitgehende Vergasung und Verbrennung der Kohle eintritt. Dieser Teil ist wie ein gewöhnlicher Planrost mit Roststäben versehen.

---

[1] Vereinigte Kesselwerke.

Wird die Kohle nun durch die Bewegung des Stößels weitergeschoben, so gelangt sie auf einen der Ausbrennroste, die um den Hauptrost herum angeordnet sind. Diese sind nicht mehr mit Roststäben, sondern mit Düsenplatten ausgestattet, die nur so viel Luft durchlassen, wie zum Ausbrand der Kohle noch erforderlich ist. Die Anzahl der Düsen ist in der unmittelbaren Umgebung des Hauptrostes größer als an den Rändern, wie es der Luftbedarf erfordert.

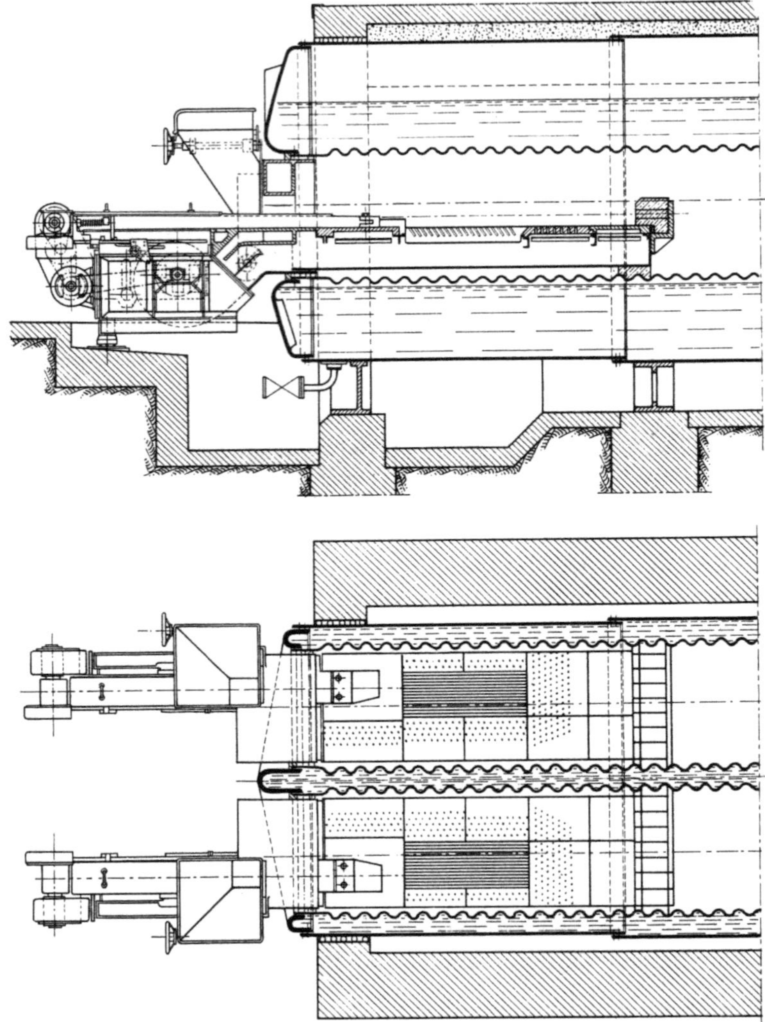

Abb. 22. VKW-Planstoker als Innenfeuerung

Die Entschlackung geschieht von Hand. Dies ist leichter als beim gewöhnlichen Planrost, weil die Schlacke, die sich an der Seite des Planstokers ansammelt, nicht mehr mit Kohle gemischt ist.

β) Verbrennungsvorgang. Beim Planstoker werden, wie bei allen mechanischen Feuerungen, die Vorgänge der Trocknung und Schwelung von dem der Verbrennung örtlich getrennt. In der Trocknungs- und Schwelzone wird keine Luft durch den Rost zugeführt. Die Zündung ist eine Oberzündung. Sie entsteht durch Berührung der nachgeschobenen Kohle mit der bereits brennenden und durch Einstrahlung von Wärme aus der Flamme.

Infolge der Trennung der Schwelzone von der Ausbrennzone der Kohle werden die ausgetriebenen flüchtigen Bestandteile nicht unmittelbar nach ihrer Befreiung mit Luft versorgt und verbrannt, sondern sie strömen zunächst ungestört ab und finden erst dann Verbrennungsluft, wenn sie durch Umlenkung in den Bereich der Luft gelangen, die durch den Hauptbrennrost hindurchgekommen ist. Hierdurch ist aber nicht mit ausreichender Sicherheit für die Verbrennung dieser Gase gesorgt, und es ist deshalb notwendig, Sekundärluft über den Rost einzublasen, um die Schwelgase zu erfassen. Diese Erscheinung finden wir bei allen mechanischen Rosten, auf denen die Kohle während der Verbrennung weiter transportiert wird. Durch das Einblasen der Sekundärluft wird auch die Verbrennung der Entgasungs- und Vergasungsprodukte aus der Hauptbrennzone gefördert.

γ) **Leistungsfähigkeit**[1]. Das Brennstoffprogramm des Planstokers ist nicht so umfangreich wie das des Planrostes. Denn durch die mechanische Aufgabevorrichtung lassen sich große Kohlenstücke nicht hindurchbringen; eine Kantenlänge von 40 mm ist das Höchste, was man dieser Feuerung zumuten darf.

Infolge der Trägheit der Oberzündung, und da dieser Rost kein Zündgewölbe besitzt, eignen sich Magerkohlen nicht für die Verbrennung auf dem Panstoker. Am besten sind leicht backende Fett- und Gaskohlen geeignet, aber auch alle anderen gashaltigen Steinkohlensorten lassen sich gut verbrennen. Durch die richtige Einführung der Sekundärluft wird auch bei sehr gasreichen Kohlen eine fast rauchfreie Verbrennung erzielt.

Die Herdverluste liegen in derselben Größenordnung wie bei anderen mechanischen Rosten.

Mit diesen Merkmalen ist der Planstoker eine Kleinfeuerung, die ähnliche Wirkungsgrade erreicht wie der Wanderrost und andere große mechanische Feuerungen, er ist einer der wenigen mechanischen Roste, die als Innenfeuerung für Flammrohrkessel brauchbar sind.

Die Rostbelastung ist bei Betrieb ohne Unterwind mit maximal $0,95 \cdot 10^6$ kcal/m²h für gute Nußkohle anzunehmen, bei Unterwindbetrieb kann man $1,0$ bis $1,2 \cdot 10^6$ kcal/m²h erreichen.

Der Kohlensäuregehalt der Abgase, der beim Planrost kaum über 10% gehalten werden kann, erreicht beim Planstoker 12% und mehr.

Die Kohleaufgabevorrichtung verbraucht etwa 1—2 kW je t Kohle.

3. Feststehende Treppenroste

a) Beschreibung

Für die Verfeuerung sehr feuchter Brennstoffe ist der Planrost nicht geeignet, denn bei der Durchführung der Trocknung, Entgasung, Vergasung und Verbrennung an einer Stelle des Rostes, wie es beim Planrost der Fall ist, würde der Wärmebedarf der Trocknung eine solche Abkühlung bewirken, daß die Verbrennung nicht mehr durchführbar sein würde. Bei solchen Brennstoffen muß man die Vorgänge räumlich auseinanderziehen. Soll dies ohne mechanische Hilfsmittel geschehen, so muß man sich der Schwerkraft als Antrieb für den Transport des Brennstoffes bedienen. Auf diese Weise entsteht der nichtmechanische Treppenrost, auf den der Brennstoff vorn aufgegeben wird und nun dem Abbrand entsprechend durch sein eigenes Gewicht langsam die Treppe heruntergleitet (Abb. 23).

Die Treppenstufen werden durch gußeiserne, mit vielen Schlitzen versehene Bretter dargestellt, die an beiden Seiten durch Wangen miteinander verbunden sind. Die Stufen überdecken sich soweit, daß kein Brennstoff nach rückwärts herausfallen kann.

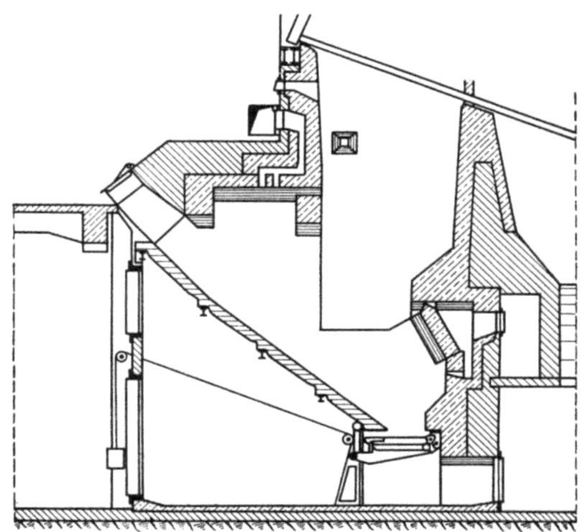

Abb. 23. Treppenrost zur Verfeuerung von kleingehacktem Holz (Steinmüller)

---

[1] GEHRENBECK, K.: Betriebserfahrungen mit Planstokern. Die Wärme **15** (1935) vom 13. 4. und K. GEHRENBECK: Der Planstoker. Gesundh.-Ing. **1934**, Nr. 41.

Die Neigung des Treppenrostes muß dem Böschungswinkel des Brennstoffes angepaßt werden. Aus diesem Grunde werden die Roste so gebaut, daß man die Neigung, die im allgemeinen bei 30—40 Grad liegt, um 3—5 Grad verändern kann.

Die Brennstoffschicht wird mit Schürstangen von Hand geschürt, die von unten zwischen den Treppenstufen hindurchgesteckt werden. „Halbmechanische" Treppenroste sind mit fest eingebauten Schürgeräten ausgestattet, deren Bewegung vom Heizerstand aus erfolgt.

Die Treppe mündet unten auf einen ausfahrbaren Planrost, auf dem sich die Schlacke ansammelt. Von Zeit zu Zeit wird der Planrost vorgezogen, so daß die Schlacke in den darunter befindlichen Trichter fällt, wo sie abgezogen werden kann.

b) Verbrennungsvorgang

Beim Treppenrost wird die Wärme zum Trocknen, Entgasen und Zünden durch Einstrahlung von oben zugeführt. Da dies aber angesichts der geringen Temperatur im Feuerraum nur sehr träge wirkt, sucht man sie durch Unterzündung zu unterstützen, was auf folgende Weise geschieht:

Wenn der Rost nur schwach mit Brennstoff bedeckt wird, brennt die Schicht bis auf den Grund durch. Dadurch erhält man auf jeder Treppenstufe ein Zündnest, das man als Grundfeuer bezeichnet. Dieses erhält sich dann auch, wenn der Rost stärker mit Brennstoff beschickt wird. Denn da der feinkörnige Anteil des Brennstoffes in der Schicht nach unten wandert,

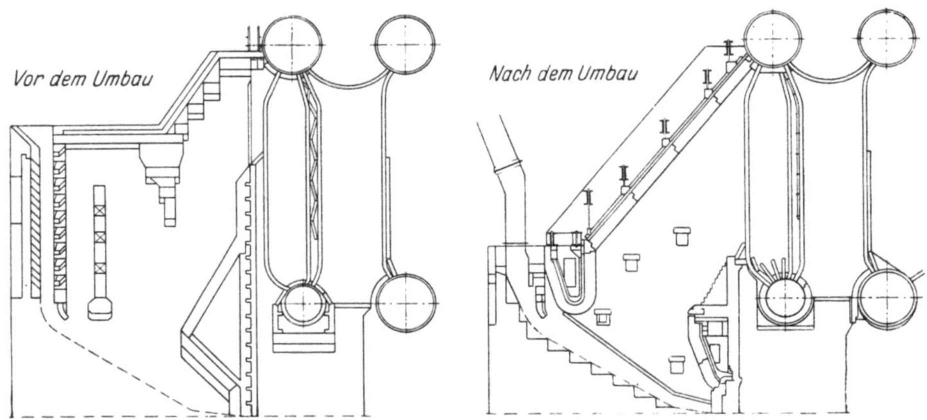

Abb. 24. Viertrommel-Steilrohrkessel, 600 m² Heizfläche, 42 atü, mit altem Feuerraum und mit „Karrena"-Hochleistungs-Feuerung

werden diese kleinen Feuerstellen im Betrieb laufend mit feiner, getrockneter, gut zündbarer Kohle versorgt. Die Verbrennungsluft, die zwischen den Stufen hindurch in die Brennstoffschicht eindringt, nimmt die in den Zündnestern freigewordene Wärme mit und bewirkt dadurch eine Fortpflanzung der Zündung in die Schicht hinein. Hierdurch wird zunächst die Trocknung, dann aber auch die Entgasung und Vergasung des Brennstoffes eingeleitet.

Bei einer Änderung der Rostbelastung ändert sich auch der natürliche Böschungswinkel der Kohle, weil eine Änderung des Abbrandtempos auch eine Veränderung in der ganzen Zusammensetzung der Brennstoffschicht auf dem Rost herbeiführt. Infolgedessen überschüttet sich die Schicht leicht bei einer Belastungsänderung. In solchen Augenblicken schlägt oft eine Wolke heißer, z. T. brennender Gase zwischen den Treppenstufen hindurch nach vorn aus dem Rost heraus, wobei die Grundfeuer mit herausfliegen. Dies geschieht auch leicht beim Schüren des Rostes, weil dadurch der Brennstoff in Bewegung gerät. Der Heizer muß deshalb beim Schüren von Hand darauf achten, daß er solchen Gaswolken rechtzeitig ausweicht.

Zur Unterstützung der Trocknung hat man vielfach einen Teil des Kohlenfallschachtes vor dem Rost schon durch Schlitze mit dem Feuerraum verbunden. Ferner hat man versucht, durch Einbau von Rückführgewölben und -wänden einen Teil des Rauchgases aus dem Feuerraum an die frische Kohle heranzuführen, um die Trocknung schon im Fallschacht einzuleiten. Solche Einrichtungen haben sich jedoch als unzulänglich erwiesen. Auch bei wasserreichen Rohbraunkohlen ist ein großer Feuerraum wirksamer als alle Einbauten, von denen man sich mehr erhofft hatte, als sie leisten können. Abb. 24 zeigt ein von R. Schulze[1] beschriebenes Beispiel eines älteren Steilrohrkessels, dessen Leistung durch Übergang auf den großen Feuerraum um 35% gesteigert wurde. Dabei wurde der Zug im Feuerraum nicht erhöht.

Die Schichthöhe auf dem Treppenrost beträgt bis zu 400 mm. Man benötigt daher einen starken Zug im Feuerraum, wodurch der Flugkoksauswurf begünstigt wird.

c) Leistungsfähigkeit

Der Treppenrost eignet sich für alle wasserreichen Brennstoffe mit hohem Gasgehalt, das sind vorzugsweise die Produkte der Diagenese des Holzes vom Torf bis zur Weichbraunkohle. Außerdem ist der Treppenrost gut geeignet für Holzabfälle, pflanzliche Abfallbrennstoffe, Lohe usw.

In der Körnung ist man beim Treppenrost an einen mulmigen Charakter des Brennstoffes gebunden, weil mit harten Stücken eine ruhige gleichmäßige Bewegung auf der Treppe nicht zustande kommt.

Sehr gering ist die Breitenleistung des Treppenrostes, die mit höchstens 1,5 t/h Brennstoff pro m Rostbreite angesetzt werden kann. Infolgedessen bauen sich Kessel mit Treppenrostfeuerungen außerordentlich breit. Da man die einzelne Rostbahn nicht viel breiter als etwa 2 m bauen kann, setzt man mehrere Bahnen nebeneinander, die durch Schamottewälle von etwa einem halben Meter Höhe voneinander getrennt werden. Als zulässige Rostbelastung kann für Rohbraunkohle maximal etwa $1,5 \cdot 10^6$ kcal/m²h angesetzt werden. Die Verluste durch Unverbranntes können bei entsprechender Rostbelastung 6—10% betragen, im wesentlichen verursacht durch den Flugkoksverlust.

d) Sonderausführungen von Treppenrosten

An zwei Beispielen soll gezeigt werden, welche Abwandlungen von Treppenrostfeuerungen entwickelt worden sind, um Abfallbrennstoffe zu verbrennen, deren rationelle Ausnutzung für die betreffenden Industrien von großer Bedeutung ist, um den Energiebedarf der Fabriken so weit wie möglich aus den Abfällen heraus zu decken. Das eine Beispiel Abb. 25 ist eine Treppenrostfeuerung für Sägespäne. Dieser Brennstoff ist sehr leicht und wird daher von der Luft leicht mit fortgetragen. Man muß deshalb anstreben, mit einem möglichst geringen Zug in der Schicht auszukommen. Bei der in Abb. 25 gezeigten Anlage hat man einen sehr langen Treppenrost gewählt, dem noch ein schräg gestellter Planrost vorgeschaltet ist. Der Brennstoff fällt von oben herab und bildet seinem Böschungswinkel entsprechend eine Schüttung auf dem Rost, die den Vorrost ganz bedeckt und auf dem Treppenrost nach hinten zu immer dünner wird.

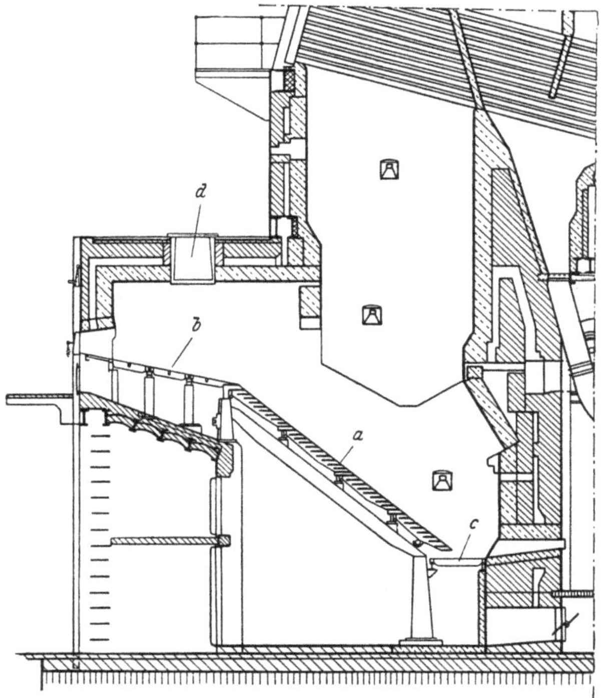

Abb. 25. Feuerung für Sägespäne
a Treppenrost, *b* Vorrost, *c* Planrost zum Entaschen, *d* Beschickung

---

[1] Schulze, R.: Feuerraumform und Dampfleistung. Braunk., Wärme u. Energie **1950**, 141—143.

Der Vorrost dient lediglich zur Trocknung des Brennstoffes, während sich auf dem Schrägrost
die Entgasung und schließlich die Verbrennung anschließen. In dieser großen Rostfläche kann
die Luftgeschwindigkeit klein gehalten werden, so daß möglichst wenig Brennstoff hochgewirbelt wird. Da Holz fast 80% flüchtige Bestandteile besitzt, wird weitaus der größte Anteil
der Wärme erst im Feuerraum oberhalb des Rostes frei. Um die Mischung der aufsteigenden
brennfähigen Gase mit der Luft zu ermöglichen, ist ein hoher Feuerraum gewählt worden.
Sicherlich würde hier die Anwendung von zusätzlicher Wirbelluft von großem Vorteil sein.

Das andere Beispiel zeigt eine Treppenrostfeuerung für Bagasse. Hier ist man davon aus-
gegangen, daß bei einem Brennstoff mit 80% Gehalt an flüchtigen Bestandteilen auf dem Rost
nur wenig Wärme frei wird und hat deshalb eine sehr kleine Rostfläche gewählt. Der Brennstoff
fällt ebenso wie bei der Holzabfallfeuerung von oben frei auf den Brennstoffschüttkegel, der auf dem Rost liegt. Natürlich wird bei der kleinen Rostfläche viel Brennstoff hochgewirbelt. Die Verbrennung ist eine typische Oberflächenverbrennung, die sich in der Gasphase fortsetzt; dafür ist ein zusätzlicher Ausbrennraum hinter der eigentlichen Brennkammer angeordnet. Dieser ist auch deshalb notwendig, weil die Asche der Bagasse vielfach Natronsalze enthält, die zu starken Anbackungen am Mauerwerk und den Kesselheizflächen führen. Allerdings ist der ungekühlte Ausbrennraum eine recht unzulängliche Einrichtung für diesen Zweck, und die in Abb. 26 dargestellte Feuerung entspricht in ihrem primitiven Aufbau sicherlich nicht den Anforderungen, die man stellen müßte, um einen erträglichen Dauerbetrieb
zu gewährleisten. Aber gerade hierauf kommt es bei den Zuckerfabriken nicht so sehr an, da
sie nur einen kurzen Saisonbetrieb im Anschluß an die Zuckerernte durchzuführen haben.

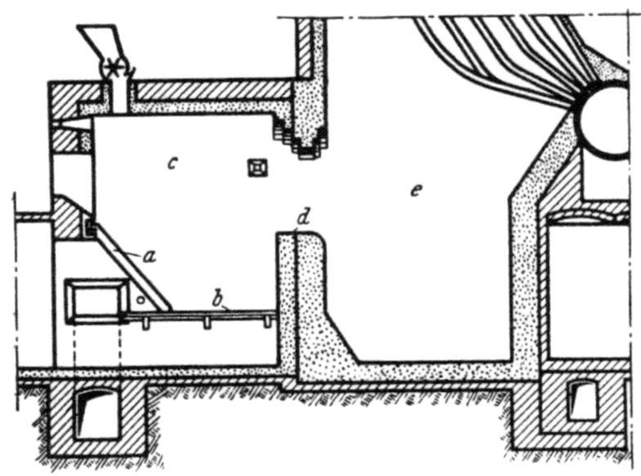

Abb. 26. Bagasse-Feuerung
a Treppenrost, *b* Planrost, *c* Brennkammer, *d* Wehr,
e Ausbrennraum

4. Schürroste

a) Der mechanische Braunkohlenschürrost

α) Beschreibung. Auf den Schürrosten wird der Brennstoff durch eine Schürbewegung des
Rostbelages vorgeschoben, wobei die Schwerkraft mitwirkt. Beim gewöhnlichen Schürrost
handelt es sich um Roststäbe oder Platten, die sich treppenförmig überdecken (Abb. 27). Die
Rostneigung beträgt 11—15%. Da es nur auf die Relativbewegung der Roststabreihen gegeneinander ankommt, genügt es, wenn nur jede zweite Reihe bewegt wird. Durch diese regelbare
Bewegung erreicht man einen viel gleichmäßigeren Vorschub des Brennstoffes als beim Treppenrost. Überschüttungen werden vollständig vermieden, und das Schüren von Hand kann fast
ganz fortfallen, wenn nicht ein besonders schwieriger Brennstoff verarbeitet werden muß.

Hinter dem Schrägrost liegt ein kleiner Planrost, auf dem sich die Schlacke ansammelt.
Dieser kann von Zeit zu Zeit vorgeschoben werden, wodurch der Weg zum Herabfallen der
Schlacke in den Aschentrichter freigegeben wird.

Die beweglichen Elemente des Schürrostes werden durch Roststabträger auf einem Wagen
befestigt, der durch einen Kurbeltrieb hin und her bewegt wird. Bei langen Rosten werden
auch mehrere solcher Wagen hintereinander angeordnet, so daß man die Geschwindigkeit der
Schürbewegung hinten anders einstellen kann als vorn; so kann man die Rostbewegung dem
Brennvorgang gut anpassen.

Das interessanteste Konstruktionselement beim Schürrost ist der Rostbelag. Beim Planrost kann man die Roststäbe so hoch machen, daß die von oben eingestrahlte Wärme gut nach
unten abgeführt und an die heranströmende Verbrennungsluft abgegeben wird. Beim Schürrost
dagegen, bei dem sich die Roststäbe treppenförmig überdecken, ist die gesamte Rostneigung

von der Höhe der Stufen abhängig, und man ist deshalb in der Bemessung der Roststäbe keineswegs frei. Macht man sie sehr hoch, so ergibt sich entweder eine so steile Treppe, daß die Schwerkraft zu stark auf den Brennstoff einwirkt und die Beeinflussung der Bewegung durch den mechanischen Antrieb zu gering wird,oder man müßte die Roststäbe so lang machen, daß aus dem Schürrost einige hintereinander liegende Planroste werden würden.

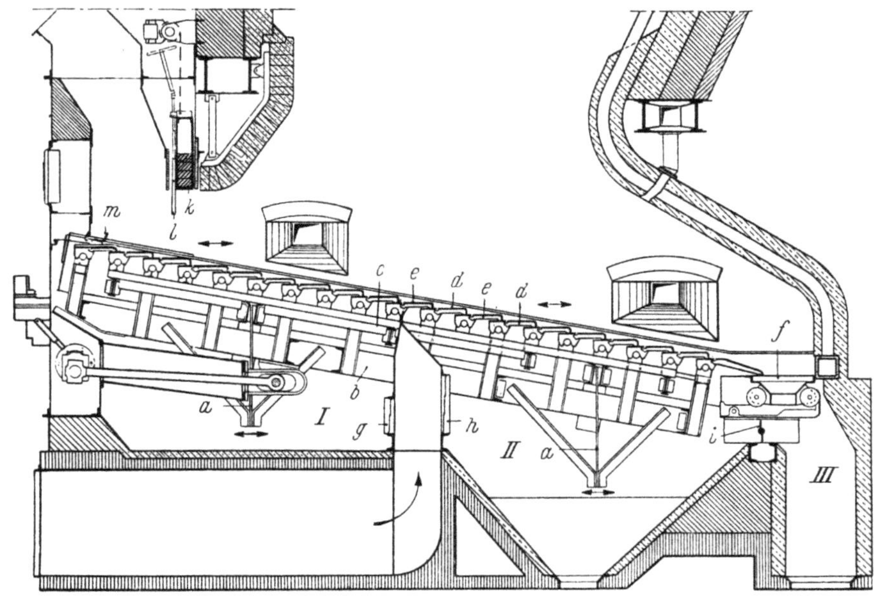

Abb. 27. Schürrost (Borsig)

a Elastische Aufhängung durch Bandeisen, *b* Beweglicher Rostrahmen, *c* Feststehender Rostrahmen, *d* Bewegliche Schürplatte, *e* Feststehende Schürplatte, *f* Ausbrennrost, *g* Luftklappe zur 1. Zone, *h* Luftklappe zur 2. Zone, *i* Luftklappe zum Ausbrennrost, *k* Schichtregler, *l* verstellbare Leisten am Schichtregler, *m* Zündeinrichtung

Außerdem ist das Ende des Roststabes, das auf dem nächsten Stab aufliegt, einer besonders hohen Wärmebeanspruchung ausgesetzt, weil es nicht genügend belüftet werden kann.

Die praktisch ausgeführten Konstruktionen zeigen die optimale Lösung dieser Schwierigkeit. Die Roststäbe (Abb. 28) werden etwa 400 mm lang und 60 mm hoch gemacht. Bei derartigen Abmessungen ergibt sich für einen Betrieb mit Rohbraunkohle eine ausreichende Lebensdauer der Roststäbe und eine so flache Neigung des Rostes, daß man mit dem mechanischen Vorschub die Brennstoffbewegung gut beherrscht.

Im ersten Teil des Rostes, wo die Trocknung und Entgasung des Brennstoffes stattfindet und kein Luftbedarf vorhanden ist, werden die Roststäbe durch geschlossene Platten ersetzt.

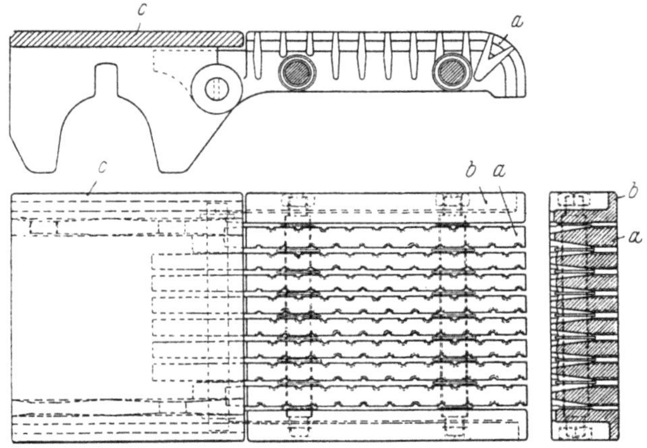

Abb. 28. Roststabbündel zum Schürrost Abb. 27
a Mittelroststab, *b* Seitenroststab, *c* Platte

β) Verbrennungsvorgang und Leistungsfähigkeit. Wegen der hohen Wärmebeanspruchung des Rostbelages in den hinteren Kolonnen ist der Schürrost für hochwertige Brennstoffe nicht geeignet, wenn man nicht einen besonders hoch legierten Werkstoff für die Roststäbe verwendet. Vereinzelt sind solche Roste in ganz waagerechter Ausführung, also mit schräg nach

hinten ansteigenden Treppenstufen, als Kleinfeuerungen für hochwertige Steinkohle ausgeführt
worden. Bei diesen Anlagen wurde der Rostbelag aus einem hoch-legierten Chromguß (Pyrodur)
angefertigt. Diese Anlagen haben ausgezeichnet befriedigt. Für die gewöhnliche Ausführung
als Rost für mittlere und große Kesselanlagen ist der Schürrost jedoch nur für Brennstoffe mit
geringem Heizwert geeignet. Hauptanwendungsgebiet ist die Rohbraunkohle. Braunkohlenschwelkoks und -briketts brennen ebenfalls gut auf dem Schürrost; bei diesen Brennstoffen
steigt aber schon der Abbrand der Roststäbe derart an, daß die Verwendung von legiertem
Roststabguß für die hinteren Kolonnen erforderlich wird. Die Verbrennung von Holzabfällen,
Torf, Lohe und ähnlichen Produkten bereitet keine Schwierigkeit.

Um die Trocknung und Entgasung auf dem ersten Rostteil zu unterstützen und die Oberzündung einzuleiten, wird über dem letzten Drittel des Rostes eine Rückführdecke angeordnet,
die die brennenden Gase nach vorn zurückführt. Dabei fliegen auch brennende Koksstücke
mit auf die frisch eingefahrene Kohle, so daß sich schon in der Schwelzone Zündnester bilden
können. Außerdem benötigt dieser Rost eine kurze Zünddecke über dem ersten Rostteil, damit
genügend Wärme zur Einleitung der Verbrennungsvorgänge von oben eingestrahlt wird.

Durch die Gasrückführung wird auch die Durchmischung der Entgasungs- und Vergasungsprodukte mit der Verbrennungsluft unterstützt, aber doch nicht ausreichend sichergestellt,
so daß außerdem noch Wirbelluft oberhalb des Rostes eingeblasen werden sollte. Die Anordnung der Wirbelluftdüsen sei nicht zu dicht über dem Rost, aber auch nicht zu weit davon
entfernt, ferner muß ihre Blasrichtung mit besonderer Sorgfalt überlegt werden.

Der Schürrost wird mit Unterwind, bei größeren Anlagen auch mit Zoneneinteilung versehen.

Die Rostbelastung wählt man für den Schürrost mit 0,6 bis $0,9 \cdot 10^6$ kcal/m²h je nach der
Beschaffenheit des Brennstoffes. Der Verlust an Unverbranntem kann bei guter Feuerführung
auf 2—5% heruntergedrückt werden.

Der Kraftbedarf des Schürrostes beträgt etwa 0,5—1,0 kWh/t Kohle.

b) Der Muldenrost

α) Beschreibung. Man kann die Oberfläche eines Rostes dadurch vergrößern, daß man ihn
länger oder breiter macht. Beim frontal angeordneten Schürrost hat man das Bestreben, möglichst lange Roste zu bauen, um hohe „Breitenleistungen" zu erzielen. Beim Muldenrost (Abb. 29
und 30) ist der umgekehrte Weg eingeschlagen worden. Es handelt sich um einen sehr kurzen
Schürrost, der nun in die Breite entwickelt wird, um hohe Leistungen zu verwirklichen. Da
aber derartige Kesselbreiten nicht zur Verfügung stehen, ist der ganze Rost um 90° gedreht
worden, so daß der Brennstoff nicht mehr von vorn, sondern seitlich zugeführt wird. So entsteht ein kurzer Doppelschürrost. Die beiden Teilroste besitzen nur wenige Stufen und laufen
auf einen gemeinsamen Ausbrennplanrost in der Mitte aus. Die Kohle wird durch Kohlefallschächte zugeführt, die über den ersten Stufen der Schürroste enden.

Zwischen diesen Schächten liegt die Gaskammer, durch die die Verbrennungsgase dem
Kessel zugeführt werden. Durch die Wärmeübertragung von der Gaskammer an die Kohlen-
fallschächte wird bereits in diesen die Vortrocknung der Kohle eingeleitet.

Beim nichtmechanischen Muldenrost stehen die Roststäbe bis auf eine Kolonne fest, die
von Hand hin- und herbewegt werden kann, um den Kohlentransport zu unterstützen und
Unebenheiten in der Schicht auszugleichen. Beim mechanischen Muldenrost wird die erste
und die dritte Kolonne mechanisch hin- und herbewegt.

Der Planrost kann in zwei Teilen nach beiden Seiten auseinandergeschoben werden, so daß
dann die angesammelte Schlacke nach unten durchfällt.

Die gesamte in den Kohlefallschächten stehende Kohlensäule ruht auf den ersten Roststabkolonnen. Zwischen der Unterkante der Wand, die den Fallschacht gegen die Gaskammer
begrenzt, und dem Rost bildet sich der Böschungswinkel aus, der durch die Körnung der Kohle
und ihren hier noch vorhandenen Wassergehalt bedingt ist. In diesem Teil ist die Kohle bereits

der strahlenden Wärme des Feuers ausgesetzt, so daß hier die Trocknung durchgeführt und die Entgasung eingeleitet wird.

Die Roststäbe werden verhältnismäßig schwach beansprucht, weil sie unter einer hohen Kohleschicht liegen. Aus diesem Grunde ist ein Betrieb mit vorgewärmter Verbrennungsluft zulässig. Eine Lufttemperatur von 200 °C kann gewählt werden, ohne daß Schwierigkeiten zu erwarten sind.

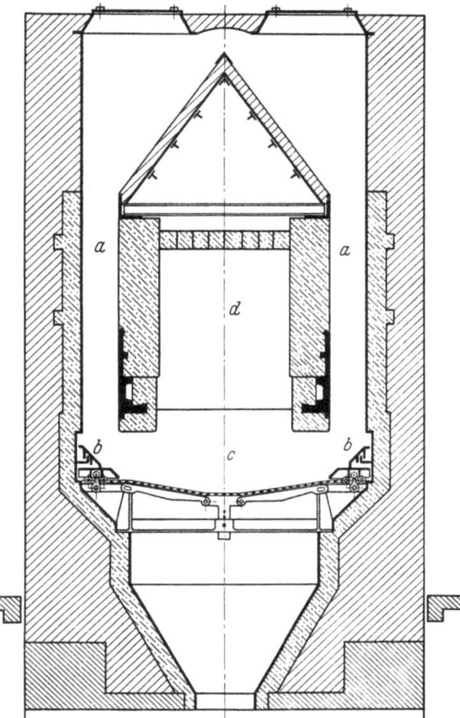

Abb. 29. Muldenrost
a Kohlefallschächte, *b* Schürroste,
c Doppelplanrost, *d* Gaskammer

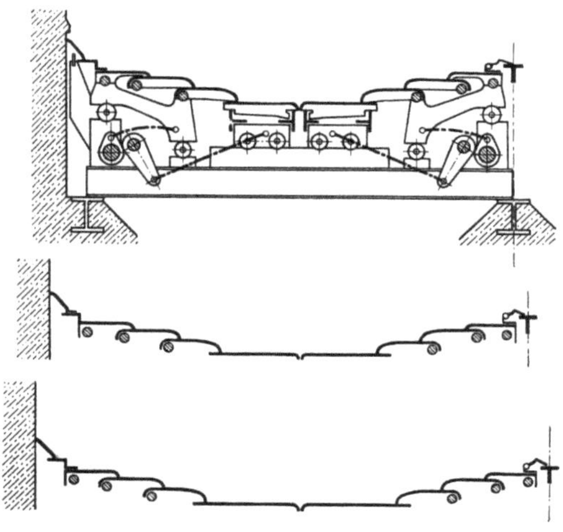

Abb. 30. Ausführungsformen des mechanischen
Muldenrostes

β) Verbrennungsvorgang und Leistungsfähigkeit. Die einzelnen Phasen der Verbrennung werden beim Muldenrost nicht so weit auseinandergezogen wie bei den langen Frontalschürrosten. Auf dem kurzen Wege zwischen dem Austritt des Fallschachtes und dem Planrost muß der Brennstoff getrocknet und entgast werden. Die vollständige Vergasung und Verbrennung erfolgt auf dem letzten Roststab des Schrägrostes und auf dem Planrost. Durch dieses räumliche Zusammendrängen der Vorgänge wird die Durchmischung der in der Entgasungszone entwichenen Schwelgase mit Verbrennungsluft begünstigt. Bei der Bauart LUDWIG wird in der Mitte des Rostes zwischen den beiden Planrosten noch ein pilzförmiger Aufbau aus Schamottesteinen errichtet, der nach beiden Seiten hin kurze Rückführdecken bildet, so daß die Flamme wie beim Frontalschürrost zurückgelenkt und die Trocknung und Schwelung der Kohle unterstützt wird.

In der Gaskammer werden die Gase ferner noch umgelenkt, weil sie über den Rost hinweg nach hinten dem Kessel zuströmen. Diese Umlenkung führt zur weiteren Durchwirbelung und Mischung der Gase mit Verbrennungsluft, so daß im allgemeinen ein guter Ausbrand ohne Einblasen zusätzlicher Wirbelluft erreicht wird. Bei neueren Anlagen ist jedoch auch mit guten Ergebnissen Sekundärluft in die Gaskammer zugeführt worden.

Da die Gaskammer nicht gekühlt wird, findet die Verbrennung bei hoher Temperatur statt, was den Ablauf der Reaktion in der Flamme begünstigt. Dies ist bei der Verbrennung von wasserhaltiger Rohbraunkohle, für die der Muldenrost vorzugsweise gebaut wird, von Bedeutung. Für wasserarme Brennstoffe mit hoher Verbrennungstemperatur kommt diese Feuerung nicht

5*

in Betracht, weil sich dann Verschlackungen an den Gaskammerwänden einstellen. Der Muldenrost ist somit eine Spezialfeuerung für Torf und Rohbraunkohle.

Die Leistung des Rostes wird mit $0,9 \cdot 10^6$ kcal/m²h für gute Rohbraunkohle angegeben. Für aschenreiche Sorten geht man bis auf $0,6 \cdot 10^6$ kcal/m²h herunter. Der Verlust an Unverbranntem kann mit 2—5% angesetzt werden. Bei Unterwindbetrieb ensteht leicht ein empfindlicher Flugkoksverlust.

Der Kraftbedarf des mechanischen Muldenrostes beträgt 1,0—1,75 kWh/t Kohle.

c) Der Wagner-Ringstoker

α) Beschreibung. Über diesen Rost wurde erstmalig von seinem Erfinder[1] im Jahre 1950 berichtet. Es handelt sich um einen Schürrost, dessen Roststäbe auf drei übereinanderliegenden karussellartig drehbaren Ringen konzentrisch angeordnet sind, deren Durchmesser nach unten zu abnehmen (Abb. 31). Die Drehpunkte der Ringe sind gegeneinander versetzt, so daß die Kohle beim Drehen langsam von einem Ring auf den darunterliegenden abgestreift wird und so einen langen spiralförmigen Weg auf dem Rost zurücklegt. Die konischen Roststäbe auf jedem Ring bestehen aus zwei Gruppen, den außenliegenden Planroststäben und den innenliegenden Kopfstäben, die den Übergang zur nächsten Stufe vermitteln. Die Öffnung des untersten Ringes wird durch einen herausziehbaren oder kippbaren Planrost abgeschlossen. Die Drehbewegung des Rostes wird über ein Stufengetriebe geregelt, darüber hinaus kann die Bewegung jedes Ringes noch vom Stillstand bis zur notwendigen Höchstgeschwindigkeit verändert werden. Eine Zoneneinteilung sorgt für die Anpassung der Luftzufuhr an die Phasen der Verbrennung. Der

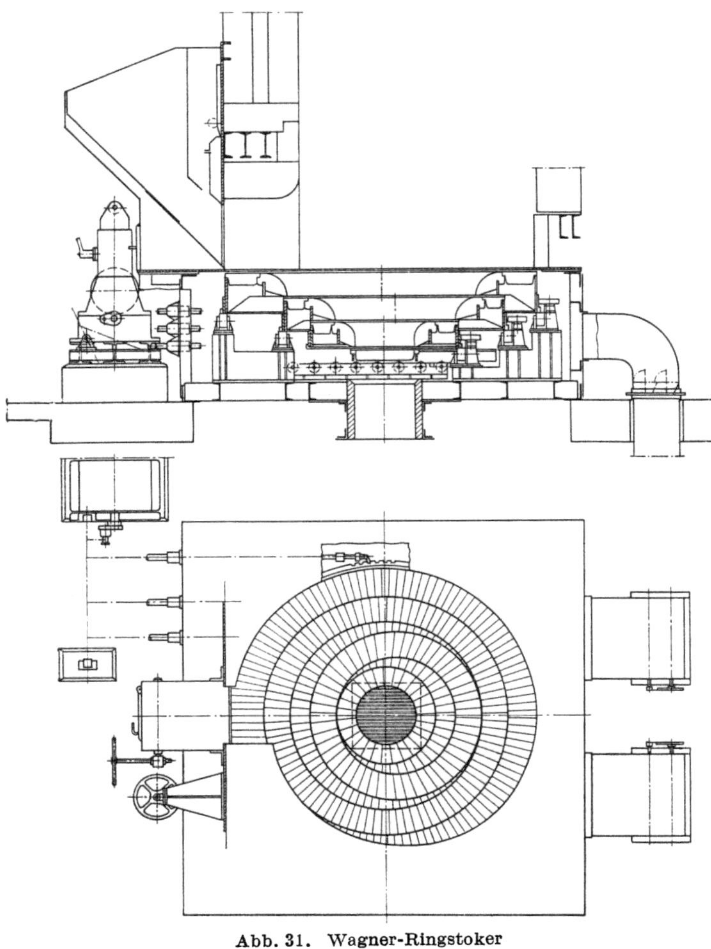

Abb. 31. Wagner-Ringstoker

Ringstoker läßt sich sowohl als Vorfeuerung für Flammrohrkessel wie auch als Unterfeuerung von Wasserrohrkesseln verwenden.

β) Verbrennungsvorgang und Leistungsfähigkeit. Der Ringstoker wurde entwickelt im Hinblick auf die Verfeuerung minderwertiger aschenreicher Steinkohlensorten. Es hat sich aber in der Praxis ergeben, daß er ein recht großes Brennstoffprogramm bewältigen kann, beginnend mit Torf und Rohbraunkohle und endend bei aschenreichen Steinkohlen. Das überrascht nicht, weil man es mit der Regelung der Bewegung der einzelnen Rostringe weitgehend

---

[1] STURM, H.: Der Wagner-Ringstoker, Energie **2**, 44—45 (1950).

in der Hand hat, wieviel Zeit dem Brennstoff zum Trocknen, Entgasen und Verbrennen zur Verfügung gestellt wird. Allerdings darf man nach der kurzen Frist seit 1950 noch nicht erwarten, daß schon alle Anfangsschwierigkeiten restlos überwunden sind, und so wurde in den letzten Jahren von verschiedenen Seiten noch über Verbesserungen berichtet, und es werden sich noch weitere ergeben. Aber am grundsätzlichen Aufbau wird sich sicherlich nichts mehr ändern. Die einzige beachtliche Schwierigkeit ist der durchaus zu erwartende schnelle Abbrand der Kopfstäbe bei aschenarmen Brennstoffen von hohem Heizwert, wie es bei allen Schürrosten der Fall ist. Hier wird man durch die Verwendung von hochwertigem Chromguß weiterkommen. Das Hauptanwendungsgebiet des Ringstokers darf aber wohl in der Verarbeitung von minderwertigen Brennstoffen gesehen werden.

d) Der Kablitz-Rost

α) Beschreibung. Bei diesem für minderwertige Brennstoffe aller Art entwickelten Rost (Abb. 32) ist die Überdeckung der hintereinander liegenden Roststäbe vermieden, so daß diese so hoch gemacht werden können, wie es zur Abfuhr der eingestrahlten Wärme nötig ist. Die etwa 1000 mm langen Stäbe liegen vorn und hinten auf feststehenden wassergekühlten Roststabträgern, auf denen sie sich ein wenig hin- und herbewegen können. Damit die Stäbe bei dieser Bewegung möglichst viel Kohle erfassen und gleichzeitig eine Schürwirkung entsteht, sind sie mit mehreren Höckern versehen.

Jeder Roststab ist 76 mm breit und mit Düsen für die Verbrennungsluft versehen, oder er besteht aus 3 zusammengeschraubten schmalen Roststäben (Bündelroststäbe).

Bewegt werden nicht alle nebeneinander liegenden Roststäbe, sondern nur einer über

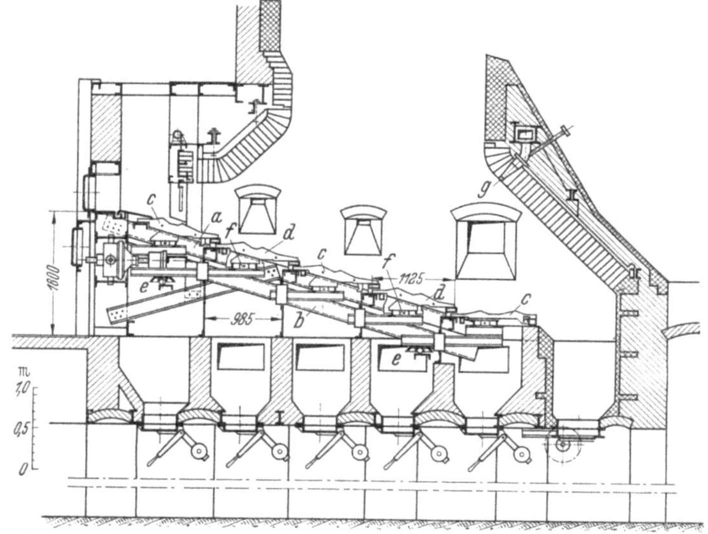

Abb. 32. Kablitz-Rost *a* feststehender Rahmen, *b* beweglicher Rahmen, *c* und *d* feststehende und bewegliche Roststäbe, *e* Rollenlager, *f* Mitnehmer, *g* Wirbelluftdüsen

dem anderen, während die dazwischenliegenden ruhen.

Der Vorschub wird durch einen mit Dampf, Wasser, Öl oder Luft betriebenen Kolben bewirkt, dessen Bewegung durch Mitnehmer auf die Roststabkolonnen übertragen wird. Dadurch wird es möglich, den Vorschub der einzelnen Kolonnen verschieden einzustellen und weitgehend den Abbrandverhältnissen des Brennstoffes anzupassen.

Durch den Anschlag des Kulissensteins gegen den Mitnehmer entsteht bei jedem Vorschub ein Stoß, so daß die Roststäbe ruckartig bewegt werden. Hierdurch wird die Brennstoffschicht aufgebrochen, und die Verbrennungsluft kann gut an alle Kohleteilchen herankommen. Die frische Kohle wird durch einen besonderen Kolben auf die erste Roststabkolonne geschoben.

Unter jeder Roststabkolonne befindet sich die zugehörige Luftzone. Da jede Kolonne für sich bewegt wird und keine Überdeckungen vorhanden sind, können die Zonen sehr dicht gegeneinander abgeschlossen werden.

β) Verbrennungsvorgang und Leistungsfähigkeit. In den Querrillen, die auf den wassergekühlten Roststabträgern zwischen den Roststabkolonnen entstehen, bilden sich Zündnester, während die Kohle durch die Bewegung der Roststäbe darüber hinweggeschoben wird. Auch zwischen den Höckern der Roststäbe selbst bleiben noch Zündnester liegen. Der KABLITZ-Rost arbeitet also mit Unterzündung, durch die auch magere Brennstoffe mit Sicherheit in

Brand gesetzt werden können. Da aber auch von oben Wärme auf den Rost eingestrahlt wird, kann auch eine Oberzündung eintreten. Infolgedessen verfügt diese Feuerung über ein außerordentlich umfangreiches Brennstoffprogramm vom Koksgrus bis zur hochwertigen und minderwertigen Flammkohle. Auch backende Fettkohlen bereiten keine Schwierigkeiten, weil die Brennstoffschicht durch die starke Schürbewegung des Rostes dauernd aufgebrochen und ausgeglichen wird. Durch die Relativbewegung zwischen den bewegten und unbewegten Roststäben wird eine ständige sehr wirksame Reinigung der Rostspalten erreicht.

Zur Verbrennung von Torf, Rohbraunkohle und Ölschiefer wird ein Schwelschacht vorgeschaltet, das ist ein mit einem steilen Treppenrost versehener Kohlefallschacht, der mit vorgewärmter Luft oder einem Rauchgasluftgemisch beschickt wird, so daß schon hier vor dem eigentlichen Rost die Trocknung und Schwelung des Brennstoffes eingeleitet wird.

Ein großer Vorteil dieses Rostes ist ferner die Möglichkeit, den Vorschub der einzelnen Rostkolonnen verschieden einzustellen. Wenn man die Bewegung auf dem Rostende auf einen sehr kurzen Hub einstellt, kann man erreichen, daß sich die Schlacke dort ansammelt und sehr lange aufhält, so daß sie gut ausbrennen kann. Gleichzeitig werden hierdurch die Roststäbe vor der Wärmeeinstrahlung geschützt.

Die Rostspalten müssen der Körnung der Kohle angepaßt werden, damit der Rostdurchfall nicht zu groß wird. Denn es ist zu beachten, daß die Relativbewegung zwischen den bewegten und unbewegten Roststäben den Rostdurchfall begünstigt. Bei der Verbrennung von Feinkohle muß man sehr enge Rostspalten haben, was aber auch zulässig ist, weil sich die Spalten durch die Bewegung von selbst reinigen. Immerhin ist es empfehlenswert, von vornherein eine Wiederaufgabe des Rostdurchfalles bei der Planung solcher Anlagen vorzusehen.

Die Leistungsfähigkeit dürfte größer als beim Wanderrost sein, weil der letzte Teil des Rostes wesentlich besser ausgenutzt werden kann als bei diesem. Auch der Kohlensäuregehalt kann höher eingehalten werden als beim Wanderrost.

Zur Vervollständigung der Verbrennung ist das Einblasen von Wirbelluft oberhalb des Rostes wie bei anderen Schürrosten und wie beim Wanderrost notwendig.

e) Der Martin-Rückschubrost

α) Beschreibung. Der Rückschubrost (Abb. 33) ist ein Schrägrost, der nach hinten geneigt ist, bei dem aber die Schürbewegung gegen die Bewegungsrichtung des Brennstoffes arbeitet. Auf den Roststäben findet also ein Transport von hinten nach vorn statt, während darüber

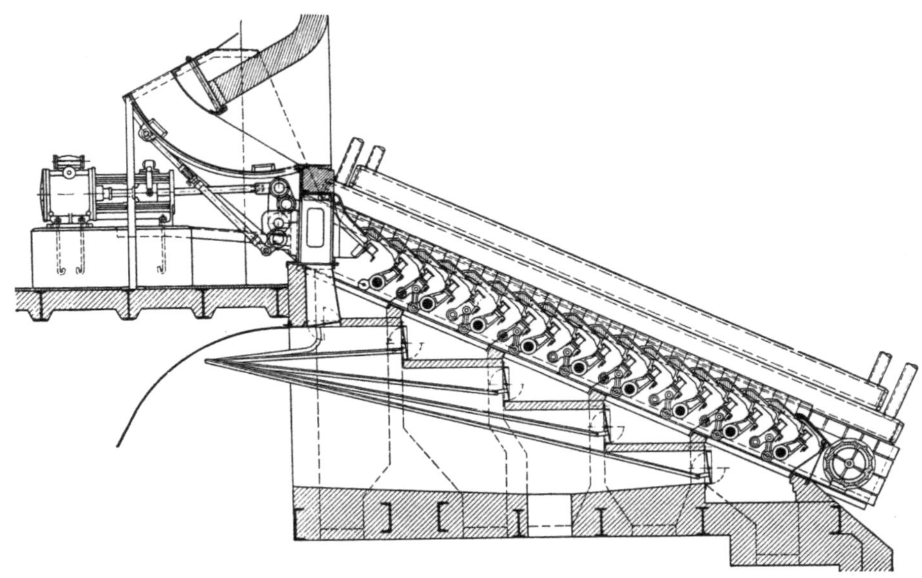

Abb. 33. Martin-Rückschubrost mit Drucköllantrieb

eine Brennstoffschicht liegt, die infolge der Schwerkraft von vorn nach hinten wandert. So ergibt sich im Idealfall ein Umlauf des Brennstoffes auf dem Rost; er wandert von der Kohlenaufgabe zunächst an der Oberfläche der Schicht nach hinten, wird aber bald durch die rückläufige Bewegung des Rostes erfaßt und wieder nach vorn geholt. Dadurch entsteht ein langer Weg und eine lange Verweilzeit der Brennstoffteilchen auf dem Rost, so daß sie gut ausbrennen können, selbst wenn die Kohle einen sehr hohen Aschengehalt hat. Die Schlacke, die zu Stücken zusammenbackt, schwimmt schließlich oben auf der Schicht und wird nach hinten ausgetragen. Diese Stücke werden in einem Brecher, der im Abzugstrichter für die Schlacke angeordnet ist, zerkleinert und nach unten wegbefördert.

Die Roststäbe liegen am Rostanfang tief unter der Brennstoffschicht und sind gut geschützt. Nach dem Rostende zu gelangt jedoch auch brennende Kohle auf den Rost, wodurch eine hohe Wärmebeanspruchung entsteht. Besonders bei aschenarmen Kohlensorten kann dies zu Verzunderungen führen.

β) Verbrennungsvorgang und Leistungsfähigkeit. Beim Martinrost wird die frische Kohle von oben auf die Schicht aufgebracht. Die darunter liegende Kohle stammt zum Teil aus der Brennzone und ist durch den Rücktransport hierher gelangt; sie kann bereits die Trocknung und Entgasung oder sogar schon die Zündung der frischen Kohle einleiten. Zusätzlich wird von oben die strahlende Wärme aus der Flamme, unterstützt durch eine Zünddecke, aufgenommen, so daß die Zündung auf dem Martinrost wohl treffend als eine Kombination von Ober- und Unterzündung gekennzeichnet wird.

Der Martinrost ist geradezu ein Spezialrost für Mittelprodukte mit hohem Aschengehalt. Die lange Aufenthaltsdauer des Brennstoffes auf dem Rost führt auch dann noch zu guten Ergebnissen, wenn das Brennbare mit der Asche sehr stark verwachsen und der Zündung nur schwer zugänglich ist.

Die große Schichthöhe von 300—400 mm macht eine hohe Unterwindpressung erforderlich. Andererseits wird die Schicht durch die starke Schür- und Rührbewegung immer wieder aufgelockert. Deshalb ist der Martinrost besonders gut für die Verarbeitung der Mittelprodukte von backenden Kohlen geeignet, während bei Mager- und Sinterkohlen mehr Feinkorn und Staub hochgewirbelt wird. Dies tritt auch bei der Verbrennung von Rohbraunkohle ein, wofür er auch gelegentlich eingesetzt worden ist.

Die Leistung des Martinrostes kann mit maximal $1,3 \cdot 10^6$ kcal/m²h bei Mittelprodukt angenommen werden.. Sie ist also höher als bei den meisten anderen Feuerungen, was durch den langen Brennstoffweg begründet ist. Der Verlust an Unverbranntem beträgt etwa 5—8%, was bei den aschenreichen Brennstoffen als durchaus günstig betrachtet werden kann. Der Kraftbedarf beträgt 1—2 kWh/t Kohle.

5. Unterschubroste

a) Stoker

α) Beschreibung. Beim Unterschubrost wird die Kohle nicht von oben auf den Rost gebracht, sondern mit Hilfe von Vorschubkolben von unten zwischen den Roststäben hindurch in die Schicht hineingeschoben. Um dies zu ermöglichen, wird der Rostbelag streifenförmig durch Mulden oder „Retorten" unterbrochen, durch die die Kohle hervorquillt. Die Brennstoffschicht ist bei großen Anlagen am Anfang des Rostes 500—600 mm, bei kleinen Rosten 300—500 mm hoch. Die mit Düsen versehenen Rostplatten bilden die Wälle zwischen den Mulden. Sie liegen treppenförmig hintereinander und führen eine Schürbewegung aus, die den Brennstoff langsam nach hinten transportiert.

Die durch die Roststäbe hindurchtretende Verbrennungsluft wird mit hoher Pressung durch Unterwind zugeführt, um den Rostwiderstand zu überwinden und die hohe Kohleschicht zu durchdringen.

Der Rostbelag, der tief unter der brennenden Schicht liegt, ist wenigstens am Anfang des Rostes gegen die Einwirkung des Feuers gut geschützt. Bei den großen Unterschubrosten liegt hinter diesem mit Kohle beschickten Rostteil noch ein Ausbrennrost, der der hohen Temperatur des brennenden Kokses ausgesetzt ist und entsprechend stark abbrennt. Dahinter folgt ein Schacht, der unten durch einen Schlackenbrecher abgeschlossen ist.

Große Unterschubroste, wie der RILEY-Stoker (Abb. 34) und der TAILOR-Stoker, werden mit mehreren Mulden nebeneinander ausgerüstet. Sie haben auch Zoneneinteilung für die Verbrennungsluft, wobei die erste Zone die gesamten mit den Mulden in Verbindung stehenden Roststäbe umfaßt, während dem Ausbrennrost die Luft getrennt zugeführt wird. Hierdurch kann man den Betrieb den Brenneigenschaften der Kohle anpassen.

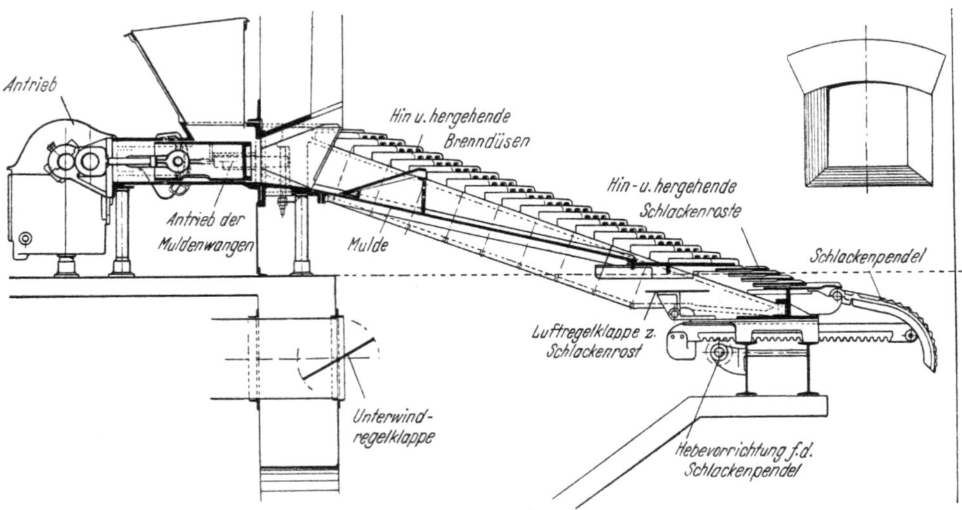

Abb. 34. RILEY-Stoker

β) Verbrennungsvorgang und Leistungsfähigkeit. Die Zündung ergibt sich auf dem Stoker durch die unmittelbare Berührung der frischen Kohle mit der brennenden Schicht. Die Trocknungs- und Entgasungszone liegt unter dem brennenden Koks. So erfolgt die Durchzündung entgegengesetzt der von unten nach oben strebenden Verbrennungsluft.

Auf Grund dieses Verbrennungsbildes kommen nur solche Brennstoffe für den Stoker in Betracht, die einen ausreichenden Gehalt an flüchtigen Bestandteilen aufweisen, um durchzuzünden. Als untere Grenze des zulässigen Gasgehaltes kann man etwa 15% annehmen. Hiermit fallen Magerkohlen und ein Teil der Eßkohlen für den Stoker aus. Auch Schlackenkuchen behindern die gleichmäßige Verbrennung, und deshalb sind Mittelprodukte auf dem Stoker nicht zu verwerten. Auch ein hoher Wassergehalt würde die Durchzündung der hohen Kohleschicht behindern. So beschränkt sich das Brennstoffprogramm der Stoker auf verhältnismäßig hochwertige Fett- und Gasflammkohlen.

Die Fettkohlen lassen sich auf dem Stoker deshalb gut verbrennen, weil der Kohlennachschub von unten geschieht, wodurch die Schicht immer wieder aufbricht. Auch ist Fettkohle insofern günstig, als durch das Backen der Kohle der Flugkoksverlust eingeschränkt wird, der bei der hohen Luftpressung, die diese Feuerung benötigt, entstehen würde. So hat der Stoker zwar ein beschränktes Brennstoffprogramm, aber er kann gerade die backende Kohle gut verarbeiten, die auf vielen anderen Rosten große Schwierigkeiten bereitet.

Die Belastung der Stoker wird mit 1,5 bis $2,1 \cdot 10^6$ kcal/m²h angegeben. Das ist etwa 30—60% mehr als bei Wanderrosten und anderen mechanischen Rostfeuerungen.

Der Kraftbedarf des Stokers beträgt etwa 1—2,5 kWh/t Kohle, wobei die größere Zahl für den Großrost mit langem Kohlenweg und hoher Schicht gilt. Die Vorrichtung des Brennstoffvorschubes muß reichlich bemessen werden, damit sie gleichmäßig arbeitet.

Der in den USA weitverbreitete Stoker hat sich in Deutschland nicht stark eingeführt, weil hier geeignete Kohlen nicht in ausreichendem Maße zur Verfügung stehen.

b) Der KSG-Unterschubrost

Dieser Rost (Abb. 35) besitzt nur eine Mulde, in die die Kohle von unten mit einer Schnecke hineingedrückt wird. Die Kohle wandert dann über die Roststäbe hinweg, die treppenförmig nach beiden Seiten absteigen. Die Asche sammelt sich an beiden Rostenden an und kann durch Schürgeräte leicht nach vorn herausgeholt werden. Dieser Rost eignet sich besonders für den Einbau in Flammrohrkessel oder als Unterfeuerung für kleine Wasserrohrkessel.

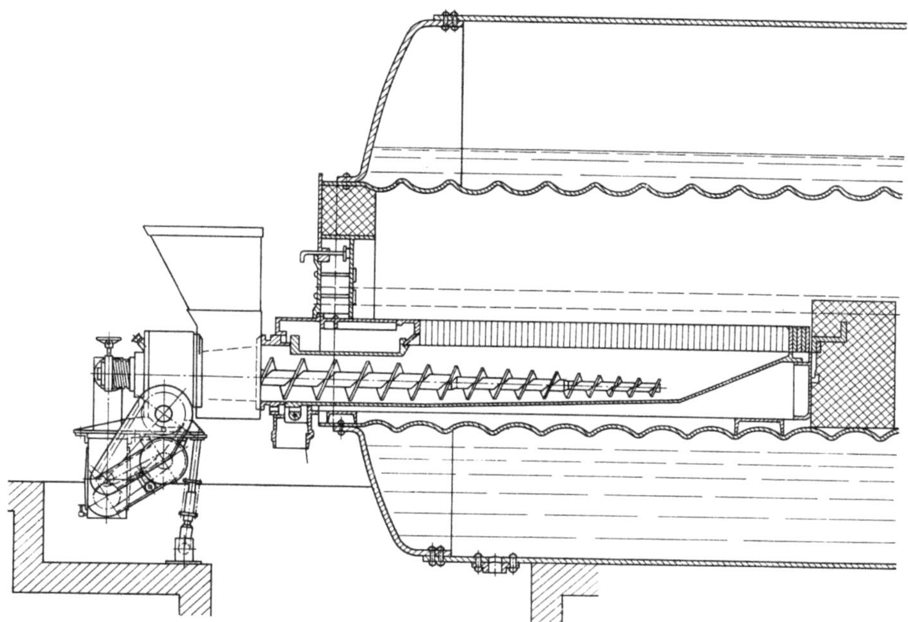

Abb. 35. KSG-Unterschubrost als Innenfeuerung

Das Brennstoffprogramm umfaßt alle Steinkohlen, deren Körnung von der Schnecke bewältigt werden kann, das sind Nußkohlen und Feinkohlen. Er arbeitet mit Unterzündung und ist daher, ähnlich wie der Planrost, vom Gehalt des Brennstoffes an flüchtigen Bestandteilen kaum abhängig. Seine Belastbarkeit wird mit $1{,}4 \cdot 10^6$ kcal/m²h angegeben und ist damit höher als bei den meisten übrigen Rosten. Dies ist gerade für Flammrohrkessel von Bedeutung, in denen für die Rostfläche nur ein sehr begrenzter Platz zur Verfügung steht.

6. Wanderroste

a) Allgemeine Beschreibung

Während die Brennstoffschicht auf den Treppen-, Schür- und Schubrosten einer ständigen inneren Bewegung unterworfen wird, liegt sie auf dem nach dem Prinzip des Kettenförderers arbeitenden Wanderrost vollkommen ruhig da, bis sie verbrannt ist. Es fällt also jegliches Schüren fort, sofern es nicht zusätzlich geschieht; und neben den Nachteilen des Schürens fallen auch seine unbestreitbaren Vorteile fort. Der Wanderrost war ursprünglich ein echter Kettenförderer und trug auch die Bezeichnung Kettenrost. Bei dieser Bauart waren alle Roststäbe gleichzeitig Glieder endloser Ketten, die vorn und hinten über Kettenräder liefen. Diese Konstruktion hatte aber verschiedene bedeutende Nachteile, besonders das unvermeidliche große Spiel zwischen den hintereinander liegenden Kettengliedern, das einen sehr hohen Rostdurchfall bedingte. Ferner war es sehr unbequem, einen Roststab auszuwechseln.

Um den Grundgedanken des Wanderrostes in einer dauerhaften Konstruktion zu verwirklichen, die es auch ermöglicht, viele hochwertige und minderwertige Kohlen rationell und unter dem geringsten Bedienungsaufwand zu verfeuern, sind verschiedene Wege eingeschlagen worden.

Alle gehen davon aus, daß es notwendig ist, die Kettenglieder von den Roststäben zu trennen und in eine Zone niedrigerer Temperatur zu verlegen. Hierzu bestehen zwei Möglichkeiten, entweder legt man die Ketten seitlich aus dem Rost heraus und verbindet entsprechende Kettenglieder auf beiden Seiten durch Profileisen miteinander, so daß man dann die Roststäbe auf diesen Trägern reiten lassen kann, oder man legt die Ketten unter die Roststäbe und verbindet sie paarweise durch Bolzen, auf denen die Roststäbe gruppenweise aufgereiht werden. Die erste Lösung ist von den meisten Feuerungsfirmen übernommen worden, während die zweite dem Schuppenwanderrost der Kohlenscheidungsgesellschaft zugrunde liegt. In beiden Fällen müssen die Kettenglieder noch mit Fahrrollen versehen werden, die auf Schienen laufen, um zu erreichen, daß der Rost eine vollkommene ebene Fläche bildet und nicht durchhängt.

b) Der Wanderrost mit seitlich herausgelegten Ketten

Bei den Rosten mit seitlich herausgelegten Ketten bilden zwei Roststabträger zusammen mit den zugehörigen Kettenlaschen und Laufrollen einen kurzen Rostwagen, und das Rostband eines derartigen Wanderrostes besteht aus einer großen Anzahl solcher Wagen, die hintereinander hergeschoben werden (Abb. 36).

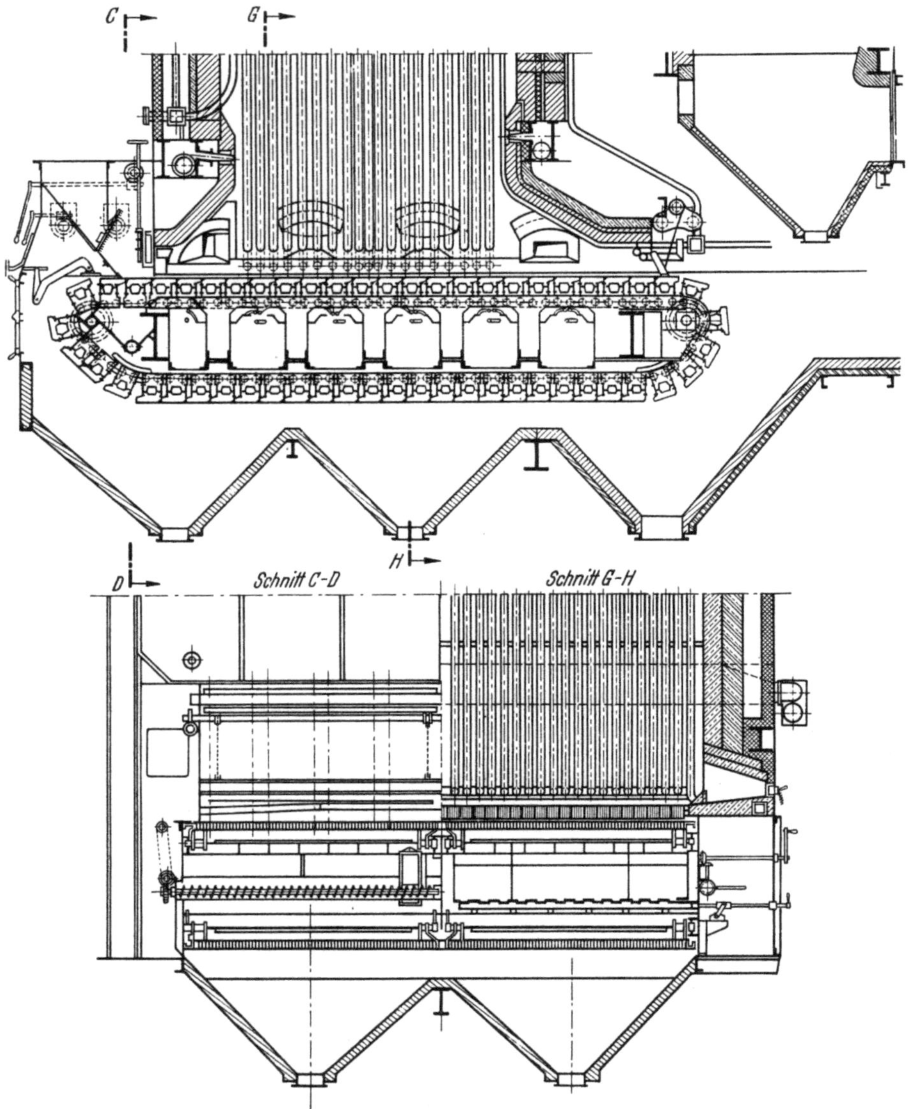

Abb. 36. Doppelläufiger Unterwind-Zonen-Wanderrost (Borsig)

Der Antrieb des Rostes liegt in der vorderen Welle, während die hinteren Kettenräder auf einer Achse sitzen, die sich nicht mitbewegt. Diese Achse läßt sich ein wenig verstellen, so daß man den Rost nachspannen kann, wenn sich die Kettenglieder im Laufe der Zeit gelängt haben. So werden die Rostwagen von vorn nach hinten geschoben; erst kurz vor der Umkehrung kommt eine Zugwirkung hinzu, die durch das Gewicht der Rostwagen verursacht wird, die über die hinteren Kettenräder nach unten wandern und die Auflageflächen der Rücklaufschienen noch nicht erreicht haben. Ist ein Rost nicht genügend gespannt, so beginnt er zu „klettern", d. h. er bäumt sich auf, und der Betrieb muß unterbrochen werden. Das gleiche tritt ein, wenn der Rost schief läuft und an einer Seite stark gegen die Rostwangen scheuert.

An den Seiten muß der Rost gut gegen die feststehenden Wangen abdichten, damit hier keine Falschluft durchkommen kann. Deshalb wird an beiden Enden jedes Rostwagens ein Endroststab besonderer Konstruktion angeordnet, der mit vorspringenden Leisten versehen ist, die in entsprechende Rillen der Wangen eingreifen. Bei neuzeitlichen Anlagen liegen in den Wangen Sammler, die an den Wasserumlauf des Kessels angeschlossen sind. Dann wird die Abdichtungskonstruktion mit diesen Sammlern verbunden. Durch die Kühlwirkung der Sammler wird das Anbacken von Schlacke an den Seitenwänden stark eingeschränkt.

Die Roststäbe müssen grundsätzlich konisch ausgeführt werden, d. h. nach unten sich verjüngend, damit der Rostdurchfall, der durch den obersten Spalt durchgegangen ist, ungehindert weiter durchfallen kann und nicht hängen bleibt. Die Dissertation von J. Bock, Hannover 1935, hat zwar ergeben, daß mit Rücksicht auf die Wärmeabfuhr der rechteckige Roststabquerschnitt der beste ist. Dies läßt sich aber praktisch nicht ganz verwirklichen. Die Roststäbe werden heute 70—120 mm hoch ausgeführt und haben eine Breite von 10—16 mm. Die freie Rostfläche wird bei Unterwindbetrieb mit etwa 5% der gesamten Rostfläche angenommen. Bei Betrieb mit natürlichem Zug muß man sie größer machen, und dann kommen je nach der Körnung des Brennstoffes Konstruktionen mit 20—30% freier Rostfläche vor wie beim Planrost. Die Abführung der Wärme ist hauptsächlich von zwei Faktoren abhängig, nämlich von der Höhe des Roststabes und von der Geschwindigkeit der daran vorbeistreichenden Luft. Eine freie Rostfläche von etwa 5% ergibt Geschwindigkeiten von 8—12 m/s für die Luft. Dies sind aber Durchschnittswerte, und insbesondere beim Zonenrost werden die Geschwindigkeiten in den mit Luft hoch beaufschlagten Zonen entsprechend höher sein. Nach den Untersuchungen von Tanner[1] herrschen im Kopf der Roststäbe bei der Verbrennung von Steinkohle Temperaturen von 500—600 °C (Abb. 37). Ist der Roststab 100 mm hoch, so erreicht die Temperatur an seinem Fuß etwa 400 °C, d. h. der ganze Roststab gerät in ein Gebiet sehr hoher Temperatur. Die Luft selbst erwärmt sich an den Roststabflanken auf etwa 250—300 °C. Die Geschwindigkeit der Luft zwischen den Roststäben muß auch deshalb hoch sein, weil ein großer Widerstand nötig ist, um die Luft mit Sicherheit gleichmäßig zu verteilen. Nur hierdurch wird erreicht, daß die Kohle auf dem Rost gleichmäßig abbrennt. Der damit verbundene Kraftbedarf für den Unterwindventilator muß in Kauf genommen werden.

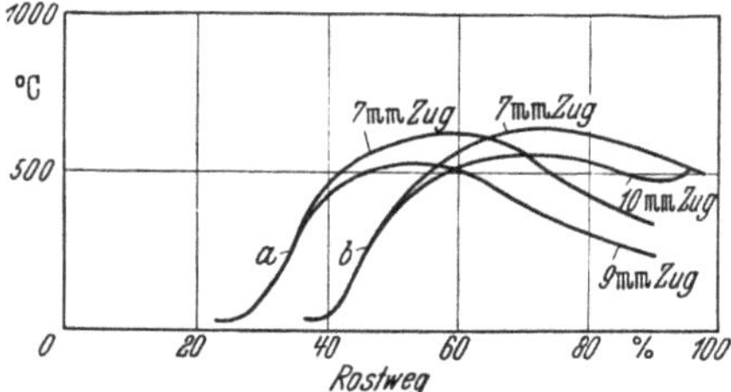

Abb. 37. Roststabtemperatur auf dem Zonenwanderrost bei 100 mm Schichthöhe
a Rostvorschub 0,093 m/min;
b Rostvorschub 0,144 m/min;
Aschengehalt der Kohle ca. 11%.

Um die Roststäbe, die bei Fettkohlenbetrieb u. U. am hinteren Rostende glühend herauskommen, kühlen zu können, hat man zu besonderen Hilfsmitteln gegriffen, wie z. B. Wasserbrausen, die hinten fest eingebaut werden und bei Bedarf Wasser auf die Roststäbe spritzen, um sie zu kühlen. Wenn der Rost keine Zonen besitzt oder wenn die Zonen ihre Luft von unten zugeführt erhalten, wie es bei älteren Zonenrostkonstruktionen der Fall ist, dann wird durch diesen Luftstrom auch eine Kühlung der Roststäbe erreicht. Wird aber Luft, wie bei den

---

[1] Tanner, E.: Der Temperaturverlauf im Brennstoffbett und im Rost bei der Verbrennung von Steinkohle. Diss. Darmstadt 1933.

modernen Zonenrosten, von der Seite durch besondere Kanäle eingeführt, dann fällt diese Kühlwirkung der Luft weg. Man hat sie jedoch wieder hergestellt, indem man den Unterwindventilator aus dem Raum unter dem Rost ansaugen läßt. Die Luft muß dann zunächst einmal

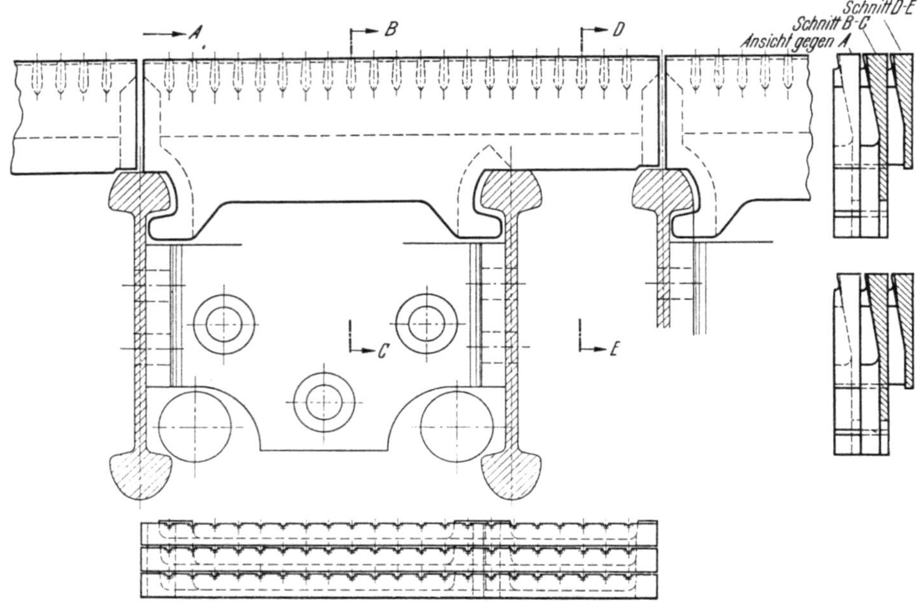

Abb. 38. Wanderroststab (Borsig)

durch besondere Öffnungen in diesen Raum eintreten, sie wird dann dort wieder abgesaugt und in die Zonenkanäle eingeblasen. Natürlich müssen in einem solchen Falle die Zonen sehr gut abgedichtet sein, damit sich die Saugwirkung nicht etwa auf die Zonen störend auswirkt.

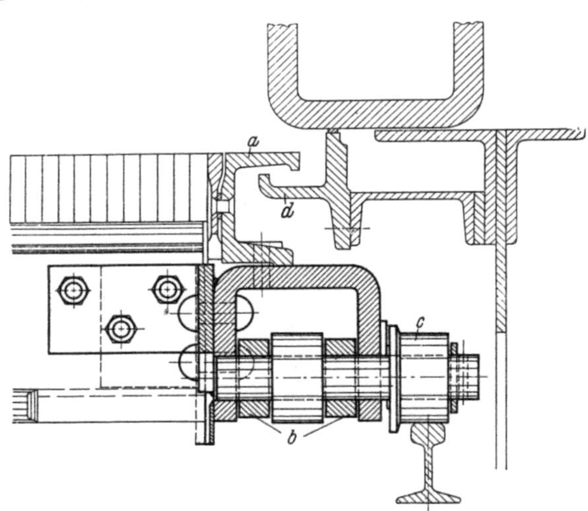

Abb. 39. Seitlicher Abschluß eines Wanderrostes (Borsig)
a Endrostkörper; *b* Kettenglieder; *c* Laufrolle; *d* Dichtungsrinne. Die Kette ist durch ein U-Eisen gegen herabfallende Asche geschützt und liegt außerhalb der eigentlichen Rostbahn

Die Konstruktion der Roststäbe ist bei den verschiedenen Firmen sehr unterschiedlich. Die konstruktive Aufgabe besteht darin, einen möglichst hohen Roststab zu bauen, der die Wärme gleichmäßig abführt, und die unvermeidlichen Spielräume zwischen den Roststabkolonnen so zu schließen, daß möglichst wenig Feines durchfallen kann. Ferner muß für die Reinigung des Rostbelages von hängenbleibenden Kohle- und Ascheteilchen gesorgt werden.

Die Schließung der Spielräume zwischen den Roststabkolonnen kann man dadurch erreichen, daß zwei hintereinanderliegende Roststäbe gerade über einem Roststabträger aneinanderstoßen. Diese Lösung zeigt der Roststab von BORSIG (Abb. 38). Bei anderen Roststäben sind die Vorder- und Hinterkanten der Stäbe so abgeschrägt, daß sie sich überdecken. Dadurch entsteht allerdings am Ende jedes Roststabes eine schlecht gekühlte spitze Ecke, aus der die Wärme nicht gut abfließen kann und die der Gefahr einer höheren Verzunderung ausgesetzt ist. Abb. 39 zeigt den zu den Roststäben nach Abb. 38 zugehörigen Endrostkörper, der eine Roststabkolonne seitlich gegen die Rostwange abdichtet. Der Spalt liegt in einer Tasse, die mit Sand gefüllt ist, so daß eine gute Abdichtung entsteht.

Die selbsttätige Reinigung der Roststäbe wird von einigen Firmen dadurch erreicht, daß die Roststäbe um einen Drehpunkt kippen können, wenn sie über das hintere Umkehrende des Rostes gefahren werden.

Beim Wanderrost ohne Unterwind und ohne Zonen strömt die Luft von vorn, vom Heizerstand aus, unter den Rost. In diesem Falle muß der Schornsteinzug ausreichen, um die Widerstände zu überwinden, die die Luft in den Roststäben und der Brennstoffschicht findet. Beim Unterwind-Wanderrost ohne Zonen führt man die Luft gewöhnlich unterhalb des Heizerstandes durch einen besonderen Kanal von vorn in den Raum unter den Rost. Dann wird der Rost durch eine Blechwand gegen den Heizerstand abgeschlossen, er wird „eingekapselt". In diesem Falle übernimmt der Unterwindlüfter die Überwindung des Rostwiderstandes.

Beim Zonenwanderrost wird der Raum zwischen dem unteren und oberen Rosttrum in Zonen eingeteilt. Jeder Zonenkasten kann durch Klappen geöffnet und geschlossen werden, so daß man die Luftpressung in den einzelnen Zonen beliebig einstellen kann. Zwischen den Zonen ist eine gute Abdichtung gegen das Rostband erforderlich, damit nicht Luft von der einen Zone in die andere übertreten kann, was die Zoneneinteilung illusorisch machen würde.

Der Rostdurchfall fällt beim Zonenwanderrost in die Zonen hinein, und es ist eine besondere Vorrichtung notwendig, um ihn daraus zu entfernen. Dies geschieht entweder dadurch, daß man von Zeit zu Zeit Schieber öffnet, um die Kohle durchfallen zu lassen, oder durch Transportschnecken, die die Kohle seitlich herausbefördern.

c) Der KSG-Schuppenwanderrost

Bei diesem Rost (Abb. 40) liegen die Ketten unterhalb der Roststäbe. Die etwa 400 mm langen Schuppenroststäbe liegen quer zur Fahrrichtung. Sie sind um seitlich angegossene Zapfen drehbar und liegen gegen die Bewegungsrichtung geneigt schuppenförmig gegeneinander, so daß nur ihr oberes Ende als Brennfläche frei ist. Die Zapfen greifen in kurze Trageisen ein, die an den Gliedern der Ketten befestigt sind. Die Löcher in den Trageisen sind mit Nuten versehen, durch die man die Roststäbe einzeln herausnehmen kann. Am hinteren Rostende klappt jeder Roststab um seinen Zapfen um, und im rücklaufenden Trum hängen alle Stäbe frei nach unten hintereinander. Über der vorderen Kettenradwelle schließen sie sich dann wieder zur Rostfläche zusammen.

Bei dieser Konstruktion ergeben sich große Roststabflanken und damit eine gute Kühlung durch die zwischen ihnen anströmende Verbrennungsluft. Besonders augenfällig ist die Befreiung der Roststäbe von der Asche durch das Umklappen am Rostende und das freie Ausschwingen jedes einzelnen Stabes auf dem Rückweg. Man kann daher bei diesem Rost auch den Rostdurchfall, der sich in den Zonen ansammelt, unbedenklich zwischen den freihängenden Stäben des rücklaufenden Trums hindurch nach unten herausfallen lassen, ohne besondere Transporteinrichtungen zwischenzuschalten. Bemerkenswert ist auch, daß an Stelle einer hinteren Rostachse nur einzelne Bogenstücke angebracht sind, über die die Ketten in die rücklaufende Bewegung überführt werden.

d) Zubehör zum Wanderrost

α) Kohlenaufgabe und Schichtregler. In den Schurren zwischen dem Kohlenbunker und dem Aufgabetrichter des Rostes treten leicht Entmischungen ein, weil der Fallwinkel in einer ebenen Schurre nach den Rändern zu flacher ist als in der Mitte. Dieser Schwierigkeit begegnet man durch die Wahl von Kegelschurren, bei denen die Fläche, auf der die Kohle heruntergleitet, nicht eben, sondern nach einer Kegelfläche gebogen ist. So erreicht man, daß die Kohle nach allen Stellen über die ganze Rostbreite hin den gleichen Fallwinkel vorfindet und keinen Anlaß hat, sich zu entmischen.

Eine andere Lösung dieser Aufgabe bilden Pendelschurren. Das sind schmale Schurren, die oben drehbar aufgelagert werden, und deren unteres Ende durch eine einfache Vorrichtung mit Motorantrieb hin und her bewegt werden kann. Solche Pendelschurren verteilen die Kohle gleichmäßig über die ganze Breite des Rostes. Der Kohlenaufgabetrichter des Rostes kann

durch einen Schieber gegen den Rost abgesperrt werden, damit man im Notfalle sofort die
Kohlenzufuhr verhindern kann. Dahinter liegt der Schichtregler, das ist ein verstellbares
Wehr, das die Schichthöhe der eingefahrenen Kohle bestimmt. Dieses Wehr besitzt auf der
Brennkammerseite ein Schamottefutter, damit es gegen die Einstrahlung der Flamme
geschützt ist.

Es ist besonders bei breiten Rosten zweckmäßig, den Schichtregler in mehrere Segmente
aufzuteilen, deren Lage man gesondert einstellen kann. Wenn die Seitenwände der Kammer

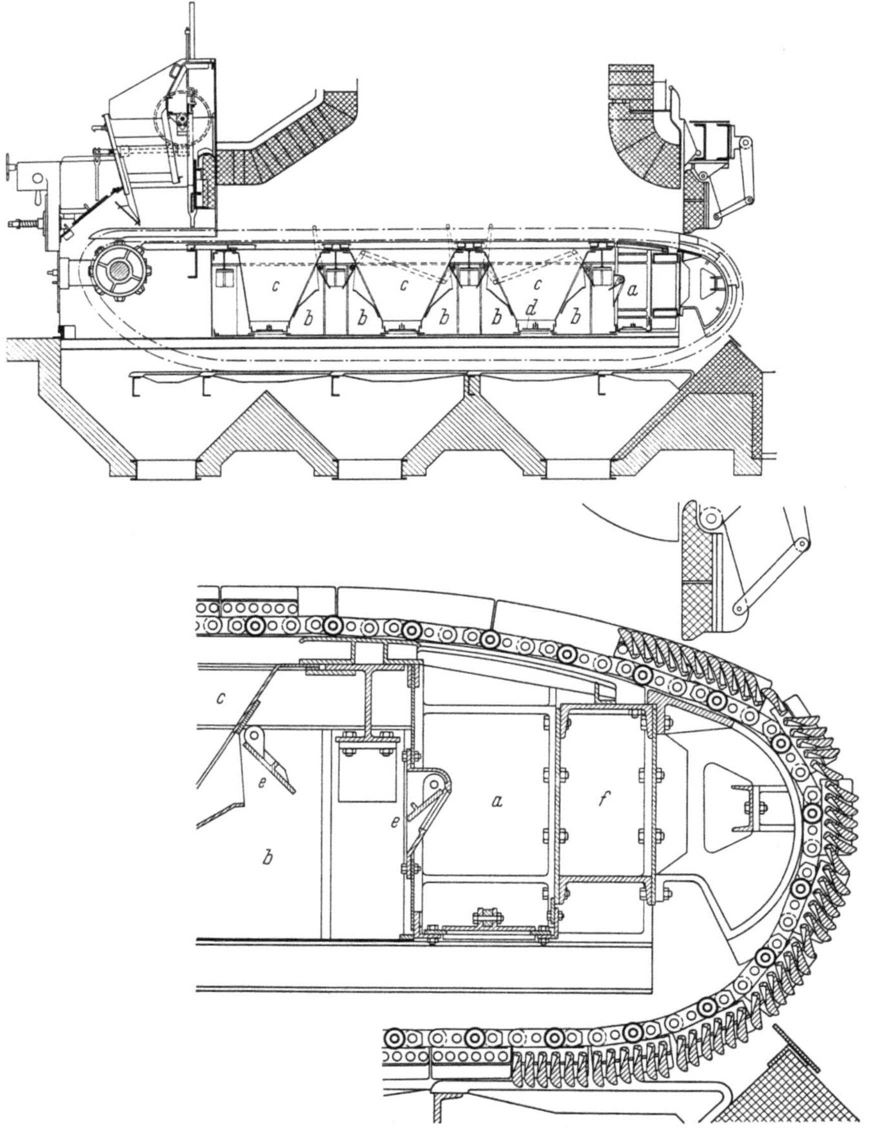

Abb. 40. Schuppenwanderrost (Kohlenscheidungsgesellschaft KSG)
a Ausbrennzone;   *b* Hauptluftkammer;   *c* Zonentrichter;   *d* Reinigungsschieber;
e Zonenregelklappen;   *f* Tragrahmen

unmittelbar über dem Rost stark gekühlt werden, dann brennt die Kohle an den Seiten langsamer ab als in der Mitte des Rostes, und es ist dann erwünscht, in der Mitte mit einer höheren
Schicht zu fahren als an den Seiten. Diese Möglichkeit verschafft man sich mit einer entsprechenden Konstruktion des Schichtreglers, der nicht nur in seiner Gesamtheit, sondern
außerdem noch in seinen Teilen verstellt werden kann.

β) Schlackenstauer. Am Ende des Rostes muß dafür gesorgt werden, daß das Brennbare in der Schlacke noch ausbrennt und die Schlacke selbst ohne Störungen entfernt wird. Hierzu dient ein Schlackenabstreifer. Das ist eine von rückwärts flach über den Rost reichende schaufelartige Konstruktion, die mit ihrer Vorderkante auf dem Rost aufliegt, und auf die sich nun die Schlacke schiebt, wenn der Rost in Betrieb ist. Da sich dieser Abstreifer selbst nicht bewegt, wird die Schlacke hier angestaut und hat Zeit zum Ausbrennen, ehe sie, durch das ständige Nachdrängen von neuer Schlacke weitergeschoben, hinten herunterfällt.

Eine andere Konstruktion, die diesen Zweck erfüllt, sind die Staupendel, die die Brennkammer nach hinten zu vollständig abschließen. Sie sind pendelnd aufgehängt und liegen mit ihrer Unterkante auf dem Rost auf. Die Schlacke staut sich vor diesen Pendeln an; auf dem Rost festgebrannte Schlacke hebt die Pendel so hoch, daß sie darunter durchwandern kann. Von Zeit zu Zeit zieht man die Pendel hoch, so daß die angestaute Schlacke durchfährt und bei der Umkehr des Rostes in den Schlackentrichter abgeworfen wird.

Das einfachste Staupendel ist ein gegen den Feuerraum durch Schamottefutter bewehrtes Pendel, das mit einer Kette hochgezogen werden kann. Sein Gewicht wird durch ein Gegengewicht soweit ausgeglichen, daß es leicht beweglich ist.

Da nun vor dem Staupendel vielfach durch das Ausbrennen der Schlacke eine sehr hohe Temperatur entsteht, unterliegen die Schamottesteine einem starken Verschleiß. Bei neueren Anlagen verwendet man Roststäbe, die gruppenweise zusammengefaßt an den Ketten angehängt werden. Diese Bauart ist aber nur zu verwenden, wenn der Luftdruck in dem Raum hinter den Pendeln höher ist als über dem Rost, da sonst keine Kühlluft zwischen diesen Roststäben hindurchstreichen würde. Bei Rosten ohne Unterwind sind sie nicht zu verwenden, auch nicht bei solchen Anlagen, bei denen der Raum unter dem Rost mit der Saugseite des Unterwindventilators in Verbindung steht. Für solche Fälle hat man sich mit einem feststehenden Schlackenstauer geholfen, dem die Kühlluft durch einen besonderen Kanal zugeführt wird.

γ) Beseitigung der Durchfallkohle und Asche. Die durch den Rost in die Zonen hineingefallene Kohle wird entweder verloren gegeben oder der frischen Kohle wieder zugegeben, was sich nicht immer lohnt.

Für die Wiederaufgabe des Rostdurchfalls bestehen verschiedene Möglichkeiten. Da er eine sehr feine Körnung besitzt und schon teilweise entgast ist, muß man ihn mit der frischen Kohle gut vermischen, damit ein Brennstoff mit möglichst einheitlichem Charakter auf den Rost gelangt. Wirft man ihn in den Kohlenaufgabetrichter hinein, so wird man die erforderliche Mischung nicht erreichen und einen ungleichmäßigen Abbrand des Brennstoffes auf dem Rost feststellen. Im allgemeinen wird es am besten sein, die Durchfallkohle auf den Kohlenlagerplatz zurückzubringen und hier gut auf die dort lagernde Kohle zu verteilen.

Es empfiehlt sich nicht, den Rostdurchfall in die Brennkammer einzublasen, um ihn in der Schwebe zu verbrennen. Hierfür ist er nicht feinkörnig genug.

Von dem Rostdurchfall zu unterscheiden ist die Schlacke, die auf dem Rost liegen bleibt und hinten heruntergefahren wird. Diese fällt bei der Umkehr des Rostes in den Schlackentrichter, aus dem sie unten abgezogen werden kann. Dieser Trichter, der hinterste der unter dem Rost liegenden Aschentrichter, wird mit Schamottesteinen ausgekleidet, weil die Asche noch Brennbares enthalten kann und eine hohe Temperatur hat, so daß sie im Schlackentrichter noch weiter brennt, wenn durch den Absperrschieber Luft hindurchkommt. Die vorderen Trichter, in die nur kalter Rostdurchfall hineinfällt, können mit Ziegelmauerwerk ausgekleidet werden.

δ) Wiederaufgabe des Flugkokses. Bei der Verfeuerung von Feinkohlen, besonders bei geringem Gasgehalt, kann es sich lohnen, nicht nur den Rostdurchfall, sondern auch den Flugkoks wieder aufzugeben, der in den Aschentrichtern unter den Kesselzügen und im Fuchs anfällt. Da es sich hier um ein äußerst feines, staubförmiges Material handelt, sind Konstruktionen entwickelt worden, mit denen dieser Koksstaub aus den Aschentrichtern abgesaugt und pneumatisch zur Brennkammer zurückbefördert wird. Er wird dann durch besondere Düsen in die Kammer eingeblasen. Dabei ist zu beachten, daß diesem Staub eine recht lange Brennzeit zur Verfügung gestellt werden muß, wenn man zu einem zufriedenstellenden Erfolg kommen will. Wird dies nicht beachtet, so wird der Flugkoks nur im Kreise herumgepumpt, wobei er sich immer mehr anreichert.

Im allgemeinen erreicht man einen besseren Erfolg, wenn man den Flugkoks wieder zu der Kohlenaufgabe zurückführt. Hier gilt dann das für den Rostdurchfall Gesagte in erhöhtem Maße, weil der Flugkoks keine flüchtigen Bestandteile mehr enthält und außerordentlich fein ist. Bei Anlagen, die viel Flugkoks produzieren, empfiehlt es sich, in den Aufgabetrichter des Rostes eine Mischschnecke hineinzulegen, die das gesamte Gemisch aus Kohle und Flugkoks gut durcheinanderrührt, wobei auch eine Berieselung zweckmäßig ist, damit das Feine nicht, sobald es auf den Rost gelangt, von der Verbrennungsluft hochgewirbelt und sofort neuerdings in Flugkoks verwandelt wird.

ε) **Zünddecke und hintere Hängedecke.** Oberhalb des Rostes, hinter dem Schichtregler, wird eine Zünddecke angeordnet, deren Steine die Temperatur annehmen, die dort in der Brennkammer herrscht, und die nun dieser Temperatur entsprechend Wärme auf die eingefahrene Kohle strahlen. Die Steine wirken außerdem, wenn die Decke in einem entsprechenden Winkel gegen die Rostbahn geneigt ist, wie ein Spiegel, indem sie die Wärmestrahlen, die aus der Hauptbrennzone kommen, auf die frische Kohle weiterwerfen. In älteren Anlagen findet man vielfach Zünddecken oder -gewölbe, die so flach ausgeführt sind, daß sie die Flammenstrahlung nicht aufnehmen können. Dann liegt die frisch eingefahrene Kohle im Schatten dieser Decke, wodurch die Zündung hinausgezögert wird. Es ist auch zu beachten, daß diese Steine noch durch von vorn eintretende Falschluft und den aus dem Brennstoff aufsteigenden Wasserdampf gekühlt werden, was die beabsichtigte Wirkung weiter einschränkt. Die Zünddecke muß also so steil ausgeführt werden, daß die Strahlung der Flamme entweder unmittelbar oder über die Zünddecke auf die frisch eingefahrene Kohle einwirken kann.

Am Ende des Rostes ist als unterer Abschluß der Brennkammerrückwand wieder eine Hängedecke notwendig. In der Wahl der Länge der hinteren Hängedecke ist man ziemlich frei, da auf dem hinteren Teil des Wanderrostes im allgemeinen keine starke Wärmeentwicklung stattfindet. Bei Braunkohlenrosten und Schürrosten hat diese Decke eine besondere Funktion, dort dient sie zur Zurückführung der am Rostende entstehenden Gase in die Flammenzone. Bei Steinkohlenfeuerungen, insbesondere also beim Wanderrost, dient die hintere Hängedecke oft lediglich konstruktiv als Übergang auf die Brennkammerlänge, die im allgemeinen viel kleiner als die Rostlänge ist.

Diese beiden Decken können auch so geführt werden, daß sie eine Wirbelung der Gase bewirken, die aus der Brennstoffschicht aufsteigen. Da man aber bei dieser Bauweise verhältnismäßig lange Decken ausführen muß, die einem erheblichen Abbrand ausgesetzt sind, so ist es zweckmäßiger, die Wirbelung durch Sekundärluft herbeizuführen, die von vorn und von hinten in einem angemessenen Abstand über den Rost hinwegblasen wird[1].

e) Vorgang der Verbrennung auf dem Wanderrost

α) **Modellversuche und Messungen.** Über die Vorgänge, die sich bei der Oberzündung in einer ruhenden Brennstoffschicht abspielen, liegen sehr aufschlußreiche Versuche von H. WERKMEISTER vor[2]. Diese Versuche wurden an einem kleinen Planrost ausgeführt, der mit Kohle gefüllt unter eine elektrisch vorgeheizte Brennkammer geschoben wurde. Die Zündung erfolgt von oben durch die Einstrahlung der Wärme, und so ergeben sich die Verhältnisse, die auf dem Stück eines Wanderrostes herrschen, wenn dieses durch die Feuerung wandert. Die Hauptversuche wurden mit Fettnußkohle III durchgeführt und zeigen folgendes:

1. Die Zusammensetzung des Rauchgases am Ende der kleinen Brennkammer von der Zündung bis zum Verlöschen des Brennstoffes.

---

[1] Siehe Abschn. IV B 7: Die Oberluft, S. 88.
[2] WERKMEISTER, H.: Versuche über den Verbrennungsverlauf bei Steinkohlen mittlerer Korngröße. Arch. Wärmew. **12**, 225—232 (1931).

2. Den Kohlenstoffverbrauch in kp/m²h in jedem Zeitpunkt während des Prozesses, ferner den zugehörigen theoretischen Luftbedarf und die wirklich zugeführte Luftmenge.

3. Den Zugwiderstand der Brennstoffschicht während des gesamten Vorganges.

Die nach den Versuchen aufgestellten Kurven weisen verschiedene Unstetigkeiten auf, die Anlaß zu einer Unterteilung des Vorganges in fünf Abschnitte sind (Abb. 41).

Im ersten Abschnitt, unmittelbar nach der Zündung, herrscht noch Luftüberschuß. Die Kohle hat von oben durch die Wärmeeinstrahlung aus dem Feuerraum gezündet, aber die ganze Oberfläche der Schicht ist noch nicht vom Feuer erfaßt, so daß an einigen Stellen Luft durchstreicht, ohne zur Verbrennung beizutragen. Mit der Erwärmung der Kohle beginnt auch die Entgasung der unteren Schichten. WERKMEISTER nennt diesen Abschnitt der Kohlenverbrauchskurve die Zündlinie.

Der Sauerstoffüberschuß geht schnell auf Null zurück. Jetzt, zu Beginn des zweiten Abschnittes der Verbrennung, entsteht Luftmangel. Die Kohle zündet weiter durch, die oberen Schichten werden vergast und verbrannt, während die unteren schon entgast werden. Der Gehalt an CO und H₂ in den Rauchgasen nimmt infolgedessen stark zu. Da die Schicht kleiner wird und backende Bestandteile vergast werden, geht der Zugwiderstand langsam zurück. Während dieser Periode steigt der Kohlenstoffverbrauch in der Sekunde dauernd an, ein Beweis dafür, daß hier nicht nur eine Entgasung, sondern auch schon eine Koksvergasung und -verbrennung stattfindet. Die Anlage arbeitet wie ein Gasgenerator.

Dieser Zustand hält solange an, bis die Schicht durchgezündet ist. In diesem Augenblick, zu Beginn des dritten Abschnittes, steigt plötzlich der Kohlensäuregehalt, der sich bis dahin auf etwa 11—12% konstant gehalten hat, sehr schnell bis auf 20% an. Die unverbrannten Gase nehmen in demselben Tempo bis auf Null ab. Hier verschwindet also der unverbrannt entweichende Anteil der flüchtigen Bestandteile, die Entgasung und Vergasung wird beendet, und am Ende dieses Abschnittes besteht das Rauchgas nur noch aus Stickstoff und Kohlensäure; die Schicht befindet sich in dem Zustand eines vollständig durchgebrannten Luftgenerators.

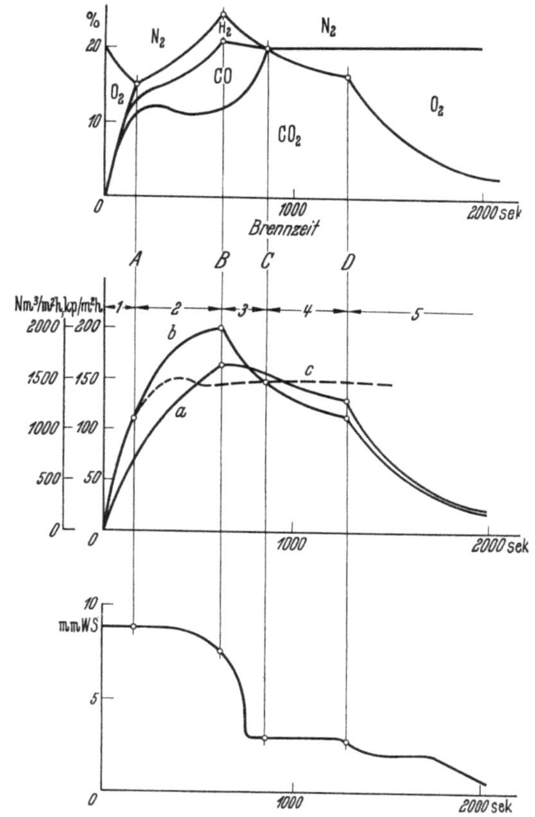

Abb. 41. Verlauf der Verbrennung auf dem Wanderrost nach H. WERKMEISTER. Rostbelastung 145 kp/m²h = 1,1 Mill. kcal/m²h

a Kohlenstoffverbrauch in kp/m²h, *b* Luftbedarf in Nm³/m²h, *c* Wirkliche Luftmenge in Nm³/m²h

Oberes Bild: Rauchgaszusammensetzung
Mittleres Bild: Kohlenstoffverbrauch und Luftmenge,
Unteres Bild: Schichtwiderstand,
Brennstoff: Fettnußkohle III von Zeche Shamrock, Herne

Der Kohlenstoffverbrauch verläuft von Beginn dieses Abschnittes an nach einer neuen Gesetzmäßigkeit. Während die Flamme bis dahin immer neue Schichten von Kohle erfassen konnte, wodurch der C-Verbrauch dauernd anstieg, finden wir jetzt einen Kurvenverlauf, der für die vollständig brennende Koksschicht gilt. Wie man sieht, nimmt der C-Verbrauch unter diesen Umständen langsam ab. Der Zugwiderstand geht während dieses Abschnittes steil herunter, ein Zeichen dafür, daß die backenden Bestandteile verbrannt sind und die Schicht lockerer wird.

Im vierten Abschnitt herrscht wieder Luftüberschuß. Wir haben jetzt ein reines Koksfeuer mit vollständig durchgezündeter Schicht auf dem Rost liegen. Dem geringer werdenden Koksvorrat entsprechend nimmt der Kohlensäuregehalt des Rauchgases langsam ab, während der O_2-Gehalt entsprechend ansteigt.

Zu Beginn des fünften Abschnittes scheinte in Zusammenbruch der Schicht eingetreten zu sein, da sich hier plötzlich das Tempo der Vorgänge ändert und der Schichtwiderstand plötzlich kleiner wird. Das gleiche wiederholt sich später noch einmal.

Diese Versuche zeigen in eindringlicher Form Vorgänge, die bei Oberzündung in der Schicht stattfinden. Allerdings bezieht sich die eingehende Messung nur auf die Fettkohle, deren Backvermögen eine Komponente in das Bild hineinbringt, die bei anderen Brennstoffen nicht vorhanden ist. Die Messungen, die mit anderen Kohlen gemacht wurden, zeigen aber, daß der Einfluß des Backvermögens der Fettkohle nur gering war, und man kann hieraus den Schluß ziehen, daß die Verbrennung von Fettkohle bei reiner Oberzündung keine Schwierigkeiten machen sollte. Wenn trotzdem auf dem Wanderrost diese Verbrennung schwierig ist, so ergibt sich daraus, daß auch andere Einflüsse hinzukommen können.

Ehe wir darauf eingehen, sollen noch kurz die WERKMEISTERschen Messungen mit anderen Kohlen behandelt werden (Abb. 42 und 43).

Bei Eßkohle verlaufen die Kurven ähnlich wie bei Fettkohle. Der Zugwiderstand nimmt jedoch anfangs etwas zu, was wohl auf einen Zerfall der Kohlenstücke zurückgeführt werden kann. Im zweiten Abschnitt der Verbrennung fehlt die ausgeprägte Spitze im Kohlenstoffverbrauch, und im dritten Abschnitt ist die fallende Tendenz des C-Verbrauchs noch nicht zu erkennen, ein Beweis dafür, daß bei Eßkohle auch in der vollständig durchgebrannten Schicht noch Teilchen vorhanden sind, deren Reaktionsfähigkeit höher liegt als die von Koks. Dieser stärker inkohlte Brennstoff enthält also Kohlenwasserstoffe, die schwerer zu zerstören sind als die der jüngeren Fettkohle. Hierbei ist allerdings zu beachten, daß die beim Versuch erreichte Höchsttemperatur um 150 grd niedriger

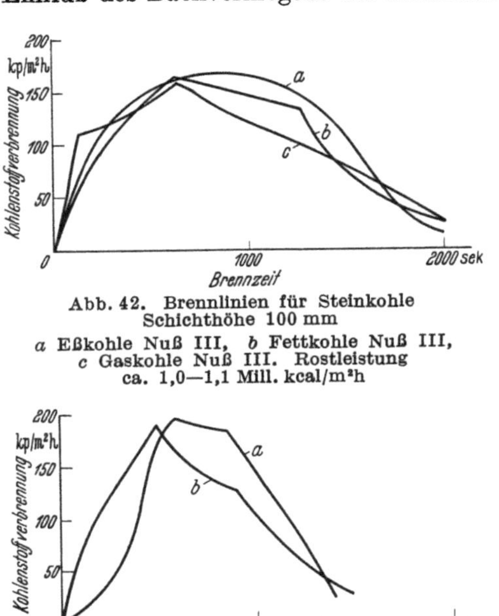

Abb. 42. Brennlinien für Steinkohle
Schichthöhe 100 mm
a Eßkohle Nuß III, *b* Fettkohle Nuß III,
c Gaskohle Nuß III. Rostleistung
ca. 1,0—1,1 Mill. kcal/m²h

Abb. 43. Brennlinien für Steinkohle
Schichthöhe 75 mm
a Anthrazit Nuß III, *b* Fettkohle Nuß III

lag als bei Fettkohle, nämlich 1240 °C gegenüber 1390 °C.

Bei der Anthrazitkohle finden wir einen so starken Zerfall der Körnung, daß der Zugwiderstand, der anfangs infolge des gänzlich fehlenden Backvermögens sehr gering ist, steil auf außerordentlich hohe Werte ansteigt. Die Kohle zerfällt durch die hohe Temperatur in ganz feine Teilchen. Die Zündung verbreitet sich am Anfang des Versuchs infolge der fehlenden flüchtigen Bestandteile nur langsam auf der Schicht, dann steigt die C-Verbrauchskurve aber sehr schnell an, weil die große Oberfläche der entstandenen Feinkohle alle Reaktionen stark beschleunigt.

Der Kohlenstoffverbrauch zeigt eine ähnliche Unstetigkeit wie bei Fettkohle, dies hat aber andere Ursachen. Während des zweiten Abschnittes der Verbrennung arbeitet die Feuerung wie ein Gasgenerator, der CO-Gehalt steigt, wie WERKMEISTER berichtet, bis auf 15% an. Es wird also infolge der großen Reaktionsoberfläche sehr viel Kohlenstoff in die Reaktion einbezogen, ohne daß es zur vollständigen Verbrennung kommt. Die Vergasung des Kohlenstoffs zu CO breitet sich von oben nach unten aus, während die Luft von unten nach oben durch die Schicht wandert. So pflanzt sich die Zündung in die Schicht hinein fort; an der Oberfläche bleibt aber noch genügend unverbrannter Kohlenstoff erhalten, um eine Reduktion der in der unteren Zone gebildeten Kohlensäure zu bewirken.

Dieser Vorgang bricht ab, sobald die ganze Schicht von der Reaktion erfaßt ist. In diesem Augenblick wird der Anstieg des sekundlichen Kohlenverbrauches plötzlich geringer, erreicht aber möglicherweise noch einmal ein Maximum, wenn die Schicht etwas abgebrannt und damit der Zugwiderstand geringer geworden ist; dann geht mehr Luft durch die Schicht hindurch, und dadurch wird auch wieder mehr Kohle vergast und verbrannt. Dies kann sich aber nicht unbeschränkt fortsetzen, weil mit weiter absinkender Schicht die Luft nicht mehr so viel Kohlenstoff vorfindet, um sich ganz zu verbrauchen. In diesem Punkt beginnt also der Luftüberschuß, und von hier ab enthalten die Rauchgase nur noch CO_2, O_2 und N_2.

Bei Gaskohle finden wir folgenden Ablauf der Verbrennung. Während sich die Zündung auf der gesamten Schicht ausbreitet, steigt der Kohlenstoffverbrauch schon sehr steil an. Hieraus geht hervor, daß viel Kohlenstoff in leicht zugänglicher Form als Bestandteil der flüchtigen Brennstoffteile vorhanden ist, und daß sich die Zündung äußerst schnell fortpflanzt. Sobald aber die ganze Rostoberfläche in den Prozeß einbezogen ist, steigt der Kohlenstoffverbrauch viel langsamer an als vorher, denn jetzt kann sich die Reaktion nicht mehr in zwei Richtungen ausbreiten, sondern nur noch in die Tiefe der Brennstoffschicht hinein. Der Zugwiderstand nimmt während dieser Entgasungs- und Teilverbrennungsperiode stetig langsam ab, weil die Kohle nicht backt. Der weitere Verlauf entspricht dann dem, der bei Fettkohle festgestellt wurde.

Um diese Versuche zu verstehen, muß man wissen, daß die Oberzündung nur zustande kommt, wenn die Luftgeschwindigkeit sehr gering ist. Versuche von ROSIN, KAYSER und FEHLING[1] zeigen dies sehr eindringlich. Übersteigt die Luftgeschwindigkeit ein gewisses Maß, so zündet die Kohle nicht mehr. Dagegen benötigt die Unterzündung eine hohe Luftgeschwindigkeit; sie tritt um so träger ein, je kleiner die Geschwindigkeit ist. Zwischen beiden Zündarten liegt ein Gebiet, wo der Brennstoff nicht zündet, die Zündlücke.

Nach diesen Messungen benötigt Magerkohle bei der Luftgeschwindigkeit Null 5 Minuten bis zum ersten Aufglimmen und 7 Minuten bis zum Aufflammen, wobei die Zünddecke auf 1170 °C gehalten wurde. Bei Gasflammkohle waren die entsprechenden Zahlen etwa 3 und 10 Minuten bei 1150 °C, für Trockenbraunkohle 2 und 2,5 Minuten bei 1070 °C. Durch kombinierte Ober- und Unterzündung konnte die Zündlücke geschlossen werden. Bei dieser Betriebsweise dauerte es bei Magerkohle höchstens 11 Minuten bis zum Aufglimmen und 15,5 Minuten bis zum Entflammen, bei Gasflammkohle 12 und 16 Minuten und bei Trockenbraunkohle 3,8 und 4,5 Minuten. Dabei betrug die Temperatur der für die Unterzündung verwendeten Verbrennungsluft 425 °C bei Magerkohle, 350 °C bei Gasflammkohle und 310 °C bei Trockenbraunkohle.

Für den Wanderrostbetrieb, der mit reiner Oberzündung arbeitet, ergibt sich hieraus, daß bei allen Brennstoffen bis zum Einsetzen der Zündung die Luftzufuhr weitgehend zu drosseln ist, weil man sonst den Zündbeginn unnötig verzögert. Das stimmt auch mit dem Ergebnis der Theorie überein, wonach für die Trocknung und Entgasung des Brennstoffs keine Luft, sondern nur Wärme benötigt wird.

Die Messungen von WERKMEISTER, die von verschiedenen Forschern grundsätzlich bestätigt werden, werden durch Versuche von J. R. ARTHUR[2] sehr schön ergänzt, der an einem ähnlichen Apparat wie WERKMEISTER gearbeitet und sein Augenmerk besonders auf die Brennzeit und die Temperaturen in der Brennschicht gerichtet hat.

ARTHUR nennt den in Abb. 41 mit 1 und 2 bezeichneten Abschnitt der Verbrennung den Zündbereich, das ist der Abschnitt bis zum vollständigen Durchzünden der Schicht. Der Rest, der die Abschn. 3, 4 und 5 umfaßt, ist der Ausbrennbereich. Während des Zündbereichs ist der Brennstoff an der Basis, d. h. unmittelbar über dem Rost, noch kalt, während er in einer Zone 75 mm darüber etwa 1000—1100 °C besitzt. Unmittelbar nach dem Durchzünden steigt die Basistemperatur auf etwa 1600 °C an, während in den oberen Schichten etwa 1300 °C erreicht werden.

W. H. FRITSCH definiert eine neutrale Zone in der Brennstoffschicht als die Zone, in der der Sauerstoffgehalt zu Null wird. Hat sich die Zündung bis auf die Basis durchgefressen, so liegt die neutrale Zone dicht über dem Rost; oberhalb dieser Zone wird Brennstoff vergast.

---

[1] ROSIN, KAYSER u. FEHLING: Die Zündung fester Brennstoffe auf dem Rost. Untersuchungen über das Zündverhalten. Bericht D 51 des Reichskohlenrats, Berlin 1935.
[2] ARTHUR, J. R.: Some Aspects of fundamental combustion research. Comb. Engg. **1**, 5—13 (1951).

6*

Die neutrale Zone wandert dann durch die Schicht nach oben bis an die Oberfläche der Schicht. FRITSCH findet, daß die Lage der neutralen Zone nur vom Korndurchmesser, der relativen Luftmenge, der Stoffübergangszahl und den Reaktionskennzahlen k_{O_2} und k_{CO_2} abhängig ist. Sie ist aber unabhängig von der Rostbelastung. Daraus folgt, daß der Brennstoffumsatz durch vermehrte Luftzufuhr unbeschränkt gesteigert werden kann.

Demgegenüber ist aber die Frage zu erörtern, mit welcher Schichthöhe auf dem Wanderrost gefahren werden soll.

β) Einfluß der Schichthöhe. Nach den obigen Überlegungen ist es zweckmäßig, den Wanderrost bei allen Brennstoffen mit einer möglichst kleinen Schichthöhe zu fahren. Denn je niedriger die Schicht ist, um so geringer wird der nachteilige Einfluß des Unterfeuers auf die Verhältnisse an der Schichtoberfläche sein, weil die Reduktionszone niedrig wird und der Sauerstoffmangel an der Schichtoberfläche schnell abklingt. Auch nach den Versuchen von WERKMEISTER ist, wie Abb. 44 zeigt, die geringe Schichthöhe von günstigem Einfluß. Denn nach diesen Messungen ist der Kohlenstoffverbrauch am Anfang des Rostes bei niedriger Schicht noch größer als bei hoher. Wenn also die Zündung nicht infolge des schnellen Rostvorschubes fortläuft, so ist die niedrige Schicht unbedingt vorteilhaft. Bei mageren Brennstoffen führt dies zu der Schlußfolgerung, daß sie mit niedriger Schicht und langsamem Vorschub verbrannt werden sollten. Das führt auf große Rostbreiten für magere Brennstoffe. Dem steht allerdings die Tatsache entgegen, daß hierdurch die Anlagekosten beträchtlich steigen. Wenn man aber Magerkohle auf langen schmalen Rosten verbrennt, so muß

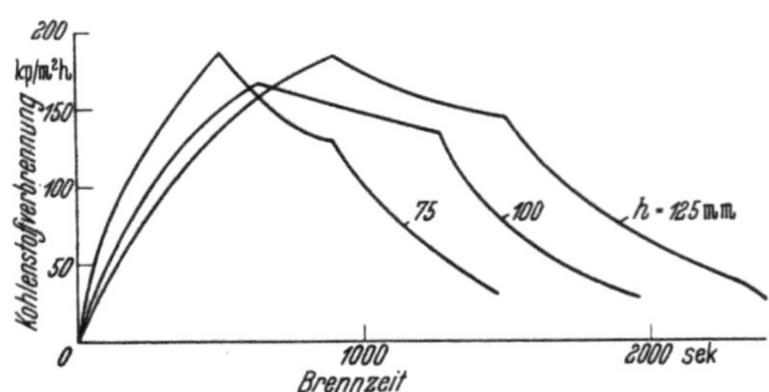

Abb. 44 Einfluß der Schichthöhe auf die Verbrennung auf dem Wanderrost
Rostbelastung ca. 1,1 Mill. kcal/m²h. Brennstoff: Fettkohle Nuß III

man mit entsprechend höherer Schicht fahren, wodurch sich die Reduktionszone in der Schicht verlängert und andererseits auch die Flugkoksverluste entsprechend ansteigen.

Dieser Umstand spielt auch bei anderen nichtbackenden Kohlen eine wichtige Rolle. Eine hohe Schicht von Feinkohle bietet der Verbrennungsluft einen hohen Widerstand dar, und da der Abbrand über die ganze Schichtbreite niemals gleichmäßig ist, so bilden sich Stellen auf dem Rost, wo der Widerstand erheblich geringer ist als an anderen Stellen. Da aber die Luft mit gleicher Pressung unter den Rost gedrückt wird, so bilden sich bald Löcher in der Schicht, durch die die Luft ungehindert hindurchstreicht, während die stark bedeckten Rostteile unter Luftmangel leiden. So bilden sich Krater, Verwehungen und andere unliebsame Gebilde auf dem Rost. Je niedriger aber die Schicht gehalten wird, um so geringer ist der Widerstand und um so kleiner werden auch die Unterschiede im Widerstand an den verschiedenen Stellen der Schicht. Hieraus folgt, daß die Gefahr des Mitreißens von Flugkoks um so geringer wird, je niedriger die Brennstoffschicht auf dem Rost ist.

Die Bildung von Kratern, Trichtern und Verwehungen in der Brennstoffschicht wird auch wirksam bekämpft, indem man den Rostwiderstand selbst möglichst groß macht. Dann ist nämlich der Schichtwiderstand nur ein geringer Teil des gesamten Widerstandes des Rostes, und Unregelmäßigkeiten in der Brennstoffschicht können sich nur schwach auf die Luftverteilung auswirken.

Ein weiteres Mittel zum Ausgleichen der in Unordnung geratenen Schicht sind fest eingebaute Schürgeräte.

Praktisch bewährte Schichthöhen sind folgende:

für Feinkohle . . . .   80—100 mm
für Nuß V—III . . . .   100—140 mm
für Briketts . . . .   300—400 mm.

Sehr nachteilig für die Haltbarkeit der Roststäbe ist die Zone, in der die Kohle bereits verbrannt und der Rost nur noch mit Asche bedeckt ist. Wenn die Kohle sehr wenig Asche enthält, wird das letzte Rostende ungeschützt der starken Strahlung des Feuerraumes ausgesetzt. Es ist deshalb erwünscht, daß die Kohle einen Mindestaschengehalt aufweist. So sind die Brennstoffe mit weniger als 4% Asche auf dem Wanderrost unerwünscht.

Diese Schwierigkeit vergrößert sich noch bei Teillasten, wenn der Rost schlecht bedeckt ist.

γ) Einfluß vorgewärmter Luft. Bei Betrieb mit Fettkohle bilden sich auf dem Rost Kuchen von zusammengebackener Kohle. Dies ist so zu erklären, daß sich im Zündbereich der backfähigen Kohle noch Ölbitumina in teigigem Zustand an der Oberfläche unverbrannt erhalten. Durch die kühlende Wirkung der Reduktion, die im oberen Teil der Schicht stattfindet, wenn sich die Zündung weiter nach unten durchgefressen hat, wird die Verbrennung dieser Stoffe weiter hinausgezögert. Die Flamme erlischt an der Oberfläche, und wir erhalten das Bild eines Schmiedefeuers: eine heiße Brennzone mit darüberliegender Abdeckung durch kältere Kohle.

Durch dieses Schmiedefeuer werden die Roststäbe sehr stark erwärmt, und so findet man oft bei Betrieb mit backender Kohle, daß die Roststäbe glühend das hintere Umkehrende des Rostes erreichen, wodurch natürlich ihre Lebensdauer sehr stark vermindert wird.

Wird ein solcher Feuerungsbetrieb mit vorgewärmter Luft durchgeführt, so wird die Durchzündung der Schicht noch mehr beschleunigt und die Bildung des Kokskuchens begünstigt. Deshalb ist bei backenden Kohlen eine Vorwärmung der Verbrennungsluft unzulässig. Man muß im Gegenteil versuchen, so zu fahren, daß die unteren Partien der Brennstoffschicht möglichst lange kalt bleiben, um dem Bitumen an der Oberfläche Zeit zum Verbrennen zu geben, ehe die Schicht so weit durchbrennt, daß die Generatorwirkung eintreten kann. Dies kann man erreichen, indem man beispielsweise die Kohle vorher anfeuchtet oder, wie es bei Generatoren üblich ist, die Luft mit Wasserdampf sättigt, schließlich auch durch Einbau kühlender Konstruktionselemente in die erste Zone.

Hält man so den Rostbelag kalt und führt kalte Luft zu, so müßte die Fettkohle mit Oberzündung ebenso gut brennen wie jede andere Kohle.

Bei Magerkohle kommt die Durchzündung von oben nur sehr schleppend in Gang. Hier ist die Anwendung vorgewärmter Verbrennungsluft zweckmäßig. Allerdings verträgt die Rostkonstruktion nicht mehr als 100—120 °C an Lufttemperatur. Aber es wird doch möglich, in einem gewissen Rahmen die Vorwärmung des Speisewassers durch Anzapfdampf aus der Kraftmaschine anzuwenden, was bei Anlagen ohne Luftvorwärmung nicht möglich ist, weil man dann kein Mittel mehr hat, um die Abgastemperatur hinter der Kesselanlage soweit zu senken, wie es für einen erträglichen Wirkungsgrad erforderlich ist.

δ) Einfluß der Anfeuchtung der Kohle. J. P. WALTHERS und H. A. HAINES berichteten auf der Weltkraftkonferenz 1950 über die Wirkung der Anfeuchtung von Feinkohle auf den Wanderrostbetrieb. Es ergaben sich drei Vorteile, nämlich geringerer Schichtwiderstand, geringerer Rostdurchfall und geringerer Flugkoksanfall. Versteht man unter der äußeren spezifischen Oberfläche die Gesamtoberfläche sämtlicher Kohleteilchen in 1 kp Kohle, dann ist der beste Wert für die äußere, ungebundene Feuchtigkeit etwa 0,2 kp Wasser pro m² spezifischer Oberfläche. Dies fällt etwa zusammen mit der Feuchtigkeit einer Feinkohle, die sich in der Hand leicht zusammenballen läßt.

Im einzelnen werden folgende Angaben gemacht: Eine trockene Kohle mit 25—35% Feinbestandteilen unter 3 mm Kantenlänge erfordert etwa 7,5% Wasserzusatz; eine Feinkohle mit 0—6,3 mm Körnung, davon 80% unter 3 mm, benötigt etwa 15% Wasser. Das sind sehr beachtliche Zahlen, die bei der Verfeuerung von Feinkohlen auf dem Wanderrost unbedingt berücksichtigt werden sollten.

ε) Einfluß einer Klimatisierung der Verbrennungsluft. Die Vorstellung, daß die feste Kohlenstoffphase in einer Feuerung nicht so sehr durch unmittelbare Verbrennung mit Sauerstoff, sondern überwiegend durch Einwirkung von Wasserdampf und Kohlendioxyd verzehrt wird, führt zu der Schlußfolgerung, daß man die Verbrennungsluft mit diesen Stoffen anreichern sollte, um die Verbrennung zu erleichtern. Erst seit wenigen Jahren ist dies praktisch in größerem Umfange versucht worden, und zwar mit dem zu erwartenden glänzenden Erfolg.

In Abschn. II D 3e (S. 23) wurde bereits auf die große Bedeutung der Anfeuchtung der Verbrennungsluft für die Bekämpfung der Kesselverschmutzung hingewiesen.

Im Wanderrostbetrieb ist aber auch der Einfluß des Wasserdampfes auf die Vorgänge in der Kohlenschicht zu beachten. Nach J. R. Arthur läßt sich bei entsprechender Dosierung der Feuchtigkeit die Temperatur auf der Basis der Brennstoffschicht von 1600 °C bei trockener Kohle auf etwa 1200 °C bei angefeuchteter Luft herabsetzen, ohne daß dadurch die Verbrennung beeinträchtigt würde. Folgende weitere Wirkungen sind besonders bemerkenswert:

a) Während der Zündperiode wird mehr Kohlenstoff vergast als bei trockener Verbrennungsluft.

b) Die Zündzeit selbst wird verlängert, während sich die Ausbrennzeit trotz niedrigerer Oberflächentemperatur verkürzt, so daß die gesamte Brennzeit unverändert bleibt. Dies ist von sehr großer Bedeutung für die Verbrennung backender Kohlen, bei denen man, wie oben erwähnt, dafür sorgen muß, die Basis solange kühl zu halten, bis das teigige Bitumen an der Oberfläche vollständig verdampft oder verbrannt ist.

Inwieweit bei Feinkohle die Anfeuchtung der Kohle selbst die gleiche Wirkung hat wie die Anfeuchtung der Luft, ist noch nicht geklärt.

Ähnliche Wirkungen, wie sie Wasserdampf auf den Verbrennungsvorgang auf dem Rost hat, sind auch durch eine CO_2-Anreicherung, also durch Rauchgasrücksaugung, zu erreichen.

ζ) **Zusammenfassung.** Aus den vorstehenden Abschnitten ergeben sich für den Bau und Betrieb von Wanderrosten u. a. folgende Gesichtspunkte:

Eine besonders weitgehende Aufteilung des Brennweges in Zonen ist nicht unbedingt nötig. Wichtig ist aber, daß die Zonen möglichst dicht gegeneinander absperrbar sind.

Der Rostwiderstand soll hoch sein, so daß der Schichtwiderstand nur ein Bruchteil des Gesamtwiderstandes ist.

Der Schichtregler soll über die Rostbreite in Abschnitten verstellbar sein.

Die vordere Hängedecke soll so stark geneigt sein, daß sie die Einstrahlung von Wärme aus der Flamme auf die frisch eingefahrene Kohle nicht behindert.

Feinkohle muß angefeuchtet werden.

Anfeuchtung der Verbrennungsluft ist dringend zu empfehlen.

Vorwärmung der Verbrennungsluft ist nur beschränkt anwendbar.

Die Kohle sollte wenigstens 4% Asche enthalten.

Bei mageren Kohlen ist der breite Rost mit langsamem Vorschub vorteilhafter als der schmale lange Rost.

f) Brennstoffprogramm und Leistungsfähigkeit

Wie aus obigem hervorgeht, ist der Wanderrost in erster Linie eine Feuerung für Steinkohle. Förderkohle, die auf 0—30 mm vorgebrochen ist, Eiformbriketts, Nußkohle III—V, Feinkohle, Mittelprodukt und Schlammkohle können verfeuert werden, die letzten Sorten allerdings unter einem so schlechten Wirkungsgrad, daß man hierfür Spezialfeuerungen, wie beispielsweise den Martinrost für Mittelprodukt und die Staub- und Mühlenfeuerung für sehr feinkörnige Kohle und Schlammkohle vorziehen sollte.

Bei Gasflammnußkohle kann der Wanderrost ohne Zonen mit natürlichem Zug oder Unterwind ohne Nachteil verwendet werden; bei allen anderen Sorten dagegen sollte man den Unterwindzonenrost vorziehen. Die erreichbaren Leistungen gehen aus der Tab. 17 hervor. Hier sind auch noch weitere Brennstoffe aufgeführt; neben der Steinkohle aller Art kommen noch Sinterkohlen, Glanzbraunkohlen, Braunkohlenbriketts und -schwelkoks, ferner auch Koksgrus in Betracht.

Der Flugkoksverlust liegt bei den angegebenen Leistungen mit 2—8%, je nach der Feinheit der Körnung, in tragbaren Grenzen. Bei höher belastetem Rost und nichtbackender gasarmer Kohle steigt er sehr schnell an.

Tabelle 17. *Höchste Dauerbelastung von Unterwind-Zonen-Wanderrosten in Millionen* kcal/m²h

Kohlensorte	Körnung mm	Asche %	Wasser %	Koks	Anthrazit u. Magerkohle	Eßkohle	Fettkohle, Kokskohle	Gaskohle	Gasflammkohle	Sinterkohle	Glanzbraunkohle	Braunk.-Briketts	Braunk.-Schwelkoks
Flücht. Bestandteile der Reinkohle %	—	—	—	1-8	6-14	14-19	19-28	28-35	35-40	40-50	44-54	40-50	10-20
Ruhr, Aachen, Saar, Oberschlesien: Förderkohle	0-30 bis 30% unter 4	6-16	1-6	—	1,10 (1,15)	1,16 (1,22)	1,265 (1,33)	—	1,36 (1,43)	—	—	—	—
Eiformbriketts	—	6-10	1-2	—	1,25	1,33	—	—	—	—	—	—	—
Nuß III—IV	10-30	4-12	2-6	—	1,265	1,29	1,34	—	1,36	—	—	—	—
Nuß V	6-10	5-15	3-12	—	1,10	1,108	1,20 (1,33)	1,20 (1,33)	1,48	—	—	—	—
Feinkohle I	0-10	5-15	5-13	—	0,70 (0,865)	0,83–0,915[1] (0,96–1,04)	1,19	1,15	1,13 (1,19)	—	—	—	—
Feinkohle II	0-6	4-15	4-12	—	—	—	1,13	1,00	1,00	—	—	—	—
Mittelprodukt I	0-30	10-26	8-20	—	0,80 (0,95)	0,94 (1,025)	0,985–1,035[2] (1,01–1,13)	—	0,94–1,05[2] (0,97–1,085)	—	—	—	—
Mittelprodukt II	0-30	26-40	8-15	—	0,72 (0,855)	0,845 (0,92)	0,845–0,94[2] (0,875–0,97)	—	0,81–0,90[2] (0,835–0,93)	—	—	—	—
Schlammkohle	—	9-20	15-25	—	—	0,60 (0,75)	0,925 (0,98)	0,925 (0,98)	0,925 (1,00)	—	—	—	—
Niederschl. Feinkohle	0-10	6-16	3-10	—	—	—	—	0,96	—	—	—	—	—
Sächsische Waschklarkohle	3-8	6-16	8-17	—	—	—	—	1,20	—	—	—	—	—
Sächsische Waschklarkohle	0-8	6-16	8-17	—	—	—	—	1,155	—	—	—	—	—
Sächsische Waschklarkohle	0-3	6-16	8-17	—	—	—	—	1,10	—	—	—	—	—
Oberbayr. Nußkohle	6-25	9-14	9-16	—	—	—	—	—	—	1,265	—	—	—
Oberbayr. Waschgrieß	1-6	10-15	10-20	—	—	—	—	—	—	1,10 (1,15)	—	—	—
Böhm. Nußbraunkohle	8-20	2-10	15-40	—	—	—	—	—	—	—	0,80	—	—
Böhm. Klarkohle	0-10	4-12	25-35	—	—	Die eingeklammerten Zahlen gelten bei Wiederaufgabe des Flugkokses.				—	0,61 (0,70)	—	—
Rhein. Ind.-Briketts	60 ⌀ 40 lg.	4-14	12-21	—	—					—	—	1,375	—
Mitteld. Ind.-Briketts	50-70 ⌀ 30-60 lg.	4-14	12-21	—	—	—	—	—	—	—	—	1,24	—
Braunkohlen-Schwelkoks	40-50 (% unter 1 mm)	14-22	8-30	—	—	—	—	—	—	—	—	—	0,90
Braunkohlen-Schwelkoks	30-40 (% unter 1 mm)	14-22	8-30	—	—	—	—	—	—	—	—	—	0,93
Braunkohlen-Schwelkoks	20-30 (% unter 1 mm)	14-22	8-30	—	—	—	—	—	—	—	—	—	0,96
Braunkohlen-Schwelkoks	20 (% unter 1 mm)	14-22	8-30	—	—	—	—	—	—	—	—	—	1,00
Koksgrus I	0-10	7-14	9-15	1,10 (1,30)	—	—	—	—	—	—	—	—	—
Koksgrus II	0-10	14-20	15-20	1,00 (1,18)	—	—	—	—	—	—	—	—	—

[1] je nach Gehalt an flüchtigen Bestandteilen.
[2] je nach Aschengehalt.

Ein eigenartiges Brennbild ergibt sich häufig bei der Verfeuerung von Braunkohlenbriketts auf dem Wanderrost. Bei diesem hochgashaltigen Brennstoff, der in einer Schichthöhe von etwa 400 mm auf den Rost gebracht wird, brennt die Zündung oft schneller nach vorn zurück als der Rost vorläuft. Sie wandert sogar unter dem Schichtregler hindurch bis in den Aufgabetrichter hinein. Dann arbeitet der Wanderrost mit Unterzündung, was durchaus erwünscht ist, weil die Rostfläche sehr gut ausgenutzt wird, denn die Schicht ist kurz hinter dem Schichtregler schon weitgehend durchgebrannt, und es ergibt sich ein langer Weg für das Auslaufen der Löschlinie.

Zur Stabilisierung dieses Verfahrens dient der BESSERT-Vorrost. Das ist eine Reihe von schräg aufgehängten Roststäben am unteren Ende der Vorderwand des Aufgabetrichters. Durch diese Roststäbe tritt Luft von vorn in die Schicht ein, und es erhält sich hier ein Zündfeuer, das den angestrebten Verlauf der Verbrennung einleitet (Abb. 45).

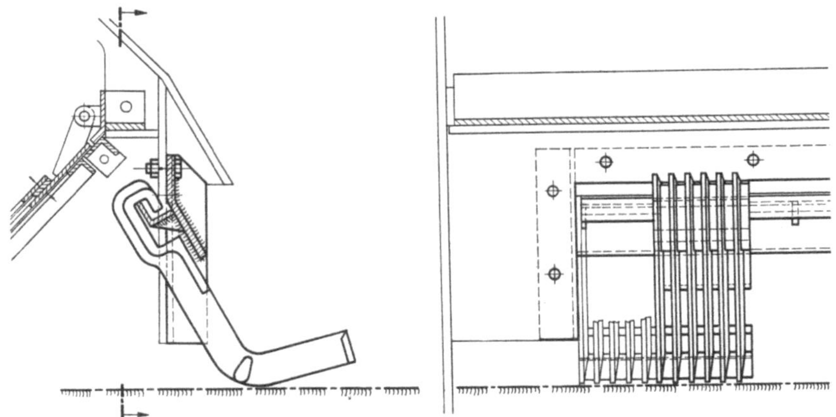

Abb. 45. BESSERT-Vorrost für die Verbrennung von Braunkohlen-Briketts auf dem Wanderrost

Mit dieser Einrichtung ist es auch möglich, stückige Rohbraunkohle auf dem Wanderrost zu verbrennen, wovon allerdings nur selten Gebrauch gemacht wird, da diese Feuerung für die Verbrennung so minderwertiger Brennstoffe zu wertvoll ist.

7. Die Oberluft

Da in den Rostfeuerungen nur ein Teil der Wärme auf dem Rost selbst frei wird, liegt es nahe, nur so viel Luft durch den Rost zu geben, wie für die vollständige Vergasung und die erreichbare Teilverbrennung des aufgegebenen Brennstoffes erforderlich ist, und den Rest der Luft, das sind 30—50%, erst oberhalb des Rostes durch Düsen zuzuführen. Damit würde man auch eine ausgezeichnete Durchwirbelung des Gas-Luft-Gemisches erreichen und eine vollständige Verbrennung bewirken können. Ein weiterer Vorteil wäre der geringe Flugkoksverlust, der sich ergeben müßte, wenn man die Rostluft erheblich verringern könnte.

Dieser Gedanke läßt sich aber mit den bisher bekannten Konstruktionen nicht durchführen, denn man erreicht dann keine ausreichende Kühlung des Rostbelages, und zur Verbrennung des Restkokses auf dem Rost ist ein Luftüberschuß erforderlich, der höher ist als der Durchschnitt.

Man hat daher im allgemeinen nur 10—15% der gesamten Luftmenge zur Verfügung, die man als Wirbelluft oberhalb des Rostes in die Brennkammer einbläst.

Der eingeblasene Luftstrahl wird dadurch abgebremst, daß er aus der Umgebung Gas ansaugt, wodurch sich die Menge bewegten Mediums ständig vergrößert. Der runde Strahl hat die größte Reichweite, während der rechteckige von den Breitseiten her schneller aufgezehrt wird. Über die Reichweite runder Luftstrahlen gibt Abb. 46 Auskunft. Die Kurven ergeben das Produkt $x\,w_x$, wo x die Entfernung von der Düse und w_x die Strahlgeschwindigkeit an dieser Stelle ist.

Für die Wirbelluft benötigt man sowohl Düsen von großer Reichweite, als auch solche mit kurzem Wirkungsbereich. Hat die gesamte Wirbelluft nur eine geringe Durchschlagskraft, so schiebt sie die Gase zurück, ohne sich mit ihnen zu mischen. Verwendet man dagegen wenige Düsen mit großer Reichweite, so bleiben zwischen diesen Gaskörper unberührt stehen,

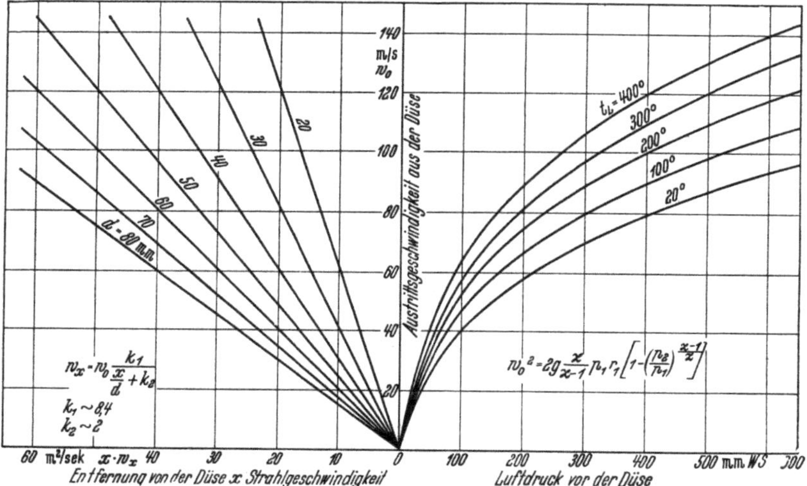

Abb. 46. Reichweite von Luftstrahlen bei freier Ausströmung

die keinen Sauerstoff erhalten. Will man nun die aus der Schicht aufsteigenden Gase alle gut erfassen, so muß man Düsen großer und kleiner Reichweite gemischt verwenden, wobei man die Teilung nicht über 400 mm machen sollte. Die kleinen Düsen werden zweckmäßig gegen die Strömungsrichtung der Gase stärker geneigt als die großen, damit eine gute Durchmischung zustande kommt und die Luft nicht allein an der Brennkammerwand entlang hochsteigt. Als Luftdruck vor den Düsen hat sich ein Wert von 400 mm WS für mittlere Verhältnisse eingeführt.

Bei der Beurteilung der Strömungsverhältnisse in der Brennkammer muß man beachten, daß die Zähigkeit von Rauchgasen mit der Temperatur stark zunimmt. Vgl. Abb. 47. Eine Weiterverfolgung der Arbeiten von SCHIEGLER[1] ist erwünscht.

Bei der Anordnung der Düsen ist große Sorgfalt am Platze, denn es handelt sich darum, die Verbrennung der Gase möglichst schnell herbeizuführen, aber nicht zu stark in die leuchtende Flamme selbst hineinzublasen, in der ja erst die Produkte erzeugt werden, die durch die Mischung mit dem Luftsauerstoff verbrannt werden sollen. Ordnet man aber die Düsen zu hoch

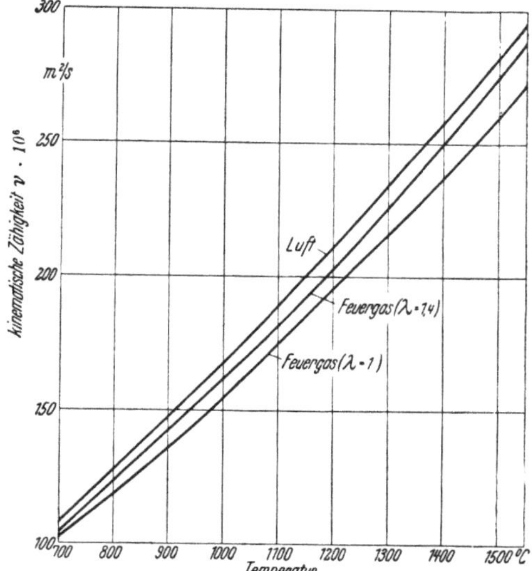

Abb. 47. Kinematische Zähigkeit von Luft und Feuergasen

an, so kann es vorkommen, daß die Gasverbrennung sich verschleppt oder nicht mehr zustande kommt, weil die Temperatur nicht mehr hoch genug ist. Dies tritt besonders dann ein, wenn man den einzelnen Luftstrom so massig macht, daß die Rauchgase durch die kalte eingeblasene Luft örtlich stark abgekühlt werden. Dann tritt der gleiche Effekt ein wie beim

---

[1] SCHIEGLER, L.: Der Strömungsvorgang in der Brennkammer von Rostfeuerungen. Z. VDI **83**, 995—998 (1939).

Flammrohrkessel, dessen Feuertür man öffnet, wodurch der Feuerraum so stark abgekühlt wird, daß die einströmende Luft mit den Brenngasen nicht mehr zur Reaktion kommt. Man sollte also mit stark aufgeteilten Strahlen so dicht wie möglich über die leuchtende Flamme hinwegblasen. Dabei schadet es nicht, wenn die Flamme selbst z. T. noch erfaßt wird, weil die entstehenden Wirbel lange genug erhalten bleiben, um zu wirken. Auf keinen Fall aber ist es richtig, in den Kern der Flamme hineinzublasen, oder sogar noch die Rostschicht mit den Luftstrahlen zu berühren.

Eine Vorwärmung der Wirbelluft wäre zwar erwünscht, um die Verbrennungsreaktionen zu beschleunigen. Es ist aber zu beachten, daß für die Förderung des durch die Erwärmung vergrößerten Luftvolumens zusätzliche Energie aufgewendet werden muß. Deshalb wird im allgemeinen auf eine Vorwärmung der Wirbelluft verzichtet.

Bei kleinen und mittleren Anlagen genügt es, die Wirbelluft nur von vorn her einzuführen; bei langen Rosten dagegen muß man auch in die Rückwand Düsen einbauen. Von den Seiten aus Wirbelluft einzublasen, hat keinen Sinn, weil man damit nicht erreicht, daß die aus der Entgasungszone stammenden Brenngase sich mit den luftreicheren Gasströmen, die dahinterliegen, mischen.

An dieser Stelle sei auch auf die Möglichkeit hingewiesen, als wirbelndes Element Dampf zu verwenden, den man bei kleineren Anlagen unmittelbar aus dem Kessel, bei größeren Anlagen aus einem Niederdrucknetz entnehmen kann. Da der Dampf aber immer einen viel höheren Druck hat als eine durch einen Ventilator geförderte Wirbelluft, so ist seine Wirkung schon bei äußerst geringen Mengen außerordentlich groß.

Dieser Wirbeldampf kann sicherlich auch z. T. die Funktion des Wasserdampfgehaltes angefeuchteter Verbrennungsluft übernehmen, soweit sich diese nicht auf die Verhältnisse auf dem Rostbett, sondern auf die Verhinderung von Kesselverschmutzungen erstreckt. Eigene Erfahrungen an einer Kesselanlage, in der Knüppelholz verbrannt wurde, bestätigen wenigstens qualitativ diese Annahme.

C. Staubfeuerungen

1. Allgemeines

In der Staubfeuerung können fast alle Brennstoffe, die in der Dampfkesseltechnik vorkommen, verbrannt werden. Sie ist deshalb zunächst die gegebene Feuerung für solche Brennstoffe, die sich in Rostfeuerungen nicht mehr verarbeiten lassen. Das sind vorzugsweise die feinkörnigen Sorten der Stein- und Braunkohle. Ferner ist sie die einzige Kohlenfeuerung für Großanlagen, in denen Roste nicht mehr untergebracht werden können.

Gegenüber den Rostfeuerungen können für die Staubfeuerung im einzelnen folgende Vorteile geltend gemacht werden:

1. Große Leistung. Rostfeuerungen können nur bis zu einer begrenzten Länge ausgeführt werden, die nach dem heutigen Stande der Technik bei 7—8 m liegt; große Leistungssteigerungen wirken sich deshalb in die Breite aus. Bei Staubfeuerungen kommt es mehr auf die Brennkammergröße an sich an, nicht aber auf die Form ihres Querschnittes. Auch kann man die Querschnittsbelastung, ausgedrückt in $kcal/m^2h$, wesentlich höher wählen als bei Rostfeuerungen. Man kann daher große Leistungen dadurch erzielen, indem man in die Tiefe oder in die Höhe baut. Für Kesselleistungen über 100 t/h Dampf kommt nur noch die Staubfeuerung in Betracht.

2. Großes Brennstoffprogramm. Da man in der Kohlenstaubfeuerung fast jeden Brennstoff verbrennen kann, ist es nur eine wirtschaftliche Frage, ob sich die Mahlkosten einerseits und der Aufwand für die Entstaubung der Abgase andererseits lohnen. Demgegenüber ist das Brennstoffprogramm der Rostfeuerungen sehr viel enger.

3. Hoher Wirkungsgrad. Der Wirkungsgrad der Staubfeuerung ist höher, weil der Herdverlust fortfällt. Dafür kann zwar der Flugkoksverlust gegenüber dem bei Rostfeuerungen

ansteigen. Dies bleibt aber nur in so engen Grenzen, daß der Gesamtverlust durch Unverbranntes im allgemeinen kleiner bleibt als bei den Rostfeuerungen.

4. Hohe Luftvorwärmung. Die Staubfeuerungen können mit hochvorgewärmter Luft betrieben werden, während bei Rostfeuerungen die Lufttemperatur durch die Widerstandsfähigkeit des Materials begrenzt ist. Es wurde oben ausgeführt, daß bei Steinkohlenrosten eine Lufttemperatur von etwa 120° das Höchste ist, was man dem Material der Roste zumuten kann, während bei Braunkohle die Grenze bei etwa 200° liegt. Bei Staubfeuerungen dagegen kann die Verbrennungsluft auf 300—450° vorgewärmt werden. Hier liegt die Grenze erst bei der Entzündungstemperatur des Brennstoffes, der in den Zuleitungen zur Feuerung noch nicht in Brand geraten darf, und in der Widerstandsfähigkeit des Werkstoffes der Lufterhitzer gegen die hohen Temperaturen. Man kann daher bei Staubfeuerungen die Regenerativ-Vorwärmung des Speisewassers durch Anzapfdampf aus der Kraftmaschine weitgehend anwenden und hierdurch den Wirkungsgrad der Kraftanlage erhöhen; die Abkühlung der Kesselabgase auf eine wirtschaftliche Abgastemperatur, die der Wasservorwärmer dann nicht mehr leisten kann, erfolgt hier durch den Luftvorwärmer.

Als Nachteile der Staubfeuerung gegenüber den Rosten könnte man anführen:

1. Mahlarbeit. Sowohl die Mahlarbeit als auch die hohe Luftpressung, die erforderlich ist, um die Widerstände in der Mahlanlage und im Lufterhitzer zu überwinden, verursachen einen erheblichen Leistungsbedarf. Dieser wird im allgemeinen durch den besseren Wirkungsgrad der Anlage aufgewogen oder sogar übertroffen.

2. Verschleiß. In der Mahlanlage entsteht ein Verschleiß an Mahlkörpern und Panzerungsteilen, die laufend ersetzt werden müssen. Hierdurch können auch Betriebsunterbrechungen erforderlich werden. Demgegenüber wird der gleichfalls nicht unerhebliche laufende Bedarf an Ersatzteilen für Rostfeuerungen oft übersehen.

3. Vortrocknung. Bei einigen Brennstoffen und bei der Verwendung bestimmter Mühlentypen ist eine Vortrocknung des Brennstoffes vor dem Mahlen notwendig. Diese Schwierigkeit kann aber durch die Einführung der Mahltrocknung als überwunden gelten.

4. Entstaubung. Der hohe Staubgehalt der Abgase erfordert die Aufstellung teurer und sehr viel Raum beanspruchender Entstaubungsanlagen, die auch wiederum Energie in Form von Zugverlusten oder elektrischem Strom verbrauchen. Bei Rostfeuerungen ist die Belästigung durch Staub sehr viel geringer, so daß man oft auf die Entstaubungsanlage verzichten kann.

Die Entstaubungsfrage ist für die zukünftige Entwicklung des Kraftwerkbaues von hervorragender Bedeutung, denn je größer die Werke werden, um so dringender wird die Lösung dieser Frage. Betrachten wir beispielsweise ein Kraftwerk mit einer durchschnittlichen Belastung von 500 000 kW, das in der Stunde 280 t minderwertiger Steinkohle mit 20% Aschegehalt verbraucht, so finden wir, daß dieses Werk in der Stunde 56 t Asche produziert. Hiervon verlassen etwa 75% oder 42 t jede Stunde mit den Abgasen die Kesselanlage des Werkes. Würde man die Entstaubungsanlage fortlassen, so ginge diese Menge stündlich durch die Schornsteine ins Freie.

In neuerer Zeit ist man dem Staubproblem durch den Übergang auf flüssigen Schlackenabzug aus der Brennkammer zu Leibe gerückt und hat in dieser Richtung entscheidende Erfolge erzielt.

2. Mahlanlagen

a) Allgemeines

Die Kohlenmahlanlagen werden entweder zentral für ein ganzes Kesselhaus gebaut, oder es erhält jeder Kessel seine eigene Mahlanlage. In der Ausführung sind zwei Arten zu unterscheiden:

1. Mahlanlagen mit Zwischenbunkerung des Kohlenstaubes,
2. Einblasemühlen.

Bei den Anlagen mit Zwischenbunkerung wird der gemahlene Staub nicht direkt in den Kessel geblasen, sondern einem Bunker zugeführt. Dies hat den Vorteil, daß die Mahlanlage unabhängig von der Belastung der Kesselanlage arbeiten kann. Bei den Einblasemühlen dagegen muß die Brennstoffmenge, die der Mahlanlage zugeführt wird, jeweils genau auf den Brennstoffbedarf der Kesselanlage abgestimmt sein. Beide Verfahren haben ihr Anwendungsgebiet.

Für die Anlagen mit Zwischenbunkerung des Kohlenstaubes können langsam laufende Mühlen verwendet werden, in denen sich während der Arbeit ein beträchtlicher Kohlenvorrat befindet. Solche Mühlen sind vor allem die Rohrmühlen.

Auch bei den Schüsselmühlen befindet sich noch verhältnismäßig viel Kohle in der Mühle. Geringer ist der Kohlenvorrat in den Schlägermühlen mit hoher Drehzahl und in den Prallmühlen, in denen die Kohle durch Aufprallen auf eine Panzerplatte zerkleinert wird. Mühlen mit geringem Kohlenvorrat eignen sich besonders für die Einblasefeuerungen, weil sie den Regelimpulsen am schnellsten folgen.

Bei der Verarbeitung sehr feuchter Brennstoffe muß bei den Langsamläufern eine Trocknung vorgeschaltet werden, weil die Kohle sonst in der Mühle schmiert und sich nicht genügend zerkleinern läßt. Die Schnelläufer dagegen können gleichzeitig trocknen und mahlen (,,Mahltrocknung'').

Die aufzuwendende Mahlarbeit und der Verschleiß an Mahlkörpern und Mühlenpanzerung hängt in hohem Maße von dem Gehalt der Kohle an Pyrit und Quarzsand ab. Pyrit hat die Härte 9, monokristalliner Quarz 7; zu der Gruppe 7 gehören ferner beispielsweise Granate (Feuersteine), Olivine, Sillimanit und Mullit. Solche Kristalle verursachen einen sehr hohen Verschleiß in den Mahlanlagen, Sichtern und Rohrleitungen, und es ist angebracht, für derartige Kohlen solche Mühlen zu bevorzugen, deren Verschleißteile billig und leicht auswechselbar sind.

Der Pyrit ist meistens mit der Kohlesubstanz eng verwachsen, während der Sand zur epigenetischen Fremdasche gehört. Es müßte daher möglich sein, den Sand schon zum Teil bei der Förderung auszulassen, aber je weiter sich die mechanische Förderung, besonders in der Braunkohle, durchsetzt, um so mehr muß man damit rechnen, daß Sandnester mit in die Kohle hineinkommen, weil man die Fördergeräte nicht darauf einstellen kann, daß sie solche Stellen in der Grube zurücklassen. Es ist also nicht damit zu rechnen, daß Anforderungen in dieser Richtung Erfolg haben werden, und man muß in den Mahlanlagen auf die Verarbeitung sandreicher Kohlen vorbereitet sein.

Zu jeder Mahlanlage gehört ein Sichter, der den im gemahlenen Gut noch vorhandenen Grieß abscheidet, damit er zur Mühle zurückgeführt werden kann und ein Staub ganz bestimmter Feinheit erzielt wird, wie es für die Kesselfeuerungen nötig ist. Hierzu dienen entweder Siebe oder pneumatische Sichter. In den Kohlenmahlanlagen wird im allgemeinen auf Siebe verzichtet, um die Anfälligkeit der Anlage möglichst einzuschränken.

b) Kugel- und Rohrmühlen, Ringwalzenmühlen

Die Kugelmühlen bestehen in der Hauptsache aus einer innen gepanzerten Trommel, die mit Stahlkugeln teilweise gefüllt wird. Bei der Drehbewegung der Trommel wird das Mahlgut zwischen den Kugeln zerkleinert.

Für Staubfeuerungen wird die kurze Rohrmühle (Abb. 48) mit nachgeschaltetem pneumatischen Sichter verwendet. Diese trägt ein Mahlgut aus, das noch verhältnismäßig viel Grieß enthält. Dieser wird in einem Fliehkraftsichter abgeschieden und wieder zur Mühle zurückgeführt. Die kurze Rohrmühle kann Kohle mit 8% Feuchtigkeit vermahlen. Bei höherem Wassergehalt muß die Kohle vorgetrocknet werden, weil die nasse Kohle zwischen den Mahlkörpern schmiert, wodurch der Mahleffekt beeinträchtigt wird.

Die Länge der kurzen Rohrmühle ist etwa das 1,5fache ihres Durchmessers. Für die Panzerplatten verwendet man Kokillenhartguß. Als Füllung dienen Kugeln oder Cylpebs aus Manganhartstahl. Die Drehzahl beträgt je nach der Größe der Mühle 18—28 Uml/min, was einer Umfangsgeschwindigkeit von 2,6—3,5 m/s entspricht.

Über den Energiebedarf von Rohrmühlen und den zugehörigen Hilfsmaschinen gibt Tab. 18 Auskunft.

Tabelle 18. *Kraftbedarf von Mahlanlagen mit Rohrmühlen bei Ausmahlung auf 15% Rückstand auf Sieb 0,090* (Babcock)

Mühlenleistung[1] (Nußkohle mit 10% Wasser) t/h	Ventilatorleistung Nm³/h	Tellerspeiser kW	Energiebedarf Rohrmühle kW	Ventilator kW
7,2—9,0	14500	1,0	110	35
10,4—13,0	20000	1,5	165	45
14,4—18,0	27000	2,0	230	60
18,4—23,0	33500	2,5	300	75
24,0—30,0	42000	3,0	400	90
30,0—37,5	52000	3,5	500	110
Zuschlag für Motorstärke % . .	—	50—15	20—15	ca. 30

Als Abart der Rohrmühle kann die Ringwalzenmühle betrachtet werden, bei der die Kugelfüllung durch Mahlwalzen ersetzt ist, während die Mahlbahn nur noch aus einem Mahlring

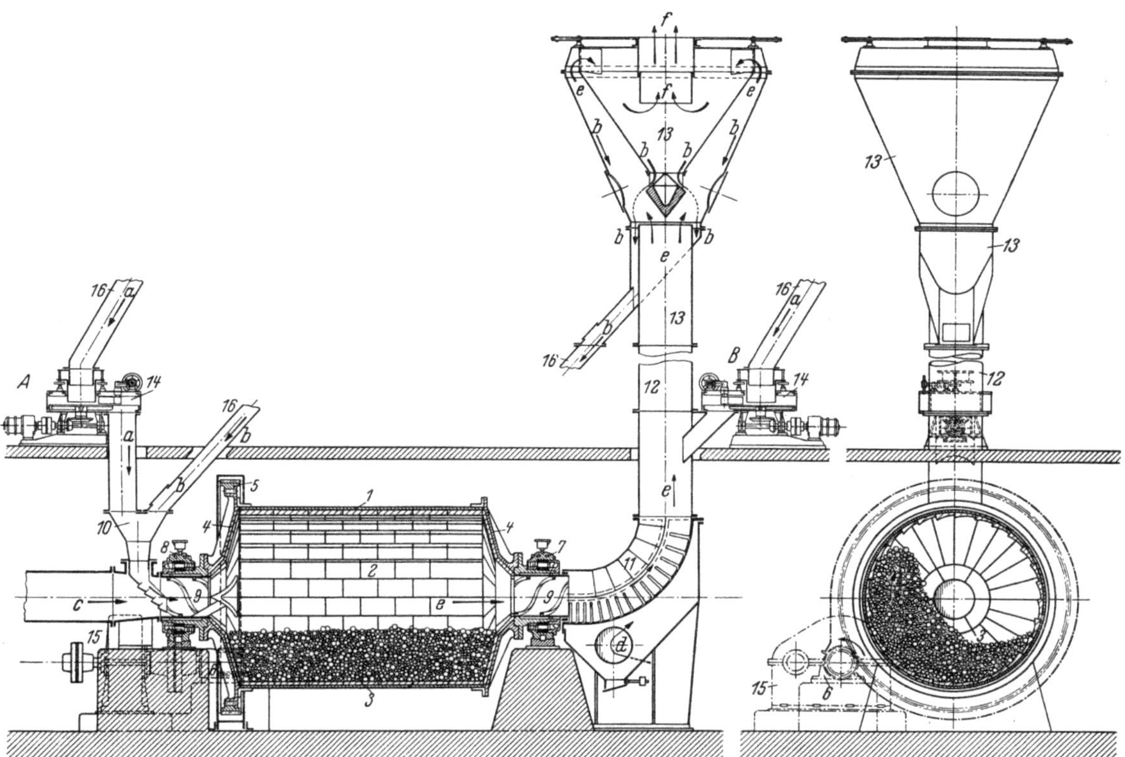

Abb. 48. Rohrmühle (Babcock). *A* Normale Kohlenaufgabe, *B* Kohlenaufgabe für feuchte Brennstoffe. *1.* Rohrtrommel, *2.* Panzerung, *3.* Kugelfüllung, *4.* Stirnwand, *5.* Zahnkranz, *6.* Vorgelege-Lagerung. *7.* Loslager, *8.* Festlager, *9.* Schleißrohr, *10.* Einlaufstutzen, *11.* Auslaufstutzen, *12.* Steigleitung, *13.* Sichter-Oberteil und -Unterteil, *14.* Telleraufgabe, *15.* Getriebe, *16.* Schurren. *a* Mahlgut, *b* Rücklaufgriese, *c* Förderluft, *d* Zusatzluft, *e* Gries- und Staub-Luftgemisch, *f* Staubluftgemisch

besteht. Die Mahlwalzen werden durch starke Federn gegen den Mahlring gedrückt. Der Mahlring führt die Drehbewegung aus, während die Walzen feststehen. Diese für kleine Leistungen entwickelten Mühlen haben nach Angaben der Babcock-Werke folgende Eigenschaften:

---

[1] Je nach Härte der Kohle.

Tabelle 19. *Kennzeichnende Angaben für Ringwalzenmühlen* (BABCOCK)

Mühlenleistung	Energiebedarf	Drehzahl	Gewicht der Mühle mit Sichter
t/h	kW	Uml/min	t
0,35—0,55	3—5	300	0,5
0,7—1,1	6—11	210	1,5
1,0—1,7	9—15	190	3,0
1,6—2,6	15—25	170	4,0
2,5—4,0	20—35	155	8,0
4,0—6,0	35—50	140	13,0
8,0—10,0	60—90	110	30,0

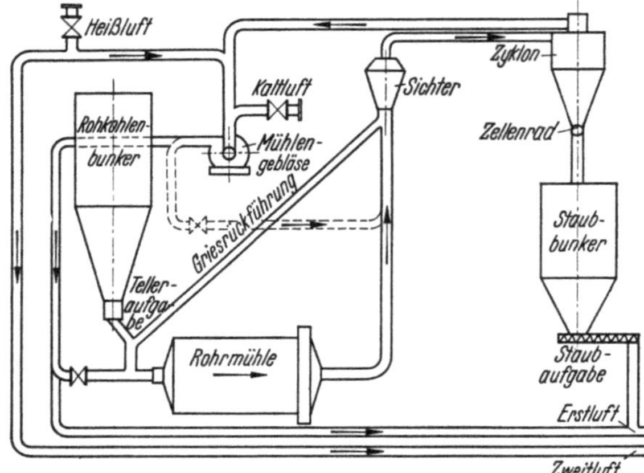

Abb. 49. Schaltungsschema einer Einzelmahlanlage mit Rohrmühle und Staubbunker

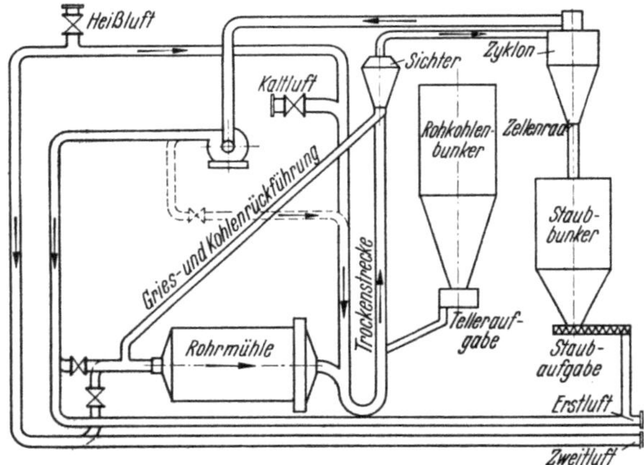

Abb. 50. Schaltungsschema einer Einzelmahlanlage mit Rohrmühle und Staubbunker, mit vorgeschalteter Trockenstrecke

Über die Gesamtanordnung einer Mahlanlage mit Rohrmühlen gibt Abb. 49 Auskunft. Aus dem Rohkohlenbunker gelangt die Kohle über einen Tellerspeiser in den Trägerluftstrom, der sie zur Mühle befördert. Hinter der Mühle ist der Sichter mit Grießrückführung angeordnet, der erforderlich ist, damit keine zu groben Teilchen in die Feuerung gelangen. Der fertige Staub wird durch die Trägerluft weiter zu einem Zyklon getragen, in dem er von der Luft getrennt wird. Er fällt dann über eine luftdichte Schleuse, z. B. ein Zellenrad, in den Staubbunker, während die vom Staub weitgehend befreite Luft dem Mühlengebläse zugeführt wird. Dieses fördert also nur praktisch reine Luft, was wichtig ist, damit es nicht in kurzer Zeit verschleißt. Es saugt außer dieser Trägerluft auch noch Heißluft aus dem Luftvorwärmer an; und durch einen Zusatz von Kaltluft kann man die Temperatur der Luft beliebig einstellen. Die gesamte vom Mühlengebläse geförderte Luftmenge teilt sich nun in zwei Ströme: der eine geht zur Mühle und dient wieder als Trägerluft für die Rohkohle, während der zweite zum Brenner geht. Er bildet hier die Trägerluft für den aus dem Staubbunker abgezogenen Kohlenstaub und die Primärluft in den Brennern. Die Sekundärluft wird vom Luftvorwärmer aus unmittelbar den Brennern zugeführt.

Wird für den Mühlensichter mehr Luft gebraucht als in der Mühle selbst, so kann man vom Gebläse aus noch Luft vor dem Sichter zugeben.

Diese Anordnung ist brauchbar für Steinkohlen mit höchstens 8% Wassergehalt. Für Kohle mit höherem Feuchtigkeitsgehalt kann man sich durch Vorschaltung einer Trockenstrecke vor der Mühle helfen. Dann fällt die Frischkohle in ein senkrecht angeordnetes Rohr, durch das die von der Mühle kommende Trägerluft, gemischt mit Heißluft aus dem Luftvorwärmer, zum Sichter strömt. Die Kohle wird von diesem Luftstrom mitgenommen und in dem genannten Rohr vorgetrocknet. Sie gelangt dann erst durch die Grießrückführung an den Einlauf der Mühle.

Man erzielt auf einer solchen Trockenstrecke eine Trocknung von höchstens 10%, so daß Anlagen mit Rohrmühlen, die mit dieser Einrichtung ausgestattet sind, Kohle mit einem Wassergehalt bis 18% verarbeiten können.Im übrigen ist die Anlage ebenso aufgebaut wie die vorher beschriebene, wie Abb. 50 zeigt.

Da die Rohrmühlen für große Leistungen gebaut werden, eignen sie sich sowohl für Einzelmahlanlagen großer Kesseleinheiten als auch für die Zentralmahlanlagen ganzer Kesselhäuser. Im letzteren Fall wird hinter dem Mühlensichter eine Verzweigung der Rohrleitung in der Weise vorgenommen, daß der brennfähige Staub auf die Staubbunker der einzelnen Kessel verteilt werden kann.

Bei der Verarbeitung sehr zündwilliger Kohle müssen die Staubbunker unter einem inerten Gas, z. B. Kesselabgas, gehalten werden, damit der Staub nicht im Bunker in Brand geraten kann.

c) Schüsselmühlen, Pendelmühlen

In den Schüsselmühlen[1] wird das Mahlgut auf einem Teller durch darüber umlaufende Walzen zermahlen, wobei das gemahlene Gut durch Luft ausgetragen wird. Bei den meisten Konstruktionen laufen nicht die Mahlwalzen um, sondern der Teller, während sich die Walzen nur um ihre Achsen drehen. Die Mahlkörper werden entweder durch Schwerkraft, Federkraft oder Fliehkraft gegen die Mahlbahn gedrückt. Abb. 51 zeigt als Beispiel die LOESCHE-Mühle, bei der zwei Mahlwalzen durch starke Federn gegen die rotierende Mahlschüssel gepreßt werden. Die letztere dreht sich mit einer Frequenz von 45—90 Uml/min, je nach Größe der Mühle. An die Mühle ist ein rotierender Sichter angeschlossen, der durch die Drehzahlregelung auf eine bestimmte Staubfeinheit eingestellt werden kann. Für die Mäntel der Mahlwalzen und die Mahlringsegmente verwendet man vorzugsweise Manganhartstahl oder Elektrohartguß mit Zusätzen von Chrom und Nickel. Mit solchen Werkstoffen erreicht man Betriebszeiten, die zwei- bis viermal so lang sind wie bei Kokillenhartguß.

Der Energiebedarf der Loesche-Mühle einschließlich Gebläse und Sichter wird mit 10—14 kWh/t Kohle, der Leerlaufkraftbedarf mit etwa 10% des Kraftbedarfs bei Vollast angegeben. Diese Mühle wird für Durchsatzleistungen von 1,6—35 t/h gebaut.

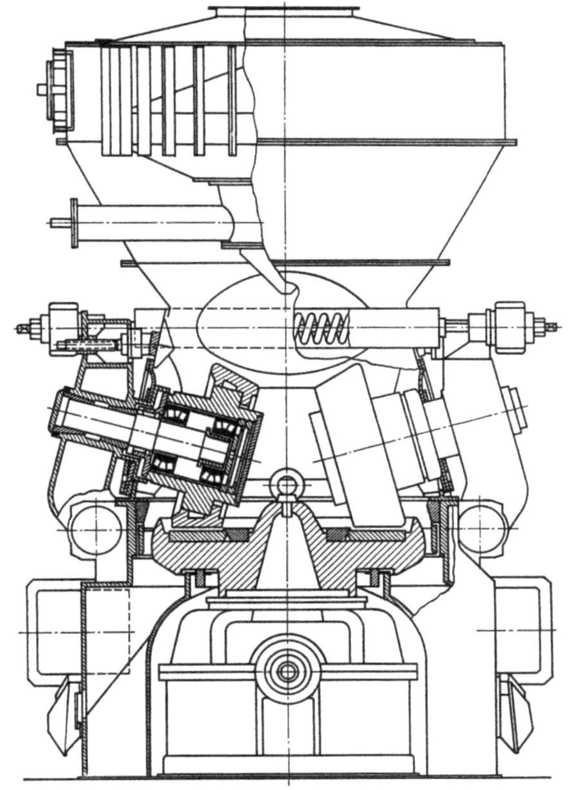

Abb. 51. Loesche-Mühle

Schüsselmühlen werden im allgemeinen für Anlagen verwendet, bei denen sie auf einen Staubbunker arbeiten. Wenn man sie als Einblasemühlen benutzt, so muß die mit Staub beladene Trägerluft durch ein Gebläse, das hinter der Mühle steht, zu den Brennern befördert werden, denn die Mühlen dürfen nicht unter Überdruck stehen, damit nicht durch undichte Stellen Kohlenstaub in das Kesselhaus gelangt. Das Gebläse, das die Trägerluft zum Kessel

[1] BERZ, M., u. C. NASKE: Fortschritte in der Kohlenstaubaufbereitung. Z. VDI **76**, 935 (1932).

befördert, ist einer hohen Schleißwirkung ausgesetzt; deshalb wird der Läufer mit Chrom-Nickel-legierten Schaufeln bestückt.

Die Schüsselmühlen können auch mit Mahltrocknung arbeiten und Kohlen mit einem Wassergehalt bis etwa 18% während des Mahlens um etwa 8% heruntertrocknen.

Abb. 52 zeigt eine KSG-Schüsselmühle für direkte Einblasung des Staubes in die Brennkammer des Kessels, mit Sichter, Gebläse und Ausgleichsleitung. Das stark gepanzerte Gebläse besitzt eine Umführung, durch die ein Teil des Gemisches vor Eintritt in das Gebläserad abgelenkt und unmittelbar an den Gebläseaustritt geführt wird.

Solche Mühlen werden für einen Brennstoffdurchsatz von 3—16 t/h gebaut.

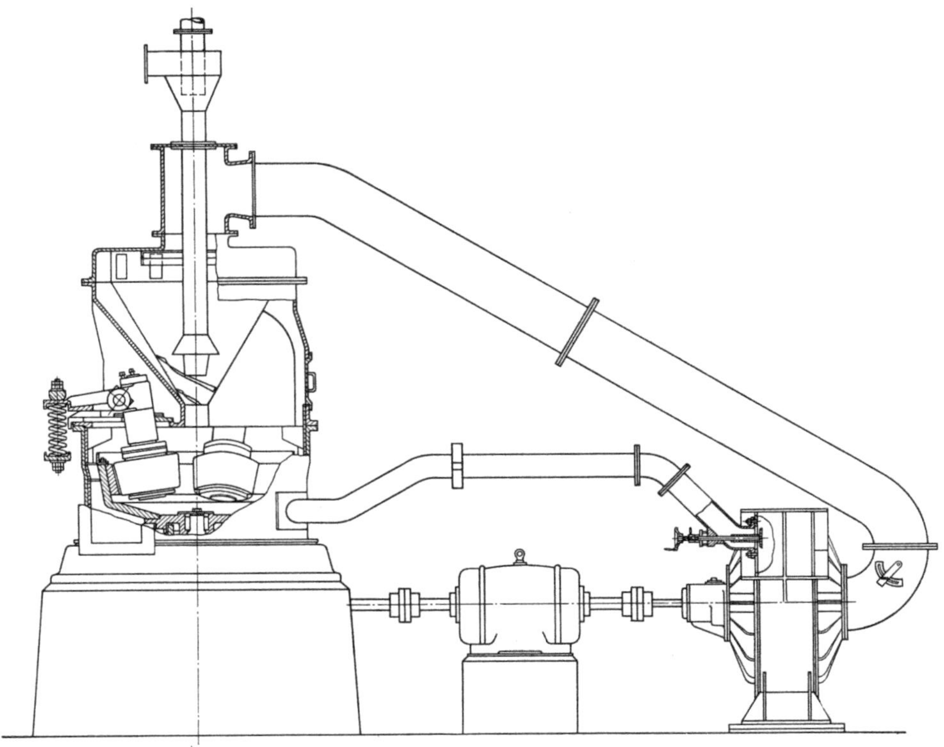

Abb. 52. KSG-Schüsselmühle mit Sichter, Gebläse und Ausgleichsleitung

Den Mahldruck kann man bei diesen Mühlen durch Nachstellen der Druckfedern verändern. Außerdem ist es möglich, durch Verstellen der Lenkbleche im Sichter die Anlage auf eine gewünschte Mahlfeinheit einzustellen. Die Mahlfeinheit hängt nicht vom Kohlendurchsatz, sondern lediglich von der Einstellung des Sichters ab. Die Ausgleichsleitung zwischen dem Druckraum des Gebläses und der Saugseite der Mühle gibt die Möglichkeit, die für den Mahlvorgang erforderliche Luftmenge passend einzustellen.

Für Anlagen mit Zwischenbunkerung des Staubes wird auch die Pendelmühle, Abb. 53, empfohlen, bei der die Mahlkörper pendelnd aufgehängt sind und durch Fliehkraft gegen einen feststehenden Mahlring gedrückt werden. Durch die Kombination mit dem Staubbunker wird es möglich, die Mühle unter ihren günstigsten Bedingungen arbeiten zu lassen, da sie dann von der Kesselbelastung unabhängig ist.

Abb. 54 zeigt das Schema einer Pendelmühlenanlage mit Zwischenbunkerung und mit Mahltrocknung. Hier wird die einmal durch die Anlage gelaufene Trägerluft unmittelbar als Primärluft für die Brenner verwendet. Die Mühle erhält als Trägerluft im wesentlichen Heißluft, die sich in der Mühle durch die Aufnahme der Kohlenfeuchtigkeit abkühlt. Durch Zugabe von Luft aus dem Gebläse kann an der Mühle der für das Mahlen günstigste Luftstrom ein-

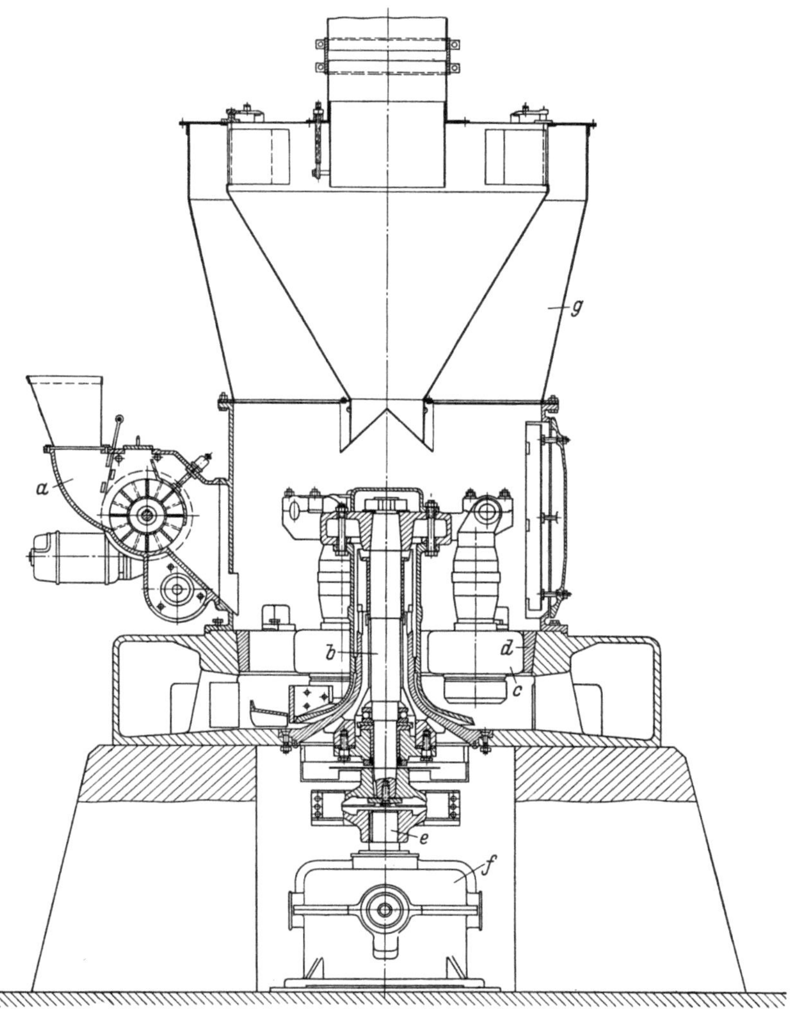

Abb. 53. KSG-Pendelmühle

a Aufgabevorrichtung, *b* Königswelle, *c* Mahlpendel, *d* Mahlring, *e* Antriebskupplung, *f* Reduziergetriebe, *g* Sichter

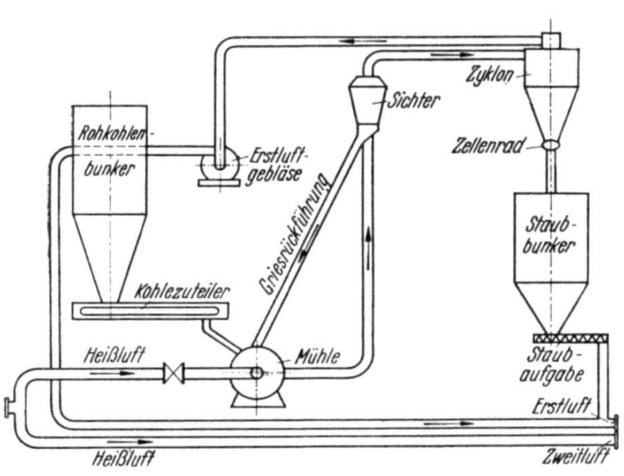

Abb. 54. Schaltungsschema einer Pendelmühle mit Staubbunker

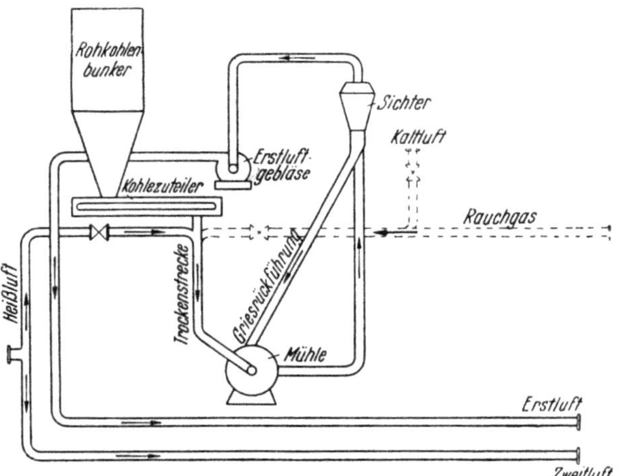

Abb. 55. Schaltungsschema einer Schüsselmühle als Einblasemühle, mit Trockenstrecke.
Angedeutet ist die Anwendung der Rauchgas-Rücksaugung

7 Zinzen, Dampfkessel, 2. Aufl.

gestellt werden. Im übrigen entspricht die Schaltung derjenigen, die bei der Rohrmühle besprochen und in Abb. 49 dargestellt wurde.

Das Schema einer Anlage ohne Zwischenbunkerung zeigt Abb. 55. Man sieht hier das Erstluftgebläse unmittelbar hinter dem Sichter stehen; der fertig gemahlene Staub muß also durch den Ventilator hindurchgehen. Ferner zeigt dieses Bild als Variante noch die Vorschaltung einer Trockenstrecke, was sehr zweckmäßig ist, um die Mahltrocknung zu entlasten. Auch ist hier die Möglichkeit einer zusätzlichen Ansaugung von Rauchgas aus der Brennkammer zu sehen, durch die man die Temperatur vor der Trockenstrecke noch erhöhen kann. Die Wirkung des Gebläses muß in diesem Falle so groß gemacht werden, daß vor der Trockenstrecke noch ein ausreichender Unterdruck vorhanden ist, um das Rauchgas anzusaugen.

d) Schlägermühlen

In diesen Mühlen wird die Kohle von schnellumlaufenden Schlägern zerschlagen. Durch die hohe Drehzahl von 580—1450 Uml/min entsteht eine kräftige Gebläsewirkung, so daß das besondere Mühlengebläse fortfallen kann; die Schlägermühle ist selbst ihr eigener Mühlenventilator. Eine zweite Vereinfachung der Anlage ergibt sich aus der Möglichkeit, die Mahltrocknung auf jedes erforderliche Maß zu steigern, weil die Kohleteilchen während des Durchgangs durch die Mühle auf das lebhafteste von der Luft umspült werden. Aus diesem Grunde sind die Schlägermühlen die geeignetsten Mahlanlagen für nasse Rohbraunkohle, gasreiche Schlammkohle und ähnliche Brennstoffe.

Nachteilig ist dagegen der Schlägerverschleiß, der bei der Vermahlung harter Brennstoffe hoch ist und beachtliche Unkosten verursacht. Aber die Braunkohlen sind im allgemeinen weich und gut zu mahlen. Nur wenn viel monokristalliner Quarzsand mit der Kohle in die Mühle kommt, steigt der Verschleiß stark an. Die Schlammkohle ist schon an sich sehr fein und macht keine Schwierigkeit. Bei der Verarbeitung von Feinkohlen und Mittelprodukten kann der Pyritgehalt sehr lästig werden.

Die Hauptvertreter der Schlägermühlen sind die Hammermühlen und die Schlagradmühlen.

Nach dem Prinzip der Hammermühlen arbeiten die KRÄMER-Mühle (Abb. 56 und Tab. 20 Brennkammermühle) und die Babcock-HS-Mühle. Die Kohle fällt von oben in ein System

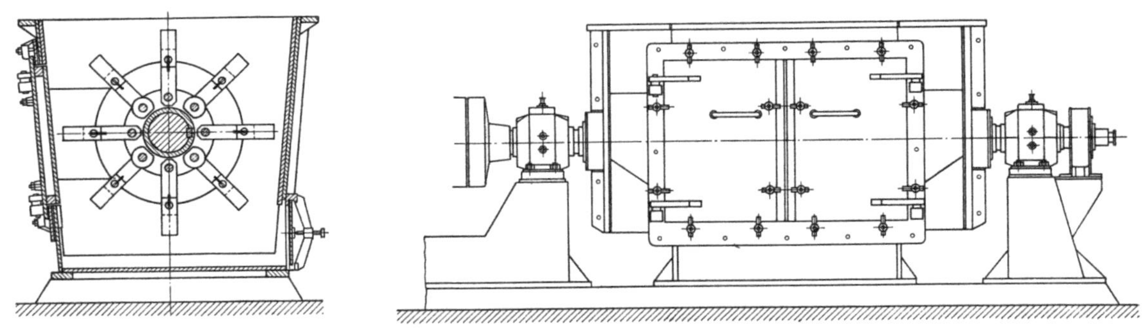

Abb. 56. Brennkammermühle (Babcock) mit Sumpf für die Krämer-Mühlenfeuerung

rotierender Schläger. Jeder Schläger ist am Ende eines Schlägerarmes befestigt, der seinerseits beweglich an einer Nabe auf der Mühlenwelle angehängt ist. Jede Nabe trägt zwei oder vier Schlägerarme. Auf der Welle sitzen mehrere solcher Naben nebeneinander, so daß sich eine entsprechende Anzahl von Schlägergruppen ergibt. Das Produkt aus der mit Schlägern besetzten Länge der Mühlenwelle und dem Durchmesser des Schlägerkreises nennt man den aktiven Querschnitt der Mühle, der für die Leistung maßgebend ist. Die Mühlenwelle ist durchbohrt und wird mit Wasser gekühlt. Die Trägerluft wird meist achsial von beiden Seiten, selten tangential, zugeführt und trägt den fertig gemahlenen Staub nach oben durch den Mahlschacht aus. Dieser dient als Sichtraum und wird nach Bedarf mit Einbauten versehen, die dazu dienen, mitgerissene grobe Teilchen aufzufangen und zur Mühle zurückzuwerfen.

Tabelle 20. *Kennzeichnende Angaben für Brennkammermühlen* (Babcock)

Schlägerkreis-durchmesser	Arbeitende Länge	·Mühlenleistung	Energiebedarf	Drehzahl	Gewicht der Mühlen
mm	mm	t/h	kW	Uml/min	t
650	400	2	10	1450	3
1000	500	4	20	950	4,5
1000	650	5	25	950	5
1000	790	6,5	32,5	950	5,5
1000	900	7	35	950	6
1000	1100	9	45	950	6,5
1000	1250	10	50	950	7,5
1300	900	10	50	730	8
1300	1100	11,5	57,5	730	8,7
1300	1300	13,5	67,5	730	9,5
1650	1100	14,5	72,5	580	11
1650	1450	19	95	580	13

Für leicht mahlbare Brennstoffe, wie Rohbraunkohle und Schlammkohle, wird die Brennkammermühle als Sumpfmühle ohne besondere Panzereinbauten hergestellt (Abb. 56), während für andere Brennstoffe eine wellenförmige Auspanzerung des Gehäuses aus Kokillenhartguß eingebaut wird (Abb. 57). Die Sumpfmühlen sind gegen Eisenstücke und andere Fremdkörper sehr wenig empfindlich, da diese im Sumpf liegen bleiben.

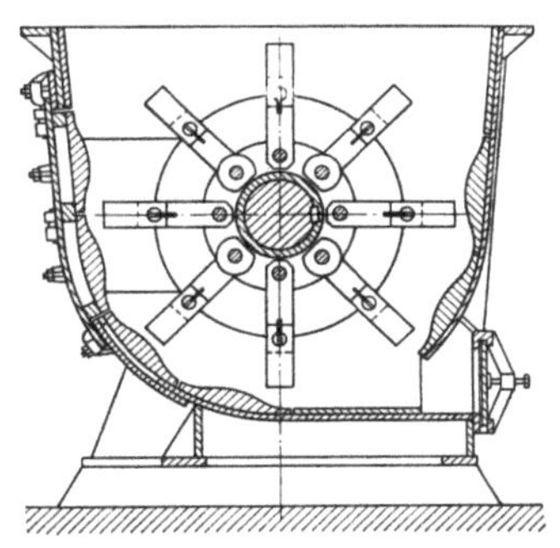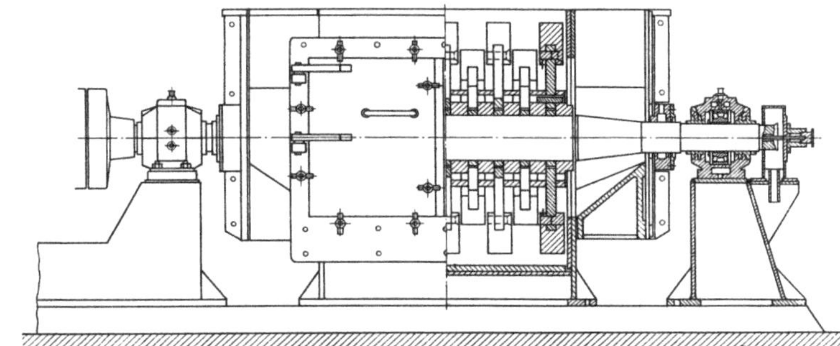

Abb. 57. Brennkammermühle mit Auspanzerung

Da die Brennkammermühle mit der Brennkammer durch die Mühlenmäuler verbunden ist und keine Brenner dazwischen geschaltet sind, ist kein nennenswerter Aufwand an Energie nötig, um die Trägerluft mit dem gemahlenen Staub in die Brennkammer zu befördern. Infolgedessen stehen die Mühlen und die Mühlenschächte unter Unterdruck. Dies ist auch notwendig, damit nicht Luft und Kohlenstaub nach außen, insbesondere durch den Kohlenzuteiler, in das Kesselhaus gelangen können. Auf der Zuführungsseite der Luft ist der Unterdruck infolge der Saugwirkung der Mühlen erheblich größer. Übliche Druckverhältnisse an der KRÄMER-Mühle sind folgende:

Druck am Lufteintritt	−40 bis −60 mm WS
Druck im Mühlenschacht	−2 mm WS
Druck in der Brennkammer hinter dem Mühlenmaul	−10 mm WS.

Bei den ersten Ausführungen der KRÄMER-Mühle ließ man die frische Kohle frei durch den Mahlschacht herunterfallen. Der aufsteigende Trägerluftstrom sollte dabei das Feinkorn auffangen und mit in die Brennkammer tragen, so daß es die Mühle nicht unnötig belastete. Es hat sich aber als zweckmäßig erwiesen, von diesem Gedanken abzugehen und die Frischkohle durch eine besondere Lutte bis dicht über den Schlägerkreis herunterzuführen, weil man nur auf diese Weise die Sicherheit erhält, daß keine zu groben Teilchen mitgerissen werden.

Die Gebläsewirkung der Mühle reicht aus, um noch Rauchgas aus der Brennkammer mit anzusaugen. Dieses wird vor der Mühle mit der Trägerluft gemischt, so daß man eine beliebig hohe Temperatur erhält, um die Kohle in der Mühle zu trocknen. Es gibt Anlagen mit reiner Rauchgasrücksaugung und kalter Primärluft, ferner Anlagen mit Rauchgasrücksaugung und außerdem vorgewärmter Primärluft, schließlich solche mit Heißluft allein ohne Rauchgasrücksaugung. Die erste dieser Möglichkeiten kommt besonders dann in Frage, wenn ein Rostkessel, der mit Kaltluft arbeitet, auf Mühlenfeuerung umgebaut werden soll; die zweite Möglichkeit wird vielfach verwendet, um den Einbau eines hochbeanspruchten Luftvorwärmers zu vermeiden oder auch um besonders starken Schwankungen im Wassergehalt des Brennstoffes nachkommen zu können. Die dritte Bauweise hat den Vorteil, daß man auf die Saugwirkung der Mühle nicht angewiesen ist und ihr die Trägerluft zudrücken kann. Dadurch erhält man eine große Freiheit in der Einstellung der Feuerung auf günstigste Betriebsverhältnisse.

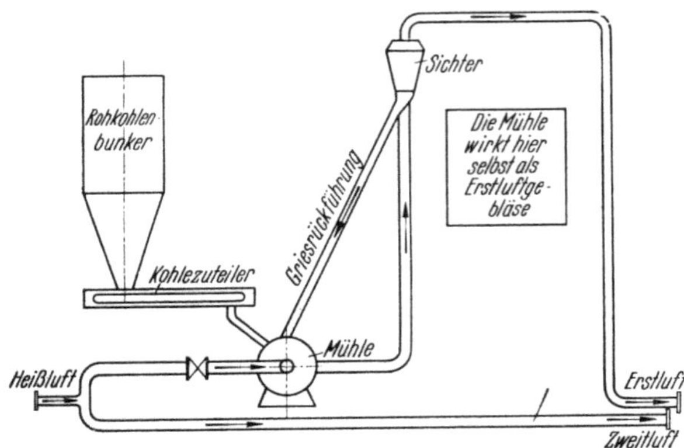

Abb. 58. Schaltungsschema der Einblasemühle mit Mahltrocknung

Das Schema dieser Betriebsweise zeigt Abb. 58. Allerdings ist zu bemerken, daß der auf der Zeichnung angedeutete Sichter mit Grießrückführung bei der Mühlenfeuerung nur aus

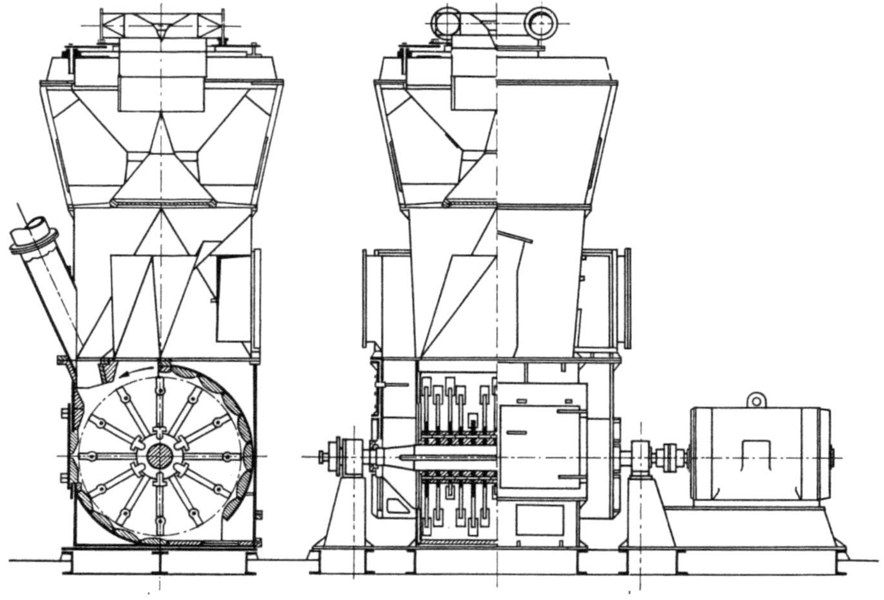

Abb. 59. Babcock HS-Mühle

einem geräumigen Kanal mit einigen Prall- und Umlenkeinbauten besteht, der nur eine geringe Abscheidewirkung hat. (Vgl. auch Abschn. IV C 4. Die Mühlenfeuerung.)

Eine Weiterentwicklung der KRÄMER-Mühle zu einer hochwertigen Mühle für feine Ausmahlung mit wirksamem Sichter stellt die Babcock-HS-Mühle dar (Abb. 59). Diese ist eine Schlägermühle für Brennerfeuerungen. Die Ventilatorwirkung der Mühle wird nicht dazu ausgenutzt, um die Trägerluft oder Rauchgase anzusaugen, sondern die Luft wird der Mühle zugedrückt. Diese erzeugt dann den Überdruck, der nötig ist, um den mit dem Staub beladenen

Trägerluftstrom durch die Rohrleitungen zu den Brennern und durch diese hindurch zu treiben. Das Mühlengebläse fällt also auch hier fort, was gegenüber den Schüsselmühlen, wenn sie als Einblasemühlen verwendet werden, ein großer Vorteil ist. Da die Wirkung der Mahltrocknung ebenso groß ist wie bei der KRÄMER-Mühle, reicht das Brennstoffprogramm von der Rohbraun-

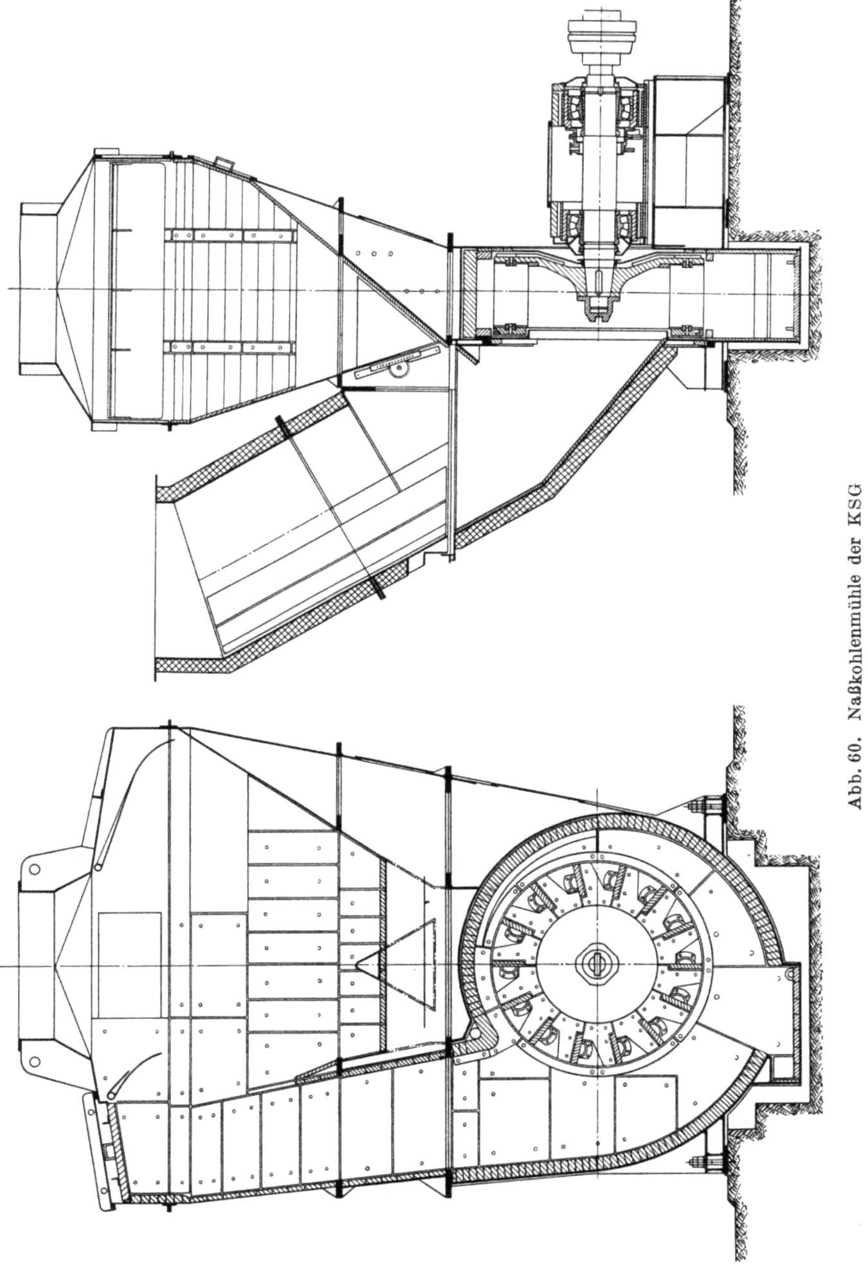

Abb. 60. Naßkohlenmühle der KSG

kohle bis zur Eßkohle. Für magere und harte Brennstoffe, die eine feine Ausmahlung erfordern, ist die HS-Mühle weniger geeignet, weil dann der Schlägerverschleiß zu hoch wird. Sie ist also eine Mühle für gut mahlbare Kohlen, die einen hohen Wassergehalt haben können, und die eine feine Ausmahlung erfordern. Solche Brennstoffe sind ältere Braunkohlen, Schwelkoks, Schlamm und Mittelprodukte von Steinkohlen.

Die Tabelle 21 ergibt im Durchschnitt eine Querschnittsbelastung von 4 t Kohle je m²
aktiven Mühlenquerschnitts in der Stunde.

Tabelle 21. *Kennzeichnende Angaben für Babcock-HS-Mühlen*

Schlägerkreis-durchmesser	Arbeitende Länge	Mühlen-leistung	Energiebedarf	Drehzahl	Trägerluft-menge hinter Sichter	Gewicht der Mühle mit Sichter
mm	mm	t/h	kW	Uml/min	m³/s	t
650	350	1	16	1800	0,49	2,8
650	500	1,4	22,4	1800	0,7	2,95
850	560	2	32	1450	0,96	5,75
850	680	2,4	38,5	1450	1,2	6,95
850	1000	3,3	53	1450	1,7	8,1
1300	780	4	64	950	2,13	10,2
1300	1100	5,7	91	950	3,07	13,5
1300	1300	6,5	104	950	3,6	15,5
1650	1100	7,3	117	730	4,0	16,5
1650	1300	8,3	133	730	4,6	18,5
1650	1550	10	160	730	5,4	21,5
1650	2000	15	240	730	8,0	26,5

Eine andere Bauweise einer schnellaufenden Schlägermühle ist die Schlagradmühle der
Kohlenscheidungsgesellschaft.

Bei dieser wird die frische Kohle in den Trägerluftstrom vor der Mühle eingeführt und gelangt,
von der Luft getragen, axial in die Mühle. Hier wird der Strom wie in einem Gebläse in die
radiale Richtung umgelenkt und durch
die Reihe der Schläger geführt, die auf
dem Mühlenrad befestigt sind. Hinter
dieser Mühle wird ein Sichter angeordnet,
der die groben Teilchen ausscheidet und
zur Mühle zurückführt. Abb. 60 zeigt die
Ausführung als „Naßkohlenmühle".

Diese Mühle hat eine sehr starke Ventilatorwirkung und kann ebenso geschaltet werden wie die HS-Mühle. Auch sie
arbeitet mit Mahltrocknung und hat ein
Brennstoffprogramm, das dasjenige der
KRÄMER-Feuerung und der HS-Feuerung
umfaßt. Sie zeichnet sich durch einfache
Bauweise aus und hat eine sehr große
Verbreitung gefunden.

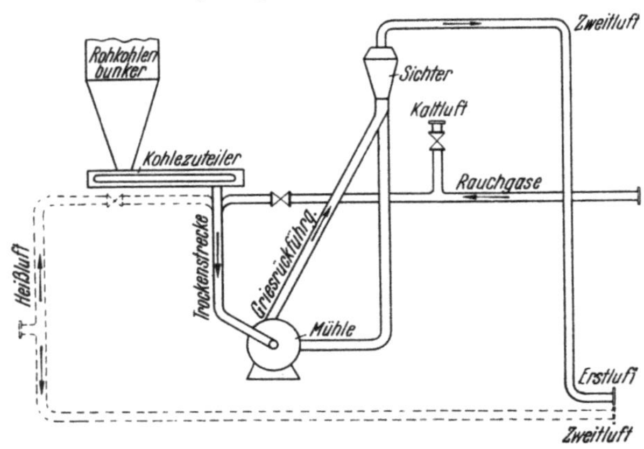

Abb. 61. Schaltungsschema einer Einblasemühle
mit Rauchgasrücksaugung

Die Steinkohlenmühle dieser Bauart wird für Leistungen von 0,2—25 t/h gebaut; die Naßkohlenmühle für Leistungen von 3—65 t/h.

Abb. 61 zeigt die Schaltung einer Einblasemühle mit Rauchgasrücksaugung; die gleichzeitige
Anwendung von Heißluft ist angedeutet.

e) Prallzerkleinerer

Für kleine Anlagen kommt auch die Prallmühle[1] (Abb. 62) in Frage, die keine beweglichen
Teile besitzt. Die Kohle wird in einem Luftstrom geführt, der sie gegen eine Platte schleudert,
wo sie zerschlagen wird. Ein nachgeschalteter Sichter trennt das grobe Korn vom feinen und
führt es zum Frischkohlenschacht zurück. Die Trägerluft muß mit einem Druck von etwa 2 atü
zugeführt werden, was einen ziemlich hohen Energiebedarf bedingt. Die erzielte Kornfeinheit
ist gering und beschränkt den Anwendungsbereich auf gasreiche Kohlenarten. Auch bei dieser

---

[1] WEISS, K.: Weiterentwicklung des Prallzerkleinerers. Arch. Wärmew. 8, 125—126 (1944).

Mahlvorrichtung kann die Mahltrocknung durch vorgewärmte Luft angewendet werden. Der Vorteil der Prallmühle liegt in dem vollständigen Fehlen bewegter Teile. Die Wartung beschränkt sich auf die Auswechslung der Prallkörper und einiger kleiner Panzerbleche.

Bei der Verwendung von Stückkohle wird die Vorzerkleinerung in einem Brecher empfohlen.

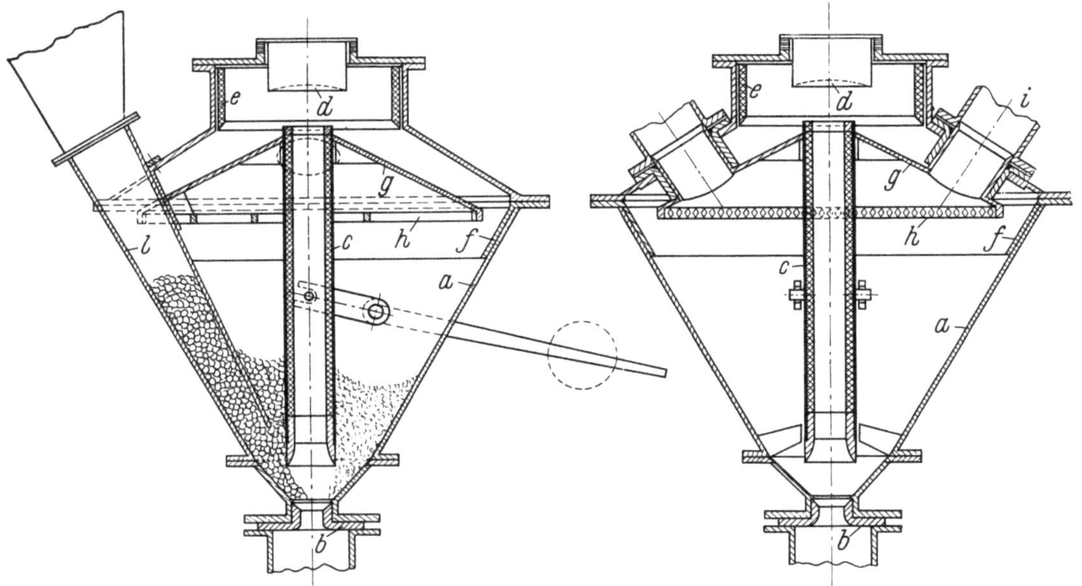

Abb. 62. Anger-Prallzerkleinerer.
a Mühlengehäuse, *b* Luftdüse, *c* Mischrohr, *d* Prallstein, *e* Panzerring, *f* Verstärkungsring, *g* Sichterkegel, *h* Rost, *i* Abzugsrohr, *k* Hauptableitungsrohr, *l* Kohleneinlaufstutzen

3. Die Verbrennung in der Staubfeuerung

a) Mahlfeinheit des Staubes

Eine Vorbedingung für eine praktisch vollkommene Verbrennung ist die passende Mahlfeinheit des Staubes. Zündung und Brennzeit sind davon abhängig. Soll die Zündung als Oberflächenreaktion schnell die gesamte Kohle erfassen, so ist hierzu eine große relative Oberfläche, also eine möglichst weitgehende Ausmahlung, zweckmäßig. Auch für die Durchzündung der einzelnen Brennstoffkörner ist es günstig, wenn ihr Volumen möglichst klein ist. Da aber die Zündzeit im Verhältnis zu der Ausbrennzeit des Restkornes, das nach der Trocknung und Entgasung noch übrig bleibt, verhältnismäßig klein ist, ist es notwendig, festzustellen, wie groß dieses Restkorn, das im wesentlichen aus Koks und Asche besteht, noch ist.

Wir betrachten das einzelne Staubkorn als eine Kugel und nehmen zur Vereinfachung der Überlegung noch an, daß diese ihrem Substanzverlust entsprechend konzentrisch schrumpfen würde. Zunächst soll die Schrumpfung durch Trocknung betrachtet werden. Ist r der ursprüngliche Radius der Kugel, die einen Gewichtsanteil w an Wasser enthält, und wird diese auf einen Wassergehalt w' heruntergetrocknet, dann ist ihr Radius nach der Trocknung r' bestimmt durch die Beziehung

$$r'^3 = r^3 \frac{1-w}{1-w'}. \tag{105}$$

Wie aus dem vorigen Abschnitt hervorgeht, kann eine gemahlene Steinkohle im allgemeinen nicht mehr als etwa 8% Wasser enthalten. Bei Braunkohle kann man annehmen, daß das durch die Mahltrocknung gegangene Korn noch etwa 25% Wasser besitzt. Die Größe dieser Teilchen entspricht der definierten Mahlfeinheit, die die Mühlen hergeben. In der Brennkammer werden die Teilchen sodann vollständig getrocknet und entgast. Im Nenner der Gl. (105) wird also w'

gleich Null. Setzen wir nun für Steinkohlen als Durchschnitt $w = 0,05$ und für Braunkohle $w = 0,25$, so ergibt sich für die Schrumpfung r'/r für Steinkohle 0,985 und für Braunkohle 0,91. Nimmt man ferner an, daß die Entgasung eine weitere konzentrische Schrumpfung des Korns herbeiführe, so muß man zunächst beachten, daß sich die Angabe über den Gehalt f an flüchtigen Bestandteilen gewöhnlich auf Reinkohle bezieht. Ist a der Aschengehalt des Brennstoffes, so können wir wie folgt weiterrechnen:

$$r'^3 = r^3 [1 - w - (1 - w - a) \cdot f]$$
$$= r^3 [(1 - w) \cdot (1 - f) - a f].$$
$$(106)$$

Lassen wir für diese Überlegung einmal den Aschengehalt außer Betracht, so kommt

$$r'^3 = r^3 \cdot (1 - w) \cdot (1 - f). \qquad (107)$$

Bleiben wir bei den beiden genannten Beispielen, nehmen aber noch als Steinkohle zwei Typen, Magerkohle mit $f = 0,10$ und Fettkohle mit $f = 0,25$, ferner eine Rohbraunkohle mit $f = 0,55$, so erhalten wir für r'/r folgende Werte:

$$\text{Magerkohle} \qquad \sqrt[3]{0,95 \cdot 0,90} = 0,95,$$
$$\text{Fettkohle} \qquad \sqrt[3]{0,95 \cdot 0,75} = 0,895,$$
$$\text{Rohbraunkohle} \qquad \sqrt[3]{0,75 \cdot 0,45} = 0,695.$$

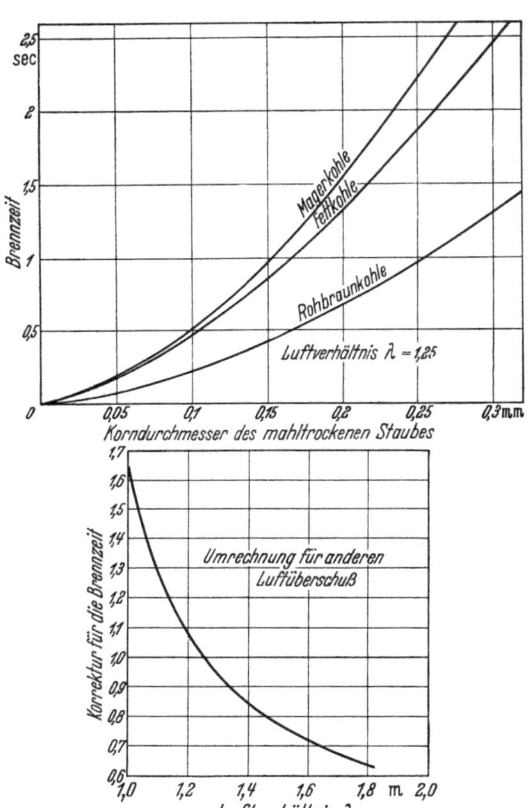

Abb. 63. Brennzeit von Kohlenstaub

Das in der Staubfeuerung zu verbrennende Restkorn, das aus reinem Koks besteht, hat also bei Rohbraunkohle nur noch rd. 70% des Durchmessers des mahltrockenen Kornes; im Gewicht hat es sich sogar auf $0,75 \cdot 0,45 = 33,7\%$ seines Ursprunggewichtes verringert. Setzt man nun die für Magerkohle, Fettkohle und Rohbraunkohle gefundenen Radien miteinander in Beziehung, so findet man, daß für eine gleiche Brennzeit des Restkokses das in der Mahlanlage hergestellte Korn bei Rohbraunkohle rd. 1,3mal so dick sein darf wie bei Steinkohle. Beachten wir nun noch die hervorragende Zündwilligkeit der Braunkohle sowie die Porosität des Korns, das 55% seines Gewichtes in Form von flüchtigen Bestandteilen abgegeben hat, so dürfen wir schätzen, daß sich für die Summe von Zündzeit und Ausbrennzeit für Steinkohle und Braunkohle gleiche Werte ergeben dürften, wenn man das Braunkohlenkorn nur auf das 1,5—1,75-fache des Durchmessers ausmahlt, der bei Steinkohle für erforderlich gehalten wird.

Der beste Beweis für die Richtigkeit dieser Überlegung ist die Tatsache, daß die Erfindung der KRÄMER-Mühlenfeuerung auf der Erfahrung beruht, daß man bei Rohbraunkohle mit einer verhältnismäßig groben Ausmahlung auskommt und auf hochwertige Brennerkonstruktionen verzichten kann.

W. GUMZ[1] geht bei seiner Betrachtung der physikalischen Vorgänge bei der Verbrennung in der Schwebe davon aus, daß der Staub ganz trocken, aber noch nicht entgast ist. Bezieht man

[1] GUMZ, W.: Kurzes Handbuch der Brennstoff- und Feuerungstechnik. 2. Aufl., S. 388—397, Berlin/Göttingen/Heidelberg, Springer 1953.

nun seine Werte auf den gemahlenen Staub, der noch nicht ganz trocken ist, so müssen seine Zahlen für den Korndurchmesser noch durch den Faktor $\sqrt[3]{1-w}$ dividiert werden. Das macht bei Steinkohle fast nichts aus, bei Braunkohle ist durch den Faktor 0,91 zu dividieren. Berücksichtigt man noch die große innere Oberfläche des entgasten Braunkohlenkorns sowie die Reaktionsmöglichkeit des Koksskeletts mit dem vorhandenen Wasserdampf durch eine Verkleinerung dieses Faktors auf den Wert 0,8, so kommt man zu demselben Ergebnis wie in unserer obigen Überlegung.

In Abb. 63 wird das GUMZsche Diagramm mit der hier vorgeschlagenen Korrektur gezeigt. Es bezieht sich dann nicht mehr auf den Durchmesser des wasserfreien, sondern auf den des mahltrockenen Korns; das ist ja auch der, den man durch die Siebmessung feststellt. Das Hauptdiagramm gilt für einen Luftüberschuß von 25%; ein Nebendiagramm zeigt ferner, wie sich die Brennzeit bei geändertem Luftüberschuß verändert.

Nimmt man zum Vergleich eine Brennzeit von 1,0 sek an, so zeigt das Diagramm folgende Korndurchmesser:

$$\begin{aligned}
&\text{für Magerkohle} \ldots\ldots\ldots\ldots\ldots & 0{,}155 \text{ mm,}\\
&\text{für Fettkohle} \ldots\ldots\ldots\ldots\ldots & 0{,}17 \ \ \text{ mm,}\\
&\text{für Rohbraunkohle} \ldots\ldots\ldots\ldots & 0{,}26 \ \ \text{ mm.}
\end{aligned}$$

In Tafel 11 ist die im allgemeinen für erforderlich gehaltene Mahlfeinheit in der Form des Rückstandes auf den Sieben 0,20 und 0,090 nach DIN 1171, Bl. 1 (früher Sieb 30 und Sieb 70) angegeben. Diese Werte können beim Entwurf von Staubfeuerungen zugrunde gelegt werden.

b) Luftvorwärmung und Rauchgasrücksaugung

In Tafel 11 findet man Richtwerte über die zweckmäßige Vorwärmung der Verbrennungsluft; angegeben ist die Lufttemperatur am Brenner. Aus dieser ergibt sich die Temperatur der Luft hinter dem Luftvorwärmer, indem man berücksichtigt, daß ein Teil der Luftwärme für die Trocknung des Brennstoffes verbraucht wird. Dabei ist zu beachten, daß nicht die gesamte Verbrennungsluft durch den Luftvorwärmer geht, sondern daß ein Teil durch die Aschentrichter und andere Undichtigkeiten in die Brennkammer hineingesaugt wird. Man kann im allgemeinen damit rechnen, daß 85—90% der Verbrennungsluft durch den Lufterhitzer geführt werden.

Zur Ermittlung des erreichbaren Trocknungsgrades durch vorgewärmte Luft dient folgende Überlegung.

Ist $V_L = \lambda V_{L_0}$ die insgesamt je kp Kohle zugeführte Luftmenge in Nm³/kp und αV_L die durch die Mühle geführte Erstluft, so kühlt sich diese von ihrer im Luftvorwärmer erreichten Temperatur t_1 dadurch auf eine Temperatur t_2 ab, daß sie Wärme an die Kohle abgibt. Die Kohle erwärmt sich dabei von der Umgebungstemperatur t_0 auf dieselbe Temperatur t_2; da sie aber einen Gewichtsanteil w_1 kp Wasser/kp Kohle an Feuchtigkeit besitzt, ist zu unterscheiden zwischen der Wärme $(1-w_1)\,c_{pK}\,(t_1-t_0)$, die die Trockensubstanz aufnimmt und derjenigen Wärme, die zur Erwärmung, $w_1\,c_{pW}\,(t_1-t_0)$, und zur Teilverdampfung, $\beta\,w_1\,r$, des Wassers aufzubringen ist. Hier ist $\beta\,w_1$ das je kp Kohle verdampfte Wassergewicht und r die mittlere Verdampfungswärme des Wassers im Temperaturbereich zwischen t_0 und t_1. Bezeichnen wir noch den Endwassergehalt des Staubes, dessen Gewicht sich um $\beta\,w_1$ vermindert hat, mit w_2 kp/kp, so ist

$$\beta\,w_1 = \frac{w_1 - w_2}{1 - w_2}. \tag{108}$$

Hiermit stellt sich der Gesamtzusammenhang wie folgt dar:

$$\alpha\,V_L\,c_{pL}\,(t_1 - t_2) = \left[(1 - w_1)\,c_{pK} + w_1\,c_{pW}\right](t_2 - t_0) + \frac{w_1 - w_2}{1 - w_2}\,r. \tag{109}$$

Tafel 12 zeigt für Rohbraunkohle zusammengehörige Werte von folgenden Größen:

$t_2 - t_0$ Übertemperatur des Luft-Wasserdampf-Gemisches über der Außentemperatur in Grad,
H_u Unterer Heizwert der Kohle in kcal/kp,
α Anteil der Verbrennungsluft, der durch die Mühle geht, in Nm³/Nm³,
$t_1 - t_0$ Erwärmung der Luft im Luftvorwärmer in Grad,
t_2 Endtemperatur des Gemisches hinter der Mühle in °C.

Dabei ist eine Rohbraunkohle mit 55% Wassergehalt und der Luftüberschuß mit 25% angesetzt. Ferner sind folgende Werte angenommen: Die spezifische Wärme der Kohle $c_{pK} = 0,3$ kcal/kp °C, die spez. Wärme des Wassers $c_{pW} = 1,0$ kcal/kp °C; die Verdampfungswärme des Wassers wurde unter der Annahme einer Außentemperatur von $t_0 = 20$ °C abgegriffen.

Tafel 12 stimmt bei anderen Außentemperaturen nicht mehr ganz genau, aber für eine gut angenäherte Rechnung noch genau genug. Auf ein Diagramm für Steinkohle wurde verzichtet, weil hierfür die Bestimmung des erreichten Endwassergehaltes der Kohle und der Endtemperatur von geringerem Interesse ist.

Reicht die Luftwärme nicht aus, um die Kohle in dem erforderlichen Ausmaß zu trocknen, so wird Rauchgas aus der Brennkammer zugemischt. Hierzu benötigt man Kanäle von großem Querschnitt, um den Zugverlust möglichst klein zu halten. Bei den Brennkammermühlen. die ohne zusätzliches Mühlengebläse arbeiten, ist dieser Umstand besonders wichtig, weil die an sich geringe Saugwirkung der Mühle ausreichen muß, um das Rauchgas aus der Brennkammer, die selbst schon unter einem Unterdruck von 5—10 mm WS steht, anzusaugen. Dabei muß die Einstellung des Frischluftgebläses, das die Luft durch den Luftvorwärmer drückt, so auf die Saugwirkung der Mühle abgestimmt werden, daß an der Stelle, wo das Rauchgas zugemischt wird, sich der erforderliche Unterdruck einstellt.

Bei Steinkohlenbetrieb kann man auch die Rauchgasrücksaugung zu dem Zweck einschalten, um die Lufttemperatur zu erhöhen, auch wenn dies zur Trocknung der Kohle nicht notwendig ist. Dadurch wird die Zündung erleichtert, und das im Rauchgas vorhandene Kohlendioxyd fördert die Vergasung des Kohlenstoffs. Bei Betrieb mit Braunkohle kann man diesen Weg nicht gehen, weil dann Mühlenbrände zu befürchten wären. In der Mühlenfeuerung strebt man im Mühlenschacht eine Temperatur nicht über 70—80 °C an. Hier ist es aber reizvoll, einen Teil der zur Kohlentrocknung erforderlichen Wärme durch rückgeführtes Rauchgas zu decken, weil man dann bei jeder Kesselbelastung der Mühle die zur Trocknung erforderliche Wärme zuführen kann.

Durch die Rauchgasumwälzung beim Betrieb mit Rücksaugung geht auch die Temperatur in der Brennkammer herunter, und man hat hiermit ein Mittel in der Hand, um lästige eutektische Schmelzen zu unterfahren[1].

. Tafel 11 zeigt noch eine Kurve für die zündsichere Kleinstlast des Kessels. Das sind Erfahrungswerte für die Belastung der Brennkammer, bei der man noch mit Sicherheit einen störungsfreien Betrieb erwarten kann. Sinkt die Belastung unter diese Werte, so wird die Kammertemperatur so niedrig, daß man damit rechnen muß, daß die Flamme abreißt. Diese Angaben enthalten allerdings eine gewisse Sicherheit und dürften in manchen Fällen unterschritten werden.

Ferner zeigt Tafel 11 Erfahrungswerte über die zu erwartenden Verluste durch Unverbranntes in der Flugasche und Schlacke. Diese Werte sind vorsichtig gewählt und sollten bei einem ordentlich geführten Betrieb nicht überschritten werden. Voraussetzung für ihre Einhaltung ist, daß die Kornfeinheit den Anforderungen der eingezeichneten Kurven entspricht.

c) Die Mischung von Erst- und Zweitluft.

Wie wir bei der Behandlung der Mahlanlagen gesehen haben, schwimmt der Kohlenstaub in einem Luftstrom, Erstluft oder Trägerluft genannt, der Brennkammer zu, während der größte Teil der Luft als Zweitluft durch andere Kanäle zugeführt wird. Die Erstluft stellt etwa 15% der Verbrennungsluft dar, sie enthält auch bereits in Dampfform einen großen Teil des Wassergehaltes des Brennstoffes, der in der Mahlanlage durch die Einwirkung der vorgewärmten Luft verdampft wurde. Da sich dieser Luftstrom beim Eintritt in die Kammer auf die vor ihm liegende Flamme zu bewegt, gerät der Kohlenstaub sofort in den Bereich starker Wärmeeinstrahlung. Dadurch verliert er in äußerst kurzer Zeit seinen Restwassergehalt und seine flüch-

---

[1] Vgl. H. LENKEWITZ: Neuere Erfahrungen mit der Verbrennung rheinischer Rohbraunkohle in staubgefeuerten Kesseln. Mitt. VGB **38,** 784—796 (1955).

tigen Bestandteile. Die letzteren finden in der unmittelbaren Nachbarschaft des Korns Sauerstoff vor und zünden schnell; das Restkorn besteht aus Koks und ist nun in eine Atmosphäre von brennenden Gasen und Wasserdampf eingehüllt. Durch Einwirkung des Wasserdampfes wird in diesem Abschnitt auch, besonders bei Rohbraunkohle, Torf und ähnlichen Brennstoffen ein Teil des Restkokses vergast, so daß schließlich nur ein sehr kleines Kokskorn übrig bleibt, das noch durch Zufuhr von Luft in die Reaktion einbezogen werden muß. Auch die entstandenen Schwel- und Vergasungsprodukte haben einen hohen Luftbedarf, um zu verbrennen. Es kommt nun darauf an, die Zweitluft so innig mit dem Erstluftstrom zu vermischen und zu verwirbeln, daß alle gasförmigen und festen Teile in kürzester Zeit mit dem erforderlichen Sauerstoff versorgt werden.

Dabei entsteht aber nicht nur ausgebranntes Rauchgas, sondern es bleiben Koksreste, Ruß und solche ungesättigten Verbindungen bestehen, die sich durch die Reduktionswirkung des Kohlenstoffs auf die Bestandteile der Asche bilden. Die Durchwirbelung des Gemisches muß also so lange anhalten, daß die genannten festen Teilchen wieder von ihrer Gashülle getrennt und mit frischem Sauerstoff zusammengeführt werden. Diese Tiefenwirkung der Durchmischung und Durchwirbelung wird nicht unter allen Umständen in ausreichendem Maße in einem Gang erreicht, und so ist es oft noch notwendig, Drittluft in die Brennkammer einzublasen, um den vollständigen Ausbrand zu erzwingen.

Zur konstruktiven Lösung der Aufgabe bestehen verschiedene Möglichkeiten:

1. Bei sehr reaktionsbereiten Brennstoffen, wie Rohbraunkohle, aber auch bei minderwertigen Sorten der Flammkohle, und sogar der Gasflammkohle, genügt es, den Staub mit der Trägerluft durch große Öffnungen in die Brennkammer hineinzublasen und die Sekundärluftdüsen so anzuordnen, daß sich die Zweitluft so gut wie möglich mit dem Erstluftstrom mischt (Mühlenfeuerung). Dabei ist aber das Einblasen von Drittluft am Ende der leuchtenden Flamme erforderlich.

2. Bei anderen Brennstoffen, insbesondere bei Steinkohle, muß die Durchmischung und Durchwirbelung durch Einbau wohlüberlegter Brenner-Konstruktionen erzwungen werden. Hierzu haben sich zwei Möglichkeiten ergeben:

a) Wirbelbrenner, mit denen kurz hinter jedem einzelnen Brenner eine intensive Mischung und Durchwirbelung erreicht und dadurch eine verhältnismäßig kurze Flamme erzeugt wird (Frontfeuerung);

b) Flachbrenner, die so zueinander angeordnet werden, daß sich ihre Luftströme in der Kammer mit den Sekundärluftströmen zusammen zu einem Wirbel vereinigen (Eckenfeuerung).

3. Um dem Restkoks ausreichend Luftsauerstoff zuzuführen, kann man auch den Staub gegen eine teigige oder flüssige Schlackenschicht blasen, auf der er hängen bleibt, so daß sich eine große Relativgeschwindigkeit zwischen Restkorn und Luft ergibt. In diesem Falle braucht die Mahlfeinheit nicht so hoch getrieben zu werden wie bei der vollständigen Verbrennung in der Schwebe. Von dieser Möglichkeit wird in den Schmelzfeuerungen Gebrauch gemacht. Auch in diesem Falle ist aber Drittluft hinter der Schmelzkammer erforderlich, da sich in der hohen Temperatur besonders begierig ungesättigte Verbindungen aus der Asche bilden, die sich als Sublimate oder Kondensate an den Kesselheizflächen niederschlagen können.

4. Die Mühlenfeuerung

Eine konstruktive Ausführung der Mühle für Rauchgasrücksaugung mit Mühlenschacht, Mühlenmaul und Zweitluftdüsen zeigt Abb. 64. Die Kohle fällt vom Bunker aus über einen regelbaren Förderer durch einen Schacht der Mühle zu, wo sie in den Erstluftstrom gerät, der der Mühle meistens achsial von beiden Seiten zugeführt wird. Auf der Austrittseite werden etwa herausgeschleuderte Kohlenstücke durch Prallbleche wieder in den Bereich der umlaufenden Schläger zurückgeworfen, während das Feine und Grießförmige durch einen Jalousiesichter voneinander getrennt werden. Der Grieß geht an den Jalousieelementen vorbei und wird am oberen Ende des Sichters umgelenkt und zur Mühle zurückgeführt. Messungen[1] ergaben mit

---

[1] BWK **3**, 73—79 (1951), Weiterentwicklung der Krämer-Mühlenfeuerung.

dieser Anordnung unter äußerst geringem Druckverlust eine Staubfeinheit, die durch 5% Rückstand auf dem DIN-Sieb 0,20 und 32% Rückstand auf dem Sieb 0,090 gekennzeichnet ist.
Das ist ein durchaus brennfähiger Braunkohlenstaub.

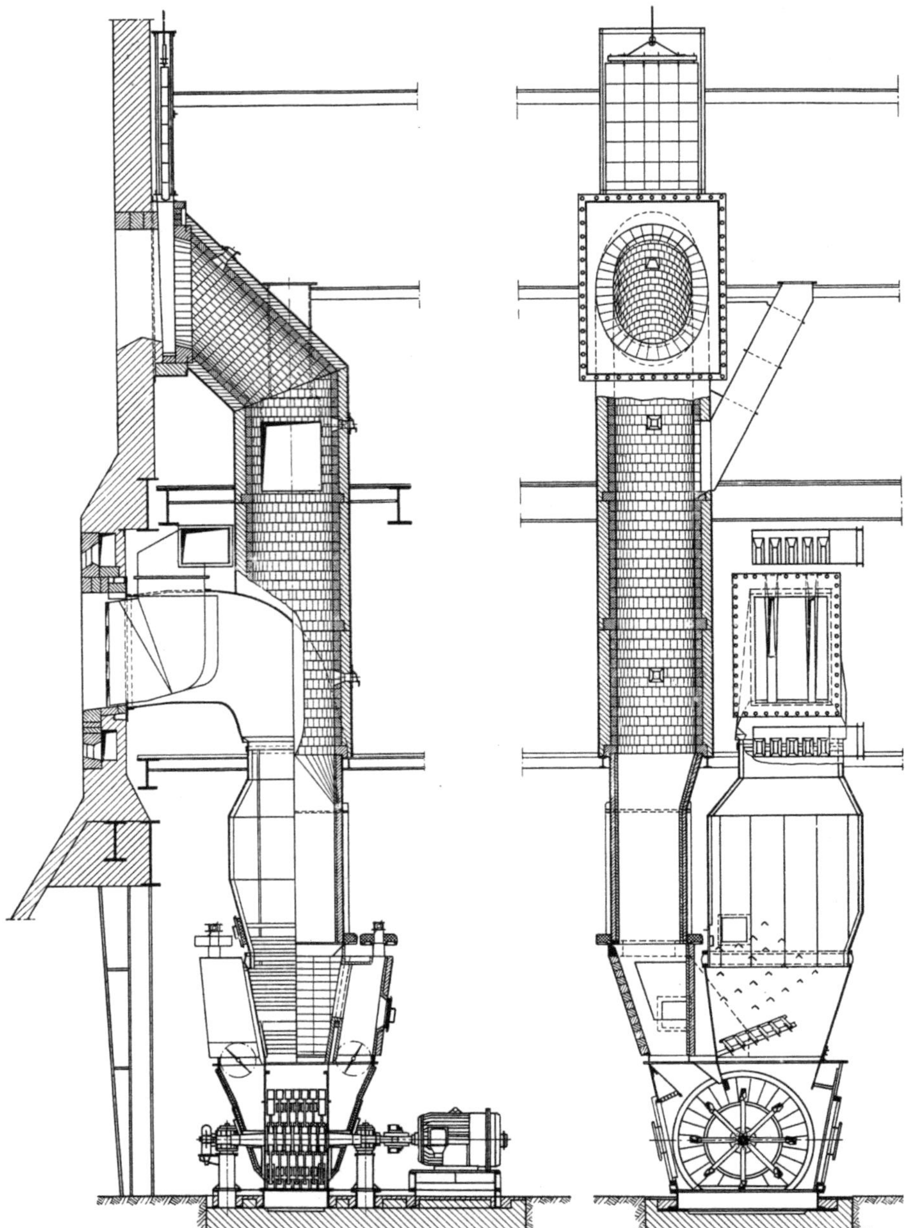

Abb. 64. Mühlenfeuerung (Keller) mit Rauchgasrücksaugung

Für die richtige Dimensionierung einer selbstansaugenden Schlägermühle zusammen mit
der Ansaugeleitung für das Rauchgas-Luftgemisch, dem Sichter und der zur Brennkammer
führenden Staubleitung muß man zunächst den Trägergasbedarf der Mühle bei verschiedenen
Leistungen kennen. Sodann sind die zu überwindenden Widerstände auf der Saug- und Druck-
seite bei verschiedenen Gasdurchsätzen zu ermitteln. Schließlich sind die Q-h-Kurven der als
Ventilator wirkenden Mühle bei verschiedenen Drehzahlen aufzunehmen, um festzustellen, bei

welcher Drehzahl der Mühlenrotor die gegebenen Bedingungen erfüllt. Aus einer derartigen Untersuchung erhält man Unterlagen über die zu wählenden Mühlenabmessungen und die Drehzahl. Dabei ist zu beachten, daß der Trägergasbedarf vom Charakter des Brennstoffes abhängt und sich in gewissen Grenzen ändern kann. Die Mühle muß daher reichlich bemessen werden; ein Überschuß an Förderhöhe kann durch einen Schieber in der Ansaugleitung abgedrosselt werden (s. Abb. 64). Untersuchungen von E. KRÖHL[1] an Mahlanlagen mit Rauchgasrücksaugung haben ergeben, daß es zweckmäßig ist, die Umfangsgeschwindigkeit im Schlägerkreis der Mühle von bisher 60 auf 80 m/sek zu steigern, um den Rotor voll auszunutzen und rationell arbeitende Schlägermühlen für große Durchsatzleistungen zu entwickeln. Die größere Umfangsgeschwindigkeit erbrachte auch eine Konzentration der Mahlarbeit auf die Peripherie des Schlägerkreises, und damit erhöhte sich der Anteil der Prallzerkleinerung gegenüber dem der Schleißzerkleinerung in der Mühle bedeutend. Für den Betrieb hat das den Vorteil, daß sich der Schlägerverschleiß stark verringert und der Verschleiß der inneren Rotorteile auf ein Minimum herabgedrückt wird.

Mit der Mühlenfeuerung werden Wirkungsgrade erzielt, die denen der hochgezüchteten Brennerfeuerung kaum nachstehen, auf der anderen Seite ergeben sich beträchtliche Vorteile infolge der Vereinfachung der Anlage und der Bedienung. Später wurde diese Feuerung auch für Steinkohlenabfälle und Schwelkoks verwendet, und da man verhältnismäßig viel Forschungsarbeit für das Studium dieser Feuerung aufgewendet hat, haben wir heute einen recht guten Überblick über ihre Anwendungsmöglichkeit und die zu erwartenden Ergebnisse.

Tafel 13 zeigt den Anwendungsbereich der Mühlenfeuerung. Neben Schwelkoks, der eine besonders hohe Zündwilligkeit besitzt, kommen nur solche Brennstoffe in Betracht, deren Reinkohle mindestens 15% flüchtige Bestandteile enthält. Im unteren Teil dieses Diagramms findet man die spezifische Leistung der Mühle für verschiedene Brennstoffe. Sie ist bei den schon staubförmigen Sorten, wie Staubkohle und Schlammkohle, am größten und muß für körnige Sorten, besonders pyrithaltige Mittelprodukte, stark herabgesetzt werden. Diesem Bild entspricht auch der Energiebedarf der Mühle. Besonders hinzuweisen ist auch auf die Verminderung der Leistung und die Erhöhung des Energiebedarfs bei sandhaltiger Braunkohle, da der harte Quarzsand einen hohen Verschleiß an den Mühlenschlägern bedingt. Überhaupt kann gesagt werden, daß die Leistung hauptsächlich durch den Schlägerverschleiß begrenzt ist. Bei Steinkohle hält man eine Lebensdauer der Schläger von 400—600 Stunden noch für tragbar, bei sandiger Braunkohle kommt man auf etwa 800 Stunden, und bei sandarmer Braunkohle auf 1200—2000 Stunden.

Die Verluste an Unverbranntem liegen nach Tafel 13 etwa 1% höher als bei der Brennerfeuerung. In Anlagen, die mit Rohbraunkohle arbeiten, sind aber auch noch günstigere Werte gemessen worden als die Kurve anzeigt.

Die Mühlenfeuerung wird im allgemeinen als Frontfeuerung gebaut, es sind aber auch einige Anlagen als Eckenfeuerung erstellt worden. Die letztere Anordnung paßt jedoch schlecht zu der geringen Strömungsgeschwindigkeit im Mühlenmaul, und man erhält in der Mitte der Brennkammer eine zu träge Versorgung des Brennstaubes mit Luft, eine Verschleppung der Verbrennungsreaktionen und damit die Gefahr der Ansinterung weicher Aschenteilchen an den ersten Berührungsheizflächen des Kessels. Bei der Frontfeuerung dagegen liegt der Flammenstrom ausgebreitet an der Rückwand der Brennkammer und kann von hier aus leicht durch das Einblasen von Wirbelluft beeinflußt werden.

Zu dem Energiebedarf der Mühlen ist zu bemerken, daß man, um allen Schwankungen im Charakter der Kohle entsprechen zu können, eine angemessene Reserve in die Größe der Mühlen hineinlegen muß. Der Energiebedarf ist dann wie folgt zu berechnen:

Beispiel: Es soll gutartige Rohbraunkohle gemahlen werden, für die die Tafel 13 einen Energiebedarf von 11 kWh/t angibt. Der Kohlendurchsatz sei bei Vollast 2 t/h. Die Mühle wird aber zur Sicherheit um 25% überdimensioniert, oder für maximal 2,5 t/h ausgelegt. In

---

[1] KRÖHL, E.: Weiterentwicklung einer selbstansaugenden Schlägermühle. Energie **6**, 47—52 (1956).

diesem Punkt verbraucht sie $2,5 \cdot 11 = 27,5 \, \text{kW}$. Im Leerlauf verbraucht sie etwa 40% hiervon, das sind $11 \, \text{kW}$. Dann verbraucht sie bei der verlangten Leistung von $2 \, \text{t/h}$, wie man durch lineare Interpolation leicht findet, $24,2 \, \text{kW}$, das sind $\dfrac{24,2}{2} = 12,1 \, \text{kWh/t}$.

5. Brennerfeuerungen

a) Wirbelbrenner

Einen Wirbelbrenner, der aus der theoretischen Überlegung folgerichtig entwickelt ist, zeigt Abb. 65. Die Teile des Brenners sind auf Kreisringen umeinander angeordnet. Der Trägerluftkanal ist ein schmaler Kreisring von großem Durchmesser, und so ist der Staub der von außen und innen zugeführten Zweitluft sehr gut zugänglich. Im äußeren Zweitluftring sind Leitschaufeln eingebaut, die dem Luftstrom eine Drehbewegung geben und ihn nach innen

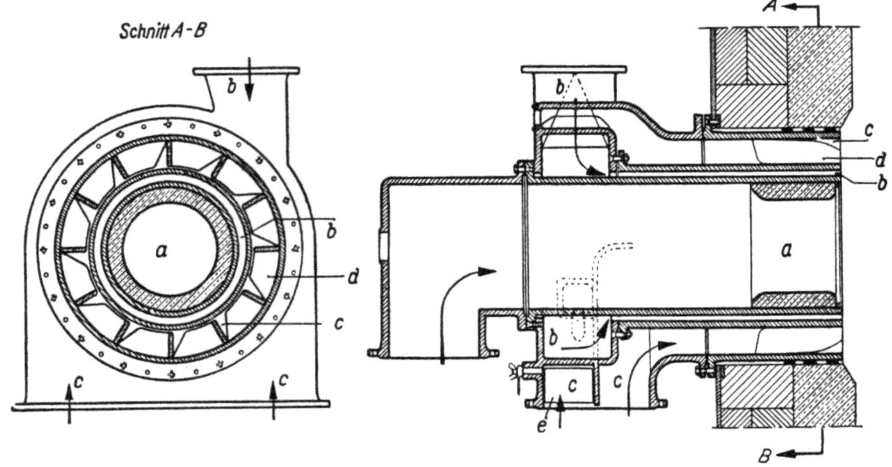

Abb. 65. Wirbelbrenner (Borsig)
a Kernluft, *b* Trägerluft mit Kohlenstaub, *c* Mantelluft, *d* Leitschaufeln im Mantelluftring,
e Einstellklappe für die Verteilung der Mantelluft

auf die Kohle zu ablenken, so daß beim Austritt aus dem Brenner sofort eine innige Durchmischung der beiden Ströme stattfindet. In der Mitte des Brenners verbleibt eine rohrförmige Öffnung, durch die etwa 15% der Luftmenge hindurch geleitet werden. Durch entsprechende Einstellung dieses Luftstromes kann man erreichen, daß sich die Flamme je nach Bedarf unmittelbar hinter dem Brenner entwickelt oder weiter von ihm fortgeschoben wird. So wird der Brenner selbst vor einer zu starken Einwirkung des Feuers geschützt.

Durch die unmittelbar hinter dem Brennermaul einsetzende Durchmischung des Kohlenstromes mit der Sekundärluft wird die Zündung schnell herbeigeführt, und es entsteht eine kurze, breite Flamme. Dies ist auch noch bei verhältnismäßig niedriger Belastung der Fall, und man kann mit dem Wirbelbrenner in weiten Grenzen regeln, ohne befürchten zu müssen, daß die Flamme abreißt.

Die Staubfeuerung mit Wirbelbrennern wird als Frontfeuerung gebaut, indem man die gesamten Brenner in einer oder mehreren Reihen neben- und übereinander in die Stirnwand der Brennkammer einbaut. Bei sehr großen Anlagen baut man auch Doppel-Frontfeuerungen und setzt die Brenner in zwei einander gegenüberliegende Wände der Kammer, so daß sie gegeneinander blasen.

Der Wettkampf zwischen der im nächsten Abschnitt behandelten Eckenfeuerung und der Wirbelbrenner-Feuerung ist noch nicht entschieden. Mit beiden Bauarten werden sehr hohe Wirkungsgrade erreicht, und auch im Betrieb ergeben sich bei keiner der beiden Feuerungen besondere Unbequemlichkeiten. Man darf aber wohl sagen, daß die Wirbelbrenner-Feuerung der modernen Anschauung über den Verlauf der Verbrennung besser angepaßt erscheint, weil die kurze heiße Flamme vorteilhafter ist als die lange Flamme der Eckenfeuerung. Auch für die Verbrennung magerer Brennstoffe dürften die Wirbelbrenner besser geeignet sein, weil die Einstrahlung der heißen Flamme auf den frisch zugeführten Brennstoff die Zündung beschleunigt. Eine Aufteilung in mehrere kleine Brenner ist zweckmäßiger als die Verwendung weniger großer Wirbelbrenner.

Bei der Frontfeuerung ist es nicht notwendig, den Brennkammerquerschnitt quadratisch zu machen, und man kann sich besser den räumlichen Verhältnissen im Kesselhaus und der durch den zweiten Kesselzug bedingten Blockbreite des Kessels anpassen. So entstehen meistens Kammern von größerer Breite und manchmal auch geringerer Tiefe als bei der Eckenfeuerung. Ein solcher Kessel hat daher eine kleinere „Breitenleistung" als der mit der Eckenfeuerung. Es ist allerdings fraglich, ob der Begriff der Breitenleistung überhaupt einen brauchbaren Maßstab für die Leistungsfähigkeit der Anlage im Verhältnis zu dem erforderlichen Aufwand an Raum und Material liefert.

b) Die Eckenfeuerung

Bei der Eckenfeuerung werden Flachbrenner in den Ecken einer ungefähr quadratischen Kammer angeordnet, und zwar so, daß die Strömungen aus den vier Ecken einen in der Mitte der Kammer gedachten Kreis von etwa 1 m Durchmesser berühren. Dadurch soll eine Drehbewegung der gesamten Rauchgase in der Kammer zustande kommen, von der man sich eine weitere gute Durchwirbelung des Brennstoff-Luftgemisches verspricht. Hier wird gleichsam der ganze Brennkammerquerschnitt als Grundfläche eines großen Wirbelbrenners betrachtet. Der Raum wird bei dieser Anordnung sehr gut ausgenutzt, denn die Brennstoffströme, Luftströme und die Flamme erfüllen den ganzen Querschnitt der Kammer.

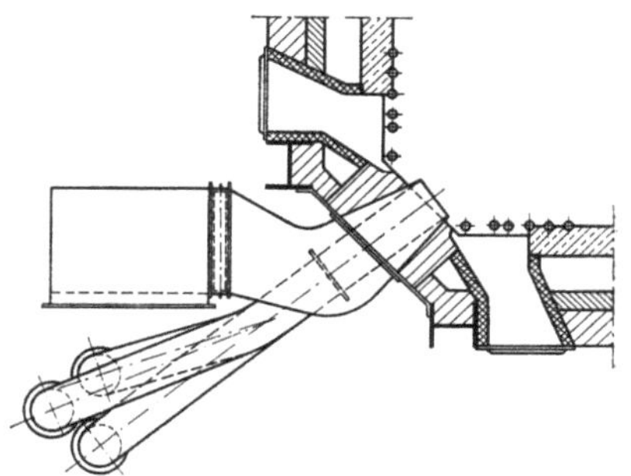

Lange Zeit hat man sich mit dieser Tatsache zufrieden gegeben und die Eckenfeuerung auf Grund ausgezeichneter Ergebnisse an vielen Anlagen für die beste aller Feuerungen angesehen, obwohl man über die wirklichen Strömungsverhältnisse in der Kammer wenig wußte. Die Ausbildung des Wirbels in der Mitte der Kammer hängt jedoch von vielen Faktoren ab. Von der Kohle her hat der Gehalt des Brennstoffes an Wasser und flüchtigen Bestandteilen einen starken Einfluß, denn diese verursachen eine schnelle Expansion des Trägerluftstrahles und bremsen dadurch den Strahl stark ab. Daraus zieht O. Rosahl[1] den Schluß, daß das Geschwindigkeitsverhältnis zwischen Erst- und Zweitluft und der Strahlwinkel zwischen diesen beiden vom Gasgehalt der Kohle abhängig gemacht werden müßte. Er zeigt auch, daß eine geringe Neigung der Strahlen nach unten vorteilhaft für die Entwicklung der Flamme und für den Temperaturabbau in der Brennkammer ist. Von dieser Tatsache wird auch bei den Schwenkbrennern[2]

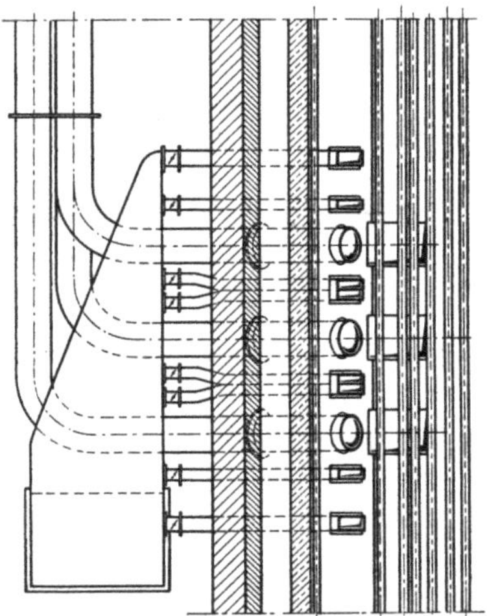

Abb. 66. Flachbrenner einer Eckenfeuerung

Gebrauch gemacht, deren Neigung gegen die Horizontale man ein wenig verstellen kann, um die Temperatur am Ende der Brennkammer und damit die Beheizung des hinter der Kammer

---

[1] Rosahl, O.: Strömung, Zündung und Verbrennung in den Feuerräumen neuzeitlicher Großdampferzeuger. Z. VDI **93**, 28—36 (1951).
[2] Quack, R., u. K. Gruber: Schwenkbrenner zur Regelung der Heißdampftemperatur. Energie **5**, 188—190 (1953).

liegenden Überhitzers zu verändern. Auf diese Weise kann man die Dampftemperatur in gewissen Grenzen regeln. Damit wird aber überhaupt erst die Frage nach der zweckmäßigsten Ausbildung der Flachbrenner gestellt, die man im allgemeinen einfach in der Weise aufbaut, daß man Träger- und Zweitluftdüsen abwechselnd übereinandersetzt (Abb. 66).

Ungeklärt erscheint auch die Frage, welcher Idealkreis in der Mitte der Kammer tangential angeblasen werden soll. Die oben genannte Zahl von 1 m ist ja nur eine runde Zahl.

H. Lent[1] berichtet über Versuche mit drei übereinander liegenden Brennerebenen, bei denen man die untersten Brenner an einen kleinen Kreis und die darüberliegenden stufenweise an größere Kreise blasen ließ. Dabei ergab sich in allen Fällen, daß in der Mitte der Kammer, also gerade da, wo sich der große Wirbel entwickeln sollte, eine tote Zone herrscht, die wahrscheinlich infolge Luftmangels an der Verbrennung kaum beteiligt ist. Dies mag nun wieder auf zu geringe Strömungsgeschwindigkeiten in den Brennern selbst zurückzuführen sein. Auf jeden Fall ist nach diesen Untersuchungen die oben aufgestellte Forderung, wonach die Durchwirbelung so lange anhalten muß, bis die gesamte Verbrennung abgelaufen ist, bei der Eckenfeuerung noch keineswegs immer erfüllt.

Verwendet man Einblasemühlen, bei denen die Kohle nicht auf der Saugseite der Mühle zugeführt wird, wie es beispielsweise bei der Krämer-Mühle der Fall ist, so ist man in der Wahl des Druckes vor den Brennern nicht frei, weil die Gefahr besteht, daß Kohlenstaub durch undichte Stellen an der Kohlenzuteilung ins Kesselhaus geblasen wird. Führt man den Staub in strömende Erstluft hinein, wie es bei Anlagen mit Zwischenbunkern geschieht, so kann man die Strömungsenergie der Luft ausnutzen, um eine Saugwirkung auf die Mündung des Kohlenkanals auszuüben (Ejektorwirkung). Am einfachsten ist die Lösung, die Kohle auf der Saugseite der Mühle zuzuführen, wie bei der Schlagradmühle und wie es auch bei Schüsselmühlen mit nachgeschalteten Gebläsen gemacht wird.

Erst wenn man auf diese Weise die Freiheit erreicht hat, die Geschwindigkeiten der Trägerluft und der Zweitluft in ausreichenden Grenzen zu variieren und aufeinander abzustimmen, kann man die Eckenfeuerung so einstellen, wie es der Brennstoff erfordert. Für weitere Studien besteht hier noch ein reizvolles Arbeitsfeld.

Abb. 67 zeigt die vermutliche Entwicklung der Flamme bei Rohbraunkohle und bei einer trockenen Eßkohle.

Das Einblasen von Drittluft in die Flammenspitzen hinein erhöht auch bei der Eckenfeuerung die Sicherheit für vollkommenen Ausbrand und geringe Verschmutzung der Kesselheizflächen. Allerdings ist nicht zu erwarten, daß man in einem großen quadratischen Feuerraum das zähe Gasgemisch mit Luftstrahlen von 400 mm WS Pressung durchstoßen kann. Deshalb ist es zweckmäßig, die Brennkammer in ihrem oberen Teil von rückwärts her einzuziehen und die Drittluft an dem Übergang auf den kleineren Querschnitt schräg nach unten gerichtet einzublasen. Auch das Einblasen von Dampf an dieser Stelle ist sehr erfolgversprechend.

Abb. 67. Vermutliche Entwicklung der Flamme in der Eckenfeuerung

6. Die Brennkammer

a) Brennkammer mit trockenem Schlackenabzug

α) Strömungsvorgänge und Belastung. Die Gestalt der Brennkammer hängt von der Wahl der Brenner ab. Gewöhnlich wird der Staub im unteren Teil der Kammer eingeblasen, so daß sich die Flamme nach oben entwickelt und das Rauchgas am oberen Ende in die Kesselheizfläche gelangt. Aber auch Kammern mit umgekehrter Strömungsrichtung sowie liegende Brennkammern mit horizontaler Strömung haben gute Ergebnisse aufzuweisen.

---

[1] Lent, H.: Die neuere Entwicklung der Staubfeuerung. Mitt. VGB **35,** 173—183 (1952).

Nach unten wird die Kammer durch Aschentrichter abgeschlossen. Die Wände der Kammer werden durch Kesselrohre gekühlt und gegen Verschlackungen geschützt (Kühlschirm), wobei bestimmte Richtlinien über die zweckmäßigste Rohrteilung zu beachten sind (vgl. Abschn. V, B). Das Rauchgas muß durch Abstrahlung von Wärme an die Kühlschirme so weit abgekühlt werden, daß es mit einer so niedrigen Temperatur in die Berührungsheizfläche des Kessels oder Überhitzers gelangt, daß die Schlacke nicht mehr klebrig ist.

Um sich ein Bild von den Strömungsverhältnissen in der Brennkammer zu machen, ist es nützlich, kurz zu betrachten, welche Wirkung der Auftrieb des Rauchgases hat. Da dieses bei seiner hohen Temperatur ein geringes spezifisches Gewicht hat, wirkt die Brennkammer wie ein Schornstein, und· der Auftrieb ist nach der Gleichung

$$\varDelta p = h(\gamma_R - \gamma_L) \text{ kp/m}^2 \text{ oder mm WS} \tag{110}$$

zu berechnen, wo h die Höhe in m, γ_R die mittlere Wichte des Rauchgases und γ_L die der kalten Luft ist. Die Ausrechnung ergibt, daß für 1 m Höhe bei 1200 °C ein Auftrieb von 0,965 mm WS und bei 1350 °C von 0,985 mm WS erzielt wird. Rechnet man nun nach der Beziehung

$$w^2 = 2\,g\,\frac{p}{\gamma_R} \tag{111}$$

die theoretische Geschwindigkeit des Rauchgases aus, die durch den Auftrieb ohne Verluste erzielt werden könnte, so kommt man auf folgende Werte:

Höhe der Kammer . . . . m	10	15	20
Theoretische Rauchgasgeschwindigkeit . . . . m/s	~29	~36	~42

Hieraus ist zu ersehen, daß durch den Auftrieb sehr viel höhere Geschwindigkeiten erzeugt werden können, als sich nach der Kontinuitätsgleichung ergeben würden; rechnet man nämlich diese nach, so kommt man auf die Größenordnung 4—6 m/s.

In der Kammer mit aufsteigender Strömung werden sich daher örtlich viel höhere Geschwindigkeiten einstellen, als dem Mittelwert entspricht. Dadurch ist die Gefahr gegeben, daß die Flamme stellenweise hochgerissen wird und in die Berührungsheizfläche hineinschlägt oder mindestens, daß sich Strähnen heißer Gase bilden, die sich nicht genügend mit der Verbrennungsluft mischen, sondern vorschnell entweichen. Man sieht hieraus sehr deutlich, daß man die Strömungsvorgänge in der Brennkammer keineswegs in der Hand hat, wenn man nicht besondere Maßnahmen trifft, um sie zu beeinflussen. Man muß also Widerstände in den Strom hineinbringen, wenn das Rauchgas den Querschnitt der Kammer einigermaßen ausfüllen soll. Damit ist die Zweckmäßigkeit nachgewiesen, Wirbelluft in die Kammer einzublasen. Unter der Annahme, daß die Energie der Wirbelluft ebenso groß sein muß wie die des Auftriebes des Rauchgases, kommt man für kalte Luft, wenn 10% der Verbrennungsluft als Wirbelluft verwendet werden, auf Einblasegeschwindigkeiten von 40—60 m/s, was mit der Erfahrung gut übereinstimmt.

Eine bemerkenswerte Lösung bildet die Kammer mit absteigender Strömung. Denn in dieser entstehen durch den Auftrieb des heißen Flammengases, der der erzwungenen Strömung nach unten entgegenwirkt, von selbst Wirbel, die die Verbrennung beschleunigen. Da solche Kammern bisher noch wenig gebaut worden sind, liegen Untersuchungsergebnisse über die Strömungs- und Verbrennungsverhältnisse noch nicht vor. Es ist sehr wahrscheinlich, daß die Feuerung ohne die Verwendung zusätzlicher Wirbelluft betrieben werden kann. Bei der weiteren Entwicklung können folgende Überlegungen von Wert sein:

1. Wenn Staubteilchen infolge unzweckmäßiger Konstruktion oder Anordnung der Brenner durch die Flammenzone hindurchgeschleudert werden, ohne vollständig verbrannt oder wenigstens vergast zu sein, so gelangen sie unterhalb der Flamme in eine kältere Zone, in der die Vergasung nicht mehr nachgeholt werden kann. Man muß also darauf achten, daß die durch die Strömung im Brenner hervorgerufene senkrecht nach unten gerichtete Geschwindigkeitskomponente möglichst klein ist. Wenn man die Brenner in die Brennkammerdecke einbaut, so sollten dies Wirbelbrenner sein. Es kann auch vorteilhaft sein, sie dicht unterhalb der Decke

in den Wänden der Brennkammer anzuordnen, und zwar entweder als Wirbelbrenner oder als Flachbrenner in Form einer Eckenfeuerung.

2. Da die Temperatur in der Kammer nach unten zu abnimmt, ist die Schlacke oben flüssig und unten teigig oder fest. An den Wänden herabfließende Schlacke erstarrt also im unteren Teil der Kammer und kann hier umfangreiche Ansätze hervorrufen. In der Kammer mit aufsteigender Strömung ist es umgekehrt; hier gerät die aus dem oberen Brennkammerteil herabrieselnde Schlacke in die heißeste Zone der Kammer, wo sie flüssig wird. Schwierigkeiten hat man in solchen Kammern jedoch vielfach im Aschentrichter, wo die Temperatur wieder niedriger ist und die herabfließende Schlacke erstarrt und Ansätze bildet. Bei der Kammer mit absteigender Strömung hat man also ähnliche Verhältnisse wie im Aschentrichter der mit aufsteigender Strömung arbeitenden Brennkammer.

Die Querschnittsbelastung der Brennkammer wird im allgemeinen in der Größenordnung von 2 000 000—2 300 000 kcal/m²h angenommen. Die Beschränkung auf diese geringen Werte ist auf die Befürchtung zurückzuführen, daß die Flamme gegen die Wände schlägt, wenn man nicht einen sehr großen Querschnitt zur Verfügung stellt. Diese Bespülung der an den Brennkammerwänden liegenden Rohre durch die Flamme hat in verschiedenen Anlagen zu Außenkorrosionen an den Rohren geführt[1]. In der reduzierenden Atmosphäre der Flamme verbindet sich der Schwefel der Kohle mit dem aus der Dissoziation des Wasserdampfes stammenden Wasserstoff zu Schwefelwasserstoff, der bei einer Wandtemperatur von 300 °C ab den Rohrwerkstoff angreift und Schwefeleisen bildet. Das aufgelockerte Gefüge wird dann in oxydierender Atmosphäre durch direkte Oxydation von Eisen weiter zerstört. Bei diesen Vorgängen spielt die Anwesenheit alkalischer Salze, besonders von NaCl eine wichtige Rolle, da sich in der reduzierenden Atmosphäre Natriumsulfid bildet, das das Eisen sehr stark angreift. Von solchen Korrosionen werden Hochdruckkessel und Strahlungsüberhitzer befallen, bei denen die Rohrwände eine Temperatur von mindestens 300 °C haben. Ferner scheinen Fett- und Gaskohlen in erster Linie zur Herbeiführung der Korrosionen geeignet zu sein, während bei der Verfeuerung von Eßkohle keine derartigen Erscheinungen beobachtet werden konnten.

Solche Korrosionen sind bei Ecken- wie auch bei Frontfeuerungen festgestellt worden. Nach diesen Erfahrungen muß man darauf bedacht sein, das Bespülen der Wände durch die Flamme möglichst zu vermeiden. Es wäre aber verfehlt, hieraus den Schluß zu ziehen, daß die Querschnittsbelastung der Brennkammer noch weiter herabgesetzt werden müsse, denn dadurch würden die Strömungsverhältnisse in der Kammer nur noch unübersichtlicher, außerdem kann durch Bedienungsfehler jederzeit der unerwünschte Zustand wieder hergestellt werden.

Es dürfte sich daher empfehlen, die Staubfeuerung in der Richtung weiterzuentwickeln, daß einerseits das Bespülen der Rohrwände eingeschränkt wird, andererseits aber die Querschnittsbelastung erhöht werden kann. Ein sicherer Weg hierzu ist die Verkleidung der gefährdeten Rohre mit Schamotte in Form eines Zündgürtels; dies hat auch den großen Vorteil, daß die Flamme nicht vorzeitig abgekühlt und der Verbrennungsprozeß nicht verzögert wird.

Folgende Querschnittsbelastungen werden bei der Eckenfeuerung für angemessen gehalten:

Mittlere Kantenlänge der Brennkammer m	Querschnittsbelastung k 10^6 kcal/m²h
4,5	2,0
6,0	2,3
7,5	2,6
9,0	2,9

Bei der Wirbelbrenner-Feuerung können die Belastungen jedoch höher angesetzt werden, da bei dieser eine sehr kurze Flamme erreicht wird; und es darf erwartet werden, daß sich auch beim weiteren Studium der Eckenfeuerung Möglichkeiten zur Steigerung der Querschnittsbelastung ergeben werden.

---

[1] SCHULTE, F., u. H. H. MÜLLER-NEUGLÜCK: Luftmangel als Ursache von Kesselschäden. Brennst. Wärme Kraft **2**, 20—22 (1950).

Zwischen der Querschnittsbelastung k und der Rauchgeschwindigkeit w_R besteht folgender Zusammenhang, vorausgesetzt, daß das Rauchgas den Querschnitt tatsächlich ausfüllt.

Ist i die theoretische Enthalpie des Rauchgases ohne Abstrahlung und t die wirkliche Rauchgastemperatur in der Kammer, so ist

$$k = 3600\, w_R \frac{273}{t + 273} \cdot i. \tag{112}$$

Rechnet man mit 30% Luftüberschuß und einer mittleren Rauchgastemperatur von 1350 °C bei Steinkohle und von 1200 °C bei Braunkohle, so findet man für beide Kohlenarten folgende Werte für die mittlere Rauchgasgeschwindigkeit w_R:

k	w_R
kcal/m²h	m/s
2 000 000	6,65
2 300 000	7,65
2 600 000	8,65
2 900 000	9,65

Da diese berechneten Geschwindigkeiten gegenüber dem starken Zug des Auftriebes in der Kammer klein sind, ist nicht damit zu rechnen, daß die Flamme den Querschnitt vollständig ausfüllt, sondern man wird praktisch nur die Hälfte bis $^2/_3$ des Querschnitts als ausgenutzt betrachten können. Dies hat einen Einfluß auf die Berechnung der Feuerungen, weil man sich hierfür ein ungefähres Bild von der Lage der Flamme in der Brennkammer machen muß.

Dividiert man die Querschnittsbelastung durch die Höhe der Brennkammer, so erhält man die Brennkammer-Belastung in kcal/m³h. Die erforderliche Kammerbelastung ist abhängig von der Zeit, die für den vollständigen Ablauf der Verbrennungsvorgänge zur Verfügung stehen muß (Verweildauer), und von dem Weg, den die Brennstoffteilchen in dem gekühlten Teil der Kammer zurücklegen müssen, bis ihre Asche unter die Erweichungstemperatur abgekühlt ist. Dies führt erfahrungsgemäß auf Brennkammer-Belastungen von 180 000—250 000 kcal/m³h.

Man sollte jedoch bei der Konstruktion eines Kessels nicht von diesen Werten ausgehen, sondern folgende Regeln beachten:

Die Brennkammer muß so groß sein, daß

1. alle Verbrennungsvorgänge darin vollständig ablaufen können,

2. die Temperatur des Rauchgases in der Kammer soweit gesenkt wird, daß am Austritt die Aschenteilchen nicht mehr klebrig sind.

Mit der zweiten Bedingung rückt das Verschlackungsproblem in den Vordergrund der Überlegung.

β) Verschlackungsfragen. Bei Steinkohlen ist fast immer die Eisenschmelze maßgebend, die von 950 °C an die Asche klebrig machen kann. Wenn man sicher ist, für die Anlage immer eine Kohle mit eisenarmer Asche zu erhalten, kann man mit höheren Temperaturen rechnen, etwa bis 1100 °C. Auf der anderen Seite kann bei Asche mit einem außerordentlich hohen Eisengehalt (25—30% Fe_2O_3) schon unter 950 °C eine Teilschmelze eintreten. Man kann aber annehmen, daß die Aschenteilchen, die im Rauchgasstrom schwimmen, in der Nähe der Heizflächen um etwa 50—100 Grad kälter sind als das Rauchgas selbst, weil sie sich mit ihrer Körperstrahlung schneller abkühlen als dieses. Im allgemeinen wird es ausreichen, die Rauchgastemperatur am Ende der Brennkammer auf 1050—1100 °C bei voller Kesselleistung festzusetzen.

Bei manchen Steinkohlen, besonders aus dem Feld c des Allgemeinen Schmelzdiagrammes, und bei fast allen Braunkohlen entstehen in der leuchtenden Flamme Sulfide von Fe, Ca und anderen Metallen, für deren Verbrennung hinter der leuchtenden Flamme noch ein zusätzlicher Raum benötigt wird. Die Temperatur am Ende der Brennkammer kann man bei solchen Steinkohlen, da sie wenig Eisen enthalten, auf etwa 1130 °C ansetzen. Bei Braunkohlen, deren Asche weniger als 20% Sand enthält, kann man sogar auf 1200 °C gehen, bei höherem Sand- und geringem Eisengehalt kommt man jedoch in ein Gebiet, in welchem die Aschen schon unter 1100 °C klebrig werden. Das gleiche tritt ein, wenn die Asche fast gar keinen Sand, dafür aber mehr als 25% Eisenoxyd enthält. Aschen mit diesem hohen Eisengehalt, die aber außerdem 10 oder

8*

mehr Prozent SiO_2 und Al_2O_3 enthalten, sind dagegen sehr gutartig und schmelzen erst oberhalb von 1200 °C. Alle diese Einflüsse sind aus dem Allgemeinen Schmelzdiagramm leicht zu entnehmen. Für salzhaltige Kohlen gelten besondere Gesichtspunkte. Da es schwierig ist, die Verbrennung der Reduktionsprodukte im Anschluß an die leuchtende Flamme schnell und sicher durchzuführen, sind Kessel mit außerordentlich niedriger Brennkammerbelastung gebaut werden, in der Hoffnung, daß in dem großen Raum die erforderlichen Vorgänge sicher ablaufen müßten. So ist man bei einigen Großanlagen für Betrieb mit Rohbraunkohle auf Brennkammerbelastungen von 120000 kcal/m³h und darunter gegangen, ohne jedoch mit Sicherheit die erstrebte Wirkung zu erreichen. Es muß auch zugegeben werden, daß die einfache Vergrößerung der Kammer keine einwandfreie technische Lösung der gestellten Aufgabe ist. Erforderlich ist die Anwendung geeigneter Maßnahmen, um die genannten Vorgänge herbeizuführen.

Bei der Konstruktion der nichtgekühlten Teile der Kammer ist zu überlegen, ob eine Reaktion zwischen Aschenbestandteilen und den Schamottesteinen oder dem Schamottemörtel stattfinden kann. Bei eisenhaltigen Aschen verbindet sich, besonders bei reduzierender Atmosphäre, das Eisenoxydul aus der Asche mit der Kieselsäure aus den Steinen zu Fayalit, das schon bei 950 °C Korrosionen an den Wänden hervorruft. Diese beginnen gewöhnlich in den Fugen und führen in kurzer Zeit dazu, daß die Schamottesteine selbst ins Fließen kommen und ausgezehrt werden. Aus diesem Grunde ist es nicht zulässig, in Kesseln für Steinkohle Teile der Brennkammerwände in der Nähe der Flamme ungeschützt zu lassen. Man verkleidet hier die Wände zunächst mit Rohren und hängt dann nach Bedarf an diese die Zündflächen auf, so daß die Rohre selbst von der Flamme nicht angestrahlt werden. Für Kessel mit Braunkohle, deren Schlacke im allgemeinen nicht aggressiv ist, kann man dagegen die Schamottewände unverkleidet der Strahlung der Flamme aussetzen.

Die aus der Flamme herausfallende Schlacke soll in granulierter Form in die Aschentrichter fallen, weil sie sonst auf den schrägen Wänden der Trichter anbackt. Deshalb müssen die Trichter mit Kesselrohren gekühlt werden. Dies geschieht entweder durch Rohrsysteme, die auf den Trichterwänden angeordnet werden und im allgemeinen die Verlängerung der Kühlschirme an den Brennkammerwänden bilden, oder durch einen Granulierrost. Dieser besteht aus Kesselrohren, die quer durch den Aschentrichter geführt sind, so daß die herabfallende Schlacke zwischen diesen Rohren hindurchfällt und stark abgekühlt wird. Die Rohrteilung solcher Granulierroste muß groß gemacht werden, damit sich keine Schlackenbrücken bilden können. Eine Rohrteilung von 300 mm und mehr ist hier am Platze.

Noch eine Einzelheit ist wichtig, wird aber manchmal nicht genügend beachtet. Ist eine Stelle in der Brennkammer so schwach gekühlt, daß dort die Schlacke anhaftet oder das Mauerwerk ins Fließen gerät, unterhalb dieser Stelle aber eine stärkere Kühlung vorhanden, so läuft die flüssige Schlacke an der Wand herab bis zu der gekühlten Zone, wo sie erstarrt. Dort bildet sich dann eine große Ansammlung von Schlacke, die an der Wand hängt und immer weiter in die Kammer hineinwächst, die Strömungen stört, und, wenn sie schließlich abbricht, die darunterliegenden Teile, wie z. B. den Granulierrost, beschädigen kann. Man muß also darauf achten, derartige Anordnungen zu vermeiden, besonders beim Einbau von Sekundärluftdüsen; oberhalb der Düsen darf keine Zone liegen, in der Schlacke anbacken kann. Die Verschlackung der Düsen kann deren Wirkung vollständig zunichte machen.

Auf ähnliche Erscheinungen im Aschentrichter wurde schon hingewiesen. Wenn oberhalb des Trichters schlecht gekühlte Zonen liegen, wo die Schlacke sich ansetzt, so werden diese Ansätze im Laufe der Zeit immer dicker, so daß sie immer stärker isolieren und die Schlacke schließlich in flüssiger Form daran herunterläuft. Gelangt diese dann in den stärker gekühlten Trichter, so wird sie dort fest, und es entstehen sehr schwer zu entfernende Schlackenkuchen.

b) Brennkammer mit flüssigem Schlackenabzug

Die Produktion außerordentlich großer Mengen von Aschenstaub in den großen Kraftwerken hat dazu geführt, daß sich die Kessel- und Feuerungsindustrie in den letzten Jahrzehnten sehr intensiv und auch erfolgreich mit der Frage beschäftigt hat, wie es möglich ist, die Schlacke

in den Brennkammern der Kessel flüssig abzuscheiden und abzuziehen, da man dann durch
die Abkühlung in Wasser ein Granulat erhält, das leicht zu transportieren und sogar für die
keramische Industrie als Rohstoff zu verwenden ist. Wenn es gelingt, einen großen Teil der
anfallenden Asche auf diese Weise schon in der Brennkammer auszuscheiden, müßte sich auch
die Gefahr der Kesselverschmutzung verringern, und man könnte dann vielleicht auch die Entstaubungsanlagen einfacher ausführen, als es bei Kesseln mit trockenem Aschenabzug der Fall ist.

Schon im Jahre 1924 — also vor reichlich 30 Jahren — wurde eine erste kleine Anlage in
Deutschland gebaut, in der der flüssige Schlackenabzug erreicht wurde (Abb. 68). Es handelte
sich um einen kleinen Wasserrohrkessel auf der Zeche Welheim, dem eine birnenförmige Brennkammer vorgebaut war. Der Kohlen-
staub wurde durch einfache Flachbrenner von oben in die Kammer
eingeblasen, deren unterer Abschluß
quadratisch ausgeführt war. Der
letztere bestand aus einem quadratischen Schamottetisch, der aber die
Kammer nicht ganz abschloß, sondern ringsherum einen Spalt freiließ,
durch den die Schlacke flüssig nach
unten abtropfte und dann in einem
Wasserbad aufgefangen wurde. Die
Auskleidung der Brennkammer war
nicht durch Rohre geschützt, sondern wurde von außen durch Luft
gekühlt, was aber nicht ausreichte
und im Dauerbetrieb zu häufigen
Reparaturen führte. Da man nicht
recht wußte, wie man von diesem
an sich geglückten Versuch aus auf
den Bau größerer Anlagen übergehen
könnte, wurde die Sache dann nicht
weiter verfolgt.

Erst durch die Erfindung der
Stiftrohre kam die Entwicklung wie-

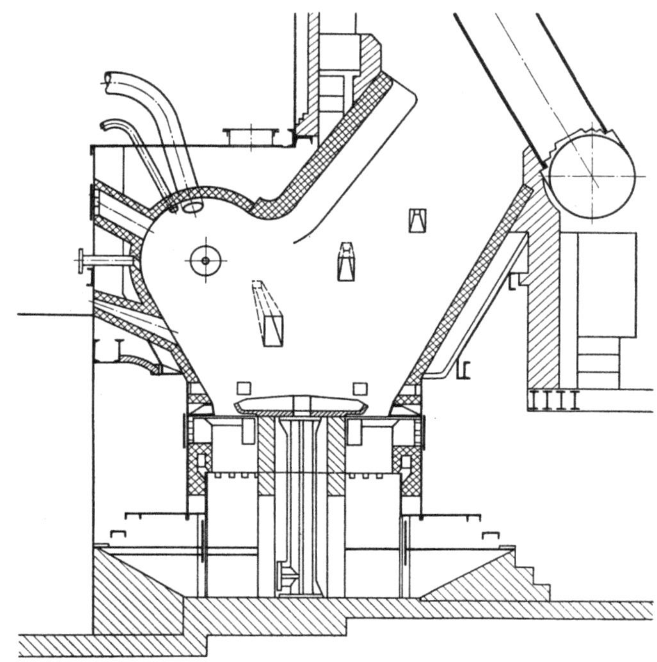

Abb. 68. Erste Anlage mit flüssigem Schlackenabfluß in
Deutschland

der ins Rollen. Die Brennkammer wird nach diesem Verfahren mit Kesselrohren ausgekleidet,
auf die Stifte von 10 mm Durchmesser und 30 mm Länge aufgeschweißt werden. Die Rohre
werden dann mit einer feuerfesten Stampfmasse umkleidet, die von den Stiften gehalten wird.
Über die erforderliche Anzahl der Stifte hatte man zunächst keine Vorstellungen. Nach
G. Schaaf[1] genügen unter günstigen Verhältnissen schon 14 Stifte auf das laufende Meter
Rohr, um die feuerfeste Schicht zu halten. In vielen Anlagen ist die Bestiftung der Rohre
jedoch wesentlich enger. Als Schutzstoff für die Rohre wird eine Chromerz-Stampfmasse verwendet. Auch Siliziumkarbid (Silibid) erscheint dafür geeignet.

Mit dieser Konstruktion hatte man das Mittel gefunden, um große Kessel mit der Schmelzfeuerung auszustatten (Abb. 69).

Die Brennkammer des Kessels wird nun in zwei Kammern aufgeteilt, von denen die erste
mit bestifteten und verkleideten Rohren ausgekleidet wird und als Schmelzkammer dient. Diese
Kammer hat einen ebenfalls durch Kesselrohre von unten gekühlten Boden, in dem sich das
Abflußloch für die Schlacke befindet.

Bei dieser Bauart liegen die Brenner als Flachbrenner in der geneigt ausgeführten Schmelz-
kammerdecke, und der Brennstoffstrahl aus den Brennern ist auf das Schlackenbad gerichtet,
so daß die neuen brennenden Teilchen auf die flüssige Oberfläche geschleudert werden und ihre

---

[1] Schaaf, G.: BWK **3**, 406—407 (1951).

Asche im Schlackenbad eingebunden wird. Bei der weiteren Entwicklung stellte sich heraus, daß man auf das Schlackenbad verzichten kann, da die Kohlenteilchen auch an der Verkleidung der Stiftrohre hängen bleiben und ausbrennen.

Im Übergang von dieser Primärkammer zur Sekundärkammer liegt der Fangrost. Das ist ein System von verkleideten Stiftrohren, die ein enges Gitter bilden, durch das die Rauchgase beim Austritt aus der eigentlichen Schmelzfeuerung hindurch strömen müssen.

Eine Variante der Schmelzkammerfeuerung ist die Konstruktion der Vereinigten Kesselwerke, bei der auf beiden Seiten der Schmelzkammer horizontal angeordnete Wirbelbrenner eingebaut sind, deren Flammen gegeneinander schlagen (Abb. 70).

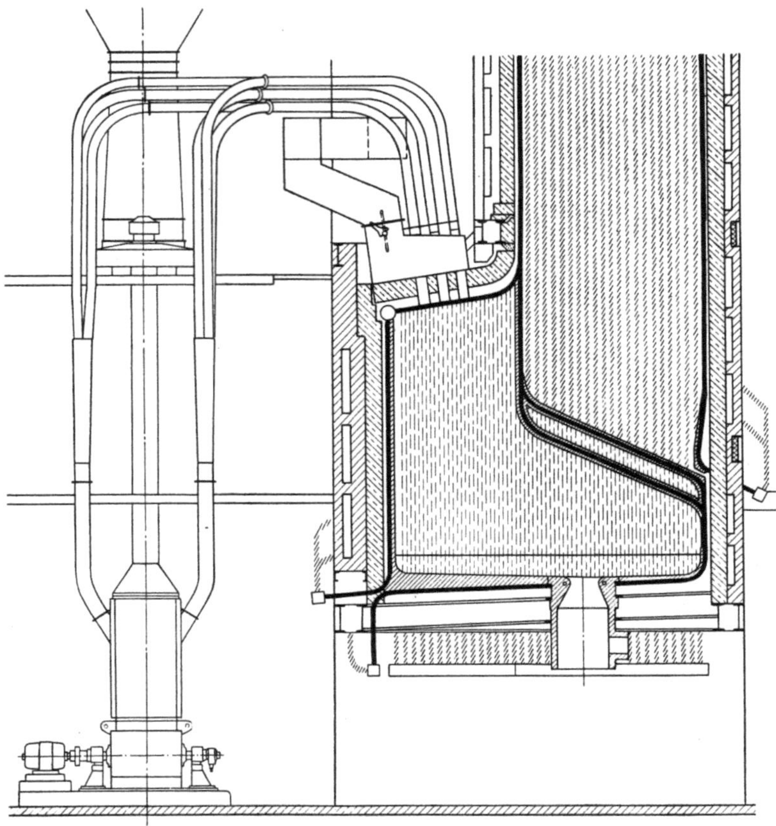

Abb. 69. Schmelzkammer für einen Kessel von 30 t/h Dampfleistung (Steinmüller)

Eine Schmelzkammer mit Eckenfeuerung von Dürr zeigt Abb. 71.

Eine zweite Form der Schmelzfeuerung ist die Zyklonfeuerung, über die zum erstenmal F. X. GILG[1] im April 1950 zusammenfassend berichtet hat. Bei dieser Feuerung wird die Kohle nicht so fein gemahlen wie in der gewöhnlichen Staubfeuerung, sondern nur auf eine Feinheit von etwa 5 mm gebrochen und in dieser Körnung in einen Zyklon eingeblasen, an dessen Wand nun ein flüssiger Schlackenfilm entsteht, auf dem die kleinen Krümel ausbrennen. Würde man feiner ausmahlen, dann würde der Staub durch den Zyklon hindurchfliegen, ohne an die Wand geschleudert zu werden, weil die Relativgeschwindigkeit zwischen Rauchgas und Kohleteilchen um so geringer wird, je feiner der Staub gemahlen ist. Bei der von der amerikanischen Babcock & Wilcox Co. entwickelten Zyklonfeuerung ist der Zyklon um etwa 15% gegen die Horizontale geneigt. Er ist der Brennkammer des Feuerungsraumes vorgeschaltet. Die Schlacke fließt aus dem Zyklon in die nachfolgende Kammer ab und wird dort wie bei der Schmelz-

---

[1] GILG, F. X.: Power Generation 64—70 (1950).

kammerfeuerung durch ein Abflußloch nach unten abgeleitet. Die Wände des Zyklons und der angeschlossenen Kammer werden durch verkleidete Stiftrohre geschützt, die an den Kesselkreislauf angeschlossen sind. Durch den Zyklon wird eine sehr weitgehende Einbindung der Brennstoffasche in die flüssige Schlacke erreicht, diese Feuerung hat also einen hohen „Einbindungsgrad".

Um den Einbindungsgrad noch zu erhöhen, wird die Rückwand der hinter dem Zyklon folgenden Kammer sehr nahe an die Zyklonmündung herangeschoben, so daß die Flamme gegen diese Wand prallt und auch hier noch Aschenteilchen an der Wand haften bleiben. Eine dritte Fangvorrichtung ist ein Fangrost (Abb. 72 u. 73).

Auch zu dieser Zyklonfeuerung gibt es einen Vorläufer in Deutschland. Das ist die BURG-Feuerung aus dem Jahre 1927. Es handelt sich um eine Vorfeuerung für Flammrohrkessel, bei der der Kohlenstaub durch einen Wirbelbrenner in eine kleine ungekühlte Brennkammer von vorn eingeblasen wurde. Die Asche wurde flüssig abgezogen. Solche Feuerungen wurden damals auf der Zeche Ernestine in Essen aufgestellt und hatten ein vorzügliches Ergebnis. Leider sind diese Feuerungen ebenso wie die Schmelztischfeuerungen nicht weiter gebaut worden, weil man damals eine zuverlässige Konstruktion zur Kühlung und Haltbarmachung der Auskleidung der Kammer noch nicht zur Verfügung hatte.

Neben dieser nahezu horizontal angeordneten Zyklonfeuerung ist von der Kohlenscheidungsgesellschaft der senkrechte Zyklon entwickelt worden. Ausgehend von der

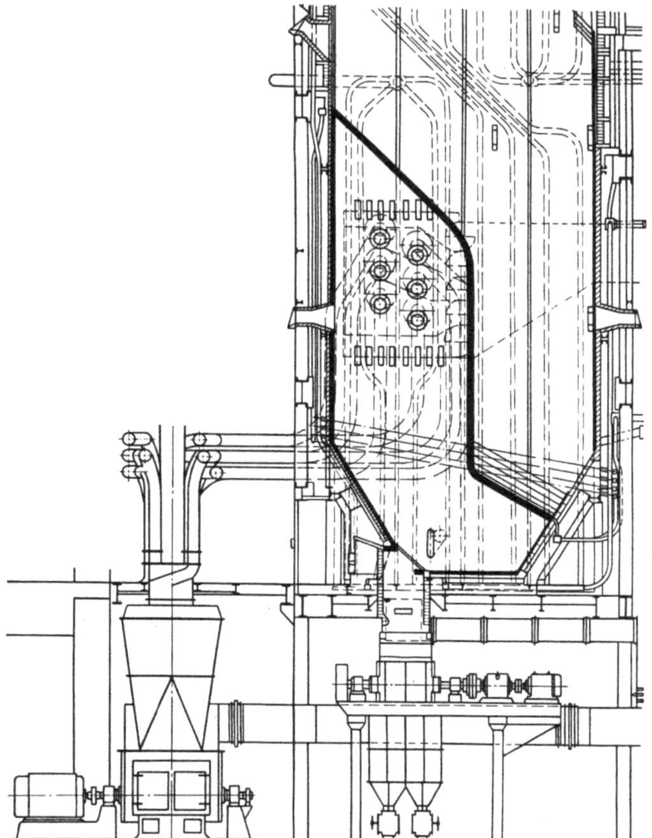

Abb. 70. Bensonkessel mit Schmelzkammerfeuerung (VKW). Dampfleistung: 100/125/135 t/h, Druck: 115 atü, Heißdampftemperatur: 510 °C

normalen Eckenfeuerung ist der senkrechte Zyklon eine Brennkammer, der der Kohlenstaub durch mehrere Flachbrenner nahezu tangential zugeführt wird. Der Durchmesser eines solchen senkrechten Zyklons ist wesentlich größer als der des Schrägzyklons, und deshalb ist die Umfangsgeschwindigkeit der Rauchgase kleiner. Die Kohle wird feiner gemahlen als im Schrägzyklon. Beim Schrägzyklon arbeitet man mit einer Geschwindigkeit von 50—100 m/s, beim senkrechten Zyklon geht man nur bis etwa 40 m/s; dementsprechend liegt auch die Wärmebelastung des Zyklons niedriger. Beim Schrägzyklon kommt man auf $4{,}5 \cdot 10^6$ kcal/m³h, während man beim senkrechten Zyklon bei $1{,}0 \cdot 10^6$ kcal/m³h stehenbleibt. Der Abscheidegrad ist aber nicht schlechter, weil nicht nur die an den Schlackenfilm geschleuderten Teilchen haften bleiben, sondern im senkrechten Zyklon auch noch andere Teilchen ausgeschieden werden, die entsprechend den Verhältnissen in jedem senkrecht stehenden Staubabscheider durch die Schwerkraft nach unten absinken. Der senkrechte Zyklon wird nach oben nicht durch einen Fangrost begrenzt; die Rauchgase ziehen vielmehr durch eine Öffnung nach oben ab, deren Querschnitt wesentlich kleiner ist als der des Zyklons (Abb. 74).

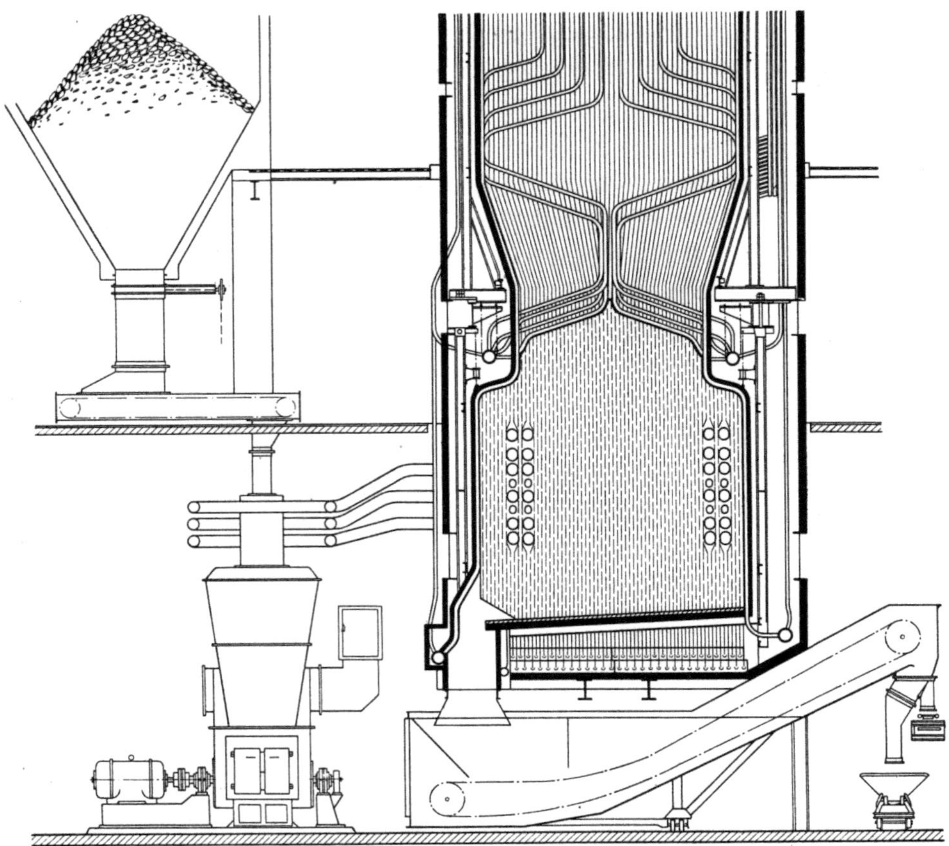

Abb. 71. Schmelzkammer mit Eckenfeuerung (Dürr)

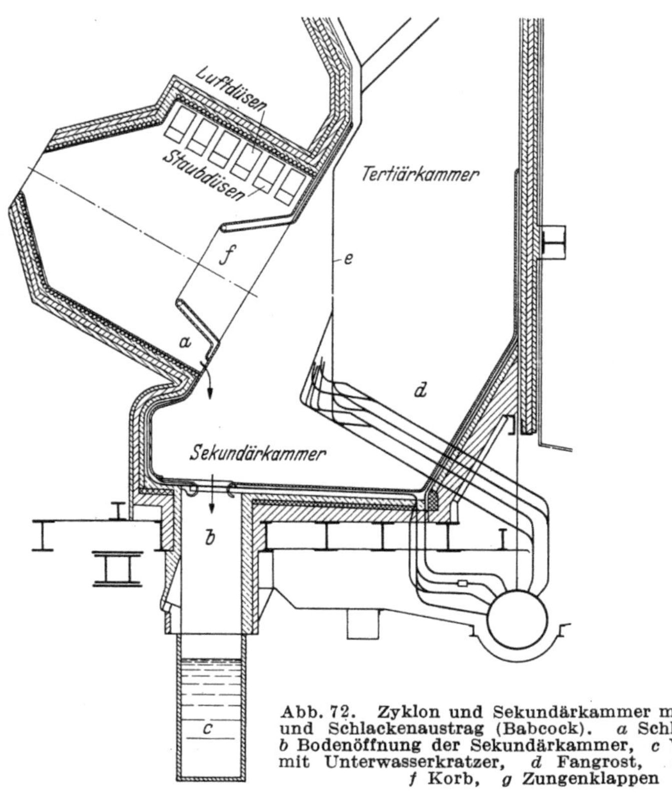

Abb. 72. Zyklon und Sekundärkammer mit Prallwand
und Schlackenaustrag (Babcock). *a* Schlackenabfluß,
b Bodenöffnung der Sekundärkammer, *c* Wasserwanne
mit Unterwasserkratzer, *d* Fangrost, *e* Prallwand,
f Korb, *g* Zungenklappen

Alle diese Bauarten sind wiederholt gebaut worden, und viele Anlagen mit derartigen Feuerungen sind in Auftrag gegeben worden und zur Zeit im Bau. Wir stehen in einer Entwicklung, die wieder einmal zeigt, daß es für ein technisches Problem nicht immer nur eine gute Lösung gibt, sondern daß verschiedene Möglichkeiten bestehen, und daß erst jahre- bzw. jahrzehntelange Erfahrungen gesammelt werden müssen, bis man ein endgültiges Urteil fällen kann. Dabei spielt die betriebliche Bewährung die größte Rolle, worunter man drei Dinge verstehen kann:

1. den Einbindungsgrad der Asche im Dauerbetrieb bei schwankender Belastung;

2. die sogenannte „Reisedauer" des Kessels zwischen zwei Reinigungen;

3. die Möglichkeit eines anstandslosen Dauerbetriebes ohne Unterbrechungen durch kleinere Reparaturen usw.

Der dritte dieser Punkte betrifft eine Erscheinung, die bei jeder Neukonstruktion auftritt, das sind die sogenannten „Kinderkrankheiten", die sich in der Regel durch konstruktive Verbesserungen mehr oder weniger schnell überwinden lassen. Die beiden anderen Punkte sind jedoch von großer Bedeutung.

Über den Einbindungsgrad können nach den bisherigen Erfahrungen folgende Angaben gemacht werden:

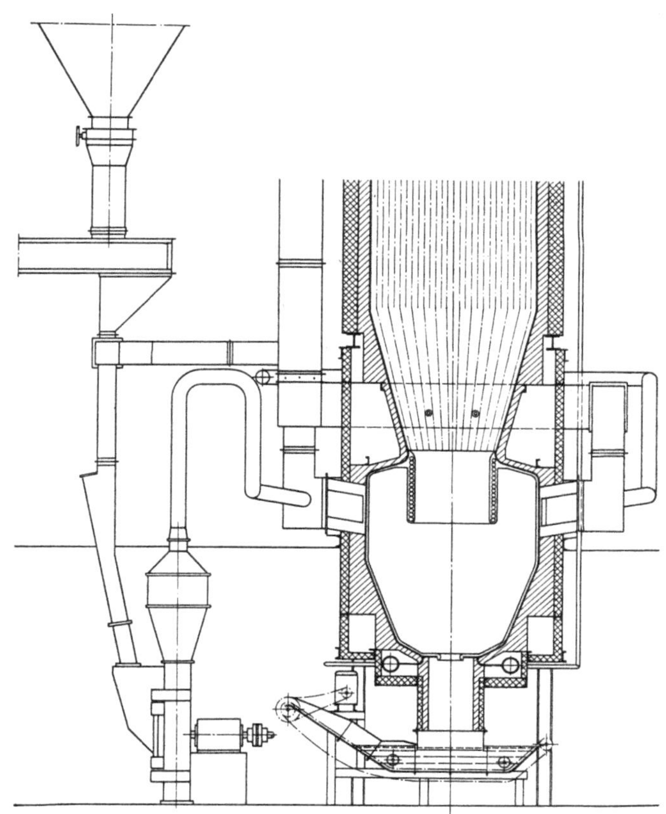

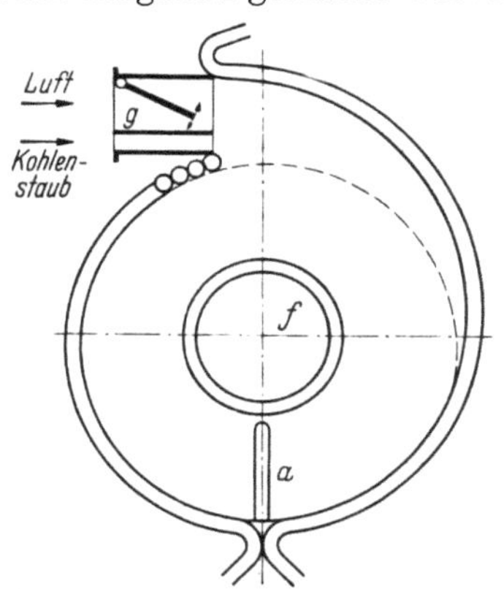

Abb. 73. Zyklonquerschnitt mit Luft- und Staubdüsen (zu Abb. 72)

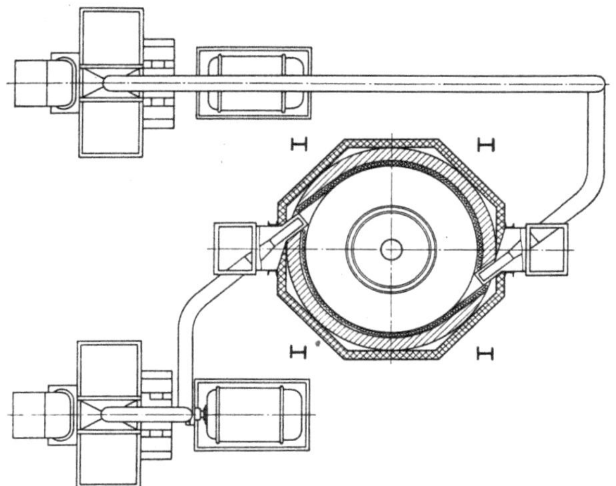

Abb. 74. Schmelzzyklon (KSG)

Tabelle 22. *Einbindungsgrad in % beim ersten Durchgang*

Gehalt des Rauchgases an Asche p/Nm³	20	40
Zyklon	80	85
Schmelzkammer	30	40

Diese Zahlen sind sehr roh gegriffen, da sie ganz allgemein die bisherigen Erfahrungen zusammenfassen, die aber naturgemäß mit bestimmten Brennstoffen gesammelt worden sind, so wie sie in den einzelnen Anlagen zur Verfügung standen.

Da das Abgas des Kessels auch bei den erreichten hohen Einbindungsgraden immer noch erhebliche Staubmengen enthält, kann man auf ein Staubfilter hinter der Kesselanlage nicht verzichten. Die Industrie ist jedoch bemüht, durch die Rückführung des abgeschiedenen Staubes aus den Kesselzügen und den Filteranlagen in die Schmelzkammer auch diese Asche noch mit einzubinden. Hierbei ist zu beachten, daß der feine Staub strömungstechnisch anderen Bedingungen unterliegt als die Primärasche, da er im Korn wesentlich feiner ist. Es ist also nicht zu erwarten, daß dieser Staub beispielsweise im Schrägzyklon an den Schlackenfilm, der die Zyklonwand bedeckt, geschleudert wird. Allerdings hat der Schrägzyklon ja einen so hohen Primär-Einbindungsgrad, daß nicht mehr viel Staub einzubinden bleibt.

Im senkrechten Zyklon, in welchem ein gewisses Absinken des Aschenstaubes durch die Schwerkraft stattfinden soll, wird auch ein etwas höherer Anteil des Flugstaubes eingebunden werden. In der Schmelzkammer ohne Zyklon kann man auch mit einer günstigen Wirkung der Schwerkraft in dieser Beziehung rechnen. Diese Feuerungen haben auch im allgemeinen einen Fangrost, der die Abscheidung begünstigt.

Neuerdings haben die Firmen damit begonnen, besondere Einrichtungen für die Einbindung des Flugstaubes zu schaffen. Als Beispiel sei der Flugaschenschmelzofen der Vereinigten Kesselwerke erwähnt, der der Brennkammer des Kessels vorgeschaltet wird (Abb. 75).

Wenn eine solche Einrichtung Erfolg hat, dann ist damit auch eine Lösung für die Fälle gefunden, in denen der Kessel überhaupt keine Schmelzkammer besitzt, sondern mit trockenem Schlackenabzug in der überlieferten Form gebaut ist. Man verzichtet dann also auf die Primäreinbindung und fängt den gesamten Flugstaub erst in der Entstaubungsanlage hinter dem Kessel

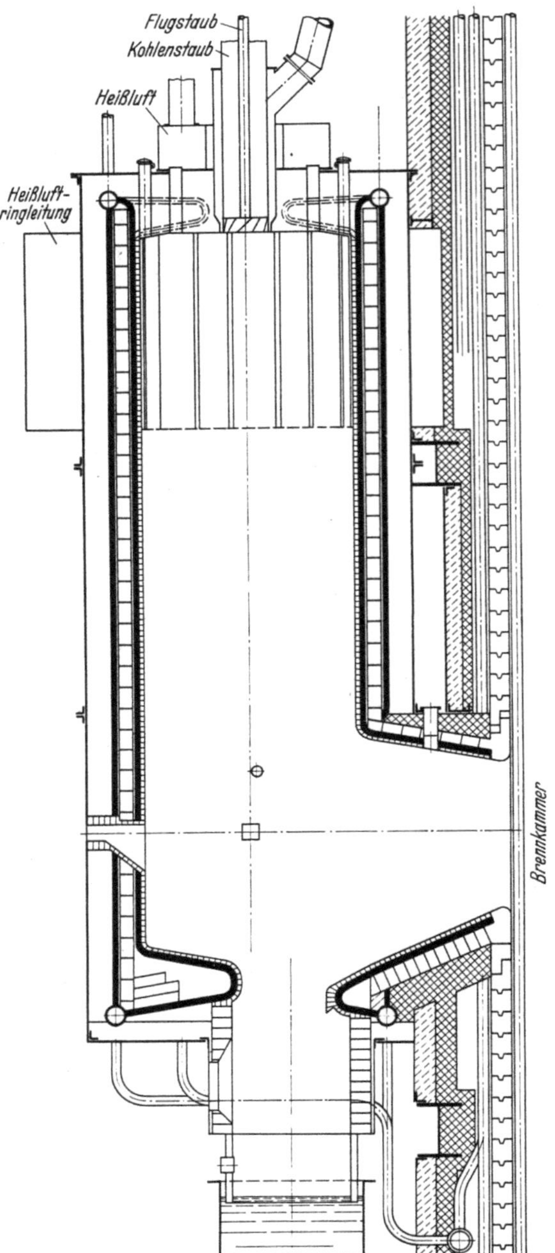

Abb. 75. Flugaschenschmelzofen (VKW)

auf, um ihn dann in dem besonderen der Feuerung vorgeschalteten Schmelzofen einzubinden.

Was den zweiten der oben genannten Punkte, nämlich die Reisedauer zwischen zwei Reinigungen betrifft, so hat sich der anfängliche Optimismus ein wenig abgekühlt. Es zeigt sich, daß bei den hohen Temperaturen, wie sie in Schmelzkesseln entstehen, eine neue Art der Kesselverschmutzung auftritt. Obwohl beispielsweise der Zyklon einen so hohen Primäreinbindungsgrad hat, überzieht sich bei bestimmten Kohlen die Heizfläche des Kessels und Überhitzers mit einem feinen Belag, für dessen Ursprung man noch keine Erklärung gefunden hat. Es ist zu vermuten, daß es sich hier um Sublimate handelt, die erst bei sehr hohen Temperaturen entstehen, wie z. B. Siliziumsuboxyd SiO, Aluminiumsulfid Al_2S_3 u. a. Wenn dies der Fall ist, müßte man auch bei Schmelzkesseln in der Kammer hinter der Schmelzkammer durch Einblasen von Luft mit hoher Pressung oder Wasserdampf oder durch andere Maßnahmen die Verbrennung solcher Stoffe herbeiführen, damit sie frühzeitig zerstört werden. Man sieht auch hier wieder, wie wichtig es ist, die Theorie der Brennstoffaschen weiter zu vervollkommnen.

Die bestifteten Kühlrohre der Schmelzkammern und Zyklone werden an den Wasserumlauf des Kessels angeschlossen. Erleichtert wird jedoch die konstruktive Durchbildung der Kammern, wenn man Zwangumlauf oder -durchlauf verwendet, weil man dann auf den Auftrieb in den Steigrohren keine Rücksicht zu nehmen braucht. Auch ein Teil des Speisewasservorwärmers ist schon hierzu herangezogen worden.

D. Ölfeuerungen

1. Allgemeines

Flüssige Brennstoffe müssen in der Schwebe verbrannt werden, und es kommt darauf an, das Öl mit der Verbrennungsluft möglichst gut zu mischen, damit die Verbrennung schnell und vollständig durchgeführt wird. Die konstruktive Aufgabe ist also, einen Brenner zu bauen, der

1. das Öl fein zerstäubt und
2. eine gute Mischung mit der Verbrennungsluft bewirkt.

Die Zerstäubung hat den Zweck, eine möglichst große Oberfläche der Öltröpfchen zu erzielen, wobei zu beachten ist, daß beim Eintreten des Brennstoffes in die heiße Brennkammer auch schon eine Teilverdampfung des Öls eintritt.

Die Mineralöl-Industrie stellt für Feuerungen zur Zeit drei Ölsorten zur Verfügung, deren Viskosität abhängig von der Temperatur aus Abb. 76 hervorgeht[1].

Das schwerste dieser Heizöle wird unter der Bezeichnung S, manchmal auch unter der Bezeichnung „Bunkeröl C" geliefert. Wegen seiner hohen Viskosität ist es nur in vorgewärmtem Zustand auf 40—50 °C zu transportieren. Für die Zerstäubung ist eine weitere Vorwärmung auf etwa 120 °C notwendig, um die erforderliche Viskosität von 2—2,5 °E zu erreichen. Sein hoher Schwefelgehalt von etwa 3,5% führt zur Bildung von Schwefelsäure und schwefliger Säure in den Abgasen der Kessel, ähnlich wie

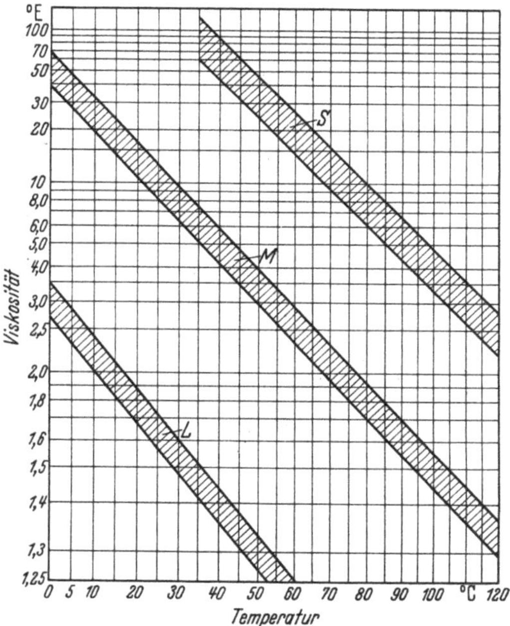

Abb. 76. Viskosität von Heizölen. S Schweröle, M Mittelschwere Öle, L Leichtöle

es auch bei stark schwefelhaltigen Braunkohlen der Fall ist (vgl. S. 37).

Unter der Bezeichnung M werden die mittelzähen Öle zusammengefaßt. Auch hier ist für die Zerstäubung im Brenner eine Vorwärmung nötig.

Die Gruppe L umfaßt dünnflüssige Heizöle, die dem Dieselöl nahekommen. Wegen ihres hohen Preises kommen sie nur für Kleinanlagen mit automatischer Regelung in Frage.

Tab. 23 gibt einige Eigenschaften der genannten Öle wieder.

---

[1] KUHLMANN, A.: Über die Wirtschaftlichkeit von Heizölfeuerungen in Dampfkesselanlagen. BWK **7**, 465—469 (1955).

Tabelle 23. *Eigenschaften von Heizölen*

Heizölsorte	S	M	L
Wichte bei 15 °C kp/l	0,97	0,92	0,88
Unterer Heizwert kcal/kp	9600	9800	10200
Schwefelgehalt %	3,5	2,3	1,0
Oberer Fließpunkt °C	unter + 10	unter − 12	—
Stockpunkt °C	—	—	unter − 15

2. Vorgang der Verbrennung

Die Brennöle bestehen aus aliphatischen und aromatischen Kohlenwasserstoffen, die bei der Erwärmung verdampfen und sich chemisch verändern. Da die einzelnen Bestandteile ganz verschiedene Zusammensetzungen haben, so verdampfen sie auch bei verschiedenen Temperaturen. Wenn man ein Öl auf 80—150 °C erwärmt, können sich Gasblasen ausscheiden, die die Strömung in den Zerstäuberdüsen stören. Erwärmt man das Öl weiter, so wird Wasserstoff frei, wodurch sich der Kohlenstoff in den Molekülen anreichert. Steigert man die Temperatur über 500 °C hinaus, so werden einige Kohlenwasserstoffe soweit abgebaut, daß sich Ruß in fester Form und Koks abscheiden, deren Verbrennung nur durch intensive Mischung mit Luftsauerstoff bei hoher Temperatur möglich ist.

Es kommt daher in der Ölfeuerung darauf an, die Teilchen schnell auf hohe Temperatur zu bringen und so mit Sauerstoff zu versorgen, daß sie in dem Augenblick, wenn sie weit genug abgebaut sind, sofort verbrennen können. Diese Umwandlung geht bei den leichteren Kohlenwasserstoffen sehr schnell vor sich, dadurch entsteht eine schnelle Zündung und hohe Temperatur, und die Reaktion der schwereren Moleküle wird beschleunigt. So entsteht eine kurze Flamme, und man muß die gesamte Verbrennungsluft schon im Brenner zuführen, wenn man nicht die Verbrennung verzögern will. Nicht zu empfehlen ist auch eine planmäßige Verdampfung des Brennöls vor der Verbrennung, denn die Aufgabe, die entstandenen Dämpfe mit Luft zu versorgen und daneben den ausgeschiedenen Ruß und Koks zu verbrennen, ist weit schwieriger als die direkte Verbrennung des Öls.

Treffen Öltropfen auf eine Wand, deren Temperatur über 500 °C, aber nicht über 1000 °C liegt, so setzt sich dort der Abbau bis zum Ruß oder Koks herunter fort; und da diese Temperatur nicht ausreicht, um den Koks zu zünden, bleibt dieser unverbrannt liegen.

Ferner kann Luftmangel die Koksausscheidung bewirken, obwohl die Temperatur hoch ist.

Aus diesen Gründen findet man Koksablagerungen und Rußausscheidungen an den gemauerten Rändern der Brenneröffnungen, am Mauerwerk, das von der Flamme direkt bespült wird, in den Bechern der SAACKE-Brenner und an ähnlichen Stellen.

Bei Luftmangel wird der Rauch intensiv schwarz gefärbt. Wird der Luftüberschuß stark erhöht, dann wird der Flammenweg verlängert. Dadurch wird die Mischung zwischen Luft und Brennstoff verschlechtert, und dampfförmige Ölteilchen wandern durch die Brennkammer ohne den Sauerstoff zu ihrer Verbrennung zu finden. Bei der Abkühlung im Kessel kondensieren sie wieder und erscheinen als weißer Dampf in den Abgasen. Man nennt das „Weißqualmen". Dies ist aber nur beim Betrieb mit Kaltluft möglich, bei der Verwendung vorgewärmter Luft zerfallen diese Moleküle weiter, und das Weißqualmen ist dann kaum mehr zu erreichen.

Öltropfen, die auf Kesselrohre angeschleudert werden, setzen keinen Ruß ab, weil sie bei der Temperatur der Rohrwand nicht weiter zerfallen. Angewehter fetter Ruß bildet Verschmutzungen an den Rohren.

Es ist auch zu beachten, daß Brennöle einen wenn auch geringen Aschengehalt besitzen, dessen Mineralaufbau etwa dem der Steinkohle entspricht. Tritt das Rauchgas mit mehr als 1100 °C in die Berührungsheizfläche ein, so sind Verschlackungen zu erwarten.

3. Die Zerstäubung

a) Allgemeines

Zur Zerstäubung des Brennöls dienen verschiedene Verfahren:
a) durch plötzliche Entspannung in einer Düse (Druckzerstäubung),
b) durch Fliehkraft.
Für Kleinanlagen wird auch die kinetische Energie von strömender Luft oder auch Dampf zur Zerstäubung des Öls herangezogen.

b) Druckzerstäubung

Bei diesem auf Schiffs- und Landanlagen weit verbreiteten Verfahren wird das Öl auf einen hohen Druck gebracht und durch die Umsetzung der Druckenergie in Geschwindigkeit zerstäubt, wobei man einen Öldruck zwischen 8 und 40 atü verwendet.

Ein Teil der Druckenergie des Öls dient dazu, dem Öl in einer der Düse vorgeschalteten Wirbelkammer eine Drehbewegung mit der Umfangsgeschwindigkeit u m/s zu erteilen, während der Rest die Axialkomponente w der Bewegung erzeugt:

$$\Delta p = \frac{\gamma}{g}\left(\frac{u^2}{r} + \frac{1}{2}\,w^2\right). \tag{113}$$

Bei der verlustlosen Potentialströmung ist

$$u\,r = \text{const.}, \tag{114}$$

so daß die Teilchen immer schneller rotieren, je näher sie an die Achse der Bewegung herankommen. Für den Fall der verlustbelasteten Bewegung stimmt die Gesetzmäßigkeit zwar nicht mehr genau, aber das Bestreben der Teilchen, innen schneller zu rotieren als außen, bleibt doch bis zu einem gewissen Grade erhalten. Führen wir zwei Verlustfaktoren φ und ψ ein, die angeben, um wieviel die erreichbaren Geschwindigkeiten kleiner sind als die theroetischen bei verlustloser Strömung, so geht Gl. (113) über in

$$\Delta p = \frac{\gamma}{g}\left(\frac{u^2}{\varphi^2\,r} + \frac{1}{2}\,\frac{w^2}{\psi^2}\right). \tag{115}$$

Die Verlustfaktoren werden um so kleiner sein, je geringer die Viskosität des Öls ist.

Abb. 77—79 zeigen verschiedene Konstruktionen von Ölzerstäubern mit Wirbelkammer a und Düse b.

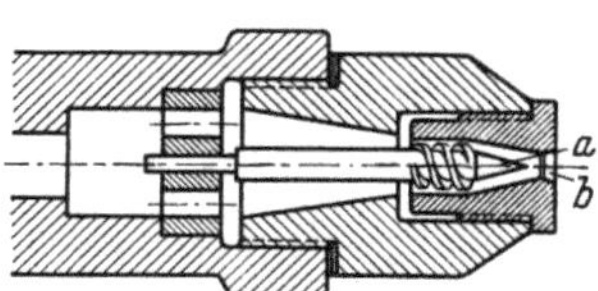

Abb. 77. Körting-Druckzerstäuber
a Wirbelkammer, b Düse

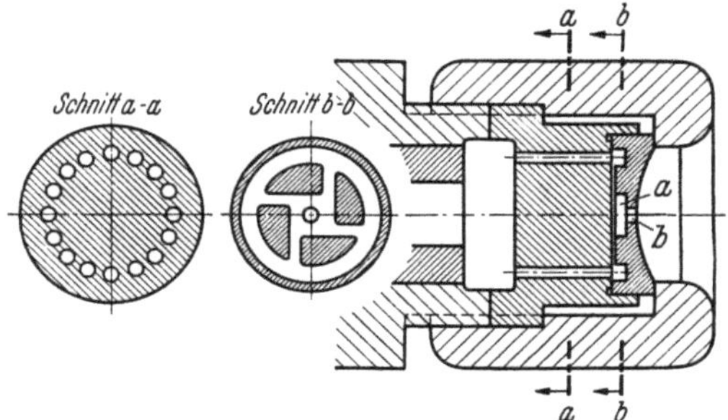

Abb. 78. Blohm & Voss-Zerstäuber
a Wirbelkammer, b Düse

Abb. 77 zeigt den Zerstäuber des Körting-Brenners, bei dem die Drehbewegung durch eine Spiralführung des Öls angestrebt wird. Beim Blohm & Voss-Brenner, Abb. 78, wird das Öl tangential in die Wirbelkammer vor der Düse eingeführt. Beim Todd-Brenner, Abb. 79, ist die Düse größer als bei den anderen Bauarten.

Mit diesen Konstruktionen erreicht man bei einem Öldruck von 10—20 atü Spritzkegel von etwa 90°. Wichtig ist, daß die Düse außen eine sehr scharfe Kante besitzt, damit der Ölfilm ganz gleichmäßig zerrissen wird.

Solche Brenner sind nur in sehr engen Grenzen regelbar, denn wenn man den Öldruck stark drosselt, verliert der Zerstäuber seine Wirkung. Diese Schwierigkeit wurde durch die Einführung

des Rücklaufbrenners überwunden. Abb. 80 zeigt als Beispiel den Blohm & Voß-Brenner mit
Ölrücklauf, bei dem immer ein Teil des geförderten Öls aus der Wirbelkammer durch den Brenner-
körper zurückgeführt wird. Durch Öffnen der Rücklaufleitung kann man erreichen, daß weniger
Öl durch die Düse in die Brennkammer gelangt. Mit dieser Vorrichtung kann man bis auf etwa
25—15% der vollen Leistung herunterregeln.

Die beste Lösung, die sich auch rechnerisch klar übersehen läßt, dürfte ein zentrales Rück-
führrohr von großem Querschnitt sein, in dem sich die Potentialströmung erhält. Mit einer

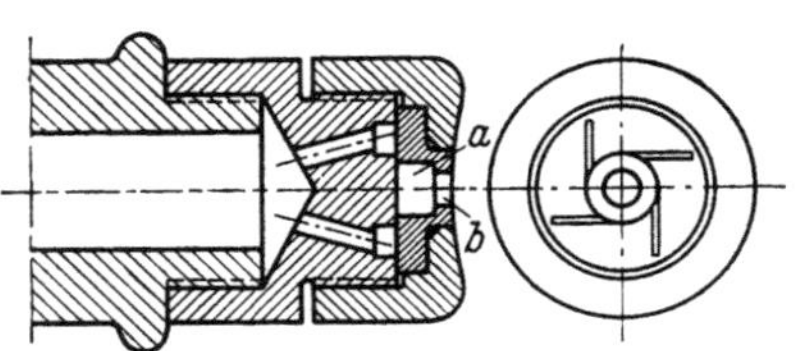

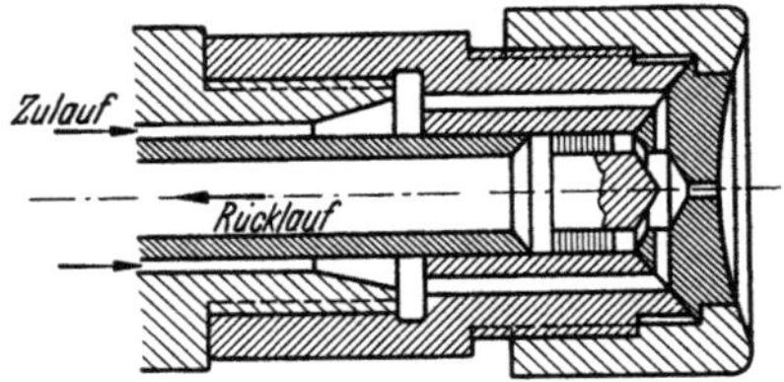

Abb. 79. Todd-Zerstäuber   Abb. 80. Blohm & Voss-Zerstäuber mit Rücklauf
a Wirbelkammer, *b* Düse

solchen Bauweise kann man sehr fein regeln und kommt mit der Leistung des Brenners etwa
auf $^1/_6$ der vollen Leistung herunter. Dann wird der Ölfilm in der Brenndüse so dünn, daß er
zerreißt und Tropfen bildet. Die Regelung selbst geschieht lediglich durch das Drosselventil in
der Rücklaufleitung.

Eine zusätzliche Möglichkeit der Regelung ist eine verstellbare Nadel in der Brenndüse.
In diesem Falle kann die Ölpumpe bei allen Belastungen immer die gleiche Menge fördern;
durch die Stellung der Nadel wird bestimmt, wieviel davon durch die Brenndüse geht, der
Rest läuft zur Pumpe zurück (STOW-Brenner der Stettiner Oder-Werke, Veloxkesselbrenner
von Brown Boveri).

Bei allen diesen Brennern ist zu beachten, daß die Düse und bei Nadelventildüsen auch die
Nadeln einem ziemlich hohen Verschleiß ausgesetzt sind. Deshalb werden die Brenner so eingerichtet, daß man diese Teile schnell auswechseln kann.

Die Verbrennungsluft wird in zwei konzentrischen Kanälen um den Brenner herum zugeführt
(Abb. 81). Der Brenner selbst wird aber gegen den Luftstrom durch einen kleinen Trichter, der
mit Schlitzen versehen ist, abgeschirmt, damit die Entfaltung des Ölkegels nicht behindert wird.
Durch die Unterteilung des Luftstroms kann man die Luft so verteilen, daß eine vollständige
Verbrennung mit einer kurzen Flamme erreicht wird.

Solche Brenner, die für Durchsatz-Leistungen von 600, 800 und 1000 kp/h Öl gebaut werden,
arbeiten mit einem Luftüberschuß von 15—25% bei Vollast und 30—40% bei Kleinstlast[1].

Eine Vorwärmung der Verbrennungsluft ist aus feuertechnischen Gründen nicht erforderlich, aber auch nicht nachteilig. Die von der Temperatur abhängige Dichte der Luft muß jedoch
bei der Bemessung der Luftkanäle in Betracht gezogen werden, damit alle Öltröpfchen gleichmäßig mit Sauerstoff versorgt werden. Dieses Bestreben wird auch durch Luftwirbel gestört,
und man muß alles vermeiden, was den ruhigen, gleichmäßigen Zustrom der Luft beeinträchtigen könnte. Die Abzweigung von Luft als Sekundärluft, die wie bei Rost- und Staubfeuerungen
in die Brennkammer eingeblasen wird, ist in der Ölfeuerung nachteilig, weil im Öl durch die
Erwärmung schon die schweren Kohlenwasserstoffe so weit abgebaut werden, daß der Zustand
der Verbrennungsreife erreicht wird. Die gesamte Verbrennungsluft kann daher schon im Brenner
zugeführt werden.

Der Luftwiderstand im Brennergeschränk beträgt 120—180 mm WS.

c) Zentrifugalzerstäuber

Das kennzeichnende Bauelement dieses Brenners ist ein schnell rotierender Becher, in den das
Öl eingeführt wird. Beim SAACKE-Brenner, Abb. 82, wird es durch die hohle Welle zugeführt.

---

[1] Vgl. G. MENZ: Konstruktion schnell regelbarer Wasserrohrkessel mit Ölfeuerung. Konstruktion **2**,
111—117, 145—150 (1950).

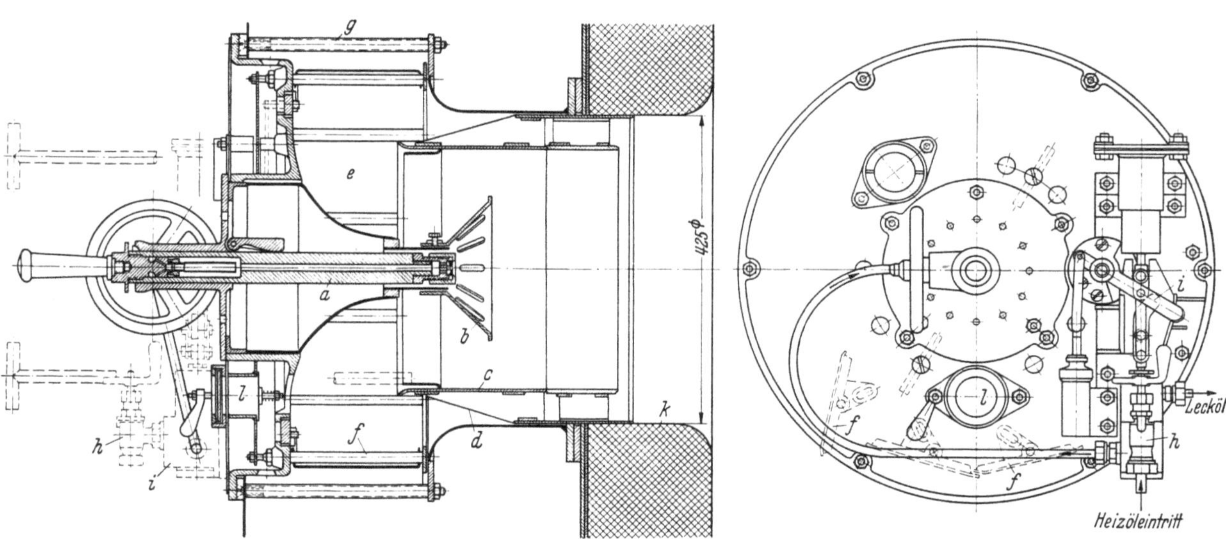

Abb. 81. Druckzerstäuber mit Geschränk.
a Düsenstock, *b* Schirm, *c* Innerer Geschränkzylinder, *d* Äußerer Luftkanal, *e* Luftzuführung, *f* Absperrklappen für Luftzuführung, *g* Lufteintritt, *h* Heizölventil, *i* Vorrichtung zur automatischen Betätigung der Absperrklappen für die Verbrennungsluft, *k* Mauerdüse, *l* Schauloch

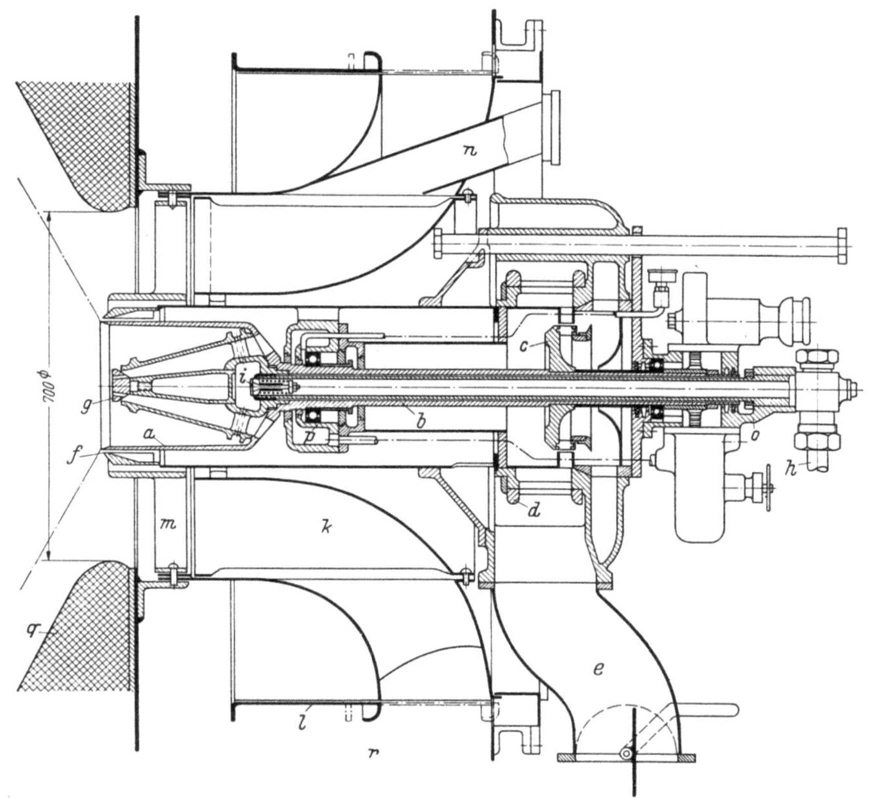

Abb. 82. Zentrifugalzerstäuber (Saacke-Brenner) mit Geschränk.
a Becher, *b* Welle, *c* Antriebsluftturbine, *d* Regulierschieber für Luftturbine, *e* Zuführungskanal für die Zerstäuberluft, *f* Zerstäuberluftaustritt am Umfang des Bechers, *g* Innenluftzufuhr zur Flamme, *h* Heizölzuführung (das Heizöl geht durch die hohle Welle nach dem Brenner), *i* Rückstauventil, *k* Geschränk für Sekundärluft, *l* Schieber für Sekundärluft, *m* Drallrost für Sekundärluft, *n* Zünd- und Schauloch, *o* Äußere Lagerung des Bechers mit Schmierölbehälter, Dreh- und Drehzahlanzeiger, *p* Innere Lagerung des Bechers, *q* Mauerdüse, *r* Sekundärlufteintritt.
Der innere Teil des Brenners mit Becher, Luftturbine und Lagerung ist ausschwenkbar

Auf der inneren Oberfläche des Bechers entsteht ein Ölfilm. Der Becher ist mit einer ganz schwachen Erweiterung ausgeführt, so daß das Öl langsam nach vorn wandert; es wird dann infolge der Drehbewegung von der scharfen Becherkante ab nach außen geschleudert und gelangt in den Strom der Verbrennungsluft. Ein geringer Teil der Luft, etwa 8—10%, wird vorher abgezweigt, über ein Gebläse auf einen Druck von 1000—1200 mm WS gebracht und dem Innern des Brenners zugeführt, um die der starken Strahlung ausgesetzten Teile zu kühlen und dann den Flammenkern genügend mit Luft zu versorgen.

Der Becher rotiert mit einer Drehzahl von 6000—7000 Uml/min. Solche Brenner werden bis zu Leistungen von 3000 kp/h Brennöl gebaut und verbrauchen dabei etwa 20 kW für den Antrieb der Welle. Diese wird entweder durch eine Luftturbine oder einen Elektromotor angetrieben. Die Sekundärluft kann vorgewärmt werden. Folgende Regelbereiche werden für SAACKE-Brenner angegeben: 2—10 kp/h, 6—25 kp/h, 35—200 kp/h und 150—3000 kp/h.

E. Gasfeuerungen

1. Allgemeines

Für die Verbrennung gasförmiger Brennstoffe gelten die gleichen Grundlagen wie für die Verbrennung der flüchtigen Bestandteile und der Vergasungsprodukte der festen Brennstoffe in den Rost- und Staubfeuerungen. Während wir aber bei diesen Feuerungen darauf angewiesen sind, die brennbaren Gase durch Einblasen von Wirbelluft oder Umlenkung der Strömung mit der Verbrennungsluft zu vereinigen, haben wir im Gasbrenner die Möglichkeit, diese Mischung planmäßig durchzuführen. Dabei gilt das Gesetz „gemischt ist verbrannt", das heißt, für die Verbrennung ist praktisch kein zusätzlicher Zeitaufwand notwendig, sobald die Mischung erreicht und die erforderliche Reaktionstemperatur von etwa 700 °C vorhanden ist.

Man unterscheidet grundsätzlich zwei Brennerbauarten, solche, in denen Gas und Luft schon im Brenner gemischt werden und sich erst bei der hohen Temperatur hinter dem Brenner entzünden, und solche, bei denen auch die Mischung erst hinter dem Brenner erfolgt, schließlich Brenner mit Doppelmischung, bei denen beide Vorgänge stattfinden.

Die Zündung ist beim Gasbrenner mit Vormischung abhängig von den Strömungsverhältnissen. Beschränkt man die Betrachtung auf die turbulente Strömung (Re > 2000), so ist bekannt, daß an der Rohrwand eine viel kleinere Geschwindigkeit herrscht als in der Mitte des Rohres. Um Rückzündungen zu vermeiden, muß also die Geschwindigkeit des Gas-Luft-Gemisches im Rohr so groß sein, daß die Geschwindigkeit an der Wand immer noch größer als die Verbrennungsgeschwindigkeit des Gases ist. Ist sie kleiner, so zündet die Flamme in das Rohr zurück, ist sie größer, so zündet das Gas erst in einer gewissen Entfernung hinter der Brennermündung.

Bezieht man nun die Betrachtung auf die mittlere Gemischgeschwindigkeit im Rohr, so findet man eine Abhängigkeit vom Rohrdurchmesser. In einem kleinen Rohr ist die Bestrahlung der inneren Rohrwand durch die davorliegende Flamme sehr klein, weil das Winkelverhältnis sehr ungünstig ist, außerdem gibt die verhältnismäßig große Oberfläche des engen Rohres viel Wärme nach außen ab. Infolgedessen bleibt das Rohr relativ kalt, und die Verbrennungsgeschwindigkeit an der Rohrwand ist viel kleiner als in einem großen Rohr; aus diesem Grunde zündet die Flamme im kleinen Rohr nicht so leicht zurück, oder, anders ausgedrückt, die Rückzündgeschwindigkeit ist kleiner. Steigert man nun die Geschwindigkeit des Gemisches, so zündet die Flamme zunächst noch unmittelbar hinter der Brenneröffnung, bis die Strömungsgeschwindigkeit größer ist als die Verbrennungsgeschwindigkeit. In diesem Augenblick hebt sich die Flamme vom Brenner ab. Die hierfür kritische Geschwindigkeit nennt man die Abhebegeschwindigkeit. Rückzündgeschwindigkeit und Abhebegeschwindigkeit liegen also beim engen Rohr weit auseinander.

Beim weiten Rohr liegen die Verhältnisse ganz anders. Hier ist die Einstrahlung auf die Innenfläche des Rohrendes viel größer und die Wärmeabfuhr nach außen verhältnismäßig klein, und man muß eine große Strömungsgeschwindigkeit anwenden, um Rückzündungen zu vermeiden. Steigert man nun die Geschwindigkeit weiter, so hebt sich die Flamme sehr bald vom Brenner ab, d. h. die Abhebegeschwindigkeit liegt dicht über der Rückzündungsgeschwindigkeit, und sie ist beim großen Rohr viel kleiner als beim engen Rohr. Dies hängt vielleicht damit zusammen, daß der dünne Strahl, der aus dem kleinen Rohr hervorkommt, sehr schnell an Geschwindigkeit verliert, während der dicke Strahl des großen Rohres eine viel größere Reichweite hat. Im einzelnen sind diese Fragen jedoch noch nicht geklärt. Abb. 83 veranschaulicht diese Verhältnisse[1]. Hieraus geht hervor, daß es zweckmäßig ist, einen Gasbrenner mit Vormischung in mehrere Öffnungen zu unterteilen, um stabile Zündungsverhältnisse in einem angemessenen Geschwindigkeitsverhältnis zu erhalten.

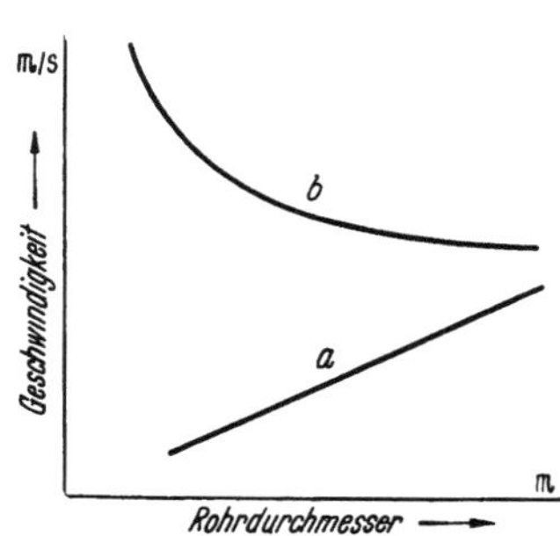

Abb. 83. Strömungsverhältnisse in Gasbrennern, abhängig vom Rohrdurchmesser, *a* Rückzündgeschwindigkeit, *b* Abhebegeschwindigkeit

Damit sich bei großen Brennern die Flamme nicht abhebt, umgibt man die Hauptbrenneröffnung mit einem Kranz kleiner Flammen. Führt man nur einen Teil der Verbrennungsluft vor oder in dem Brenner mit dem Gas zusammen zu, so entsteht der Brenner mit Teilvormischung. In diese Klasse gehören beispielsweise der Bunsenbrenner und die kleinen Brenner der Haushaltsgeräte, bei denen etwa $1/_3$ der Verbrennungsluft vom Gas am Fuß des Gerätes durch Ejektorwirkung angesaugt wird, während die Flamme selbst den Rest als Zweitluft hinter dem Brenner ansaugt. Eine solche Flamme besteht aus einem Innenkegel, in dem die Erstluft verbraucht wird, einem darüberliegenden zweiten Kegel halbverbrannter Gase und dem Außenkegel, in dem diese Gase mit der angesaugten Zweitluft verbrennen.

Wird die Erstluftzufuhr stark gedrosselt, so entsteht ein Gleichgewichtszustand, in dem die kohlenstoffreichen Kohlenwasserstoffe Ruß ausscheiden, der in der hohen Temperatur glüht und die Flamme zum Leuchten bringt. Das gleiche tritt in dem äußeren Flammenmantel ein, wenn die Zweitluft sich nur schleppend mit dem Brenngas mischt; dies ist in der Bunsenflamme gerade dann der Fall, wenn die Erstluft gedrosselt wird.

Bei anderen Brennern wird die Zweitluft mit Druck zugeführt, so daß eine intensive Mischung mit dem Brenngas erzwungen werden kann. Dies ist die Regel für große Brenner, wie sie in Kesselfeuerungen verwendet werden.

Das Einblasen von Sekundärluft ist bei Gasfeuerungen im Gegensatz zur Ölfeuerung vorteilhaft, um die Flamme zu verkürzen und alle Gasmoleküle schnell mit Sauerstoff zu versorgen. Über die Mischvorgänge im Brenner und beim Einblasen von Sekundärluft liegen sehr ausführliche Untersuchungen von K. RUMMEL vor[2].

Bei der Gasfeuerung kann man die Verbrennungsluft beliebig hoch vorwärmen. Auch das Gas selbst kann vorgewärmt werden. Hierauf ist dann bei der Bemessung der Querschnitte von Luft und Gas im Brenner Rücksicht zu nehmen. Eine hohe Vorwärmung führt zu einer Zersetzung des Methans, indem dieses Wasserstoff abgibt. Dabei entstehen Moleküle von hohem Kohlenstoffgehalt, die, ebenso wie in der Ölfeuerung, zur Ausscheidung von Ruß führen und die Flamme zum Leuchten bringen. Diesen Vorgang nennt man Karburierung der Flamme; er ist für die Konstruktion gasgefeuerter Kessel von großer Wichtigkeit. Man kann einen Kessel, dessen Gasfeuerung mit kalter Luft betrieben wird, fast ohne Brennkammer bauen, weil die Flamme die Rohre bespülen kann, ohne daß sich Ruß absetzt. Wird aber durch Luftvorwärmung die Flammentemperatur höher, dann muß der Kessel eine Brennkammer haben, in der die Rußteilchen verbrennen können, ehe die Rauchgase mit den Kesselrohren in Berührung kommen.

---

[1] ADAM, A.: Arch. Wärmew. **25**, 155—157 (1944).

[2] RUMMEL, K.: Der Einfluß des Mischvorganges auf die Verbrennung von Gas und Luft in Feuerungen. Arch. Eisenhüttenw. **10**, 505—510 (1936/37); **11**, 19—30, 67—80, 113—123, 163—181, 215—224 (1937/38); vgl. auch H. SCHWIEDESSEN: Die Mischvorgänge in Gasbrennern verschiedener Bauart. Arch. Eisenhüttenw. **13**, 283—292 (1939/40); ferner W. GUMZ: Kurzes Handbuch der Brennstoff- und Feuerungstechnik. Berlin: Springer 1942, S. 391—399.

2. Konstruktion des Brenners

Der im Kesselbau am besten eingeführte Brenner ist der MOLL-Brenner, Abb. 84. In diesem
werden die Ströme für Gas und Luft als Kreisausschnitte in viele Einzelströme unterteilt und
in der Weise um einen Mittelpunkt herum gruppiert, daß sich die einzelnen Gas- und Luftströme
immer abwechseln. So entstehen lauter verhältnismäßig dünne Ströme mit großen Oberflächen,

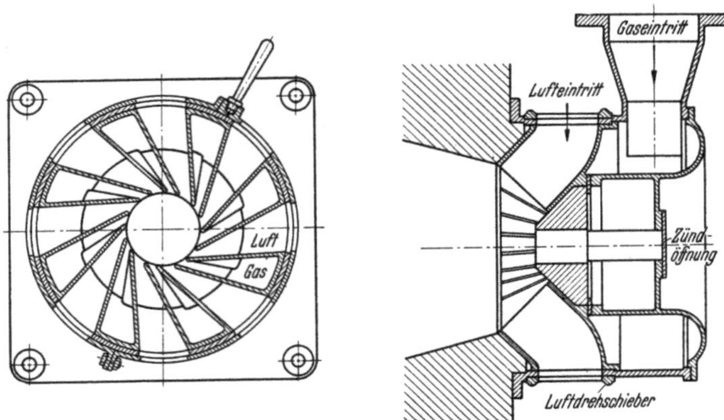

Abb. 84. MOLL-Gasbrenner mit Selbstansaugung der Luft unter atmosphärischem Druck

die sich nach Verlassen des Brenners schnell miteinander mischen. Vor dem Brenner baut man
manchmal noch ein Gitter aus Schamottesteinen auf, das im Betrieb Wärme aufspeichert und
glüht, so daß die Flamme niemals abreißen kann. Dies ist vorteilhaft, weil die Gefahr von Verpuffungen besteht, sobald unverbranntes Gas in die Brennkammer gelangt und dort nachträglich zündet.

Andere Brennerbauarten, die für Kesselfeuerungen in Frage kommen, beruhen auf dem
gleichen Prinzip wie der MOLL-Brenner, nämlich der Mischung von Gas und Luft hinter dem
Brennermaul. Abb. 85 zeigt einen Babcock-Flachbrenner für zwei Gasarten.

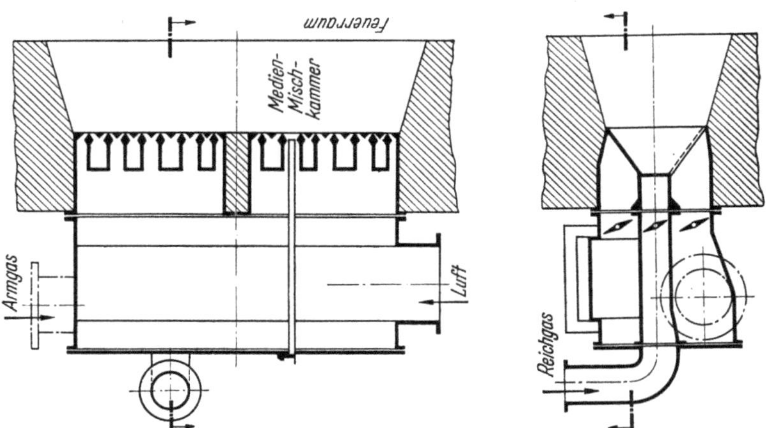

Abb. 85. Kombinations-Flachbrenner für zwei Gasarten (Babcock)

Gasgefeuerte Kessel müssen mit Explosionsklappen ausgerüstet sein; das sind Türen, die
durch Federkraft oder durch Gewichte geschlossen gehalten werden und sich von selbst öffnen,
sobald im Kessel Verpuffungen auftreten.

V. Wärmeübertragung

A. Allgemeine Übersicht

Die Wärmeübertragung von der Flamme und dem Rauchgas an die Heizflächen des Kessels, des Überhitzers und der Vorwärmer erfolgt nach verschiedenen Gesetzen. Folgende Erscheinungen sind zu unterscheiden:

a) die Strahlung der leuchtenden Flamme,

b) die selektive Strahlung des nichtleuchtenden Rauchgases,

c) der Wärmeübergang durch Berührung der Heizfläche durch das Rauchgas.

Die leuchtende Flamme strahlt schwarz oder grau in allen Wellenlängen des Spektrums; diese Strahlung ist nach dem Gesetz von STEPHAN und BOLTZMANN proportional der 4. Potenz der absoluten Temperatur. Die je m² Oberfläche des strahlenden Körpers abgegebene Wärmemenge in der Zeiteinheit ist hiernach

$$q = C\left(\frac{T}{100}\right)^4 \text{ kcal/m}^2\text{h}. \tag{116}$$

Die Gasstrahlung dagegen strahlt als selektive Strahlung nur in gewissen ausgezeichneten Wellenlängen; sie ist beschränkt auf einige Bestandteile des Rauchgases, nämlich Kohlensäure und Wasserdampf. Ihre rechnerische Erfassung ist wesentlich schwieriger als die Berechnung der Flammenstrahlung.

Der Wärmeübergang durch Berührung wird gewöhnlich als lineare Funktion der Temperaturdifferenz zwischen Gas und Wand dargestellt; die je m² Heizfläche übergehende Wärme ist also

$$q = \alpha\,(t_R - t_W) \text{ kcal/m}^2\text{h}, \tag{117}$$

wo t_R und t_W die Temperaturen der Rauchgase und der Wand sind. Die Wärmeübergangszahl α ist von verschiedenen Eigenschaften des Gases, wie seiner Viskosität, der Temperaturleitzahl, dem spezifischen Gewicht und der spezifischen Wärme abhängig.

Bei der wärmetechnischen Berechnung eines Dampfkessels sind alle diese Gesetzmäßigkeiten in Betracht zu ziehen. Im Feuerraum vollzieht sich der Wärmeübergang durch Strahlung der Flamme und des Rauchgases, in dem dahinterfolgenden Teil der Anlage geht die Wärme teilweise durch Gasstrahlung und teilweise durch Berührung an die Heizfläche über. Schließlich läßt der Einfluß der Gasstrahlung mit sinkender Rauchgastemperatur so stark nach, daß unterhalb 500 °C nur noch der Wärmeübergang durch Berührung in Ansatz zu bringen ist.

Da die Gasstrahlung einmal im Zusammenhang mit der Flammenstrahlung in der Brennkammer und einmal gemeinsam mit dem Wärmeübergang durch Berührung auftritt, ist es zweckmäßig, sie in zweifacher Weise darzustellen. Für die Berechnung der Brennkammer benötigt man eine Strahlungszahl C_R für Rauchgas, die in die Gl. (116) eingeht; für die Berechnung der Gasstrahlung im Bereich der Berührungsheizfläche dagegen wird man einen passenden α-Wert für die Gl. (117) suchen, damit man den Wärmeübergang durch Gasstrahlung mit dem durch Berührung addieren kann.

B. Die Wärmeübertragung in der Brennkammer ·

1. Die Strahlung leuchtender Flammen

Der absolut schwarze Körper strahlt mit einer Strahlungszahl

$$C_S = 4{,}96, \tag{118}$$

so daß ein solcher Körper mit einer Oberfläche F_1 in der Stunde die Wärmemenge

$$Q_S = C_S\,F_1\left(\frac{T_1}{100}\right)^4 \text{ kcal/h} \tag{119}$$

ausstrahlt. Für Körper, die weniger stark strahlen, wird die Strahlung als grau bezeichnet. Ein Faktor ε, das Emissionsverhältnis des strahlenden Körpers, gibt an, wie hoch sein Schwärze-

9*

grad ist. Die Strahlung eines solchen Körpers ist also

$$Q_1 = \varepsilon_1\, C_S\, F_1 \left(\frac{T_1}{100}\right)^4 \text{kcal/h}.\tag{120}$$

Das Emissionsverhältnis ε eines Körpers ist nach dem KIRCHHOFFschen Gesetz bei Temperaturstrahlung ebenso groß wie sein Absorptionsverhältnis A. Hiernach kann die angestrahlte Wand nur soviel Wärme aus der Flammenstrahlung aufnehmen, wie ihrem eigenen Emissionsverhältnis bei der Flammentemperatur entspricht. Außerdem strahlt sie selbst mit ihrer eigenen Temperatur Wärme an die Flamme zurück, und zwar den Betrag

$$Q_2 = \varepsilon_2\, C_S\, F_2 \left(\frac{T_2}{100}\right)^4.\tag{121}$$

Als F_2 kann man nur dann die Oberfläche der angestrahlten Wand einsetzen, wenn diese senkrecht angestrahlt wird. Ist dies nicht der Fall, so muß das Winkelverhältnis zwischen der strahlenden und der angestrahlten Fläche berücksichtigt werden. Die mathematische Behandlung dieser Gesetzmäßigkeit führt praktisch zu sehr verwickelten Rechnungen; als Ausweg kann man sich eine Hilfsfläche F_H konstruieren, die von der Flamme als senkrecht angestrahlt betrachtet werden kann. Das ist die Oberfläche eines Körpers, auf den die Wandfläche projiziert erscheint, wenn man sie von der Flamme aus betrachtet (Verfahren von ECKERT). Dieser Körper berührt die Wand an allen den Stellen, wo sie von der Flamme wirklich senkrecht angestrahlt wird, er wird im übrigen am besten nach Augenmaß entworfen. Die Erfahrung zeigt, daß mit einem solchen Verfahren die Verhältnisse mit einer vollkommen ausreichenden Genauigkeit dargestellt werden können. In Abb. 86 ist eine solche Hilfsfläche F_H dargestellt.

2. Die Gasstrahlung in der Brennkammer

Für das Absorptions- oder Emissionsvermögen eines Gases bei der Wellenlänge λ gilt die Gesetzmäßigkeit

$$A_\lambda = \varepsilon_\lambda = 1 - e^{-a_\lambda s},\tag{122}$$

wo a_λ der Absorptionskoeffizient für Strahlen von der Wellenlänge λ und s die Schichtstärke des Gases in Metern ist. Mit dieser Zahl muß die Strahlungsintensität i_λ einer mit der Wellenlänge λ einfallenden Strahlung multipliziert werden, wenn man die ausgestrahlte Wärmemenge pro m² Oberfläche berechnen will. Die Gesamtstrahlung eines Gases setzt sich nun zusammen aus den Strahlungen bei den einzelnen Wellenlängen, in denen das Gas strahlt:

$$q_R = \sum i_\lambda \left(1 - e^{-a_\lambda s}\right).\tag{123}$$

Der Absorptionskoeffizient a_λ ist nach dem BEERschen Gesetz für Kohlensäure und reinen Wasserdampf proportional dem Druck p. Bei Mischung mit anderen Gasen bleibt diese Gesetzmäßigkeit für Kohlensäure bestehen, während sich für Wasserdampf eine kompliziertere Abhängigkeit ergibt. Die Intensität i_λ der einfallenden Strahlung und der Absorptionskoeffizient a_λ sind von der Temperatur abhängig.

Elementare Gase strahlen nicht. Hierzu gehören als Bestandteile von Rauchgas Stickstoff und Sauerstoff. Deshalb strahlt auch trockene Luft nicht, während in feuchter Luft die Strahlung des Wasserdampfes zu beachten ist.

Nach diesen Unterlagen sind folgende Umstände auf die Strahlung von Gasen von Einfluß:

a) die Temperatur,
b) der Partialdruck,
c) die Schichtstärke.

Da der Absorptionskoeffizient a_λ dem Partialdruck proportional ist, kann eine Darstellung gewählt werden, in welcher die Gasstrahlung abhängig von dem Produkt $p\,s$ dargestellt wird; bei Wasserdampf ist allerdings noch eine Korrektur für den Partialdruck allein notwendig. Alle anderen Größen, die die Strahlung beeinflussen, sind Stoffwerte des betreffenden Gases, die von außen nicht beeinflußt werden können.

Zur Darstellung der Messungen über die Strahlung der Gase hat SCHMIDT ein Strahlungsverhältnis definiert, durch welches die durch die selektive Gasstrahlung abgegebene Wärmemenge mit derjenigen Wärmemenge verglichen wird, die ein schwarzstrahlender Körper bei der gleichen Temperatur abgeben würde:

$$\varepsilon = \frac{q_R}{q_s} = \frac{\sum i_\lambda \cdot (1 - e^{-a_\lambda s})}{C_s \left(\frac{T}{100}\right)^4}, \tag{124}$$

wodurch es möglich wird, alle Berechnungen für den Wärmeübergang in der Brennkammer auf der Grundlage des STEPHAN-BOLTZMANNschen Gesetzes durchzuführen, ganz gleich, ob es sich um Flammenstrahlung oder Gasstrahlung handelt; man braucht nur jeweils das Strahlungsverhältnis ε passend einzusetzen.

In den Tafeln 14 und 15 über die Strahlungszahlen ε_R von Rauchgasen, die aus verschiedenen Brennstoffen stammen, sind die neuesten Meßwerte von H. C. HOTTEL[1] über das Strahlungsverhältnis ε von Kohlensäure und Wasserdampf sowie von Mischungen aus diesen beiden verwendet worden.

3. Berechnung der Flammentemperatur

In dem Raum zwischen der Flamme und den Wänden der Brennkammer befinden sich Gase verschiedener Art, die den Strahlungsaustausch zwischen der Flamme und den Wänden beeinträchtigen können. Handelt es sich um die Brüden, die aus der Trockenzone eines Braunkohlenrostes aufsteigen, so werden sie sehr viel Wasserdampf enthalten und den Strahlungsaustausch dämpfen; handelt es sich um die Luft, die ungenutzt durch die letzte Zone eines Wanderrostes aufsteigt, so wird diese keine Wärmestrahlen absorbieren oder emittieren. In der Umgebung einer Staubflamme wird es sich im wesentlichen um Rauchgas oder ein Gemisch von Luft und Rauchgas handeln.

Für diese Gase, die die Flamme umgeben, führen wir das Wort „Mantelgas" ein, und alle Größen, die sich auf dieses Mantelgas beziehen, sollen mit dem Index M versehen werden.

Die Dämpfung der Flammenstrahlen wird in dem Raum hinter der Flamme besonders groß, weil hier eine sehr große Gasschicht zwischen der Flamme und der von ihr bestrahlten Wand oder den Rohren liegt, die noch von der Flammenstrahlung erreicht werden[2].

In dem Mantelgas, insbesondere dicht hinter der Flamme, können auch Verbrennungsvorgänge auftreten, die die Temperatur des Gases erhöhen.

Die Flamme wird von der Wand bzw. der Hilfsfläche F_H eingehüllt, und von den Strahlen, die von der Wand ausgehen, wird nur ein Anteil φ die Flamme erreichen. Der Rest geht durch das Mantelgas hindurch wieder an die Wand zurück.

Das Emissionsverhältnis der Flamme sei ε_F, das der Wand ε_W, und das des Mantelgases bei seiner eigenen Temperatur ε_M. Dann gilt für die Eigenstrahlung E_F der Flamme, E_M des Mantelgases und E_W der Wand, alles auf die jeweils strahlende Fläche bezogen:

$$E_F = \varepsilon_F\, C_s \cdot \left(\frac{T_F}{100}\right)^4 = C_F \cdot \left(\frac{T_F}{100}\right)^4 \frac{\text{kcal}}{\text{m}^2\,\text{h}} \tag{125}$$

$$E_M = \varepsilon_M\, C_s \cdot \left(\frac{T_M}{100}\right)^4 = C_M \cdot \left(\frac{T_M}{100}\right)^4 \frac{\text{kcal}}{\text{m}^2\,\text{h}} \tag{126}$$

$$E_W = \varepsilon_W\, C_s \cdot \left(\frac{T_W}{100}\right)^4 = C_W \cdot \left(\frac{T_W}{100}\right)^4 \frac{\text{kcal}}{\text{m}^2\,\text{h}}. \tag{127}$$

Wir bezeichnen ferner das Absorptionsverhältnis des Mantelgases, bezogen auf die Flammentemperatur mit ε_{FM}, und das gleiche, bezogen auf die Wandtemperatur mit ε_{WM} und verfolgen das Schicksal einer von der Flamme ausgehenden Strahlung E_F. Das Mantelgas absorbiert

---

[1] HOTTEL, H. C.: Radiant Heat Transmission in McADAMS, Heat Transmission, New York 1954. Vgl. Wärmetechn. Arbeitsmappe des VDI, Arbeitsblatt B 11.

[2] Bei den folgenden Ableitungen bin ich Herrn Dipl.-Ing. DÜRSELEN zu großem Dank für seine Mitwirkung verpflichtet.

den Anteil $\varepsilon_{FM} E_F$, an die Wand gelangt der Rest $(1 - \varepsilon_{FM}) E_F$; die Wand absorbiert hiervon den Teil $\varepsilon_W (1 - \varepsilon_{FM}) E_F$ und reflektiert den Rest $(1 - \varepsilon_W) (1 - \varepsilon_{FM}) E_F$.

Diese reflektierte Strahlung wird nun von dem Mantelgas wiederum gedämpft. Es absorbiert den Anteil $\varepsilon_{FM} (1 - \varepsilon_W) (1 - \varepsilon_{FM}) E_F$ und läßt den Rest $(1 - \varepsilon_W) (1 - \varepsilon_{FM})^2 E_F$ durch, wovon nun der Anteil $\varphi (1 - \varepsilon_W) (1 - \varepsilon_{FM})^2 E_F$ an die Flamme gelangt. Die Flamme absorbiert hiervon den Anteil $\varphi\, \varepsilon_F (1 - \varepsilon_W) (1 - \varepsilon_{FM})^2 E_F$, und an die Wand gelangt der Rest $(1 - \varphi\, \varepsilon_F) (1 - \varepsilon_W) (1 - \varepsilon_{FM})^2 E_F$.

Dieser zweimal, nämlich an der Wand und an der Flamme reflektierte Strahl erleidet nun das gleiche Schicksal wie der ursprüngliche Strahl; er wird wiederum vom Mantelgas gedämpft und gelangt mit der Intensität $(1 - \varphi\, \varepsilon_F) (1 - \varepsilon_W) (1 - \varepsilon_{FM})^3 E_F$ an die Wand. Verfolgt man diesen Vorgang weiter, so gelangt man für die Wärmeaufnahme der Wand $\Sigma (E_F)_W$ zu einer geometrischen Progression mit dem Anfangsglied

$$a = \varepsilon_W (1 - \varepsilon_{FM})$$

und dem Quotienten

$$q = (1 - \varphi\, \varepsilon_F) (1 - \varepsilon_W) (1 - \varepsilon_{FM})^2,$$

der kleiner als 1 ist. Dafür gilt die Summenformel

$$\sigma = \frac{a}{1 - q},$$

so daß wir schreiben können:

$$\Sigma (E_F)_W = \sigma_{(F)W}\, \varepsilon_F\, C_s \left(\frac{T_F}{100}\right)^4 \frac{\text{kcal}}{\text{m}^2\,\text{h}} \tag{128}$$

mit

$$\sigma_{(F)W} = \frac{\varepsilon_W (1 - \varepsilon_{FM})}{1 - (1 - \varphi\, \varepsilon_F) (1 - \varepsilon_W) (1 - \varepsilon_{FM})^2}. \tag{129}$$

Eine ähnliche Überlegung gilt für die Strahlung E_{MW} des Mantelgases gegen die Wand. Die Wand absorbiert den Anteil $\varepsilon_W E_{MW}$ und reflektiert den Betrag $(1 - \varepsilon_W) E_{MW}$. Der reflektierte Strahl wird durch das Mantelgas gedämpft; an die Flamme gelangt der Anteil $\varphi (1 - \varepsilon_W) \cdot (1 - \varepsilon_M) E_{MW}$, der von der Flamme zum Teil absorbiert und zum Teil reflektiert wird. Verfolgt man diesen Vorgang weiter, so kommt man für die Summe aller von der Wand aufgenommenen Strahlungen $\Sigma (E_{MW})_W$ wieder auf eine geometrische Progression mit dem Anfangsglied

$$a = \varepsilon_W$$

und dem Quotienten

$$q = (1 - \varphi\, \varepsilon_F) (1 - \varepsilon_W) (1 - \varepsilon_M)^2.$$

Das ergibt die Summenformel

$$\Sigma (E_{MW})_W = \sigma_{(MW)W}\, \varepsilon_M\, C_s \left(\frac{T_M}{100}\right)^4 \frac{\text{kcal}}{\text{m}^2\,\text{h}} \tag{130}$$

mit

$$\sigma_{(MW)W} = \frac{\varepsilon_W}{1 - (1 - \varphi\, \varepsilon_F) (1 - \varepsilon_W) (1 - \varepsilon_M)^2}. \tag{131}$$

Für den an die Wand gelangenden Anteil $\Sigma (E_{MF})_W$ der Strahlung, die ursprünglich vom Mantelgas gegen die Flamme ausgesandt wird, findet man eine analoge Reihe mit dem Anfangsglied

$$a = \varepsilon_W (1 - \varepsilon_M) (1 - \varepsilon_F)$$

und dem Quotienten

$$q = (1 - \varphi\, \varepsilon_F) (1 - \varepsilon_W) (1 - \varepsilon_M)^2.$$

Die Summenformel hierfür lautet:

$$\Sigma (E_{MF})_W = \sigma_{(MF)W}\, \varepsilon_M\, C_s \left(\frac{T_M}{100}\right)^4 \frac{\text{kcal}}{\text{m}^2\,\text{h}} \tag{132}$$

mit

$$\sigma_{(MF)W} = \frac{\varepsilon_W (1 - \varepsilon_M) (1 - \varepsilon_F)}{1 - (1 - \varphi\, \varepsilon_F) (1 - \varepsilon_W) (1 - \varepsilon_M)^2}. \tag{133}$$

Schließlich betrachten wir noch die Eigenstrahlung E_W der Wand auf Grund ihrer Temperatur T_W. Diese Strahlung wird ebenfalls vom Mantelgas gedämpft; der Anteil φ davon wird von der Flamme zum Teil absorbiert und zum Teil reflektiert und gelangt, wiederum vom Mantelgas gedämpft, an die Wand zurück. Für diese zurückkommende Eigenstrahlung der Wand ergibt sich wiederum eine geometrische Reihe mit dem Anfangsglied

$$a = \varepsilon_W (1 - \varepsilon_{WM})^2 (1 - \varphi\, \varepsilon_F)$$

und dem Quotienten

$$q = (1 - \varphi\, \varepsilon_F) (1 - \varepsilon_W) (1 - \varepsilon_{WM})^2,$$

so daß die Summenformel lautet:

$$\Sigma (E_W)_W = \sigma_{(W)W}\, \varepsilon_W\, C_s \left(\frac{T_W}{100}\right)^4 \frac{\text{kcal}}{\text{m}^2\,\text{h}} \tag{134}$$

mit

$$\sigma_{(W)W} = \frac{\varepsilon_W (1 - \varphi\, \varepsilon_F) (1 - \varepsilon_{WM})^2}{1 - (1 - \varphi\, \varepsilon_F) (1 - \varepsilon_W) (1 - \varepsilon_{WM})^2}\,. \tag{135}$$

Die gesamte auf die Wandtemperatur zurückzuführende Ausstrahlung der Wand ist also

$$E_W - \Sigma (E_W)_W = (1 - \sigma_{(W)W})\, \varepsilon_W\, C_s \left(\frac{T_W}{100}\right)^4. \tag{136}$$

Führen wir noch für $(1 - \sigma_{(W)W})$ die einfache Bezeichnung σ_W ein, so ist

$$\sigma_W = \frac{1 - (1 - \varphi\, \varepsilon_F) (1 - \varepsilon_{WM})^2}{1 - (1 - \varphi\, \varepsilon_F) (1 - \varepsilon_W) (1 - \varepsilon_{WM})^2} \tag{137}$$

und

$$E_W - \Sigma (E_W)_W = \sigma_W\, \varepsilon_W\, C_s \left(\frac{T_W}{100}\right)^4. \tag{138}$$

Bei der Aufstellung der gesamten Strahlungsbilanz ist zu beachten, daß sich

$\Sigma(E_F)_W$ auf die Flammenoberfläche F_F

$\Sigma(E_{MW})_W$ auf die Wandfläche F_W

$\Sigma(E_{MF})_W$ auf die Flammenoberfläche F_F

$E_W - \Sigma(E_W)_W$ auf die Hilfsfläche F_H

bezieht. So ergibt sich

$$\Delta Q = \sigma_{(F)W}\, \varepsilon_F\, C_s\, F_F \left(\frac{T_F}{100}\right)^4 + \sigma_{(MW)W}\, \varepsilon_M\, C_s\, F_W \left(\frac{T_M}{100}\right)^4 +$$
$$\sigma_{(MF)W}\, \varepsilon_M\, C_s\, F_F \left(\frac{T_M}{100}\right)^4 - \sigma_W\, \varepsilon_W\, C_s\, F_H \left(\frac{T_W}{100}\right)^4. \tag{139}$$

Um zunächst Aufschluß über die Größenordnung und den Einfluß des Faktors φ auf die σ-Werte zu erhalten, beachten wir, daß Gl. (139) auch noch gelten muß, wenn alle Temperaturen einander gleich werden und somit $\Delta Q = 0$ wird. Das führt allerdings nur zum Ziel, wenn wir vorübergehend annehmen, daß die ε- und σ-Werte als von der Temperatur unabhängig betrachtet werden dürfen. Liegen die Temperaturen T_F und T_W weit auseinander, wie es in gekühlten Brennkammern der Fall ist, so kann der dadurch entstehende Fehler nicht viel ausmachen, weil die Temperaturen in der vierten Potenz vorkommen. Liegen aber die Temperaturen näher beieinander, wie in Schmelzkammern, dann liegen auch die ε- und σ-Werte dichter zusammen, und der Fehler wird an sich schon sehr gering.

Dann wird

$$\sigma_{(F)W}\, \varepsilon_F\, F_F + \sigma_{(MW)W}\, \varepsilon_M\, F_W + \sigma_{(MF)W}\, \varepsilon_M\, F_F = \sigma_W\, \varepsilon_W\, F_H. \tag{140}$$

Zur weiteren Vereinfachung bei der Bestimmung von φ setzen wir noch $\varepsilon_{FM} = \varepsilon_{WM} = \varepsilon_M$; dann werden alle Nenner in den Ausdrücken für die σ-Werte einander gleich, und wir erhalten aus Gl. (139) folgende Bestimmungsgleichung für φ:

$$\varphi = \frac{F_F\, [\varepsilon_F (1 - \varepsilon_{FM}) + \varepsilon_M (1 - \varepsilon_M) (1 - \varepsilon_F)] + F_W\, \varepsilon_W - F_H\, [1 - (1 - \varepsilon_{WM})^2]}{F_H\, \varepsilon_F\, (1 - \varepsilon_{WM})^2} \tag{141}$$

An Hand dieser Gleichung wurden die φ-Werte für verschiedene Fälle ermittelt. Für die obere Flammenkuppe liegen sie für Rostfeuerungen und Frontstaubfeuerungen in der Größenordnung von 0,6 bei Halblast bis 0,7 bei Vollast, für Eckenfeuerung entsprechend zwischen 0,75 und 0,95, bei Braunkohle etwa um 0,1—0,2 niedriger.

Setzt man derartige Werte in den Nenner von $\sigma_{(F)M}$ ein, so findet man, daß dieser Nenner fast unabhängig von der Belastung einen Zahlenwert von etwa 0,95 bei Frontfeuerung und 0,97 bei Eckenfeuerung erhält, und zwar sowohl für Steinkohle als auch für Braunkohle. Dabei ist die vorsichtige Annahme gemacht, daß $\varepsilon_F = 0,9$ und $\varepsilon_W = 0,85$ wäre.

Für parallele Flächen wird $\varphi = 1$, und der Wert des Nenners von $\sigma_{(F)W}$ rückt an den Wert 0,99 heran. Hiermit ist entschieden, daß man die Nenner der σ-Werte zwischen 0,95 und 0,99 annehmen kann, ohne einen merklichen Fehler zu machen.

Eine ähnliche Vereinfachung ist für den Zähler von $\sigma_{(MF)W}$ möglich. Das Produkt $\varepsilon_W(1 - \varepsilon_M)(1 - \varepsilon_F)$ liegt in der Größenordnung von 0,02 — 0,04 und kann in Anbetracht der Ungenauigkeit der ε-Werte selbst vernachlässigt werden; das heißt die Reflexion der Mantelgasstrahlung durch die Flamme, die noch gedämpft an der Wand ankommt, kann außer Betracht bleiben.

Was den Faktor σ_W betrifft, so ist bei gekühlten Brennkammern die Temperatur T_W gegenüber T_F so niedrig, daß die Reflexion der Wandstrahlung an der Flamme überhaupt nicht mehr ins Gewicht fällt; der Zähler von σ_W kann in diesem Falle daher gleich 1 gesetzt werden. Bei Schmelzfeuerungen wird φ ungefähr 1 und ε_F selbst ist mindestens mit 0,95 anzusetzen, da die Flamme bei der hohen Kammerbelastung sehr dicht ist. Dann liegt das Produkt $\varepsilon_W(1 - \varepsilon_F)(1 - \varepsilon_{WM})^2$ in der Größenordnung von 0,03 und dürfte ebenfalls zu vernachlässigen sein.

Nach diesen Vereinfachungen erhalten wir für die σ-Werte folgende einfache Darstellung:

$$\begin{aligned}
\sigma_{(F)W} &\sim 1,04 \cdot \varepsilon_W (1 - \varepsilon_{FM}) \\
\sigma_{(MW)M} &\sim 1,04 \cdot \varepsilon_W \\
\sigma_{(MF)W} &\sim 0 \\
\sigma_{(W)} &\sim 1,0.
\end{aligned} \tag{142}$$

Hiermit geht Gl. (139) in folgende Form über:

$$\Delta Q = 1,04 \cdot C_W \left[\varepsilon_F (1 - \varepsilon_{FM}) F_F \left(\frac{T_F}{100}\right)^4 + \varepsilon_M F_W \left(\frac{T_M}{100}\right)^4 - F_H \left(\frac{T_W}{100}\right)^4 \right]. \tag{143}$$

Aus dieser Gleichung wollen wir zunächst die Wandtemperatur T_W eliminieren, indem wir die von der Wand aufgenommene Wärme mit der gesamten eingestrahlten Wärme durch eine Verhältniszahl η vergleichen. Diesen Begriff nennen wir das „Strahlungsaufnahmeverhältnis". Es hat große Ähnlichkeit mit dem Begriff des Wirkungsgrades, ist mit diesem aber nicht identisch, weil die von der Wand zurückgestrahlte Wärme nicht eigentlich den Charakter eines Verlustes hat, sondern dem Wärmegehalt der strahlenden Körper zugute gerechnet wird. Das Strahlungsaufnahmeverhältnis ist nun definiert durch die Gleichung

$$\eta = \frac{\Delta Q}{\Delta Q + F_H E_W}, \tag{144}$$

und es wird für gekühlte Brennkammern

$$\Delta Q = 1,04 \cdot \eta \, C_W \left[\varepsilon_F (1 - \varepsilon_{FM}) F_F \left(\frac{T_F}{100}\right)^4 + \varepsilon_M F_W \left(\frac{T_M}{100}\right)^4 \right], \tag{145}$$

eine Gleichung, in der die Hilfsfläche F_H nicht mehr vorkommt.

Für die Wandtemperatur T_W können wir die Beziehung

$$\left(\frac{T_W}{100}\right)^4 = \frac{1 - \eta}{F_H} \left[\varepsilon_F (1 - \varepsilon_{FM}) F_F \left(\frac{T_F}{100}\right)^4 + \varepsilon_M F_W \left(\frac{T_M}{100}\right)^4 \right] \tag{146}$$

anschreiben. Diese Gleichung vereinfacht sich für den Fall, daß die Flamme die Wände unmittelbar berührt und $F_F = F_H = F_W = F$ sowie $\varepsilon_M = \varepsilon_{FM} = 0$ gesetzt werden kann, zu der für Schmelzkammern, Zünddecken und Zündgürtel wichtigen Form

$$1 - \eta = \left(\frac{T_W}{T_F}\right)^4. \tag{147}$$

Tafel 16a zeigt diesen Zusammenhang.

Für die gesamte von der Flamme an die Wand der Kammer übergehende Wärme $\Sigma \Delta Q$ ergibt sich eine Beziehung aus der Verbrennung, denn die an die Wand eingestrahlte Wärme muß der Differenz der Enthalpien des Rauchgases zwischen ihrem theoretischen Wert ohne jede Abstrahlung und ihrem wirklichen Wert in der Brennkammer gleich sein.

Von der in der Feuerung frei werdenden Wärme möge der Anteil α in der Flamme frei werden; der Rest $(1 - \alpha)$ möge erst außerhalb der Flamme durch die Nachverbrennung der unverbrannten Bestandteile zur Geltung kommen. Ferner möge in der Flamme noch nicht die gesamte Verbrennungsluft V_L Nm³/kp zugeführt sein, sondern erst ein Anteil β dieser Luft. Der Rest möge als Wirbelluft oder angesaugte Falschluft erst hinter der leuchtenden Flamme hinzukommen. Dann ergibt sich in der Flamme eine Rauchgasmenge V_F Nm³/kp Kohle, die auf die Zufuhr der Luftmenge βV_L zurückzuführen ist. Die stündliche Rauchgasmenge in der Flamme ist dann

$$R_F = B \, V_F \ \mathrm{Nm^3/h}, \tag{148}$$

wo B die in der Stunde tatsächlich in der Feuerung verbrannte Brennstoffmenge ist. Die theoretische Enthalpie des Rauchgases in der Flamme ohne jede Abstrahlung ist dann

$$i_0 = \frac{B}{R_F} (\alpha \, H_u + \beta \, V_L \, t_L \, c_{p\,m\,L}) \ \mathrm{kcal/Nm^3}, \tag{149}$$

und die gesuchte Beziehung für $\Sigma \Delta Q$ wird

$$\Sigma \Delta Q = R_F \, (i_0 - i_F) \ \mathrm{kcal/h}. \tag{150}$$

Ist $c_{p\,m\,F}$ die mittlere spezifische Wärme des Rauchgases bei Flammentemperatur, so können wir hierfür auch schreiben:

$$\Sigma \Delta Q = B(\alpha \, H_u + \beta \, V_L \, t_L \, c_{p\,m\,L}) - R_F \, t_F \, c_{p\,m\,F}. \tag{151}$$

In dieser Gleichung ist t_F die mittlere Temperatur in der Flamme; und wenn wir nun eine Verbindung zwischen den Gln. (151) und (145) herstellen, so machen wir damit die Annahme, daß die Flamme mit ihrer mittleren Temperatur nach allen Seiten in gleicher Weise strahlt. Dies ausdrücklich vermerkend können wir dann schreiben:

$$\frac{1{,}04 \, C_W}{R_F \, c_{p\,m\,F}} \left(\frac{T_F}{100}\right)^4 \Sigma \, \eta \, \varepsilon_F (1 - \varepsilon_{FM}) \, F_F + t_F = t_B, \tag{152}$$

wo die Bezugstemperatur t_B durch folgende Gleichung gegeben ist:

$$t_B = \frac{1}{R_F \, c_{p\,m\,F}} \left[B(\alpha \, H_u + \beta \, V_L \, t_L \, c_{p\,m\,L}) - 1{,}04 \, C_W \, \Sigma \, \eta \, \varepsilon_M \, F_W \left(\frac{T_M}{100}\right)^4 \right]. \tag{153}$$

In diesen beiden Gleichungen sind alle Koeffizienten entweder aus dem Ansatz oder als physikalische Konstanten bekannt, bis auf die Mantelgastemperatur T_M und das zugehörige Strahlungsverhältnis ε_M. Wie schon erwähnt, können diese Größen sehr verschiedene Werte haben, je nachdem, ob etwa auf einer Seite der Flamme Luft in die Kammer gelangt, ob es sich um Brüden oder Schwelgase handelt, oder ob das Mantelgas selbst aus der Flamme stammt.

In dem Bereich um die Flamme herum wird man im allgemeinen Annahmen machen müssen, die den gegebenen Verhältnissen so gut wie möglich anzupassen sind. Von besonderem Interesse ist aber der Fall im Raum hinter der Flamme. Hier stammt das Gas aus der Flamme selbst, und man will wissen, welche Abkühlung es in dem anschließenden Teil der Kammer erfährt.

Am Eintritt in diesen Abschnitt hat das Gas noch dieselbe Temperatur, wie an der Oberfläche der Flamme, aber auch in dem Abschnitt selbst bleibt, wie viele Nachrechnungen ergeben haben, die Temperatur nahezu konstant, weil die Abstrahlung von Wärme an die Kammerwände durch die Nachverbrennung der Brennstoffreste ausgeglichen wird. Es ist also kein Fehler, wenn man den Ansatz so macht, daß zwischen dem Flammenende und der dahinterliegenden Kammer eine Rauchgasschicht liegt, die noch Flammentemperatur hat und die die Kammer ausfüllenden Gase gegen die Flamme abschirmt. Durch die Gasschicht gehen nur diejenigen Strahlen hindurch, deren Wellenlängen nicht in das Absorptionsspektrum des Gases fallen. Dieser an die Wände gelangende Teil der Flammenstrahlung wird durch Gl. (152) richtig erfaßt.

Nach diesen Überlegungen wird die Flammentemperatur nach folgendem Verfahren ermittelt.

Man entwirft eine Skizze über die Lage der Flamme in der Brennkammer. Dann teilt man die Oberfläche der Flamme in der Weise auf, daß jedem Teil der Wände ein Stück F_F der Flammenoberfläche entspricht. Diese Einteilung soll dem jeweiligen Strahlungsaufnahmeverhältnis, der Schichtstärke des Mantelgases und gegebenenfalls auch der Natur des Mantelgases, die sein

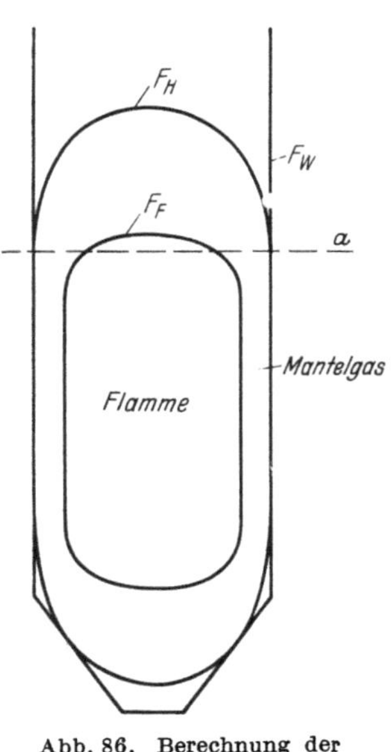

Abb. 86. Berechnung der Flammentemperatur

Absorptionsvermögen bestimmt, entsprechen. So wird man bei Rostfeuerungen einteilen nach Flammenvorderseite, Flammenrückseite und Kuppe. Bei Staubfeuerungen wird eine Einteilung nach Unterseite, Mantel und Kuppe der Flamme im allgemeinen genügen. Für Wandteile, die nicht gekühlt sind, kann man entsprechende Stücke der Flammenoberfläche auslassen. So erhält man für Gl. (152) den Ausdruck $\Sigma\,\eta\,(1 - \varepsilon_{FM})\,F_F$.

Gleichzeitig notiert man auch die Größen der in den einzelnen Abschnitten liegenden gekühlten Wandflächen F_W mit ihren Strahlungsaufnahmeverhältnissen η, sowie die Emissionszahlen des Mantelgases ε_M mit den zugehörigen geschätzten Temperaturen T_M. Dabei wird die Wandfläche nur bis zur Höhe des Flammenendes in Betracht gezogen. So erhält man den Ausdruck $\Sigma\,\eta\,\varepsilon_M\,F_W\left(\dfrac{T_M}{100}\right)^4$ für Gl. (153).

Sodann bestimmt man auf Grund der Auslegung der Anlage die übrigen Posten in Gl. (153), so daß man die Bezugstemperatur t_B kennt, die in Tafel 16 b auf der Abszissenachse aufzusuchen ist. Da man nun auch den Parameter kennt, kann man die Flammentemperatur auf der Ordinatenachse ablesen.

Die Hilfsfläche F_H braucht man nur dann in die Skizze einzutragen, wenn man die Wandtemperatur T_W kennenlernen will, die man dann nach Gl. (146) berechnen kann.

Mit diesem Berechnungsverfahren wird die Flammenstrahlung vollständig erfaßt, die Gasstrahlung jedoch nur bis zum Flammenende, also etwa bis zu der Linie a in Abb. 86.

4. Temperaturverlauf hinter der Flamme

In den Abschnitt hinter der Flamme tritt das Rauchgas mit der Flammentemperatur T_F ein. Seine mittlere Temperatur sei T_R °K; dann strahlt es gegen die Wände dieses Abschnittes folgende Wärme ab:

$$Q_{RW} = \varepsilon_R\,C_s\,F_W\left(\frac{T_R}{100}\right)^4 \frac{\text{kcal}}{\text{h}}\,, \tag{154}$$

wofür wir in Übereinstimmung mit der früheren Ausdrucksweise schreiben

$$Q_{RW} = \varepsilon_R\,E_R. \tag{155}$$

Hiervon absorbiert die Wand den Betrag $\varepsilon_W\,\varepsilon_R\,E_R$ und strahlt von sich aus den Rest $(1 - \varepsilon_W)\,\varepsilon_R\,E_R$ wieder an das Gas zurück. Das Gas absorbiert davon $(1 - \varepsilon_W)\,\varepsilon_R^2\,E_R$, während der Rest $(1 - \varepsilon_W)\,(1 - \varepsilon_R)\,\varepsilon_R\,E_R$ an eine andere Stelle der Wand gelangt. Verfolgt man diesen Strahl weiter, so erhält man eine geometrische Progression mit dem Anfangsglied

$$a = \varepsilon_W\,\varepsilon_R$$

und dem Quotienten

$$q = (1 - \varepsilon_W)\,(1 - \varepsilon_R).$$

Hieraus ergibt sich die Summenformel

$$\sigma_{RW} = \frac{\varepsilon_W \, \varepsilon_R}{1 - (1 - \varepsilon_W)\,(1 - \varepsilon_R)}\,. \tag{156}$$

Die Wand selbst strahlt mit der Energie $\varepsilon_W \, E_W$, wovon das Gas zunächst den Anteil $\varepsilon_W \, \varepsilon_{WR} \, E_W$ absorbiert und den Anteil $\varepsilon_W\,(1 - \varepsilon_{WR})\,E_R$ an einen anderen Teil der Wand durchläßt. Die Wand absorbiert davon den Anteil $\varepsilon_W^2\,(1 - \varepsilon_{WR})\,E_R$. Hier ist ε_{WR} das Absorptionsverhältnis des Rauchgases bei Wandtemperatur. Setzt man diese Betrachtung weiter fort, so findet man für die an die Wand gelangende und ursprünglich von der Wand herrührende Strahlung eine geometrische Reihe mit dem Anfangsglied

$$a = \varepsilon_W^2\,(1 - \varepsilon_{WR})$$

und dem Quotienten

$$q = (1 - \varepsilon_W)\,(1 - \varepsilon_{WR}).$$

Die Summenformel hierfür lautet

$$\sigma_{WW} = \frac{\varepsilon_W^2\,(1 - \varepsilon_{WR})}{1 - (1 - \varepsilon_W)\,(1 - \varepsilon_{WR})}\,. \tag{157}$$

Zieht man diesen Betrag von der ursprünglichen Ausstrahlung der Wand, die die Intensität ε_W hat, ab, so ist die Differenz

$$\sigma_W = \frac{\varepsilon_{WR}}{1 - (1 - \varepsilon_W)\,(1 - \varepsilon_{WR})}\,. \tag{158}$$

Zur Beurteilung der Größenordnung dieser σ-Werte fassen wir zunächst den Nenner ins Auge. Hier handelt es sich um große Schichtstärken, und wir wählen beispielsweise das ε_R für eine Schichtstärke von 5 m bei 1000—1200 °C, dieses beträgt für Rauchgas aus Steinkohle etwa 0,25, aus Braunkohle 0,40, aus Brennöl 0,32, aus Generatorgas 0,29 und aus Gichtgas 0,22. Beschränken wir die Betrachtung auf Kohle, so ist, wenn noch $\varepsilon_W = 0{,}85$ gesetzt wird, das Produkt $(1 - \varepsilon_W)\,(1 - \varepsilon_R)$ für Steinkohle gleich 0,11, für Braunkohle 0,09; der Nenner hat also im Mittel den Wert 0,9, und dies ist genau genug für alle Brennstoffe. In Anbetracht dessen, daß die Wandtemperatur bei gekühlten Kammern wesentlich tiefer liegt als die Gastemperatur, entsteht kein merklicher Fehler, wenn wir den Nenner von σ_W ebenfalls mit 0,9 ansetzen. Dafür schreiben wir im Zähler den Faktor 1,11 und finden

$$\Delta Q = 1{,}11\,C_s\,F_W\left[\varepsilon_W\,\varepsilon_R\left(\frac{T_R}{100}\right)^4 - \varepsilon_{WR}\left(\frac{T_W}{100}\right)^4\right]\,. \tag{159}$$

Oft kann man sogar noch weiter vereinfachen, indem man $\varepsilon_W = 0{,}9$ und $\varepsilon_{WR} = 0{,}36$ setzt; dann wird

$$\Delta Q = C_s\,F_W\left[\varepsilon_R\left(\frac{T_R}{100}\right)^4 - 0{,}4\left(\frac{T_W}{100}\right)^4\right]\,. \tag{160}$$

Führen wir wieder das Strahlungsaufnahmeverhältnis nach Gl. (144) ein, so ist auch

$$\Delta Q = 1{,}11\,\eta\,\varepsilon_W\,\varepsilon_R\,C_s\,F_W\left(\frac{T_R}{100}\right)^4 \tag{161}$$

und es wird

$$\left(\frac{T_W}{T_R}\right)^4 = \frac{\varepsilon_W\,\varepsilon_R}{\varepsilon_{WR}}\,(1 - \eta)\,. \tag{162}$$

Dieser Abschnitt soll so groß gewählt werden, daß darin die gesamten noch unverbrannten Reste des Brennstoffes, sofern sie nicht als Flugkoks verloren gehen, verbrennen. Dadurch wird die Wärme $B\,(1 - \alpha)\,H_u$ zugeführt.

Außerdem soll aber hier auch der Zutritt von Wirbelluft und Falschluft berücksichtigt werden. Hierdurch kommt der Posten $B\,(1 - \beta)\,V_L\,t_L\,c_{pmL}$ zur zugeführten Wärme hinzu, wobei zu beachten ist, daß die Lufttemperatur t_L hier eine andere sein kann, als sie bei der Flammenberechnung war.

Die Rauchgasmenge wird durch das Hinzutreten der Luftmenge $(1 - \beta)\,V_L$ im Verhältnis von R zu R_F erhöht.

Gegenüber der Flammentemperaturberechnung, bei der wir eine gleichmäßige Temperatur für die ganze Flamme angenommen haben, wollen wir jetzt den Temperaturabfall in dem betrachteten Abschnitt ermitteln. Die Ausgangsenthalpie des Rauchgases, die in der Flammenberechnung nur ein Rechnungswert war, tritt jetzt als Anfangsenthalpie am Eintritt in den Abschnitt wirklich auf. Wir haben also hier zu unterscheiden zwischen Anfangstemperatur t_{R1}, der mittleren Temperatur t_R und der Endtemperatur t_{R2} in unserem Abschnitt. Die Gasstrahlung wird auf die mittlere Temperatur bezogen, die wir als arithmetisches Mittel ansetzen wollen. Damit ist der Temperaturabfall

$$t_{R1} - t_{R2} = 2(t_{R1} - t_R). \tag{163}$$

Im vorliegenden Falle ist noch $t_{R1} = t_F$, und wir erhalten nun unter Berücksichtigung aller gemachten Angaben folgende Bestimmungsgleichung für die mittlere Rauchgastemperatur dieses Abschnittes

$$\frac{0{,}55\,\eta\,\varepsilon_W\,\varepsilon_R\,C_s\,F_W}{R\,c_{pmR}}\left(\frac{T_R}{100}\right)^4 + t_R = t_B, \tag{164}$$

wo für die Bezugstemperatur t_B die Beziehung gilt:

$$t_B = t_F\,\frac{R_F + R}{2R} + \frac{B}{2R\,c_{pmR}}\left[(1 - \alpha)\,H_u + (1 - \beta)\,V_L\,t_L\,c_{pmL}\right]. \tag{165}$$

Hierbei ist in dem gesamten Abschnitt die spezifische Wärme c_{pmR} konstant gesetzt, eine Vereinfachung, die in Anbetracht der geringen zu erwartenden Unterschiede tragbar erscheint.

Zur Auswertung dieser Gleichungen benutzt man wieder die Tafel 16b. Die Endtemperatur t_{R2} liegt dann noch um den Betrag $t_{R1} - t_R$ tiefer als t_R.

Für die folgenden Abschnitte, deren Größe so zu bemessen ist, daß man eine genügende Anzahl aufeinander folgender Werte der Rauchgastemperatur erhält, um den Verlauf der Temperaturkurve zu erkennen, gestaltet sich die Berechnung besonders einfach, weil weder Verbrennungswärme noch Zusatzluft zugeführt werden. Ist t_{R1} die Rauchgastemperatur in °C am Eintritt und c_{pR} die wahre spezifische Wärme zwischen t_{R1} und t_{R2}, so lautet die Bestimmungsgleichung für die mittlere Temperatur t_R in diesem Abschnitt

$$\frac{0{,}55\,\eta\,\varepsilon_W\,\varepsilon_R\,C_s\,F_W}{R\,c_{pR}}\left(\frac{T_R}{100}\right)^4 + t_R = t_{R1} \tag{166}$$

Auch zur Auswertung dieser Gleichung ist Tafel 16b zu benutzen, wobei als Bezugstemperatur die Temperatur t_{R1} zu verwenden ist. Auch hier ist zu beachten, daß die Endtemperatur t_{R2} noch um den Betrag $t_{R1} - t_R$ unter t_R liegt.

5. Zahlenwerte für die Konstanten

a) Strahlungsaufnahmeverhältnis η

E. Eckert[1] definiert die „Wertigkeit" ψ einer Wandkühlung durch Strahlungsheizflächen auf Grund einer Betrachtung über die Winkelverhältnisse, die sich zwischen der Wand und den Rohren ergeben. Durch diesen Faktor ψ wird die Wärme, die von den an der Wand liegenden Rohren aufgenommen wird, mit derjenigen Wärme verglichen, die von einer gleich großen ebenen Wand aufgenommen werden würde, wenn diese dieselbe Oberflächentemperatur T_O haben würde wie die Rohre.

Unter der Annahme einer gleichmäßigen Einstrahlung auf die Wand, einer schwarzen, ungedämpften Strahlung von Flamme, Wand und Rohren, sowie eines vollständig wärmedurchlässigen Zwischengases erhält er eine Gleichung, die in unserer Schreibweise lautet:

$$\Delta Q = \psi\,C_s\,F\left[\left(\frac{T_F}{100}\right)^4 - \left(\frac{T_O}{100}\right)^4\right]\text{kcal/h}. \tag{167}$$

[1] ECKERT, E.: Technische Strahlungsaustausch-Rechnungen. Berlin: VDI-Verlag 1937 und E. ECKERT: Die Wertigkeit von Strahlungsheizflächen. Arch. Wärmew. **9**, 241—242 (1932).

Vergleichen wir dies mit unserem Ansatz für das Strahlungsaufnahmeverhältnis η unter den gleichen Verhältnissen, so gilt:

$$\varDelta Q = \eta \, C_s \, F \left(\frac{T_F}{100}\right)^4 . \qquad (168)$$

Somit wird

$$\eta = \psi \left(1 - \left(\frac{T_o}{T_F}\right)^4\right) , \qquad (169)$$

und die in unserem Ansatz erscheinende Wandtemperatur T_W steht mit der Oberflächentemperatur der Rohre in folgendem Zusammenhang:

$$\left(\frac{T_W}{T_F}\right)^4 = 1 - \psi \left(1 - \left(\frac{T_o}{T_F}\right)^4\right) . \qquad (170)$$

Die Wandtemperatur T_W ist, wie man hieraus ersieht, keineswegs identisch mit der Temperatur der Rohroberfläche, sondern sie ist eine Mitteltemperatur aus der Rohrwandtemperatur und der Temperatur der Wandstücke, die zwischen den Rohren sichtbar sind. Diese Darstellungsart ist deshalb besonders handlich, weil sie leicht überblickbare Gleichungen ergibt und für Schmelzfeuerungen in T_W unmittelbar die Temperatur der Oberfläche der angestrahlten Rohrverkleidung liefert.

Für gekühlte Kammern, deren Wände mit Siederohren gekühlt werden, ist T_O gegenüber T_F so klein, daß man

$$\left(\frac{T_o}{T_F}\right)^4 \sim 0$$

setzen kann. Hiernach würde man für solche Fälle $\eta = \psi$ setzen können. Ein besserer Wert aber, in gleicher Weise brauchbar für Siederohre wie für Überhitzerrohre, ist

$$\eta = 0{,}97 \, \psi . \qquad (171)$$

Eckert hat für die ψ-Werte Kurven aufgestellt, die für verschiedene Rohranordnungen gelten. Die in Tafel 17 gezeigten Kurven für das Strahlungsaufnahmeverhältnis η sind aus diesen Eckertschen Kurven durch Multiplikation der Ordinatenwerte mit dem Faktor 0,97 entstanden.

b) Strahlungsverhältniszahlen

Für den Schwärzegrad der Flamme kann man einsetzen

$$\varepsilon_F = 0{,}9 - 1{,}0 , \qquad (172)$$

für den Schwärzegrad der Wand

$$\varepsilon_W = 0{,}85 - 0{,}95 , \qquad (173)$$

so daß $C_F = 4{,}5 - 4{,}96$ und $C_W = 4{,}2 - 4{,}7$ wird.

Für das Absorptions- oder Emissionsverhältnis von Rauchgas gelten die Tafeln 14 und 15, die brauchbare Werte für Rauchgas aus Steinkohle, Rohbraunkohle, Heizöl, Gichtgas und Generatorgas liefern. Die der Berechnung zugrunde gelegte Zusammensetzung des Rauchgases ist folgende in Volumenprozent:

	Gehalt der Rauchgase an		CO_2-Gehalt des entsprechenden trockenen Rauchgases %
	CO_2 %	H_2O %	
Steinkohle	13,0	5,0	13,7
Rohbraunkohle	11,2	20,0	14,0
Heizöl	12,2	10,44	13,6
Generatorgas	18,25	6,5	19,5
Gichtgas	23,15	1,75	23,5

Die Werte gelten für das Emissionsverhältnis ε_M bzw. ε_R des Rauchgases bei seiner eigenen Temperatur, für das Absorptionsverhältnis ε_{FM} bzw. ε_{FR} des Rauchgases, bezogen auf die Flammentemperatur und für das Absorptionsverhältnis ε_{WM} bzw. ε_{WR} des Rauchgases, bezogen auf die Wandtemperatur.

c) Verbrennung und Nachverbrennung

Für den Anteil α der Verbrennung, der in der leuchtenden Flamme stattfindet, sind folgende Erfahrungswerte brauchbar:

Tabelle 24. *Erfahrungswerte für den Anteil der Flammenverbrennung*

	Gekühlte Kammer und Rostfeuerungen	Schmelzkammer und Zyklon
Magerkohle.	0,95	0,98
Fettkohle	0,9	0,95
Gasflammkohle.	0,85	0,9
Rohbraunkohle	0,85	—

Eine Kontrolle dieser Vorschläge durch weitere Erfahrungen ist erforderlich.

Für den Anteil β der Verbrennungsluft, der in der Flamme zur Wirkung kommt, ist die Auslegung der Feuerung maßgebend. Für Projektrechnungen kann man etwa mit folgenden Werten rechnen:

$$\text{ohne Wirbellufteinblasung} \ldots \ldots 0{,}92-0{,}95$$
$$\text{mit Wirbellufteinblasung} \ldots \ldots 0{,}85-0{,}9.$$

6. Anwendung der Theorie

In den Tafeln 18—23 sind die Ergebnisse der Theorie für verschiedene Feuerungen dargestellt. Es handelt sich um die beiden Faktoren von T_F^4 und T_M^4 in den Gln. (152) und (153). Schreibt man die Gl. (152) in folgender Form

$$\frac{E_F\, l^2}{R_F\, c_{p\,m\,F}}\left(\frac{T_F}{100}\right)^4 + t_F = t_B \tag{174}$$

und Gl. (153) wie folgt

$$t_B = \frac{1}{R_F\, c_{p\,m\,F}}\left[B(\alpha\, H_u + \beta\, V_L\, t_L\, c_{v\,m\,L}) - S_M\right]. \tag{175}$$

dann gibt das Hauptdiagramm jeweils den Faktor der Flammenstrahlung

$$E_F = \frac{1{,}04\, C_W}{l^2}\, \Sigma\, \eta\, \varepsilon_F\, (1 - \varepsilon_{FM})\, F_F \tag{176}$$

an, während in den Nebendiagrammen der Strahlungsanteil des Mantelgases

$$S_M = \frac{1{,}04\, C_W}{l^2}\, \Sigma\, \eta\, \varepsilon_M\, F_W \left(\frac{T_M}{100}\right)^4 \tag{177}$$

dargestellt ist.

Diese Größen sind durch das Quadrat der Brennkammerlänge l dividiert, da die letztere eine eindeutige Bezugsgröße zur Kennzeichnung der Anlage ist. Als Abszisse ist in den Diagrammen die Zahl h_F/l benutzt, das ist die relative Höhe der Flamme über dem Rost oder über der Unterkante des untersten Brenners bei Staubfeuerungen. Auch diese Zahl ist auf die Länge der Brennkammer bezogen.

Die Ausführung einer Feuerung ist bei den verschiedenen Firmen sehr ähnlich. Deshalb sind die Kurven aus den genannten Tafeln für die meisten Fälle ohne Nachprüfung zu verwenden.

a) Schürrost mit Rohbraunkohle (Tafel 18)

Wie die beigegebene Skizze zeigt, ist angenommen, daß die Seitenwandkühlung im Bereich der Flamme nur gering ist ($s = 4d$; $\eta = 0{,}52$) während die übrigen Wände der Brennkammer etwa im Verhältnis $s = 2d$ mit $\eta = 0{,}81$ gekühlt werden. Die Vorderwandkühlung fängt erst oberhalb der Flamme an, die Seitenwandkühlung beginnt in einem gewissen Abstand oberhalb des Rostes.

Die angenommene Lage der Flamme ist aus der Skizze ersichtlich. Es sind drei Flammengrößen eingezeichnet, die etwa bei Vollast, Dreiviertellast und Halblast der Anlage zu erwarten sind. Die Höhe h_F ist von Mitte Rost ab gerechnet. Nimmt man für irgendeine Braunkohle eine andere Flammenhöhe an, so kann man auch für diese aus dem Diagramm die Werte für E_F und S_M abgreifen.

Die Flammenstrahlung ist mit $\varepsilon_F = 0{,}95$ gerechnet, mit Ausnahme von der Vorderseite der Flamme, wo mit Rücksicht auf den starken Gasgehalt nur 0,85 eingesetzt ist. Das Mantelgas ist auf der Vorderseite der Flamme mit Rücksicht auf den hohen Wassergehalt mit $\varepsilon_M = 0{,}55$ bei 550—650 °C eingesetzt. Auf der Rückseite der Flamme ist Luft angenommen, die nicht strahlt.

Die Höhe h_F gibt an, bis zu welcher Brennkammerebene die Berechnung gilt. Von dieser Ebene ab ist dann nach Abschnitt 4 weiter zu rechnen.

b) Wanderrost mit Magerkohle (Tafel 19)

Die Brennkammer ist allseitig stark gekühlt ($s = 1{,}5d$), was einen Faktor $\eta = 0{,}94$ ergibt. Die Seitenwände sind jedoch zur Unterstützung der Zündung der Magerkohle bis zu einer Höhe $h = 0{,}45\,l$ über dem Rost abgedeckt, so daß in diesem Bereich die Wandtemperatur auf etwa 1050 °C ansteigt, wofür bei einer Flammentemperatur von 1300° Tafel 16a einen Wert $\eta = 0{,}63$ liefert. Dasselbe Strahlungsaufnahmeverhältnis hat auch die vordere Hängedecke, während für die hintere Decke, auf der die Kühlrohre sichtbar sind, $\eta = 0{,}735$ gesetzt ist.

Da die Zündung spät einsetzt, entsteht zwischen Vorderwand und Flamme ein Raum, in dem sich Schwelgase und Luft befinden, für deren Eigenstrahlung ε_M der Wert 0,265—0,30 bei einer Temperatur von 900 °C bis 700 °C eingesetzt wurde. Für die Strahlungsaufnahme dieses Gases kommen ε_{FM}-Werte zwischen 0,135 und 0,145 in Frage. Auf der Rückseite der Flamme strömt nur Luft, die nicht strahlt.

Die Berechnung erfaßt alle Strahlungsvorgänge im Bereich der Flamme bis zur Höhe h_F über dem Rost. Von da ab ist die Berechnung nach Abschn. 4 fortzusetzen.

c) Wanderrost mit Fettkohle (Tafel 20)

Fettkohle zündet schnell, und die Flamme entwickelt sich bereits unter der vorderen Hängedecke. Der Aufbau der Feuerung ist der gleiche wie bei Magerkohle, lediglich die Abdeckung der Seitenwände fällt fort. Die Flamme ist länger als bei Magerkohle.

Auf der Vorderseite der Flamme ist kein Raum für Mantelgas. Auf der Rückseite der Flamme strömt Luft, die durch die hinterste Zone oder zwischen den Staupendeln hindurch zutritt. Da diese Luft nicht strahlt, kommt für die gesamte Berechnung keine Eigenstrahlung von Mantelgas in Frage. Es ist $S_M = 0$.

d) Wanderrost mit Gasflammkohle (Tafel 21)

Die Flamme ist noch länger als bei Fettkohle. Im übrigen ist der Berechnungsgang der gleiche wie unter c).

e) Staubfrontfeuerung mit Wirbelbrennern (Tafel 22)

Der Querschnitt der Flamme hat etwa die Form einer Ellipse, ihre Breite dürfte je nach der Belastung 80—90% der Kammerbreite ausfüllen. Auf der Unterseite der Flamme, die dem Aschentrichter zugekehrt ist, ist die Flammenstrahlung mit $\varepsilon_F = 0{,}85$ angesetzt, weil sich hier noch keine einheitliche helle Flammenoberfläche ausbildet. Die Absorptionszahl des Mantelgases im Aschentrichter wurde $\varepsilon_{FM} = 0{,}25$ gesetzt. Die Eigenstrahlung dieses Gases ist etwa $\varepsilon_M = 0{,}34$ bei 800 °C. Im Bereich des senkrechten Teils des Flammenmantels ist die Mantelgastemperatur auf der Vorderseite der Flamme mit 1200 °C, im übrigen mit 1250 °C angesetzt, weil dieses Gas zum größten Teil aus der Flamme selbst stammt und nur wenig kälter als die Flamme sein dürfte. Die Flammenstrahlung hat hier die Ziffer $\varepsilon_F = 0{,}95$. Auf der Vorderseite ist für das Gas eine wirksame Schichtstärke von 3 m angenommen, und das Gas absorbiert dann mit $\varepsilon_{FM} = 0{,}18$; es strahlt selbst mit $\varepsilon_M = 0{,}18$.

Mit einer Wandkühlung von $s = 1,5\,d$ und $\eta = 0,94$ ergeben sich so folgende Strahlungszahlen $C = 1,04\,C_W\,\varepsilon_F\,(1 - \varepsilon_{FM})\,\eta$ der Flamme

im Aschentrichter	$C = 2,80,$
im Flammenmantel auf der Vorderseite	$C = 3,42,$
im übrigen Flammenmantel	$C = 3,70,$
in der Kuppe	$C = 4,23.$

Die Berechnung ergibt die Werte für E_F und S_M für verschiedene Flammenhöhen h_F, gerechnet von Unterkante des untersten Brenners bis zur Mitte der Kuppe, und für verschiedene Breiten b der Kammer. Alle Werte sind auf die Länge (auch Tiefe genannt) l der Brennkammer zwischen den Kühlrohren der Vorder- und Rückwand bezogen.

f) Staub-Eckenfeuerung (Tafel 23)

Die Flamme hat die Form eines Zylinders, dessen Durchmesser bei hoher Belastung etwa 92,5% der Kammerbreite erfüllt, bei Teillast geht dieses Verhältnis bis auf etwa 87,5% zurück. Unten wird der Zylinder durch eine flache Kalotte begrenzt, für die wie bei der Frontfeuerung $\varepsilon_F = 0,85$ eingesetzt wurde. Auch das Mantelgas im Trichter wurde ebenso bewertet wie bei der Frontfeuerung. Mantel und Kuppe der Flamme strahlen mit $\varepsilon_F = 0,95$; das Mantelgas absorbiert bei einer mittleren Schichtstärke von 1,5 m mit $\varepsilon_{FM} = 0,135$, es strahlt selbst mit $\varepsilon_M = 0,15$ bei 1250 °C.

Die Strahlungszahlen ergeben sich so für die einzelnen Teile der Flamme wie folgt:

im Aschentrichter	$C = 2,8,$
im Flammenmantel	$C = 3,6,$
in der Kuppe	$C = 4,2.$

g) Schmelzfeuerungen

In Schmelzfeuerungen berührt die Flamme die Wände der Kammer unmittelbar. Hier wird also $\varepsilon_M = 0$ und $\varepsilon_{FM} = 0$, wodurch sich die Gl. (176) und (175) erheblich vereinfachen. Der Zusammenhang zwischen dem Strahlungsaustauschverhältnis η und der mittleren Wandtemperatur T_W ist für volle Kammerbelastung durch Gl. (147) und Tafel 14 gegeben.

C. Die Wärmeübertragung in der Berührungsheizfläche

1. Wärmeübertragung durch Gasstrahlung

Wie einleitend erwähnt wurde, ist es vorteilhaft, im Bereich der Berührungsheizfläche eine Wärmeübergangszahl α_S einzuführen, durch die die durch Gasstrahlung übertragene Wärme als lineare Funktion der Temperaturdifferenz zwischen Rauchgas und Wand dargestellt wird. Es ist also

$$\alpha_S = \frac{\Delta Q_R}{F\,(t_R - t_W)}\ \text{kcal/m}^2\text{h grd} \tag{178}$$

oder

$$\alpha_S = \frac{C_{R1}\left(\dfrac{T_R}{100}\right)^4 - C_{R2}\left(\dfrac{T_W}{100}\right)^4}{T_R - T_W}\ \text{kcal/m}^2\text{h grd.} \tag{179}$$

Hier ist

T_R die absolute Temperatur des strahlenden Rauchgases,
T_W die absolute Temperatur der angestrahlten Heizfläche,
C_{R1} die Strahlungszahl des Rauchgases bei der Temperatur T_R,
C_{R2} die Strahlungszahl des Rauchgases bei der Temperatur T_W.

In den Tafeln 24 bis 27 sind die α_S-Werte für Rauchgas aus Steinkohle mit 13,7% CO_2 im trockenen Rauchgas und 5% H_2O im Gesamtrauchgas, und für Rauchgas aus Braunkohle mit 14% CO_2 im trockenen Rauchgas und 20% H_2O im Gesamtrauchgas aufgetragen. Als Abszisse dient die Schichtstärke, als Parameter die Rauchgastemperatur. Auf jeder Tafel sind vier Diagramme übereinander für vier verschiedene Wandtemperaturen aufgezeichnet.

Über die in den Diagrammen für α_S einzusetzende wirksame Schichtstärke des strahlenden Rauchgases liegen nur geringe Unterlagen im Schrifttum vor. ECKERT gibt an, daß die wirksame Schichtstärke zwischen zwei Ebenen, deren Abstand a Meter beträgt, $s = 1,8\,a$ ist. Für fluchtend angeordnete Rohrbündel findet ECKERT den Wert $s = 3,5\,a$, wo a die Rohrteilung ist, und zwar in beiden Richtungen längs und quer. Seine Untersuchung bezieht sich jedoch nur auf den Fall, daß die Teilung gleich dem doppelten Rohrdurchmesser ist.

Für versetzt angeordnete Rohre liegen zwei Angaben vor; für $t_q = 2$ und $t_l = 1,75$ ist $s = 3d$, und für $t_q = 3$ und $t_l = 2,5$ ist $s = 7,6d$.

Aus diesen verhältnismäßig spärlichen Angaben sind die beiden Diagramme der Tafel 28 entwickelt worden. Sie können keinen Anspruch auf größere Genauigkeit machen, dürften aber für den praktischen Gebrauch genügen.

2. Wärmeübertragung durch Berührung

a) Die Stoffwerte für Luft und Rauchgas

α) Definitionen. Der Wärmeübergang durch Berührung zwischen einem Gas oder einer Flüssigkeit und einer festen Wand ist von verschiedenen Stoffwerten abhängig. Diese sind teilweise durch physikalische Beziehungen miteinander verknüpft, so daß es möglich ist, die eine durch die andere auszudrücken und Messungen zu kontrollieren.

Bei der Verwendung von Meßwerten stößt man auf zwei Schwierigkeiten:

1. Manchmal sind sie im „absoluten" c-g-s-System angegeben, neuerdings auch im m-kg-s-System, manchmal aber in technischen Einheitssystemen, also in m-kp-s oder m-kp-h.

2. Innerhalb des technischen Systems gibt es einige Einheiten, die auf die Sekunde, andere, die auf die Stunde bezogen sind. Dadurch tritt an einigen Stellen der Faktor s/h auf. Gelegentlich gibt es sogar für ein und denselben Begriff zwei Zahlenwerte, die sich um den Faktor s/h = 3600 unterscheiden. Bei Größen, die aus mehreren anderen durch Multiplikation oder Division hervorgehen, muß man darauf achten, daß sie „dimensionsgerecht" bleiben, d. h. daß alle Faktoren entweder auf die Stunde oder aber alle auf die Sekunde bezogen werden, sonst muß der Faktor 3600 hinzugefügt werden.

Im folgenden bezeichnen g und kg immer eine Masseneinheit, während die Kraft- oder Gewichtseinheit durch kp ausgedrückt wird.

Folgende Begriffe sind anzuführen:

1. **Die Dichte** (Massendichte) ϱ, gemessen in $\frac{\mathrm{g}}{\mathrm{cm^3}}$ oder $\frac{\mathrm{kg}}{\mathrm{m^3}}$; es ist

$$1\,\frac{\mathrm{kg}}{\mathrm{m^3}} = 10^{-3}\,\frac{\mathrm{g}}{\mathrm{cm^3}} .$$

2. **Die Wichte** (das spezifische Gewicht) γ, gemessen in $\frac{\mathrm{kp}}{\mathrm{m^3}}$; es ist $\gamma = \varrho\,\mathrm{g}\,\frac{\mathrm{kg}}{\mathrm{m^2\,s^2}}$ oder

$$\gamma = \left\{ \varrho \right\}\frac{\mathrm{kp}}{\mathrm{m^3}} \tag{180}$$

3. **Die absolute oder dynamische Viskosität** η, gemessen in $\frac{\mathrm{g}}{\mathrm{cm\cdot s}}$ oder „Poise", oder in $\frac{\mathrm{kp\,s}}{\mathrm{m^2}}$; es ist

$$1\,\frac{\mathrm{kp\cdot s}}{\mathrm{m^2}} = 98,1\,\frac{\mathrm{g}}{\mathrm{cm\cdot s}}\ (\text{Poise}).$$

Gelegentlich wird auch das Produkt $\eta\,g$, gemessen in $\frac{\mathrm{kp}}{\mathrm{m\cdot s}}$, als Viskosität bezeichnet[1], oder auch der Ausdruck $3600\,\eta\,g$, gemessen in $\frac{\mathrm{kp}}{\mathrm{m\cdot h}}$.

4. **Die kinematische Viskosität** ν, gemessen in $\frac{\mathrm{m^2}}{\mathrm{s}}$; es ist

$$\nu = \frac{\eta}{\varrho} = \frac{\eta\,g}{\gamma} \tag{181}$$

---

[1] SCHACK, A.: Arch. Eisenhüttenw. **13**, 162, Tab. 15 (1939/40).

Tabelle 25. *Stoffwerte für trockene Luft (normale Zusammensetzung) bei* 760 Torr (1,033 ata)

t °C	γ kp/m³	c_p kcal/Nm³ grd	$\eta \cdot 10^4$ Poise	$\eta \cdot 10^6$ kp s/m²	$v \cdot 10^4$ m²/s	v m²/h	λ kcal/m h grd	a m²/h	Pr
0	1,2930	0,310	1,721	1,754	0,1330	0,0479	0,0209	0,0673	0,715
20	1,2045	0,310	1,820	1,855	0,1511	0,0544	0,0221	0,0763	0,713
40	1,1267	0,310	1,913	1,950	0,1697	0,0611	0,0233	0,086	0,711
60	1,0595	0,312	2,003	2,042	0,1890	0,0680	0,0245	0,096	0,709
80	0,9998	0,312	2,093	2,134	0,2094	0,0754 ·	0,0257	0,1065	0,708
100	0,9458	0,312	2,181	2,224	0,2306	0,0830	0,0270	0,118	0,703
120	0,8980	0,313	2,267	2,311	0,2523	0,0908	0,0282	0,130	0,70
140	0,8535	0,313	2,351	2,397	0,2755	0,0992	0,0295	0,143	0,695
160	0,8150	0,314	2,433	2,481	0,2985	0,1075	0,0308	0,155	0,69
180	0,7785	0,315	2,515	2,564	0,3229	0,1162	0,0320	0,168	0,69
200	0,7457	0,317	2,585	2,635	0,3463	0,1247	0,0332	0,182	0,685
250	0,6745	0,319	2,778	2,832	0,4117	0,1482	0,0362	0,217	0,68
300	0,6157	0,323	2,948	3,005	0,4785	0,1723	0,0390	0,253	0,68
350	0,5662	0,326	3,118	3,178	0,5505	0,1982	0,0417	0,292	0,68
400	0,5242	0,330	3,277	3,340	0,6253	0,2251	0,0443	0,331	0,68
450	0,4875	0,334	3,441	3,508	0,7054	0,2539	0,0467	0,371	0,685
500	0,4564	0,337	3,584	3,653	0,7848	0,2825	0,0490	0,411	0,69
600	0,4041	0,344	3,863	3,938	0,9557	0,344	0,0535	0,497	0,69
700	0,3625	0,350	4,122	4,202	1,137	0,409	0,0573	0,583	0,70
800	0,3287	0,357	4,368	4,451	1,328	0,478	0,0607	0,669	0,715
900	0,301	0,362	4,59	4,68	1,525	0,549	0,0637	0,756	0,725
1000	0,277	0,366	4,80	4,89	1,73	0,623	0,0662	0,846	0,735

t Temperatur η dynamische Viskosität
γ Wichte v kinematische Viskosität
c_p spezifische Wärme bei konstantem Druck a Temperaturleitzahl
λ Wärmeleitzahl   Pr Prandtl-Zahl

oder

$$v = \left\{ 3600 \, \frac{\eta \, g}{\gamma} \right\} \frac{\text{m}^2}{\text{h}} \, . \tag{182}$$

Es ist

$$1 \frac{\text{m}^2}{\text{s}} = 10^4 \frac{\text{cm}^2}{\text{s}} \, .$$

5. Die spezifische Wärme c bei konstantem Volumen (c_v) oder bei konstantem Druck (c_p), bezogen auf das Gewicht, das Normvolumen, das Mol oder die Masse, gemessen in $\dfrac{\text{kcal}}{\text{kp} \cdot \text{grd}}$ oder $\dfrac{\text{kcal}}{\text{Nm}^3 \cdot \text{grd}}$ oder $\dfrac{\text{kcal}}{\text{kmol} \cdot \text{grd}}$ oder $\dfrac{\text{kcal}}{\text{kg} \cdot \text{grd}}$.

Es ist

$$(c)_{\text{Gewicht}} = \frac{1}{\gamma} \, (c)_{\text{Volumen}} = \frac{1}{g \, M} \, (c)_{\text{Mol}} = \frac{1}{g} \, (c)_{\text{Masse}}$$

$$(c)_{\text{Volumen}} = \frac{1}{V_M} \, (c)_{\text{Mol}} \quad = \varrho \, (c)_{\text{Masse}}$$

$$(c)_{\text{Mol}} \quad = M \, (c)_{\text{Masse}} \, .$$

Dabei bedeutet γ die Wichte, g die Fallbeschleunigung, M das Molekulargewicht, V_M das Molvolumen, im allgemeinen 22,4 $\dfrac{\text{Nm}^3}{\text{Mol}}$, ϱ die Dichte.

Es ist

$$\varkappa = \frac{c_p}{c_v} \, , \text{ dimensionslos.} \tag{183}$$

Nach der kinetischen Gastheorie ist

für einatomige Gase $\varkappa = 1{,}67$,
für zweiatomige Gase $\varkappa = 1{,}40$,
für mehratomige Gase $\varkappa = 1{,}33$.

Tabelle 26. *Stoffwerte für Kohlendioxyd* CO_2 *bei* 760 Torr (1,033 ata)

T °K	t °C	γ kp/m³	c_p kcal/Nm³ grd	$\eta \cdot 10^4$ Poise	$\eta \cdot 10^6$ kp s/m²	$\nu \cdot 10^4$ m²/s	ν m²/h	λ kcal/m h grd	Pr
273,16	0	1,977	0,391	1,370	1,397	0,06930	0,02495	0,01253	0,782
280	+ 6,8	1,9276	0,394	1,403	1,431	0,07278	0,02620	0,01296	0,779
300	26,8	1,7967	0,403	1,495	1,463	0,08320	0,02995	0,01426	0,770
320	46,8	1,6828	0,412	1,587	1,618	0,09428	0,03394	0,01555	0,765
340	66,8	1,5826	0,420	1,677	1,710	0,1060	0,03816	0,0169	0,758
360	86,8	1,4938	0,429	1,763	1,798	0,1180	0,04248	0,0183	0,751
380	106,8	1,4145	0,437	1,848	1,885	0,1307	0,04705	0,0197	0,744
400	126,8	1,3432	0,445	1,932	1,970	0,1438	0,0518	0,0212	0,738
420	146,8	1,2789	0,452	2,014	2,054	0,1575	0,0567	0,0227	0,730
440	166,8	1,2204	0,460	2,094	2,135	0,1715	0,0617	0,0242	0,724
460	186,8	1,1670	0,467	2,172	2,214	0,1861	0,0670	0,0257	0,717
480	206,8	1,1182	0,473	2,248	2,293	0,2011	0,0724	0,0273	0,709
500	226,8	1,0733	0,480	2,325	2,37	0,217	0,0780	0,0288	0,702
550	276,8	0,9756	0,494	2,51	2,56	0,257	0,0925	0,0329	0,685
600	326,8	0,8941	0,508	2,68	2,74	0,300	0,1080	0,0371	0,668
650	376,8	0,8252	0,521	2,85	2,91	0,345	0,1243		
700	426,8	0,7662	0,532	3,01	3,07	0,393	0,1415		
750	476,8	0,7151	0,544	3,17	3,23	0,443	0,1596		
800	526,8	0,6704	0,552	3,32	3,39	0,496	0,1784		
850	576,8	0,6309	0,561	3,47	3,54	0,550	0,1980		
900	626,8	0,5958	0,569	3,61	3,68	0,606	0,2183		
950	676,8	0,5645	0,577	3,75	3,83	0,665	0,2394		
1000	726,8	0,5362	0,583	3,89	3,97	0,726	0,2612		
1100	826,8	0,4875	0,595	4,15	4,23	0,851	0,3065		
1200	926,8	0,4465	0,605	4,41	4,50	0,987	0,3565		
1300	1026,8	0,4125	0,613	4,65	4,74	1,127	0,406		
1400	1126,8	0,3830	0,621	4,89	4,99	1,277	0,460		
1500	1226,8	0,3575	0,627	5,12	5,22	1,432	0,516		

T, t Temperatur λ Wärmeleitzahl   Pr Prandtl-Zahl
γ Wichte η dynamische Viskosität
c_p spezifische Wärme bei konstantem Druck ν kinematische Viskosität

6. Die Wärmeleitzahl λ, gemessen in $\dfrac{\text{kcal}}{\text{m} \cdot \text{h} \cdot \text{grd}}$; es ist

$$1 \frac{\text{kcal}}{\text{m} \cdot \text{h} \cdot \text{grd}} = \frac{1}{3600} \frac{\text{kcal}}{\text{m} \cdot \text{s} \cdot \text{grd}} = \frac{1}{360} \frac{\text{cal}}{\text{cm} \cdot \text{s} \cdot \text{grd}} \cdot$$

7. Die Temperaturleitzahl a, gemessen in $\dfrac{\text{m}^2}{\text{h}}$ oder $\dfrac{\text{m}^2}{\text{s}}$; es ist

$$a = \frac{\lambda}{(c_p)_{\text{Vol}}} = \left\{\frac{\lambda}{(c_p)_{\text{Gew}} \cdot g}\right\} \frac{\text{m}^2}{\text{h}} \tag{184}$$

oder

$$a = \frac{\lambda}{3600 \,(c_p)_{\text{Vol}}} = \left\{\frac{\lambda}{3600 \,(c_p)_{\text{Gew}} \cdot \gamma}\right\} \frac{\text{m}^2}{\text{s}} \cdot \tag{185}$$

8. Die PRANDTL-Zahl Pr, dimensionslos; es ist

$$\text{Pr} = \frac{\nu}{a} = 3600 \frac{\eta \, g \,(c_p)_{\text{Vol}}}{\gamma \, \lambda} = 3600 \frac{\eta \, g \,(c_p)_{\text{Gew}}}{\lambda} \cdot \tag{186}$$

Dieser Ausdruck ist durch den Faktor 3600 „dimensionsgerecht" gemacht.

Mit Hilfe der Gl. (183) findet man auch die Darstellung

$$\text{Pr} = 3600 \,\varkappa \frac{\eta \, g \,(c_v)_{\text{Vol}}}{\gamma \, \lambda} = 3600 \,\varkappa \frac{\eta \, g \,(c_v)_{\text{Gew}}}{\lambda} \cdot \tag{187}$$

Tabelle 27. *Stoffwerte für Wasserdampf bei* 760 Torr (1,033 ata)

Die Zahlenwerte für Temperaturen unterhalb 100 °C beziehen sich auf den Sättigungsdruck oder niedere Drücke

T °K	t °C	γ kp/m³	c_p kcal/Nm³ grd	$\eta \cdot 10^4$ Poise	$\eta \cdot 10^6$ kp s/m²	$\nu \cdot 10^4$ m²/s	ν m²/h	λ kcal/m h grd	Pr
273,2	0	0,00485	0,358	0,86	0,88	17,7	6,4	0,0137	1,008
323,2	50	0,0830	0,362	1,05	1,07	1,265	0,455	0,0169	
373,2	100	0,5977	0,378	1,24	1,264	0,2075	0,0747	0,0207	1,014
380	106,8	0,5860	0,378	1,27	1,295	0,2167	0,0780	0,0211	1,02
400	126,8	0,5549	0,378	1,342	1,368	0,2418	0,0870	0,0224	1,011
420	146,8	0,5273	0,378	1,414	1,440	0,2682	0,0965	0,0237	
440	166,8	0,5025	0,378	1,486	1,515	0,2957	0,1065	0,0250	
460	186,8	0,4801	0,378	1,560	1,590	0,3249	0,1170	0,0264	
480	206,8	0,4597	0,379	1,631	1,663	0,3548	0,1277	0,0278	
500	226,8	0,4410	0,381	1,703	1,736	0,3862	0,1390	0,0292	0,993
520	246,8	0,4237	0,382	1,775	1,810	0,4189	0,1508	0,0306	
540	266,8	0,4079	0,384	1,847	1,883	0,4528	0,1630	0,0320	
560	286,8	0,3931	0,386	1,920	1,958	0,4884	0,1758	0,0334	
580	306,8	0,3794	0,388	1,992	2,031	0,5250	0,1890	0,0349	
600	326,8	0,3667	0,390	2,06	2,105	0,563	0,2026	0,0363	0,99
620	346,8	0,3548	0,392	2,14	2,178	0,602	0,2168	0,0377	
640	366,8	0,3436	0,394	2,21	2,252	0,643	0,2313	0,0392	
660	386,8	0,3332	0,397	2,28	2,326	0,685	0,2465	0,0406	
680	406,8	0,3233	0,399	2,35	2,40	0,728	0,2622	0,0421	
700	426,8	0,3140	0,402	2,43	2,47	0,772	0,278	0,0435	1,00
720	446,8	0,3053	0,404	2,50	2,55	0,818	0,295	0,0450	
740	466,8	0,2970	0,407	2,57	2,62	0,865	0,311	0,0465	
760	486,8	0,2892	0,409	2,64	2,69	0,914	0,329	0,0479	
780	506,8	0,2817	0,412	2,71	2,77	0,963	0,347	0,0494	
800	526,8	0,2746	0,415	2,79	2,84	1,014	0,365	0,0509	1,016
820	546,8	0,2680	0,417	2,86	2,91	1,067	0,384		
840	566,8	0,2615	0,419	2,93	2,99	1,121	0,404		
860	586,8	—	—	3,01					
880	606,8	—	—	3,09					
900	626,8	—	—	3,17					
1000	726,8	—	—	3,59					
1100	826,8	—	—	3,97					
1200	926,8	—	—	4,33					

T, t Temperatur $\qquad\qquad\qquad$ η dynamische Viskosität $\qquad$ Pr Prandtl-Zahl

γ Wichte $\qquad\qquad\qquad\qquad\qquad$ ν kinematische Viskosität

c_p spezifische Wärme bei konstantem Druck $\quad$ λ Wärmeleitzahl

β) Messungen. Alle obengenannten Stoffwerte sind von der Temperatur abhängig. Nach der kinetischen Gastheorie sollten allerdings die Werte $\varkappa$, ε und Pr konstant sein. So fordert diese Theorie für Pr und $\varkappa$ folgende Werte:

$$\text{für 1-atomige Gase } \mathrm{Pr} = 0,67; \quad \varkappa = 1,667$$
$$\text{für 2-atomige Gase } \mathrm{Pr} = 0,70; \quad \varkappa = 1,40$$
$$\text{für 3-atomige Gase } \mathrm{Pr} = 0,89$$
$$\text{für 4-atomige Gase } \mathrm{Pr} = 1,00.$$

Die wirklichen Gase weichen jedoch hiervon ab, wie die Messungen zeigen. In den Tab. 25, 26 und 27 sind die zur Zeit besten Werte für die wichtigsten im Feuerungs- und Kesselbau vorkommenden Stoffkonstanten zusammengestellt[1].

---

[1] Die Werte wurden dem Verfasser von W. Fritz, Physikalisch-Technische Bundesanstalt Braunschweig, zur Verfügung gestellt. Sie stimmen bis auf 1—2% mit den Werten des Bureau of Standards USA vom November 1955 überein. Berücksichtigt sind auch die Tabellen von R. Plank und die neueren russischen Ergebnisse.

b) Die Wärmedurchgangszahl k

Die an die Heizfläche übergehende Wärme muß durch die Wand hindurchgehen und an das an der anderen Seite der Wand befindliche Medium abgegeben werden. Dieser Weg wird durch Temperaturgefälle gekennzeichnet, die notwendig sind, um die Wanderung der Wärme zu ermöglichen. Neben den beiden Wärmeübergangszahlen α, die den Wärmeübergang vom heizenden Medium an die Wand und von der Wand an das kältere Medium bestimmen, benötigt man noch die Wärmeleitzahl λ des Wandmaterials, das ist ein Stoffwert, der in kcal/m · h · grd gemessen wird. Die folgende Tabelle gibt einige Werte an:

Tabelle 28. *Wärmeleitzahl λ fester Stoffe*, kcal/m · h · grd

Stahl bei 0 °C	51
„ bei 200 °C	45
„ bei 400 °C	38
„ bei 500 °C	32 .
„ bei 800 °C	25
Gußeisen mit 3% C bei 20 °C	50
Chromstahl mit 0,8% Cr bei 20 °C	34
Kupfer, rein bei 20 °C	340
Silicastein bei 500 °C	1,0—1,3
Silicastein bei 1000 °C	1,2—1,6
Schamottestein bei 1000 °C	0,6—1,2
Ziegelmauerwerk bei 20 °C	0,6—0,75
Mullit $3 Al_2O_3 \cdot 2 SiO_2$ bei 500 °C	2,62
Quarzglas SiO_2 bei 500 °C	1,65
Anhydrit $CaSO_4$ bei 0 °C	4,43
Andalusit Al_2SiO_5 bei 0 °C	9,45
Schwefel bei 20 °C	0,228
Kesselstein bei 100 °C	0,07—2,0
Kieselgur, Schlackenwolle usw.	0,04—1,0

An Hand dieser Tabelle kann man auch die Werte abschätzen, die für Schlackenansätze verschiedener Art auf den Kesselheizflächen etwa einzusetzen sind.

Für die Wärmedurchgangszahl k durch eine Rohrwand gelten folgende Formeln:

a) Bei Beheizung von außen (Siederohre, Überhitzer, Vorwärmer), wenn als Heizfläche die äußere Oberfläche des Rohres betrachtet wird:

$$k = \frac{1}{\dfrac{1}{\alpha_1} + \dfrac{d_1}{2\lambda} \ln \dfrac{d_1}{d_2} + \dfrac{d_1}{\alpha_2 d_2}} \text{ kcal/m}^2\text{h grd}, \tag{188}$$

b) Für Beheizung von innen (Rauchrohre), wenn als Heizfläche die innere Oberfläche des Rohres betrachtet wird:

$$k = \frac{1}{\dfrac{d_2}{\alpha_1 d_1} + \dfrac{d_2}{2\lambda} \ln \dfrac{d_1}{d_2} + \dfrac{1}{\alpha_2}} \text{ kcal/m}^2\text{h grd}, \tag{189}$$

wo sich der Index 1 auf die Außenwand und 2 auf die Innenwand bezieht.

Ist das Rohr durch Schlacke oder Kesselstein verschmutzt, so daß mehrere, nämlich $(n-1)$ konzentrische Schichten umeinanderliegen, so gilt:

a) für Beheizung von außen:

$$k = \frac{1}{\dfrac{1}{\alpha_1} + \sum_{x=1}^{n-1} \dfrac{d_x}{2\lambda} \ln \dfrac{d_x}{d_{x+1}} + \dfrac{d_{n-1}}{\alpha_n d_n}} . \tag{190}$$

b) für Beheizung von innen:

$$k = \frac{1}{\dfrac{1}{\alpha_n} + \sum_{x=2}^{n} \dfrac{d_x}{2\lambda} \ln \dfrac{d_{x-1}}{d_x} + \dfrac{d_2}{d_1 \alpha_1}} . \tag{191}$$

Für ebene Wände findet man einfach

$$k = \frac{1}{\dfrac{1}{\alpha_1} + \dfrac{\delta}{\lambda} + \dfrac{1}{\alpha_2}}, \tag{192}$$

wo δ die Dicke der Wand in m ist.

Im allgemeinen ist es ausreichend, auch für den Wärmeübergang durch Rohrwände die einfache Formel (192) zu verwenden, ja, es genügt gewöhnlich, auf die Betrachtung der Wärmeleitung durch die Rohrwand und den Wärmeübergang an Wasser oder Dampf zu verzichten, weil diese Posten nicht ins Gewicht fallen. Man setzt dafür zweckmäßig einen besonderen Faktor hinzu, in welchem der Wärmedurchgang durch die Wand, der Wärmeübergang von der Wand an Wasser oder Dampf, ferner eine ungleichmäßige Bestreichung der Wand durch das heizende Medium und schließlich eine normale Verschmutzung der Wand zusammen erfaßt werden. Gewöhnlich kann man setzen:

$$k = (0{,}85 - 0{,}9)\,\alpha_1. \tag{193}$$

Bei der Berechnung von Luftvorwärmern müssen jedoch die Wärmeübergangszahlen auf beiden Seiten der Wand in Rechnung gestellt werden. Die vereinfachte Formel lautet demnach hierfür:

$$k = \varkappa \frac{1}{\dfrac{1}{\alpha_1} + \dfrac{1}{\alpha_2}}, \tag{194}$$

wo $\varkappa$ der Verschmutzungsfaktor ist.

Um den Temperaturverlauf durch die Wand und eine darauf anbackende Aschen- oder Schlackenschicht zu untersuchen, geht man davon aus, daß die übergehende Wärme an jeder Stelle ihres Weges gleich bleiben muß; es ist also:

$$\begin{aligned}
\Delta Q &= \alpha_{\text{Asche}}\,F_{\text{Asche}}\,(t_{\text{Rauchgas}} - t_{\text{Asche, außen}}) \\[2mm]
&= \frac{\delta_{\text{Asche}}}{\lambda_{\text{Asche}}}\,F_{m,\,\text{Asche}}\,(t_{\text{Asche, außen}} - t_{\text{Asche, innen}}) \\[2mm]
&= \alpha_{12}\,F_{\text{Wand, außen}}\,(t_{\text{Asche, innen}} - t_{\text{Wand, außen}}) \\[2mm]
&= \frac{\delta_{\text{Wand}}}{\lambda_{\text{Wand}}}\,F_{m,\,\text{Wand}}\,(t_{\text{Wand, außen}} - t_{\text{Wand, innen}}) \\[2mm]
&= \alpha_{\text{innen}}\,F_{\text{Wand, innen}}\,(t_{\text{Wand, innen}} - t_{\text{Dampf oder Wasser}}) \\[2mm]
&= k \cdot F_{\text{Asche, außen}}\,(t_{\text{Rauchgas}} - t_{\text{Dampf oder Wasser}}).
\end{aligned}$$

c) Darstellung des Wärmeübergangs auf Grund der Ähnlichkeitstheorie

Nach der Ähnlichkeitstheorie läßt sich der Wärmeübergang von einem strömenden Medium an eine feste Wand oder umgekehrt durch folgende Gleichung in Potenzen dimensionsloser Zahlen darstellen:

$$\text{Nu} = A \cdot \text{Pr}^n \cdot \text{Re}^m. \tag{195}$$

Hier ist

$$\text{Nu} = \frac{\alpha\,d}{\lambda} \quad \text{die NUSSELTsche Kennzahl} \tag{196}$$

$$\left.\begin{aligned}
\text{Pr} &= 3600\,\frac{\eta\,g\,(c_p)_{\text{Gew}}}{\lambda} \quad \text{für Flüssigkeiten} \\[3mm]
\text{Pr} &= 3600\,\frac{\eta\,g\,(c_p)_{\text{Vol}}}{\gamma\,\lambda} \quad \text{für Gase}
\end{aligned}\right\} \quad \text{die PRANDTLsche Kennzahl} \tag{197}$$

$$\text{Re} = \frac{\gamma\,w\,d}{\eta\,g} \quad \text{die REYNOLDSsche Kennzahl} \tag{198}$$

A ein Proportionalitätsfaktor.

Für den Fall, daß die beiden Exponenten m und n einander gleich werden, kann man die PÉCLETsche Kennzahl

$$\mathrm{Pe} = \mathrm{Pr} \cdot \mathrm{Re} = \frac{w\,d}{a} = 3600\,\frac{w\,d\,(c_p)_{\mathrm{Vol}}}{\lambda} = 3600\,\frac{w\,d\,\gamma\,(c_p)_{\mathrm{Gew}}}{\lambda} \tag{199}$$

verwenden. Dann wird

$$\mathrm{Nu} = A\,\mathrm{Pe}^m. \tag{200}$$

Allgemein läßt sich nach diesem Ansatz die Wärmeübergangszahl durch Berührung α_B in folgender Form schreiben:

$$\alpha_B = A\left(\frac{\eta\,g}{\gamma}\right)^{n-m} \lambda^{1-n}\,d^{m-1}\,(c_p)^n_{\mathrm{Vol}}\,w^m\,\frac{\mathrm{kcal}}{\mathrm{m^2 \cdot h \cdot grd}}. \tag{201}$$

Handelt es sich um Rohre, dann wird man für d den Durchmesser der von dem Medium bestrichenen Rohre einsetzen. Bei Platten tritt an diese Stelle eine Abmessung der Platte, z. B. die Länge in Strömungsrichtung.

Sind die genannten Exponenten einander gleich, dann ist einfach

$$\alpha_B = A\left(\frac{\lambda}{d}\right)^{1-n} [(c_p)_{\mathrm{Vol}} \cdot w]^n\,\frac{\mathrm{kcal}}{\mathrm{m^2 \cdot h \cdot grd}}. \tag{202}$$

Bei der Auswertung dieser Gleichungen für einzelne Fälle muß man darauf achten, daß innerhalb jeder der genannten Kennzahlen die Faktoren dimensionsgerecht aufeinander abgestimmt sein müssen. Es müssen also beispielsweise alle Faktoren auf die Sekunde oder aber alle auf die Stunde bezogen werden; ebenso müssen sie alle entweder auf die Gewichtseinheit oder auf die Masseneinheit bezogen werden. Wird nach dieser Regel verfahren, dann sind die Zahlenwerte, die z. B. für die REYNOLDSsche oder PRANDTLsche Kennzahl angegeben werden, ohne weiteres in jedem Zusammenhang zu verwenden. Verstößt man gegen die Regel, so erhält man zusätzliche Zahlenfaktoren, die das Ergebnis verwirren.

d) Empirische Gleichungen für Einzelfälle

α) Der Wärmeübergang an die längs angeströmte Platte. U. GRIGULL[1] faßt die Ergebnisse der Messungen von W. JÜRGES[2] sowie von S. SUGAWARA und T. SATO[3] für turbulente Strömung von Gasen und Wasser in folgender Formel zusammen:

$$\mathrm{Nu} = 0{,}0284 \cdot \mathrm{Re}^{0,8} \tag{203}$$

$$\alpha_B = 0{,}0284\,\frac{\lambda}{L}\left(\frac{\gamma\,w\,L}{\eta\,g}\right)^{0,8}\frac{\mathrm{kcal}}{\mathrm{m^2\,h\,grd}}, \tag{204}$$

wo L die beheizte Länge der Platte in m ist. Dabei sind gewisse Einlaufstörungen vorausgesetzt, wie sie auch praktisch unvermeidlich sind.

Diese Formel ist für Plattenluftvorwärmer zu verwenden. Faßt man die temperaturabhängigen Stoffwerte mit den Konstanten zu einer Größe φ zusammen, so kann man schreiben:

$$\varphi = 0{,}0284\,\lambda\left(\frac{\gamma}{\eta\,g}\right)^{0,8} \tag{205}$$

und

$$\alpha_B = \varphi\,\frac{w^{0,8}}{L^{0,2}}\,\frac{\mathrm{kcal}}{\mathrm{m^2\,h\,grd}}. \tag{206}$$

Tafel 29 zeigt die Auswertung dieser Gleichung. Sie gilt für REYNOLDS-Zahlen zwischen $5 \cdot 10^5$ und $1 \cdot 10^7$.

---

[1] GRIGULL, U.: Die Grundgesetze der Wärmeübertragung, 3. Aufl. des gleichnamigen Buches von GRÖBER und ERK. Berlin/Göttingen/Heidelberg: Springer 1955.

[2] JÜRGES, W.: Der Wärmeübergang an eine ebene Wand. Beihefte zum Gesundh.-Ing., Reihe 1, Heft 19, München und Berlin 1924.

[3] SUGAWARA, S., u. T. SATO: Heat Transfer on the surface of a flat plate in the forces flow. Mem. Fac. Engng. Kyoto Univ. **14**, 21—37 (1952). Auszug in Chemie-Ing.-Techn. **24**, 633 (1952).

β) Der Wärmeübergang im Rohr. E. HOFMANN[1] hat in einer umfassenden Untersuchung neue Formeln und ein Diagramm für den Wärmeübergang bei turbulenter Strömung im Rohr aufgestellt, was wir hier übernehmen wollen. Für den im Kesselbau wichtigen Fall der Rauchrohre und Luftvorwärmerrohre gilt danach eine einfache Formel

$$\text{Nu} = 5{,}2 + 0{,}025\,(\text{Re Pr})^{0,8}, \tag{207}$$

während sich für PRANDTLsche Zahlen über 1,0 recht verwickelte Formeln ergeben, auf deren Wiedergabe wir hier verzichten können. Das HOFMANNsche Arbeitsblatt, das das gesamte Gebiet erfaßt, ist in Tafel 30a wiedergegeben.

Als Bezugstemperatur für die Stoffwerte ist die Mitteltemperatur zwischen der mittleren Temperatur des strömenden Mediums und der Wandtemperatur zu verwenden.

Für überhitzten Dampf und für Speisewasser lohnt sich die Aufzeichnung eines Schaubildes nicht. Der Wärmeübergang von der inneren Rohrwand an den Heißdampf liegt gewöhnlich in der Größenordnung von 1000 kcal/m²h grd und fällt gegenüber dem viel geringeren Wärmeübergang vom Rauchgas an die äußere Rohrwand nicht ins Gewicht. Der Wärmeübergang von der Rohrwand an Speisewasser liegt bei 500—3000 kcal/m²h grd.

Für siedendes Wasser gilt das zweite Schaubild der Tafel 30b, das von F. F. BOGDANOFF aufgestellt worden ist[2].

γ) Der Wärmeübergang an längs angeströmte Rohre. Die Beziehungen des vorigen Abschnitts sind sinngemäß auch für längs angeströmte Rohrsysteme zu verwenden. Zum mindesten ist dies ein brauchbarer Ausweg, da auswertbare Messungen nicht vorliegen.

Man führt dann an Stelle des Rohrdurchmessers d einen „hydraulischen Durchmesser" d_{hydr} ein, der durch die Beziehung

$$d_{\text{hydr}} = 4\,\frac{a}{\sum U}\,\text{m} \tag{208}$$

gegeben ist, wo a der freie Querschnitt für die Strömung zwischen den Rohren und $\sum U$ die Summe aller Rohrumfänge ist. Die Erfahrungen mit diesem Berechnungsverfahren sind zufriedenstellend.

δ) Der Wärmeübergang an quer angeströmte Rohrbündel. Die umfassendsten Versuche über diesen Gegenstand stammen von O. L. PIERSON[3], die von F. C. HUGE[4] durch Kontrollmessungen bestätigt und von E. D. GRIMISON[5] ausgewertet wurden. Wir haben die Originalberichte der genannten Verfasser einer neuen Auswertung unterzogen, die davon ausgeht, daß die Werte bei der Vergrößerung der Rohrteilungen bestimmten Grenzwerten zustreben und schließlich auf eine Wärmeübergangszahl für das einzelne Rohr führen müssen.

Ein Schönheitsfehler der Messungen ist, daß über die Temperatur, bei der sie durchgeführt wurden, nur ganz allgemeine und spärliche Angaben gemacht werden. In der Gl. (195) fehlt daher eine klare Bestimmung des Exponenten n der PRANDTLschen Zahl, deren Faktoren von dem Charakter des strömenden Mediums und seiner Temperatur abhängig sind. Er wird in der Auswertung von GRIMISON gleich 1 gesetzt, was hier übernommen werden soll, weil die PRANDTLsche Zahl selbst nahe bei 1 liegt, nämlich zwischen 0,7 und 1,0, so daß der entstehende Fehler nicht sehr groß werden kann. Auch im übrigen Schrifttum liegen keinerlei genaue Angaben über den Wert des Exponenten n vor. Die so entstehende Gleichung

$$\text{Nu} = B \cdot \text{Re}^m \tag{209}$$

ist also nur eine Annäherung und kann durch genauere Messungen über den Einfluß der Viskosität, der spezifischen Wärme und der Temperaturleitzahl auf den Wärmeübergang möglicherweise noch korrigiert werden.

---

[1] HOFMANN, E.: Über das allgemeine Wärmeübergangsgesetz der turbulenten Rohrströmung und den Sinn der Kennzahlen. Forsch. Ing.-Wes. **20**, Nr. 3, 81—93 (1954).

[2] BOGDANOFF, F. F.: Nachrichten Akad. Wiss. USSR, Abt. Techn. Wiss. 137—144 (1954) (russisch).

[3] PIERSON, O. L.: Trans. ASME **79**, 563—572 (1937).

[4] HUGE, F. C.: A. a. O., S. 573—581.

[5] GRIMISON, E. D.: A. a. O., S. 583—594.

Die Versuche von PIERSON wurden an Rohrbündeln mit fluchtender und versetzter Anordnung der Rohre durchgeführt.

Bezeichnet man die Teilungsverhältnisse zwischen dem Abstand der Rohrmitten voneinander und dem Rohrdurchmesser

$$\text{quer} \quad t_q = s_q/d \qquad (210)$$

$$\text{längs} \quad t_l = s_l/d \qquad (211)$$

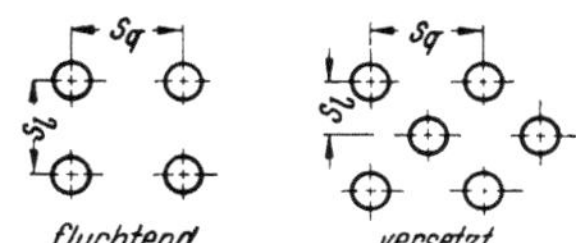

Abb. 87. Bezeichnung der Rohrteilungen bei querangeströmten Rohrbündeln

nach dem Schema der Abb. 87, so ergibt sich, daß für große Querteilungen, wenn $t_{q,\,\text{versetzt}} = 2\,t_{q,\,\text{fluchtend}}$ und $t_{l,\,\text{versetzt}} = \frac{1}{2}\,t_{l,\,\text{fluchtend}}$ gemacht wird, der Wärmeübergang für beide Anordnungen gleich werden muß indem sich $\mathrm{Nu}_{\text{versetzt}} = \mathrm{Nu}_{\text{fluchtend}}$ ergibt.

Für große Längsteilungen fallen die beiden NUSSELTschen Zahlen zusammen, wenn man $t_{q,\,\text{versetzt}} = t_{,\,\text{fluchtend}}$ und $t_{l,\,\text{versetzt}} = t_{l,\,\text{fluchtend}}$ macht. Dies ist in Abb. 88 zu erkennen, wo die NUSSELTsche Zahl abhängig von den Rohrteilungsverhältnissen für eine konstante REYNOLDSsche Zahl $\mathrm{Re} = 5000$ aufgetragen ist.

Man ersieht aus diesem Schaubild, daß für eine sehr große Rohrteilung in beiden Richtungen, quer und längs, die NUSSELTsche Zahl einem Grenzwert zustrebt, der für ein System gilt, dessen Rohre alle sehr weit in beiden Richtungen voneinander entfernt sind. Es könnte hieraus gefolgert werden, daß dieser Grenzwert den Wärmeübergang an ein einzelnes Rohr darstelle. Dies ist aber unmittelbar nicht der Fall, sondern es handelt sich zwar um ein einzelnes Rohr, aber um ein Medium, das durch die Strömung quer durch ein Rohrgitter bereits in einen anomalen, von vielen kleinen Wirbeln durchsetzten Zustand versetzt ist[1]. Wir bezeichnen diesen Zustand als „angeregt" und sagen

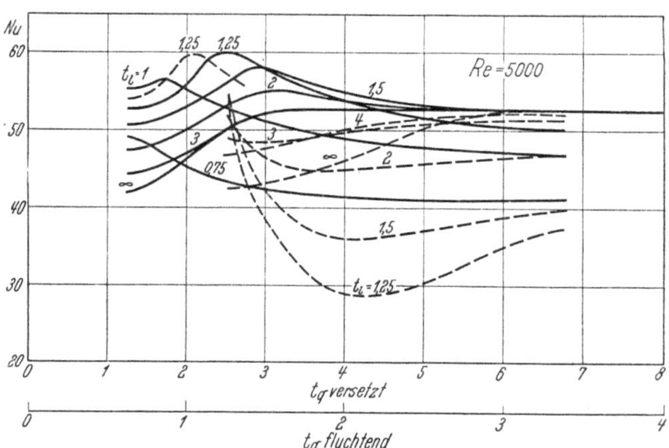

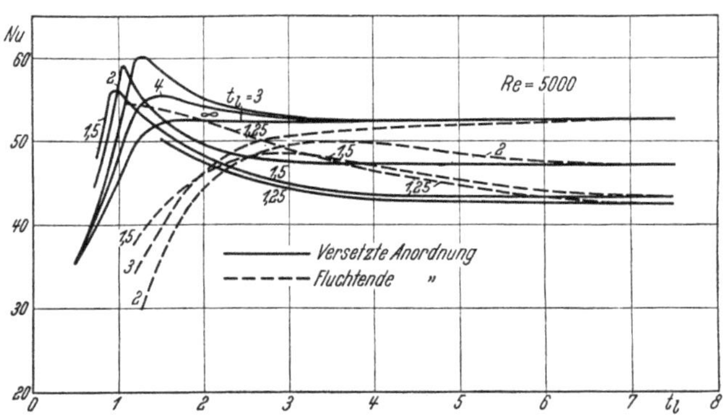

Abb. 88a u. b. Auftragung der Meßwerte von PIERSON für die NUSSELTsche Zahl, abhängig von der Rohrteilung

nun, daß der gemeinsame Grenzwert, der in Abb. 88 für $\mathrm{Re} = 5000$ den Wert $\mathrm{Nu} = 52{,}5$ hat, für das Einzelrohr gilt, wenn dieses von einem Medium angeströmt wird, das sich bereits in angeregtem Zustand befindet. Bestimmt man nun diesen Grenzwert auch für andere REYNOLDSsche Zahlen[2], so findet man für ihn aus den genannten Versuchen folgende Abhängigkeit:

$$\mathrm{Nu}_o = 0{,}267 \cdot \mathrm{Re}^{0{,}62}. \qquad (212)$$

---

[1] Vgl. H. REIHER, Forschungsheft **267**, Berlin 1925.

[2] GRIMISON hat die allgemeine Formel nicht auf diesem Grenzwert aufgebaut, sondern einen anderen willkürlich gewählten Wert verwendet. Seine Formel sieht infolgedessen ein wenig anders aus als unsere.

Für ein ganzes Rohrsystem ist die Zahl B in Gl. (209) von der Rohrteilung abhängig, was durch einen Faktor f berücksichtigt werden soll. Es zeigt sich aber, daß dieser außerdem noch von der Anzahl der hintereinanderliegenden Rohrreihen beeinflußt wird.

Wir definieren zunächst einen Faktor f_a, der den Messungen entsprechend für Rohrsysteme mit mindestens zehn hintereinanderliegenden Rohrreihen gilt. Dann erhalten wir eine Gleichung:

$$Nu_a = 0{,}267\, f_a\, Re^{0{,}62}; \qquad (213)$$

wo f_a aus der Tafel 31 entnommen werden kann, die aus den Meßwerten von PIERSON entwickelt worden ist. Der Faktor f_a wird für $t_q = t_l = \infty$ zu 1, so daß für diesen Fall die Gl. (213) in Gl. (212) übergeht.

Die Korrektur für kürzere Rohrsysteme mit weniger als zehn Reihen zeigt die Tafel 32. Im oberen Bild sieht man den Anordnungsfaktor f_0 für das Einzelrohr, das von einem Medium im angeregten Zustand angeströmt wird; der endgültige Anordnungsfaktor f ergibt sich dann aus der Gleichung

$$f = f_a - \xi\,(f_a - f_0), \qquad (214)$$

wo ξ aus dem unteren Diagramm entnommen werden kann. Die Gleichung für die NUSSELT-Zahl lautet schließlich:

$$Nu = 0{,}267\, f\, Re^{0{,}62}. \qquad (215)$$

Für den praktischen Gebrauch, wenn man nicht die NUSSELTsche Zahl, sondern die Wärmeübergangszahl sucht, wird folgende Darstellung gewählt: Man definiert eine Wärmeübergangszahl α_0, die sich aus Gl. (212) in folgender Form ergibt:

$$\alpha_0 = 42{,}8\,\lambda\left(\frac{\gamma\,w}{\eta\,g}\right)^{0{,}62}\frac{1}{d^{0{,}38}} \qquad (216)$$

und findet die wirklich einzusetzende Zahl α_B durch Multiplikation mit dem Anordnungsfaktor

$$\text{für 10 Rohrreihen und mehr} \quad \alpha_B = f_a \cdot \alpha_0, \qquad (217)$$
$$\text{für 1—9 Rohrreihen} \qquad \alpha_B = f \cdot \alpha_0. \qquad (218)$$

Die Zahl α_0 ist in Tafel 33—37 für Rauchgase aus Steinkohle, Rohbraunkohle, Heizöl, Generatorgas und Gichtgas aufgetragen.

Dazu sind Diagramme für die Ablesung der REYNOLDSschen Zahl aufgezeichnet, weil man diese zur Bestimmung des Anordnungsfaktors f_a benötigt.

An Hand der Abb. 88 kann man sich sehr gut ein Bild darüber machen, welche Teilungsverhältnisse in bezug auf den Wärmeübergang überhaupt am günstigsten sind, und was noch wichtiger ist, unter welchen Bedingungen besonders ungünstige Ergebnisse erreicht werden. Dieses Diagramm wird daher für den Konstrukteur gut zu brauchen sein, wenn er sich für die Rohranordnung in einem Vorwärmer oder Überhitzer entscheiden muß.

Um die Rauchgasgeschwindigkeit w berechnen zu können, benötigt man die Angabe des freien Querschnitts zwischen den Rohren. Zwei benachbarte Rohre einer Reihe haben bei fluchtender Anordnung den Abstand $(t-1)\,d$, bei versetzter Rohranordnung kann es aber bei kleiner Längsteilung vorkommen, daß der Abstand $t_m\,d$ zwischen zwei benachbarten Rohren der ersten und zweiten Reihe kleiner wird als der halbe Abstand zwischen zwei nebeneinanderliegenden Rohren der ersten Reihe. Mit anderen Worten, der Ausdruck

$$\frac{2\,(t_m - 1)}{t_q - 1}$$

kann kleiner als 1 werden. Wenn man den freien Rauchgasquerschnitt eines solchen Systems berechnen will, bestimmt man den kürzesten Abstand zwischen zwei benachbarten Rohren einer Reihe und multipliziert den abgelesenen Wert mit dem Faktor $2(t_m - 1)/(t_q - 1)$, der aus Tafel 38 entnommen werden kann.

ε) Der Wärmeübergang an Rippenrohre. Zur Vorwärmung des Speisewassers kann man bei Kesselanlagen bis etwa 64 atü gußeiserne Rohre verwenden, die zur Verstärkung der Wärmeübertragung mit Rippen versehen sind.

Folgende Rippenformen sind bekannt (vgl. Abb. 89)

a) runde Rippen,
b) quadratische Rippen,
c) Nadelrohre und Flossenrohre.

Die Teilung der Rohre wird durch die Flanschen bestimmt, die beim Zusammenbau des Vorwärmers so aneinander und aufeinander gesetzt werden, daß sie eine geschlossene Wand bilden. Sind die Flanschen quadratisch, dann ist die Teilung längs und quer gleich groß. Die im Strömungsschatten zwischen den Rohren liegenden Teile der Rippen werden schlechter ausgenutzt als die der vollen Strömung der Rauchgase ausgesetzten Teile. Man kann daher die Wirkung des Rippenrohres verbessern, wenn man die Längsteilung kleiner als die Querteilung macht. Bei konsequenter Verfolgung dieses Gedankens entsteht das Flügelrippenrohr, dessen Rippen als Flügel in der Strömung liegen, während der Strömungsschatten leer bleibt.

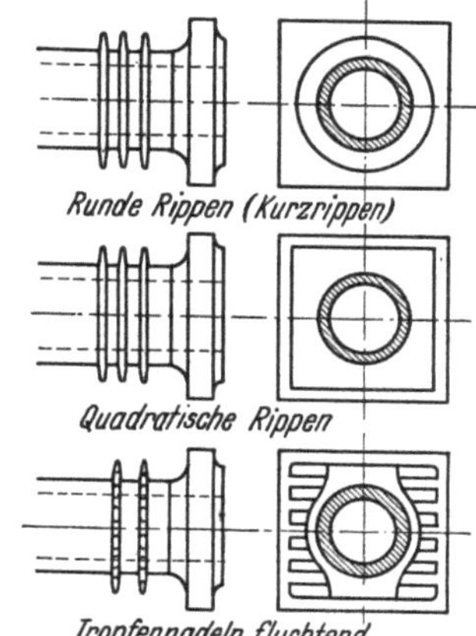

Abb. 89. Rippenrohre für Wasservorwärmer (Economiser)

Von ähnlichen Gedanken ging man beim Entwurf der Nadelrohre aus, bei denen die in Nadeln aufgelösten Flügel in den Rauchgasstrom hineinragen.

Tafel 39 zeigt bewährte Wärmeübergangszahlen an zwei in Deutschland genormte Rippenrohrformen. Die Rippenrohre werden fluchtend angeordnet, damit man sie durch Bläser gut reinigen kann. Trotzdem empfiehlt es sich, bei der Berechnung einen Verschmutzungsfaktor $\varkappa = 0,85$ einzusetzen.

Bei Luftvorwärmern ist der Wärmedurchgang, wie Gl. (194) zeigt, von den beiden Wärmeübergangszahlen vom Rauchgas an die Wand und von der Wand an die Luft abhängig. Abb. 90 zeigt das in Deutschland genormte Rippenrohr für Luftvorwärmer, und Tafel 40 gibt die zugehörigen Wärmedurchgangszahlen für übliche Verhältnisse, abhängig von den mittleren Geschwindigkeiten von Rauchgas w_R und von Luft w_L an.

e) Die Berechnung der Berührungsheizflächen und der Temperaturen

Wenn in der Berührungsheizfläche außer dem Wärmeübergang durch Berührung auch noch ein solcher durch Strahlung berücksichtigt werden muß, so setzt sich die Wärmeübergangszahl zusammen aus

$$\alpha = \alpha_S + \alpha_B, \tag{219}$$

wo α_S der Anteil der Strahlung und α_B der der Berührung ist.

Die mathematische Betrachtung der Zusammenhänge zwischen der Beaufschlagung eines Wärmeaustauschers und den sich ergebenden Temperaturen führt auf folgende Gleichungen.

Ist R die stündliche Menge des beheizenden Mittels (z. B. Rauchgas in Nm³/h) und D die des beheizten (z. B. Dampf in kp/h), sind c_R und c_D die zugehörigen spezifischen Wärmen bei konstantem Druck in kcal/Nm³ grd und kcal/kp grd, so daß

$$W_R = R \cdot c_R \tag{220}$$

und

$$W_D = D \cdot c_D \tag{221}$$

die Wasserwerte der beiden Medien sind, sind t_{1R} und t_{2R} die Anfangs- und Endtemperatur des beheizenden Mittels und t_{1D} und t_{2D} die des beheizten, ist F die wirksame Heizfläche des Apparates in m² und k deren Wärmedurchgangszahl in kcal/m²h grd, dann läßt sich eine dimensionslose Zahl H

$$H = \frac{k\,F}{W_R} \tag{222}$$

definieren, die man als die „spezifische Wirksamkeit der Heizfläche" deuten kann, denn sie gibt in kcal/h grd an, welche Wärmemenge stündlich für ein bestimmtes Temperaturgefälle übertragen werden kann, verglichen mit der Wärmeabgabefähigkeit (oder dem „Wasserwert") des heizenden Mittels. Eine analoge Betrachtung würde auf eine entsprechende Größe $k\,F/W_D$ führen, in der die Wirksamkeit der Heizfläche auf die Wärmeaufnahmefähigkeit des beheizten Mittels bezogen wird.

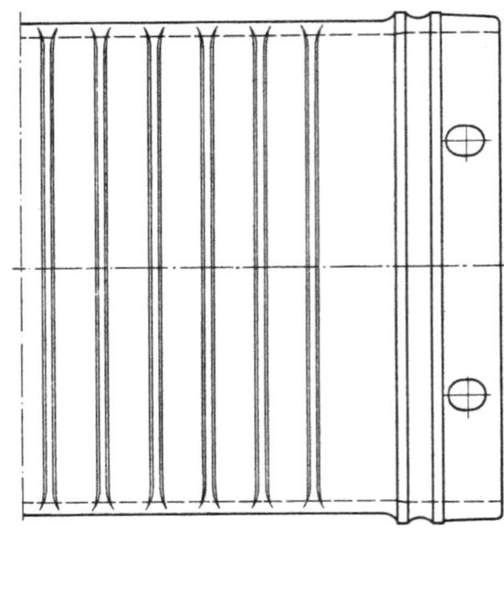

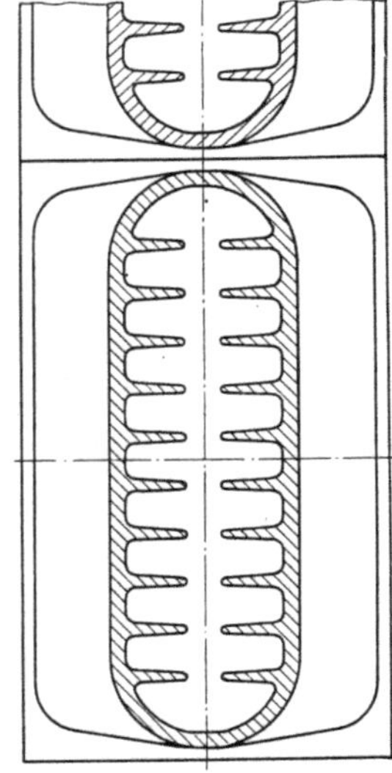

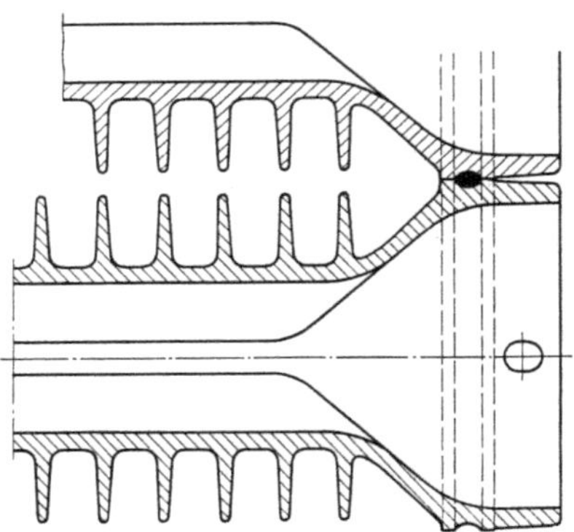

Abb. 90. Einheitsrippenrohr für Luftvorwärmer

		1500	2000	2500	3000
Elementlänge	mm	1500	2000	2500	3000
Heizfläche gasseitig	m²	2,32	3,12	3,93	4,74
freier Gasquerschnitt	m²	0,087	0,117	0,148	0,178
Heizfläche luftseitig	m²	1,31	2,58	3,26	3,93
freier Luftquerschnitt	m²	0,012	0,012	0,012	0,012

Flanschbreite 150 mm
Flanschhöhe 250 mm

Der Zusammenhang zwischen den Temperaturen, den Wasserwerten und der spezifischen Wirksamkeit der Heizfläche wird durch folgende Gleichungen wiedergegeben:

für Gleichstrom

$$\frac{t_{1R} - t_{2R}}{t_{1R} - t_{1D}} = \frac{1 - e^{-\left(1 + \frac{W_R}{W_D}\right)H}}{1 + \frac{W_R}{W_D}} \tag{223}$$

für Gegenstrom

$$\frac{t_{1R} - t_{2R}}{t_{1R} - t_{1D}} = \frac{1 - e^{-\left(1 - \frac{W_R}{W_D}\right)H}}{1 - \frac{W_R}{W_D}\,e^{-\left(1 - \frac{W_R}{W_D}\right)H}} \cdot \tag{224}$$

Für den Fall, daß keine Erwärmung des Dampfes, sondern nur eine Verdampfung möglich ist, wie es bei der Sattdampferzeugung zutrifft, wird $W_D = \infty$ und beide Gleichungen gehen in die einfache Form

$$\frac{t_{1R} - t_{2R}}{t_{1R} - t_D} = 1 - e^{-H} \tag{225}$$

über.

Für sehr kleine Werte nähert sich dieser Wert unmittelbar der Zahl H selbst, denn dann wird $1 - e^{-H} = H$.

Wenn man diese Gleichungen logarithmiert, so kommt man auf die Formen:

für Gleichstrom

$$H = \frac{(t_{1R} - t_{2R})}{\dfrac{(t_{1R} - t_{1D}) - (t_{2R} - t_{2D})}{\log \dfrac{t_{1R} - t_{2D}}{t_{2R} - t_{2D}}}} = \frac{(t_{1R} - t_{2R})}{\Delta t_{\log}} \tag{226}$$

für Gegenstrom

$$H = \frac{(t_{1R} - t_{2R})}{\dfrac{(t_{1R} - t_{2D}) - (t_{2R} - t_{1D})}{\log \dfrac{t_{1R} - t_{2D}}{t_{2R} - t_{1D}}}} = \frac{(t_{1R} - t_{2R})}{\Delta t_{\log}} \cdot \tag{227}$$

Man definiert die mit $\Delta t_{\log}$ bezeichneten Ausdrücke als ,,mittlere logarithmische Temperaturdifferenz``. Aus den letzten beiden Gleichungen kann man die Wirksamkeit der Heizfläche errechnen, wenn man die Rauchgasabkühlung und die mittlere logarithmische Temperaturdifferenz kennt. Deshalb werden Kurvenblätter über $\Delta t_{\log}$ aufgestellt, mit denen man sich die Rechnung vereinfachen kann. Hat man aber für einen gegebenen Apparat die Abkühlung des heizenden Mittels bei einer bestimmten Beaufschlagung zu errechnen, dann führt die Rechnung mit der mittleren logarithmischen Temperaturdifferenz nicht zum Ziel, weil man diese ja noch nicht kennt und zunächst schätzen muß. Deshalb wird hier die Rechnung mit den e-Funktionen bevorzugt, und es werden Kurvenblätter aufgezeichnet, die für Gleichstrom und für Gegenstrom den Ausdruck $H = k\,F/W_R$ abhängig von der relativen Rauchgasabkühlung $(t_{1R} - t_{2R})/(t_{1R} - t_{1D})$ zeigen, wobei das Verhältnis der beiden Wasserwerte als Parameter aufgetragen ist. Hierzu ist zu bemerken, daß sich die Wasserwerte umgekehrt zueinander verhalten wie die Abkühlung der Rauchgase zur Erwärmung des beheizten Mediums:

$$\frac{W_R}{W_D} = \frac{t_{2D} - t_{1D}}{t_{1R} - t_{2R}} \cdot \tag{228}$$

Mit dieser Darstellung, die die Tafeln 41 und 42 zeigen, kann man in beiden Richtungen operieren, einmal zur Bestimmung der Heizfläche aus den Temperaturen und zweitens zur Bestimmung der Rauchgasabkühlung aus der Heizfläche.

Die Größe H ist eine dimensionslose Zahl, die den aus der Ähnlichkeitstheorie bekannten Zahlen Nu, Re, Pr und Pe ebenbürtig an die Seite gestellt werden kann. Sie ist eng verwandt mit der

$$\text{STANTONschen Zahl St} = \frac{\text{Nu}}{\text{Re} \cdot \text{Pr}} \cdot \tag{229}$$

Ist q der freie Querschnitt für das heizende Medium, in unserem Falle für das Rauchgas R, so kann man für St schreiben

$$\text{St} = \frac{\alpha\,q}{R\,(c_p)_{\text{Vol}}} , \tag{230}$$

oder, wenn man diese Zahl in gleicher Weise auf die Wärmedurchgangszahl k anwendet,

$$\text{St} = \frac{k\,q}{R\,(c_p)_{\text{Vol}}} \cdot \tag{231}$$

Ist nun F die Heizfläche, die dem Rauchgas mit dem freien Querschnitt q dargeboten wird, so ist die Kennzahl H mit St durch folgende Beziehung verbunden:

$$H = \text{St}\,\frac{F}{q} \cdot \tag{232}$$

Die Zahl F/q ist ebenfalls eine dimensionslose Zahl.

Bei der Berechnung der Berührungsheizflächen benötigt man für die Wasserwerte Angaben über die spezifische Wärme der wärmegebenden und wärmeaufnehmenden Medien. Für Rauchgase und für Luft sind c_p-Werte aus den Tafeln 7—10 bekannt; für Wasser- und Heißdampf können sie aus Tafel 43a entnommen werden. Zur Auslegung von Überhitzern ist es allerdings wegen des stark gekrümmten Verlaufs der c_p-Kurven zweckmäßig, die mittlere spezifische Wärme zwischen trocken gesättigtem und überhitztem Dampf aus den Dampftafeln nach der Beziehung

$$c_p\,m_D = \frac{i - i''}{t - t''} \tag{233}$$

zu bestimmen und hieraus den Wasserwert des Dampfes durch Multiplikation mit dem stündlichen Dampfdurchsatz zu berechnen.

VI. Zugverlust im Kessel

A. Die Geschwindigkeitshöhe H_w

Die Energie eines strömenden Mediums von der Masse m ist:

$$E = m\,\frac{w^2}{2}\,\text{mkp} \tag{234}$$

oder wenn man auf die Einheit pro m³ geht:

$$\frac{E}{V} = \varrho\,\frac{w^2}{2}\,\text{mkp/m}^3,$$

wo ϱ die Dichte des Rauchgases ist. Dieser Ausdruck ist bereits das Maß für die Druckdifferenz Δp_0, die der Geschwindigkeit w entspricht:

$$\Delta p_0 = \varrho\,\frac{w^2}{2}\,\text{kp/m}^2. \tag{235}$$

Nun ist noch, wenn wir auf das technische Maßsystem übergehen, $\varrho = \gamma/g$, also folgt

$$\Delta p_0 = \gamma\,\frac{w^2}{2\,g}\,\text{kp/m}^2. \tag{236}$$

Diesen Wert nennt man auch die Geschwindigkeitshöhe H_w

$$H_w = \gamma\,\frac{w^2}{2\,g}\,\text{kp/m}^2. \tag{237}$$

Das Maß kp/m² wird gewöhnlich als mm Wassersäule bezeichnet, denn es ist

$$1\,\text{mm WS} = 1\,\text{kp/m}^2. \tag{238}$$

Werte von γ können aus der nachfolgenden Tabelle entnommen werden, die das spezifische Gewicht γ_0 von Rauchgasen und Luft bei 0 °C und 760 mm QS angibt. Die Umrechnung von kp/Nm³ in kp/m³ erfolgt nach der Beziehung:

$$\gamma = \gamma_0\,\frac{273}{T}. \tag{239}$$

Tabelle 29. *Normwichte γ_0 von Rauchgas in* kp/Nm³

Wassergehalt des gesamten Gases %	CO_2-Gehalt des trockenen Rauchgases (Orsatanalyse) %			
	8	10	12	14
0	1,33	1,34	1,35	1,36
10	1,275	1,285	1,295	1,305
20	1,225	1,235	1,24	1,25
30	1,175	1,185	1,19	1,20
40	1,12	1,13	1,135	1,14

Hieraus ist zu entnehmen:

für Steinkohlen-Rauchgas mit 12,5% CO_2 ist $\gamma_0 = 1,34$ kp/Nm³,

für Braunkohlen-Rauchgas mit 12,5% CO_2 ist $\gamma_0 = 1,25$ kp/Nm³.

Das spezifische Gewicht von Luft ist $\gamma_0 = 1,295$ kp/Nm³.

Alle Druckverluste infolge Wirbelung und Reibung lassen sich als Vielfache von H_w ausdrücken:

$$\Delta p = C \cdot H_w \text{ mm WS}. \tag{240}$$

Hiermit ist eine dimensionslose Kennzahl, die Widerstandszahl C im Sinne der Ähnlichkeitstheorie definiert, mit der man den Strömungswiderstand für alle möglichen Kanalformen und Heizflächen kennzeichnen kann:

$$C = \frac{\Delta p}{H_w} \text{ (dimensionslos)}. \tag{241}$$

B. Einzelne Zugverluste

1. Der Reibungsverlust im Rohr

F. Herning[1] faßt die in verschiedenen Veröffentlichungen anderer Autoren gemachten Angaben für turbulente Strömung in der Formel zusammen:

$$C = \lambda \frac{l}{d}, \tag{242}$$

wo

$$\lambda = \frac{1}{\left(2 \lg \frac{d}{k} + 1{,}14\right)^2} \tag{243}$$

die dimensionslose Rohrreibungszahl ist; k ist die Rauhigkeit der bestrichenen Oberfläche in mm, d der Rohrdurchmesser in mm und l die bestrichene Rohrlänge in mm.

Dieser Zusammenhang ist aus Tafel 43b zu ersehen. Die Formel (243) gilt in dem Bereich I oberhalb einer Grenzkurve. Da hier λ nicht von der Reynoldsschen Zahl abhängt, sind die Kurven für λ bei konstantem Verhältnis d/k Parallele zur Abszissenachse. Unterhalb der Grenzkurve, im Bereich II, kommt eine Abhängigkeit von Re hinzu; unterhalb der mit „hydraulisch glatt" bezeichneten Linie können keine λ-Werte liegen. Für den Kesselbau ist nur der Bereich II von Bedeutung.

2. Die Reibung in Kanälen und parallel angeströmten Rohrsystemen

Die Gesetzmäßigkeit ist die gleiche wie im Rohr. An Stelle des Rohrdurchmessers d tritt hier der hydraulische Durchmesser nach Gl. (208)[2]. Für einen rechteckigen Querschnitt ist

$$d_{\text{hydr}\,\square} = \frac{2\,a\,b}{a + b}. \tag{244}$$

Ist b sehr groß gegenüber a, wie z. B. in Luftvorwärmertaschen, dann wird

$$d_{\text{hydr, Luvo}} = 2\,a, \tag{245}$$

das ist die doppelte Weite der Taschen.

Für die in Kanalkrümmungen eintretenden Strömungsverluste können folgende Zahlen eingesetzt werden:

Umlenkwinkel	45°	60°	90°	180°
C	0,4	0,7	1,5	2,5

Gewöhnliche Drehklappen bieten einen Strömungswiderstand in der Größenordnung $C = 0{,}5$. Durch strömungsgerechte Ausbildung der Klappen kann man aber eine Verbesserung bis auf $C = 0{,}1$ erreichen. Diese Werte gelten für die vollkommen geöffneten Klappen.

---

[1] Herning, F.: Die Rohrreibungszahl. BWK **4**, 411—412 (1952). Ferner O. Kirschner: Kritische Betrachtung zur Frage der Rohrreibung. Z. VDI **94**, 785—791 (1952).

[2] Gronwald, E.: Zugverlust bei Parallelströmung in Rohren und Kanälen. Energie **7**, 191—193 (1953).

3. Der Widerstand von querangeströmten Rohrbündeln

Die Messungen von PIERSON und HUGE, die diese im Zusammenhang mit ihren Wärmeübergangsversuchen angestellt haben, haben wir in analoger Weise wie die letzteren ausgewertet. Da die Versuche hauptsächlich an Rohrbündeln mit zehn hintereinander liegenden Reihen durchgeführt wurden, ergibt sich zunächst eine Widerstandszahl C_a, die für solche langen Rohrbündel gilt.

Die Zahl C_a ist von der REYNOLDSschen Zahl [Gl. (198)] abhängig. In dieser sind nach den Versuchen von PIERSON die Werte von γ und η bei folgender Temperatur einzusetzen:

$$\text{für versetzte Rohranordnung} \quad t = t_R - 0,8\, \Delta t_m$$
$$\text{für fluchtende Rohranordnung} \quad t = t_R - 0,9\, \Delta t_m,$$

wo t_R die mittlere Temperatur des Rauchgases und Δt_m der Unterschied zwischen der mittleren Rauchgastemperatur und der mittleren Wandtemperatur ist. Diese Bestimmung von γ und η weicht von der, die bei der Wärmeübergangsberechnung verwendet wird, ab, denn dort bestimmt man γ bei der mittleren Rauchgastemperatur und η und λ bei der Mitteltemperatur zwischen Rauchgas und Wand (Grenzschichttemperatur).

In Abb. 91 findet man nun die Auftragung der gemessenen C_a-Werte für eine REYNOLDSsche Zahl Re = 5000. Man sieht, ähnlich wie beim Wärmeübergang, daß die Werte für fluchtende und versetzte Rohranordnung ineinander übergehen, sobald die Teilung sehr groß gemacht wird.

Aus entsprechenden Diagrammen für andere REYNOLDSsche Zahlen wurde dann ein Übersichtsschaubild (Tafel 44) entwickelt, aus dem man die C_a-Werte für alle möglichen Teilungen und für

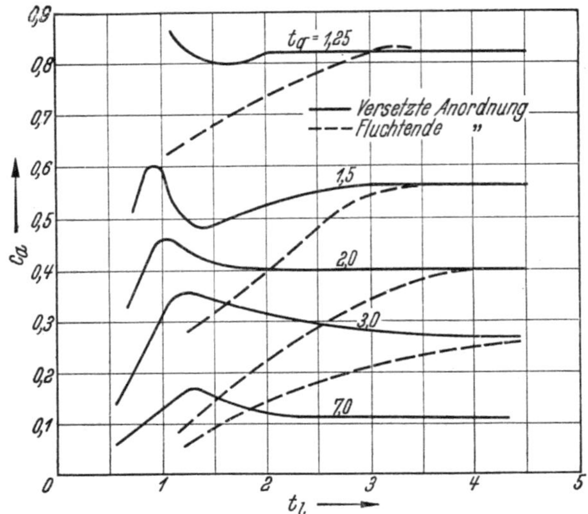

Abb. 91. Widerstandsbeiwert C_a nach PIERSON für querangeströmte Rohrbündel in versetzter und fluchtender Anordnung für Re = 5000

alle vorkommenden REYNOLDSschen Zahlen entnehmen kann.

Die C_a-Werte beziehen sich jeweils auf eine Rohrreihe des Systems. Bei N hintereinanderliegenden Rohrreihen ist der Gesamtwiderstand

$$\Delta p = N\, C_a\, H_W \text{ mm WS.} \tag{246}$$

Besteht das System aus weniger als zehn Rohrreihen, so ist der Widerstand kleiner. Bezeichnet C_0 den Widerstand einer einzelnen Reihe, der in Tafel 45 aufgetragen ist, so findet man die Widerstandszahl C für ein System von weniger als zehn Reihen durch folgende Gleichung:

$$N\, C = N \cdot (C_a - \xi'\, (C_a - C_0)). \tag{247}$$

Die Werte des Korrekturfaktors ξ' findet man in Tafel 45 unten.

Wie die Versuche ergeben, hat die „Anregung" des Rauchgaszustandes, der beim Wärmeübergang eine wichtige Rolle spielt, auf den Strömungswiderstand keinen Einfluß.

4. Der Widerstand von Rippenrohren

Für fluchtende Rohre wird angegeben:

$$\text{Vollrippen quadratisch und rund } C = 0,325 - 0,35$$
$$\text{Nadelrippen} \qquad\qquad\qquad\qquad C = 0,37.$$

Für gußeiserne Luftvorwärmertaschen gilt die gleiche Zahl wie für Nadelrippen. Der Gesamtwiderstand des Vorwärmers ist

$$\Delta p = N \, C \, H_w. \qquad (248)$$

C. Der Auftrieb in den Kesselzügen und im Schornstein

Der Unterschied in der Wichte γ_R des Rauchgases in den Kesselzügen und der Wichte γ_L der Außenluft bewirkt einen Auftrieb

$$\Delta p = H(\gamma_L - \gamma_R) \, \text{mm WS}, \qquad (249)$$

der in aufsteigenden Kanälen zur Überwindung der Widerstände beiträgt, in abfallenden Kanälen aber als zusätzlicher Zugverlust bewertet werden muß.

Besonders stark ist natürlich der Auftrieb in der Brennkammer. Hat z. B. ein Steinkohlenrauchgas im Normzustand eine Wichte von 1,35 kp/Nm³, bei 1200 °C also $\gamma_R = 0,27$ kp/m³, hat ferner die Außenluft bei 20 °C eine Wichte $\gamma_L = 1,20$ kp/m³, so ergibt sich in der Brennkammer ein Auftrieb $\Delta p = 0,93 \, H$ mm WS, wenn H die Höhe der Kammer in m ist. Daraus ergibt sich die Regel, daß eine Brennkammer ungefähr soviel Zug in mm WS erzeugt, wie ihre Höhe in m beträgt.

In Brennkammern mit aufsteigender Strömung wird dieser Eigenzug zum Teil zur Aufrechterhaltung der Strömung ausgenutzt, zum Teil durch Wirbel vernichtet. Man kann also damit rechnen, daß die Saugzuganlage nicht für die Überwindung von Widerständen in der Brennkammer in Anspruch genommen wird, sondern das Rauchgas erst am Ende der Kammer übernimmt, um es durch die Berührungsheizflächen hindurch zu saugen. Hat die Kesselanlage aber eine Brennkammer mit absteigender Strömung, dann muß die Zuganlage den Auftrieb der Brennkammer zusätzlich überwinden.

In einem absteigenden Kesselzug mit einer mittleren Rauchgastemperatur von etwa 500 °C tritt ein zusätzlicher Widerstand von etwa 0,5 H mm WS auf, den die Zuganlage überwinden muß. Dies trifft z. B. für die weit verbreitete Bauart der Zweizugkessel zu.

Gl. (249) gilt auch für die Berechnung des Zuges von Schornsteinen. Sie ist in Tafel 46 ausgewertet. Von den Tafelwerten sind 5—10% für Reibungs- und Wirbelverluste in den Rauchgaskanälen und im Schornstein selbst abzusetzen.

VII. Vorgänge auf der Wasser- und Dampfseite eines Kessels

A. Dampf- und Wasserströmung durch Rohrbündel

Beim Bau von Rohrsystemen, die von außen beheizt und von Wasser oder Dampf durchströmt werden, muß man darauf achten, daß alle Rohre möglichst gleichmäßig beaufschlagt werden, weil sonst in einzelnen Rohren hohe Temperaturen auftreten, die zu Korrosionen oder Überbeanspruchungen des Werkstoffes führen können. Die gleichmäßige Verteilung des durchströmenden Mediums erreicht man am sichersten, wenn man einen verhältnismäßig großen Beschleunigungswiderstand am Eintritt in die Rohre des Systems vorsieht, weil dann die Strömungsverhältnisse und kleine Druckunterschiede im Eintrittssammler keinen erheblichen Einfluß auf die Verteilung haben können.

Um dies zu erreichen, kann man verschiedene Wege einschlagen.

a) Großer Sammlerquerschnitt. Der lichte Querschnitt des Eintrittssammlers wird so groß gemacht, daß die Geschwindigkeitshöhe in ihm nur ein Bruchteil derjenigen in den Rohren ist. Eine bewährte Erfahrungszahl ist, den Sammlerquerschnitt mindestens um 50% größer zu machen, als die Summe aller Rohrquerschnitte.

b) Zweckmäßige Anordnung von Ein- und Austrittsrohrleitungen. Läßt man das Medium an einem Ende des Eintrittssammlers eintreten und am anderen Ende des Austrittssammlers austreten (Abb. 92), so erhält man zwar gleichlange Wege für alle Teilströme, aber die Verteilung wird bei der Verwendung enger Sammler ungleichmäßig. Denn wenn durch jedes Rohr ein Teilstrom den Eintrittssammler verläßt, so wird im Sammler die strömende Menge immer kleiner, je weiter man sich dem Ende nähert. Infolgedessen fällt auch der Druck im Sammler, und zwar mit dem Quadrat der Geschwindigkeit. Im Austrittssammler wiederholt sich dieses Bild in umgekehrter Reihenfolge. Da aber die Strömungsverluste beim Eintritt nicht die gleichen wie beim Austritt sind, so führt diese Anordnung nicht zu einer gleichmäßigen Verteilung des Mediums auf die Rohre, sondern die letzten Rohre führen mehr davon als die ersten; und in stark beheizten Rohrsystemen dieser Art hat·man Korrosionen in den ersten Rohren feststellen können, die auf Dampfstauungen mit nachfolgender hoher Überhitzung und Dampfspaltung zurückzuführen waren.

Besser ist es schon, die Zuführungsleitung in der Mitte in den Sammler einzuführen. Dabei ist aber darauf zu achten, daß man die Zuführung nicht in dieselbe Ebene legen soll wie die Mündungen der Rohre des Systems, denn dann würde das Medium die Rohre bevorzugen, deren Öffnungen der Eintrittsstelle gerade gegenüberliegen. Denn hier treten die geringsten Geschwindigkeitsverluste ein, und es ergeben sich die kürzesten Wege. Zweckmäßig ist es daher, die Zuführungsrohre senkrecht gegen die Ebene des Rohrsystems in den Sammler münden zu lassen, denn durch die Umlenkung um 90° treten so starke Strömungsverluste ein, daß sich der Druck im gesamten Sammler weitgehend ausgleicht und vor den Eintritten der Rohre des Systems überall ungefähr gleiche Verhältnisse herrschen. Dabei sollte man noch darauf achten, daß die Abführungsrohrleitungen nicht an denselben Systemrohren abgehen, an welchen die Zuführungsleitungen einmünden, damit die Summe der zu überwindenden Widerstände für die einzelnen Teilchen möglichst gleich groß wird.

Abb. 93 zeigt diese günstigere Anordnung.

c) Verengung der Rohreintritte. Wenn es nicht möglich ist, den Sammlerquerschnitt wesentlich größer zu machen als die Summe der Rohrquerschnitte, so kann man sich dadurch helfen, daß man letztere künstlich verengt. Dies geschieht entweder durch zwischengeschweißte Stücke enger Rohre oder durch Einschweißen von Blenden mit kleinem Querschnitt. Beim La Mont-Kessel verwendet man besondere Düsen (La Mont-Düsen) mit vorgebautem Sieb zur Zurückhaltung von Verunreinigungen, weil sich die engen Querschnitte leichter verstopfen als der volle Rohrquerschnitt. Vgl. Abb. 94.

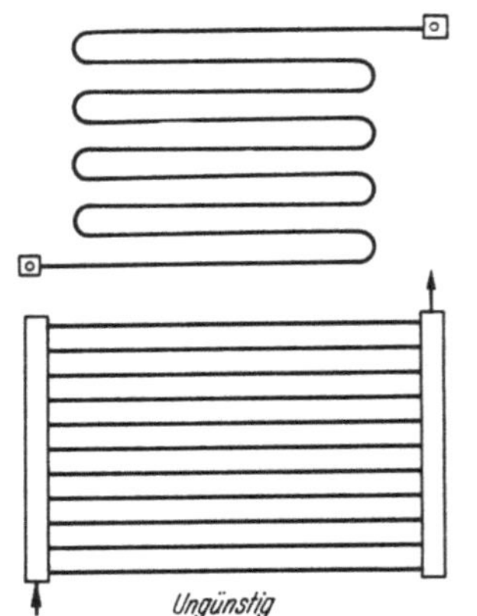

Abb. 92. Ungünstige Anordnung der Rohrleitungen am Ein- und Austritt eines Schlangenrohrsystems

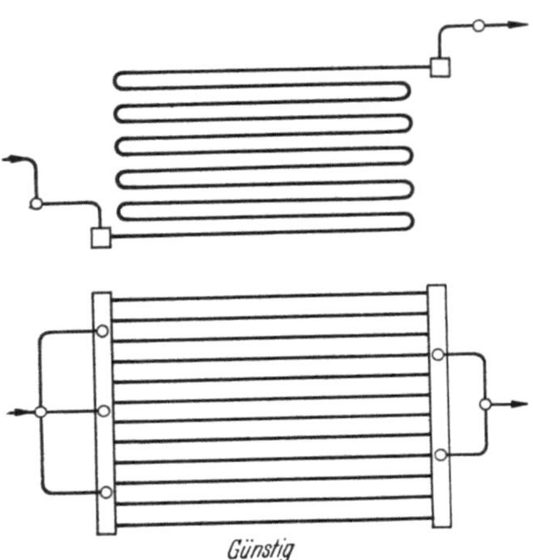

Abb. 93. Günstige Anordnung der Rohrleitungen am Ein- und Austritt eines Schlangenrohrsystems

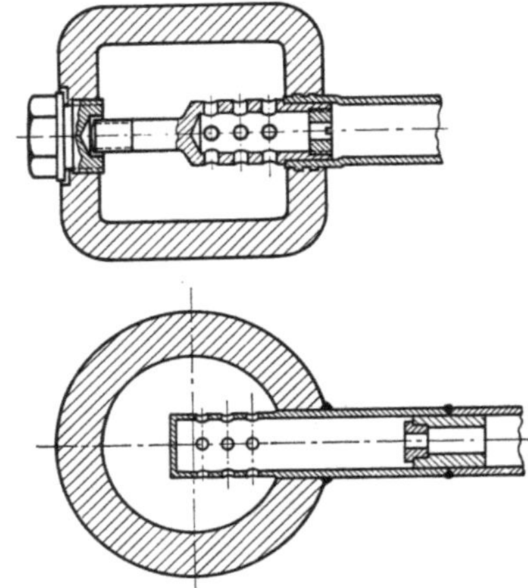

Abb. 94. La Mont-Düsen am Eintritt der Rohre eines Systems.
Oberes Bild: Ausführung für mittlere Drücke.
Unteres Bild: Hochdruck-Ausführung

Mit solchen Einrichtungen kann man auch unter schwierigen Bedingungen zum Erfolg kommen, vorausgesetzt, daß der dadurch erhöhte Druckverlust tragbar ist.

Bei der Anwendung derartiger Maßnahmen muß das Verhalten der Anlage bei kleiner Belastung in Betracht gezogen werden, denn wenn die Strömungsgeschwindigkeit in allen Teilen sehr niedrig wird, so wirken die genannten Mittel nur noch in geringem Maße.

B. Strömungsverluste in Überhitzern und Vorwärmern

1. Die Geschwindigkeitshöhe H_w

Wie bei der Berechnung der Zugverluste, so werden auch hier bei der Betrachtung der Strömungsverluste auf der Dampf- und Wasserseite alle Einflüsse in Vielfachen der Geschwindigkeitshöhe

$$H_w = \gamma \frac{w^2}{2g} \text{ kp/m}^2 \tag{250}$$

dargestellt. Da es aber üblich ist, die Dampfdrücke in at zu messen und nicht in kp/m², so wird auch die Geschwindigkeitshöhe hier meist in at oder kp/cm² gemessen:

$$H_w = \gamma \frac{w^2}{2g} 10^{-4} \text{ kp/cm}^2. \tag{251}$$

Für die Berechnung benötigt man die Werte des spezifischen Gewichtes von Wasser und überhitztem Dampf, die in Tafel 47 aufgetragen sind. Besteht das strömende Medium aus einem Gemisch von Dampf und Wasser, so bestehen folgende Zusammenhänge für die mittlere Wichte γ_m und die mittlere Geschwindigkeit w_m im Rohr vom Querschnitt F:

$$\gamma_m = \frac{1}{F}\left(\frac{G'}{w'} + \frac{G''}{w''}\right) \text{kp/m}^3 \tag{252}$$

und

$$w_m = \frac{1}{F}\left(\frac{G'}{\gamma'} + \frac{G''}{\gamma''}\right) \text{m/s}. \tag{253}$$

Die einfach gestrichenen Größen beziehen sich auf Wasser, die doppelt gestrichenen auf Dampf. Näheres findet man im Abschnitt VII D 3.

2. Reibungsverluste

Für die Berechnung der Rohrreibung gilt die Beziehung

$$\Delta p_R = \lambda \frac{l}{d} H_w \text{ kp/cm}^2 , \tag{254}$$

wo l die Länge des Rohres in Metern und d der lichte Durchmesser des Rohres in Metern ist.

Der Reibungskoeffizient λ ist für glatte Rohre von der REYNOLDSschen Zahl abhängig. Nach ausführlichen Untersuchungen von E. ZIMMERMANN[1] besteht jedoch für normal rauhe Rohre diese Abhängigkeit nicht. Für solche ist der Reibungskoeffizient praktisch nur vom Rohrdurchmesser abhängig. Hierfür kann man die Zahlen der folgenden Tabelle benutzen:

Lichter $\varnothing$ mm........	24	28	32	40	50	60
λ	0,022	0,021	0,020	0,019	0,0184	0,018
Lichter $\varnothing$ mm........	70	80	100	125	150	200
λ	0,0175	0,017	0,016	0,0155	0,0150	0,0142

3. Umlenkverluste

Für die Strömungsverluste in Rohrkrümmungen gilt der Ansatz

$$\Delta p_U = \xi H_w \text{ kp/cm}^2. \tag{255}$$

---

[1] ZIMMERMANN, E.: Arch. Wärmew. **21**, 133—135 (1940).

Tabelle 30. *Beiwerte ξ für Umlenkverluste*

$\dfrac{R}{d}$	Umlenkung	
	90°	180°
1,5	0,30	0,54
2	0,22	0,39
3	0,17	0,30
4	0,15	0,27

Für den Verlustkoeffizienten ξ können die Zahlen der Tabelle 30 benutzt werden, wobei R der Krümmungsradius und d der äußere Rohrdurchmesser ist.

4. Beschleunigungsverluste

Am Eintritt des Rohres muß das Medium auf die Geschwindigkeit beschleunigt werden, die dem Rohrquerschnitt entspricht. Für diesen Aufwand wird gewöhnlich die Bezeichnung „Eintrittsverlust" oder „Beschleunigungsverlust" verwendet, obwohl es sich hier nicht um die Umsetzung von kinetischer Energie in Wärme handelt, sondern um die Umsetzung von potentieller Energie in kinetische. Der Ansatz lautet:

$$\Delta p_B = \zeta\, H_w \;\mathrm{kp/cm^2}. \tag{256}$$

Der Verlustfaktor ζ, der etwas größer als 1 ist, gibt an, wie groß die Wirbelverluste sind, die bei der Beschleunigung auftreten. Über seine Größe liegen keine genauen Angaben vor. Vielfach wird mit dem geschätzten Wert $\zeta = 1,2$ gerechnet.

5. Gesamter Strömungsverlust

Addiert man die in den vorhergehenden Abschnitten aufgeführten Verluste, so erhält man den Gesamtverlust für die Strömung von Wasser oder Dampf durch ein Rohr nach folgender Gleichung:

$$\Delta p_0 = \left(\zeta + \lambda\,\frac{l}{d} + \Sigma\,\xi\right) H_w \;\mathrm{kp/cm^2}. \tag{257}$$

Da diese Berechnung zum Teil auf Schätzwerten beruht und da Verschmutzungen im Rohr und Ungenauigkeiten an Schweißverbindungen weitere unerfaßbare Fehlerquellen darstellen, ist es zu empfehlen, den berechneten Wert für den Druckverlust noch mit einem Sicherheitsfaktor von etwa 15% zu versehen. Hiermit erhält man für die praktische Berechnung folgende Gleichung:

$$\Delta p = 1,15 \left(\zeta + \lambda\,\frac{l}{d} + \Sigma\,\xi\right) H_w \;\mathrm{kp/cm^2}. \tag{258}$$

C. Strömung in Zwangdurchlauf-Verdampfern

1. Druckverlust im Verdampfer

In das hier betrachtete Rohrsystem, das aus mehreren einander parallel geschalteten Rohrschlangen bestehen soll, möge das Wasser mit so hoher Temperatur eintreten, daß durch die äußere Beheizung die Sattdampftemperatur erreicht und anschließend ein Teil des Wassers verdampft wird.

Jedes Rohr des Systems soll l m lang sein; hiervon soll die Strecke l_1 noch als Vorwärmer arbeiten, während der Rest l_2 als Verdampfer wirkt, dann ist

$$l = l_1 + l_2. \tag{259}$$

Die gleichmäßig zugeführte Wärmemenge q kcal/s teilt sich entsprechend in einen Anteil q_1 zur Erwärmung des Wassers bis auf Siedetemperatur und einen Anteil q_2, der die Teilverdampfung bewirkt; und es ist

$$q = q_1 + q_2. \tag{260}$$

Ist t_1 die Eintrittstemperatur, dann ist $i_1 = t_1 c_p$ die Enthalpie des Wassers am Eintritt. Bei Siedetemperatur hat das Wasser die Enthalpie i'. Ist ferner i_2 die Enthalpie des Dampf-Wassergemisches am Austritt aus dem Verdampfer, so ist

$$\left.\begin{aligned} q_1 &= G\,(i' - i_1) \\ q_2 &= G\,(i_2 - i') \\ q\ &= G\,(i_2 - i_1). \end{aligned}\right\} \tag{261}$$

Die auf der Strecke l_2 erzeugte Dampfmenge ist

$$G_0 = \frac{q_2}{r} \ \text{kp/s}, \tag{262}$$

wo r die Verdampfungswärme ist; hierfür können wir auch schreiben:

$$G_0 = \frac{l_2}{l} \frac{q}{r} = \frac{l_2}{l} \frac{i_2 - i_1}{r} G. \tag{263}$$

Die Widerstände in dem Rohrsystem werden als Vielfache der Geschwindigkeitshöhe H_w ausgedrückt, und zwar ist der Reibungsverlust

$$\Delta p_R = \lambda \frac{l}{d} H_w \ \text{kp/cm}^2 \tag{264}$$

und der Verlust durch Umlenkungen

$$\Delta p_U = n \, \xi \, H_w \ \text{kp/cm}^2 \tag{265}$$

wo n die Anzahl der Rohrbögen ist.

Für die Rohrreibungszahl λ ist, wie im Abschn. VII B 2 ausgeführt wurde, eine Abhängigkeit von der REYNOLDSschen Zahl nicht zu berücksichtigen, die Abhängigkeit vom Rohrdurchmesser macht in der folgenden Betrachtung keine Umstände[1].

Die Anzahl der Rohrbögen denken wir uns gleichmäßig über das ganze Rohrsystem verteilt, wie es bei Rohrschlangen oder gußeisernen Vorwärmern der Fall ist. Dann kommt auf den ersten als Vorwärmer arbeitenden Teil des Rohrsystems der Anteil $n \, l_1/l$ und auf den zweiten Teil der Betrag $n \, l_2/l$.

Wir stellen nun die Kontinuitätsbedingungen auf. Im ersten Abschnitt ist

$$w_1 = \frac{G \, v'}{F}, \tag{266}$$

wo F der Rohrquerschnitt in m^2 und v' das spezifische Volumen des Wassers ist. Im zweiten Abschnitt ist das mittlere spezifische Volumen

$$v_m = v' + \frac{1}{2} \frac{G_0}{G} (v'' - v') \tag{267}$$

und die Geschwindigkeit wird im Mittel

$$w_m = \frac{G \, v' + \frac{1}{2} G_0 (v'' - v')}{F} \tag{268}$$

Hiermit werden die Geschwindigkeitshöhen:

$$\text{im ersten Abschnitt} \quad H_{w1} = \frac{G^2}{2 g F^2} v', \tag{269}$$

$$\text{im zweiten Abschnitt} \quad H_{wm} = \frac{G^2}{2 g F^2} \left(v' + \frac{1}{2} \frac{G_0}{G} (v'' - v') \right). \tag{270}$$

Jetzt können wir den gesamten Druckabfall durch Reibung und Umlenkungen in dem Rohrsystem wie folgt ausdrücken:

$$\Delta p_{R+U} = \Delta p_R + \Delta p_U = \left(\lambda \frac{l}{d} + n \, \xi \right) \left(\frac{l_1}{l} H_{w1} + \frac{l_2}{l} H_{wm} \right)$$
$$= \left(\lambda \frac{l}{d} + n \, \xi \right) \frac{G^2}{2 g F^2} \left(2 \, v' + \frac{l_2}{l} \frac{G_0}{G} (v'' - v') \right). \tag{271}$$

Setzen wir noch G_0 nach Gl. (263) ein und H_{w1} nach Gl. (269), so finden wir schließlich

$$\Delta p_{R+U} = \left(\lambda \frac{l}{d} + n \, \xi \right) \cdot H_{w1} \left[1 + \frac{v'' - v'}{2 \, r \, v'} (i_2 - i_1) \left(\frac{l_2}{l} \right)^2 \right] \text{kp/cm}^2. \tag{272}$$

---

[1] Die Untersuchung von A. KLEINHANS [Stabilität der Strömungsverteilung in Heizflächen mit Zwangsdurchlauf, Arch. Wärmew. **20**, 135 (1941)], in der die Reibungszahl der 0,8ten Potenz des Rohrdurchmessers proportional gesetzt ist, gilt nur für glatte Rohre.

Mit dem ersten Glied der eckigen Klammer, das gleich 1 ist, wird der Druckverlust erfaßt, der eintreten würde, wenn in dem Rohrsystem keine Verdampfung stattfinden würde. Das zweite Glied stellt den zusätzlichen Druckverlust dar, der durch die Verdampfung verursacht wird. Er ist abhängig von den beiden Größen $i_2 - i_1$ und l_2/l, sowie vom Dampfdruck, der sich durch den Faktor $(v'' - v')/2\, r\, v'$ bemerkbar macht. Der Faktor $i_2 - i_1$ kcal/kp bezeichnet die gesamte je kp Wasser von außen zugeführte Wärme; l_2/l zeigt, welcher Anteil des Vorwärmers schon als Verdampfer arbeitet.

Außer diesen Verlusten muß aber auch die Beschleunigung der Durchflußmenge von w_1 auf w_2 beachtet werden, wo w_2 die Geschwindigkeit am Austritt ist, denn hierdurch tritt in dem Rohr ein Reaktionsdruck auf, und der Druck am Eintritt muß entsprechend größer gemacht werden, um diesen Beschleunigungsdruck zu überwinden. Die Druckhöhe am Austritt ist

$$H_{w2} = \frac{G^2}{2\,g\,F^2}\left(v' + \frac{G_0}{G}\,(v'' - v')\right), \tag{273}$$

und der Beschleunigungsdruck $\Delta p_B = \zeta\,(H_{w2} - H_{w1})$ wird

$$\Delta p_B = \zeta\,H_{w1}\,\frac{G_0}{G}\,\frac{v'' - v'}{v'}\,, \tag{274}$$

wofür man auch schreiben kann:

$$\Delta p_B = \zeta\,H_{w1}\,\frac{i_2 - i_1}{r}\,\frac{l_2}{l}\,\frac{v'' - v'}{v'}\,. \tag{275}$$

Aus den Gln. (272) und (275) folgt nun der gesamte Druckabfall im Inneren des Rohrsystems zu:

$$\Delta p = \Delta p_B + \Delta p_{R+U}$$
$$\Delta p = H_{w1}\left\{\zeta\,(i_2 - i_1)\,\frac{v'' - v'}{r\,v'}\,\frac{l_2}{l} + \left(\lambda\,\frac{l}{d} + n\,\xi\right)\left[1 + (i_2 - i_1)\,\frac{v'' - v'}{2\,r\,v'}\left(\frac{l_2}{l}\right)^2\right]\right\}\text{kp/cm}^2. \tag{276}$$

Schließlich wollen wir noch die Beschleunigung berücksichtigen, die das Wasser erfährt, wenn es aus einem Sammler, in dem die Zulaufgeschwindigkeit Null herrscht, auf die Eintrittsgeschwindigkeit in den Rohren gebracht wird. Dabei soll ein Faktor ζ_0 die Wirbelverluste erfassen, die dabei auftreten. Wir wollen auch den Fall berücksichtigen, daß in die Rohreintritte Drosseln mit einem Querschnitt F_0 eingebaut werden, um die Strömung zu stabilisieren. Ist die Geschwindigkeitshöhe in den Drosseln H_{w0}, dann ist der Druckverlust

$$\Delta p_E = \zeta_0\,H_{w0} \tag{277}$$

$$\Delta p_E = \zeta_0\,H_{w1}\,\frac{F^2}{F_0^2}\,. \tag{278}$$

Der Faktor ζ_0 ist größer als 1, wenn Wirbelverluste auftreten. Die hinter den Drosseln eintretende Verzögerung von w_0 auf w_1 kann als verloren betrachtet werden.

Nun können wir aus den Gln. (276) und (278) den gesamten Druckabfall in dem Rohrsystem zusammenstellen:

$$\Delta p = \Delta p_E + \Delta p_B + \Delta p_{R+U} \tag{279}$$
$$\Delta p = H_{w1}\left\{\zeta_0\,\frac{F^2}{F_0^2} + \zeta\,(i_2 - i_1)\,\frac{v'' - v'}{r\,v'}\,\frac{l_2}{l} + \left(\lambda\,\frac{l}{d} + n\,\xi\right)\right.$$
$$\left.\cdot\left[1 + (i_2 - i_1)\,\frac{v'' - v'}{2\,r\,v'}\left(\frac{l_2}{l}\right)^2\right]\right\}\text{kp/cm}^2. \tag{280}$$

Beispiel: Ein Vorwärmer soll bei 20 ata 200 kcal/kp Wasser aufnehmen, und hiervon sollen 10% zur Verdampfung dienen. Es ist also $l_2/l = 0{,}1$. Ferner ist für 20 ata $(v'' - v')/r\,v' = 0{,}1894$. Die gesamte Wärmeaufnahme ist $i_2 - i_1 = 200$. Setzt man nun $\zeta = 1{,}2$, so wird der Beschleunigungsdruck

$$\Delta p_B = 1{,}2 \cdot 200 \cdot 0{,}1894 \cdot 0{,}1 \cdot H_{w1} = 4{,}55\,H_{w1}.$$

Der Ausdruck $\left(\lambda \dfrac{l}{d} + n\,\xi\right)$ soll den Wert 3 haben, dann wird der Druckverlust durch Reibung und Umlenkungen

$$\varDelta p_{R+U} = 3\,(1 + 0{,}0947 \cdot 0{,}01)\,H_{w1} = 3{,}0\,H_{w1}.$$

Den Eintrittsverlust wollen wir hier nicht berücksichtigen. Man sieht aus diesen Zahlen, daß der Druckverlust in dem Rohrsystem infolge der Beschleunigung auf das 4,5fache und durch Reibung und Umlenkungen auf das 3fache, zusammen also auf das 7,5fache der Geschwindigkeitshöhe am Eintritt ansteigt.

2. Stabilität der Strömung in Verdampfern

Es soll untersucht werden, ob mit steigender Durchflußmenge G der Druckabfall im Verdampfer steigt oder fällt. Steigt er, so ist die Strömung stabil; fällt er, so ist sie instabil, weil es jetzt vorkommen kann, daß in einem Rohr des Systems die Strömungsgeschwindigkeit fällt, während sie in anderen Rohren steigt. Um diese Frage zu klären, differenzieren wir den Ausdruck für $\varDelta p$ nach der Durchflußmenge G. Zur Durchführung dieser Rechnung müssen wir aber zunächst die Gleichungen so umformen, daß die Durchflußmenge G in Erscheinung tritt. Wir erinnern uns, daß

$$H_{w1} = \frac{G^2\,v'}{2\,g\,F^2}\,,$$

$$i_2 - i_1 = \frac{q}{G} \quad \text{und}$$

$$\frac{l_2}{l} = \frac{i_2 - i'}{i_2 - i_1} = \frac{q - G\,(i' - i_1)}{q}$$

ist, wo mit q die gesamte in der Sekunde von außen an den Vorwärmer zugeführte Wärmemenge bezeichnet wird. Nun kommt:

$$\begin{aligned}
\varDelta p &= \frac{G^2\,v'}{2\,g\,F^2}\left\{\zeta_0\frac{F^2}{F_0^2} + \zeta\frac{v''-v'}{r\,v'}\frac{q - G\,(i'-i_1)}{G} + \left(\lambda\frac{l}{d}+n\,\xi\right)\left[1 + \frac{v''-v'}{2\,r\,v'}\frac{G}{q}\left(\frac{q-G\,(i'-i_1)}{G}\right)^2\right]\right\}\\
&= \frac{v'}{2\,g\,F^2}\left\{\frac{v''-v'}{2\,r\,v'}\,q\left(\lambda\frac{l}{d}+n\,\xi+2\,\zeta\right)G\right.\\
&\quad + \left[\zeta_0\frac{F^2}{F_0^2} - \zeta\frac{v''-v'}{r\,v'}\,(i'-i_1) + \left(\lambda\frac{l}{d}+n\,\xi\right)\left(1 - \frac{v''-v'}{r\,v'}\,(i'-i_1)\right)\right]G^2\\
&\quad \left. + \frac{(i'-i_1)^2}{q}\frac{v''-v'}{2\,r\,v'}\left(\lambda\frac{l}{d}+n\,\xi\right)G^3\right\}.
\end{aligned} \tag{281}$$

Wir differenzieren nun diese Gleichung nach G und finden:

$$\begin{aligned}
\frac{d\varDelta p}{dG} &= \frac{v'}{2\,g\,F^2}\left\{\frac{v''-v'}{2\,r\,v'}\left(\lambda\frac{l}{d}+n\,\xi+2\,\zeta\right)q\right.\\
&\quad + 2\,G\left[\zeta_0\frac{F^2}{F_0^2} - \zeta\frac{v''-v'}{r\,v'}\,(i'-i_1) + \left(\lambda\frac{l}{d}+n\,\xi\right)\left(1 - \frac{v''-v'}{r\,v'}\,(i'-i_1)\right)\right]\\
&\quad \left. + 3\,G^2\frac{(i'-i_1)^2}{q}\frac{v''-v'}{2\,r\,v'}\left(\lambda\frac{l}{d}+n\,\xi\right)\right\}.
\end{aligned} \tag{282}$$

Wir finden nun die Grenze, wo die Instabilität beginnt, indem wir diesen Differentialquotienten gleich Null setzen. Um die Anschaulichkeit zu erhöhen, gehen wir dann wieder auf das Verhältnis der als Vorwärmer wirkenden Rohrlänge zu der gesamten Rohrlänge über, indem wir die Gleichung

$$\frac{l_1}{l} = \frac{G}{q}\,(i'-i_1) \tag{283}$$

benutzen. In Vereinfachung der Darstellung sollen noch

$$\frac{\zeta}{\lambda\dfrac{l}{d}+n\,\xi} = \eta \tag{284}$$

und
$$\frac{\zeta_0}{\lambda \frac{l}{d} + n\,\xi} = \eta_0 \tag{285}$$

genannt werden. Dann erhalten wir nach einigen formalen Vorgängen die Ungleichung

$$\frac{r}{i' - i_1} \cdot \frac{v'}{v'' - v'}\left(1 + \left(\frac{F}{F_0}\right)^2 \eta_0\right) \gtreqless (1 + \eta) - \frac{1 + 2\eta + 3\left(\frac{l_1}{l}\right)^2}{4\,\frac{l_1}{l}} \tag{286}$$

als Maß für die Stabilität der Strömung. Ist die linke Seite größer als die rechte, so ist die Strömung stabil, im umgekehrten Falle ist sie instabil.

Man ersieht aus dieser Beziehung sofort, daß man die Strömung durch Einbau von Drosseln stabilisieren kann, denn durch die Wahl eines ausreichend kleinen Querschnittes F_0 kann man die linke Seite beliebig groß machen.

Werden keine Drosseln eingebaut, so wird $\frac{F}{F_0} = 1$ und die Ungleichung (286) vereinfacht sich entsprechend.

Diese Ungleichung hat die bemerkenswerte Eigenschaft, daß auf der linken Seite neben der Vorwärmung $(i' - i_1)$ nur Größen stehen, die vom Dampfdruck abhängen, man kann also den Wert des gesamten Ausdrucks in einem Quadranten darstellen, in dem als Abszisse die Vorwärmung und als Parameter der Dampfdruck gewählt wird.

Auf der rechten Seite haben wir nur das Verhältnis der Vorwärmstrecke l_1 zur gesamten Rohrlänge l und den Verlustfaktor η, in welchem nach Gl. (284) alle Verluste zusammengefaßt sind. Zur graphischen Darstellung benötigen wir drei Quadranten. In dem ersten wird der Ausdruck

$$(1 + \eta) - \frac{1 + 2\eta + 3\left(\frac{l_1}{l}\right)^2}{4\,\frac{l_1}{l}}$$

abhängig von $\frac{l_1}{l}$ mit η als Parameter aufgetragen. Im zweiten Quadranten wird dieses Ergebnis noch durch den Faktor $\left(1 + \left(\frac{F}{F_0}\right)^2 \eta_0\right)$ dividiert, wofür wir den Parameter $\left(\frac{F}{F_0}\right)^2 \eta_0$ benötigen, im dritten Quadranten erscheinen Druck und Temperatur.

Für die Wahl der Verlustfaktoren gelten folgende Gesichtspunkte:

λ liegt nach Abschn. VII B 2 für übliche Vorwärmrohre und die Rohrsysteme von Zwangdurchlaufkesseln von 24—50 mm lichtem Durchmesser in der Größenordnung 0,02.

ξ ist nach Abschn. VII B 3 einzusetzen; es dürfte oft in der Größenordnung 0,4 liegen.

ζ ist das Maß für den Druckaufwand für die Beschleunigung des entstehenden Dampfes im Rohr. Hierfür dürfte ein Wert $\zeta = 1{,}1 - 1{,}2$ angemessen sein.

ζ_0 ist das Maß für den Druckaufwand für die Beschleunigung des Wassers am Rohreintritt. Ist nicht mit der Auswertung einer Zulaufgeschwindigkeit zu rechnen, so dürfte auch hierfür der Faktor $\zeta_0 = 1{,}1 - 1{,}2$ passen; kann aber eine Zulaufgeschwindigkeit in Betracht gezogen werden, so geht ζ_0 auf Werte unter 1 herunter.

Alle Kurven des ersten dieser beiden Quadranten haben die Eigenschaft, daß sie sich für $l_1/l = 0{,}5$ in einem Punkt mit dem Ordinatenwert 0,125 schneiden. Aus der Lage der Kurven in diesem Quadranten kann man folgern, daß man den Wert l_1/l nicht größer als 0,5 machen sollte, um mit Sicherheit eine stabile Strömung zu erreichen. Bei großen Vorwärmern, insbesondere bei geringem Kesseldruck, muß man aber, wie das Schaubild zeigt, noch unter diesem Wert bleiben und auf etwa $l_1/l = 0{,}35$ heruntergehen.

Man muß also große Vorwärmer unterteilen, indem man nach einem gewissen Abschnitt alle Stromfäden in eine Mischstelle zusammenführt, so daß man sicher ist, daß sich alle Temperaturen hier ausgleichen. Mit diesem Wasser kann man dann in den Vorverdampfer eintreten, der so gebaut wird, daß die Anlaufstrecke vor dem Beginn der Verdampfung nicht größer wird als hier angegeben ist. Da die Vorwärmer im allgemeinen im Gegenstrom beheizt werden, wird die Strecke l_1 länger sein, als hier bei gleichmäßiger Beheizung vorausgesetzt wurde. Andererseits wird aber auch die Verdampfung auf der Strecke l_2 lebhafter. Es ist anzunehmen, daß diese beiden Einflüsse einander entgegenwirken und das Ergebnis der Berechnung hierdurch nicht wesentlich verschoben wird. So ergibt sich die Tafel 48 als eine der Wirklichkeit gut entsprechende Richtlinie.

Ist die Beheizung des Rohrsystems nicht gleichmäßig, so ist die Gefahr der Instabilität größer als hier errechnet wurde. Man muß deshalb gewöhnlich mit einer gewissen Sicherheit rechnen, da in einem Vorwärmer nicht vorausgesetzt werden kann, daß die Rauchgase am Eintritt in das Rohrsystem in ihrer ganzen Ausdehnung ein und dieselbe Temperatur haben.

Die abgeleiteten Gleichungen gelten nicht nur für Vorverdampfer, sondern sind ohne Änderung auch für Einrohr-Zwangdurchlaufkessel zu verwenden. Bei diesen liegen die Verhältnisse insofern günstig, als der Verdampferteil immer sehr groß ist, wogegen der Vorwärmer zurücktritt. Bei solchen Kesseln ist aber zu prüfen, ob man nicht bei Teillast in das Gebiet der Instabilität hineinkommt.

Unterschiede in den Strömungsgeschwindigkeiten in parallel geschalteten Rohren, die ungleich beheizt werden, werden durch diese Überlegungen nicht erfaßt.

Eine wichtige Folgerung dieser Untersuchung ist, daß die Strömung in Vorwärmern mit mehreren parallelen Wasserwegen, die das Wasser gerade auf Sattdampftemperatur erwärmen oder eine sehr geringe Verdampfung erreichen, instabil ist. Solche Vorwärmer sollten mit Drosseln ausgerüstet werden.

D. Der natürliche Wasserumlauf

1. Der Auftrieb

Die Bewegung des Wassers in einem Röhrenkessel wird durch den Auftrieb erzeugt, der durch den Unterschied im Druck des Fallrohrinhaltes gegenüber dem des Steigrohrinhaltes auf den tiefsten Punkt des Systems hervorgerufen wird.

Ist h_F die Höhendifferenz zwischen dem Wasserspiegel in der Obertrommel und dem tiefsten Punkt des Fallrohres, so übt der Fallrohrinhalt auf die Basis den statischen Druck

$$\Delta p_F = h_F \gamma_F \text{ mm WS} \tag{287}$$

aus, wo γ_F das mittlere spezifische Gewicht des Fallrohrinhaltes ist. Auf der Steigrohrseite kann das Dampf-Wassergemisch unter Umständen über den Wasserspiegel in der Obertrommel hinausgehoben werden. Deshalb ist die Höhe zwischen der Basis und dem höchsten Punkt des Steigrohres unter Umständen größer als die Höhe des Fallrohres. Der statische Druck des Steigrohrinhaltes auf die Basis ist

$$\Delta p_S = h_S \gamma_S \text{ mm WS}. \tag{288}$$

Der Auftrieb ist also

$$A = h_F \gamma_F - h_S \gamma_S \text{ mm WS}. \tag{289}$$

Dieser Auftrieb dient dazu, die Umlaufströmung zu erzeugen und die dabei auftretenden Reibungs- und Wirbelverluste zu überwinden. Sind in einem Kessel mehrere Fall- und Steigrohre an eine Kesseltrommel angeschlossen, so ist in allen Rohren die Summe aus statischem Druck und Strömungswiderständen gleich groß.

2. Das Aufsteigen der Dampfblasen unter Wasser

Für die laminare Bewegung der Dampfblasen im Wasser gilt das von G. G. STOKES im Jahre 1850 gefundene Gesetz, wonach die Relativgeschwindigkeit der Dampfblasen gegenüber dem Wasser sich im Gebiet REYNOLDSscher Zahlen unter 2500 durch folgende Gleichung darstellen

läßt:
$$\Delta w = \frac{2}{9}\,\frac{\gamma' - \gamma''}{\eta}\, r^2 \; \text{m/s}. \tag{290}$$

Hier ist r der Radius der als Kugel aufgefaßten Dampfblase in m.

Da die dynamische Zähigkeit η für Wasser oberhalb 100 °C nicht bekannt ist, wurde in Abb. 95 eine Extrapolation über die gemessenen Werte hinaus vorgenommen. Diese grobe Annäherung reicht für unseren Zweck vollkommen aus, da wir uns nur ein angenähertes Bild von den Verhältnissen entwerfen wollen.

Das STOKESsche Gesetz liefert beispielsweise für 80 atü mit $\gamma' = 723$ kp/m³ und $\gamma'' = 43$ kp/m³, $\eta = 0{,}00001\,\frac{\text{kp s}}{\text{m}^2}$ die Abhängigkeit

$$\Delta w = 1{,}5 \cdot 10^7\, r^2 \; \text{m/s}.$$

Dies ergibt folgende Relativgeschwindigkeiten:

$$\text{für } r = 1 \text{ mm} \quad \Delta w = 15 \text{ m/s},$$
$$\text{für } r = 0{,}1 \text{ mm} \quad \Delta w = 0{,}15 \text{ m/s}.$$

Hieraus ist zu entnehmen, daß kleine Dampfblasen auf ihrem Wege von größeren eingeholt und aufgeschluckt werden müssen, so daß die Dampfblasen nach oben hin im Rohr immer größer werden und bei ausreichender Rohrlänge schließlich sehr große Dampfblasen entstehen müssen. Sobald dieser Zustand erreicht ist, ändern sich aber die Verhältnisse im Rohr grundsätzlich. Denn wenn der freie Querschnitt um die Dampfblase herum sehr klein wird, reißt der Zusammenhang des Wassers ab, so daß die Dampfblase dann den ganzen Rohrquerschnitt allein ausfüllt. Dann befinden sich in dem Rohr Dampfpfropfen, die aus Kontinuitätsgründen nicht schneller strömen können als das Wasser selbst.

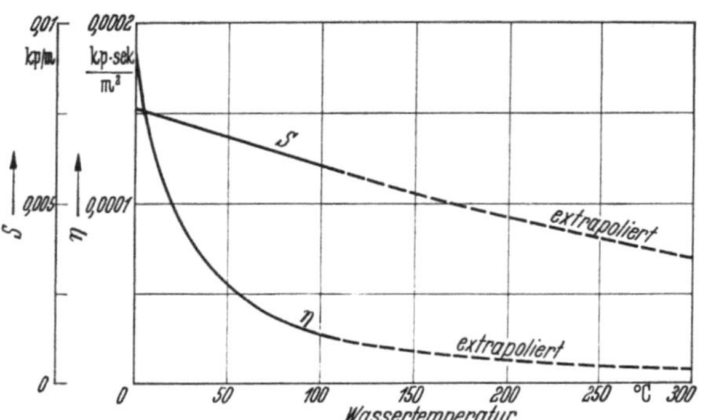

Abb. 95. Dynamische Viskosität η und Oberflächenspannung S von Dampfblasen in Wasser

Beobachtungen an einem in Betrieb befindlichen Kessel von 32 atü bei der Firma Borsig, wobei die innen beleuchtete Kesseltrommel durch ein kleines Fenster betrachtet wurde, haben diese Schlußfolgerungen bestätigt. Sie zeigten, daß bei kleiner und mittlerer Umlaufgeschwindigkeit aus den Steigrohren des Kessels zeitweise nur Dampf herauskommt. Es handelt sich also in den Steigrohren um einen periodischen Vorgang, indem das Rohr zuerst Dampf, dann Wasser und Dampf, dann wieder nur Dampf, usw. fördert. Hiernach erscheint die Annahme eines Dampf-Wassergemischs von mittlerer Zusammensetzung im Steigrohr eines Kessels als recht grobe Annäherung an die wirklichen Verhältnisse.

Mit dieser Überlegung wird auch die Bildung größerer Dampfsäcke in den unbestimmten Rohren, in denen die Bewegung stagniert, leicht verständlich. Bekannt sind die Korrosionen, die dadurch auftreten, daß die Dampfsäcke in solchen Rohren sehr hoch überhitzt werden, wobei Dampfspaltungen durch Reaktion des Wasserdampfes mit dem Rohrwerkstoff stattfinden.

Die außerordentlich geringe Relativgeschwindigkeit sehr kleiner Dampfblasen macht es auch verständlich, daß diese leicht an der Rohrwand haften bleiben und an der Strömung nicht mehr teilnehmen. Diese Erscheinung ist besonders wichtig, wenn es sich nicht um Dampf-, sondern Luftbläschen handelt. Die von solchen aggressiven Luftbläschen ausgehende Wirkung auf den Rohrwerkstoff führt zu nadelförmigen Löchern, die manchmal die Rohrwand vollständig durchstoßen.

Hierzu ist auch noch zu beachten, daß der Druck in einem solchen Bläschen sehr groß werden kann. Nach H. UMSTÄTTER[1] ist eine Dampf- oder Gasblase als kleiner kugelförmiger Druck-

---

[1] UMSTÄTTER, H.: Schaumstabilität und Oberflächenviskosität. Die Technik **2**, 505—507 (1947).

behälter aufzufassen, in dem der Druck um

$$\Delta p = \frac{2S}{r}\,\text{kp/m}^2 \tag{291}$$

höher als der der Umgebung ist. Hier ist S die Oberflächenspannung in kp/m und r der Blasenradius in m. Beträgt beispielsweise die Oberflächenspannung $S = 0{,}004$ kp/m, so ist $\Delta p = 0{,}008/r$ kp/m². Diese Beziehung ergibt folgende Überdrücke in der Blase:

für $r = 1$ mm $\qquad \Delta p = 8$ mm WS

für $r = 0{,}1$ mm $\qquad \Delta p = 80$ mm WS

für $r = 0{,}01$ mm $\quad \Delta p = 800$ mm WS

usw.

Abb. 96. Pilzförmige Gasblase, aufgenommen in einem Plexiglasrohr von 175 × 100 mm Querschnitt, Ansicht von der breiten Seite her

Abb. 97. Große glockenförmige Blase, unter der gleichen Versuchsanordnung aufgenommen wie Abb. 96

Nach UMSTÄTTER ist der reziproke Wert der Relativgeschwindigkeit Δw ein Maß für die Stabilität von Schaum. Diese ist also proportional der Viskosität des Wassers und umgekehrt proportional dem Quadrat des Blasenradius. Da die Viskosität mit steigendem Druck abnimmt, müßte hiernach in Hochdruckkesseln die Neigung zum Schäumen geringer sein als in Niederdruckkesseln. Die Größe der Dampfblasen hat einen sehr starken Einfluß auf die Stabilität des Schaumes, und es ist also sehr schwer, die unter hohem Innendruck stehenden kleinsten Bläschen zu zerstören.

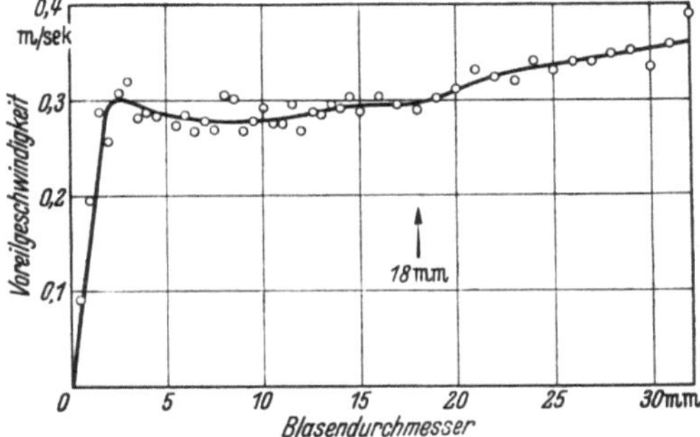

Abb. 98. Voreilgeschwindigkeit von Gasblasen abhängig vom Blasendurchmesser

Da die rechnerische Verfolgung der Strömungsverhältnisse in einem beheizten Rohr nach dem STOKESschen Gesetz sehr schwierig ist und, wie oben gezeigt wurde, auch sehr bald auf Zustände führt, die diesem Gesetz nicht mehr gehorchen, ist es zweckmäßig, sich für die Wasserumlaufberechnung auf Messungen über das mittlere spezifische Gewicht des Dampfwassergemisches im beheizten Rohr zu stützen, wie es weiter unten gezeigt wird.

R. Kampe und L. Tyedmers[1] haben durch photographische Aufnahmen an gashaltigen Mineralwässern nachgewiesen, daß die Gasblasen nur bis zu einem Durchmesser von 1,5 mm Kugelgestalt besitzen. Größere Blasen sind abgeplattet, linsenförmig und schließlich, von etwa 18 mm Durchmesser ab, nehmen sie eine glockenförmige Gestalt an. Abb. 96 zeigt die Aufnahme einer linsenförmigen Gasblase, Abb. 97 die einer glockenförmigen.

Die von den genannten Verfassern ermittelten Voreilgeschwindigkeiten der Gasblasen gegenüber dem Wasser zeigt Abb. 98. Ein lineares Gesetz besteht nur bis zu einem Blasendurchmesser von 1,5—2 mm, von da ab bleibt die Voreilgeschwindigkeit bei etwa 0,3 m/s stehen, um dann erst bei den großen glockenförmigen Blasen sehr langsam auf 0,36 m/s anzusteigen.

Die photographischen Aufnahmen zeigen eindeutig, daß die Blasen Wasser unmittelbar mitreißen. Die mittlere Wassergeschwindigkeit w' in irgendeinem Rohrquerschnitt setzt sich also zusammen aus der Geschwindigkeit w_a außerhalb der Blasen und der Geschwindigkeit w_b der Blasen, während die Dampfgeschwindigkeit w'' gleich der Blasengeschwindigkeit w_b ist. Es wird sich zeigen, daß diese Unterscheidung bei der Berechnung des Wasserumlaufs eines Kessels nicht ins Gewicht fällt; bei der Auswertung von Messungen muß sie jedoch beachtet werden.

3. Der Strömungszustand in einem Kesselrohr

a) Theoretischer Ansatz

Zur technischen Verfolgung des Strömungszustandes in einem beheizten Kesselrohr macht man folgenden Ansatz:

Durch irgend einen Querschnitt des Rohres ströme die Wassermenge G' kp/s und die Dampfmenge G'' kp/s. Dann läßt sich der Querschnitt F des Rohres in zwei Teile F' und F'' für Wasser und Dampf aufteilen, so daß

$$F = F' + F'' \tag{292}$$

ist. Ferner gelten die beiden Kontinuitätsgleichungen

$$|G'| = F' \gamma' |w'| \tag{293}$$

$$|G''| = F'' \gamma'' |w''| . \tag{294}$$

Sie gelten unabhängig von der Richtung der Bewegung, so daß die Gleichungen in Absolutwerten von G und w ausgedrückt werden können. Unabhängig von der Richtung ist dann auch das gesamte Gemischgewicht.

$$|G| = |G'| + |G''| . \tag{295}$$

Aus diesen vier Gleichungen läßt sich eine Beziehung zwischen der Gemischmenge G, der Dampfmenge G'' und den Geschwindigkeiten w' und w'' von Wasser und Dampf ableiten, in der die Größen F', F'' und G' nicht mehr vorkommen. Sie lautet:

$$\frac{|G|}{F \gamma'} = |w'| - \frac{|G''|}{F \gamma''} \left(\frac{|w'|}{|w''|} - \frac{\gamma''}{\gamma'} \right) \tag{296}$$

Der Ausdruck auf der linken Seite ist die Geschwindigkeit $|w'_{00}|$ die sich einstellen würde, wenn das gesamte Gemisch in Form von Wasser durch den Querschnitt F des Rohres strömen würde; sie ist also beispielsweise die Eintrittsgeschwindigkeit in ein Steigrohr, dem nur Wasser zuströmt oder die Eintrittsgeschwindigkeit in ein Fallrohr, aus dem kein Dampf nach oben entweicht:

$$|w'_{00}| = \frac{|G|}{F \gamma'} . \tag{297}$$

Auf der rechten Seite der Gl. (296) finden wir die Größe

$$|w''_0| = \frac{|G''|}{F \gamma''} , \tag{298}$$

---

[1] Kampe, R., u. L. Tyedmers: Beobachtungen an im Wasser aufsteigenden Gasblasen. Phys. Blätter **12**, 540—542 (1952).

das ist die Geschwindigkeit, die der Dampf G'' annehmen würde, wenn er allein den ganzen Querschnitt des Rohres zur Verfügung hätte.

Mit diesen beiden Hilfsgrößen läßt sich Gl. (296) einfacher wie folgt schreiben:

$$\frac{|w_{00}'|}{|w_0''|} - \frac{\gamma''}{\gamma'} = |w'| \left(\frac{1}{|w_0'|} - \frac{1}{|w''|} \right). \tag{299}$$

Jetzt steht auf der linken Seite ein Ausdruck, der, wie man sich leicht überzeugt, der Geschwindigkeit $|w_0'|$ gleich ist, die die Wassermenge G' annehmen würde, wenn sie allein durch den Rohrquerschnitt F strömen würde, geteilt durch $|w_0''|$:

$$|w_0'| = \frac{|G'|}{F \, \gamma'} = |w_{00}'| - |w_0''| \frac{\gamma''}{\gamma'}. \tag{300}$$

So kann man an Stelle von Gl. (299) auch schreiben:

$$|w''| \, |w_0'| - |w'| \, |w''| + |w'| \, |w_0''| = 0. \tag{301}$$

Die Messungen über die Strömungsverhältnisse in einem Kesselrohr führen auf eine Abhängigkeit der Relativgeschwindigkeit Δw zwischen Wasser und Dampf von der mittleren Wichte des Gemisches im Rohr. Es ist daher notwendig, den Ansatz so zu formulieren, daß diese Relativgeschwindigkeit in Erscheinung tritt. Hier sind drei Fälle zu unterscheiden:

1. Steigrohr. Die gesamte Strömung verläuft von unten nach oben; die Dampfblasen eilen vor. Es ist

$$\Delta w = w'' - w'. \tag{302}$$

2. Fallrohr mit nacheilendem Dampf. Die gesamte Strömung verläuft von oben nach unten. Es ist

$$\Delta w = w' - w''. \tag{303}$$

3. Umkehrrohr. Das Wasser strömt von oben nach unten, der Dampf von unten nach oben. Hier ist

$$|\Delta w| = |w'| + |w''|. \tag{304}$$

Die Rechnung mit den Absolutwerten braucht nur für das Umkehrrohr beibehalten zu werden.

Setzt man nun diese Werte in Gl. (301) ein, so ergeben sich folgende quadratische Gleichungen für die absolute Dampfgeschwindigkeit w'':

1. Steigrohr

$$w''^2 - w'' (w_0' + w_0'' + \Delta w) + w_0'' \, \Delta w = 0. \tag{305}$$

2. Fallrohr

$$w''^2 - w'' (w_0' + w_0'' - \Delta w) - w_0'' \, \Delta w = 0. \tag{306}$$

3. Umkehrrohr

$$|w''|^2 + |w''| \, [|w_0'| - |w_0''| - |\Delta w|] + |w_0''| \, |\Delta w| = 0. \tag{307}$$

Die in den Klammern der Gln. (305) und (306) stehende Summe $w_0' + w_0''$ ist nichts anderes als die mittlere Geschwindigkeit des Gemisches

$$w_0' + w_0'' = \frac{1}{F} \left(\frac{G'}{\gamma'} + \frac{G''}{\gamma''} \right) = \frac{V' + V''}{F} = w_m, \tag{308}$$

eine Größe, die man für Widerstandsbetrachtungen benötigt.

So ergibt sich für Steigrohre und für Fallrohre mit nacheilendem Dampf die gemeinsame Gleichung

$$w''^2 - w'' (w_m \pm \Delta w) \pm w_0'' \, \Delta w = 0, \tag{309}$$

wo das Pluszeichen vor Δw für Steigrohre, das Minuszeichen für Fallrohre gilt. Für w_m können wir schreiben:

$$w_m = w_{00}' + w_0'' \frac{\gamma' - \gamma''}{\gamma'}, \tag{310}$$

wodurch wir die mittlere Gemischgeschwindigkeit auf meßbare Größen zurückführen. Nun dividieren wir Gl. (309) noch durch $w_0''^2$, um sie für eine graphische Darstellung brauchbar zu machen, und finden

$$\left(\frac{w''}{w_0''}\right)^2 - \frac{w''}{w_0''}\left(\frac{w_{00}'}{w_0''} + \frac{\gamma' - \gamma''}{\gamma'} \pm \frac{\Delta w}{w_0''}\right) \pm \frac{\Delta w}{w_0''} = 0. \tag{311}$$

Für das Umkehrrohr erhalten wir an Stelle der Gl. (309) eine andere Beziehung. Das Wasser strömt unten ab mit der Geschwindigkeit

$$w_{01}' = \frac{G' - G''}{F\,\gamma'} = \frac{G - 2G''}{F\,\gamma'}\,, \tag{312}$$

wofür man auch schreiben kann

$$w_{01}' = w_0' - w_0''\frac{\gamma''}{\gamma'}\,. \tag{313}$$

Setzt man dies in Gl. (307) ein, so erhält man für die Geschwindigkeit des nach oben abströmenden Dampfes die Beziehung

$$\left|\frac{w''}{w_0''}\right|^2 + \left|\frac{w''}{w_0''}\right|\left(\left|\frac{w_{01}'}{w_0''}\right| - \frac{\gamma' - \gamma''}{\gamma'} - \left|\frac{\Delta w}{w_0''}\right|\right) + \left|\frac{\Delta w}{w_0''}\right| = 0. \tag{314}$$

Für den Fall, daß unten kein Wasser abfließt, also für den Fall des Kochgefäßes, wird $w_{01}' = 0$, und es gilt:

$$\left|\frac{w''}{w_0''}\right|^2 - \left|\frac{w''}{w_0''}\right|\left(\frac{\gamma' - \gamma''}{\gamma'} + \left|\frac{\Delta w}{w_0''}\right|\right) + \left|\frac{\Delta w}{w_0''}\right| = 0. \tag{315}$$

Die graphische Auswertung der Gln. (311) und (314) zeigt Tafel 49. Die Größe w_{01}' ist beim Umkehrrohr ein Maß für die unten aus dem Rohr abströmende Wassermenge, während w_{00}' beim Steigrohr das Maß für die oben aus dem Rohr abströmende Gemischmenge und beim gewöhnlichen Fallrohr in gleicher Weise das Maß für die unten abströmende Gemischmenge ist. Die beiden Größen w_{00}' und w_{01}' stehen also für die umlaufende Wassermenge, und aus diesem Grunde ist die Tafel 49 für alle vorkommenden Fälle in gleicher Weise zu verwenden.

Nun brauchen wir noch eine zweite Beziehung für w'', in der die mittlere Wichte in dem betrachteten Rohrquerschnitt erscheint, denn wir suchen ja eine Beziehung zwischen w_0' und γ_m. Die Lösung ergibt sich aus der Überlegung, daß sich in einem beliebig kleinen Rohrabschnitt nebeneinander die Gewichte

$$\frac{G'}{w'} = F'\,\gamma' \quad \text{und} \quad \frac{G''}{w''} = F''\,\gamma''\,\frac{\mathrm{kp}}{\mathrm{m}} \tag{316}$$

befinden. Daraus findet man für γ_m den Ansatz

$$\gamma_m = \frac{F'\,\gamma' + F''\,\gamma''}{F}\,\frac{\mathrm{kp}}{\mathrm{m}^3}\,, \tag{317}$$

was nach einigen formellen Vorgängen auf die Beziehung

$$\frac{w''}{w_0''} = \frac{\gamma' - \gamma''}{\gamma' - \gamma_m} \tag{318}$$

führt. Da γ' und γ'' nur vom Kesseldruck abhängen, so beschreibt diese Gleichung einen einfachen Zusammenhang zwischen den Größen γ_m, p und w''/w_0'', der in einem zweiten Quadranten der Tafel 49 dargestellt werden kann. Durch die Koppelung der beiden Quadranten in dieser Tafel wird die Größe w'' aus der Betrachtung ausgeklammert, und man erhält zu jedem Wert von γ_m die möglichen Werte für die Geschwindigkeiten w_{00}' oder w_{01}', die die umlaufende Wassermenge kennzeichnen.

Betrachtet man nun ein ganzes Kesselrohr oder eine Rohrreihe oder ein Brennkammerkühlsystem, so findet man, daß die mittlere Wichte im Rohr der Mittelwert aus allen Mittelwerten in den einzelnn Rohrquerschnitten sein muß. Wir nennen diesen Mittelwert γ_{mm}; dann ist die statische Druckhöhe zwischen dem tiefsten und dem höchsten Punkt

$$\Delta p = \gamma_{mm}\,h, \tag{319}$$

das ist der Beitrag dieses Rohrsystems zum Antrieb des Wasserumlaufs. Bei der Ermittlung von γ_{mm} muß man darauf achten, daß man zusammengehörige Werte des γ_m in den einzelnen Querschnitten verwendet, um γ_{mm} zu bilden. Diese sind dadurch miteinander verbunden, daß durch alle Querschnitte dieselbe Gemischmenge hindurchströmt. Es ist also beispielsweise in einem Steigrohr in allen Querschnitten w'_{00} gleich groß. Da die Beheizung des Rohres als bekannt vorausgesetzt wird, so ist auch w'' bekannt; dieses ist aber unten und oben verschieden. Tritt in das Rohr von unten nur Wasser ein, so ist an dieser Stelle w'_{00} gleich der wirklichen Geschwindigkeit, und hier ist dann $\gamma_m = \gamma'$. Durch den oberen Austrittsquerschnitt strömt aber die gesamte im Rohr erzeugte Dampfmenge, und hiernach bestimmt sich der Wert w'_{00}/w''_0, für den nun Tafel 49 einen zugehörigen Wert von γ_m liefert. Das mittlere γ_{mm} des Rohres ist dann $(\gamma' + \gamma_m)/2$. Sinngemäß ist in allen möglichen Fällen das γ_{mm} mit Hilfe der Tafel 49 zu bestimmen. Für ein bestimmtes w'_{00} gibt es immer einen Wert $w'_{00}/(w''_0)_1$ am Eintritt mit zugehörigem γ_{m1} und einen Wert $w'_{00}/(w''_0)_2$ am Austritt mit zugehörigem γ_{m2}, so daß dann

$$\gamma_{mm} = \frac{\gamma_{m1} + \gamma_{m2}}{2} \tag{320}$$

wird.

b) Zusätzliche Dampfbildung durch Entspannung

Bei geringem Kesseldruck muß noch beachtet werden, daß durch die Entspannung des Wassers vom Druck p_1 an der Basis auf den Druck p_2 am oberen Austritt des Rohres eine Dampfentwicklung hervorgerufen wird, die nicht vernachlässigt werden sollte; in Fallrohren tritt eine entsprechende Kondensation ein.

Unter der vereinfachenden Annahme, daß der Unterschied in der Enthalpie des Dampfes am unteren und oberen Ende des Rohres vernachlässigt werden kann, gilt folgender Ansatz.

Im Rohr herrsche überall Sattdampftemperatur. Da nun der Druck von unten nach oben abnimmt, so gerät das Wasser im Steigrohr nach Durchlaufen eines Höhenunterschiedes dh an einen Punkt, wo seine Enthalpie um di' abgenommen hat. Durch diese freiwerdende Wärme wird Dampf gebildet; eine Wassermenge dG' wird verdampft. Ist r die Verdampfungswärme je kp Wasser, so ist also

$$G'\,di' = r\,dG', \tag{321}$$

woraus die Gesetzmäßigkeit folgt:

$$\frac{\Delta i'}{r} = \ln \frac{G'_1 \mp \Delta G'}{G'_1} \tag{322}$$

Das Pluszeichen gilt für Fallrohre.

Wird in dem Rohr noch eine Dampfmenge G'' durch gleichmäßige äußere Beheizung erzeugt, so nimmt an irgendeiner Stelle des Rohres die dort zuströmende Wassermenge G' nach Durchlaufen eines Höhenunterschiedes dh um den Gesamtbetrag $dG' + dG''$ ab; am Ende dieses Abschnittes steht also nur noch die Wassermenge $G' - dG' - dG''$ zur zusätzlichen Dampferzeugung im darauffolgenden Abschnitt zur Verfügung. Somit gilt an Stelle der Gl. (321) jetzt die Beziehung

$$(G' - dG' - dG'')\,di' = r\,d(G' - dG' - dG''). \tag{323}$$

Dies vereinfacht sich auf Grund der Beziehung (321) zu folgender Gleichung

$$\frac{G'}{r}(di')^2 + di'\,dG'' = di'\,dG' + r\,d^2G''. \tag{324}$$

Da die Beheizung des Rohres gleichmäßig sein soll, ist $d^2G'' = 0$. Beziehen wir nun alles auf den Höhenunterschied dh, so kommt:

$$\frac{G'}{r}\frac{di'}{dh} + \frac{dG''}{dh} = \frac{dG'}{dh}. \tag{325}$$

Hier ist nun

$$\frac{di'}{dh} = \frac{\Delta i'}{\Delta h} = \text{const.} \tag{326}$$

und

$$\frac{dG''}{dh} = \frac{\Delta G''}{\Delta h} = \text{const.}, \tag{327}$$

und es folgt

$$\Delta h = \int \frac{dG'}{\dfrac{\Delta i'}{r\,\Delta h}\,G' + \dfrac{\Delta G''}{\Delta h}} \cdot \tag{328}$$

Die Lösung dieses Integrals lautet

$$\frac{\Delta i'}{r} = \ln \frac{G'' \pm \dfrac{\Delta i'}{r}\,(G_1' \mp \Delta G')}{G'' \pm \dfrac{\Delta i'}{r}\,G_1'} \tag{329}$$

als Bestimmungsgleichung für $\Delta G'$ auf der Strecke, auf der die Enthalpie des Wassers um $\Delta i'$ abnimmt. Die Minuszeichen, die für Fallrohre gelten, sind in Gl. (329) zugesetzt. Für den Fall $G'' = 0$ geht die Gleichung in die Gl. (322) über.

Diese Betrachtung ist nur für Kessel mit niedrigem Druck und großer Höhe von Bedeutung, bei denen die Größe $\Delta i'$ viel ausmacht.

c) Messungen, Zahlenangaben

α) **Abhängigkeit der Dampfvoreilung von der mittleren Wichte im Rohr.** Um die Messungen von PH. BEHRINGER[1] und von K. SCHWARZ[2], die oberflächlich betrachtet nicht recht miteinander in Einklang zu bringen sind, unter einem gemeinsamen Gesichtspunkt zu betrachten, gehen wir davon aus, daß nach den photographischen Aufnahmen von R. KAMPE und L. TYEDMERS[3] die Dampfblasen unmittelbar Wasser mitreißen, so daß sich die Wassergeschwindigkeit in einem Rohrquerschnitt als Mittelwert aus der Blasengeschwindigkeit w_b und der Wassergeschwindigkeit außerhalb der Blasen, w_a, zusammensetzt.

Ist α der Anteil einer Blase, der aus Dampf besteht, und $1 - \alpha$ der Wasseranteil der Blase, so erhält man für die Geschwindigkeiten w_a und w_b folgende Gleichungen:

$$\frac{w_a}{w_0''} = \frac{\alpha\left(\dfrac{w_0' + w_0''}{w_0''} - \dfrac{\gamma''}{\gamma'}\right) - 1}{\alpha - \dfrac{\gamma' - \gamma_m}{\gamma' - \gamma''}} \tag{330}$$

$$\frac{w_b}{w_0''} = \frac{\gamma' - \gamma''}{\gamma' - \gamma_m} \tag{331}$$

Gl. (331) zeigt, daß sich für ein bestimmtes γ_m immer dieselbe absolute Blasengeschwindigkeit ergibt, da α in dieser Gleichung nicht vorkommt. Sie stimmt in ihrem Aufbau mit Gl. (318) vollkommen überein. Aus Gl. (330) ersieht man aber, daß es unendlich viele Wertepaare von α und w_a gibt, für die γ_m konstant ist. Bei gleicher Voreilung $\Delta w = w'' - w'$ hängt also die sichtbare Voreilung der Blasen vor dem umgebenden Wasser $w_b - w_a$ in hohem Maße von dem Dampfgehalt α der Blasen ab. Die Auswertung der genannten Versuche[4] führt zu der Auffassung, daß bei den Messungen über die Dampfvoreilung in strömendem Wasser (nach SCHWARZ) ein Wassergehalt von 15—20% in den Dampfblasen wahrscheinlich ist, während bei den Messungen in ruhendem Wasser (nach BEHRINGER) noch höhere Wassergehalte in den Blasen vorkommen. Wenn man dies berücksichtigt, so erhält man für die Voreilung Δw des Dampfes vor der mittleren Wassergeschwindigkeit w' neue Werte, die in Tafel 50 als brauchbare Unterlage für Wasserumlaufberechnungen dargestellt sind.

W. SCHURIG[5] hat festgestellt, daß in einem Kesselrohr auch labile Zustände möglich sind, wobei der Wert α stark wechselt. So ist es möglich, daß in einem Rohr vorübergehend in der Rohr-

---

[1] BEHRINGER, PH.: Steiggeschwindigkeit von Dampfblasen in Kesselrohren. Forschungsheft 365 (1934). Berlin: VDI-Verlag.

[2] SCHWARZ, K.: Untersuchungen über die Wichteverteilung, die Wasser- und Dampfgeschwindigkeit sowie den Reibungsdruckabfall in lotrechten und waagerechten Kesselsteigrohren. VDI-Forschungsheft 445 (1954) Ausg. B. Bd. 20. Düsseldorf: Deutscher Ingenieurverlag 1954.

[3] Vgl. Abschn. VII D 2.

[4] Erscheint demnächst in BWK.

[5] SCHURIG, W.: Wasserumlauf in Dampfkesseln und Bewegung von Flüssigkeits-Gasgemischen in Rohren. Forschungsheft 365 (1934). Berlin: VDI-Verlag.

mitte ein Gemisch von Dampfblasen und Wasser hochschießt, während das Wasser an der Rohrwand in Ruhe bleibt. Auf diese Weise sind auch die von SCHURIG festgestellten Anomalien zwanglos zu erklären.

β) Der Beschleunigungsverlust. Nach Gl. (310) ist die mittlere Geschwindigkeit w_m in einem Querschnitt bekannt. Sie kann aus Tafel 49 für alle möglichen Wertepaare von γ_m und Δw entnommen werden.

Im Eintrittsquerschnitt eines Rohres herrscht die Geschwindigkeit w_{m1}; um das diesen Querschnitt durchströmende Dampf—Wasser-Gemisch auf diese Geschwindigkeit zu bringen, ist die Druckhöhe

$$\Delta p_{B1} = \zeta_1\, \gamma_{m1} \frac{w_{m1}^2}{2g}\ \text{mm WS} \tag{332}$$

erforderlich, sofern nicht eine Zulaufgeschwindigkeit ausgenutzt werden kann. Bei der Zunahme der Geschwindigkeit infolge der Vergrößerung des Volumens bei der Verdampfung wird die Druckhöhe

$$\Delta p_{Bm} = \frac{\zeta_m}{2g}\,(\gamma_{m2}\, w_{m2}^2 - \gamma_{m1}\, w_{m1}^2)\ \text{mm WS} \tag{333}$$

verbraucht. Für den Verlustfaktor ζ können wir in diesen beiden Gleichungen den gleichen Wert $\zeta_1 = \zeta_m = \zeta = 1{,}2$ einsetzen. Dieser Wert ist durch Messung am Rohreintritt begründet, im übrigen jedoch geschätzt. Addieren wir nun Δp_{B1} und Δp_{Bm}, so finden wir für den gesamten Beschleunigungsaufwand den Wert

$$\Delta p_B = \zeta\, \gamma_{m2} \frac{w_{m2}^2}{2g}\ \text{mm WS};\quad \zeta = 1{,}2. \tag{334}$$

γ) Reibungs- und Umlenkverluste. Für die Berechnung der Reibungsverluste in Rohren, die von einem homogenen Medium durchströmt werden, also von Wasser oder Dampf allein, können wir die λ-Werte aus Abschn. VII B 2 verwenden; für normale Kesselrohre von 60 bis 100 mm $\varnothing$ ist danach

$$\Delta p_R = \lambda\, \frac{l}{d}\, \gamma_{mm} \frac{w_{mm}^2}{2g}\ \text{mm WS};\quad \lambda = 0{,}017 \tag{335}$$

einzusetzen. Für Rohre, die von einem Gemisch durchströmt werden, kann nach den Messungen von SCHWARZ λ bis auf etwa $\lambda = 0{,}04$ ansteigen, was auf zusätzliche Wirbelverluste im strömenden Gemisch zurückzuführen ist.

Für die Umlenkverluste gilt

$$\Delta p_U = \Sigma\, \xi\, \gamma_m \frac{w_m^2}{2g}\ \text{mm WS};\quad \xi = 0{,}1 \tag{336}$$

wo der genannte ξ-Wert für die flachen Bögen, die in Kesselrohren vorkommen, mit ausreichender Genauigkeit stimmen dürfte.

d) Die wirksame Druckhöhe

Die Summe der Verluste in einem Kesselrohr setzt sich zusammen aus dem Beschleunigungsverlust nach Gl. (334), dem Reibungsverlust nach Gl. (335) und den Umlenkverlusten nach Gl. (336). Zieht man diese Summe von der statischen Druckhöhe im Fallrohr ab, so erhält man die wirksame Druckhöhe im Fallrohr. Im Steigrohr kehrt sich das Vorzeichen der Verluste um, weil hier die Verluste den Druck auf die Basis vergrößern. Die wirksame Druckhöhe, die wir nun ohne das Differenzzeichen Δ schreiben wollen, ist also

$$\text{im Steigrohr}\quad p_S = \Delta p_S + \Sigma\, \text{Verl}_S, \tag{337}$$

$$\text{im Fallrohr}\quad p_F = \Delta p_F - \Sigma\, \text{Verl}_F. \tag{338}$$

Im Umkehrrohr gilt dieselbe Gleichung wie für Fallrohre.

Diese Werte werden nun für jedes Rohr oder jede Rohrreihe des Kessels für verschiedene Werte der Durchflußmenge G ausgerechnet und abhängig von diesen aufgetragen, wodurch man ein vollständiges Bild vom Verhalten jedes einzelnen Rohres oder jeder Rohrreihe bei verschiedenen Durchflußmengen erhält. Die Beheizung, die in der Berechnung durch die Größe w_0'' zum Ausdruck kam, bleibt dabei konstant, so daß die G-p-Diagramme für eine bestimmte Kesselbelastung gelten. Will man den Wasserumlauf bei einer anderen Belastung des Kessels nachrechnen, dann muß man die gesamte Berechnung mit den entsprechend veränderten w''-Werten wiederholen.

Abb. 99 zeigt drei Möglichkeiten von G-p-Diagrammen, die auf diese Weise erhalten werden können. In dem obersten Bild steht das Diagramm für eine Rohrreihe, die sowohl als Steigrohr, als Fallrohr wie auch als Umkehrrohr wirken kann. Die Kurven für die gewöhnlichen Fallrohre mit nacheilendem Dampf und die der Umkehrrohre schneiden sich. Es gibt auf der Fallrohrseite ein labiles Gebiet, in dem bei gleicher wirksamer Druckhöhe zwei G-Werte möglich sind; für den einen wirkt das Rohr als Fallrohr, für den zweiten als Umkehrrohr.

Sind solche Rohrreihen in einem Kessel vorhanden, dann kann also der gesamte Wasserumlauf zwischen zwei G-Werten pendeln, was man an einem unruhigen Wasserstand erkennt.

Das zweite Bild zeigt das G-p-Diagramm einer Rohrreihe, bei der sich das labile Gebiet bis auf die Steigrohrseite ausdehnt. Dann kann also sogar eine Umkehrung der Strömungsrichtung in der Rohrreihe bei gleichem p eintreten. In beiden Fällen des ersten und zweiten Bildes besteht die Gefahr, daß sich große Dampfsäcke in dem Rohr ansammeln; bei dem zweiten Bild ist sogar die Möglichkeit gegeben, daß die Rohrreihe am Umlauf nicht teilnimmt, weil der eine Endpunkt des labilen Gebietes fast mit dem Punkt $G = 0$ zusammenfällt.

In dem dritten Bild ist der Fall gezeigt, daß die Rohre nur als Fallrohre oder Steigrohre wirken, nicht aber als Umkehrrohre. Hier ist das labile Gebiet sehr groß, allerdings liegen die beiden Umlaufmengen G so weit auseinander,

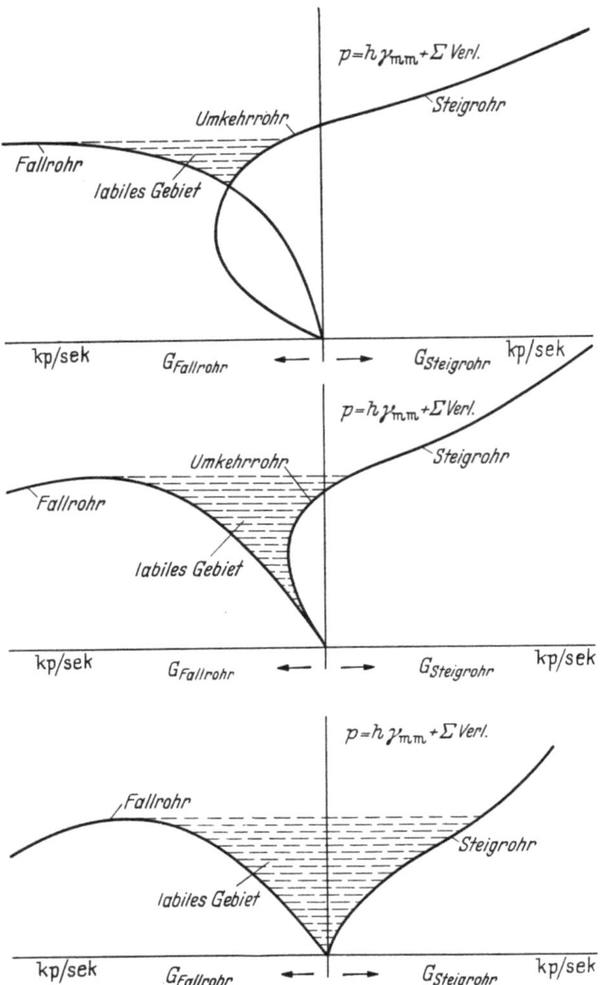

Abb. 99. Druckdifferenz in einem beheizten Rohr zwischen Eintritt und Austritt (Drei Möglichkeiten)

daß ein Umschlag von dem Wert auf der Steigrohrseite auf den Fallrohrwert sehr unwahrscheinlich ist. In bestimmten Sonderfällen, bei Last- oder Druckschwankungen wird man aber auch diesen Fall von Labilität in Betracht ziehen müssen.

Sehr oft, besonders in Strahlungskesseln mit kaltliegenden Fallrohren, wird man nur den einen Ast der G-Kurve auftragen müssen. Die Berechnung ist also oft sehr viel einfacher, als es nach der vorgetragenen Theorie den Anschein hat. Aber die Theorie wird ja gerade für die Überprüfung verwickelter Fälle aufgestellt, um die Möglichkeit zu bieten, betriebliche Anomalien aufzuklären.

4. Die umlaufende Wassermenge

In einem Gleichgewichtszustand muß der wirksame Druck auf die Basis in allen Rohren des Kessels gleich groß sein. Aus allen p_S- und p_F-Kurven sind also zusammengehörige Werte in der Weise auszuwählen, daß durch die Fallrohre die gleiche Wassermenge nach unten strömt, die durch die Steigrohre aufsteigt:

$$\Sigma\, G_F = \Sigma\, G_S. \tag{339}$$

Um diese Bedingung zu erfüllen, baut man aus den Steigrohren einerseits und den Fallrohren andererseits ein Diagramm zusammen, in welchem man die Summe der durchfließenden Wassermengen addiert. Man zeichnet also zunächst die p_S/G_I-Kurve für die erste Rohrreihe auf, sodann eine Kurve $p_S/(G_I + G_{II})$ für die erste und zweite Rohrreihe und so fort, bis man glaubt, alle als Steigrohre wirkenden Reihen erfaßt zu haben.

Sodann wiederholt man die gleiche Manipulation für die Fallrohre. So findet man schließlich den Punkt, in welchem Gl. (339) erfüllt ist und alle wirksamen Drücke p_S und p_F einander gleich sind. Dann wird sich ergeben, welche Rohre tatsächlich als Steigrohre wirken, und ob Rohre dabei sind, in denen die Strömungsrichtung unbestimmt wird. Abb. 100 zeigt die graphische Lösung dieser Aufgabe. Enthält der Kessel unbestimmte Rohre, dann muß man mehrere solche Auswertungen nebeneinander machen, um zu ermitteln, wie sich der gesamte Wasserumlauf im Kessel ändert, wenn

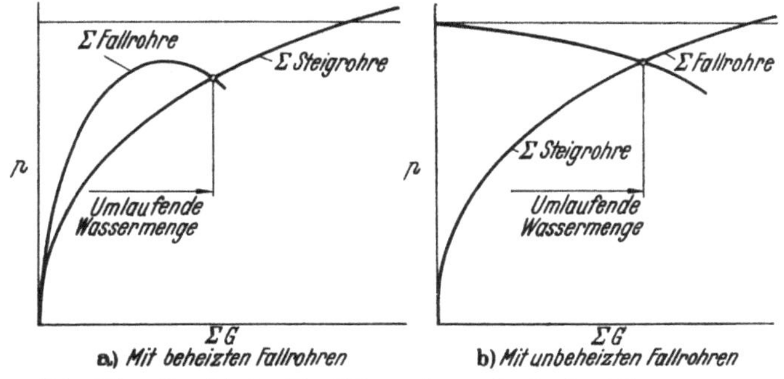

Abb. 100. Graphische Ermittlung der umlaufenden Wassermenge

der Strömungszustand in einer Rohrreihe von einem G-Wert auf einen anderen umschlägt.

Das beschriebene Verfahren ist sinngemäß auch für komplizierte Rohrsysteme anwendbar, bei denen beispielsweise mehrere Steigrohrsysteme an einem gemeinsamen Fallrohrbündel hängen, oder wenn die Steigrohre in ihrer Höhe unterteilt sind und jedes Teilstück mit einem parallel geschalteten Fallrohr kurzgeschlossen ist. Die rechnerische Untersuchung solcher Sonderfälle braucht hier jedoch nicht mehr behandelt zu werden, denn im Prinzip bleibt der Rechnungsgang immer der gleiche. Im folgenden Abschnitt sollen aber einige besonders interessante Fälle wenigstens kurz beschrieben werden.

5. Wichtige Fälle von Wasserumlaufproblemen

a) Beheizte und unbeheizte Fallrohre

In Steilrohrkesseln älterer Bauart wurden die Fallrohre durchweg beheizt. Ein Beispiel hierfür ist der sehr verbreitete Dreitrommel-Steilrohrkessel, bei dem zwischen dem vorderen und dem hinteren Rohrbündel der Überhitzer angeordnet ist[1]. Bei diesem Kessel treten zwar die Rauchgase hinter dem Überhitzer mit verhältnismäßig niedriger Temperatur in das zweite Rohrbündel ein, so daß man annehmen kann, daß dieses in seiner Gesamtheit aus Fallrohren besteht. Ob dies aber wirklich bei allen Belastungen eines solchen Kessels der Fall ist, müßte eine Durchrechnung des Wasserumlaufes erst noch erweisen. Andererseits kann es vorkommen, daß die hintersten Rohre des ersten Bündels nicht mehr als Steigrohre, sondern schon als Fallrohre wirken, in diesen Rohren tritt leicht ein labiler Zustand ein.

Wegen dieser Unübersichtlichkeit des Wasserumlaufs bei der Verwendung beheizter Fallrohre ist man in Deutschland bei Hochdruckanlagen durchweg dazu übergegangen, die Fallrohre aus dem Rauchgasstrom herauszulegen. Dieses Verfahren führt zwar mit Sicherheit zu

---

[1] Vergl. Abb. 153, S. 234.

einem eindeutigen Wasserumlauf, bedingt aber einen verhältnismäßig großen Aufwand an Rohren, die nicht als Kesselheizfläche wirken. Vielleicht kommen wir, wenn wir einmal mehr Erfahrungen in Wasserumlaufberechnungen und -messungen haben, dazu, für bestimmte Teile von Hochdruckkesseln wieder beheizte Fallrohre zu verwenden.

Es ist darauf hinzuweisen, daß es nicht darauf ankommt, eine große Geschwindigkeit des umlaufenden Wassers zu erreichen, sondern nur darauf, daß die Strömungsrichtung in jedem Rohr bei allen Belastungen ein und dieselbe bleibt. Eine zu große Umlaufgeschwindigkeit ist sogar nachteilig, denn sie führt eine unnötige Unruhe in der Obertrommel des Kessels herbei.

b) Sekundärumlauf

Es gibt Kesselbauarten, in denen sich für einen Teil des Rohrsystems ein Sekundärumlauf einstellt. Das ist so zu verstehen, daß der Hauptwasserumlauf durch die Obertrommel geht, während in einem Teil des Rohrsystems sich ein zweiter überlagerter Wasserumlauf einstellt, der die Obertrommel nicht berührt. Ein Beispiel hierfür ist der gewöhnliche Schrägrohrkessel (Abb. 151/152). Besteht dieser aus vielen übereinanderliegenden Rohrreihen, so wirken die obersten Rohre als Fallrohre, und es stellt sich in dem Rohrbündel selbst auf diese Weise ein Sekundärumlauf ein. Zu beachten ist dabei, daß in den verhältnismäßig flach liegenden Rohren sehr leicht eine Trennung des Dampfes von dem umlaufenden Wasser eintritt. indem der Dampf im oberen Scheitel des Rohres aufwärtsströmt, während das Wasser den Restquerschnitt ausfüllt. Solange beide Medien in derselben Richtung strömen, hat die Trennung keinerlei nachteilige Folgen; selbst in unbestimmten Rohren, in denen das Wasser stagniert, strömt der Dampf nach oben ab. Wenn aber das Wasser dem Dampf entgegenströmt, so wird der Austrittsquerschnitt des Rohres von Wasser versperrt, und der Dampf bleibt vor dem Austritt so lange stehen, bis das mittlere spezifische Gewicht des Rohrinhaltes durch den immer größer werdenden Dampfanteil klein genug wird, um das Rohr in ein Steigrohr zu verwandeln. Es gibt also in solchen Rohren einen periodischen Wechsel in der Richtung der Wasserströmung. Die Perioden, in denen das Rohr als Fallrohr wirkt, dauern um so länger, je größer die nach unten gerichtete Wassergeschwindigkeit ist. Aus diesem Grunde werden die Dampfblasen, die sich vor dem oberen Rohraustritt bilden, um so größer, je stärker das Rohr als Fallrohr arbeitet.

Dieser Vorgang führt an der Stelle, wo die Dampfblase hängen bleibt, zu hoher Überhitzung, Dampfspaltung und Anfressung des Rohrwerkstoffes. Man findet deshalb in solchen Kesseln Rohrkorrosionen, die sich in der obersten Rohrreihe, vom oberen Austritt beginnend, über ein verhältnismäßig großes Stück des Rohres erstrecken, und zwar nur im oberen Scheitel des Rohres. In der darunterliegenden Rohrreihe ist das angefressene Stück kürzer, in der nächsten Rohrreihe noch kürzer usw.

Man hat aus dieser Erscheinung den Schluß gezogen, daß Schrägrohrkessel nicht mehr als sieben oder acht Rohrreihen übereinander besitzen sollten. In Kesseln, die von dieser Erscheinung betroffen waren, hat man sich helfen können, indem man den Wasserumlauf in den stark beheizten Rohren gedrosselt hat. Zu diesem Zweck wurden Drosselstopfen in die unteren Eintritte der untersten Rohrreihen des Schrägrohrkessels eingesetzt (Leuna-Stopfen). Durch diese Maßnahme wurde der Sekundärumlauf unterdrückt, und die Anfressungen blieben in der Folgezeit aus.

c) Überhubrohre

In vielen neuzeitlichen Dampfkesseln treten die Steigrohre oberhalb des Wasserspiegels in die Obertrommel ein, und man kann die Frage aufwerfen, ob es zulässig ist, den über den Wasserspiegel hinausragenden Teil dieser Rohre, den Überhub, zu beheizen. Hierzu ist zu sagen, daß die Beheizung so lange unbedenklich ist, wie das Rohr überhaupt am Wasserumlauf teilnimmt. Wie die Wasserumlaufberechnung zeigt, kommt es darauf an, daß die Differenz der wirksamen Druckhöhen zwischen Fall- und Steigrohren ausreicht, um alle Widerstände zu überwinden. Dazu muß die absolute Höhe der Fallrohre ein ausreichendes Maß haben. Man kann also bei langen Kühlsystemen einen größeren Überhub zulassen als bei kurzen. Diese Überlegung wird durch die Erfahrung vollauf bestätigt. Man sollte aus diesem Grunde nur vom relativen Überhub sprechen, d. i. der Überhub im Vergleich zur Gesamthöhe der Fallrohre.

Ist der relative Überhub nicht groß, so ist im allgemeinen eine Nachrechnung des Wasserumlaufs nicht notwendig.

d) Trennung von Wasser und Dampf in flach liegenden Rohren

Die oben unter b) erwähnte Trennung von Wasser und Dampf in schwach geneigt angeordneten Rohren kann man ausnutzen, um die Obertrommel zu entlasten. Ein allerdings recht aufwendiges Beispiel einer konstruktiven Lösung zeigt Abb. 101. Hier werden die Rohre, die das Dampf—Wasser-Gemisch aus den Teilkammern eines Teilkammerkessels abführen, nicht unmittelbar in die Kesseltrommel, sondern in senkrecht stehende Sammler geführt, die in Höhe der Obertrommel liegen. Von hier aus führen dann mehrere übereinander liegende horizontal geführte Rohre zur Obertrommel. In diesen letzteren erwartet man eine weitgehende Trennung von Wasser und Dampf. Eine solche

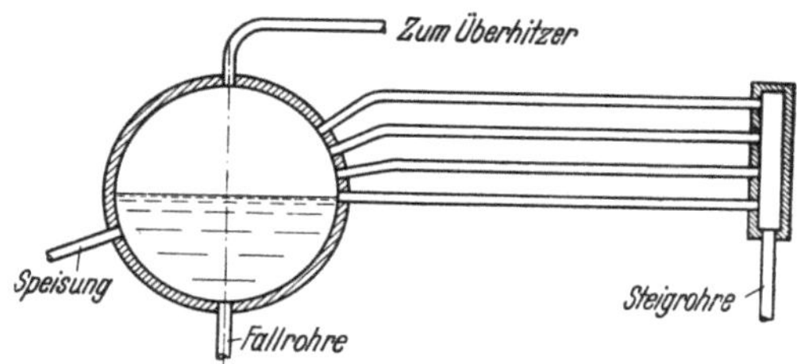

Abb. 101. Verbindungsrohre zwischen den Steigrohren und der Obertrommel in einem Teilkammerkessel

Sonderkonstruktion ist bei Kesselanlagen gerechtfertigt, bei denen mit einer verhältnismäßig primitiven Aufbereitung des Speisewassers und einem hohen Gehalt schaumbildender Salze im Kesselwasser gerechnet werden muß.

e) Einschaltung einer Entmischungstrommel

Die Trennung von Wasser und Dampf kann man auch durch Einschaltung eines Beruhigungsraumes in den Wasserumlauf anstreben. Zu diesem Zweck werden die gesamten Steigrohre eines Strahlungskessels nicht unmittelbar in die Obertrommel geführt, sondern in eine etwas kleinere, der Obertrommel vorgeschaltete Entmischungstrommel (Abb. 102). Diese Trommel liegt in ihrer Gesamtheit oberhalb des Wasserspiegels der Obertrommel. Sie ist durch zwei Gruppen von Verbindungsrohren mit der Obertrommel verbunden; die eine Gruppe ist unten angeschlossen und soll das aus den Steigrohren kommende Wasser in die Obertrommel hinüberführen; die andere Gruppe ist im Scheitel der Entmischungstrommel angeschlossen und führt den vom Wasser weitgehend getrennten Dampf in den Dampfraum der Obertrommel hinüber. Der Überhitzer ist an die Obertrommel und nicht an die Entmischungstrommel angeschlossen. Alle Fallrohre des Kessels

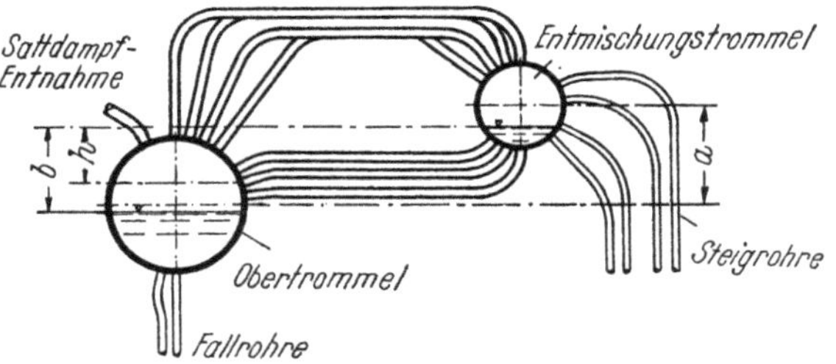

Abb. 102. Entmischungstrommel.
a Senkrechter Abstand der Trommelmitten, b Senkrechter Abstand der Wasserstände, h Mittlere wirksame Wassersäule zur Erzeugung der Wassergeschwindigkeit

gehen vom Wasserraum der Obertrommel aus. Solche Entmischungstrommeln sind in Deutschland vielfach verwendet worden.

Bei dieser Konstruktion muß man darauf achten, daß die Strömungsverluste in den Verbindungsrohren zwischen den beiden Trommeln dem Wasserumlauf entgegenwirken. Außerdem müssen die Strömungsverluste in den dampfseitigen Verbindungsrohren sehr klein gehalten werden, damit der Dampf nicht durch die Wasserabflußrohre zur Obertrommel gelangt und dort den Wasserspiegel beunruhigt, wodurch gerade das Gegenteil von dem angestrebten Zweck erreicht würde.

Da die Entmischungstrommel die Funktion des Dampfraumes der Obertrommel zum Teil übernimmt, kann man ihren Rauminhalt als wirksamen Dampfraum betrachten und den Dampfraum der eigentlichen Obertrommel entsprechend kleiner machen.

E. Die Speicherfähigkeit von Dampfkesseln

Unter der Speicherfähigkeit versteht man die Erscheinung, daß sich bei der Entspannung von Wasser, dessen Temperatur der zugehörigen Sattdampftemperatur gleich ist, Dampf bildet. Die dabei zur Dampfbildung aufgewendete Wärmemenge ist gleich der Differenz zwischen dem Wärmeinhalt des Wassers beim Anfangs- und Enddruck der Dampfabgabe. Da in einem Dampfkessel außer dem Wasserraum auch noch ein Dampfraum vorhanden ist, berechnen wir die Speicherfähigkeit aus der Differenz zwischen dem gesamten Wärmeinhalt des Wasser- und Dampfraumes des Kessels vor und nach der Drucksenkung.

Diese Überlegung führt auf drei Gleichungen mit drei Unbekannten.

1. Der Gesamtraum des Kessels, der sich aus dem Wasserraum V' und dem Dampfraum V'' zusammensetzt, bleibt konstant. Bezeichnen wir mit dem Index 0 die Zustände vor der Drucksenkung, und ohne Index die sich nach der Drucksenkung ergebenden Größen, so ist

$$V_0' + V_0'' = V' + V'' \text{ m}^3. \tag{340}$$

2. Das Gewicht des Kesselinhaltes ist nach der Drucksenkung um das Gewicht D_K der abgegebenen Dampfmenge kleiner als vorher:

$$\frac{V_0'}{v_0'} + \frac{V_0''}{v_0''} = \frac{V'}{v'} + \frac{V''}{v''} + D_K \text{ kp}. \tag{341}$$

3. Der gesamte Wärmeinhalt des Kessels ist nach der Drucksenkung um den Betrag $D_K i_m''$ kleiner als vorher, wo i_m'' die mittlere Enthalpie des abgegebenen Dampfes ist. Dies führt auf folgenden Ansatz:

$$\frac{V_0' i_0'}{v_0'} + \frac{V_0'' i_0''}{v_0''} = \frac{V' i'}{v'} + \frac{V'' i''}{v''} + D_K i_m'' \text{ kcal}. \tag{342}$$

Die drei Unbekannten in diesen Gleichungen sind der nach der Drucksenkung sich ergebende Wasserraum V', der Dampfraum V'' und die abgegebene Dampfmenge D_K in kp. Von diesen interessiert uns aber nur die letztere. Wir suchen also eine Gleichung für D_K, in der die beiden Größen V' und V'' nicht mehr vorkommen. Die Lösung dieser Aufgabe lautet:

$$D_K = \alpha \, V_0' + \beta \, V_0'', \tag{343}$$

wo die beiden Faktoren α und β folgende Werte darstellen:

$$\alpha = \frac{1}{v_0'} \cdot \frac{i_0' (v'' - v') - i'' (v_0' - v') - i' (v'' - v_0')}{i_m'' (v'' - v') - (i' v'' - i'' v')} \tag{344}$$

$$\beta = \frac{1}{v_0''} \cdot \frac{i_0'' (v'' - v') - i'' (v_0'' - v') - i' (v'' - v_0'')}{i_m'' (v'' - v') - (i' v'' - i'' v')}. \tag{345}$$

Die beiden Ausdrücke α und β kann man ein für allemal für alle Dampfdrücke in einem Kurvenblatt auftragen. Dies ist in Tafel 51 geschehen, und zwar ist die Drucksenkung jeweils in % des Anfangsdruckes dargestellt; der Anfangsdruck selbst ist in ata einzusetzen. In dieser Tafel ist für die Größe i_m'' das arithmetische Mittel zwischen i_0'' und i'' eingesetzt worden, was eine im allgemeinen tragbare Vereinfachung gegenüber der exakten Lösung bedeutet.

Mit diesem Schaubild kann die Dampfabgabe durch Drucksenkung für alle Verhältnisse schnell ermittelt werden, wenn man die Speicherwirkung des Eisens, aus dem der Kessel besteht, vernachlässigen kann.

Ist der Wasserraum des Kessels sehr klein, wie es bei großen Wasserrohrkesseln, insbesondere bei trommellosen Zwangdurchlaufkesseln der Fall ist, dann muß man den Beitrag des Eisens des Kessels zur Speicherfähigkeit berücksichtigen. Dann ist Gl. (342) auf der rechten Seite durch den negativen Posten

$$W_E = E \, c_E (t_0 - t) \text{ kcal} \tag{346}$$

zu erweitern, wo E das Gewicht des Eisens und c_E seine spezifische Wärme ist. Die Dampfmenge D_E, die durch die Abkühlung des Eisens zusätzlich erzeugt wird, ist dann

$$D_E = \varepsilon \, E \text{ kp}, \tag{347}$$

wo
$$\varepsilon = \frac{c_E\,(t_0 - t)}{i_m'' - \dfrac{i'\,v'' - i''\,v'}{v'' - v'}} \tag{348}$$

ist. Diese Gleichung ist in Tafel 52 ausgewertet. Die gesamte durch die Drucksenkung erzeugte Dampfmenge ist dann

$$D = D_K + D_E \text{ kp}; \tag{349}$$

das ist, anders geschrieben:

$$D = \alpha\,V_0' + \beta\,V_0'' + \varepsilon\,E \text{ kp}. \tag{350}$$

Die Tafeln 51 und 52 liefern hierzu die Faktoren α, β und ε.

Die hier vorgetragene allgemeine Lösung gilt in gleicher Weise für Kessel und Dampfdruckspeicher aller Art.

F. Verhalten des Kesselwassers im Betrieb

1. Schäumen

Das Mitreißen von Wasser in den Überhitzer kann zwei Ursachen haben, Schäumen oder Spucken. Unter Schäumen versteht man die Bildung einer Schaumschicht auf dem Wasserspiegel, die unter Umständen sehr hoch werden kann (vgl. Abschn. XIII). Besonders bei der Dampfbildung durch sinkenden Druck dürfte das Schäumen begünstigt werden, weil dabei der gesamte Inhalt des Kessels gleichmäßig mit Dampfbläschen durchsetzt wird. Durch die Schaumschicht wird der Dampfraum in der Trommel verkleinert, der nach heutiger Auffassung ein wichtiges Maß für die Gefahr ist, daß Wasser in den Überhitzer mitgerissen wird.

Das Mitreißen von Wasser infolge Schäumens erfolgt gewöhnlich in der Weise, daß beim Überschreiten der zulässigen Eindickung des Wassers mit kolloidalen Teilchen der Kessel plötzlich überkocht, wodurch ein Schwall von Wasser in den Überhitzer gelangt. Dadurch wird der Salzgehalt im Wasser vorübergehend so weit vermindert, daß das Überschäumen sofort aufhört, bis die Eindickung wieder den Schwellwert erreicht. Abhilfe wird durch kräftiges Ablassen von Kesselwasser erzielt.

Als Schaumbildner kommen in Frage:

a) alkalische Salze, die entweder ursprünglich im Wasser vorhanden waren oder durch die Speisewasseraufbereitung hineinkommen,

b) Härtebildner,

c) organische Stoffe.

Im einzelnen ist hierüber noch wenig bekannt. Nach dem heutigen Stande der Technik hält man sich an gewisse Richtlinien über den Gesamtsalzgehalt, die Alkalität und den Gehalt an organischen Stoffen, bei deren Einhaltung ein Kessel erfahrungsgemäß nicht mehr zum Schäumen neigt. Solche Zahlen sind in Tab. 31 zusammengestellt. Sie betreffen den Gesamtsalzgehalt, gemessen in Grad Baumé (°Bé), die Alkalitätszahl A, die den NaOH-Gehalt kennzeichnet, den Gehalt an Phosphat, ausgedrückt in mp/l P_2O_5, den Verbrauch an Kaliumpermanganat, $KMnO_4$ zur Bestimmung des Gehalts an organischen Stoffen und schließlich den Gehalt an Kieselsäure, SiO_2, in mp/l.

Der zulässige Salzgehalt ist von den Abmessungen des Kessels abhängig. Abb. 103 zeigt einen versuchsweise aufgestellten Zusammenhang zwischen dem Salzgehalt des Kesselwassers und der Größe des Dampfraumes der Obertrommel. Unter letzterem versteht man den Raum oberhalb des mittleren Wasserstandes, seitlich begrenzt durch die Mitten der äußersten dampfbildenden Siederohre.

Die Dampfraumbelastung ist das Verhältnis zwischen dem stündlich in der Trommel freiwerdenden Dampfvolumen in m^3/h und dem Dampfraum in m^3. Dem Diagramm liegt die empirische Gleichung

$$D = 3000\ \text{Bé}^{-0,7}\,p^{0,8}\ \text{m}^3/\text{hm}^3 \tag{351}$$

zugrunde[1].

---

[1] CLEVE, K.: Das Schäumen der Dampfkessel. Brennst. Wärme, Kraft **1**, 209—215 (1949).

Tabelle 31. *Richtwerte für Kesselwasser*

Genehmigungs-druck atü	Salzgehalt °Bé	Alkalitätszahl	Phosphatgehalt mp/l P_2O_5	Organische Substanz unter ..... mp/l $KMnO_4$-Verbrauch	Kieselsäure-gehalt mp/l SiO_2
16	unter 0,3	200—600	15—30	200	
20	,, 0,3	150—450	15—30	200	
25	,, 0,3	100—300	15—30	200	
32	,, 0,3	100—300	15—30	200	
40	,, 0,25	50—150	15—30	200	
50	,, 0,25	40—120	15—30	200	
64	,, 0,2	20—60	15—25	100	unter 4
80	,, 0,2	20—60	10—20	100	,, 4
100	,, 0,15	15—45	10—20	50	,, 4
125	,, 0,15	15—45	10—20	50	,, 4

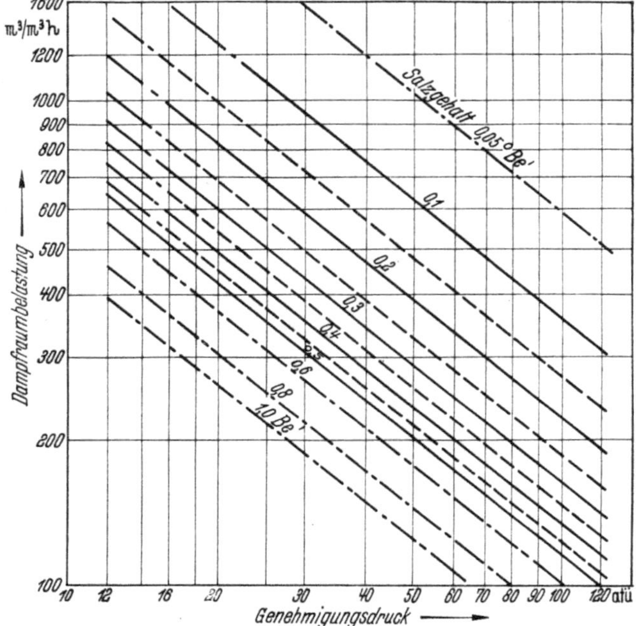

Abb. 103. Zulässige Dampfraumbelastung

Hiermit ist die Möglichkeit gegeben, den zulässigen Salzgehalt nach dem Druck, der Leistung und den Trommelabmessungen des Kessels festzulegen. Für die übrigen Kennziffern, die Alkalität, Gehalt an Phosphat, organischen Stoffen und Kieselsäure wird eine solche Abhängigkeit von den Abmessungen des Kessels nicht angegeben.

Besitzt der Kessel eine im Wasserumlauf der Obertrommel vorgeschaltete „Entmischungstrommel", so werden 80% ihres Rauminhaltes als Dampfraum bewertet. Ein hinter der Obertrommel liegender „Dampfsammler" wird jedoch nicht mehr als Dampfraum angerechnet.

2. Spucken

Unter Spucken des Kessels versteht man das mechanische Mitreißen von Wasser, das nicht durch die Eigenschaften des Wassers, sondern durch Strömungsvorgänge bedingt ist. Der einfachste Vorgang dieser Art ist das Spucken infolge Überspeisens. Wenn durch ein zu starkes Speisen der Wasserspiegel immer näher an die Dampfentnahme herangeschoben wird, so gelangt das Wasser schließlich in den Dampfstrom hinein und wird mitgerissen.

Der Wasserstand kann auch bei einer Drucksenkung stark steigen. Eine solche tritt ein, wenn der Kessel überlastet wird, ohne daß die Feuerung entsprechend nachgeregelt wird. Dabei verdampft ein Teil des Kesselwassers, und es bilden sich im gesamten Wasserraum des Kessels Dampfblasen, so daß sich das mittlere Volumen des Dampfwassergemisches vergrößert. Dadurch steigt der Wasserspiegel so lange an, bis die zusätzlich gebildeten Dampfblasen den Dampfraum erreicht haben.

Bei einer Drucksenkung um 10% erzeugt 1 m³ Kesselwasser von Sattdampftemperatur folgende Dampfmengen:

Kesseldruck	atü	16	20	32	64	80	125
Dampferzeugung	kp/m³	9,6	10,1	11,8	14,8	17,0	22,0
Dampferzeugung	m³/m³	0,1145	0,0975	0,0730	0,0448	0,0403	0,0301

Bei 16 atü nimmt das Volumen also theoretisch um 11,45% zu, vorausgesetzt, daß vorher nur Wasser im Kessel war und nicht ein Dampf—Wasser-Gemisch und vorausgesetzt, daß die Drucksenkung so schnell erfolgt, daß die zusätzlich entstandenen Dampfblasen sich noch alle unterhalb des Wasserspiegels befinden.

Die erste dieser beiden Voraussetzungen ist zwar niemals erfüllt. Andererseits ist die praktische Abweichung davon nicht so bedeutend, daß die genannte Zahl ihrer Größenordnung nach nicht doch einen brauchbaren Anhaltspunkt darstellen würde. Die zweite Voraussetzung ist abhängig von der Zeit, in der sich die Druckabsenkung vollzieht. Ist diese Zeitspanne groß, so haben die entstandenen Dampfblasen Gelegenheit, bis zum Wasserspiegel empor zu steigen und dadurch den Wasserraum des Kessels zu verlassen, so daß praktisch der Spiegel nicht übermäßig ansteigen wird. Tritt aber die Drucksenkung plötzlich ein, dann wird sich der Wasserspiegel sofort heben, und die Gefahr des Spuckens ist gegeben.

Auch infolge von Störungen im Wasserumlauf kann ein plötzliches Ansteigen des Wasserstandes in der Obertrommel eintreten. Als Beispiel sei ein Dreitrommel-Steilrohrkessel mit beheizten Fallrohren betrachtet. Der Kessel soll mit einem Speisewasservorwärmer ausgerüstet sein, die Wassertemperatur hinter dem Vorwärmer soll aber noch beträchtlich unter der Sattdampftemperatur liegen. Der Kessel soll nun gerade so vollgespeist sein, daß der Speisewasserregler schließt. Das jetzt im Vorwärmer stehende Wasser wird durch die Rauchgase weiter erwärmt und nähert sich der Sattdampftemperatur. Vielleicht bildet sich sogar schon etwas Dampf. Auch im Kesselkreislauf befindet sich nur noch Wasser von Siedetemperatur. In den Fallrohren bildet sich jetzt Dampf, so daß sich das Volumen des Wasserinhaltes des Kessels durch die in ihm entstehenden Dampfblasen vergrößert. Infolgedessen muß der Wasserstand ansteigen. Ferner wird der Wasserumlauf durch den Auftrieb der in den Fallrohren entstandenen Dampfblasen gebremst, so daß der Dampfgehalt im ganzen Rohrsystem ansteigt und den Wasserstand noch weiter hinauftreibt.

Infolge des hohen Wasserstandes in der Trommel sperrt natürlich der Speisewasserregler die Zufuhr von Wasser vollständig ab, so daß dieses wiederum zu lange im Vorwärmer zurückgehalten wird und sich zu hoch erwärmt; und, wenn der Regler nun wieder öffnet, wird der Wasserstand solange zu hoch bleiben, bis endlich Wasser von niedrigerer Temperatur nachkommt, das die Dampferzeugung in den Fallrohren unterbindet. Sobald dies eintritt, sinkt der Wasserspiegel sehr plötzlich tief ab und der Speiseregler macht weit auf und läßt große Mengen verhältnismäßig kalten Speisewassers in den Kessel nachströmen, so daß der Dampfgehalt des Kessels auf ein Minimum heruntersinkt. Wenn nun der Wasserspiegel wieder auf die normale Höhe gebracht ist, enthält der Kessel unverhältnismäßig viel Wasser, und damit ist die Voraussetzung für eine Wiederholung des beschriebenen Vorganges gegeben.

Derartige Störungen sind für das Bedienungspersonal des Kessels deshalb besonders unangenehm, weil sie eintreten, ohne daß man vorher irgendein Anzeichen an den Meßinstrumenten bemerkt. `

Bei Kesseln mit mehreren nebeneinander liegenden Längstrommeln können hierdurch beträchtliche Unterschiede in den Wasserständen der Obertrommeln untereinander eintreten. Hier gibt es periodische Schwankungen in der Weise, daß sich der Zustand in den beiden Trommeln plötzlich umkehrt, indem z. B. nach einigen Betriebsstunden, in denen der Wasserstand in der einen Trommel höher war als in der anderen, plötzlich die zweite Trommel den höheren Wasserstand annimmt, während er in der ersten sehr stark absinkt.

Diese lästige Erscheinung kann man im Betrieb sehr wirksam bekämpfen, indem man über Kreuz speist. Man versieht die Wasserzuführung zu jeder Trommel mit einem besonderen Speiseventil und speist in die Trommel hinein, in der das Wasser zu hoch steht. Da das frische Wasser kälter ist als das in der Trommel, so sinkt dann der hohe Wasserstand sofort zusammen, und es gleicht sich alles aus.

Über die Mengen von Kesselwasser, die bei einem Wasserschlag mitgerissen werden, läßt sich nichts Näheres sagen. Beim Schäumen der Kessel kommt es vor, daß die Überhitzung periodisch um beispielsweise 100 oder 150 grd sinkt und sich dann wieder erholt. Dies dürfte darauf zurückzuführen sein, daß der Schaum nur verhältnismäßig wenig Wasser enthält. Beim

Spucken der Kessel darf man jedoch annehmen, daß ein Mitreißen von $^1/_4$ bis $^1/_3$ des Trommel-inhalts in einem Spuckvorgang durchaus möglich ist. Es kann sich also in solchen Fällen um mehrere Kubikmeter Wasser handeln, die plötzlich aus dem Kessel kommen, im Überhitzer nicht mehr verdampft werden können und als Wasserschlag in die Turbine gelangen.

3. Dampfreinigung und -trocknung

Viele Vorrichtungen sind erdacht worden, um das mitgerissene Wasser aus dem Dampf auszuscheiden, ehe es in den Überhitzer gelangt. Es handelt sich um Einbauten in der Ober-trommel, durch die das Wasser mittels Umlenkung oder plötzlicher Beschleunigung des Dampfes aus diesem ausgeschieden werden soll. Da man aber durch horizontal geführte Verbindungs-

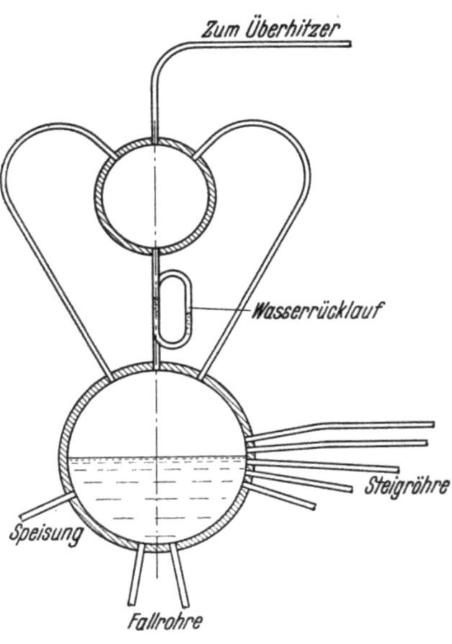

Abb. 104. Dampfsammler

rohre und durch Einschaltung der Entmischungstrom-mel der Erzeugung trockenen Dampfes sehr nahe ge-kommen zu sein glaubt, so hofft man, besondere Vor-richtungen zur Trocknung des erzeugten Dampfes ent-behren zu können. Im Zuge dieser Entwicklung sind die erwähnten Einbauten in der Obertrommel in Deutsch-land nicht mehr beliebt. In Nordamerika dagegen wird diese Frage ganz anders betrachtet. Man nimmt an, daß jede Dampfblase Salz enthält, auch wenn sie trocken ist, und baut in die Obertrommel Dampfwäscher ein, in denen der Dampf durch eine mit Wasser berieselte Kas-kade geleitet wird, und da er in diesem Wäscher sich neu mit Wasser anreichern kann, werden noch Fliehkraft-abscheider nachgeschaltet. In Deutschland halten viele Fachleute auch den der Obertrommel nachgeschalteten Dampfsammler für überflüssig. Dieser ist auch sicherlich dann nicht zu rechtfertigen, wenn er nur durch eine An-zahl von Verbindungsrohren in mehr oder weniger ge-dankenloser Weise mit der Obertrommel verbunden ist. In Abb. 104 wird eine Konstruktion gezeigt, bei der der Dampfsammler bewußt als Wasserabscheider gedacht ist, indem darin eine starke Umlenkung des abströmenden Dampfes hervorgerufen wird. Die Wasserrücklaufrohre müssen mit einer als Syphon wirkenden Schleife versehen werden, die sich mit Wasser füllt und sich so selbst gegen Dampf absperrt. Die Höhe dieses Syphons muß größer sein als die Widerstandshöhe in den Verbindungsrohren zwischen Obertrommel und Dampfsammler.

VIII. Konstruktionsteile des Kessels

A. Werkstoff- und Bauvorschriften

Für den Bau von Land- und Schiffsdampfkesseln sind die verbindlichen Werkstoff- und Bauvorschriften zu beachten, die aus Sicherheitsgründen erlassen werden. Der Deutsche Dampf-kesselausschuß (DDA) hat die Aufgabe, diese Vorschriften ständig dem Stand der Technik anzupassen. In ihm sind die Behörden, die Kesselindustrie, die Stahl- und Walzwerke, die Tech-nischen Überwachungsvereine, die Kesselbetreiber, die Wissenschaft, die zuständigen technisch-wissenschaftlichen Vereine und der Deutsche Normenausschuß vertreten.

Die Werkstoff- und Bauvorschriften behandeln sehr eingehend alle Fragen der Werkstoffe, der Berechnung und der Gestaltung von Kesselteilen; da sich jeder Kesselhersteller nach diesen Vorschriften richten muß, wird hier auf eine Wiederholung des Inhalts verzichtet. Hier werden lediglich die für den Entwurf und die Kalkulation wichtigsten Angaben und einige Erläuterungen dazu gebracht. Das betrifft besonders die Werkstoffe, für die wir leicht übersehbare Zusammenstellungen bringen, in denen die einschlägigen DIN-Normen und Werkstoffblätter des Vereins Deutscher Eisenhüttenleute für den Konstrukteur ausgewertet sind. Für die Berechnung übernehmen wir nur die Formeln für die wichtigsten Kesselteile, während wir für die Gestaltung und Berechnung vieler Einzelteile auf die Vorschriften verweisen können.

B. Festigkeitsberechnung

1. Zylindrische Kesselteile

Ein Dampfkessel besteht im wesentlichen aus zylindrischen Bauelementen, wie Kesselschüssen, Trommeln, Rohren, runden Sammlern. Dazu kommen bei den Trommeln die Böden und in den Rohrsystemen Vierkantsammler und Teilkammern als nichtzylindrische Teile.

Für alle unter innerem Druck stehenden zylindrischen Kesselteile gilt allgemein die Beziehung

$$p = \frac{K\,v}{S} \ln \frac{D_a}{D_i}\,. \tag{352}$$

Hier ist

p der Innendruck,
K die Berechnungsfestigkeit,
v die Schwächung der Wand durch Lochreihen oder Schweißnähte,
S der Sicherheitsbeiwert,
D_a der äußere Durchmesser,
D_i der innere Durchmesser.

Da wir gewohnt sind, den Druck in kp/cm² oder atü und die Längen in mm auszudrücken, erhält die entsprechende Zahlenwertgleichung den Faktor cm²/mm² =100:

$$p = 100\,\frac{K\,v}{S} \ln \frac{D_a}{D_i}\,\text{atü}\,. \tag{353}$$

Bleibt das Verhältnis D_a/D_i unter 1,5, so kann man hierfür die Näherungsgleichung

$$p = 200\,\frac{K\,v}{S}\,\frac{s}{D_a - s}\,\text{atü} \tag{354}$$

verwenden, wo s die Wanddicke in mm ist. Hieraus ergibt sich für die Wanddicke s die Gleichung

$$s = \frac{p\,D_a}{200\,\dfrac{K}{S}\,v + p}\,\text{mm}\,. \tag{355}$$

In den Werkstoff- und Bauvorschriften ist diese Gleichung zur Berechnung der Wanddicke von Rohren bei innerem oder äußerem Überdruck bis zu einem äußeren Durchmesser von 200 mm vorgeschrieben.

Gl. (354) gilt zur Berechnung des Genehmigungsdruckes bei gegebener Wanddicke s. Für die Berechnung von Kesselschüssen, Trommeln und Sammlern ist noch ein Zuschlag c mm zur Wanddicke für die Berücksichtigung von Toleranzen in den Blechdicken und Abnutzung vorgeschrieben. Dann lautet die Gleichung für die Wanddicke von Kesselschüssen, Trommeln und Sammlern

$$s = \frac{p\,D_a}{200\,\dfrac{K}{S}\,v + p} + c\,\text{mm} \tag{356}$$

und der Genehmigungsdruck für eine Trommel oder einen Sammler von der Wanddicke s ist

$$p_{\text{Gen}} = \frac{200\,\dfrac{K}{S}\,v\,(s - c)}{D_a - s}\,\text{atü}\,. \tag{357}$$

Diese beiden Formeln gelten für Kesselschüsse, Trommeln und Sammler uneingeschränkt, solange $D_a/D_i \leq 1{,}2$ ist. Ist $D_a \leq 500$ mm, so sind sie auch bis zu einem Verhältnis $D_a/D_i = 1{,}5$ anwendbar.

Bis zu einer Wanddicke von 30 mm wird der Abnutzungszuschlag $c = 1$ gesetzt; bei größeren Wanddicken kann $c = 0$ gesetzt werden.

Für alle zylindrischen Kesselteile gilt als Berechnungstemperatur

> bei nicht beheizter Wand die Dampftemperatur,
> bei beheizter Wand die Dampftemperatur + 50 grd,

jedoch mindestens 250 °C bei Land- und Binnenschiffskesseln, und mindestens 275 °C bei Seeschiffskesseln.

Bei Trommeln, die gegen die Feuergase abgedeckt sind, wird mit der Sattdampftemperatur + 20 grd gerechnet. Bei Kesseln mit einem Genehmigungsdruck über 25 atü darf die Trommel nicht unmittelbar von den Feuergasen berührt werden.

Für Strahlungsüberhitzer wird die Dampftemperatur + 75 grd eingesetzt.

Als Festigkeitskennwert K ist bis 350 °C die Warmstreckgrenze, von 400 °C ab die DVM-Kriechgrenze einzusetzen; zwischen 350 °C und 400 °C ist ein Übergangswert zu nehmen.

Der Sicherheitsbeiwert S wird für nahtlose und geschweißte zylindrische Kesselteile aus Stahl bei Land- und Binnenschiffskesseln mit 1,5 angesetzt, bei Seeschiffen ist 1,7 vorgeschrieben. Für genietete Kessel gelten höhere Sicherheitsbeiwerte. Für zylindrische Stahlgußteile gilt $S = 2{,}0$.

Für den Verschwächungsbeiwert v gilt folgendes:
Nahtlose Schüsse und Trommeln

$$v = 1{,}0$$

Schweißnähte an Trommeln und Sammlern

$$v = 0{,}8$$

(Kann unter besonderen Prüfbedingungen bis auf $v = 1{,}0$ gesteigert werden.)
Längsnähte an Rohren

$$v = 0{,}9$$

Lochreihen in Längsrichtung

$$v = \frac{t_l - d}{t_l}, \tag{358}$$

Lochreihen in Umfangsrichtung

$$v = 2\,\frac{t_u - d}{t_u}. \tag{359}$$

Hier ist t_l oder t_u die Rohrteilung in mm und d der Lochdurchmesser; bei eingeschweißten Rohren ist jedoch d der innere Rohrdurchmesser. Für den Verschwächungsbeiwert von versetzt angeordneten Lochreihen ist den Werkstoff- und Bauvorschriften ein Berechnungsdiagramm beigegeben.

Für die Berechnung von Flammrohren verweisen wir auf die Werkstoff- und Bauvorschriften.

2. Trommelböden

Die Berechnung beruht auf dem Vergleich der in einem Boden auftretenden Spannung mit der Membranspannung in einem Halbkugelboden[1]. Für den letzteren gilt die Beziehung

$$\sigma_M = \frac{1}{4}\,p\,\frac{D}{s}. \tag{360}$$

Ersetzt man σ_M durch das Verhältnis K/S und den mittleren Durchmesser D durch den Außendurchmesser D_a der Trommel, so kann man die Beanspruchung in der Bodenkrempe eines beliebig gewölbten und durch ein Mannloch oder Ausschnitte geschwächten Bodens durch

---

[1] SIEBEL, E., u. SCHWAIGERER: Die Berechnung von Kesselböden. BWK 2, 37—42 (1950).

Hinzufügung eines Vergleichsfaktors β zum Ausdruck bringen. Daraus ergibt sich dann die Zahlenwertgleichung

$$s = \frac{D_a\,p\,\beta}{400\,\dfrac{K}{S}} + c \text{ mm} \quad (361)$$

als verbindliche Formel für die Berechnung von Trommelböden.

Der Vergleichsfaktor β ist durch Messungen bestimmt worden. Dabei hat sich eine Abhängigkeit von dem Verhältnis $\lambda = d/\sqrt{D_a\,s}$ ergeben, wo d der Durchmesser des Ausschnittes ist.

Tab. 32 zeigt Werte von β für verschiedene Fälle. Die Tabelle ist in Abb. 105 ausgewertet.

Tabelle 32. *Berechnungsbeiwert β für verschiedene Bodenformen*

Bodenform	Verhältnis H/D	Vollböden	Mannlochböden mit Bördelrand bzw. Böden mit unverstärkten Ausschnitten						
			$\lambda = d/\sqrt{D_a \cdot s}$						
		0,0	0,5	1,0	2,0	3,0	4,0	5,0
Klöpperboden $R = D$	0,20	2,9	2,9	2,9	3,7	4,6	5,5	6,5
Tiefgewölbter Boden $R = 0,8\,D$	0,25	2,0	2,0	2,3	3,2	4,1	5,0	5,9
Halbkugelboden	0,5	1,1	1,2	1,6	2,2	3,0	3,7	4,35

Abb. 106—108 zeigen verschiedene Bodenformen mit den erforderlichen Maßangaben. In den Werkstoff- und Bauvorschriften werden auch Böden mit verstärkten Ausschnitten sowie Böden unter äußerem Überdruck behandelt.

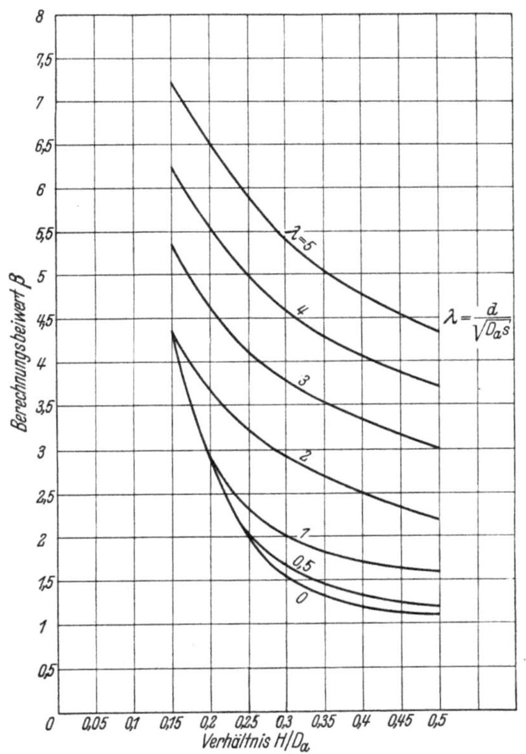

Abb. 105. β-Werte zur Berechnung gewölbter Böden.
H Äußere Bodenhöhe, D_a Äußerer Trommeldurchmesser,
s Wanddicke der Trommel, d Weite des Ausschnittes

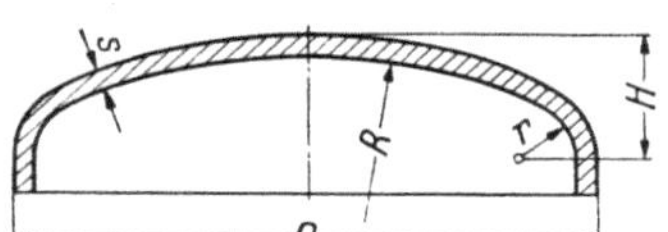

Abb. 106. Gewölbter Vollboden

Abb. 107. Gewölbter Mannlochboden

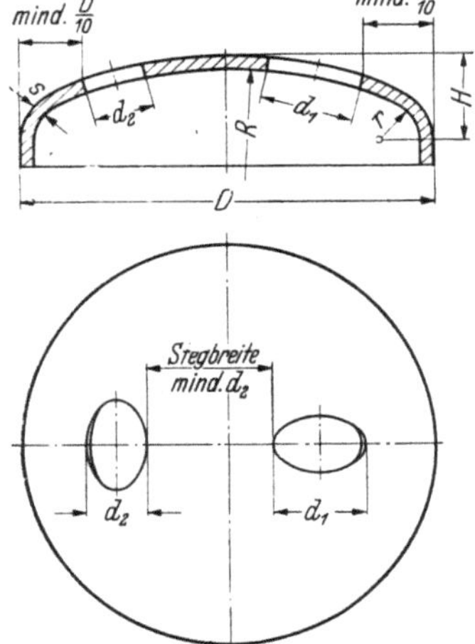

Abb. 108. Gewölbter Boden mit Ausschnitten

Der Zuschlag c zur Wanddicke beträgt bei innerem Überdruck 2 mm; er ermäßigt sich von einer Blechdicke von 30 mm ab auf 1 mm. Die Mindestwanddicke für eingenietete Böden ist 7 mm, für eingeschweißte Böden 5 mm.

Die Berechnungstemperatur ist dieselbe wie bei den Kesselschüssen; der Festigkeitskennwert K gilt bei denselben Temperaturen, wie der der Schüsse.

3. Vierkantsammler

Die Wanddicke wird nach folgender Formel berechnet:

$$s = \frac{p\,n}{200\,\frac{K}{S}\,v} + \sqrt{\frac{4{,}5\,M}{\frac{K}{S}\cdot v'}}\,. \tag{362}$$

Hier ist n die halbe lichte Weite des Sammlers senkrecht zu der untersuchten Wand, M das größte auftretende Biegungsmoment je mm Sammlerlänge, v der Verschwächungsbeiwert in den Bohrungsreihen bei Zugbeanspruchung, v' der Verschwächungsbeiwert bei Biegungsbeanspruchung.

Der erste Posten auf der rechten Seite der Gl. (362) berücksichtigt die in der Längsrichtung des Sammlers wirkende Zugbeanspruchung, der zweite Posten die quer dazu überlagerte Biegungsbeanspruchung.

In den Ecken eines Vierkantsammlers treten bei ausreichender Ausrundung Stützwirkungen auf, die dem Biegungsmoment entgegenwirken. Deshalb kann man als größtes auftretendes Biegungsmoment für ungebohrte Wände das in der Mitte der Wand autretende Moment einsetzen; bei gebohrten Wänden ist das in den Stegen zwischen den Bohrungen auftretende Moment am größten. Auf Grund dieser Überlegung gilt folgende Näherungsrechnung.

Für die ungebohrte Wand ist das Biegungsmoment M in der Seitenmitte:

$$M = \frac{p}{100}\left[\frac{1}{3}\frac{m^3 + n^3}{m + n} - \frac{m^2}{2}\right]\frac{\text{mm kp}}{\text{mm}}\,. \tag{363}$$

Für die gebohrte Wand ist, wenn c der Abstand der untersuchten Bohrungsreihe von der Seitenmittellinie ist,

$$M = \frac{p}{100}\left[\frac{1}{3}\frac{m^3 + n^3}{m + n} - \frac{1}{2}(m^2 - c^2)\right]\frac{\text{mm kp}}{\text{mm}}\,. \tag{364}$$

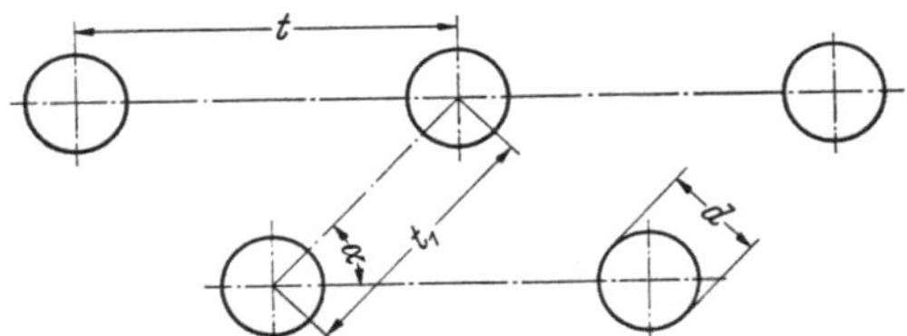

Abb. 109. Versetzte Bohrungen in Vierkantrohren

Bei versetzt angeordneten Bohrungen ist dieser Ausdruck noch mit dem cosinus des Neigungswinkels α gegen die Fluchtlinie zu multiplizieren. Vgl. Abb. 109.

Der Verschwächungsbeiwert v hat die Bedeutung

$$v = \frac{t - d}{t}\,. \tag{365}$$

Für den Verschwächungsbeiwert v' bei der Biegungsbeanspruchung gilt:

$$v' = \frac{t - d}{t} \quad \text{bei Bohrungen mit } d < 0{,}6\,\text{m}, \tag{366}$$

$$v' = \frac{t - 0{,}6\,m}{t} \quad \text{bei Bohrungen mit } d \geq 0{,}6\,\text{m}. \tag{367}$$

Bei versetzt angeordneten Bohrungen ist an Stelle von t der Abstand t_1 nach Abb. 109 einzusetzen.

Bei ovalen Bohrungen wird in den Gln. (365) bis (367) für d die lichte Weite der Bohrung in Längsrichtung des Vierkantsammlers eingesetzt.

Diese Festigkeitsberechnung bezieht sich auf gerade Vierkantsammler. Eine Sonderbauart sind die Teilkammern oder Sektionen der nach ihnen benannten Teilkammer- oder Sektionalkessel. Diese werden entweder gerade ausgeführt, wobei sich eine fluchtende Rohranordnung ergibt, oder gewellt, womit man eine Versetzung der Rohre erreicht.

Für die Wandstärken gewellter Teilkammern sind in den Werkstoff- und Bauvorschriften Tabellen angegeben, die für alle vorkommenden Fälle ausreichen.

Auch für die Berechnung aller anderen Kesselteile sei auf die Werkstoff- und Bauvorschriften verwiesen.

C. Bauarten und Werkstoffe

1. Kesseltrommeln

Trommeln werden heute nur noch entweder elektrisch geschweißt oder nahtlos geschmiedet oder gewalzt. Bei den elektrisch geschweißten Trommeln werden die Kesselbleche durch elektrische Auftragschweißung in Form einer V-Naht miteinander verbunden. Für diesen Vorgang sind neue automatische oder halbautomatische Verfahren entwickelt worden, insbesondere die Unterpulverschweißung und die Schutzgasschweißung, wobei Argon als Schutzgas verwendet wird. Für den Kesselhersteller ist wichtig, daß er sich auf Grund dieses hohen Standes der Schweißtechnik auf die Lieferung einwandfrei geschweißter Kesseltrommeln und Sammler verlassen kann, wenn er diese bei einer neuzeitlich eingerichteten Herstellerfirma bezieht. Darüberhinaus gewährleisten die in den Vorschriften enthaltenen Prüfungen volle Sicherheit.

Die für geschweißte Kesseltrommeln in Frage kommenden Stahlmarken sind in Tab. 33 zusammengestellt.

Die unlegierten weichen Sorten I und II mit niedrigem Kohlenstoffgehalt eignen sich besonders für Großwasserraumkessel, an denen keine Walzverbindungen vorkommen. Für Wasserrohrkessel wird die Blechsorte III bevorzugt, da sich in dieses härtere Material weichere Kesselrohre gut einwalzen lassen. Der Si-Gehalt ist bei den unlegierten Stählen gering; der Mangangehalt von 0,4—0,6% macht die Bleche gut schweißbar und erhöht ihre Festigkeit.

Durch einen geringen Al-Zusatz kann man den unlegierten Stählen eine erhöhte Alterungs- und Laugenbeständigkeit verleihen (Beruhigte Stähle). Um die Wandstärken der Hochdruckkessel in tragbaren Grenzen zu halten, verwendet man Stähle höheren Kohlenstoff- und Mangangehaltes. Da aber eine einseitige Steigerung des Kohlenstoffgehaltes auf sehr harte, schwer zu verarbeitende Stähle führt, geht man auf Legierung mit Metallen über, die die Kaltverformbarkeit und Bearbeitbarkeit des Bleches nicht beeinträchtigen. Neben Mangan und Silizium ist hier besonders Molybdän zu nennen. Ersetzt man einen Teil des Silizium- und Mangangehaltes durch Molybdän, so erzielt man bei gleicher Kaltbearbeitbarkeit eine um mehrere kp/mm^2 erhöhte Warmfestigkeit. Durch einen Chromzusatz von ca. 1% wird diese Wirkung noch stark erhöht. Chrom macht den Stahl außerdem widerstandsfähiger gegen Verzundern. Eine weitere bemerkenswerte Steigerung der Warmfestigkeit erreicht man durch einen Zusatz von etwa 0,2% Vanadin zum Cr-Mo-Stahl auf Kosten des Mangangehaltes.

In der Tabelle ist die Streckgrenze der Kesselblechstähle bis 400 °C und die DVM-Kriechgrenze für höhere Temperaturen angegeben. Die letztere wird allerdings für die Berechnung von Trommeln nicht benötigt, da die Sattdampftemperatur auch bei höchsten Drücken nicht über 350 °C ansteigt.

Nahtlose aus dem vollen Stahlblock herausgearbeitete Trommeln mit angekümpelten Böden werden für Kessel mit höchsten Dampfdrücken verwendet. Die gewalzte Trommel entsteht auf dem Walzwerk aus einem hohlgebohrten Stahlblock. Sie wird auf die verlangte Wandstärke ausgewalzt und erfordert keine nachträgliche Bearbeitung. Die geschmiedete Trommel wird aus dem hohlgebohrten Stahlblock herausgepreßt und dann auf das erforderliche Maß abgedreht.

Tab. 34 zeigt die Werkstoffe, in denen z. Z. nahtlose Trommeln geliefert werden.

2. Rohre für Kessel, Überhitzer und Vorwärmer

a) Werkstoffe

Für Kessel- und Vorwärmerrohre, deren Wandtemperatur im Betrieb nicht über 350 °C hinausgeht, wird die Warmstreckgrenze nach DIN 50112 der Festigkeitsberechnung zugrunde gelegt. Bei höheren Wandtemperaturen muß die eintretende bleibende Formänderung, das Kriechen, mit in Betracht gezogen werden. Für den Temperaturbereich bis 550 °C wird als Festigkeitskennwert die DVM-Kriechgrenze benutzt. Nach der Definition des Deutschen Verbandes für Materialprüfung (DVM) wird der Werkstoff bei einer vorgeschriebenen Temperatur 45 Stunden lang einer bestimmten Belastung unterworfen. Dabei wird die Dehnung beobachtet, und es gilt nun die Regel, daß die Dehngeschwindigkeit in % pro Stunde zwischen der 25. und 35. Versuchsstunde 0,001%/h nicht überschreiten darf.

Tabelle 33. *Stähle für Kesselbleche nach DIN 17155 vom Oktober 1951*

1. Chemische Zusammensetzung

Zugfestigkeit K_z bei 20 °C kp/mm²	Marke	Gehalt in %								Normalglühtemperatur °C
		C	Si	Mn	P	S	Cr	Mo	V	
35 bis 45	I	bis 0,17	bis 0,35	$\geq$ 0,30	bis 0,050	bis 0,050	bis 0,30	—	—	910 bis 940
	H I	bis 0,16	bis 0,35	$\geq$ 0,40						
	H I A									
41 bis 50	II	bis 0,23	bis 0,35	$\geq$ 0,30	bis 0,050	bis 0,050	bis 0,30	—	—	890 bis 920
	H II	bis 0,20	bis 0,35	$\geq$ 0,50						
	H II A									
44 bis 53	H III	bis 0,22	bis 0,35	$\geq$ 0,55	bis 0,050	bis 0,050	bis 0,30	—	—	880 bis 910
	H III A									
	15 Mo 3	0,12 bis 0,20	0,15 bis 0,35	0,50 bis 0,70	bis 0,040	bis 0,040	bis 0,30	0,25 bis 0,35	—	910 bis 940
	15 Cr Mo 3	0,10 bis 0,18	0,15 bis 0,35	0,60 bis 0,90	bis 0,040	bis 0,040	0,60 bis 0,90	0,10 bis 0,20	—	910 bis 930
44 bis 56	13 Cr Mo 44	0,10 bis 0,18	0,15 bis 0,35	0,40 bis 0,70	bis 0,040	bis 0,040	0,70 bis 1,00	0,40 bis 0,50	—	910 bis 940
47 bis 56	H IV	bis 0,26	bis 0,35	$\geq$ 0,60	bis 0,050	bis 0,050	bis 0,30	—	—	870 bis 900
	H IV A									
	H IV L									
	17 Mn 4	0,14 bis 0,20	0,20 bis 0,40	0,90 bis 1,20	bis 0,050	bis 0,050	bis 0,30	—	—	880 bis 910
45 bis 60	13 Cr Mo V 42	0,10 bis 0,18	0,15 bis 0,35	0,40 bis 0,70	bis 0,040	bis 0,040	0,90 bis 1,20	0,20 bis 0,30	0,15 bis 0,25	910 bis 960
52 bis 62	19 Mn 5	0,17 bis 0,23	0,40 bis 0,60	1,00 bis 1,30	bis 0,050	bis 0,050	bis 0.30	—	—	880 bis 910

Die Stähle H I A bis H IV A haben zusätzlich einen zur Erzielung von Alterungsbeständigkeit ausreichenden Aluminiumgehalt; der Stahl H IV L hat zusätzlich einen zur Erzielung von Laugenrißbeständigkeit ausreichenden Aluminiumgehalt.

Die Cr-Mo-Stähle werden luftvergütet geliefert, alle anderen normalgeglüht. Die Temperatur für das Spannungsfreiglühen ist für alle Stähle 600 bis 650 °C.

Alle obengenannten Blechsorten sind schmelzschweißbar; es wird aber empfohlen, die Sorten I und II nur bis 50 mm Dicke zu schweißen.

Für die Schmelzschweißung wird bei den Stählen II, 15 Mo 3, 15 Cr Mo 3, 17 Mn 4 und 19 Mn 5 eine Vorwärmung auf 200 °C empfohlen, bei den Stählen der Gruppe H IV und den legierten Stählen 13 Cr Mo 44 und 13 Cr Mo V 42 ist sie erforderlich.

2. Festigkeitskennwert K

Zugfestigkeit K_z bei 20 °C kp/mm²	Marke	Mindest-Streckgrenze in kp/mm² bei °C						Mindest-DVM-Kriechgrenze in kp/mm² bei °C				
		20	200	250	300	350	400	400	425	450	475	500
35 bis 45	I	19	16	14	12	10	—	7	6	4	(3)	—
	H I	21	18	16	14	12	9	9	7	5	(3)	—
	H I A											
41 bis 50	II	22	18	16	14	12	—	9	7	5	(3)	—
	H II	24	21	19	17	14	11	10	8	6	(4)	—
	H II A											
44 bis 53	H III	26	23	21	19	16	13	12	10	8	(5)	—
	H III A											
	15 Mo 3	27	24	22	20	19	17	16	15	14	13	11
	15 Cr Mo 3	27	24	23	21	19	17	16	15	14	13	11
44 bis 56	13 Cr Mo 44	29	27	26	25	23	21	20	19	18	16	14
47 bis 56	H IV	27	25	23	21	18	15	14	12	10	(7)	—
	H IV A											
	H IV L											
	17 Mn 4											
45 bis 60	13 Cr Mo V 42	29	27	26	25	23	21	20	19	18	16	14
52 bis 62	19 Mn 5	32	26	24	23	21	18	17	15	11	8	—

Die Streckgrenzenwerte gelten für Bleche bis 60 mm Dicke, darüber hinaus kann die Streckgrenze für je 20 mm Zunahme der Blechdicke um 1 kp/mm² niedriger liegen.

Die Bruchdehnung ε muß bei allen Stählen mindestens $\varepsilon = 1000/K_z$ betragen.

Tabelle 34. *Stähle für nahtlose Kesseltrommeln nach Stahl-Eisen-Werkstoffblatt 600-52 vom Januar 1952*
1. Chemische Zusammensetzung

Zugfestigkeit K_z bei 20 °C kp/mm²	Marke	Gehalt in %							
		C	Si	Mn	P	S	Cr	Mo	V
47 bis 56	17 Mn 4	0,14 bis 0,20	0,20 bis 0,40	0,90 bis 1,20	bis 0,05	bis 0,05	—	—	—
52 bis 62	19 Mn 5	0,17 bis 0,23	0,40 bis 0,60	1,00 bis 1,30	bis 0,05	bis 0,05	—	—	—
52 bis 65	20 Mn V 6	0,17 bis 0,23	0,15 bis 0,35	1,30 bis 1,60	bis 0,04	bis 0,04	—	—	0,08 bis 0,15
50 bis 62	20 Mn Mo 4	0,17 bis 0,23	0,15 bis 0,35	1,00 bis 1,20	bis 0,04	bis 0,04	—	0,20 bis 0,30	—
50 bis 65	21 Cr Mo 3	0,19 bis 0,25	0,15 bis 0,35	0,50 bis 0,80	bis 0,04	bis 0,04	0,70 bis 1,00	0,20 bis 0,30	—

Alle obengenannten Stähle sind schweißbar. Bei den Stählen 17 Mn 4 und 19 Mn 5 wird eine Vorwärmung auf 200 °C empfohlen, bei den höher legierten Stählen ist sie erforderlich.

2. Festigkeitskennwert K

Zugfestigkeit K_z bei 20 °C kp/mm²	Marke	Mindest-Streckgrenze in kp/mm² bei °C						Wärmebehandlungszustand
		20	200	250	300	350	400	
47 bis 56	17 Mn 4	27	25	23	21	18	15	luft- oder ölvergütet
52 bis 62	19 Mn 5	32	26	24	23	21	18	
52 bis 65	20 Mn V 6	32	27	25	23	22	21	
50 bis 62	20 Mn Mo 4	32	29	27	26	25	24	
50 bis 62	21 Cr Mo 3	32	29	27	26	25	24	luftvergütet
50 bis 65	21 Cr Mo 3	35	32	30	27	25	24	ölvergütet

Die Bruchdehnung ε muß bei allen Stählen mindestens $\varepsilon = 1000/K_z$ betragen.

Nach der 45. Stunde soll die bleibende Dehnung nicht größer als 0,25% sein. Wenn der Probestab diese Bedingung gerade erfüllt, so hat er die DVM-Kriechgrenze, die der Belastung beim Versuch entspricht. Durch diese Definition wird deutlich gemacht, daß die Geschwindigkeit, mit der sich der unter konstanter Beanspruchung stehende Körper verändert, für die Beurteilung ausschlaggebend ist. Je mehr der Werkstoff verformt ist, um so größer wird der Widerstand, den er einer weiteren Verformung entgegensetzt, da er sich, bei zügiger Beanspruchung, durch die Verformung selbst verfestigt. Dabei ist aber zu berücksichtigen, daß sich der Körper durch Kriechen selbst weiter verformt; je größer die Kriechgeschwindigkeit ist, um so stärker sträubt sich der Körper gegen eine gewaltsame Verformung. Dieses Kriechen wird um so stärker, je mehr sich die Temperatur dem Gebiet der Rekristallisation nähert.

E. SIEBEL und N. LUDWIG haben aus Dauerstandsmessungen eindeutig folgende Beziehungen ableiten können[1].

Ist ε_1 die bleibende Dehnung in der Zeit z_1 und ε die bleibende Dehnung nach der Belastungsdauer z, so ist

$$\varepsilon = \varepsilon_1 \left(\frac{z}{z_1} \right)^m .\tag{368}$$

Hieraus ergibt sich die Dehngeschwindigkeit $w = d\varepsilon/dz$ zu

$$w = m \frac{\varepsilon}{z} ,\tag{369}$$

wo Werte von m aus folgender Tabelle entnommen werden können:

Tabelle 35. *Werte für m in Gl. (368) und (369)*

Stahlgruppe	bis 300 °C	300—400 °C	400—500 °C	500—600 °C	600—700 °C
Unlegierter C-Stahl	< 0,1	0,1—0,3	0,2—0,5	0,5—0,8	0,8—1,0
Niedrig leg. Mo- und Cr-Mo-Stahl .	< 0,1	0—0,2	0,1—0,4	0,4—0,7	0,6—0,9
Hochleg. austenitischer Stahl . . .	< 0,1	0—0,2	0,1—0,3	0,2—0,5	0,4—0,7

[1] SIEBEL, E., u. N. LUDWIG: Sonderstähle und Legierungen für hohe Temperaturen, Konstruktion 1, 13—26 (1949); hier auch weitere Schrifttumsangaben.

13 Zinzen, Dampfkessel, 2. Aufl.

Tabelle 36. *Ferritische Stähle für Kesselrohre nach DIN 17175 vom Oktober 1951*
1. *Chemische Zusammensetzung*

Zugfestigkeit K_z bei 20 °C kp/mm²	Marke	Gehalt in %								Normalglühtemperatur
		C	Si	Mn	P	S	Cr	Mo	V	°C
35 bis 45	St 35.8	bis 0,17	bis 0,35	≧ 0,40	bis 0,050	bis 0,050	—	—	—	900 bis 930
	ASt 35.8									
45 bis 55	St 45.8	bis 0,22	bis 0,35	≧ 0,45	bis 0,050	bis 0,050	bis 0,30, falls C-Gehalt über 0,22	—	—	870 bis 900
	ASt 45.8									
	LSt 45.8									
	15 Mo 3	0,12 bis 0,20	0,15 bis 0,35	0,50 bis 0,80	bis 0,040	bis 0,040	—	0,25 bis 0,35	—	910 bis 940
	14 Mn 4	0,10 bis 0,18	0,30 bis 0,50	0,90 bis 1,20	bis 0,050	bis 0,050	—	—	—	880 bis 920
45 bis 58	15 Cr Mo 3	0,10 bis 0,18	0,15 bis 0,35	0,60 bis 0,90	bis 0,040	bis 0,040	0,60 bis 0,90	0,10 bis 0,20	—	910 bis 930
	13 Cr Mo 44	0,10 bis 0,18	0,15 bis 0,35	0,40 bis 0,70	bis 0,040	bis 0,040	0,70 bis 1,00	0,40 bis 0,50	—	910 bis 940
50 bis 65	13 Cr Mo V 42	0,10 bis 0,18	0,15 bis 0,35	0,40 bis 0,70	bis 0,040	bis 0,040	0,90 bis 1,20	0,20 bis 0,30	0,15 bis 0,25	910 bis 960

Die Stähle ASt 35.8 und ASt 45.8 haben zusätzlich einen zur Erzielung von Alterungsbeständigkeit ausreichenden Aluminiumgehalt; der Stahl LSt 45.8 hat zusätzlich einen zur Erzielung von Laugenrißbeständigkeit ausreichenden Aluminiumgehalt. Die Cr-Mo-Stähle werden luftvergütet geliefert, alle anderen normalgeglüht. Die Temperatur für das Spannungsfreiglühen ist für alle Stähle 600 bis 650 °C.
Alle obengenannten Stähle sind für die Gas-, Lichtbogen- und Abschmelzschweißung geeignet. Die unlegierten und legierten Stähle können ohne Schwierigkeit miteinander verschweißt werden, wobei meist der Zusatzwerkstoff nach dem höherwertigen Stahl zu wählen ist. Schweißverbindungen, an denen Cr-Mo-Stähle beteiligt sind, sollen nachträglich spannungsfrei geglüht werden.

2. *Festigkeitskennwert K*

Zugfestigkeit K_z bei 20 °C kp/mm²	Marke	Mindest-Streckgrenze in kp/mm² bei °C						Mindest-DVM-Kriechgrenze in kp/mm² bei °C							Mindest-Bruchdehnung
		20	200	250	300	350	400	400	450	475	500	525	550	600	%
35 bis 45	St 35.8	23	19	17	15	13	11	9	5	(4)	—	—	—	—	25
	ASt 35.8														
45 bis 55	St 45.8	26	21	19	17	15	13	10	6	5	(3)	—	—	—	21
	ASt 45.8														
	LSt 45.8														
	15 Mo 3	29	26	25	24	22	19	17	15	14	12	9	(5)	—	22
	14 Mn 4	29	25	24	22	20	19	17	13	10	(6)	—	—	—	21
45 bis 58	15 Cr Mo 3	29	26	25	24	22	19	17	15	14	12	9	(5)	—	22
	13 Cr Mo 44	30	28	27	26	24	22	21	19	17	15	12	7	(3)	22
50 bis 65	13 Cr Mo V 42	30	28	27	26	24	22	21	19	17	15	12	7	(3)	20

Bei Rohren mit Außendurchmessern bis 30 mm und Wanddicken bis 3 mm kann die Streckgrenze um 1 kp/mm² niedriger liegen als der Tabellenwert.

Ist die Rekristallisationstemperatur erreicht, so wird $m = 1$, und es tritt keine Selbstverfestigung des Stahles mehr ein. Wie die Tabelle zeigt, wird dieser Zustand bei unlegiertem Kohlenstoffstahl zwischen 600 und 700 °C erreicht.

In Tab. 36 sind die ferritischen Rohrstähle zusammengestellt, die für höhere Temperaturen ähnlich wie die Blechstähle mit Mangan oder mit Molybdän, Chrom und Vanadin legiert werden. Sie sind für Heißdampftemperaturen bis etwa 550 °C verwendbar. Darüber hinaus muß man auf austenitische Stähle übergehen.

Um die Eignung eines Werkstoffes für Überhitzerrohre bei Wandtemperaturen über 550 °C zu ermitteln, sind Langzeitversuche nach DIN 50118/119 erforderlich. Unter der Zeitstandfestigkeit bei einer bestimmten Temperatur versteht man die auf den Anfangsquerschnitt der Probe bezogene ruhende Belastung, die nach Ablauf einer bestimmten Belastungszeit einen Bruch der Probe hervorruft. Für Überhitzerrohre wird eine Belastungsdauer von 100 000 Stunden zugrunde gelegt; die Zeitstandfestigkeit wird dann mit $\sigma_{B/100000}$ bezeichnet. Ferner ist die im Langzeitversuch eintretende Dehnung zu beachten, deren zulässiger Wert Zeitdehngrenze genannt wird und für den 100 000-Std.-Versuch 1% nicht überschreiten soll. Diese wird mit $\sigma_{1/100000}$ bezeichnet. Ein Werkstoff wird dann als brauchbar anerkannt, wenn gegen seinen $\sigma_{B/100000}$-Wert bei der Berechnungstemperatur noch eine 1,5fache und bei einer um 15 grd. höheren Temperatur noch eine einfache Sicherheit besteht; dabei soll die 1%-Dehngrenze $\sigma_{1/100000}$ nicht überschritten werden[1]. In Tab. 37 werden die Langzeitwerte für einige Stähle genannt, und zwar einmal für 10 000 Std. und einmal für 100 000 Std. Die 100 000-Std.-Werte können nach kürzeren Dauerstandsmessungen auf 100 000 Std. extrapoliert werden. Sie dürften mit einer Toleranz von $\pm$ 20% zutreffen.

Tabelle 37. *Langzeitwerte warmfester Stähle*

Berechnungstemperatur °C	Langzeitwerte			
	für 10 000 h		für 100 000 h	
	$\sigma_{1/10000}$ kp/mm²	$\sigma_{B/10000}$ kp/mm²	$\sigma_{1/100000}$ kp/mm²	$\sigma_{B/100000}$ kp/mm²
15 Mo 3 und 20 Mo 3				
500	15,0	18,0	10,0	12,0
510	13,3	15,6	8,5	10,2
520	11,7	13,6	7,0	8,4
530	10,0	11,6	5,5	6,7
540	8,3	9,7	(4,0)[2]	(5,2)
550	6,5	8,0	(2,5)	(3,7)
13 Cr Mo 4 4 und 16 Cr Mo 4 4				
500	17,0	24,0	12,0	17,0
510	14,9	21,3	10,2	14,3
520	12,8	18,5	8,3	11,4
530	10,9	15,8	6,6	8,9
540	9,1	13,3	5,0	6,7
550	7,5	11,0	3,7	5,0
560	6,4	9,2	(2,7)[2]	(3,9)
570	5,4	7,8	(2,0)	(3,1)
580	4,6	6,7	(1,5)	(2,5)
10 Cr Si Mo V 7				
500	15,0	21,0	10,0	16,0
510	13,7	18,8	8,9	13,7
520	12,4	16,6	7,8	11,7
530	11,2	14,6	6,8	10,0
540	10,0	12,7	5,8	8,4
550	9,0	11,0	5,0	7,0
560	7,9	9,5	4,2	6,0
570	6,9	8,2	3,6	5,2
580	6,0	7,1	3,2	4,5
590	5,1	6,2	(2,8)[2]	(3,9)
600	4,5	5,5	(2,5)	(3,5)
610	4,0	4,8	(2,2)	(3,0)
620	3,6	4,2	(2,0)	(2,6)
10 Cr Mo 9 10				
500	16,0	20,0	10,0	14,0
510	14,1	17,8	8,6	11,9
520	12,4	15,7	7,4	10,0
530	10,7	13,9	6,2	8,5
540	9,2	12,1	5,3	7,4
550	8,0	10,5	4,5	6,5
560	7,0	9,1	3,9	5,7
570	6,2	7,9	3,5	5,1
580	5,6	7,0	3,2	4,6
590	5,0	6,2	2,9	4,1
600	4,5	5,7	2,7	3,75
610	4,1	5,2	2,5	3,4
620	3,7	4,8	2,3	3,1

Rohre werden entweder nahtlos gewalzt oder längsgeschweißt. Da die geschweißten Rohre aus Blechstreifen oder Bändern hergestellt werden, sind bei ihnen die Maßabweichungen im allgemeinen geringer als bei den nahtlos gewalzten Rohren.

Je nach den Anforderungen, die an einen Rohrwerkstoff zu stellen sind, unterscheidet man nach DIN 17175 drei Gütestufen. (Vgl. Tab. 38, S. 196.)

Legierte Rohrwerkstoffe sind immer nach Gütestufe III zu behandeln.

---

[1] Vgl. DÖRRSCHEIDT, W.: Berechnung von Kesselteilen für Temperaturen über 500°, BWK **6**, 90—92 und 102 (1954) und KREIZ, K.: Die Werkstoffe des neuzeitlichen Kraftwerkbaues. BWK **7**, 152—153 (1955).

[2] Die Einklammerung bedeutet, daß der Stahl bei der betreffenden Temperatur im Dauerbetrieb zweckmäßig nicht mehr verwendet wird.

Tabelle 38. *Gütestufen und Anforderungen an den Werkstoff*

Güte-stufe	Beanspruchung	Vorbehandlung des Ausgangswerkstoffes	Anforderungen
I	für Temperaturen des durchströmenden Stoffes bis etwa 400 °C oder Betriebsdrücke bis 32 kp/cm²	Nicht vorbehandelte, d. h. unbearbeitete Blöcke, gewalzte Stangen oder Vierkantblöcke je nach Verfahren	ohne Ringversuch am Rohr
II	für Temperaturen des durchströmenden Stoffes von etwa 400 bis etwa 450 °C oder Betriebsdrücke über 32 bis 80 kp/cm² einschließlich	Ausgangswerkstoff wie bei Stufe I, jedoch besondere Sorgfalt in der Auswahl der Schmelzen, sorgfältige Beseitigung von Lunker- und Oberflächenmängeln und besondere werkseitige Sorgfalt bei der Verfolgung der Blöcke und Rohre während des Herstellungsvorganges	mit Ringversuch am Rohr
III	für Temperaturen des durchströmenden Stoffes über etwa 450 °C oder Betriebsdrücke über 80 kp/cm²	Ausgangswerkstoffe wie bei Stufe II, jedoch geschält (Drehen oder Hobeln) und bei Rundblöcken gebohrt	Beizprüfung jedes Blockes und Ringversuch am Rohr

b) Das Rohr als Konstruktionselement

In Deutschland sind folgende äußeren Rohrdurchmesser üblich:

32   38   44,5   51   57   70   83   102 mm.

Die Wanddicken sind von 2,5—6,0 mm in Stufen von je 0,5 mm erhältlich, wobei die ganz großen Wanddicken nur für große Rohre in Frage kommen. Ausnahmen hiervon machen das 57er Rohr, das auch in der Wanddicke 2,75 mm geliefert wird, und das 83er Rohr mit einer Mindestwanddicke von 3,25 mm.

Die ersten drei Rohrgrößen werden hauptsächlich für die Herstellung von Rohrschlangen für Vorwärmer und Überhitzer verwendet, die ersten fünf für die Rohrsysteme von Zwanglaufkesseln. Die Rohre von 51—102 mm äußerem Durchmesser werden für die Rohrsysteme der Kessel selbst benutzt. Das Rohr von 102 mm Durchmesser hat sich besonders eingeführt für die geraden Rohre der Teilkammerkessel. Für Teilkammerkessel mit verhältnismäßig hohem Genehmigungsdruck sowie für Vollkammerkessel wird auch das 83er Rohr verwendet.

Durch das Biegen der Rohre wird ihre Wanddicke in der Krümmung innen verstärkt und außen geschwächt. Es besteht deshalb ein werkstatttechnisch bedingter Zusammenhang zwischen der Rohrwanddicke und dem kleinstmöglichen Biegeradius. Dies ist aus der Tab. 39 zu ersehen.

Durch den Biegeradius ist der Abstand zwischen zwei benachbarten Rohren einer Schlange gegeben. Deshalb ist der kleinste ausführbare Biegeradius ein wichtiges Konstruktionsmaß im Kesselbau.

Man unterscheidet Einfach- und Mehrfachschlangen. Bei letzteren sind mehrere dampfseitig parallel geschaltete Rohrschlangen ineinandergelegt. Diese können zwar einen beliebigen Abstand voneinander haben, aber beim innersten Rohr der Schlange ist doch wieder der kleinste Biegeradius für die Teilung bestimmend.

Um auf einen bestimmten Raum möglichst viel Heizfläche unterzubringen, hat man einige Kunstgriffe in der Anordnung von Rohrschlangen herausgefunden. Wegen der Verschlackungsgefahr muß man aber manchmal auch große Teilungen wählen, und so ergibt sich ein recht buntes Bild von Rohrschlangenformen, die im Kesselbau benutzt werden. Die gewöhnlichen Einfachschlangen sind in Abb. 110 dargestellt.

Tabelle 39. *Durchmesser, Wanddicken und Biegeradien von Rohren*

	Wand-dicke mm	Äußerer Rohrdurchmesser mm									
		32	38	44,5	51	57	51	57	70	83	102
Kleinster Biegeradius mm	2,5	60	80	100	—	—	—	—	—	—	—
	2,75	—	—	—	—	130	—	—	—	—	—
	3,0	55 (50)	70	80	95	100	150	200	—	—	—
	3,25	—	—	—	—	—	—	—	—	300	—
	3,5	55 (50)	65 (60)	80	95	100	150	200	210	300	300
	4,0	55 (50)	65 (60)	70 (65)	95	100	150	200	210	300	300
Weitere Biegeradien mm	3,0	70	100	140	120	130	250	300	350	450	500
	bis	80	120	160	150	160	500	600	600	600	1000
	6,0	100	140	200	250	200				1000	
		120	160	210		300					
		140	180	240							
		160	200	300							
		180	210	320							
		200	240								
		210	300								
		240	320								
		300									
		320									
Anwendungsgebiet		Rohrschlangen für Vorwärmer, Über-hitzer und Zwanglaufkessel					Kessel				

Bei der fluchtenden Anordnung hängen die Schlangen mit einer beliebigen Querteilung nebeneinander. Jede Schlange ist mit Bügeln an einem Aufhängeanker befestigt und kann für sich ausgewechselt werden. Macht man die Querteilung eng genug, so kann man auch zwei

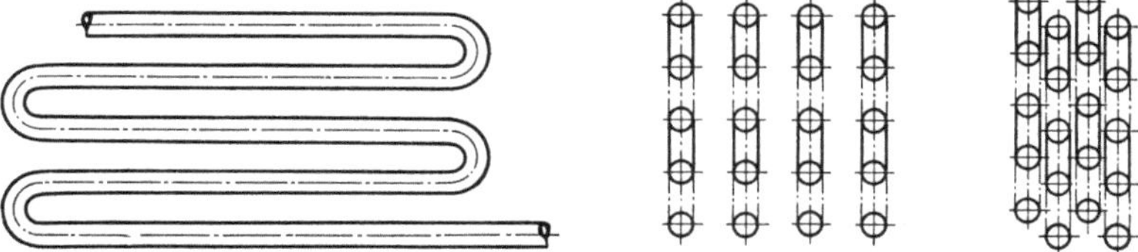

Abb. 110. Einfach-Rohrschlangen in fluchtender und versetzter Anordnung

benachbarte Schlangen an einem Anker befestigen. Hierbei ist aber zu beachten, daß die Längsteilung durch die ausführbaren Krümmungsradien begrenzt ist und ein bestimmtes Maß nicht unterschreiten kann. Eine Anordnung mit großer Längs- und kleiner Querteilung ist aber für den Wärmeübergang, wie Abb. 88 zeigt, nicht sehr vorteilhaft.

Bei der versetzten Anordnung ist jede zweite Rohrschlange gegenüber der vorhergehenden um eine halbe Längsteilung verschoben, so daß die Längsteilung halb so groß ist wie bei der fluchtenden Anordnung. Hier liegen die Rohrschlangen enger nebeneinander, und es ist zweckmäßig, sie paarweise aufzuhängen.

Abb. 111 zeigt Zweifachschlangen, bei denen der Wasserquerschnitt halb so groß wird wie bei den Einfachschlangen. Dies ist oft notwendig, um eine für die Stabilität der Strömung ausreichende Wassergeschwindigkeit zu erreichen. Die versetzte Rohranordnung wird hier dadurch erreicht, daß man jeweils zwei benachbarte Schlangen ineinander steckt.

Schließlich ist in Abb. 112 die gleiche Anordnung für Dreifachschlangen wiedergegeben, wodurch die Wassergeschwindigkeit auf das Dreifache gegenüber der Einfachschlange steigt.

Geht man zu gewickelten Schlangen über, wie sie Abb. 113 zeigt, so erhält man bei im Rauchgasstrom fluchtender Rohranordnung eine kleinere Rohrteilung.

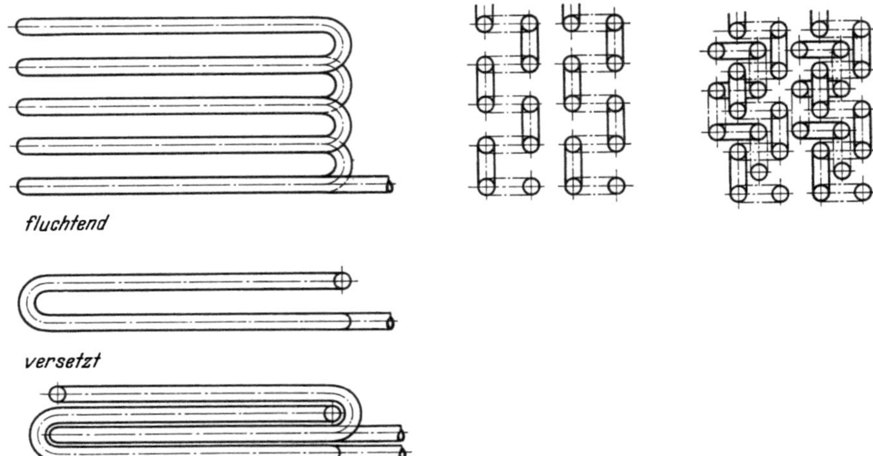

Abb. 111. Zweifach-Rohrschlangen in fluchtender und versetzter Anordnung

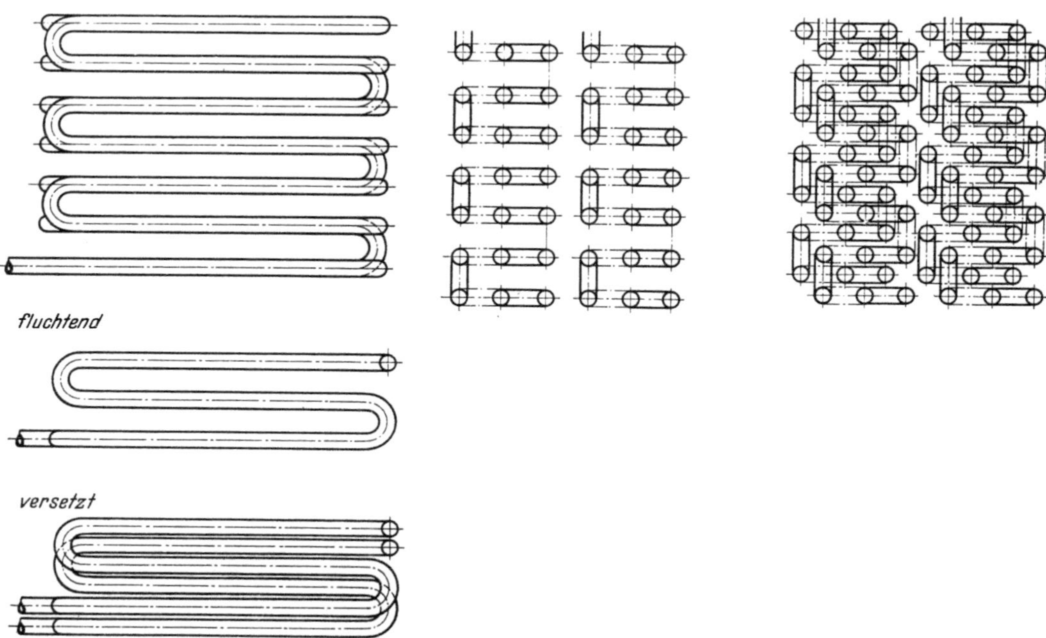

Abb. 112. Dreifach-Rohrschlangen in fluchtender und versetzter Anordnung

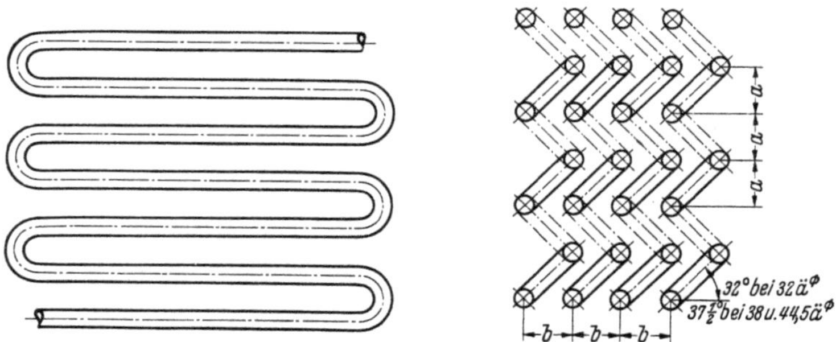

Abb. 113.   Gewickelte Rohrschlangen

Abb. 114 zeigt spiralig gewickelte Schlangen, bei denen sich wieder die doppelte Wassergeschwindigkeit gegenüber den einfach hin und her gewickelten Schlangen ergibt.

Bei der Anordnung nach Abb. 115 sind zwei symmetrisch ausgeführte spiralige Schlangen ineinandergesteckt und gemeinsam aufgehängt. Da man die Neigung der ansteigenden Rohre beliebig wählen kann, ist es möglich, die Längsteilung sehr klein zu machen. Der kleinstmögliche Wert der Längsteilung wird erreicht, wenn die Rohre der beiden ineinander gesteckten Schlangen unmittelbar aufeinanderliegen; dann ist $t_l = 2\,d$. Die Querteilung dagegen ist durch den kleinsten Krümmungsradius bestimmt, und zwar ist innerhalb der beiden ineinandergewickelten Schlangen $t_q = R$. Frei ist man lediglich in der Querteilung an der Stelle, wo das eine Schlangenpaar an das nächste grenzt.

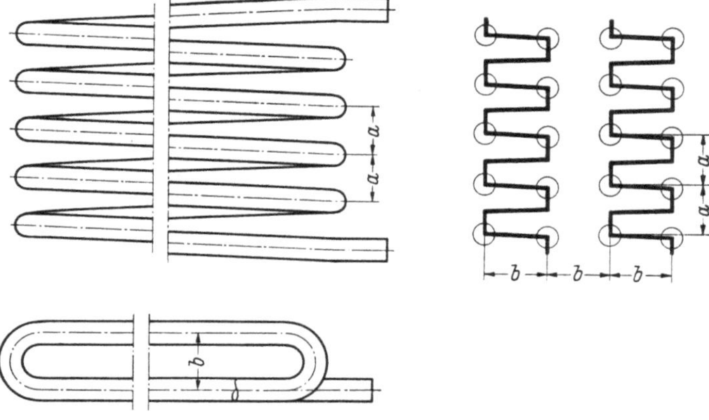

Abb. 114. Spiralige Schlangen

Diese Anordnung wurde erstmalig bei Benson-Kesseln verwendet, die wegen der fehlenden Obertrommel eine niedrigere Bauhöhe beanspruchen als Trommelkessel. Deshalb hatte man bei diesen Kesseln auch ein besonderes Interesse daran, im zweiten Zug niedrige Bauhöhen zu schaffen. Es ist selbstverständlich, daß man bei der Anwendung dieser Wicklung prüfen muß, ob durch das Verhalten der Brennstoffasche eine erhöhte Verschmutzungsgefahr besteht. Hierzu kann aber nach dem heutigen Stande der Forschung gesagt werden, daß dies im allgemeinen nicht der Fall ist, wenn die Feuerung richtig bemessen und sachgemäß betrieben wird. Lediglich bei salzhaltigen Brennstoffen, bei denen die Verschmutzungsfrage mit feuerungstechnischen Mitteln nicht gelöst werden kann, ist es notwendig, in den Vorwärmern besonders große Rohrteilungen zu verwirklichen.

Die beiden Anordnungen nach Abb. 110 können sowohl für hängende als auch für liegende Schlangen verwendet werden. Sie stellen daher bei hängenden Überhitzern die übliche Bauart dar. Für liegende Überhitzer, Vorverdampfer und Wasservorwärmer kommen alle Bauarten in Betracht, je nachdem, ob man große oder kleine Rohrabstände wählen muß.

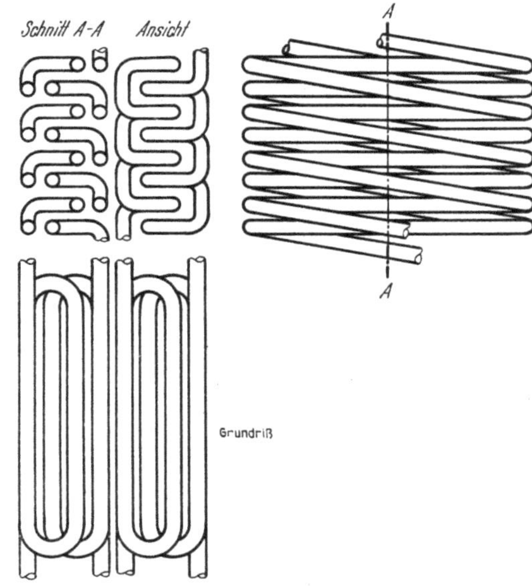

Abb. 115. Paarweise ineinander gewickelte Spiralschlangen (BENSON-Wicklung)

3. Sammler

a) Werkstoffe

Die für Sammler geeigneten Stähle sind in Tab. 40 zusammengestellt. Auch hier wird, wie bei den Kesselblechen und Rohren, die Warmfestigkeit im wesentlichen durch Zusätze von Mo und Cr erzielt. Die Kohlenstoffstähle dieser Gruppe zeichnen sich durch einen höheren C- und Mn-Gehalt aus, wodurch ihre Schweißbarkeit sehr günstig beeinflußt wird.

Tabelle 40. *Stähle für nahtlose Sammler nach Stahl-Eisen-Werkstoffblatt 610-51 vom September 1951*
1. Chemische Zusammensetzung

Zugfestigkeit K_z bei 20 °C kp/mm²	Marke	Gehalt in %								Normalglühtemperatur
		C	Si	Mn	P	S	Cr	Mo	V	°C
41 bis 50	St 41	bis 0,22	0,15 bis 0,35	≥ 0,40	bis 0,05	bis 0,05	—	—	—	880 bis 910
44 bis 53	St 44	bis 0,25	0,15 bis 0,35	≥ 0,40	bis 0,05	bis 0,05	—	—	—	870 bis 900
44 bis 55	15 Mo 3	0,12 bis 0,20	0,15 bis 0,35	0,50 bis 0,80	bis 0,05	bis 0,04	—	0,25 bis 0,35	—	910 bis 940
	15 Cr Mo 3	0,10 bis 0,18	0,15 bis 0,35	0,60 bis 0,90	bis 0,04	bis 0,04	0,60 bis 0,90	0,10 bis 0,20	—	910 bis 930
	20 Mo 3	0,16 bis 0,24	0,15 bis 0,35	0,50 bis 0,80	bis 0,04	bis 0,04	—	0,25 bis 0,35	—	910 bis 940
	18 Cr Mo 3	0,14 bis 0,22	0,15 bis 0,35	0,70 bis 1,00	bis 0,04	bis 0,04	0,50 bis 0,80	0,10 bis 0,20	—	910 bis 930
44 bis 56	13 Cr Mo 44	0,10 bis 0,18	0,15 bis 0,35	0,40 bis 0,70	bis 0,04	bis 0,04	0,70 bis 1,00	0,40 bis 0,50	—	910 bis 940
	16 Cr Mo 44	0,12 bis 0,20	0,15 bis 0,35	0,50 bis 0,80	bis 0,04	bis 0,04	0,90 bis 1,20	0,40 bis 0,50	—	910 bis 940
45 bis 60	13 Cr Mo V 42	0,10 bis 0,18	0,15 bis 0,35	0,40 bis 0,70	bis 0,04	bis 0,04	0,90 bis 1,20	0,20 bis 0,30	0,15 bis 0,25	910 bis 960
	16 Cr Mo V 42	0,12 bis 0,20	0,15 bis 0,35	0,50 bis 0,80	bis 0,04	bis 0,04	0,90 bis 1,20	0,25 bis 0,35	0,15 bis 0,25	910 bis 960
47 bis 56	17 Mn 4	0,14 bis 0,20	0,20 bis 0,40	0,90 bis 1,20	bis 0,05	bis 0,05	—	—	—	880 bis 910
	19 Mn 5	0,17 bis 0,23	0,40 bis 0,60	1,00 bis 1,30	bis 0,05	bis 0,05	—	—	—	870 bis 900

Die Cr-Mo-Stähle der Gruppe 44—56 und die Cr-Mo-V-Stähle werden luft- oder ölvergütet geliefert, alle anderen normalgeglüht. Die Temperatur für Spannungsfreiglühen ist für alle Stähle 600 bis 650 °C.

Alle obengenannten Stähle sind schmelzschweißbar. Für die Schmelzschweißung wird eine Vorwärmung auf 200 °C empfohlen, für die Cr-Mo-Stähle der Gruppe 44—56 und für die Cr-Mo-V-Stähle ist sie erforderlich.

2. Festigkeitskennwert K

Zugfestigkeit K_z bei 20 °C kp/mm²	Marke	Mindest-Streckgrenze in kp/mm² bei °C						Mindest-DVM-Kriechgrenze in kp/mm² bei °C						
		20	200	250	300	350	400	400	425	450	475	500	525	550
41 bis 50	St 41	23	20	18	16	14	11	10	8	6	(4)	—	—	—
44 bis 53	St 44	24	21	19	17	15	12	11	9	7	(4)	—	—	—
44 bis 55	15 Mo 3	27	24	22	20	19	17	16	15	14	13	11	8	(4)
	15 Cr Mo 3													
	20 Mo 3													
	18 Cr Mo 3													
44 bis 56	13 Cr Mo 44	29	27	26	25	23	21	20	19	18	16	15	11	(6)
	16 Cr Mo 44													
45 bis 60	13 Cr Mo V 42													
	16 Cr Mo V 42													
47 bis 56	17 Mn 4	27	25	23	21	18	15	14	12	10	(7)	—	—	—
	19 Mn 5	32	26	24	23	21	18	17	15	13	10	(6)	—	—

Die Bruchdehnung ε muß bei allen Stählen mindestens $\varepsilon = 1000/K_z$ betragen.

b) Konstruktion der Sammler

Runde Sammler sind als nahtlos gezogene oder gewalzte Rohre zu beziehen. Die gezogenen Rohre sind mit folgenden Innendurchmessern erhältlich:

$$D_i = 130 \quad 160 \quad 200 \quad 250 \quad 320 \quad 400 \quad 500 \text{ mm}.$$

Die gewalzten Rohre werden nach dem Außendurchmesser abgestuft, und zwar

$$D_a = 159 \quad 216 \quad 267 \quad 318 \quad 368 \quad 419 \quad 521 \text{ mm}.$$

Die runden Sammler werden, je nach Durchmesser, in Wanddicken von 16—80 mm geliefert; dabei ist eine Plustoleranz von 25% zulässig.

Vierkantsammler werden nahtlos gezogen, sie sind in quadratischer oder rechteckiger Form lieferbar und in folgenden lichten Weiten erhältlich (Maße in mm):

quadratisch	rechteckig
100 × 100	110 × 125
118 × 118	115 × 140
130 × 130	140 × 155
140 × 140	140 × 190
152 × 152	170 × 210
178 × 178	

Die Vierkantsammler werden, je nach Größe, in Wanddicken von 12—60 mm geliefert.

Die Böden der runden und eckigen Sammler werden in zwei Arten ausgeführt, als Vorschweißböden oder angekümpelte Böden. Beide Bauarten sind bis zu den höchsten Drücken anwendbar (Abb. 116).

Die Vorschweißböden erhalten auf der Innenseite eine sogenannte Entlastungsnut, um den gleichmäßigen Abfluß der Wärme beim Schweißen zu sichern und Wärmespannungen zu mildern.

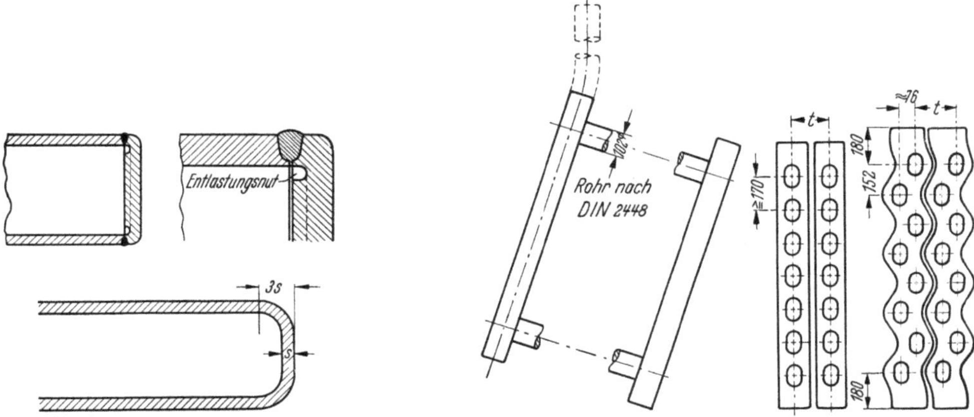

Abb. 116. Sammlerkonstruktionen.
1. mit Vorschweißboden, 2. mit Kümpelboden

Abb. 117. Teilkammern nach DIN 2907

Alle Bodenbauarten können mit rundem oder ovalem Handloch geliefert werden.

Die Kesselrohre werden nur noch bei Anlagen, die für niedrigen Druck bestimmt sind, in die Sammler eingewalzt. Um diese Verbindung ausführen zu können, muß jedem Rohrloch gegenüber ein Handloch vorhanden sein, durch das man die Rohrwalze einführen kann. Einige dieser Handlöcher müssen oval ausgeführt sein, damit man die Verschlüsse für alle Löcher durch diese durchstecken kann. Bei Überhitzern mit engen Rohren wird auch für je 2 oder 4 Rohranschlüsse ein gemeinsames Handloch ausgeführt.

Für die geraden oder gewellten Kammern der Teilkammerkessel kommt ebenfalls diese Konstruktion in Frage, weil man jedes Rohr innen besichtigen und für sich auswechseln können muß. Bei diesen Kesseln werden die Rohre an einem Ende etwas aufgeweitet und die Rohrlöcher des auf dieser Seite liegenden Sammlers entsprechend größer ausgeführt als die des gegenüberliegenden. Dadurch wird erreicht, daß man die Rohre durch die größeren Rohrlöcher hindurch herausziehen und neue Rohre von hier aus einbauen kann. Ein Nachteil der Sammler mit eingewalzten Rohren ist die große Anzahl von Verschlüssen, die überwacht werden müssen. Die Verschlüsse müssen von außen zugänglich sein. Abb. 117 zeigt die genormten Teilkammern nach DIN 2907.

Bei neuzeitlichen Hochdruckkesseln werden die Rohre mit dem Sammler durch Schweißung verbunden. Wegen des starken Wärmeabflusses beim Schweißen ist es aber notwendig, den Sammler vor dem Schweißen anzuwärmen, eine Maßnahme, die nur in der Werkstatt durchgeführt werden kann. Deshalb werden nicht die Rohre selbst an den Sammler angeschweißt, sondern Rohrnippel, an die man dann auf der Baustelle die Rohre autogen anschweißen kann.

Der in der Werkstatt mit allen Schweißungen fertiggestellte Sammler wird spannungsfrei geglüht.

Abb. 118 zeigt eine brauchbare Ausführung solcher Nippel.

Sammler mit geschweißten Rohrnippeln können unbedenklich der Strahlung der Flamme ausgesetzt werden, wenn man die Wanddicke nicht größer als notwendig macht und damit unnötige Wärmespannungen vermeidet.

Ein Sonderfall stark beheizter Sammler sind die Rostwangensammler, die vielfach gleichzeitig als untere Sammler für die Kühlrohre der Brennkammerseitenwände benutzt werden.

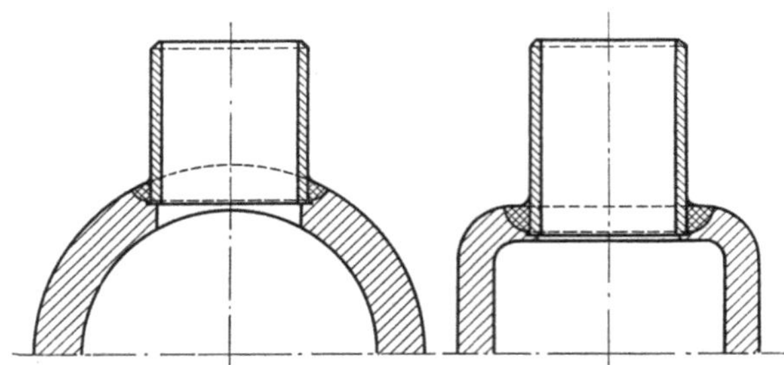

Abb. 118. Geschweißte Rohrnippel

Da diese nur von einer Seite aus beheizt werden, krümmen sie sich im Betrieb. Man kann diese Erscheinung dadurch mildern, daß man dem Sammler vor dem Einbau eine Krümmung erteilt, die der zu erwartenden entgegengesetzt gerichtet ist. Über das Ausmaß der Krümmung kann man sich durch eine Wärmeübergangsbetrachtung leicht ein Bild verschaffen. Bei langen Rosten werden die Seitenwandsammler auch unterteilt, um das Krümmungsmaß zu verkleinern.

Eingewalzte Rohre stehen mit ihrem Bördel nach innen in den Sammler hinein über. Auch bei einigen Arten von Schweißverbindungen kommen solche Überstände vor. Liegen nun alle Rohranschlüsse in der oberen Wand, also in der Decke des Sammlers, wie es bei Rostkühlbalken oft der Fall ist, so muß sich im Sammler ein Dampfraum ausbilden, der so hoch ist wie der Überstand der Rohre. Dies kann zu Überhitzungen des Werkstoffes führen. Auch kann sich an solchen Stellen Sauerstoff ansammeln, der den Werkstoff durch nadelförmige Korrosionslöcher zerstört. Auch die toten Enden stark beheizter Sammler, die nicht vom Wasserumlauf berührt werden, sind Sammelstellen für aggressiven Sauerstoff, besonders dann, wenn sich in ihnen poröser Schlamm ansammelt, der im Betrieb nicht entfernt werden kann. Liegen solche Enden in beheizten Zonen des Kessels, so muß dafür gesorgt werden, daß sie keine „toten" Enden, sondern in den Wasserumlauf eingeschaltet sind. Dies kann z. B. dadurch geschehen, daß man ein Fallrohr in den Boden des Sammlers einführt.

An dem unteren Sammler eines Wasserkreislaufes muß eine Ablaßvorrichtung angeschlossen werden, damit sich im Betrieb nicht zuviel Schlamm im Sammler ansammeln kann, der die Rohreintritte verstopfen könnte, und damit man im Stillstand das gesamte Wasser aus dem System ablaufen lassen kann. Der Ablaßstutzen muß so angeordnet werden, daß bei seiner Öffnung der gesamte im Sammler vorhandene Schlamm in Bewegung kommt und abfließt.

4. Stutzen

Der in Abb. 118 dargestellte Rohrnippel ist das Vorbild für eine zweckmäßige Ausführung der Stutzen an Trommeln und Sammlern. Er bildet den Abschluß einer jahrelangen mühsamen Entwicklung.

Ehe man die Schweißverbindung auf den hohen heutigen Stand gebracht hatte, wurden lange Zeit hindurch die Stutzen an die Kessel angenietet, eine Verbindung, die auch heute noch im Großwasserraumkesselbau angewendet wird. Diese Verbindung hat verschiedene Nachteile:

1. Die Schwächung der Trommel durch das Rohrloch wird nicht aufgehoben, sondern durch die zusätzlich erforderlichen Nietlöcher auf diese übertragen.

2. Das Anpassen des Stutzenkragens auf das gekrümmte Kesselblech ist eine sehr schwierige Kesselschmiedearbeit, die nur von besonders tüchtigen Handwerkern sauber ausgeführt werden kann. Ein hervorragendes Kunstwerk dieser Art ist der Domflansch bei Großwasserraumkesseln.

Eine Verbesserung gegenüber dem angenieteten Stutzen ist das eingewalzte Stutzenrohr. Einige Firmen versehen das Rohrloch mit Gewinde und schrauben das Stutzenrohr ein, um es hinterher noch festzuwalzen. Andere begnügen sich mit der Verwendung von Walzrillen, um zu verhindern, daß das Rohr aus dem Loch herausgleitet, wenn sich die Verbindung einmal lockert. Die eingewalzten Stutzen haben sich besonders bei kleinen Durchmessern gut eingeführt.

Bei den geschweißten Stutzen hatte man anfangs starke Bedenken, daß die Verbindung den Betriebsbeanspruchungen nicht gewachsen sein könnte, und eine große Sorge wegen Schweißfehlern, die unentdeckt bleiben würden. Man hat deshalb auch hier eingeschraubte Stutzen verwendet, die hinterher dichtgeschweißt werden. Erst die scharfen Prüfungen, denen sich heute die Kesselschweißer unterziehen müssen, haben es ermöglicht, auf die reine Schweißverbindung überzugehen. Für verhältnismäßig dünnwandige Trommeln wird eine Ausführung der Stutzen mit Bund verwendet. Das ist eine auf der Innenseite des Trommelblechs an dieses angeschweißte Verstärkungsplatte, wodurch die Wanddicke der Trommel an der betreffenden Stelle vergrößert wird. Hierdurch werden die Lochrandspannungen verringert und die Biegungssteifigkeit der Verbindung wesentlich erhöht. Diese Konstruktion kommt vorzugsweise dann in Frage, wenn an den Stutzen eine Rohrleitung angeschlossen ist, durch die Schubkräfte auf ihn übertragen werden können.

Bei Hochdruckkesseln mit großer Wanddicke kann man auf den Bund verzichten. So ist heute der Rohrnippel mit Tulpenschweißung für alle Druckstufen als einwandfreie Stutzenkonstruktion zu betrachten.

Eine Sonderstellung nimmt der Speisestutzen an der Obertrommel von Kesseln ein, in die das Wasser mit einer Temperatur eingespeist wird, die unter der Sattdampftemperatur liegt. Solche Stutzen werden infolge der Temperaturdifferenz leicht undicht. Außerdem ist eine Alterung des Blechwerkstoffes zu befürchten, da die Temperatur häufig wechselt. Denn sobald die Speisung ausgesetzt wird, steigt die Temperatur auf den Sattdampfwert, um dann schnell wieder zu fallen, sobald die Speisung wieder einsetzt. Es handelt sich also um Wärmewechselbeanspruchungen.

Man muß also verhindern, daß zwischen dem kalten Wasser und der Trommelwand ein Wärmeübergang zustande kommt. Diesem Zweck dient beispielsweise ein Schutzrohr mit 2—3 mm Wanddicke, das in das Stutzenrohr zentrisch eingesetzt wird, so daß das Wasser durch dieses Schutzrohr in die Trommel gelangt.

Abb. 119 zeigt einen solchen Speisestutzen, der als Walzverbindung ausgeführt ist. Die Zentrierung des Schutzrohres erfolgt durch drei an dieses angeschweißte Nocken,

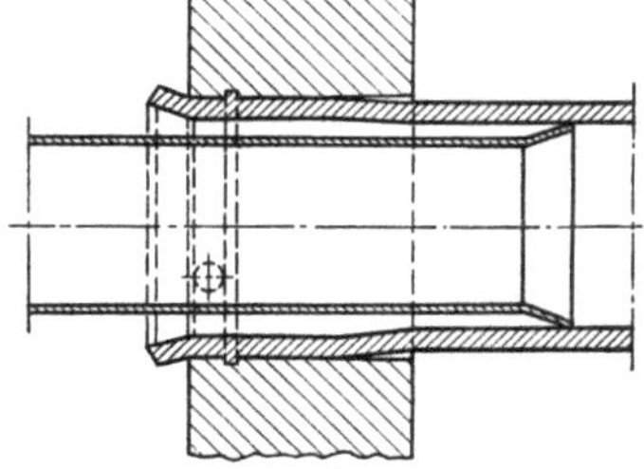

Abb. 119. Speisestutzen

die in das eingewalzte Speiserohr genau eingepaßt werden müssen. Wird der Stutzen eingeschweißt, so kann man auch die Zentrierung des Schutzrohres durch Schweißungen erreichen, eine Ausführung, die der Walzverbindung vorzuziehen sein dürfte.

Zum Abschluß dieses Abschnittes bringen wir noch eine Übersicht über Werkstoffe für Flansche und Vorschweißbunde (Tab. 41, S. 204).

D. Die Walzverbindung

1. Vorbereitung

Das einzuwalzende Rohrende wird vor dem Einwalzen kalibriert und dann normal-geglüht, so daß es sich in einem vollkommen ausgeglichenen Zustand befindet. Seine Oberfläche wird durch Abstrahlen, Befeilen in Umfangsrichtung oder Abschleifen entzundert und blank gemacht, so daß sie etwa in dem Zustand einer mit der Schlichtfeile bearbeiteten Fläche ist. Das Rohrende soll auf eine Länge von mindestens doppelter Lochwanddicke gerade sein.

Tabelle 41. *Warmfeste Stähle für Flansche und Vorschweißbunde nach Stahl-Eisen-Werkstoffblatt 620-51 vom September 1951*

1. Chemische Zusammensetzung

Zug-festig-keit K_z bei 20 °C kp/mm²	Marke	Gehalt in %								Normal-glüh-tempe-ratur
		C	Si	Mn	P	S	Cr	Mo	V	°C
45 bis 55	C 22	0,18 bis 0,25	0,15 bis 0,35	0,30 bis 0,60	bis 0,045	bis 0,045	—	—	—	880 bis 910
	CK 22	0,18 bis 0,25	0,15 bis 0,35	0,30 bis 0,60	bis 0,035	bis 0,035	—	—	—	880 bis 910
44 bis 53	15 Mo 3	0,12 bis 0,20	0,15 bis 0,35	0,50 bis 0,70	bis 0,04	bis 0,04	—	0,25 bis 0,35	—	910 bis 940
	15 Cr Mo 3	0,10 bis 0,18	0,15 bis 0,35	0,60 bis 0,90	bis 0,04	bis 0,04	0,60 bis 0,90	0,10 bis 0,20	—	910 bis 930
44 bis 56	13 Cr Mo 44	0,10 bis 0,18	0,15 bis 0,35	0,40 bis 0,70	bis 0,04	bis 0,04	0,70 bis 1,00	0,40 bis 0,50	—	910 bis 940
45 bis 60	13 Cr Mo V 42	0,10 bis 0,18	0,15 bis 0,35	0,40 bis 0,70	bis 0,04	bis 0,04	0,90 bis 1,20	0,20 bis 0,30	0,15 bis 0,25	910 bis 960

Alle obengenannten Stähle sind schmelzschweißbar. Für die Schmelzschweißung der Stähle C 22 und CK 22, 15 Mo 3 und 15 Cr Mo 3 wird eine Vorwärmung auf 200 °C empfohlen, für die Stähle 13 Cr Mo 44 und 13 Cr Mo V 42 ist sie erforderlich.

2. Festigkeitskennwert K

Zug-festig-keit K_z bei 20 °C kp/mm²	Marke	Mindest-Streckgrenze in kp/mm² bei °C						Mindest-DVM-Kriechgrenze in kp/mm² bei °C						
		20	200	250	300	350	400	400	425	450	475	500	525	550
45 bis 55	C 22	25	21	20	17	14	11	10	8	6	4	—	—	—
	CK 22													
44 bis 53	15 Mo 3	27	24	22	20	19	17	16	15	14	13	11	8	(4)
	15 Cr Mo 3													
44 bis 56	13 Cr Mo 44	29	27	26	25	23	21	20	19	18	16	15	11	(6)
45 bis 60	13 Cr Mo V 42													

Die Bruchdehnung ε muß bei allen Stählen mindestens $\varepsilon = 1000/K_z$ betragen.

Das Loch wird glatt geschlichtet ausgeführt und innen und außen sauber entgratet. Die geringste verbleibende Walzlänge soll möglichst nicht unter 16 mm liegen, bei Teilkammern ist dies allerdings nicht ganz zu erreichen. Um die Sicherheit der Verbindung gegen ein Herausreißen des Rohres zu erhöhen, wird gewöhnlich eine Walzrille eingedreht; das ist eine etwa 1 mm tiefe und 4 mm breite Nut, deren Kanten ebenfalls sorgfältig gebrochen werden müssen. Der Abstand der Walzrille vom Lochrand soll mindestens 7 mm betragen; bei sehr kleinen Wanddicken ist daher eine Walzrille nicht unterzubringen.

Zwischen Rohr und Loch soll etwa 0,3—0,7 mm Spiel vorhanden sein. Um in diesen Grenzen zu bleiben, müssen die Abmaße der kalibrierten Rohre festgelegt werden. Brauchbar sind die Werte der folgenden Tabelle:

Tabelle 42. *Abmaße kalibrierter Rohre*

Äußerer Rohrdurchmesser mm	32	38	44,5	51	57	70	83	102
Zulässige Abmaße mm	± 0,1	± 0,3	± 0,3	± 0,3	± 0,3	± 0,4	± 0,4	± 0,5
Lochdurchmesser mm.	32,5	38,6	45,1	51,7	57,7	70,8	84,0	103,0
Für die Berechnung der Blechstärke einzusetzender Lochdurchmesser mm.	33	39	46	52,5	58,5	71,5	85	104

Die letzte Reihe dieser Tabelle zeigt, daß das Loch nach dem Einwalzen noch etwas mehr aufgeweitet ist, und man sollte diesen Umstand bei der Berechnung der Wanddicke der Kesseltrommel[1] beachten.

---

[1] Eingehende Behandlungen der Walzverbindungen findet man bei JANTSCHA, Dissertation Darmstadt 1929. ELSÄSSER: Mitt. VGB **1931**, Heft 36. E. PFLEIDERER: Dampfkesselschäden. Berlin: Springer 1934.

2. Der Walzvorgang

Nachdem Rohrende und Loch in den gewünschten Zustand versetzt sind, kann die Walzung ausgeführt werden. Zunächst wird das Rohr angewalzt, so daß es fest im Loch sitzt, ohne eigentlich zu haften. Nun beginnt das Festwalzen. Dieser Vorgang besteht darin, daß das Rohr weiter aufgeweitet wird, wodurch sich auch das Loch selbst vergrößert. Dabei wird in der Wand eine Spannung hervorgerufen, die das Loch wieder zu verkleinern sucht. Da aber das Rohrende über die Streckgrenze hinaus plastisch verformt wurde, kann es gegenüber dem Zustand seiner größten Aufweitung nur wenig nachgeben, und so verbleibt am Ende eine Kraft, mit der der Werkstoff der Wand von allen Seiten auf das Rohrende wirkt, die Haftkraft. Wird das Rohr von diesem Druck befreit, so federt es etwas nach außen und wird im Durchmesser größer, während das vom Rohr befreite Loch kleiner wird.

Die günstigste Art, eine gut haftende Walzverbindung herzustellen, bei der der Werkstoff des Rohres nicht unnötig verquetscht wird, besteht in der Maschinenwalzung mit möglichst vielen Walzsteinen. Bei diesem Verfahren wird das Rohr mit einem hohen Walzdruck schnell aufgeweitet, so daß das Material keine Möglichkeit hat, in axialer Richtung auszuweichen. Hierdurch wird die Rohrwand am wenigsten geschwächt, und das aufgeweitete Rohr bietet dem Druck des zurückfedernden Wandmaterials einen starken Widerstand. Bei der Handwalzung können so hohe Kräfte nicht aufgebracht werden, und das Rohr gerät in axialer Richtung mehr als notwendig ins Fließen, so daß die Wandstärke kleiner wird, ohne daß der erwünschte Druck auf die Lochwand erreicht werden kann.

Überwalzt ist ein Rohr,

1. wenn seine Wanddicke so gering geworden ist, daß es nicht mehr steif genug ist, um dem Haftdruck zu widerstehen. Dann kann die Haftkraft die erforderliche Höhe nicht mehr erreichen und die Walzverbindung ist nicht mehr fest genug;

2. wenn das Loch soweit aufgeweitet ist, daß die verfestigte Zone im Lochrand schon selbst die aus dem Blechwerkstoff kommende Haftkraft auffängt und deren Übertragung auf das Rohr verhindert. Die hierbei auftretende Versprödung des Blechwerkstoffes im Lochrand begünstigt Rißbildungen;

3. wenn man durch das Festwalzen eines Rohres die Walzverbindung der Nachbarrohre lockert. Dies kann eintreten, wenn die Stege zwischen den Rohrlöchern klein sind und sich der Walzdruck auf den Lochrand des Nachbarrohres auswirkt. Es tritt dann ein Ausgleich der Spannungen im Blech ein, der bewirkt, daß der Haftdruck auf die Rohre in den Nachbarlöchern geringer wird.

Durch Einwalzen kalibrierter Walzringe in die aufgeweiteten Rohrenden kann man Überwalzungen der ersten Art ausgleichen und die Verbindung dicht bekommen. Bei einer Überwalzung der zweiten Art wird durch das Einwalzen des Ringes die Versprödung des Materials im Lochrand noch vergrößert und die Gefahr der Rißbildung verstärkt. Bei einer Überwalzung der dritten Art ist auch mit Walzringen kein Dauererfolg zu erwarten; ein derart überwalztes Stück wird immer ein krankes Element im Kessel bleiben. Eine sehr unbequeme Begleiterscheinung der Walzringe ist die Tatsache, daß sie im Durchmesser an die schon eingewalzten Rohre angepaßt werden müssen. Man muß daher jeden Walzring für sich kalibrieren und kann die Ringe nicht in fertigem Zustand auf die Baustelle liefern.

Bei einer gut ausgeführten Walzverbindung beträgt die Haftaufweitung des Rohrendes $^1/_5$–$^1/_4$ der Rohrwanddicke.

Bei großen Wanddicken erstreckt sich die Walzverbindung nicht über die gesamte Lochtiefe, sondern nur über eine Länge, die durch die Möglichkeit, die erforderlichen Kräfte durch die Rohrwalze zu übertragen, begrenzt ist. Diese größte „Walzlänge" beträgt bei Rohren bis 38 mm ä. ⌀ etwa 30 mm, bei größeren Rohren 40 mm.

3. Bördelwalzung

Um die Verbindung gegen ein Herausreißen des Rohres zu sichern, besteht neben der Walzrille auch die Möglichkeit, das Rohr an seinem Ende umzubördeln. Zu diesem Zweck läßt man es beim Einwalzen um 7—12 mm, je nach Durchmesser, über den Lochrand überstehen. Die Rohrwalze ist mit Bördelsteinen versehen, die die Bördelung gleichzeitig mit dem Einwalzen durchführen. Dies muß geschehen, weil man durch ein nachträgliches Bördeln die Walzver-

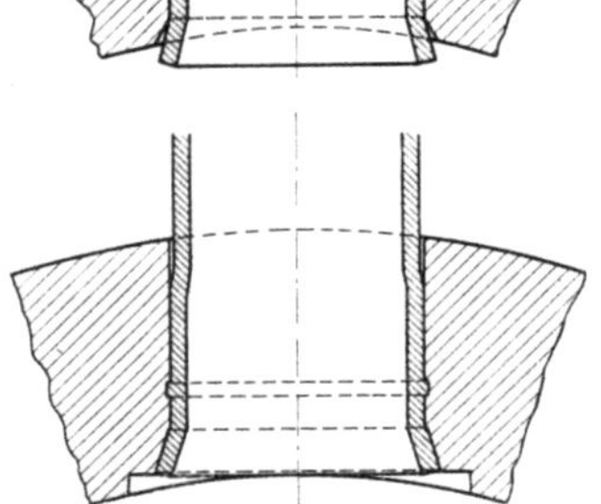

Abb. 120. Walzverbindungen.
1. Walzverbindung mit vorstehendem Bördel. 2. Walzverbindung mit Schulterbördel und Rille

bindung selbst wieder lockern würde. Der Winkel, um den das Rohr umgebördelt wird, beträgt im allgemeinen 15°.

Wird Wert darauf gelegt, daß das Rohr nicht in den Sammler oder in die Trommel hinein übersteht, so verwendet man den Schulterbördel. Bei dieser Ausführung wird das Loch am Ende konisch ausgedreht und der Bördelkragen in das Rohrloch versenkt.

Abb. 120 zeigt die verschiedenen Arten der Walzverbindung.

4. Einfluß der Werkstoffe

Die Streckgrenze des Blechwerkstoffes soll möglichst höher liegen als die des Rohres, denn der Lochrand soll ja auf Grund seiner überwiegend elastischen Verformung einen hohen Haftdruck auf das plastisch verformte Rohr ausüben. Die Verhältnisse werden aber durch die beim Walzen eintretende Verfestigung der Werkstoffe etwas verschoben, und es kann auch gelingen, ein härteres Rohr in eine weichere Wand gut einzuwalzen, wenn sich das Wandmaterial beim Einwalzen ausreichend verfestigt.

Es ist hiernach zweckmäßig, für die Kesseltrommeln die Blechsorte II oder III zu verwenden, damit man mit Rohren aus St 35.8 eine leicht herzustellende einwandfreie Walzverbindung erzielt. Auch bei der Verwendung legierter Werkstoffe ist darauf zu achten, daß Rohr- und Wandwerkstoff in der angegebenen Weise zusammenpassen.

E. Verschlüsse

1. Mannlochverschlüsse

Die Mannlöcher an den Trommeln der Nieder- und Mitteldruckkessel werden oval in zwei Größen ausgeführt, 300 × 400 mm oder 320 × 425 mm, je nach der Größe der Trommel. Neben dem älteren geschweiften Deckelprofil verwendet man heute eine Ausführung mit glattem

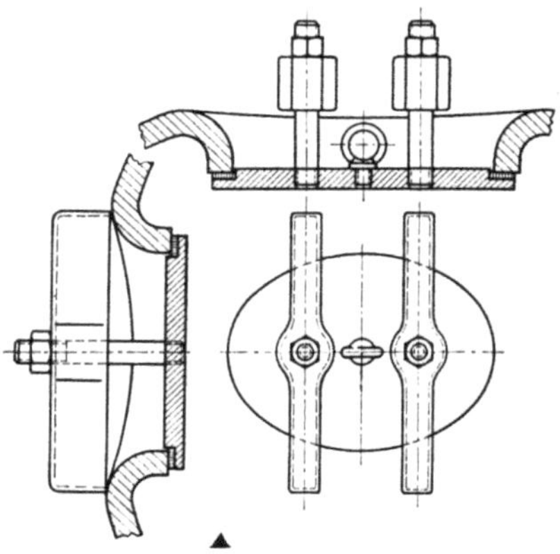

Abb. 121. Mannlochverschluß mit losem Deckel

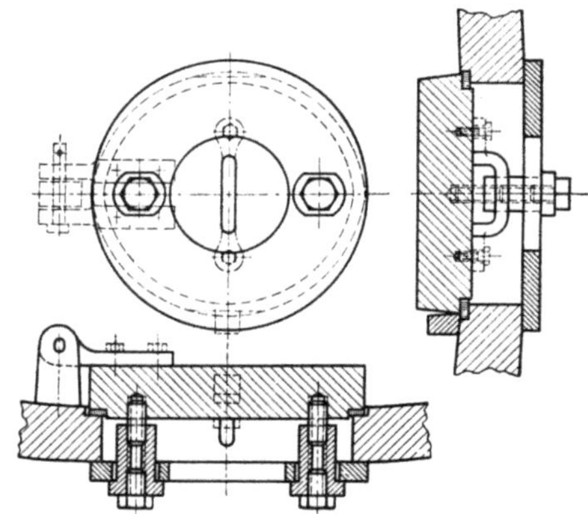

Abb. 122. Mannlochverschluß mit Schwenkdeckel

Deckel, weil die Halteschrauben die auftretenden Kräfte in beiden Fällen in gleicher Weise aufnehmen müssen und bei den glatten Deckeln eine klare rechnerische Nachprüfung auf Festigkeit möglich ist, während bei dem geschweiften Profil Stellen erhöhter Bruchanfälligkeit vorhanden sein können, die schwer zu bestimmen sind.

Abb. 121 zeigt einen glatten Deckel für einen nach innen gewölbten Boden. Die Wanddicke des Deckels beträgt

$$\begin{aligned}
&\text{bis } 32 \text{ atü: } \quad 30 \text{ mm} \\
&\text{bis } 40 \text{ atü: } \quad 40 \text{ mm} \\
&\text{bis } 64 \text{ atü: } \quad 50 \text{ mm .}
\end{aligned}$$

Als Halteschrauben verwendet man die Größe M 30 nach DIN 938. Für höhere Drücke wird der Deckel so schwer, daß man eine Handhabung ohne Hilfen nicht mehr verlangen kann. Hierfür kommen Schwenkdeckel in Frage, die an der Innenwand der Trommel an einem Schwenkarm aufgehängt sind und in die Mannlochöffnung hinein eingeschwenkt werden können. Um diese Deckel durch das Mannloch hindurch in die Trommel hineinbringen zu können, muß das Loch mehr als die oben genannten an die Kreisform angenähert werden. Es gibt die beiden Ausführungen

$$\begin{aligned}
335 \times 380 \text{ mm für Trommeln von } 650{-}850 \text{ mm } \oslash \quad \text{und} \\
380 \times 425 \text{ mm für Trommeln von } 900{-}1800 \text{ mm } \oslash \, .
\end{aligned}$$

Die Deckeldicke steigt von 50 mm bei 40 atü bis auf 100 mm bei 125 und mehr atü für das größere Mannloch. In Abb. 122 ist ein solcher Verschluß dargestellt. Dieser Verschluß wird auch für Rundlöcher von 320 mm $\oslash$ ausgeführt.

2. Handlochverschlüsse

Eine brauchbare Form ovaler Rohrlochverschlüsse wird in dem Normblatt DIN 2908 dargestellt. Die Lochgrößen sind 87×103 mm, passend für Rohre von 70 und 83 mm $\oslash$ und 106×122 mm, was dem Rohr von 102 mm $\oslash$ zugeordnet ist und vorzugsweise für Teilkammerkessel in Frage kommt. Der Pilz des ersteren der genannten Verschlüsse kann für Sammlerwanddicken bis 36 mm ohne besondere Vorkehrungen ein- und ausgebracht werden, der zweite Verschluß ist für Wanddicken bis 47 mm brauchbar.

Runde Handlochverschlüsse werden für Löcher von 50 oder 70 mm ausgeführt. Hierfür gilt das Normblatt DIN 2909. Der 50-mm-Pilz gehört zu Rohrverbindungen mit 25—44,5 mm Rohrdurchmesser, der 70-mm-Pilz für Rohre von 57 und 70 mm $\oslash$.

Walzverbindungen und Pilzverschlüsse sollten für Heißdampf über 450 °C nicht mehr verwendet werden. Schon von 325 °C an müssen legierte Werkstoffe für die Pilze verwendet werden, weil diese eine hohe Zugbeanspruchung auszuhalten haben. Die genannten Normen geben hierüber genauer Auskunft.

F. Trommel- und Rohrhalterungen

1. Aufhängung der Kesseltrommeln

Selten findet man Konstruktionen, bei denen die Obertrommel des Kessels auf dem Gerüst aufgelagert ist. Im allgemeinen wird sie aufgehängt, wodurch die Übertragung schwer übersehbarer Schubkräfte auf das Kesselgerüst vermieden wird. Für die Aufhängung benutzt man allgemein Bügel aus Rundeisen von 50, 70, 90 oder 110 mm Durchmesser, je nach dem aufzunehmenden Gewicht. Den Bügeln kann bei Verwendung von St 37–2 eine Belastung von 1200 und bei St 42–2 eine solche von 1400 kp/cm² zugemutet werden. Ein solcher Bügel wird an beiden Enden mit Gewinde versehen, und die Last wird durch die aufgeschraubten Muttern auf Tragplatten übertragen, die auf den Gerüstträgern aufliegen. Bei kurzen Trommeln genügt als Tragplatte eine etwa quadratische Platte von 300 mm Kantenlänge und 30 mm Dicke. Bei langen Trommeln verwendet man ein Pfannenlager, bestehend aus einer ebenen runden Platte von 300 mm $\oslash$ und einer linsenförmigen Gegenplatte gleicher Größe, die eine Krümmung von etwa $R = 650$ mm aufweist, so daß durch die bei der Erwärmung im Betrieb auftretende Ausdehnung der Trommel keine Verkantung der Auflagerung hervorgerufen werden kann. Eine andere Konstruktion, die den gleichen Zweck erfüllt, ist ein Rollenlager. Abb. 123 zeigt die verschiedenen Ausführungsformen der Trommelaufhängung.

Wird der Wasserraum der Trommel beheizt, so ist darauf zu achten, daß die Aufhängebügel nicht durch die Feuergase berührt werden. Sie müssen so nahe an die Böden herange-
rückt werden, daß sie noch im Schutze der Einmauerung liegen.

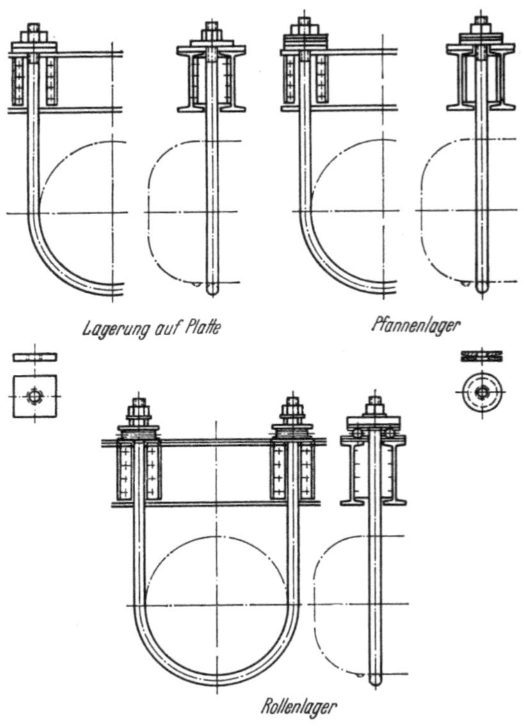

Abb. 123. Trommelaufhängungen.
1. Lagerung auf Platte. 2. Pfannenlager.
3. Rollenlager

Wichtig ist, daß die Bügel genau an die Trommel angepaßt werden. Bügel aus Stahl 42-2 müssen nach der Ausführung der Biegung spannungsfrei geglüht werden; Thomasstahl darf nicht verwendet werden.

An der Trommel muß ein Nocken ange-schweißt werden, der verhindert, daß der Bügel über den Boden hinweg abgleiten kann. Bei der Berechnung der Bügel muß das Gewicht der Trommel und aller an ihr hängenden Teile be-rücksichtigt werden. Dabei darf auch die Wasser-füllung des Kessels nicht vergessen werden.

2. Halterung der Brennkammerrohre

Wegen der Strahlung der Flamme gegen die Rohre an den Brennkammerwänden ist die Ver-wendung von Schellen zur Rohrhalterung un-zweckmäßig, denn diese würden schnell verzun-dern. Bewährt hat sich ein an das Rohr im Strahlungsschatten angeschweißter Bügel, der in einer am Kesselgerüst verankerten Öse ge-halten wird. Der Bügel muß so lang sein, daß sich das Rohr in seiner Längsrichtung bewegen kann, um seinen Wärmedehnungen zu folgen. Die Schweißverbindung muß sorgfältig und möglichst breit ausgeführt werden, damit die Wärme von dem Bügel aus gut an das wasser-

oder dampfgekühlte Rohr abfließen kann. Für die Halterung von Rohren von 32—44,5 mm Durchmesser verwendet man Bügel und Ösen von 15—16 mm Dicke, für größere Rohre 20 mm.

Durch den Platzbedarf der Halterung wird der Abstand der Rohre von der Wand festgelegt; er beträgt

für Rohre von mm ⌀	32	38	44,5	51	57	70	83	102
Abstand von Rohrmitte zur Wand mm . . .	65	70	75	90	95	100	105	115

Für die drei ersten der genannten Rohrdurchmesser, die für Strahlungsüberhitzer in Betracht kommen, legt man die Rohre zweckmäßig so eng aneinander, daß man sie durch zwischen-geschweißte Klötzchen miteinander verbinden und so gegeneinander stützen kann. Geschieht dies nicht, so wird die Einstrahlung auf die Halterungsteile zu stark, und es tritt Verzunderung ein. Für derartige Rohrwände genügt es, wenn für mehrere aneinandergeheftete Rohre eine gemeinsame Halterungsöse vorgesehen ist, die an dem mittleren Rohr angebracht wird.

In diesem Falle wird also nicht die feuerungstechnisch günstigste Rohrteilung gewählt, sondern diejenige, die mit Rücksicht auf die Lebensdauer der Halterungsteile erforderlich erscheint.

Die Halterungsteile werden aus hitzebeständigem, legiertem Werkstoff hergestellt, z. B. einem Cr—Mo- oder Cr—Si—Mo-Stahl hoher Zunderbeständigkeit.

Abb. 124 zeigt die Rohrhalterung durch Bügel und Öse.

Für die Aufhängung von Brennkammerrohren werden Anker verwendet, für die sich eine Dicke von 22 mm ⌀ bewährt hat. Um das Rohr am Anker zu befestigen, wird auf der Strah-lungsschattenseite des Rohres ein kleiner Bügel angeschweißt, durch den der Anker hindurchgesteckt wird. Der Anker selbst oder der Teil desselben, der in der Brennkammer und im Bereich des Schamottemauerwerkes liegt, besteht aus hitzebeständigem Werkstoff. Das obere Ende des Ankers wird mit Gewinde versehen, auf das eine Tragmutter aufgeschraubt wird. Diese findet ihre Auflage auf einer auf den Gerüstträgern liegenden Tragplatte, eine Konstruktion, wie sie ähnlich auch für die Trommelaufhängung beschrieben wurde (Abb. 125).

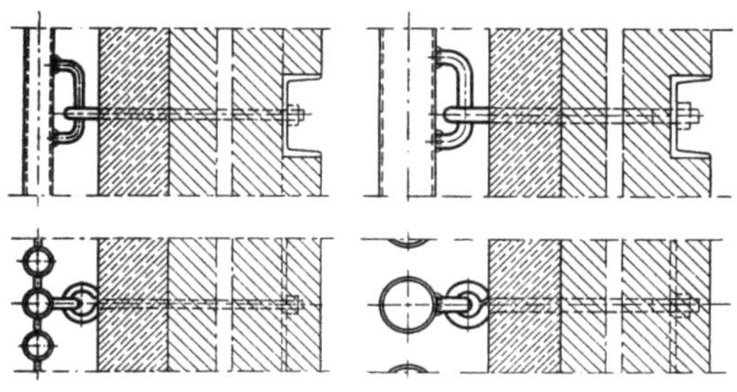
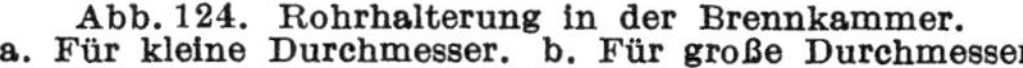

Abb. 124. Rohrhalterung in der Brennkammer.
a. Für kleine Durchmesser. b. Für große Durchmesser

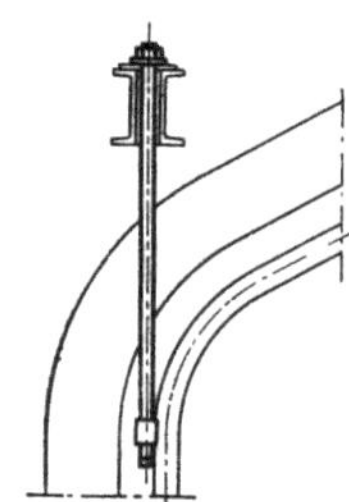

Abb. 125. Rohraufhängung in der Brennkammer

Das Rohr hat am Aufhängepunkt, wo es mit dem Anker verbunden ist, Spielraum, um sich in der Horizontalen hin und her zu bewegen. Soll ein bestimmter Punkt des Rohres als Fixpunkt in jeder Richtung ausgebildet werden, so muß dort sowohl eine Aufhängung durch einen Anker, als auch eine Halterung durch Bügel und Öse angebracht werden.

3. Aufhängung von Teilkammern

Teilkammern werden im allgemeinen an Ankern von 30 mm ∅ aufgehängt, die ähnlich wie die Trommelbügel mittels Tragmuttern und Tragplatten vom Kesselgerüst getragen werden. Um unkontrollierbare Schubkräfte zu vermeiden, muß man zwischen Kammer und Anker eine Laschenverbindung einschalten. Abb. 126 zeigt diese Konstruktion, die ohne weitere Bemerkungen verständlich ist. Die untere Öse wird in die Teilkammer eingeschraubt und der aufliegende Bund dicht geschweißt.

4. Aufhängung von Deckenrohren und hängenden Überhitzern

Zur Halterung der Überhitzerrohre, die die Kesseldecke gegen die Einstrahlung der heißen Gase schützen, kann man Ringe aus einer zunderbeständigen Stahllegierung verwenden. Das Spiel zwischen Ring und Rohr gibt diesem die Möglichkeit, sich in seiner Längsrichtung zu bewegen. Wird die Schelle nicht aus einem nahtlosen, sondern einem geschweißten Rohrstück angefertigt, so ist es zweckmäßig, die

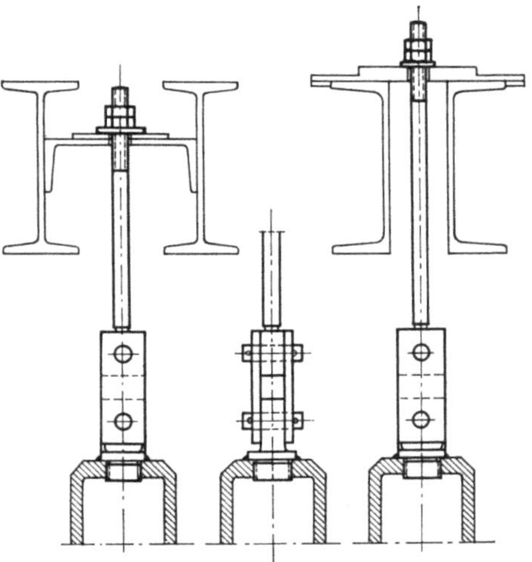

Abb. 126. Aufhängung der Teilkammern mit Lasche und Anker

Schweißnaht so zu legen, daß sie nicht der Gasstrahlung ausgesetzt ist, sondern unter der Anschweißstelle des Ankers, der den Ring hält, verschwindet.

Auch für hängende Überhitzer, die aus einfachen Schlangen bestehen, ist diese Art der Aufhängung brauchbar. Gehen die Deckenrohre noch oberhalb der Überhitzerschlangen vorbei, so werden zwei Ringe übereinander gehängt, die durch ein zwischengeschweißtes Klötzchen miteinander verbunden sind. Dieses und der Anker werden aus einem zunderbeständigen Werkstoff hergestellt. Das gleiche gilt für den Schweißwerkstoff. Abb. 127 zeigt diese Aufhängekonstruktion für Deckenrohre und Überhitzerrohre.

Man kann die Verwendung zunderbeständiger Werkstoffe einschränken, wenn man die Überhitzerschlangen durch die Kesseldecke hindurchführt und so die Aufhängekonstruktion aus dem Rauchgasstrom herauslegt. Zwei einfache Ausführungen dieser Art zeigt Abb. 128. Die Schlangenbögen liegen auf Stahlkämmen, die im Kesselgerüst ruhen oder sind mit Rohrschellen an Profileisen aufgehängt.

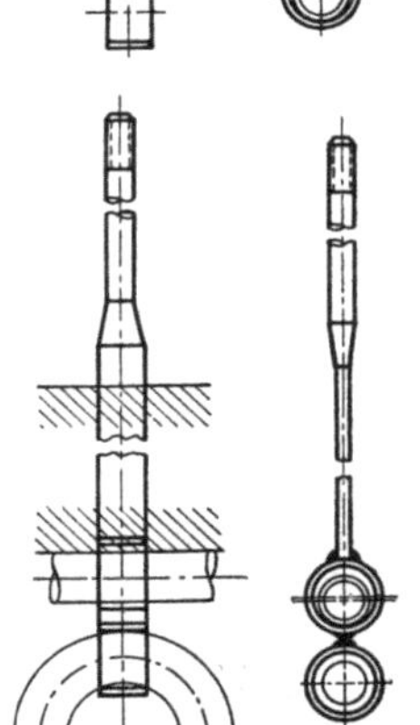

Bei dieser Ausführung ist die Durchdringung der Kesseldecke zu beachten. Diese wird am besten aus Stampfschamotte hergestellt. Um sie zu halten, werden an die Überhitzerrohre Flossen angeschweißt, auf denen dieser Teil der Decke aufliegt.

Damit die Schlangen sich im Betrieb nicht verwerfen, werden sie am unteren Ende mit Schellen an Flachstahlbändern befestigt, die sie gegeneinander stützen. Alle diese Balken, Anker und Bänder bestehen aus zunderbeständigem Werkstoff.

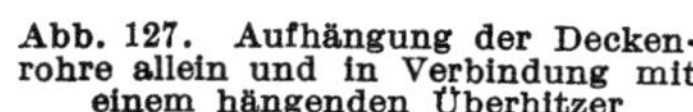

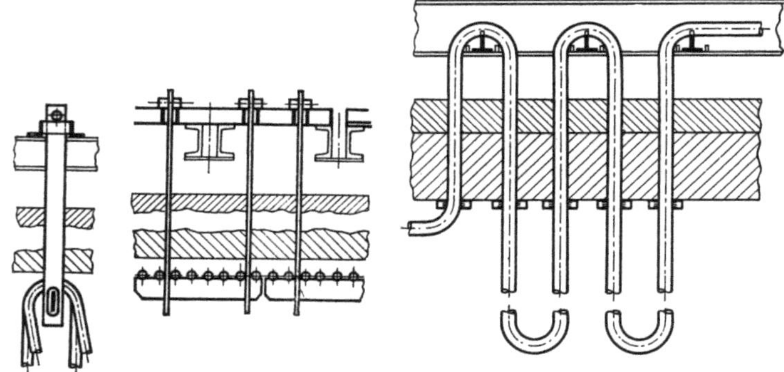

Abb. 127. Aufhängung der Deckenrohre allein und in Verbindung mit einem hängenden Überhitzer

Abb. 128. Aufhängung hängender Überhitzerschlangen außerhalb des Rauchgasstromes
a) Mit untergeschobenen Stahlkämmen, b) mit Rohrschellen

5. Halterung liegender Schlangenrohre

a) Aufhängung

Für liegende Überhitzer, die in einer Zone hoher Rauchgastemperatur liegen, ist die sicherste Aufhängung die an besonderen senkrecht geführten Überhitzerrohren. Bei Schlangenrohrvorwärmern hat sich die Aufhängung an Vorwärmerrohren gut eingeführt. Man führt dann das Speisewasser zunächst von oben nach unten durch die Tragrohre und dann von unten nach oben durch die Schlangenrohre bis zum Austrittssammler, von dem aus es durch Rohrleitungen zur Kesseltrommel gelangt.

Die einfachste und beste Verbindung zwischen Schlangen- und Tragrohren ist die durch Bügel, die an die letzteren angeschweißt werden und durch die man die Schlangenrohre hindurchsteckt. Dies ergibt eine ganz einwandfreie Halterung, bei der sich die Schlangen in ihrer Längsrichtung frei ausdehnen können. Allerdings verzichtet man dabei auf die Möglichkeit, eine Schlange allein auszuwechseln. Hierauf hat man früher großen Wert gelegt, neuerdings aber erkannt, daß die Betriebe keinen Gebrauch davon machen, weil die Auswechslung einer einzelnen Schlange immer sehr mühsam und zeitraubend ist. Man schweißt die Enden einer defekten Schlange zu und überläßt die Schlange der Verzunderung.

Abb. 129 zeigt diese Ausführung. Da die Schweißverbindungen mit größter Sorgfalt hergestellt werden müssen, empfiehlt es sich, das Schlangenpaket mit den zugehörigen Tragrohren in der Werkstatt fertig zu machen. Die Verlängerung der Tragrohre bis zur Trommel oder zum nächsten Sammler oder Verbindungsstück kann durch stumpf angeschweißte Rohre auf der Baustelle hergestellt werden.

Liegt die Rauchgastemperatur unter 800 °C, so kann man die Schlangenrohre auch an zunderbeständigen Ankern aufhängen, wie Abb. 130 zeigt. Angeschraubte Bügel sind den angeschweißten in bezug auf Haltbarkeit unterlegen. Tragkonstruktionen, in denen Biegungsbeanspruchungen auftreten, sind möglichst zu vermeiden.

b) Auflagerung auf Stützen

Rohrschlangen von Vorwärmern, die von den Rauchgasen mit niedrigerer Temperatur bestrichen werden, können auch durch Stützen gehalten werden. Eine vielfach, besonders im Bensonkesselbau eingeführte Bauweise löst diese Aufgabe durch schwere Tragrohre, die

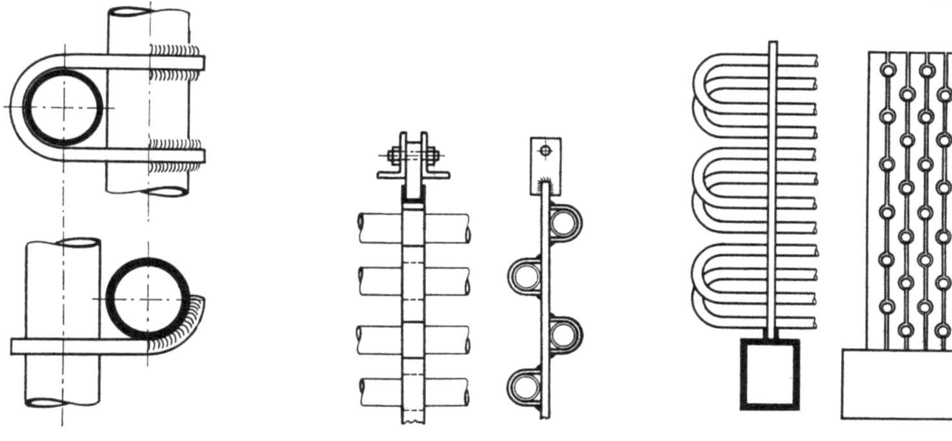

Abb. 129. Aufhängen der Überhitzerrohre an Tragrohren mit geschweißten Bügeln

Abb. 130. Aufhängung der Schlangenrohre an Flachankern mit geschweißten Bügeln

Abb. 131. Halterung liegender Rohrschlangen durch Stützen

unterhalb des Vorwärmers den Rauchgasstrom überbrücken. Die gußeisernen Stützen zur Halterung der Schlangen werden auf solchen Tragrohren aufgestellt. Vielfach werden die Stützen so breit ausgeführt, daß sie sich gegenseitig berühren und zusammen eine Wand bilden (Abb. 131).

Man kann solche Stützwände auch aus Schamotte herstellen, indem man entweder Formsteine oder Stampfmasse verwendet. Für solche Wände hat sich eine Dicke von 130 mm bewährt. Vor der Errichtung der Wand werden die Schlangen an den Durchtrittsstellen mit Pappmanschetten umwickelt; diese verbrennen dann im Betrieb und geben den Schlangen das erforderliche Spiel frei. Diese Bauart hat den gußeisernen Stützen gegenüber den Vorteil einer wesentlich größeren Beständigkeit, denn die Stützen können sich schief stellen, so daß die Rohre herausspringen, was bei der glatten Wand nicht vorkommen kann (Abb. 132).

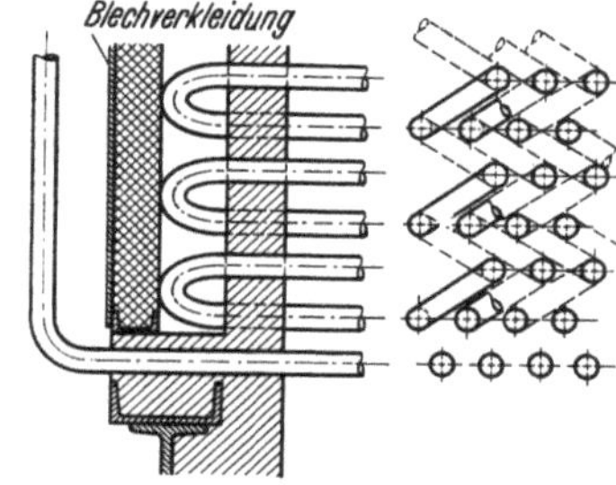

Abb. 132. Halterung liegender Rohrschlangen durch Schamottewände

An Stelle der von Wasser durchflossenen Tragrohre kann man auch, wenn die Rauchgastemperatur niedrig genug ist, einfache gußeiserne Profilträger oder sogar solche aus Stahl verwenden. Nimmt man aber wassergekühlte Tragrohre, so führt man Speisewasser durch diese hindurch, ehe es dem Vorwärmer zugeführt wird.

IX. Aufbau und Verhalten von Überhitzern
A. Gestaltung von Überhitzern
1. Gesichtspunkte für die Konstruktion

Gestaltung und Anordnung des Überhitzers hängen in hohem Maße vom Aufbau des gesamten Dampferzeugers ab. Dies zeigen die Beispiele des Abschn. XI in eindrucksvoller Weise. Bei Flammrohrkesseln, Kammer- und Teilkammerkesseln ordnet sich der liegende Berührungsüberhitzer organisch in den Gesamtaufbau der Kesselanlage ein, bei Mehrtrommel-Steilrohrkesseln

14*

schiebt man einen hängenden Überhitzer zwischen das vordere und hintere Kesselrohrbündel. Bei neuzeitlichen Strahlungskesseln findet man hängende oder liegende Berührungsüberhitzer, kombiniert mit Strahlungs- oder Schottüberhitzern in vielfältiger Anordnung.

Bei Kesselanlagen für niedrige oder mittlere Betriebsdrücke mit Heißdampftemperaturen bis etwa 450 °C genügt ein Überhitzer, in dem die Wärme im wesentlichen durch Berührung übertragen wird (Berührungsüberhitzer). Bei hohen Drücken wird jedoch die Verdampfungswärme immer kleiner und die Überhitzungswärme immer größer, so daß es notwendig wird, einen Teil der Überhitzerheizfläche in die Brennkammer zu verlegen. Man verwendet dann entweder Strahlungsüberhitzer oder Schottüberhitzer. Strahlungsüberhitzer bestehen aus Rohrsystemen, die an den Wänden der Brennkammer angeordnet sind, Schottüberhitzer bestehen aus flachen Rohrpaketen, die in Form von Schottwänden im Abstand von 0,7—1 m in die Brennkammer hineinhängen. Abb. 133 zeigt einen Schottüberhitzer in perspektivischer Darstellung, um die Anschauung zu erleichtern. Besitzt ein Kessel neben dem Frischdampfüberhitzer noch einen Zwischenüberhitzer, dann verschiebt sich das Verhältnis der erforderlichen Verdampferheizfläche zur Überhitzerfläche noch mehr zugunsten der letzteren, und um so mehr muß man strahlende Wärme für die Beheizung der Überhitzer ausnutzen.

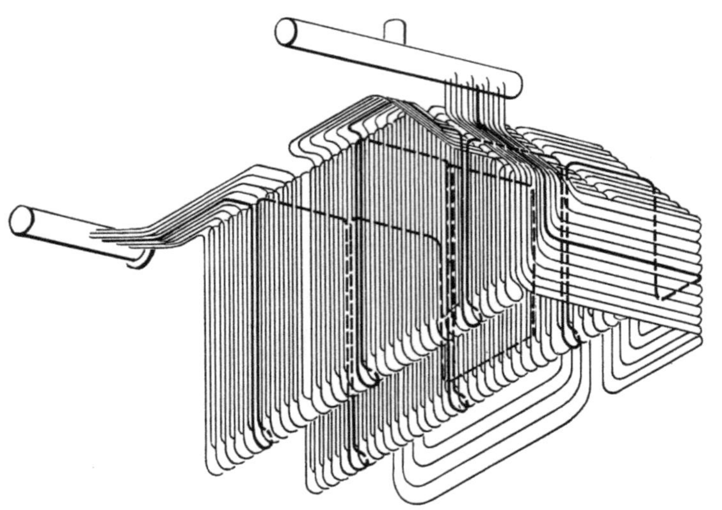

Abb. 133. Schottüberhitzer

Berührungsüberhitzer werden aus Rohrschlangen mit engem Querschnitt, 38 oder 32 mm ä. $\varnothing$, gebildet, in denen man mit einer Dampfeintrittsgeschwindigkeit von 15—30 m/s rechnet, um eine gleichmäßige Dampfverteilung zu erreichen; bei Strahlungs- und Schottüberhitzern geht man an die obere Grenze dieses Spielraumes.

Wird der Überhitzer groß, so lohnt es sich, den kälteren Teil der Schlangen aus unlegiertem oder schwach legiertem Stahl und nur den heißeren Teil aus höher legiertem Werkstoff herzustellen.

Der kältere Teil eines Berührungsüberhitzers, in dem sich die Temperatur noch nicht weit von der Sattdampftemperatur entfernt, kann im Gleichstrom oder Gegenstrom geschaltet werden. Obwohl die Heizfläche bei Gleichstrom größer wird, können konstruktive Vorteile überwiegen, die diese Bauweise rechtfertigen. Für das Ende des Überhitzers wird meistens die Gegenstromschaltung gewählt werden müssen.

Bei der Auslegung eines Überhitzers kommt es nicht unbedingt darauf an, mit möglichst kleinen Heizflächen auszukommen. Denn die laufenden Meter Rohr, die die Heizfläche bilden, sind für den Preis der Kesselanlage allein keineswegs ausschlaggebend. Wird beispielsweise eine Einsparung an Heizfläche durch einen Mehraufwand an Sammlern, Formsteinen oder umbautem Raum erkauft, so wird damit durchaus nicht immer die beste Lösung der Konstruktionsaufgabe erreicht.

Diese Überlegung gilt auch für die so oft besprochene Frage, ob eine Heizfläche vom Rauchgas gut bestrichen wird. Es kann durchaus lohnender sein, ein Rohrschlangenpaket um zwei Windungen größer zu machen, als durch verwickelte Gerüst- oder Einmauerungs-Konstruktionen eine beste Bestreichung der Schlangen durch das Rauchgas anzustreben.

2. Temperaturregelung

Trotz gut entwickelter Verfahren zur wärmetechnischen Berechnung der Dampferzeuger muß man damit rechnen, daß die verlangte Heißdampftemperatur im Betrieb nicht genau getroffen wird. Darüber hinaus ist aber noch zu beachten, daß das Rauchgas in einem Querschnitt nicht überall die gleiche Temperatur hat und infolgedessen eine gleichmäßige Beheizung aller nebeneinander liegenden Überhitzerschlangen nicht zu erreichen ist. Besonders bei großen Kesseln ist dies der Fall. Man muß deshalb Maßnahmen treffen, um einerseits die verlangte Heißdampftemperatur sicher zu erreichen, andererseits aber eine Überbeanspruchung des Rohrwerkstoffes durch zu hohe Temperaturen zu verhindern.

Bei Anlagen mit Dampftemperaturen bis etwa 450 °C ist der zulässige Spielraum verhältnismäßig groß, und es ist unbedenklich, eine zu hohe Dampftemperatur durch einen hinter dem Überhitzer liegenden Kühler auf den gewünschten Wert herunter zu regeln. Bei neuzeitlichen Anlagen mit höheren Heißdampftemperaturen muß man die Regelung so gestalten, daß die mittlere Dampftemperatur an keiner Stelle des Überhitzers über der Solltemperatur liegt. Dies wird dadurch erreicht, daß man den Überhitzer unterteilt und den Kühler zwischen die beiden Überhitzerteile einschaltet.

Eine andere Möglichkeit, die Heißdampftemperatur zu beeinflussen, besteht in dem Einbau eines Regelschiebers im Rauchgaskanal, durch den man das Rauchgas zwingt, entweder den Überhitzer voll zu beaufschlagen oder ihn zum Teil zu umgehen (vgl. Abb. 134). Ein solcher Schieber besteht, um Klemmungen zu vermeiden, aus kleinen Blechtafeln aus zunderbeständigem Werkstoff, die durch Ringe miteinander verbunden sind. Bei entsprechender Gestaltung der Rauchgaszüge kann an die Stelle des Regelschiebers auch eine Rauchgasklappe treten. Diese darf aber nicht in einer Temperatur über 600 °C liegen. Von solchen rauchgasseitigen Regelorganen darf man keine sehr starke Wirkung erwarten. Denn da der Wärmeübergang in diesem Temperaturbereich zu einem wesentlichen Teil durch Strahlung erfolgt, die Ablenkung des Rauchgasstromes aber nur auf den Wärmeübergang durch Berührung wirken kann, so ist der Regelbereich derartiger Anordnungen im allgemeinen auf 20—25 grd begrenzt. Ein weiterer Nachteil der Rauchgasschieber und -klappen liegt darin, daß durch die Abschaltung von Heizfläche die gesamte Wärmeaufnahme der Anlage abnimmt und die Abgastemperatur steigt. Bei Anwendung eines Dampfkühlers bleibt die Heizfläche eingeschaltet und erzeugt auf dem Umweg über den Kühler zusätzlich Dampf. In diesem Falle ist also die Abgastemperatur etwas niedriger als beim eingeschalteten Regelschieber.

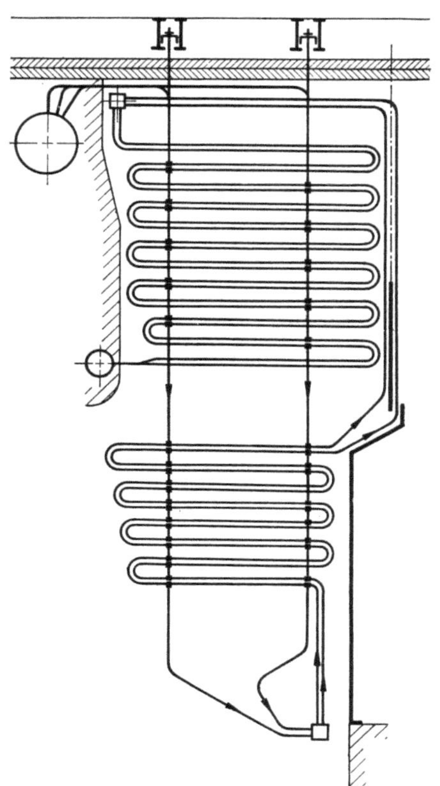

Abb. 134. Liegender Überhitzer, dessen erster Teil im Gleichstrom, der zweite im Gegenstrom geschaltet ist. Regelung durch einen Rauchgasschieber

Über den Leistungsbereich, in dem die Heißdampftemperatur konstant gehalten werden soll, muß vor der Auslegung des Kessels eine Vereinbarung getroffen werden. Als „Charakteristik" bezeichnet man die Abhängigkeit der Dampftemperatur von der Kesselleistung, und diese Charakteristik ist bei den verschiedenen Überhitzerbauarten ganz unterschiedlich. Beim Berührungsüberhitzer steigt die Dampftemperatur mit steigender Kesselbelastung. In vielen Fällen liegt bei solchen Anlagen die Heißdampftemperatur bei Vollast um etwa 15—25 grd über der bei Regellast. Bei halber Kesselleistung fällt sie gegenüber der bei Regellast um etwa 25—40 grd ab. Je näher der Überhitzer an der Brennkammer liegt, je kleiner also die „Vorheizfläche" ist, um so flacher verläuft die Charakteristik. Im Strahlungsüberhitzer dagegen sinkt die Heißdampftemperatur mit ansteigender Belastung. Dies ist leicht erklärlich, denn besonders bei hoch belasteten Kammern nimmt die Flammentemperatur nur wenig ab, wenn weniger Brennstoff aufgegeben wird; dann wird also die kleinere durch die Rohre strömende Dampfmenge höher erhitzt. Diese Tatsache ist besonders beim Anfahren des Kessels zu beachten. Ein Strahlungsüberhitzer muß deshalb beim Anfahren entweder mit Wasser gefüllt sein, oder es muß durch eine besonders reichlich bemessene Anfahrleitung dafür gesorgt werden, daß immer genügend Dampf zur Kühlung durch die Rohre hindurchströmt.

Im allgemeinen wird der Strahlungsüberhitzer mit einem Berührungsüberhitzer gekoppelt, und zwar so, daß der Dampf zuerst durch den Strahlungsüberhitzer strömt und dann durch den anderen. So wird der Strahlungsteil durch den kälteren Dampf beaufschlagt, was zweckmäßig ist, um die Rohre zu schonen, denn man muß berücksichtigen, daß die Wandtemperatur im Strahlungsüberhitzer um 30—50 grd über der Dampftemperatur liegen kann. Und je nachdem, wie die Heizfläche in der Brennkammer angeordnet ist, kann eine recht ungleichmäßige Beheizung der parallel geschalteten Rohre eintreten. Bei Hochdruckanlagen mit Heißdampftemperaturen von 550 °C und mehr, besonders wenn außerdem ein Zwischenüberhitzer für eine gleich hohe Temperatur eingebaut werden soll, muß man auch den Strahlungs- oder Schottüberhitzer als Endstufe mit der höchsten Dampftemperatur verwenden. Dann handelt es sich in erster Linie darum, einen Rohrwerkstoff zu finden, der bei solchen Beanspruchungen noch ausreichende Langzeitwerte aufweist. So ist die Frage der Weiterentwicklung des Kesselbaues zu immer höheren Dampfdrücken und -temperaturen eng verbunden mit der Entwicklung warmfester Stähle für höchste Anforderungen.

Durch die Übereinanderlagerung der beiden einander entgegengesetzten Abhängigkeiten von der Kesselbelastung beim Strahlungs- und Berührungsüberhitzer kann man erreichen, daß die Dampftemperatur von der Belastung in weiten Grenzen nahezu unabhängig wird und der Dampfkühler nur wenig zu wirken hat.

Verwendet man den Überhitzer als Schottenheizfläche am Ende der Brennkammer, so erreicht man ebenfalls eine ganz flache Charakteristik, denn dieser Überhitzer wirkt ja gleichzeitig als Strahlungs- und Berührungsüberhitzer.

B. Verhalten des Überhitzers bei geänderten Betriebsverhältnissen

1. Einfluß des Luftüberschusses und des Gasgehaltes der Kohle

Wird der Luftüberschuß erhöht, so steigt die Heißdampftemperatur im Berührungsüberhitzer. Dies gilt besonders für Kessel mit schwach belasteten Brennkammern. Die Durchrechnung eines Beispiels zeigte, daß bei einer Steigerung des Luftüberschusses von 25 auf 50% die Heißdampftemperatur bei der Verfeuerung von Eßkohle um 20 grd und bei Gasflammkohle um 25 grd ansteigt. In diesem Beispiel wurde eine Brennkammerbelastung von 200 000 kcal/m³h angenommen. Bei 160 000 kcal/m³h steigen die Zahlen auf 27 und 35 grd an. Wegen dieses starken Einflusses des Luftüberschusses kann man sich bei der Inbetriebsetzung eines neuen Kessels leicht täuschen. Ist die Feuerung noch nicht richtig eingestellt, so arbeitet man zunächst einmal gern mit einem höheren Luftüberschuß, weil dies die Bedienung der Anlage erleichtert. Dann erhält man jedoch eine zu hohe Dampftemperatur und folgert daraus leicht, daß der Überhitzer zu groß sei. Man muß aber abwarten, welche Dampftemperatur sich ergibt, wenn die Feuerung erst richtig eingeregelt ist, ehe man bauliche Änderungen in Betracht zieht.

Auf Grund dieser Zusammenhänge kann man auch im Betrieb die Abhängigkeit der Dampftemperatur von der Kesselbelastung mildern, wenn man bei Teillast mit höherem, und bei Vollast mit niedrigerem Luftüberschuß fährt als bei Regellast.

Bei Rostfeuerungen ist zu beachten, daß beim Übergang auf eine andere Kohle, die mit einem höheren Luftüberschuß gefahren werden muß, die Dampftemperatur steigen wird.

Auch der Gasgehalt der Kohle beeinflußt die Dampftemperatur, und zwar nimmt sie mit dem Gehalt der Kohle an flüchtigen Bestandteilen etwas zu.

2. Einfluß der Speisewassertemperatur

Wird die Speisewassertemperatur herabgesetzt, dann steigt die Dampftemperatur. Dies ist leicht verständlich, denn die aufzubringende Erzeugungswärme für 1 kp Sattdampf wird größer, während die Wärmeaufnahme im Überhitzer gleich bleibt. Eine Nachrechnung ergab, daß man für je 20 grd kälteres Speisewasser eine Steigerung der Überhitzung um 5 grd ansetzen kann. Diese Regel ist vom Heizwert der Kohle — in gewissen Grenzen — unabhängig.

3. Einfluß einer Druckabsenkung

Da mit der Druckabsenkung eine zusätzliche Dampferzeugung aus der Speicherwirkung des Kessels verbunden ist, geht die Überhitzung in einem solchen Falle zurück. Derartige Schwankungen bewegen sich unter gewöhnlichen Verhältnissen in der Größenordnung von etwa 5—10 grd. Für eine genauere Berechnung gilt folgende Überlegung:

Ist D die aus der Speicherwirkung erzeugte Dampfmenge in kp (vgl. Tafel 51/52),

L die Dampfleistung des Kessels in kp/h vor der Drucksenkung,

Z die Zeit in Stunden, in der die Drucksenkung stattfindet,

Δi_1 die Überhitzungswärme, d. i. der Unterschied der Enthalpie des Heißdampfes und des Sattdampfes, vor der Drucksenkung,

c_{pm_2} die mittlere spezifische Wärme des Heißdampfes zwischen der Sattdampftemperatur und der Heißdampftemperatur nach der Drucksenkung,

t_2' die Sattdampftemperatur nach der Drucksenkung und

t_2'' die Heißdampftemperatur nach der Drucksenkung,

so gilt:

$$t_2'' = t_2' + \frac{\Delta i_1}{c_{pm_2}} \cdot \frac{1}{1 + \dfrac{D}{LZ}}\ °\mathrm{C}. \tag{370}$$

Bei Großwasserraumkesseln wird D sehr groß. Deshalb genügen bei diesen schon geringe Druckschwankungen, um empfindliche Temperaturänderungen im Heißdampf hervorzurufen.

Steigt der Kesseldruck, so kehrt sich der Einfluß um, und die Dampftemperatur überschreitet vorübergehend den Sollwert.

Wird ein Kessel unmittelbar als Speicherkessel benutzt oder mit Ruths-Speichern parallel geschaltet, so ist ein stark wirkender Dampfkühler in Verbindung mit einer großen Überbemessung der Überhitzerheizfläche unerläßlich.

C. Dampfkühler

Man unterscheidet Dampfkühlung durch Wassereinspritzung und durch Oberflächenkühler. Als Einspritzkühler verwendet man Töpfe, die mit Füllkörpern gefüllt sind, durch die der Dampf hindurchgeführt wird. Das Kühlwasser wird mit Brausen auf die Füllkörper gespritzt. Dadurch, daß es diese benetzt, entsteht ein Film von großer Oberfläche, der schnell verdampft und den Heißdampf entsprechend abkühlt (Abb. 135/136). Wird ein solcher Kühler in die Rohrleitung hinter dem Überhitzer eingebaut, so ist die Anordnung einfach und der Aufwand gering. Soll er aber zwi-

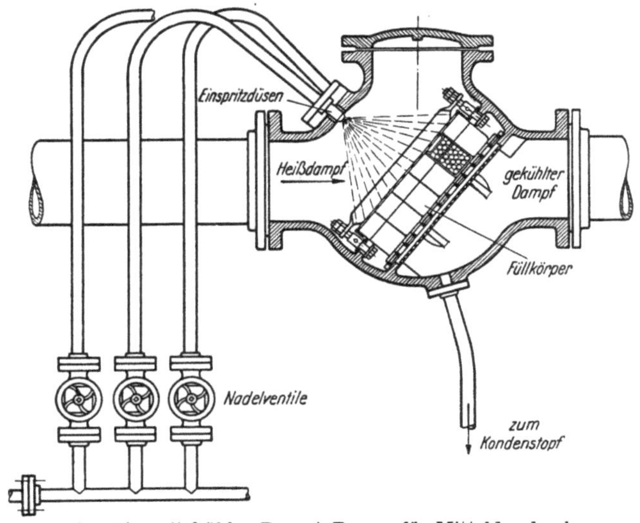

Abb. 135. Einspritzkühler Bauart BAYER für Mitteldruckanlagen

schen dem ersten und zweiten Überhitzerteil liegen, dann müssen Sammler und Rohrleitungen zwischengeschaltet werden.

Für diesen Fall ist es einfacher, die Überhitzerschlangen in einen Zwischensammler einzuführen, der selbst als Kühler ausgebildet ist. Das ist möglich, indem man das Kühlwasser durch Düsen in den Sammler einspritzt. Die Sammlerwand wird durch ein Schutzrohr gegen das Wasser abgeschirmt, so daß keine örtliche Abschreckung des Werkstoffes eintreten kann. Als

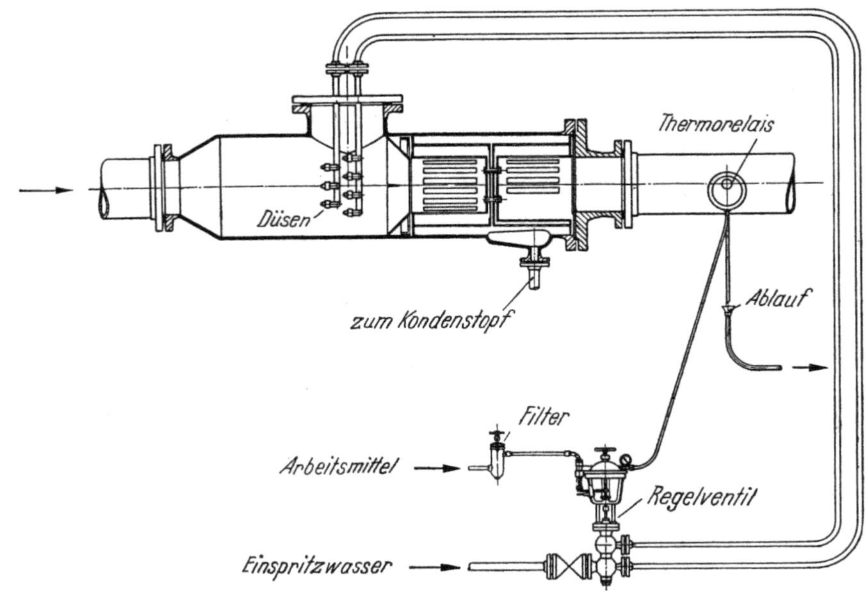

Abb. 136. Einspritzkühler Bauart SPUHR für Hochdruck

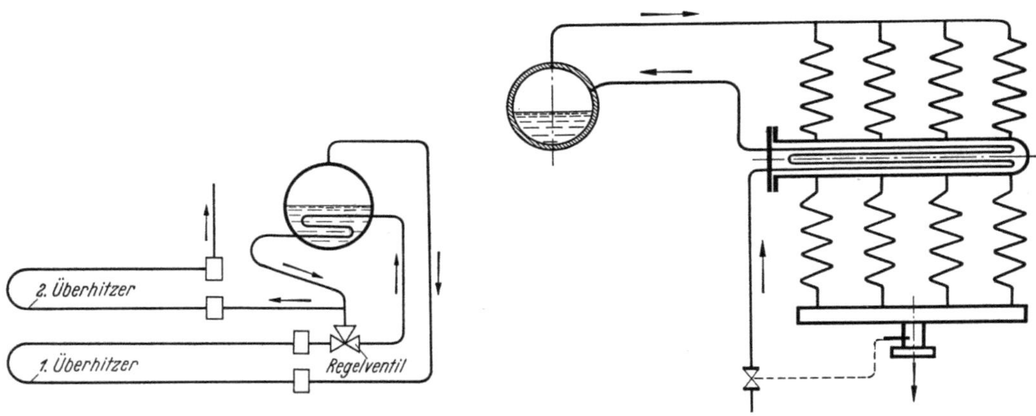

Abb. 137. Schaltung für den Oberflächenkühler nach Babcock

Abb. 138. Oberflächenkühler für Heißdampf (Vereinigte Kesselwerke)

Düsen wirken in einem solchen Kühler Schlitze von $1 \times 5,5$ mm Querschnitt. Eine feinere Zerstäubung hat sich als unnötig erwiesen. Dies ist eine sehr wichtige Erfahrung, weil bei sehr kleinen Düsen die Gefahr besteht, daß sie sich zusetzen würden. Damit der Druck vor den Düsen immer hoch genug ist, wird das Wasser durch mehrere Leitungen in den Kühler eingeführt und je nach Bedarf eine Düse ganz zu- oder abgeschaltet.

Als Kühlwasser für die Einspritzkühler sollte man möglichst reines Kondensat verwenden, weil alle im Wasser gelösten Salze in den Überhitzer gelangen. Da dies aber nicht immer möglich ist, hat man sich manchmal auch mit der Anwendung gereinigten Kesselspeisewassers abgefunden. Geregelt werden die Einspritzkühler durch Veränderung der Wassermenge. In vielen Fällen genügt eine Betätigung von Hand, aber auch eine selbsttätige Regelung abhängig von der Dampftemperatur bereitet keine Schwierigkeiten.

Eine vollständige Sicherheit gegen den Zutritt von Salzen bietet der Oberflächenkühler. Dieser wird in zwei Formen ausgeführt. In dem einen Falle, Abb. 137, wird der zu kühlende Dampf durch Rohrschlangen geführt, die im Wasserraum der Obertrommel oder eines an die Trommel angehängten Behälters liegen. Dabei regelt man die Dampftemperatur durch ein Kurzschlußventil, mit dem man den Kühler mehr oder weniger ausschaltet. Wird das Ventil geschlossen, dann wird der gesamte Dampf gezwungen, durch den Kühler zu fließen; wird es geöffnet, so nimmt je nach dem Grad der Öffnung ein kleiner oder größerer Teil des Dampfes den Weg durch die Kurzschlußleitung.

Bei der anderen Ausführungsform, Abb. 138, fließt ein geringer Teil des Kesselspeisewassers als Kühlmittel durch Rohre, die durch einen von dem Heißdampf erfüllten Behälter führen. Das Wasser wird in den Rohren ganz oder zum Teil verdampft und in die Obertrommel des Kessels weitergeleitet. Die Dampftemperatur kann durch Veränderung der Wassermenge geregelt werden.

D. Zwischenüberhitzer

In Hochdruckanlagen über 80 atü mit Kondensationsturbinen ist Zwischenüberhitzung des Dampfes notwendig. Die Gestaltung der Zwischenüberhitzer unterliegt den gleichen Regeln wie die der Hochdrucküberhitzer. Es kommt nur noch der Umstand hinzu, daß in einem solchen Kessel die Rauchgaszüge für die Unterbringung der Hochdruckschlangen bemessen sind und im Zwischenüberhitzer wegen des größeren Dampfvolumens der drei- bis fünffache Dampfquerschnitt untergebracht werden muß. Deshalb setzt man ihn gewöhnlich aus Mehrfachschlangen zusammen. Reicht dies allein nicht aus, so muß man außerdem noch Schlangenrohre größeren Durchmessers verwenden.

Im Kessel liegt der Zwischenüberhitzer gewöhnlich dicht hinter dem Hochdrucküberhitzer, weil er auch eine hohe Dampftemperatur erzeugen soll, wozu eine hohe Rauchgastemperatur erforderlich ist.

E. Umbauten und Reparaturen an Überhitzern

Da es schwierig ist, die Rauchgastemperatur vor dem Überhitzer genau zu berechnen und diese noch stark von der Betriebsweise des Kessels abhängt, wie z. B. von der Lage der Flamme in der Brennkammer, vom Luftüberschuß und vom Zug, so ist es oft zu empfehlen, Überhitzer so zu bauen, daß man sie nachträglich noch vergrößern oder verkleinern kann. Macht man den Überhitzer von vornherein etwas zu groß, so kann man sich durch verstärktes Einschalten des Kühlers helfen. Handelt es sich dabei um einen Einspritzkühler, so wird laufend mehr Wasser als eigentlich notwendig eingespritzt, was bei der Verwendung von Kondensat unbedenklich ist, aber bei der Einspritzung von salzhaltigem Speisewasser vermieden werden sollte. Macht man den Überhitzer zu klein, so muß man nachträglich Heizfläche einbauen. Die Möglichkeit hierfür sollte man in der Konstruktion vorsehen.

Die zweckmäßige Form einer Überhitzervergrößerung ist die Verlängerung der Schlangen um weitere Windungen. Nicht zu empfehlen ist dagegen die Freilassung von Gassen, die man später gegebenenfalls durch Einbau weiterer ganzer Schlangen zu füllen gedenkt. Denn die Schlangen, die eine Gasse begrenzen, werden viel stärker beheizt als die übrigen, da der Rauchgasmenge, die durch die Gasse strömt, nicht so viel Heizfläche zur Abkühlung angeboten wird wie den kleineren Gasmengen in den engen Gassen zwischen den übrigen Schlangen. Solche Gassen müssen deshalb durch Steine zugesetzt werden.

Dieser Umstand ist auch bei Reparaturen zu beachten. Wird eine beschädigte Schlange aus dem Überhitzer entfernt und dafür keine neue eingezogen, dann entsteht eine solche Gasse. Trat die Beschädigung durch eine Wärmeüberbeanspruchung auf, so ist zu erwarten, daß die Nachbarrohre in kurzer Zeit ebenfalls schadhaft werden, weil sie jetzt noch viel höher belastet werden als vorher. Es ist deshalb besser, das schadhafte Rohr nicht zu entfernen, sondern nur blind zu setzen und die tote Schlange der Verzunderung zu überlassen. Ist man aber infolge Verrottung der Aufhängebügel zu ihrem Ausbau gezwungen, so sollte man die entstandene Gasse auf irgendeine Weise wieder versperren.

Die heutige Schweißtechnik ermöglicht die Durchführung kleiner Reparaturen durch Schweißen. Außenkorrosionen können oft durch Auftragschweißung beseitigt werden. Bei Innenkorrosionen wird man im allgemeinen das kranke Rohrstück herausschneiden und ein neues einschweißen können.

Wenn einzelne Schlangen im Betrieb verzundern, so ist dies ein Zeichen für schlechte Dampfverteilung. In solchen Fällen hilft nur eine Änderung in den Rohrverbindungen zwischen den Sammlern.

X. Aufbau und Verhalten der Vorwärmer

A. Rippenrohr-Vorwärmer

Für Speisewasservorwärmer bis 64 atü erfreut sich das gußeiserne Rippenrohr einer großen Beliebtheit. Es wird in Längen von 1,5, 2, 2,5 und 3 m hergestellt. Die Rippenrohre werden an ihren Enden durch angeschraubte gußeiserne Krümmer miteinander verbunden. Die Flansche der Rohre bilden beim zusammengebauten Vorwärmer eine verhältnismäßig dichte Begrenzungswand für den Rauchgasstrom. Tafel 39 zeigt die Wärmedurchgangszahlen von zwei genormten Rippenrohrformen für Speisewasservorwärmer. Die Werte der Tafeln sind zweckmäßig für den praktischen Gebrauch mit einem „Verschmutzungsfaktor" von etwa 0,85 zu multiplizieren.[1]

Auch für Luftvorwärmer werden Rippenrohre verwendet. Diese müssen sowohl außen wie innen mit Rippen besetzt sein, weil der Wärmeübergang von der Wand an die Luft ebenso schlecht ist wie der von Rauchgas an die Wand. Einzelheiten über die genormten Rippenrohre wurden bereits in Abschn. V C 2dε (S. 154) gebracht. Die Wärmedurchgangszahlen zeigt Tafel 40.

Der Vorteil gußeiserner Lufterhitzerrohre ist ihre hohe Zunderbeständigkeit. Man muß nämlich beachten, daß die Temperatur des Rohres etwa in der Mitte zwischen Rauchgastemperatur und Lufttemperatur liegt, sogar noch darunter. Infolgedessen wird an der Oberfläche des Luftvorwärmers an der Stelle des Lufteintritts oft der Taupunkt der Rauchgase unterschritten, und es treten leicht Anfressungen durch schweflige Säure oder Schwefelsäure auf.

B. Stahlrohr-Vorwärmer.

1. Schlangenrohr-Vorwärmer für Speisewasser

Für diese Bauart gilt die Wärmeübergangsbetrachtung aus Abschn. V C 2 d δ (Seite 152), die zeigt, daß enge Rohre und ganz bestimmte Teilungsverhältnisse vorteilhaft sind.

Die Strömung des Wassers oder des Dampf—Wasser-Gemisches soll möglichst von unten nach oben fließen, damit sich in Zeitabschnitten geringer Speisung nicht Dampf im Vorwärmer ansammelt.

Das Rauchgas muß im Gegenstrom zum Wasser durch den Vorwärmer geführt werden, weil nur so die angestrebte Rauchgasabkühlung auf die vorgeschriebene Abgastemperatur erreicht werden kann.

---

[1] Über Werkstoffe und Sicherheitsvorschriften siehe Richtlinien für Abgas-Speisewasservorwärmer, Entwurf Juni 1956. Köln-Berlin: Verlag Carl Heymann, 1956.

Liegt der Vorwärmer im absteigenden Rauchgaszug, so ist dieser Gegenstrom gegeben; liegt er aber im aufsteigenden Zug, dann muß der Gegenstrom durch mehrfache Unterteilung des Vorwärmers erreicht werden, was konstruktiv ziemlich unbequem ist. Abb. 139 zeigt eine solche Anlage, bei der kleine im Gleichstrom geschaltete Vorwärmerstücke so übereinandergebaut sind, daß sich im ganzen die Gegenstromwirkung ergibt. Diese Anordnung kommt in Frage, wenn das Rauchgas die Anlage oben verlassen soll, also bei Einzug- und Dreizugkesseln.

Besonders nachteilig ist ein Vorwärmer mit absteigender Wasserströmung, wenn er oberhalb der Kesseltrommel liegt. Schließt der Speiseregler des Kessels die Wasserzufuhr ab, so verdampft ein Teil des Wassers durch die fortgesetzte Beheizung. Der Dampf strömt nach oben und drückt das im Vorwärmer befindliche Wasser nach unten in die Kesseltrommel hinein, so daß der Wasserstand weiter ansteigt, obwohl die Speisung abgestellt ist. Diese Erscheinung wird noch dadurch unterstützt, daß bei geschlossenem Speiseventil der Druck im Vorwärmer niedriger ist als bei geöffnetem, denn hierdurch entsteht infolge der Speicherwirkung noch zusätzlich Dampf aus dem Wasservorrat des Vorwärmers. Sobald dann die Speisung wieder angestellt wird, muß das Wasser den im Vorwärmer sitzenden Dampf vor sich herschieben, und in die Kesseltrommel gelangt Wasser erst dann, wenn dieser Vorgang vorüber ist. Dabei können auch noch Kavitationsstörungen im Vorwärmer auftreten.

Die Verbindungsrohre zwischen dem Vorwärmer oder Vorverdampfer und der Kesseltrommel werden bei manchen Kesseln vor dem Überhitzer hergeführt und von sehr heißen Rauchgasen bestrichen. In solchen Rohren kann sich bei aussetzender Speisung sehr hoch überhitzter Wasserdampf bilden, so daß sie reißen. Sie sind nur dann nicht gefährdet, wenn durch einen ständigen Wasserrücklauf aus dem Kesselsystem in das Speisenetz für einen Umlauf gesorgt wird, der die Speisepumpe ununterbrochen beschäftigt.

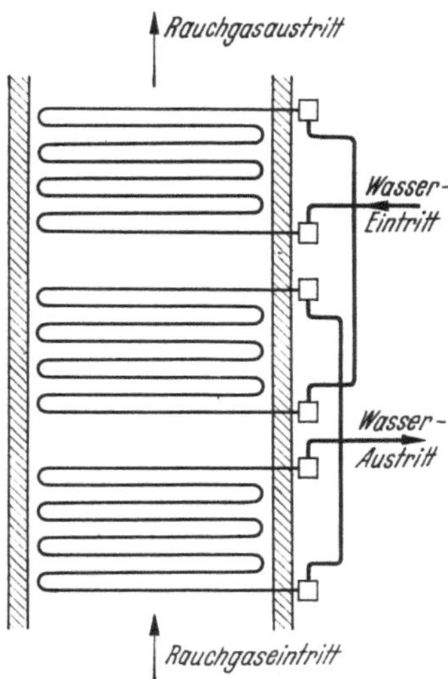

Abb. 139. Schaltung eines Wasservorwärmers im aufsteigenden Rauchgasstrom

Diese Einrichtung ist besonders auch bei Vorwärmern und Vorverdampfern erforderlich, die im Rauchgasstrom dem Überhitzer vorgeschaltet werden, denn diese unterliegen den gleichen Bedingungen wie die genannten Verbindungsrohre.

2. Stahlrohr-Luftvorwärmer

In der Kesselzeichnung (Abb. 157) ist ein zweiteiliger Stahlrohrluftvorwärmer zu sehen, bei dem das Rauchgas von oben nach unten durch die Rohre strömt, während die Luft im Hin- und Hergang um die Rohre herumgeführt wird. Die Rauchrohre sind oben und unten in ebene Böden eingeschweißt.

C. Platten-Luftvorwärmer

Der Stahlplattenluftvorwärmer besteht aus Blechen von 2—4 mm Dicke, die den Rauchgasstrom in viele Teilströme aufteilen. Die Bleche sind an ihren Enden so zusammengeschweißt, daß immer abwechselnd ein Luftschacht und ein Gasschacht folgt.

Der Plattenluftvorwärmer ist gegen Anfressungen durch schweflige Säure empfindlich und sollte nicht für den Teil des Luftvorwärmers verwendet werden, wo die Kaltluft eintritt. Aber auch für hohe Lufttemperaturen von 400—500 °C ist er schlecht geeignet, weil sich die Bleche werfen und dadurch Querschnittsveränderungen auftreten. Auch können die Bleche dann schon verzundern.

Neuerdings ist ein gußeiserner Plattenluftvorwärmer entwickelt worden, dessen Platten beiderseits mit Rippen versehen sind. Hierdurch wird die Wärmeübertragung wesentlich erhöht und die Korrosionsgefahr herabgesetzt. Abb. 140 zeigt einen Block eines solchen Vorwärmers.

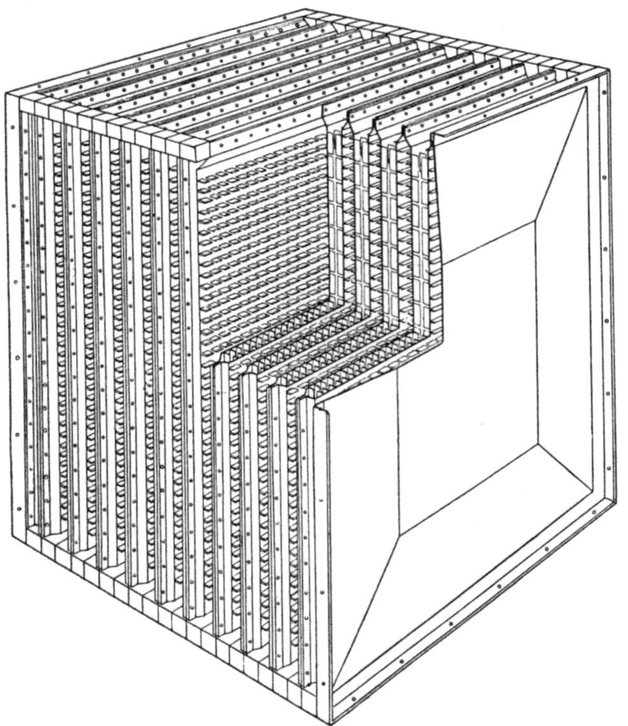
Abb. 140. Block eines gußeisernen Rippenplatten-Luftvorwärmers (Kablitz)

D. Regenerativ-Luftvorwärmer

Abb. 141 zeigt einen LJUNGSTRÖM-Vorwärmer, der wegen seiner geringen Abmessungen Vorteile bietet. Er besteht aus einem Drehkörper, der mit vielen gewellten („ondulierten") Feinblechen angefüllt ist. Auf der einen Seite wandert dieser durch den Rauchgasstrom, wo die Bleche erwärmt werden. Dann gelangen sie in den Luftstrom, um die Wärme an die Luft abzugeben. Bei diesem Vorwärmer kann die Temperaturdifferenz zwischen Rauchgaseintritt und Luftaustritt geringer sein als beim Wärmeübergang durch Berührung. Ein Unterschied von 40—50 grd ergibt noch durchaus ausführbare Abmessungen.

Der Nachteil dieses Vorwärmers ist der Umstand, daß er gedreht werden muß; es ergeben sich lange Spalte zwischen Stator und Rotor, durch die Falschluft in den Rauchgasstrom gelangen kann, und man muß mit einem CO_2-Abfall von etwa 1% rechnen. Der Leistungsbedarf beträgt 0,5—2,5 kW, je nach Größe.

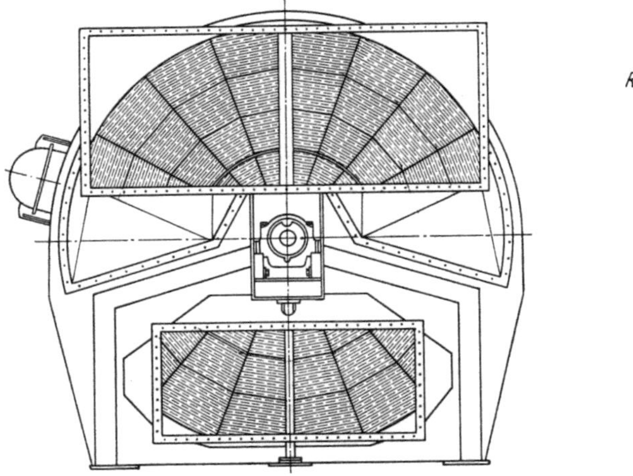
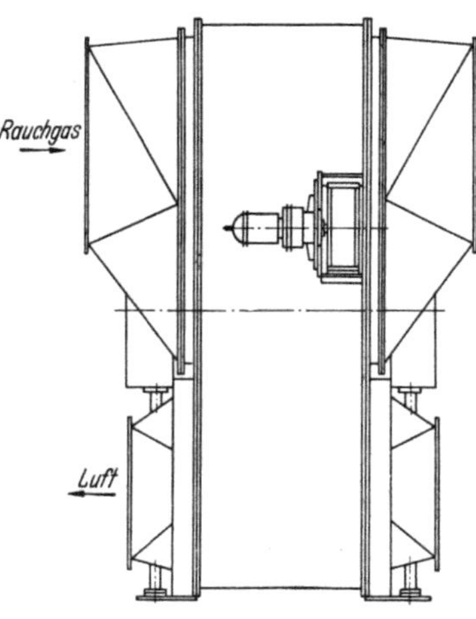

Abb. 141. LJUNGSTRÖM-Luftvorwärmer

Der LJUNGSTRÖM-Vorwärmer wird in liegender oder stehender Bauart geliefert. Die stehende ist oft von Vorteil, denn man kann ihn dann in den horizontalen Rauchgaskanal hinter dem

Kessel hineinbauen, wodurch man im Kessel die Bauhöhe einspart, die der Luftvorwärmer sonst beanspruchen würde. Auch die liegende Bauart ist oft gut anwendbar, besonders bei Einzug- oder Dreizugkesseln.

E. Schaltung der Wasser- und Luftvorwärmer

Um die Vorwärmer und auch die liegenden Überhitzer gut zugänglich zu machen, unterteilt man sie in Gruppen. Dies ist auch wegen der begrenzten Tiefenwirkung der Rußbläser erforderlich. Jede Gruppe sollte nicht höher als 2 m gemacht werden. Die Spannweite der Schlangenrohre zwischen zwei Aufhängepunkten sollte bei Rohren von 38 mm äußerem Durchmesser 1800 mm, bei 32er Rohren 1600 mm nicht wesentlich überschreiten. Über die erforderliche Unterteilung der Vorwärmer wegen der Gefahr instabiler Strömung im Vorverdampfer wurde S. 168 berichtet.

Anfressungen auf der Wasserseite sind auf mangelhafte Wasseraufbereitung zurückzuführen. Sauerstoff wird bei der Erwärmung des Wassers im Vorwärmer frei und frißt nadelförmige Löcher in die Rohre.

Rauchgasseitige Verschmutzungen stehen im allgemeinen mit mangelhafter Feuerführung im Zusammenhang. Unter ordentlichen Umständen sollte in den Vorwärmern nur noch trockener Aschenstaub anfallen, der sich durch Rußbläser leicht entfernen läßt. Für den Fall aber, daß sich noch Aschenbrocken bilden, ist es zweckmäßig, die Gassen zwischen den Rohren und Luftvorwärmerelementen im unteren Teil des Vorwärmers nicht enger zu machen als oben, damit die Brocken hindurchfallen können.

Um den Taupunkt des Rauchgases, der durch die Anwesenheit von Schwefelsäure erheblich ansteigen kann (vgl. Abschn. III A 3), nicht zu unterschreiten, führt man bei Platten- oder Röhren-Luftvorwärmern zweckmäßig einen Teil der bereits vorgewärmten Luft nach dem ersten Durchgang nochmals zum Lufteintritt zurück, so daß dann die gemischte Luft mit einer höheren Temperatur in den Vorwärmer eintritt. Dadurch wird natürlich auch die erreichbare Abgastemperatur nach oben verschoben. Und so ergibt sich, daß man bei stark schwefelhaltigem Rauchgas einen höheren Abgasverlust in Kauf nehmen muß.

Soll die Verbrennungsluft hoch vorgewärmt werden, auf 350 °C und darüber, so muß man untersuchen, ob es noch möglich und wirtschaftlich ist, den gesamten Luftvorwärmer an das Ende der Anlage zu setzen, oder ob man ihn unterteilen und ein Stück des Wasservorwärmers dazwischenlegen muß, um den Endluftvorwärmer in ein Gebiet ausreichend hoher Rauchgastemperatur zu bringen. Die günstigste Schaltung muß in jedem Einzelfall untersucht werden, denn das Verhältnis von Luft- und Rauchgasmenge ist vom Wassergehalt des Brennstoffes abhängig, und die Rauchgastemperatur, in der der Wasservorwärmer liegen muß, hängt von der Wassereintrittstemperatur ab. Schließlich ist auch zu beachten, daß die Luftgeschwindigkeit in allen Teilen des Vorwärmers in tragbaren Grenzen bleiben muß. Werden diese Einflüsse nicht gut gegeneinander abgewogen, so ergeben sich leicht übermäßig große und schlecht ausgenutzte Heizflächen, so daß die Anlage zu teuer wird.

Bei Anwendung des LJUNGSTRÖM-Vorwärmers kann man ohne Unterteilung eine höhere Lufttemperatur erreichen als mit Platten- oder Röhrenvorwärmern.

XI. Aufbau ganzer Kessel

A. Allgemeines

Der Aufbau eines Dampferzeugers (dieses Wort wird neuerdings vielfach an Stelle der Bezeichnung Kessel benutzt, weil die großen neuzeitlichen Anlagen mit der engeren Bedeutung dieses Wortes kaum noch etwas gemein haben) wird durch Bedingungen verschiedenster Art bestimmt. Neben den eigentlichen technischen Vorschriften wie Druck, Dampftemperatur,

Speisewassertemperatur, Brennstoff, Leistung und Wirkungsgrad sind folgende Umstände zu beachten:

    a) der verfügbare Raum nach Länge, Breite und Höhe,
    b) die Art des zu versorgenden Betriebes,
    c) Wünsche des Bestellers.

Mit dem ersten Punkt wird die Frage angeschnitten, welche Leistung überhaupt in einem Raum von gegebener Größe und Form untergebracht werden kann. Diese oft gestellte Frage läßt sich aber nicht eindeutig beantworten, denn das hängt sehr stark vom Brennstoff und den Eigenschaften seiner Asche, vom verlangten Wirkungsgrad und den betrieblichen Anforderungen ab. Was die Gestalt des verfügbaren Raumes betrifft, so sind die Großwasserraumkessel nur wenig anpassungsfähig, um so mehr aber die Wasserrohrkessel, und es wird für die Konstrukteure immer reizvoll bleiben, schwierige Fälle dieser Art geschickt zu lösen.

Die verschiedentlich unternommenen Versuche, Dampferzeuger allgemein zu normen, haben aus den genannten Gründen nur sehr wenig Aussicht auf Erfolg. Es wird immer verschiedene Feuerungen geben müssen, und in Industrieanlagen wird man immer wieder den Aufbau des Kessels an besondere Betriebsbedingungen und Platzverhältnisse anpassen müssen. Außerdem lohnt es sich, bei einer so umfangreichen und kostspieligen Anlage, wie es schon ein Kessel mittlerer Größe ist, für jeden Einzelfall die technisch beste und wirtschaftlichste Lösung zu suchen.

Die Art des Betriebes, für den der Kessel gebaut werden soll, ist für die Auslegung oft von einschneidender Bedeutung. Hier ist besonders die Speicherfähigkeit des Kessels und die Regelfähigkeit der Feuerung zu beachten. Sollen Apparate mit Dampf versorgt werden, die in intermittierendem Betrieb beheizt und dann wieder abgestellt werden, so müssen Kessel mit sehr großem Wasserraum gewählt werden. Auch Betriebe mit Fördermaschinen, Walzenzugmaschinen usw. brauchen Kessel mit großer Speicherfähigkeit. Im Kraftwerksbetrieb unterscheidet man Spitzenkessel und Grundlastkessel. Aber auch die Anforderungen, die dem Bedienungspersonal zugemutet werden können, bestimmen manchmal die Feuerungs- und Kesselbauart. Für eine vollautomatische Regelung eignen sich bestimmte Bauarten besser als andere. Kurz, es gibt viele Gesichtspunkte, die die Wahl des passenden Kessels erschweren und die Möglichkeiten zweckentsprechender Vorschläge vermehren. Aus diesem Grunde ist es auch nicht leicht, Bilder von Kesselanlagen zu bringen, die in allen ihren Teilen als typisch angesehen werden dürfen. Fast jeder Kessel ist irgendwie auf besondere Verhältnisse zugeschnitten, und Verallgemeinerungen führen oft irre. Deshalb soll hier von der Abbildung aller möglichen Bauarten abgesehen und nur eine sehr beschränkte Auswahl getroffen werden.

B. Großwasserraumkessel

1. Flammrohrkessel

Von den Großwasserraumkesseln, die in den letzten hundert Jahren gebaut worden sind, hat sich für ortsfeste Anlagen nur der Flammrohrkessel erhalten, der entweder als einfacher Flammrohrkessel oder mit Rauchrohren kombiniert als Flammrohr-Rauchrohrkessel oder als Doppelkessel gebaut wird. Der Flammrohrkessel wird heute in vollständig geschweißter Ausführung geliefert und liegt in seinen Hauptabmessungen soweit fest, daß sich die Industrie im Jahre 1948 entschlossen hat, eine Norm für die Leistungen und Hauptabmessungen solcher Kessel aufzustellen (Tab. 43). Der Flammrohrkessel wird für die Druckstufen 8, 10, 13, 16 und 18 atü gebaut.

Man unterscheidet heute lange, mittlere und kurze Flammrohrkessel. Der lange Kessel mit einer Höchstleistung von 25 kp/m²h kommt für Anlagen in Frage, bei denen eine besonders gute Speicherfähigkeit verlangt wird, ferner für solche, bei denen sich die weitgehende Ausnutzung des Abgases in einem nachgeschalteten Vorwärmer nicht lohnt, weil sie beispielsweise nur kurze Zeit im Jahr im Betrieb sind. Wird aber der Kessel mit einem Vorwärmer versehen, um die Abwärme weitgehend auszunutzen, dann ist es zweckmäßiger, ihn selbst kürzer und den Vorwärmer entsprechend größer zu machen. Auch wenn überhitzter Dampf erzeugt werden soll, ist eine kürzere Kesselbauart am Platze. Daher wird die mittlere Bauform für viele Bedarfsfälle gut passen. Dieser Kessel wird maximal mit etwa 32 kp/m²h belastet.

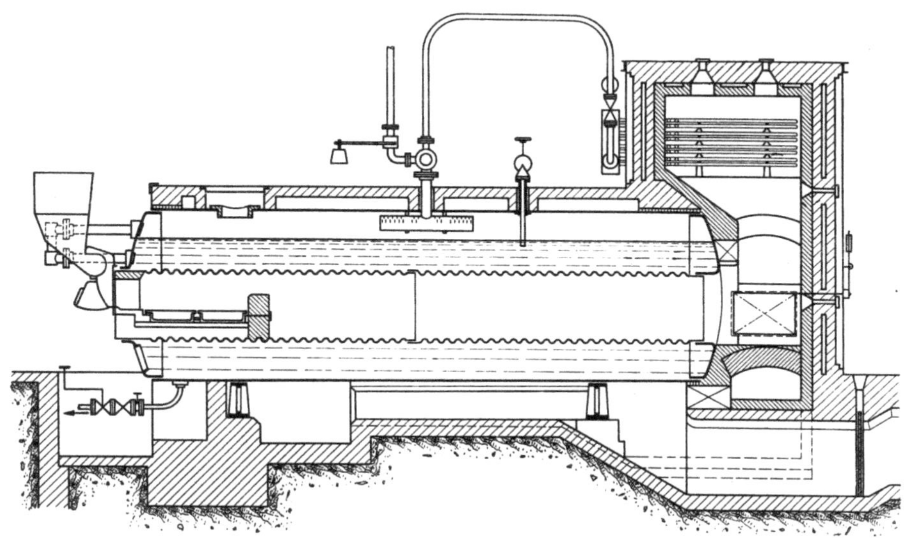

Abb. 142. Eingemauerter geschweißter Zweiflammrohrkessel (MAN) mit Planrost und Überhitzer

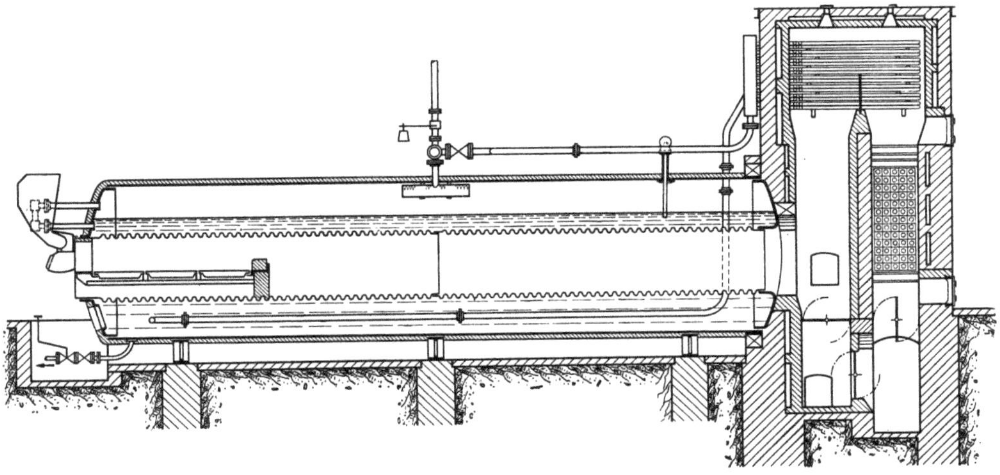

Abb. 143. Isolierter geschweißter Flammrohrkessel (MAN) mit Planrost, Überhitzer und Speisewasservorwärmer

Der kurze Flammrohrkessel mit einer spezifischen Leistung von etwa 50 kp/m²h stellt die letzte Entwicklungsstufe dar. Er wird gewöhnlich mit Überhitzer und einem großen Vorwärmer ausgestattet. Bei manchen Anlagen dieser Art wird auf eine Beheizung des Kesselmantels verzichtet, weil eine geringe Vergrößerung des Vorwärmers die gleiche Abkühlung der Rauchgase erbringt. Der Kessel wird dann nicht mehr eingemauert, sondern nur isoliert. Abb. 142 zeigt einen eingemauerten Flammrohrkessel, Abb. 143 einen solchen mit Isolierung, dessen Mantel also nicht beheizt wird.

Man kann den kurzen Flammrohrkessel ohne Mantelbeheizung auch als einen Strahlungskessel auffassen, der besonders für mangelhaft aufbereitetes Speisewasser geeignet ist. In dem Flammrohr wird nämlich nur die Strahlungswärme der Flamme und des Rauchgases ausgenutzt, während eine Kesselheizfläche hinter dem Überhitzer fehlt. Derartige Anlagen sind gegenüber kleinen Wasserrohrkesseln sehr wettbewerbsfähig und dürften auch in Zukunft in großem Umfange weiter gebaut werden.

Eingemauerte Flammrohrkessel werden oft zu mehreren nebeneinander im Block gemauert. Ältere Flammrohrkessel besitzen einen Dom, an dem alle erforderlichen Stutzen für Dampfentnahme, Entlüftung und Sicherheitsventile angebracht sind. Der Grund für diese Konstruktion war wohl auch die Vorstellung, daß die Dampfentnahme möglichst weit vom Wasserspiegel entfernt sein müßte, damit kein Wasser mitgerissen wird. Nachdem man jedoch erkannt hatte, daß diese Gefahr gerade in den großen Dampfräumen der Großwasserraumkessel nicht besteht, verzichtet man heute auf den Dom. Oft wählt man an seiner Stelle einen Sammler, der mit einigen Rohren an den Kessel angeschlossen wird.

Die Flammrohre werden gewellt ausgeführt, um ihnen ein hohes Widerstandsmoment gegen Durchbiegung und Einbeulungen zu verleihen. Am besten bewährt hat sich die Foxform; das Widerstandsmoment von MORRISON-Rohren ist geringer (Abb. 144).

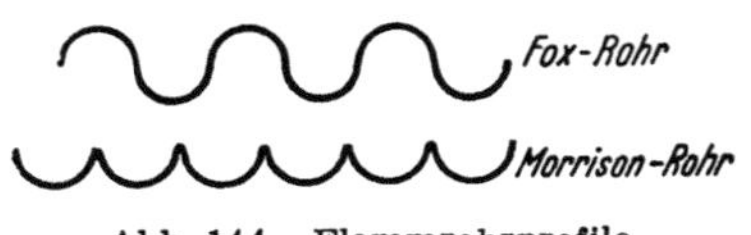

Abb. 144. Flammrohrprofile

Für höhere Drücke, 13 atü und mehr, werden besondere, tief gewellte Flammrohre empfohlen. Sonst sind Abstützungen im Abstand des 3,75fachen äußeren Flammrohrdurchmessers anzubringen.

Über die Festigkeitsberechnungen der Kesselschüsse, Flammrohre, Böden und Versteifungen enthalten die Werkstoff- und Bauvorschriften alle erforderlichen Angaben.

Die Flammrohrkessel werden am besten auf nur zwei Stühlen gelagert, weil dies klare Belastungsverhältnisse ergibt. Bei der Benutzung von drei Stühlen treten leicht unübersichtliche Spannungen ein, die besonders groß werden können, wenn sich einer von den äußeren Stühlen senkt. Will man mehr als zwei Stühle einbauen, so sollte man wenigstens vier nehmen.

Die wichtigsten Angaben der Norm DIN 2904 sind in Tab. 43, S. 225, zusammengestellt.

Da die Leistung des Kessels vom Brennstoff und der Feuerung abhängig ist, gibt die Leistungsstufe nur einen Anhalt für die mögliche Dampferzeugung bei Innenfeuerung mit guter Steinkohle. Bei der Verfeuerung minderwertiger Sorten, insbesondere bei Vorfeuerungen mit Braunkohle, Holz, Torf, pflanzlichen Abfallbrennstoffen usw., geht die Leistung entsprechend zurück.

Auch die Angabe der Nennheizfläche ist nicht als genaue Bezeichnung der wirksamen Heizfläche zu betrachten. Letztere ist von der Bauart des Kessels, ob er mit oder ohne Mantelbeheizung ausgeführt wird, abhängig.

Als Vorwärmer hinter Flammrohrkesseln verwendet man gewöhnlich gußeiserne Rippenrohrvorwärmer. Vorverdampfer kommen im allgemeinen, auch bei der kurzen Bauart, nicht vor, weil das Speisewasser solcher Anlagen gewöhnlich mit nicht mehr als 100—105 °C zugeführt wird und infolgedessen im Vorwärmer noch nicht zur Verdampfung kommt. Oft werden Zentralvorwärmer für mehrere Kessel benutzt; sie liegen dann in dem gemeinsamen Abgaskanal der angeschlossenen Kessel.

2. Doppelkessel und ähnliche Bauarten

Zur Erzielung einer besonders großen Speicherfähigkeit, z. B. für Färbereien, Kochereien usw. baut man Doppelkessel, das sind zwei kurze Wellrohrkessel übereinander. Die Rauchgase werden durch entsprechende Ausgestaltung der Einmauerung so geführt, daß sie nacheinander die beiden Wellrohre innen und dann alle wasserberührten Mantelheizflächen außen beheizen.

Tabelle 43. *Hauptabmessungen von Flammrohrkesseln nach DIN 2904*

a) *Einflammrohrkessel*

Leistungsstufe kp/h	400	500	630	1000	1250	1600
Manteldurchmesser mm	1500	1500	1500	1700	1700	1900
Flammrohrdurchmesser mm	700/800	700/800	700/800	750/850	750/850	850/950
Rostgröße bei Innenfeuerung m²	0,75	0,9	1,15	1,4	1,6	2,15
Rostlänge mm	2 · 500	2 · 600	3 · 500	3 · 600	4 · 500	4 · 600
Lange Bauform						
Mantellänge mm	4100	5000	5800	7000	8700	—
Nennheizfläche m²	20	25	30	40	50	—
Mittlere Bauform						
Mantellänge mm	—	—	5000	5200	7000	7800
Nennheizfläche m²	—	—	25	30	40	50
Kurze Bauform						
Mantellänge mm	—	—	—	4000	4800	5000
Nennheizfläche m²	—	—	—	20	25	30

b) *Zweiflammrohrkessel*

Leistungsstufe kp/h	1250	1600	2000	2500	3200	4000
Manteldurchmesser mm	2000	2000	2000	2200	2400	2600
Flammrohrdurchmesser mm	700/800	700/800	700/800	750/850	850/950	980/1080
Rostfläche bei Innenfeuerung m²	1,8	2,3	2,7	3,2	3,6	5,0
Rostlänge mm	2 · 600	3 · 500	3 · 600	4 · 500	5 · 400	4 · 600
Lange Bauform						
Mantellänge mm	5800	7400	9100	10200	11400	12400
Nennheizfläche m²	50	65	80	100	125	150
Mittlere Bauform						
Mantellänge mm	—	5800	7400	8400	9200	10400
Nennheizfläche m²	—	50	65	80	100	125
Kurze Bauform						
Mantellänge mm	—	—	5000	5600	6200	7000
Nennheizfläche m²	—	—	40	50	65	80

Zwischen beiden Kesseln liegt der Überhitzer. Die Heizflächenbelastung solcher Kessel wird zu etwa 20 kp/m²h gewählt.

Eingespeist wird in den oberen Kessel, der somit als Vorwärmer arbeitet. Im Unterkessel, der die Feuerung trägt, bildet sich ein Dampfraum aus, der durch eine Blechwand gegen die Verbindung mit dem Oberkessel abgeschirmt ist. Der Wasserstand im Oberkessel ist maßgebend für die Speisung. Auf den Einbau besonderer Wasservorwärmer kann verzichtet werden. Solche Kessel werden auch als Flammrohr-Rauchrohr-Doppelkessel gebaut. Dann ist der Oberkessel ein Rauchrohrkessel. Da sich darin eine größere Heizfläche als im Flammrohrkessel unterbringen läßt, ist die Abgastemperatur niedriger als beim Doppelwellrohrkessel.

Als Abhitzekessel werden Doppelrauchrohrkessel verwendet, um beispielsweise die Wärme der Abgase aus Gasmaschinen auszunutzen. Hierbei sind die starken periodischen Druckschwankungen in den Rauchgasen zu beachten, die durch die Kolbenmaschine hervorgerufen werden. Besondere Versteifungen sind erforderlich, um diese hohen Wechselbeanspruchungen aufzunehmen.

3. Flammrohr-Rauchrohrkessel

Dieser Kessel vereinigt beides, Flammrohr und Rauchrohre in einem Kessel hintereinander. Hinter einem kurzen Flammrohr von großem Durchmesser, das nur so lang ist, um die Innenfeuerung aufzunehmen, liegt das Rauchrohrbündel. Dieser Kessel eignet sich wegen seiner gedrängten Bauart gut als Lokomobilkessel mit Innenfeuerung oder Vorfeuerung. Solche Kessel werden mit etwa 32 kp/m²h Dampf belastet. Sie werden nicht eingemauert, sondern isoliert und mit Rippenrohrvorwärmern ausgestattet (Abb. 145 und 146).

Auch als Schiffskessel ist der Flammrohr-Rauchrohrkessel weit verbreitet. Die gebräuchliche Bauart besteht aus einem großen Behälter, bis zu 5000 mm Durchmesser, der unten drei

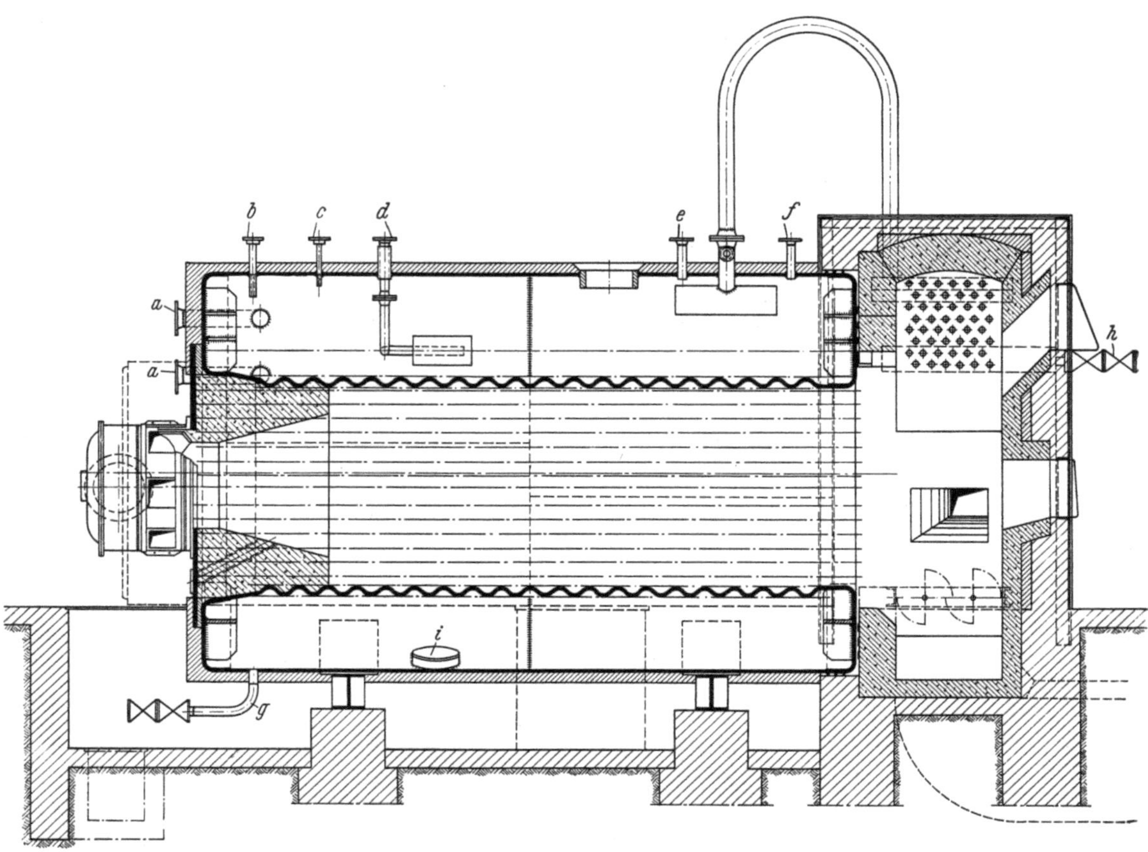

Abb. 145. Geschweißter Zweiflammrohr-Rauchrohrkessel (Borsig) von 125 m² Heizfläche, für 16 atü, mit Überhitzer
für 340 °C, mit Gasfeuerung
Stutzen: a Wasserstandsanzeiger, b Speisewasserregler, c Alarmapparat, d Speiseleitung, e Sattdampf-Entnahme,
f Sicherheitsventil, g Ablaßleitung, h Heißdampf-Anschluß

Flammrohre trägt. Darüber liegen die Rauchrohre. Das Rauchgas wird hinter den Flammrohren in einer Rauchkammer nach oben zu den Rauchrohren geführt und strömt durch diese wieder nach vorn, wo sich der Abzug zum Luftvorwärmer oder zum Schornstein anschließt.

Die Rauchkammer muß mit vielen Stehbolzen an der ebenen Rückwand des Behälters aufgehängt werden. Vorder- und Rückwand werden außerdem durch Anker gegeneinander gehalten (Abb. 147).

Solche Kessel werden auch in doppelter Größe gebaut; sie werden dann von beiden Seiten befeuert. Man nennt sie Doppelender-Schiffskessel. Einenderkessel werden bis zu 300 m² Heizfläche oder für eine Dampfleistung von etwa 7500 kp/h gebaut, Doppelender für die doppelte Leistung.

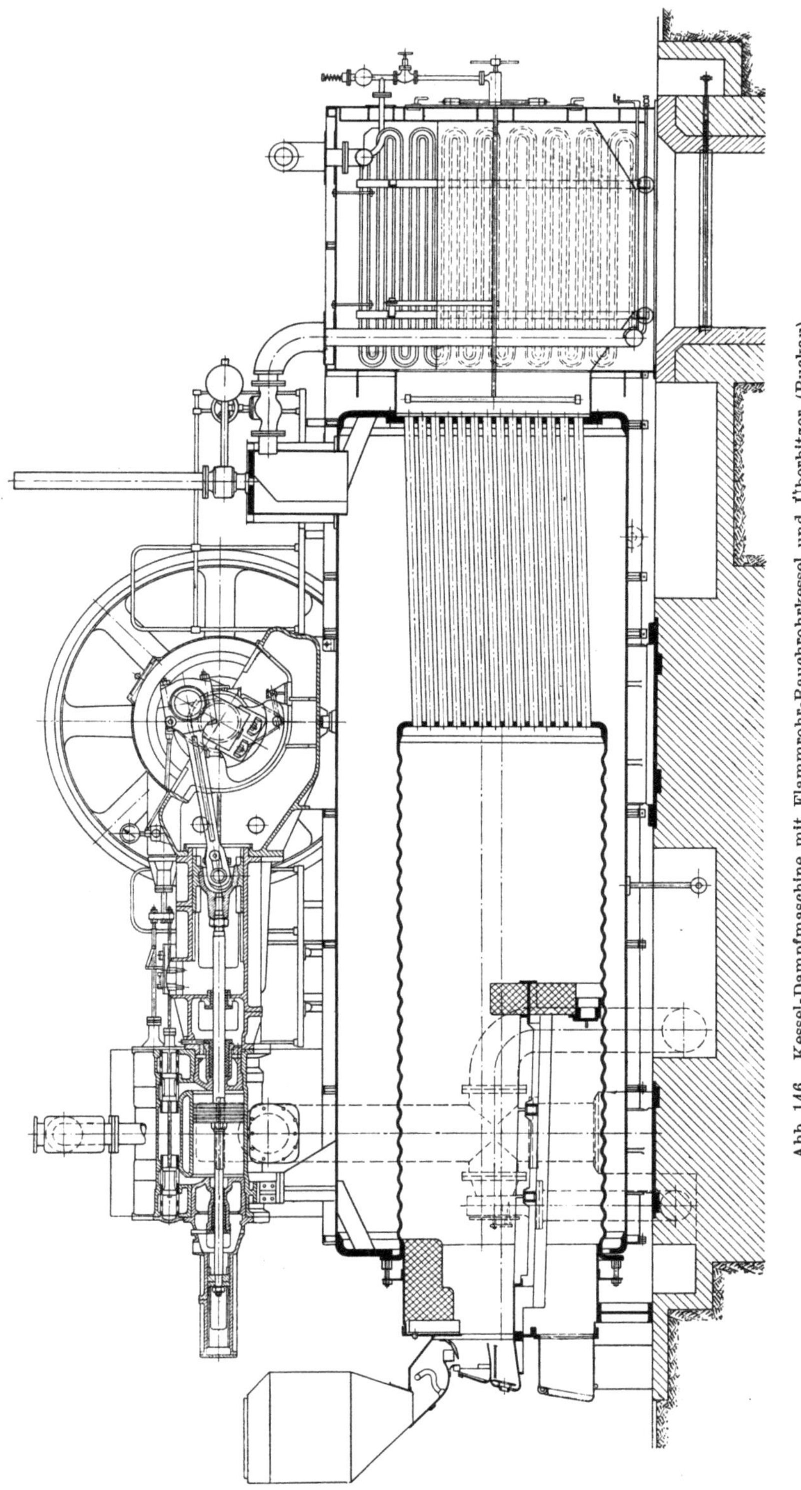

Abb. 146. Kessel-Dampfmaschine mit Flammrohr-Rauchrohrkessel und Überhitzer (Buckau)

Für kleine Landanlagen ist der Hollandkessel der Vereinigten Kesselwerke (Abb. 148) erwähnenswert, der sich im Prinzip an den Schiffskessel anlehnt. Mittels zweimaliger Umkehr des Rauchgases durch drei übereinanderliegende Rauchrohrbündel wird eine vorzügliche Ausnutzung erreicht. Diese sehr geschickte Konstruktion kommt ohne Stehbolzen und Anker aus. Der Hollandkessel wird nicht eingemauert, sondern isoliert.

In den letzten Jahren sind weitere Kessel ähnlicher Bauart auf den Markt gekommen.

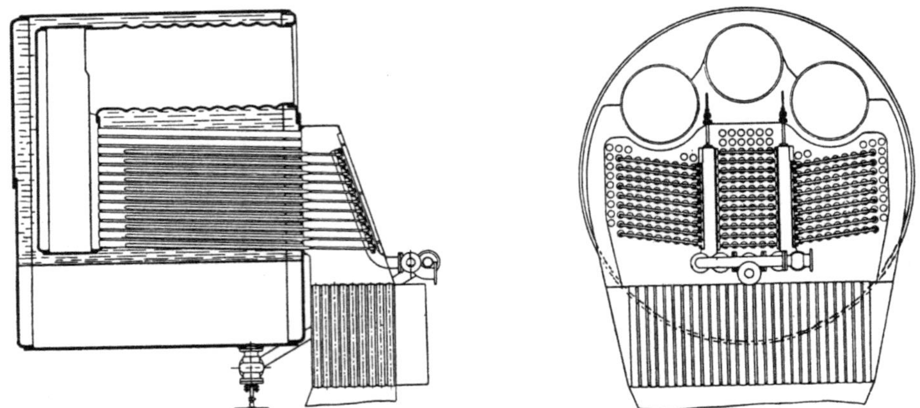

Abb. 147. Großwasserraum-Schiffskessel, Einender

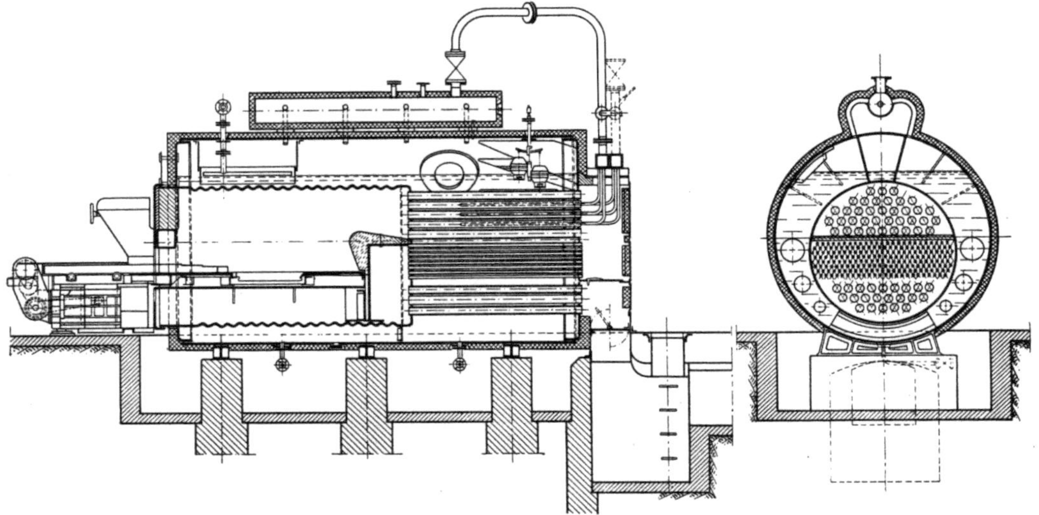

Abb. 148. Hollandkessel der Vereinigten Kesselwerke

4. Feuerbuchskessel

In Lokomotivkesseln (Abb. 149) ist das Flammrohr durch eine große Feuerbuchse ersetzt, damit man die Feuerung mit der erforderlichen Leistung zur Erzeugung von maximal 35 t/h Dampf unterbringen kann. Daran schließt sich ein Bündel von Rauchrohren an. Die Überhitzerrohre, für die auf der Lokomotive kein besonderer Raum zur Verfügung steht, liegen in den Rauchrohren. Sie sind mit besonderen im Gesenk geschmiedeten kurzen Umkehrenden versehen, weil Schlangenrohre mit ausführbaren Biegeradien nicht untergebracht werden können (Schmidt-Überhitzer).

Der Lokomotivkessel ist ein gutes Beispiel dafür, daß man die wasserberührte Heizfläche eines Kessels sehr hoch beanspruchen kann, wenn die Betriebsverhältnisse dies erfordern. Die mittlere Heizflächenbelastung beträgt bis zu 50 kp/m²h Dampf, die Brennkammerbelastung bis 2 000 000 kcal/m³h. Letztere führt zu hohen Herdverlusten, die beim Reinigen der Feuerbüchse als Rauchkammerlösche gewonnen und als minderwertiger Brennstoff noch auf geeigneten Feuerungen verbrannt werden können. Außerdem verschlacken solche Kessel sehr schnell, was aber in Kauf genommen werden kann, weil Lokomotiven nach einer Betriebszeit von wenigen Stunden schon wieder zur Reinigung zur Verfügung stehen.

C. Wasserrohrkessel

1. Kammerkessel

a) Vollkammerkessel

Beim Übergang vom Großwasserraumkessel auf den Wasserrohrkessel muß man auf die Zugänglichkeit der Heizflächen auf der Wasserseite verzichten. Da dies für kleine Anlagen mit mangelhafter Speisewasserpflege bedenklich erscheint, ist es erwünscht, wenigstens in die Rohre hineinschauen zu können, um sich nach erfolgter Reinigung davon zu überzeugen, daß sie frei von Kesselstein sind. Die Siederohre müssen demgemäß gerade und nicht sehr lang sein und einen verhältnismäßig großen Durchmesser haben. Als brauchbare Maße wählt man Rohre von 95 oder 102 mm äußerem Durchmesser und höchstens 5 m Länge. Solche Rohre kann man durch eine eingeführte Glühlampe gut innen ableuchten und betrachten.

Um einen Umlauf des Kesselwassers zu erzeugen und die Dampfblasen nach oben abzuführen, müssen die geraden Rohre schräg gestellt werden; die Neigung beträgt gewöhnlich 12—15° gegen die Waagerechte.

Zur Verbindung dieses Rohrbündels mit der längsliegenden Obertrommel des Kessels dienen die Wasserkammern. Das sind schräg gestellte flache Kästen, die an die Obertrommel angenietet oder durch Rohre mit ihr verbunden werden. Die beiden Seiten einer Kammer werden durch Stehbolzen miteinander verankert. In die eine Seite werden die Siederohre eingewalzt, die andere ist mit Handlöchern versehen, durch die die Rohrwalze eingeführt wird. Die Handlöcher sind oval und werden durch Pilze verschlossen. Die Rohrlöcher sind in der einen Kammer etwas größer als in der anderen, damit man die Rohre dort herausziehen und neue Rohre einziehen kann. Die Rohrenden sind an der einen Seite entsprechend etwas aufgeweitet.

Das Rauchgas wird durch Zuglenkwände aus Schamotteplatten quer durch das Rohrbündel hin- und hergeführt. So entstehen die Züge des Kessels.

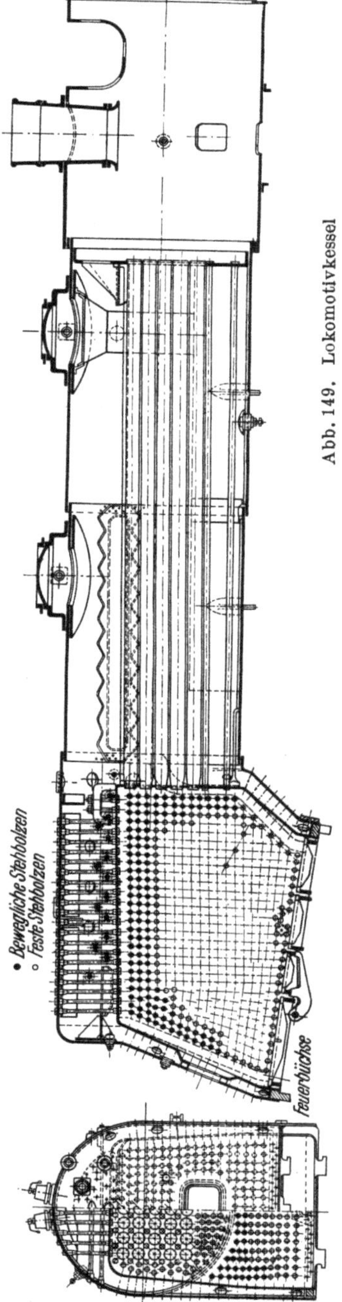

Abb. 149. Lokomotivkessel

Der Vollkammerkessel, der nur für kleine Leistungen, bis etwa 15 000 kp/h Dampf, zu verwenden ist, hat gewöhnlich vier Züge. Die Feuerung liegt im ersten Zug unter dem oberen Ende der Siederohre, weil man so genügend Platz für die Brennkammer gewinnt. Außerdem hat diese Anordnung Vorteile in bezug auf den Wasserumlauf im Kessel (Abb. 150).

b) Teilkammerkessel

Durch Auflösung der großen Wasserkammern in eine Reihe nebeneinander liegender Sammler entsteht der Teilkammerkessel oder Sektionalkessel. Jede Teilkammer oder Sektion ist mit einem Rohr an die Kesseltrommel angeschlossen. So ergibt sich eine große Anzahl selbständiger, nebeneinander liegender Wasserumlaufsysteme, die nur durch die gemeinsame Obertrommel miteinander verbunden sind. Durch den Fortfall der starren Verbindung zwischen Kammern und Trommel wird der Kessel wesentlich elastischer als der Vollkammerkessel.

Über die üblichen Formen gerader und gewellter Teilkammern wurde im Abschn. VIII C 3 b, S. 201 berichtet.

Das zwischen den Kammern eingespannte Rohrsystem ist jedoch in sich immer noch ein starres Gebilde, und bei hochbelasteten Teilkammerkesseln kommen Verwerfungen der hochbeanspruchten Rohre der unteren Reihen vor, weil diese den Wärmedehnungen anders nicht nachgeben können. Je mehr Rohrreihen das System enthält, um so starrer ist es. Deshalb sollte man Hochleistungskessel schon aus Gründen der Betriebssicherheit nur mit wenigen Rohrreihen übereinander ausrüsten. Wegen der vielen Verschlüsse an den Teilkammern werden diese Kessel nur selten für Drücke über 40 atü verwendet.

Für die konstruktive Gestaltung des Dampferzeugers bietet der Teilkammerkessel wesentlich größere Freiheiten als der Vollkammerkessel. Als großer Fortschritt erscheint der Übergang auf die querliegende Obertrommel. Bei dieser Bauart werden die Verbindungsrohre zwischen Teilkammern und Trommel ziemlich lang und stark gekrümmt, so daß sie Wärmedehnungen leicht aufnehmen können. Außerdem werden sie in ihrer Gestalt alle gleich, was für die

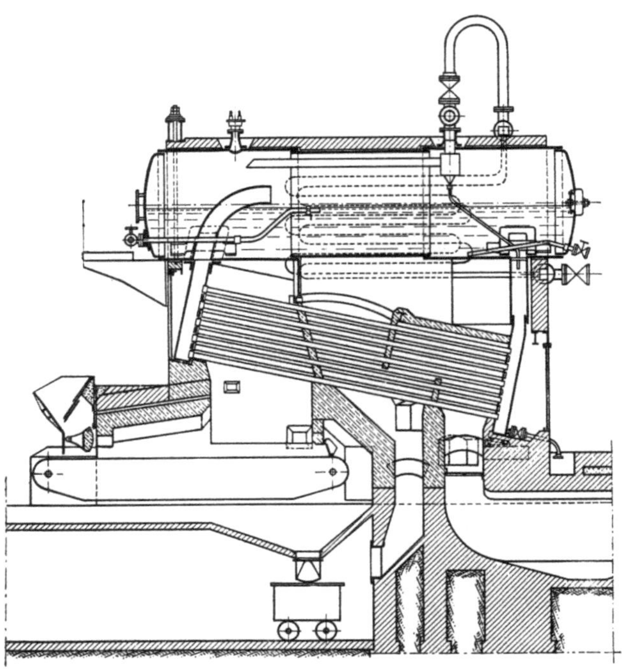

Abb. 150. Vierzug-Kammerkessel mit Wanderrost

Herstellung vorteilhaft ist. Sehr wichtig ist der Ausgleich des Wasserstandes in der Obertrommel für alle parallel geschalteten Wasserumläufe der einzelnen Teilkammern, was bei mehreren nebeneinanderliegenden Längstrommeln nicht erreicht wird.

Da nun beim Teilkammerkessel die Lage des Rohrsystems, abgesehen von gewissen grundsätzlichen Gesichtspunkten, von der Lage der Trommel unabhängig ist, so kann der Konstrukteur weitere vorteilhafte Einzelheiten verwirklichen. Hier sind folgende Maßnahmen zu nennen:

α) Vergrößerung der Heizfläche. Durch Vermehrung der Rohrreihen kann man die Heizfläche beliebig vergrößern. Das führt im Extremfall zur Anordnung mehrerer Rohrbündel mit eigenen Teilkammern übereinander, wobei der Überhitzer dazwischengeschoben wird. Diese Bauart hat sich aber nicht durchgesetzt, weil sich in solchen Systemen ein Sekundärwasserumlauf einstellt. (Vgl. Abschn. VII D 5b.) Diese Frage hängt auch mit der Beheizung zusammen. Bei schwach beheizten Kesseln wird der Unterschied in der Wärmeaufnahme zwischen dem untersten und dem obersten Rohr geringer als bei hoch belasteten Kesseln sein. Auch die Länge des stark beheizten Teils der Rohre ist zu beachten, schließlich auch der Umstand, ob die Feuerung wie beim Einzugkessel die Rohre in ihrer ganzen Länge beheizt oder ob sie unter dem oberen oder dem unterem Ende der Rohre liegt. So führen die äußeren Umstände dazu, daß die Rücklaufkorrosionen in den obersten Rohrreihen bei einem Kessel auftreten und bei einem anderen nicht. Jeder Fall muß gesondert untersucht werden, wozu eine Nachrechnung des Wasserumlaufes dienlich ist.

Eine andere Möglichkeit, größere Heizflächen im Teilkammerkessel unterzubringen, besteht in der Verlängerung der Rohre, da diese bei der querliegenden Obertrommel nicht mehr von der Trommellänge abhängig sind. Rohre von 7 m Länge sind in Teilkammerkesseln ausgeführt worden.

b) **Verbindung der Heizfläche des Teilkammerkessels mit dem Kühlsystem der Brennkammer.** Diese Möglichkeit besteht in besonders einfacher Weise für die Rohre der Rückwand, die unter dem Kesselrohrsystem entlang in die vorderen Teilkammern geführt werden. Auch die Vorder-

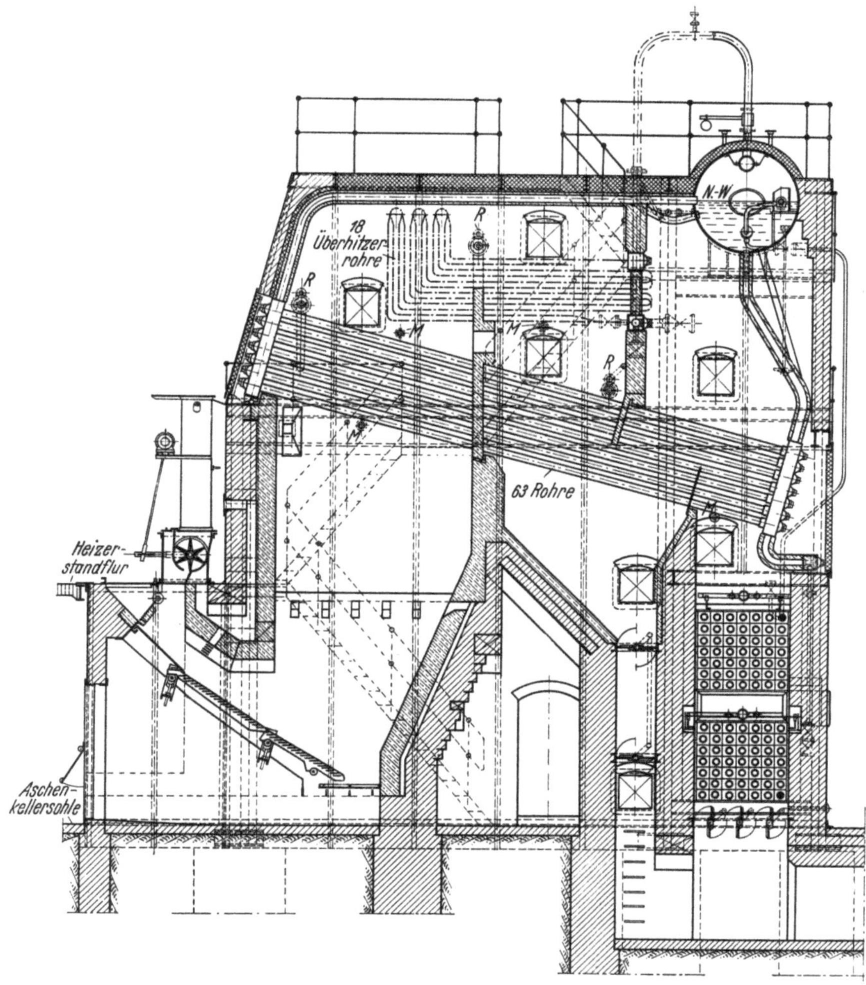

Abb. 151. Vierzug-Teilkammerkessel (Borsig) mit Schrägrost für Holzabfälle und Rippenrohr-Vorwärmer. Nennleistung 5 t/h ,Heizfläche 140 m², Kesseldruck 25 atü, Überhitzung 350 °C, Rostfläche 5 m², Vorwärmer-Heizfläche 296 m²

wandrohre lassen sich durch einen kurzen Bogen leicht in die vorderen Teilkammern hineinführen. Der Grundsatz der geraden Rohre wird allerdings durch solche Konstruktionen verlassen. Er hat aber auch für neuzeitliche Anlagen mit guter Speisewasserpflege keine Bedeutung mehr. Die Ausführung der Brennkammerkühlung mit lauter geraden Rohren wird sehr umständlich und teuer.

c) **Trennung von Wasser und Dampf in den Überströmrohren zur Obertrommel.** Man hat beobachtet, daß sich in einem waagerecht geführten Rohr Dampf und Wasser schnell trennen (vgl. Abschn. VII D 5 d). Der Teilkammerkessel mit querliegender Obertrommel bietet die Möglich-

keit, die Überströmrohre von den oberen Teilkammern zur Obertrommel auf einem verhältnismäßig langen Wege waagerecht zu führen und so schon vor dem Eintritt in die Trommel den
Dampf auszuscheiden.

d) Unterbringung des Überhitzers. Durch die Ablösung des Rohrsystems von der Trommel
erhält man die Freiheit, für den Überhitzer, der gewöhnlich über dem Rohrsystem zwischen

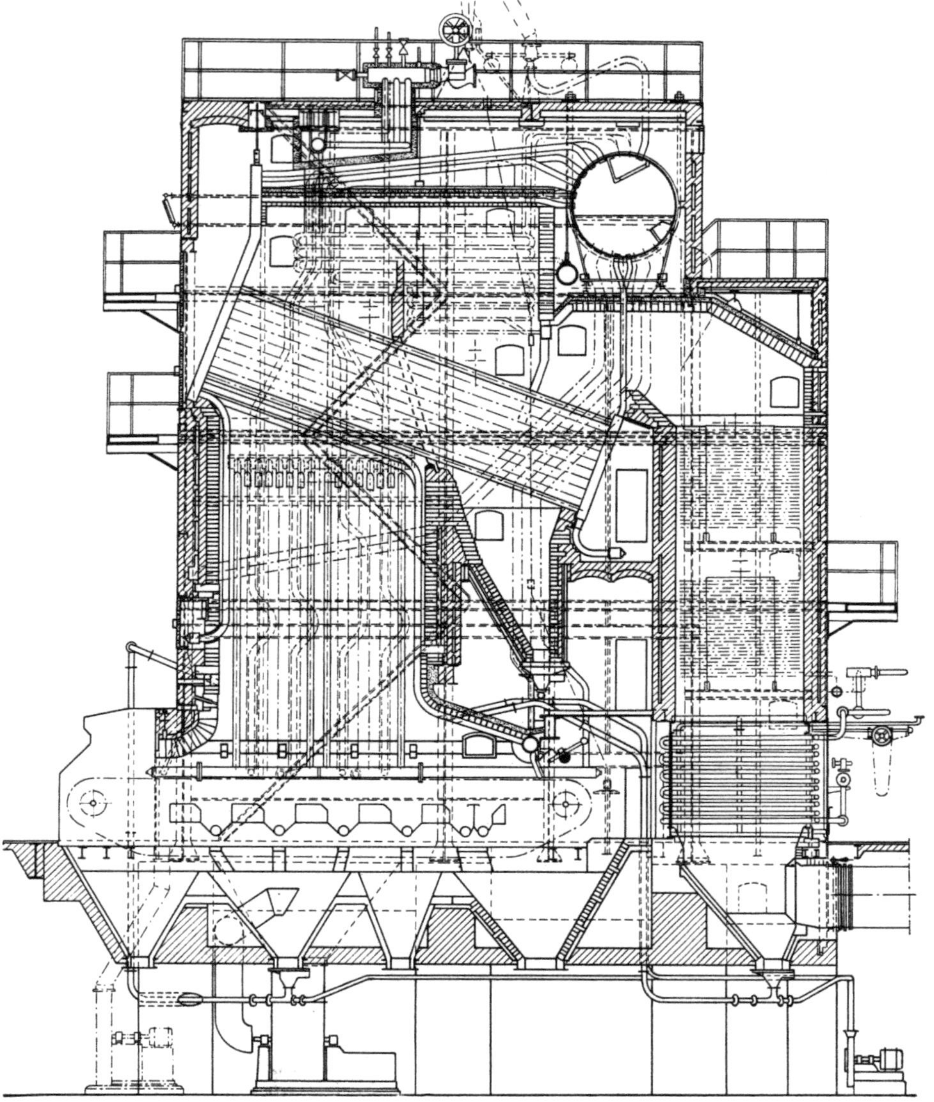

Abb. 152. Dreizug-Teilkammerkessel (Buckau) von 638 m² Heizfläche mit Überhitzer, Stahl- und Rippenrohrvorwärmer,
260 und 620 m² Heizfläche. Leistung 25 t/h, 25 atü, 380 °C mit Unterwindzonenwanderrost für Steinkohle

dem ersten und zweiten Zug liegt, einen geräumigen Platz freizumachen. Bei der flachen Neigung der Kesselrohre ergibt sich im allgemeinen ein Raum, in dem ein liegender Überhitzer
gut untergebracht werden kann. Durch stärkere Neigung des Rohrsystems kann man den Raum
aber auch so stark vergrößern, daß die hängende Bauart gewählt werden kann. Dann wird aber
der ganze Kessel höher.

e) Steigerung der Leistung. Wegen der größeren Elastizität des Kesselsystems können
Teilkammerkessel viel höher belastet werden als Vollkammerkessel. Da mit zunehmender
Rauchgasmenge auch die Querschnitte vergrößert werden müssen, geht man von der Vierzug-

bauart ab und baut Drei-, Zwei- und Einzugkessel. Ganz roh gerechnet reicht der

Vierzugkessel bis etwa 20000 kp/h Dampf,
Dreizugkessel bis etwa 40000 kp/h Dampf,
Zweizugkessel bis etwa 50000 kp/h Dampf.

Beim Zwei- und Vierzugkessel (Abb. 151) treten die Rauchgase unten aus dem Kessel aus, beim Ein- und Dreizugkessel oben (Abb. 152). Dies ergibt zwei verschiedene Formen in der Unterbringung der nachgeschalteten Heizflächen. Im ersteren Falle ist es leicht, einen hohen Vorwärmer unterzubringen, beim Zweizugkessel ergibt sich aber hier gewöhnlich eine Schwierigkeit, weil der verhältnismäßig große Vorwärmer unterhalb des Kesselrohrsystems eingebaut werden muß. Man ersieht hieraus, wie wichtig die Konstruktion von Vorwärmern mit geringer Bauhöhe für den Kesselbau ist. In manchen Fällen muß man den ganzen Kessel höher legen, um den Vorwärmer unterbringen zu können. Dann wird auch die Brennkammer des Kessels höher als sie eigentlich sein müßte.

Bei allen Kammerkesseln muß vor oder hinter dem Kessel, je nachdem nach welcher Seite die Siederohre ausgewechselt werden, ein leerer oder leicht leer zu machender Raum zur Verfügung stehen, in den die Rohre gelangen, wenn sie ausgebaut werden. Dies muß bei der Gestaltung des Kesselhauses beachtet werden.

2. Steilrohrkessel

Alle Wasserrohrkessel, die nicht Kammerkessel sind, nennt man Steilrohrkessel. Diese negative Definition beweist schon, wie ungenau die Bezeichnung ist, die nur aus der historischen Entwicklung verstanden werden kann; denn alle Wasserrohrkessel bestehen aus ansteigenden Rohren, und wir finden in Teilkammerkesseln manchmal sehr steil verlaufende Rohre und in Steilrohrkesseln stellenweise sehr flach geneigte.

Auf Grund dieser Freiheit hat die Entwicklung eine fast unübersehbare Anzahl von Bauarten hervorgebracht, die alle ihre Vor- und Nachteile haben; und es kann nicht Aufgabe dieser Abhandlung sein, sie alle darzustellen.

Verschiedene Bauarten gingen davon aus, daß man einen möglichst lebhaften Wasserumlauf erzeugen müsse, bis man erkannte, daß dies keineswegs so vorteilhaft ist, sondern daß es nur darauf ankommt, einen *eindeutigen* Wasserumlauf zu haben. Deshalb können ältere Bauarten mit lauter möglichst steil verlaufenden Siederohren als überholt betrachtet werden.

Andere Konstrukteure glaubten, den großen Wasserraum der Behälterkessel auch im Wasserrohrkesselbau nach Möglichkeit verwirklichen zu müssen. Dies trifft aber nur für bestimmte Betriebe mit sehr ungleichmäßiger Dampfentnahme zu und läßt sich nicht verallgemeinern. So entstanden Steilrohrkessel mit mehreren Ober- und Untertrommeln, die für den normalen Fall zu teuer sind. Wasserumlaufstörungen in den Mehrtrommelkesseln führten nun wieder zu Sonderbauarten mit gekreuzten Trommeln und ähnlichen Lösungen. Sie alle dürfen hier als Entwicklungsstufen übergangen werden.

Der Mehrtrommel-Steilrohrkessel mit beheizten Fallrohren wird sich jedoch als „Speicherkessel" für niedrigen und mittleren Druck bis etwa 40 atü behaupten. Zwischen den Steig- und Fallrohren wird der Überhitzer untergebracht, denn auf diese Weise wird der Raum gut ausgenutzt und die Rauchgastemperatur so stark gesenkt, daß das hintere Rohrbündel nur noch Fallrohre enthält. Wird die Brennkammer eines solchen Kessels noch mit Siederohren gekühlt, so muß man darauf achten, daß nicht die hinteren Reihen des ersten Rohrbündels wegen zu schwacher Beheizung zu unbestimmten Rohren oder Fallrohren werden. Man muß also in diesem Falle das erste Rohrbündel, die Vorheizfläche, klein halten. Abb. 153 zeigt einen Viertrommel-Steilrohrkessel (STIRLING-Kessel), wie er von den nordamerikanischen Babcock & Wilcox-Werken gebaut wird.

Bei hoher Belastung derartiger Kessel erreicht man schließlich einen Zustand, in dem bereits im Speisewasservorwärmer die Dampfbildung beginnt. Damit ist der Übergang zum modernen Strahlungskessel geschaffen.

Ein Mehrtrommel-Steilrohrkessel mit beheizten Fallrohren ist auch der in Abb. 154 gezeigte WAGNER-Schiffskessel mit Ölfeuerung. Auf Schiffen wird naturgemäß angestrebt, das Gewicht des Kessels so klein wie möglich zu halten. Der Kessel hat kein Gerüst, sondern ruht auf Kesselstühlen. Das große Widerstandsmoment des kurzen, aber aus vielen Reihen bestehenden Rohrsystems reicht aus, um sich selbst und die Obertrommel zu tragen. An Stelle einer Einmauerung

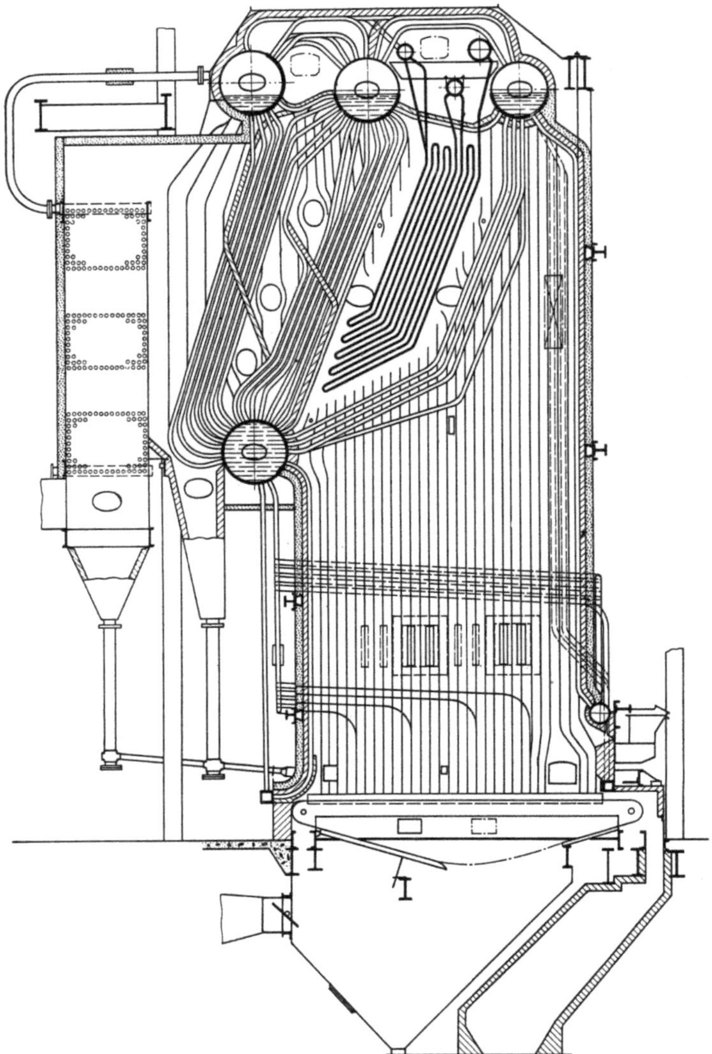

Abb. 153. Viertrommel-STIRLING-Kessel (Babcock & Wilcox USA) Leistung 57 t/h, 50 atü, 440 °C mit Wanderrost (Spreader-Stoker), bei dem der Brennstoff auf den Rost aufgeworfen wird. Diese Feuerung hat sich in Deutschland nicht eingeführt

erhalten die Schiffskessel eine Blechverkleidung mit Isolierung und einen Luftmantel, durch den die Verbrennungsluft gedrückt wird, ehe sie zur Feuerung gelangt. Der Überhitzer ist von der Seite in den Raum hinter den ersten Rohrreihen hineingeschoben. Bei solchen Kesseln werden auf beiden Seiten die außen liegenden Rohrreihen aus dem Rauchgasstrom herausgelegt, so daß sie als Fallrohre wirken, womit allerdings keineswegs Klarheit darüber geschaffen wird, wie sich nun der Wasserumlauf in dem gesamten Rohrsystem einstellt. Das zweite Bild der Abb. 154 zeigt die Anordnung zweier WAGNER-Kessel im Schiff.

Nachdem heute die Werkstoff- und Bauvorschriften für Schiffskessel mit denen für Landanlagen abgestimmt worden sind und auch Kessel mit Zwangumlauf und Zwangdurchlauf

für Schiffe gebaut werden, kann man nicht mehr vom Schiffskessel als einem Sondergebiet
des Kesselbaues sprechen. Die konstruktiven Aufgaben sind im wesentlichen die gleichen wie
bei Landanlagen. So werden beispielsweise ähnliche Kessel wie der WAGNER-Schiffskessel von
verschiedenen Firmen auch für kleinere Landanlagen gebaut.

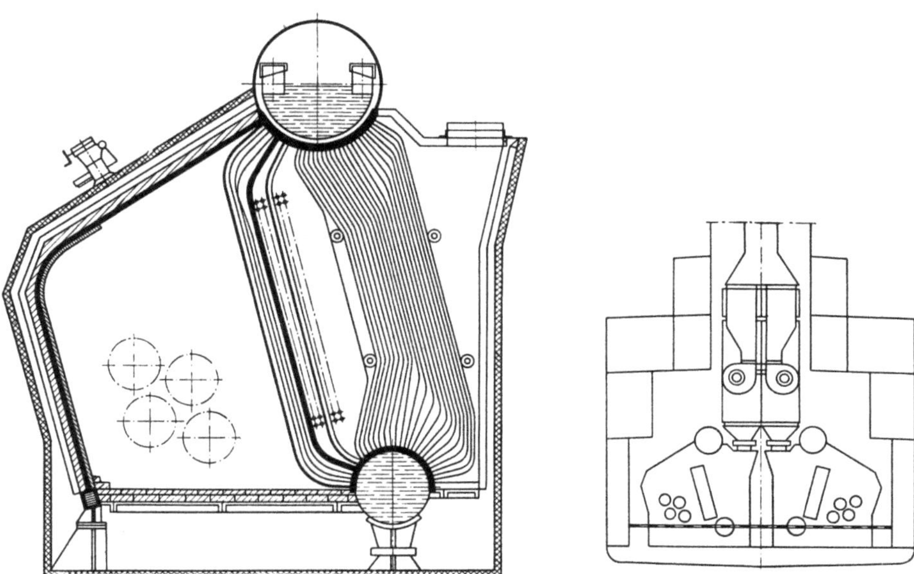

Abb. 154. Integral-Schiffskessel (Babcock) von 560 m² Heizfläche mit Drucköfeuerung und Überhitzer. Leistung
17,2/20,4 t/h, 31,5 atü, 400 °C. Hinter dem Kessel folgt ein Luftvorwärmer von 465 m² Heizfläche.
I. Längsschnitt; II. Anordnung zweier Kessel mit Luftvorwärmern im Schiff

3. Strahlungskessel

Durch die Bezeichnung „Strahlungskessel" soll die Tatsache hervorgehoben werden, daß
die Wärme in besonders großem Umfange durch Strahlung übertragen wird. Der Ausdruck
stammt aus der Zeit, als man anfing, die Brennkammern der Kessel mit Siederohren auszukleiden, um die Einmauerung gegen die hohen Temperaturen zu schützen. Dabei ergab sich
zwangläufig eine weitgehende Ausnutzung des Wärmeübergangs durch Strahlung. Gleichzeitig erreichte man aber auch, daß das Rauchgas erst mit einer so niedrigen Temperatur in
die Berührungsheizfläche gelangte, daß es keine klebrigen Aschenteilchen mehr enthielt. Dieses
letztere Argument ist uns heute eine Selbstverständlichkeit, und jede wärmetechnische Berechnung eines Dampferzeugers geht davon aus, daß diese Bedingung erfüllt sein muß. In
diesem Sinne ist also jeder neuzeitliche Kessel ein Strahlungskessel.

Eine weitere Eigenart neuzeitlicher Strahlungskessel ist die Tatsache, daß hinter dem Überhitzer im allgemeinen keine Kesselheizfläche mehr angeordnet ist. Die Fallrohre, die das Kühlsystem der Brennkammer mit Wasser versorgen, liegen außerhalb des Rauchgasstromes in
Schächten der Einmauerung und werden nicht beheizt. Damit wird für alle Rohrsysteme ein
eindeutiger Wasserumlauf gesichert. Man verzichtet also auf hinter dem Überhitzer liegende
beheizte Fallrohre und läßt stattdessen bereits im Vorwärmer eine Teilverdampfung zu. Die
Erfahrung zeigte, daß dies zulässig ist; heute wissen wir, daß die Strömung im Vorwärmer um
so stabiler wird, je höher der Anteil der Verdampfung ist.

Nach dieser Überlegung ist ein Strahlungskessel im eigentlichen Sinne ein Dampferzeuger,
dessen Siederohre alle vor dem Berührungsüberhitzer liegen.

Bei hohem Kesseldruck, insbesondere bei hoher Überhitzung und bei Kesseln mit Zwischen-
überhitzern ist es sogar nicht mehr möglich, die gesamte Brennkammer nur mit Siederohren
auszukleiden. Denn die Verdampfungswärme des Wassers wird mit steigendem Druck kleiner,
und wenn das Speisewasser dem Kessel bereits in hoch vorgewärmtem Zustand zugeführt wird,

wird die Erzeugungswärme des Dampfes zusätzlich verringert. Dann würde das Kühlsystem einer vollständig mit Siederohren ausgekleideten Brennkammer mehr Sattdampf erzeugen als der vorgeschriebenen Kesselleistung entspricht. In solchen Fällen muß die Rauchgastemperatur mit einem Strahlungsüberhitzer abgebaut werden.

Ein besonderes Kennzeichen jedes neuzeitlichen Kessels ist, daß er mit der Feuerung zusammen eine harmonische Einheit bildet. Eine weit verbreitete Bauart ist der Zweizugkessel, bei der das Abgas am unteren Ende des zweiten Zuges abgeführt wird. Will man aber die Saugzuganlage und die Rauchgasfilter oberhalb des Kessels aufstellen, dann ist der Dampferzeuger als Einzugkessel oder als Dreizugkessel zu entwerfen.

Beim Zweizug- und Dreizugkessel wird der erste Zug durch die Feuerung und die Brennkammer gebildet, im zweiten und gegebenenfalls dritten Zug liegen die Vorwärmer. Der Überhitzer befindet sich entweder in hängender Ausführung im Übergang vom ersten zum zweiten Zug, oder in liegender Bauweise teilweise noch im ersten Zug oder auch oberhalb des Speisewasservorwärmers im zweiten Zug. Ein Zwischenüberhitzer wird im allgemeinen hinter dem Berührungsüberhitzer für den Frischdampf in liegender Bauweise im zweiten Zug untergebracht. Solche Kessel besitzen meistens nur eine Obertrommel. Bei Staub-, Öl- oder Gasfeuerungen ist es manchmal zweckmäßig, die unteren Enden der Brennkammerkühlrohre auch in einer Untertrommel zusammenzufassen. Maßgebend ist für den Gesamtaufbau immer, daß der Wasserumlauf eindeutig ist und der Kessel von einem möglichst einfachen, übersichtlichen Kesselgerüst getragen werden muß. Die Höhe des Kessels wird entweder durch die erforderlichen Abmessungen der Brennkammer oder durch die Höhe des zweiten Zuges bestimmt. Bei Anlagen mit Luftvorwärmern, insbesondere also bei Staubfeuerungen, kann die Bauhöhe der Vorwärmer so groß werden, daß entweder die Brennkammer übermäßig hoch und teuer gemacht werden muß oder ein dritter Zug erforderlich wird. Eine sehr willkommene Möglichkeit, um die Höhe des zweiten Zuges zu verkleinern, bietet der LJUNGSTRÖM-Luftvorwärmer, da man diesen in den Rauchgaskanal hinter dem Kessel einbauen kann.

In vielen Fällen muß man sich gegebenen räumlichen Verhältnissen anpassen. Deshalb findet man für die gleiche Kesselleistung, gleiche Druckstufe und gleiche Brennstoffe ganz verschiedene Bauarten, und es ist nicht möglich, Werturteile zu fällen, wenn man nicht weiß, unter welchen äußeren Bedingungen die ausgeführte Konstruktion gewählt wurde.

Beim Dreizugkessel legt man zweckmäßig möglichst viel Luftvorwärmerheizfläche in den dritten Zug, weil der Speisewasservorwärmer vom Wasser aufsteigend und von den Rauchgasen absteigend durchströmt werden soll und somit in den zweiten Zug gehört.

Beim Einzugkessel muß man den Wasservorwärmer mehrmals unterteilen, um insgesamt die Gegenstromwirkung zu erzielen[1]. Bei solchen Kesseln ist oft auch die Anwendung des LJUNGSTRÖM-Vorwärmers zweckmäßig, um an Bauhöhe zu sparen. Man kann aber auch den letzten Teil des Luftvorwärmers vom Kessel ganz abrücken und in den Verbindungskanal zum Schornstein verlegen, wie es vielfach bei Schiffskesselanlagen gemacht wird.

Arbeitet die Staubfeuerung mit absteigender Flamme, so kehren sich die Verhältnisse für den Kessel um. Dann wird der Kessel, bei dem das Rauchgas unten austritt, ein Dreizugkessel sein, bei dem man die Wasservorwärmer möglichst im dritten Zug unterbringen wird.

Der in Abb. 155 dargestellte Zweizugkessel für eine Leistung von 135 t/h Dampf von 125 atü zeigt eine gut ausgewogene und übersichtliche Raumaufteilung. Der Brennstoff ist Steinkohle, er wird in einer Staubeckenfeuerung mit trockenem Schlackenabzug verbrannt. Die Brennkammer a ist oben eingezogen; am Übergang auf den kleineren Querschnitt ist die Möglichkeit vorgesehen, Wirbelluft einzublasen. Die Heißdampftemperatur von 500 °C wird in einem geteilten Berührungsüberhitzer b erreicht. Der aus der Trommel kommende Dampf durchströmt zuerst von oben nach unten die Aufhängerohre der im zweiten Zug liegend angeordneten

---

[1] Vgl. Abschnitt X B, S. 219.

Überhitzerschlangen, dann im Gegenstrom die untere Hälfte dieser selbst. Die Fortsetzung dieser Rohre dient als Wandkühlung für die Rückwand und die Kesseldecke und bildet dann ein im Gleichstrom geschaltetes System hängender Rohrschlangen, das rauchgasseitig der Brennkammer am nächsten liegt. Hiernach gelangt der Dampf in den Kühler; der darauffolgende zweite Teil des Überhitzers ist ganz im Gegenstrom geschaltet und zum Teil wieder

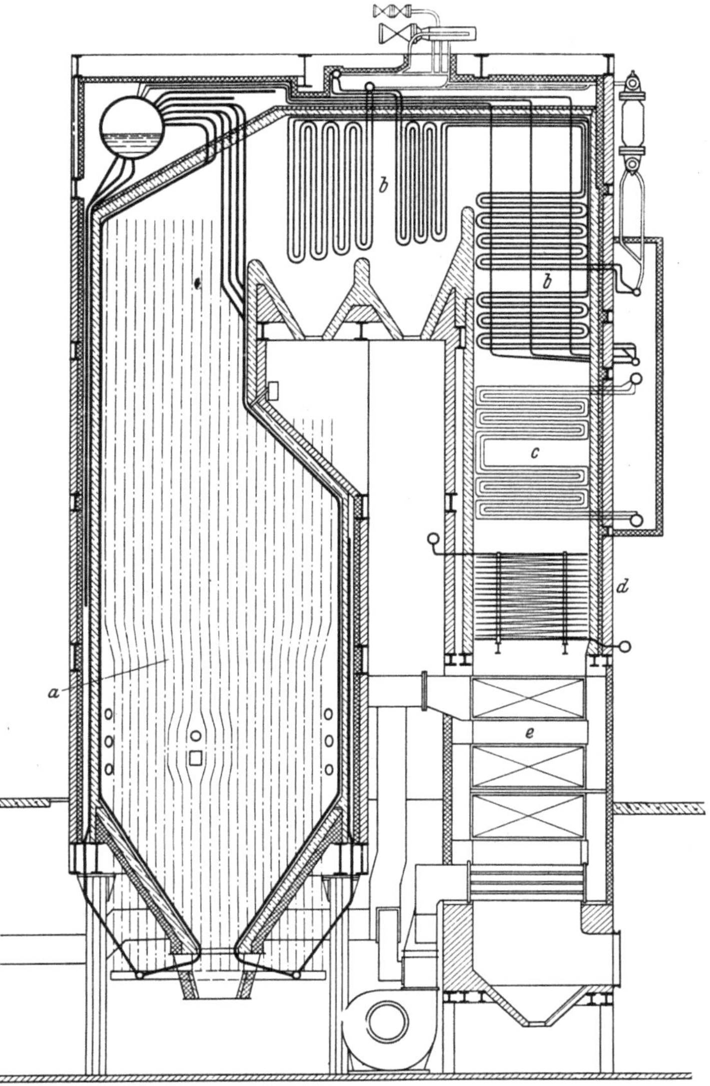

Abb. 155. Strahlungskessel (Steinmüller) mit Staubeckenfeuerung für Steinkohle. Leistung 135 t/h, 125 atü, 500 °C. Zwischenüberhitzung auf ca. 450 °C
a Brennkammer, *b* Überhitzer, *c* Zwischenüberhitzer, *d* Wasservorwärmer, *e* Luftvorwärmer

liegend im zweiten Zug und zum andern Teil hängend im Übergang zwischen dem ersten und zweiten Zug untergebracht. Im Heißdampfaustritts-Sammler ist noch eine Temperatur-Feinregelung vorgesehen.

Der Zwischenüberhitzer *c*, der die gesamte erzeugte Dampfmenge nach dem Durchströmen des Hochdruckteils der Turbine nochmals auf ca. 450 °C erwärmt, besteht aus Dreifachschlangen, die liegend im zweiten Zug hinter dem Frischdampfüberhitzer untergebracht sind. Dann folgt ein Speisewasservorwärmer *d* mit spiralig gewundenen Schlangen und schließlich der gußeiserne Rippenrohr-Luftvorwärmer *e* mit vier Durchgängen.

Abb. 156 zeigt einen Zweizugkessel für ein Zechenkraftwerk für eine Leistung von maximal 80 t/h Dampf von 58 atü, der auf 500 °C überhitzt wird. Der Kessel besitzt einen senkrechten Schmelzzyklon für die Verfeuerung minderwertiger Ruhrkohle. Der Überhitzer ist in einen Berührungsteil und einen Schottenteil unterteilt. Der Dampf durchströmt zuerst den Berührungsüberhitzer im Gegenstrom und dann den im ersten Zug liegenden Schottüberhitzer

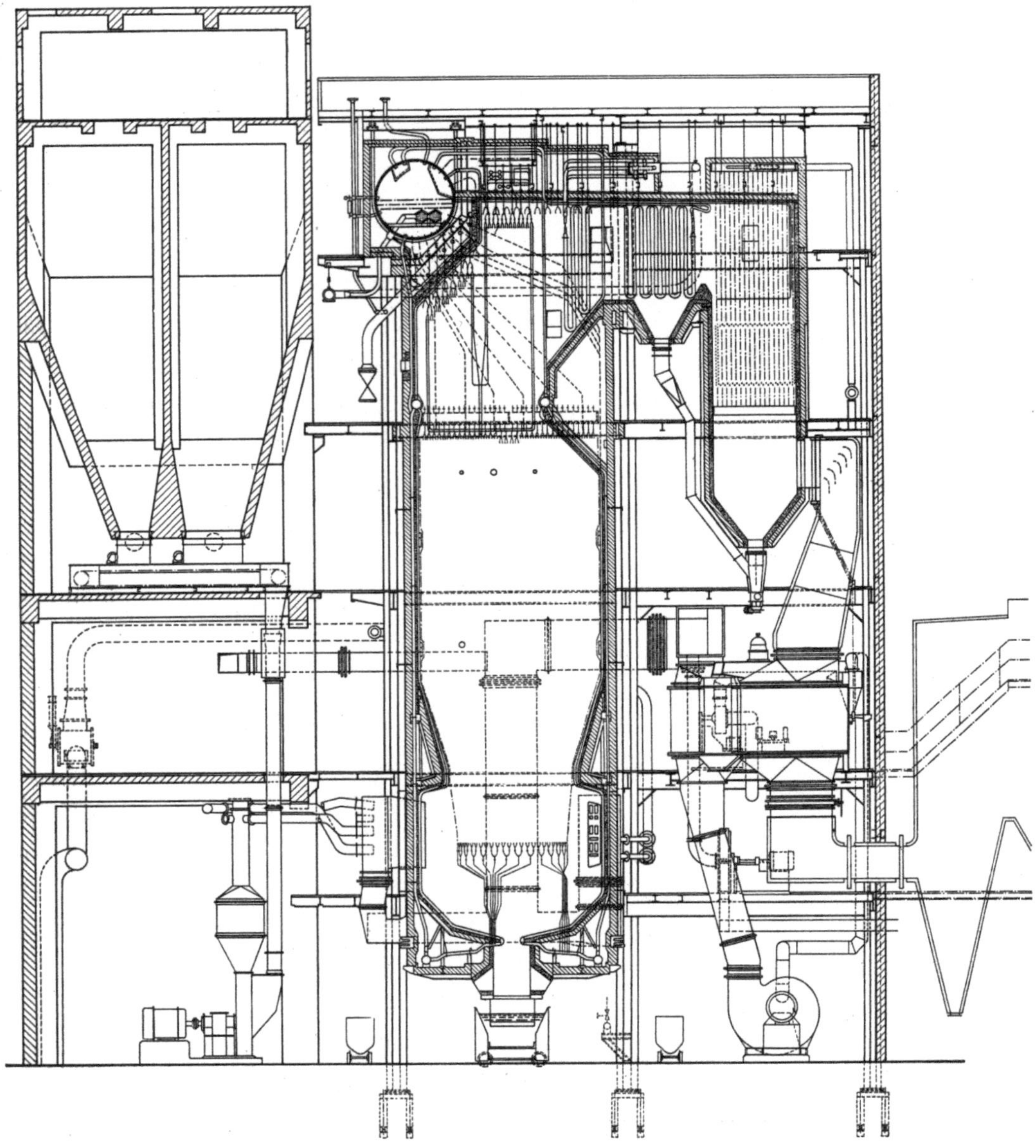

Abb. 156. Strahlungskessel mit Schmelzzyklonfeuerung (KSG). Leistung 80 t/h, 58 atü, 500 °C

Zwischen beiden liegt der im Innern der Obertrommel angeordnete Berührungskühler, durch den ein Teil des Dampfes mit einem Regelventil geführt werden kann, so daß sich bei der automatischen Betätigung des Ventils die gewünschte Heißdampftemperatur am Ende des Schottenüberhitzers ergibt. Das Speisewasser durchströmt zuerst von oben nach unten die Aufhängerohre des Vorwärmers und dann von unten nach oben den Vorwärmer selbst. Der hinter dem Kessel unabhängig vom Kesselblock in liegender Anordnung aufgestellte LJUNGSTRÖM-Luftvorwärmer kühlt das Rauchgas auf etwa 150 °C ab. Der Schmelzzyklon wird von drei Schlag-radmühlen mit direkter Einblasung bedient. Ein solcher Kessel ist ca. 25 m hoch, 8 m breit und 13 m lang.

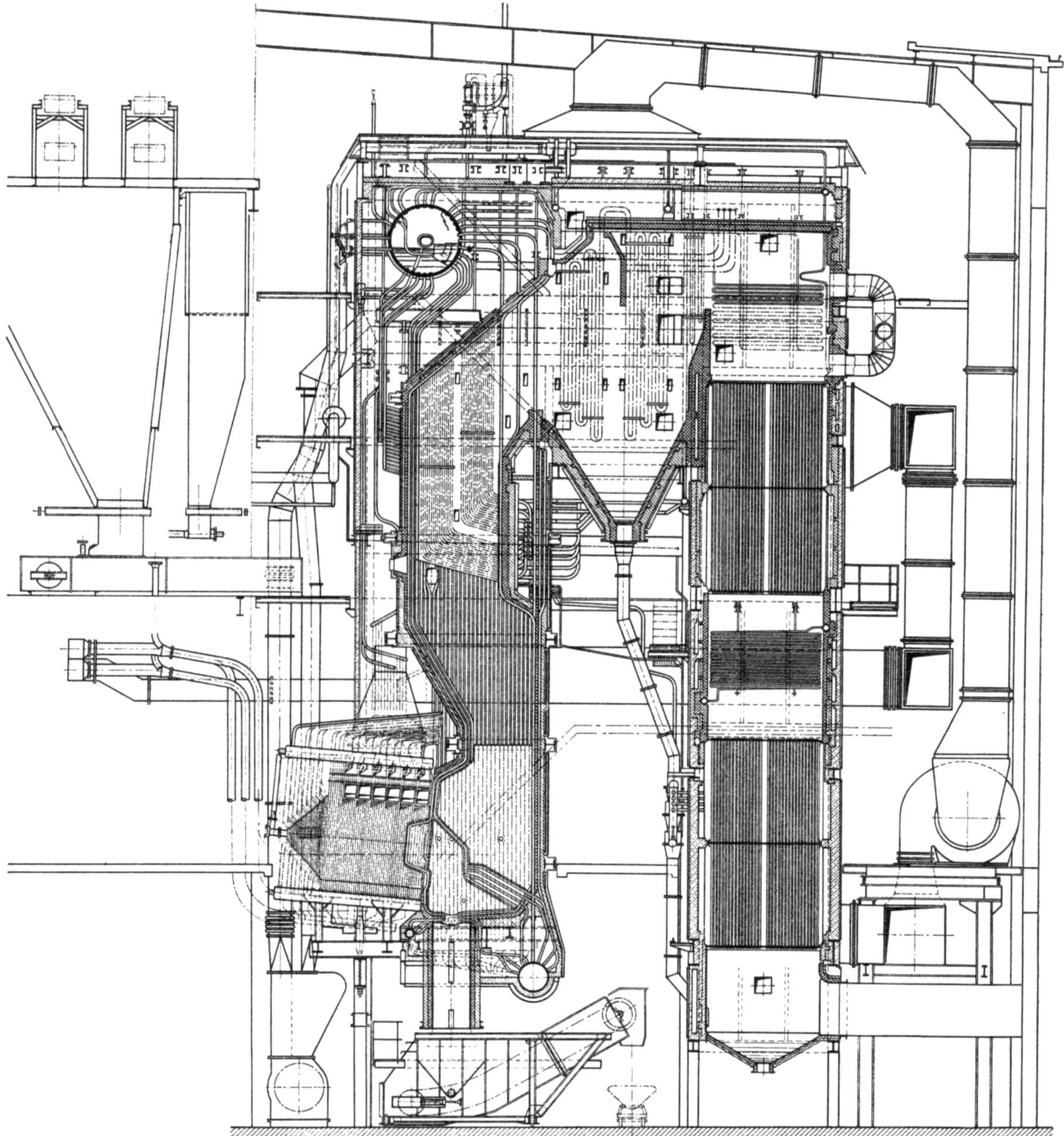

Abb. 157. Strahlungskessel (Dürr) mit 2 Schrägzyklonen (Babcock) für Steinkohle und ein Gemisch von Braunkohle und Steinkohle. Leistung 100/125 t/h, 90 atü, 530 °C

Ein Beispiel für einen Zweizugkessel mit Horizontalzyklonfeuerung für Steinkohle gibt Abb. 157. Dieser Kessel ist für eine Leistung von 125 t/h Dampf von 90 atü gebaut. Die Heiß-dampftemperatur beträgt 530 °C. Die Anlage besitzt zwei Zyklone, die durch je eine Einblase-mühle gespeist werden. Die Zyklone sind um 5° gegen die Horizontale geneigt. Der erzeugte Dampf durchströmt zuerst die Aufhängerohre des im zweiten Zug liegenden Überhitzerteils, dann diesen selbst und anschließend den Schottüberhitzer. Hierauf gelangt er in den

Einspritzkühler und schließlich in den Hauptberührungsüberhitzer. Der Kessel besitzt einen zweiteiligen Luftvorwärmer, der aus Stahl-Rauchrohrsystemen gebildet ist; dazwischen liegt der Schlangenrohrvorwärmer. Ein solcher Kessel ist 26,2 m hoch, 8,7 m breit und ohne den Feuerungsvorbau 12,8 m lang.

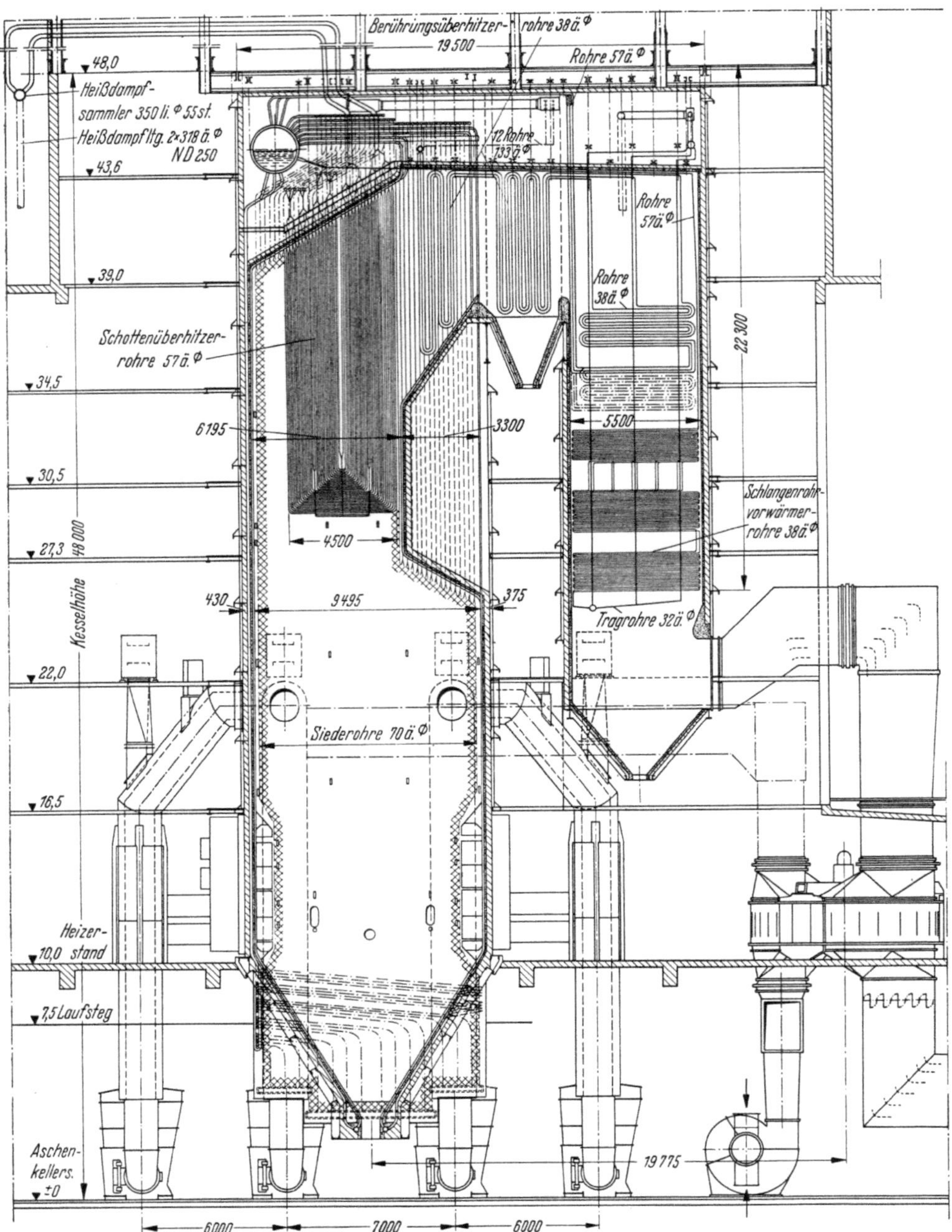

Abb. 158. Strahlungskessel mit Eckenfeuerung für Rohbraunkohle (KSG-Steinmüller-VKW), Leistung 400 t/h, 136 atü, 530 °C. Luftvorwärmung im LJUNGSTRÖM-Vorwärmer auf 350 °C, kombiniert mit Rauchgasrücksaugung

Ebenfalls als Zweizugkessel ist der 400-t/h-Kessel (Abb. 158) gebaut. Er besitzt eine Staub-Eckenfeuerung mit trockenem Schlackenabzug für rheinische Rohbraunkohle, deren Heizwert 1800 kcal/kp bei ca. 60% Wassergehalt beträgt. Der Betriebsdruck ist 136 atü, die Heißdampf-temperatur 530 °C. Hier wird die gesamte Luftvorwärmung auf ca. 350 °C in zwei parallel geschalteten LJUNGSTRÖM-Luftvorwärmern erreicht. Der Überhitzer ist in einen in Gegenstrom arbeitenden Berührungsüberhitzer und einen Schottüberhitzer unterteilt. Der Berührungsüberhitzer ist hängend zwischen dem ersten und zweiten Zug angeordnet und erstreckt sich mit einem liegend ausgeführten Stück noch bis in den zweiten Zug hinein. Das Speisewasser wird oben zugeführt und fließt zuerst durch die Aufhängerohre des letzten Überhitzerteils und des Vorwärmers nach unten, um dann durch die Vorwärmerschlangen wieder aufzusteigen. Der Heißdampfkühler liegt zwischen Berührungs- und Schottüberhitzer. Die äußeren Abmessungen des Kesselblocks sind: Höhe 48 m, Breite 12,75 m, Länge ohne LJUNGSTRÖM-

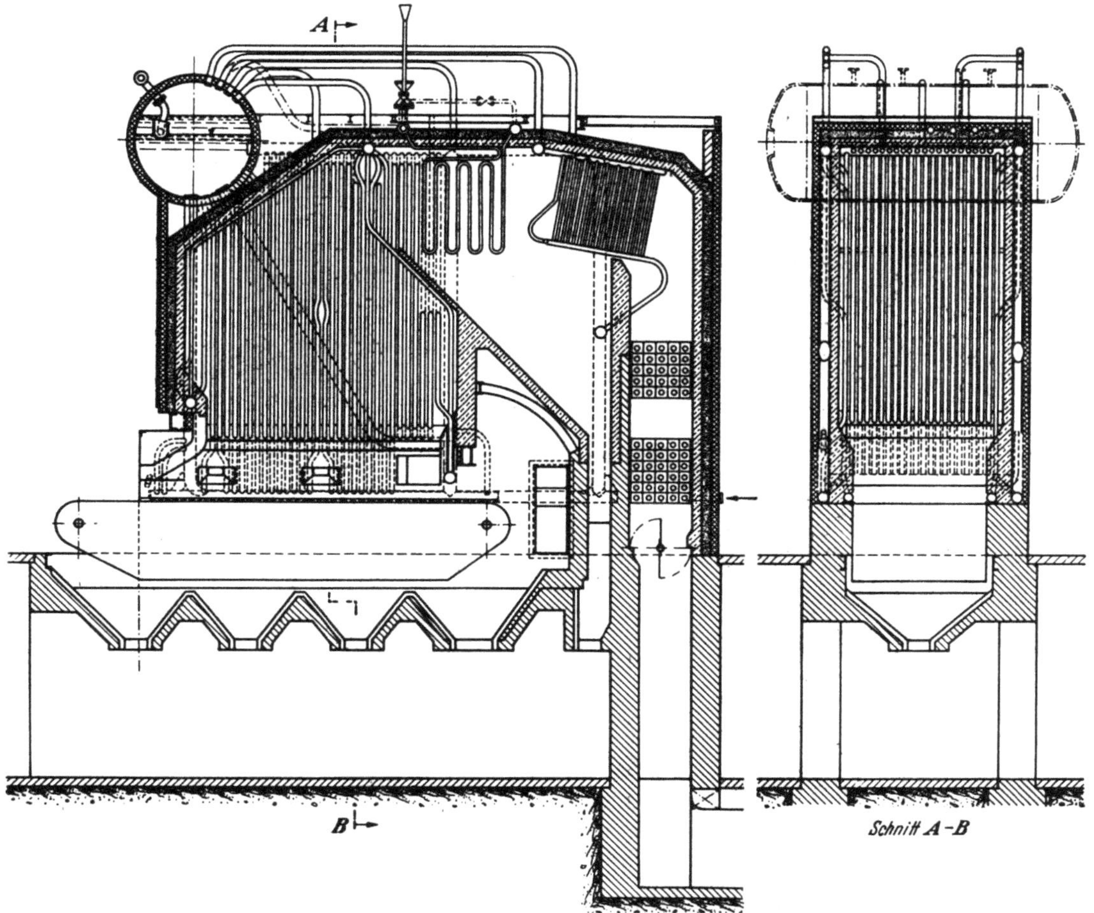

Abb. 159. Eckrohrkessel (Baumgarte) mit Wanderrost, Leistung 7,5 t/h, 25 atü, 400 °C

Vorwärmer 19 m. Das Stahlskelett dieses Kessels ist am Dach der entsprechend kräftig ausgeführten Kesselhauskonstruktion aufgehängt, so daß die sonst üblichen schweren Gerüstsäulen des Kessels fortfallen. Die Mahlanlage besteht aus acht Schlägermühlen, die paarweise auf die Ecken der Brennkammer arbeiten.

Ein neuartiger Konstruktionsgedanke ist in dem „Eckrohrkessel" verwirklicht. Dieser Kessel besitzt kein aus Profileisen zusammengesetztes Kesselgerüst; als Gerüstsäulen dienen vielmehr große Fallrohre, die mit Querrohren zu einem festen tragfähigen Rahmen zusammengeschweißt sind. Abb. 159 zeigt einen Eckrohrkessel mit Wanderrost, der maximal 7,5 t/h Dampf von 25 atü erzeugt. Die Heißdampftemperatur ist 400 °C bei Normallast von 6 t/h Dampf. Im Querschnitt zeigt die Zeichnung, wie das Fundament seitlich vom Wanderrost bis etwa auf die Höhe der Rostoberkante hochgezogen ist und die tragenden Fallrohre sich darauf abstützen.

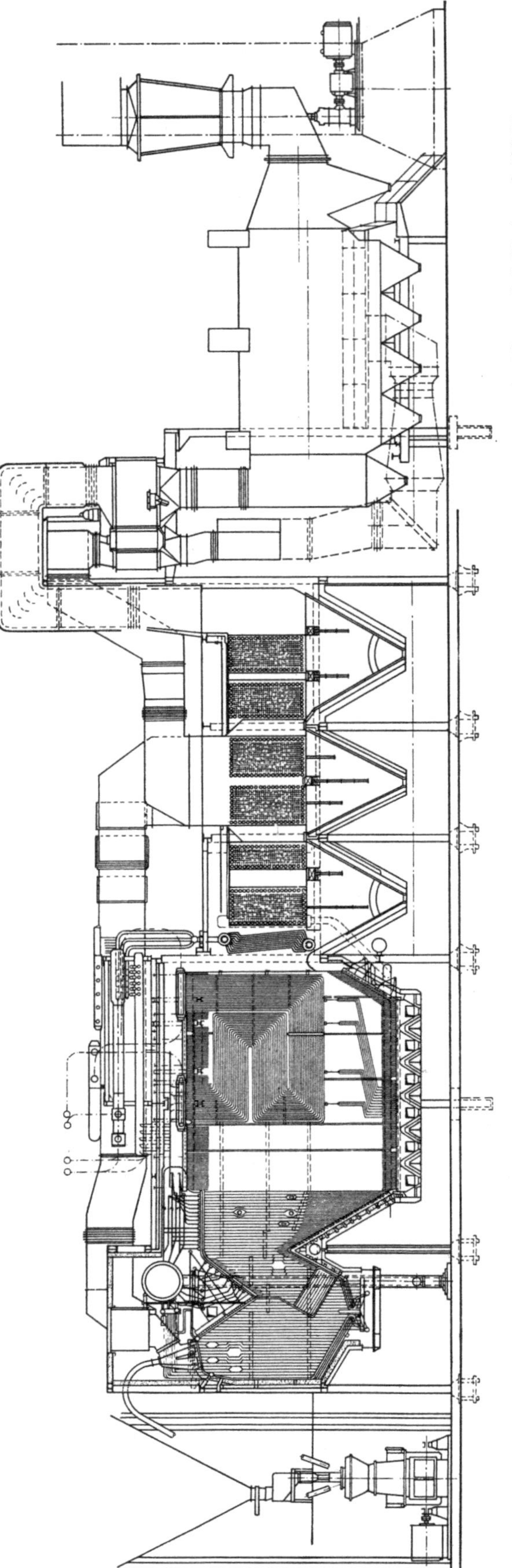

Abb. 160. Liegender Strahlungskessel (Borsig) mit Schmelzkammer (Bauart „Steag"), Leistung 200 t/h, 140 atü, 530 °C mit Zwischenüberhitzung bei 33 ata auf 520 °C

Ähnliche Gedanken liegen dem liegenden Großkessel (Abb. 160) zugrunde. Hinter der Schmelzkammer folgt ein horizontal angeordneter Ausbrennraum, der im wesentlichen durch Strahlungsüberhitzer und Schottüberhitzer gekühlt wird. Auch ein Teil des Zwischenüberhitzers liegt in Form von Schotten in diesem Raum. Dann folgen, horizontal hintereinander angeordnet, die Berührungsüberhitzer für Zwischendampf und Frischdampf, der Röhrenluftvorwärmer und der Speisewasservorwärmer. Hinter dem gesamten Kesselblock ist noch ein LJUNGSTRÖM-Luftvorwärmer in liegender Bauweise als erste Vorwärmstufe der Verbrennungsluft angeordnet. Die Leistung des gezeigten Kessels ist 200 t/h Dampf von 140 atü, die Heißdampftemperatur 530 °C. Der Zwischendampf wird bei 33 ata auf 520 °C erwärmt. Die Schmelzfeuerung hat Steinkohle aller Art zu verarbeiten. Die Bauhöhe dieses Kessels ist 14,8 m.

4. Zweistufenkessel

Der SCHMIDT-HARTMANN-Kessel[1] besitzt an Stelle des üblichen Siederohrsystems ein gesondertes Kesselsystem mit natürlichem Wasserumlauf, das unter höherem Druck steht. Der hier im Primärkessel erzeugte Dampf wird in einem System enger Rohre, das im Wasserraum der Trommel des Hauptkessels liegt, niedergeschlagen und läuft dann als Kondensat wieder zu der Trommel des Primärkessels zurück. So besitzt dieser einen vollkommen in sich geschlossenen Wasserkreislauf, dessen Druck so hoch liegt, daß zwischen seiner Sattdampftemperatur und der des Hauptkessels eine ausreichende Spanne besteht, um den Wärmeübergang von den Hochdruckrohren an das Wasser in der Haupttrommel zu sichern. Nach

[1] QUACK, W.: Entwicklung der Höchstdruckkesselanlagen in Deutschland in den letzten 5 Jahren. Die Wärme **59**, 695—706 (1936); O. ENGLER: Auslegung von Hochdruckkesseln, Feuerungstechn. **26**, Heft 10 (1938); W. QUACK u. F. KAISSLING: Der SCHMIDT-HARTMANN-Kessel im Betrieb, Z. VDI **83**, 45—52 (1939).

B. BLEICKEN[1] enthält das durch dieses Rohrsystem fließende Hochdruck-Dampf-Wasser-gemisch 32—36% Dampf.

Dieser Kessel ist für Anlagen entwickelt worden, in denen die restlose Aufbereitung des Speisewassers übergroße Aufwendungen erfordern würde oder wo mit Einbrüchen von minderwertigem Wasser gerechnet werden muß. Das sind vorzugsweise Anlagen in der chemischen Industrie und auf Schiffen. So erfreut sich der SCHMIDT-Kessel als Land- und Schiffskessel einer ansehnlichen Verbreitung.

Eine Enthärtung und vollständige Entgasung des Speisewassers ist auch bei diesem Kessel nötig, um Vorwärmer und Vorverdampfer vor Schäden zu bewahren.

5. Zwangumlaufkessel

Die größte Freiheit in der Gestaltung des Kessels erhält man, wenn man die Rücksicht auf den Wasserumlauf fallen lassen kann; beim Zwangumlaufkessel erreicht man dies dadurch, daß man den Umlauf durch eine Umwälzpumpe erzwingt. Diese saugt das Wasser aus der Obertrommel an und drückt es durch die Heizflächen wieder in die Trommel zurück. Gleichzeitig kann man die Umwälzpumpe benutzen, um Kesselwasser als Kühlmittel durch einen Heißdampf-oberflächenkühler zu drücken.

Diese Bauart eignet sich besonders für Anlagen mit beschränkter Bauhöhe, ferner als Schiffskessel und Fahrzeugkessel. Auch der nachträgliche Einbau von Zwangumlauf-Kühlsystemen in die Brennkammern vorhandener Kessel ist mit Erfolg durchgeführt worden.

Der Zwangumlaufkessel ist nach seinem Erfinder unter dem Namen LA MONT-Kessel bekannt. Die gesamte Kesselheizfläche wird in mehrere Umlaufsysteme unterteilt, die jedoch alle von einer Umwälzpumpe bedient werden. Dadurch wird erreicht, daß alle Rohrsysteme nur mit Wasser, nicht aber mit einem Dampf—Wasser-Gemisch beaufschlagt werden. In den Eintrittssammlern der Rohrsysteme befindet sich vor jedem Rohr eine Düse (Abb. 94)[2], die einen so hohen Strömungswiderstand hervorruft, daß sich das Wasser auf alle Rohre gleichmäßig verteilen muß. In einem solchen System kann man auch beheizte Rohre von oben nach unten führen, ohne Dampfstauungen befürchten zu müssen. So kann man die Wände einer Brennkammer in beliebiger Weise mit Rohrgruppen verkleiden, die je nach den Umständen wie Mäanderbänder hin und her oder hinauf und herunter ge-

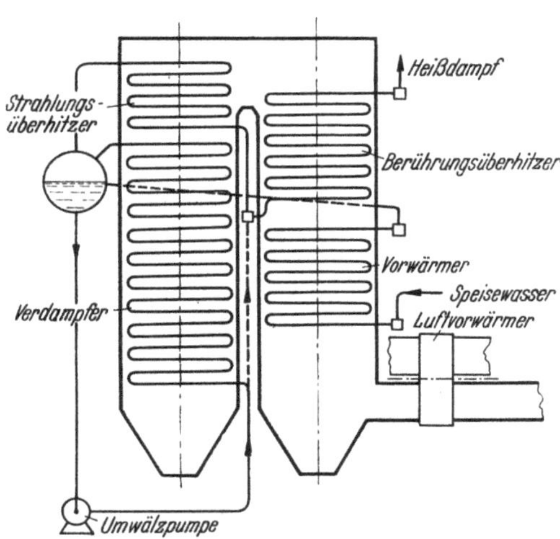

Abb. 161. Schema des LA MONT-Kessels

führt werden können. Die umgewälzte Wassermenge ist etwa 10mal so groß wie die erzeugte Dampfmenge; das reicht aus, um die Bildung von Dampfsäcken in einzelnen Rohren mit Sicherheit zu verhindern. Das Schema eines LA MONT-Kessels zeigt Abb. 161.

Dieser Kessel ist auch vorteilhaft dort zu verwenden, wo zeitweise sehr kleine Belastungen vorkommen, denn dann wird in dem Rohrsystem eines gewöhnlichen Kessels der Wasserumlauf unklar, während er im Zwangumlaufkessel vollständig erhalten bleibt.

Wichtig ist, daß in der Zuleitung zur Umwälzpumpe keine Dampfpolster durch Drucksenkung entstehen. Die Zulaufhöhe und -geschwindigkeit muß daher groß sein, unter Umständen ist eine Kühlung durch Speisewasser zweckmäßig.

Der LA MONT-Kessel hat auf Grund seiner großen Anpassungsfähigkeit und Betriebssicherheit eine große Verbreitung gefunden. Er ist für alle Kesseldrücke und Leistungen zu verwenden. Auch Kleinkessel dieser Bauart haben sich gut eingeführt.

---

[1] BLEICKEN, B.: Entwicklungsrichtungen im Bau von Schiffskesseln, Z. VDI **81**, 1345—1350 (1937).
[2] Vgl. Abschnitt VII A, S. 162.

Eine Ausführung des LA MONT-Kessels mit Wanderrost ist in Abb. 162 dargestellt. Man sieht die mäanderförmig auf- und abwärts geführten Kühlrohre an den Brennkammerwänden. Der Speisewasservorwärmer liegt in dem gezeigten Beispiel teils hinter, teils vor dem Überhitzer. Letzterer ist in zwei Teile aufgelöst, von denen der eine im Gegenstrom, der andere im Gleichstrom durchflossen wird; der Dampfkühler liegt dazwischen. Am Ende des Kessels ist ein geschweißter Stahlrohrluftvorwärmer eingebaut. Der dargestellte Kessel erzeugt maximal 32 t/h Dampf von 50 atü. Die Heißdampftemperatur ist 460 °C. Die Blockmaße sind: Höhe 11,1 m, Breite 5,8 m, Länge ohne Rostvorbau 11 m.

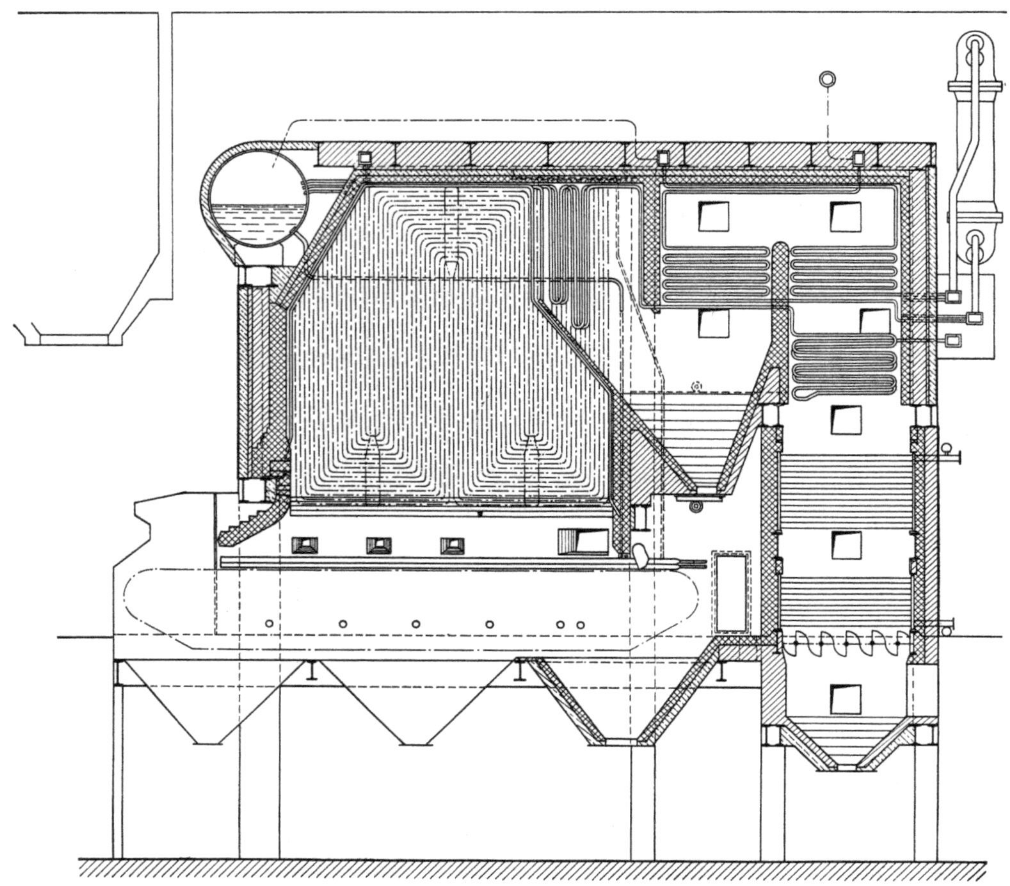

Abb. 162. Zwangumlaufkessel (LA MONT-Kessel, Herpen & Co.) mit Wanderrost, Leistung 32 t/h, 50 atü, 460 °C

Eine Abart des Zwangumlaufkessels stellt der LÖFFLER-Kessel dar, bei dem nicht Wasser, sondern Heißdampf umgepumpt wird. Er besteht also aus lauter Überhitzern, deren Heißdampf in die Obertrommel zurückgeführt wird, wo er seine Überhitzungswärme an das Kesselwasser abgibt und dadurch neuen Dampf erzeugt. Dieser Kessel hat den Vorteil, daß kein unreines Wasser, sondern nur reiner Dampf durch die beheizten Rohre strömt. Der Nachteil ist aber die hohe Rohrwandtemperatur in der gesamten Heizfläche. Mit der Vervollkommnung der Wasseraufbereitungstechnik dürfte kaum mit einer weiteren Verbreitung dieser Kesselbauart gerechnet werden können.

6. Zwangdurchlauf-Dampferzeuger

Dieser Dampferzeuger besteht grundsätzlich nur aus einer Anzahl parallel geschalteter langer beheizter Rohre, in die laufend Wasser eingespeist wird. Dieses wird in jedem Rohr nacheinander erwärmt, verdampft und der Dampf schließlich überhitzt. Solche Dampferzeuger sind besonders für Hochdruckanlagen geeignet, in denen der Unterschied in der Dichte des Wassers und des Dampfes gering ist. Sie erfordern ein sehr reines Speisewasser, möglichst Kondensat, damit die sich im Kessel abscheidenden Salzmengen klein bleiben.

In der Ausführung eines Zwangdurchlaufkessels sieht die nachgeschaltete Heizfläche grundsätzlich ebenso aus wie in jedem anderen Kessel. Dann folgt der Verdampfer, der als Strahlungsheizfläche an den Wänden der Brennkammer eingebaut wird.

Dieser besteht beim BENSON-Kessel aus einer Anzahl senkrecht stehender Pakete aus engen Rohren von beispielsweise 32 mm äußerem Durchmesser, die durch unbeheizte Fallrohre größeren Durchmessers (z. B. 102 mm) hintereinander geschaltet sind. Die Fallrohre gehen also immer vom oberen Sammler eines Paketes ab und führen zum unteren Sammler des anschließenden Paketes hinüber. Sie liegen dicht hinter den eng aneinander liegenden Steigrohren oder sogar außerhalb der Brennkammer und werden so vor der Beheizung geschützt.

Der Teil der Heizfläche, in welchem die letzten Wasserteilchen verdampfen, der „Übergangsteil", wird im BENSON-Kessel in Schlangenform hinter dem Überhitzer in einen Bereich geringerer Rauchgastemperatur verlegt, damit die Salze, die sich dort ausscheiden, nicht an der Rohrwand festbrennen können. In diesem Übergangsteil wird eine geringe Überhitzung des Dampfes erreicht. Dann folgt der Endüberhitzer, der den Dampf auf die vorgeschriebene Temperatur erwärmt. Die im Übergangsteil anfallenden Salze werden von Zeit zu Zeit durch Überspeisen des vom Netz abgeschalteten Kessels herausgespült. Das Schema des BENSON-Kessels zeigt Abb. 163.

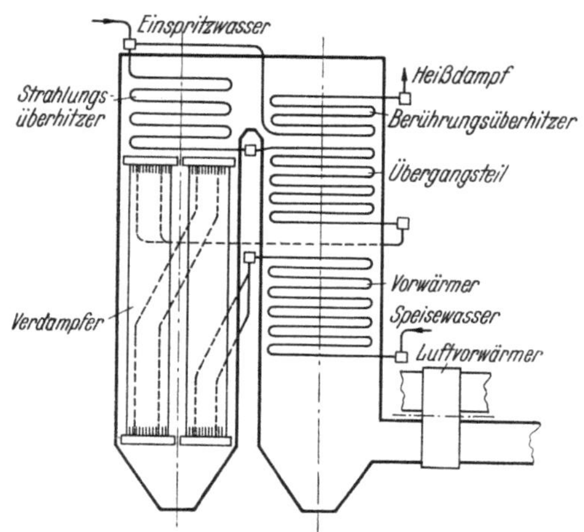

Abb. 163. Schema des BENSON-Kessels mit Strahlungsüberhitzer

Im SULZER-Kessel besteht der Verdampfer aus parallel geschalteten Rohren beispielsweise 51 oder 57 mm äußeren Durchmessers, die wie beim Zwangumlaufkessel in Form von Mäanderbändern an den Brennkammerwänden liegen. Jedes Verdampferrohr ist an ein Vorwärmerrohr angeschlossen. Zwischensammler gibt es hier nicht. Deshalb führt dieser Kessel auch die Bezeichnung „Einrohrkessel". Da der Anteil des Vorwärmers an der Gesamtheizfläche, besonders

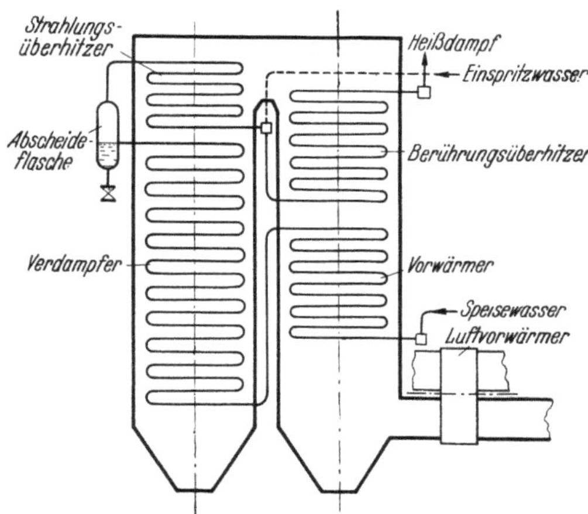

Abb. 164. Schema des SULZER-Einrohrkessels mit Strahlungsüberhitzer

bei Hochdruck mit Speisewasser von hoher Eintrittstemperatur, nur gering ist, ist die Strömung in einem solchen System stabil, und es ist zulässig, die Rohre in der Brennkammer wie beim LA MONT-Kessel in beliebiger Weise hin und her, hinauf und herunter zu führen.

Gegen Ende des Verdampfers wird im SULZER-Kessel ein Abscheider eingebaut, in dem sich der größte Teil des noch nicht verdampften Wassers mit den Salzen ausscheidet, so daß der Dampf mit einem äußerst geringen Wassergehalt unmittelbar in den Überhitzer geführt werden kann, ohne einen Übergangsteil zu durchlaufen. Der Abscheider besteht aus einer senkrecht stehenden „Flasche", aus der unten das Wasser abgezogen wird, während der Dampf nach oben entweicht. In Abb. 164 ist das Schema des SULZER-Einrohrkessels dargestellt.

Diese trommellosen Dampferzeuger haben den Vorteil, daß sie billiger als Trommelkessel werden, ferner den der geringeren Bauhöhe, weil der Raum für die Unterbringung der Trommel nicht beansprucht wird. Bei Kesseln mit Staubfeuerung und aufsteigender Flamme in der Brennkammer wird daher der erste Zug niedriger als im Trommelkessel, und man hat für den Zweigzugkessel nach Wegen gesucht, um auch im zweiten Zug möglichst viel an Bauhöhe einzusparen. Daher stammt die Seite 199 erwähnte BENSON-Wicklung für Wasservorwärmer und die häufige Verwendung des LJUNGSTRÖM-Luftvorwärmers hinter Zwangdurchlaufkesseln.

Ein großer betriebstechnischer Vorteil der trommellosen Zwangdurchlaufkessel ist ihre Sicherheit gegen Betriebsunfälle. Dies trifft besonders für den BENSON-Kessel mit seinen engen Rohren zu, denn wenn ein solches Rohr reißt, kann nur wenig Dampf entweichen, und es kommt oft vor, daß ein BENSON-Kessel mit einem gerissenen Rohr noch tagelang im Betrieb ist, ehe man den Rohrreißer an dem Geräusch des ausströmenden Dampfes bemerkt. Aus diesem Grunde gelten für diese Kessel wesentlich erleichterte polizeiliche Vorschriften[1].

Da die Speicherfähigkeit der Zwangdurchlaufkessel nur von dem durchlaufenden Wasser und dem Eisen der Rohre bestritten wird, ist ihre Betriebssicherheit von einer guten Regelung

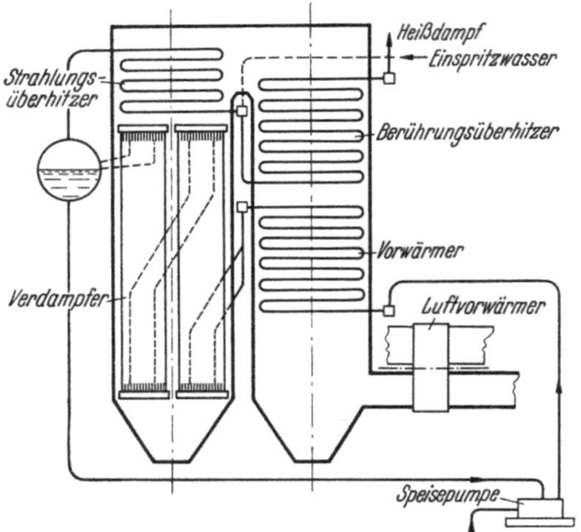

Abb. 165. Schema des BENSON-Kessels mit Trommel

abhängig. In einem Trommelkessel ist der Druck abhängig von der Beheizung und der Dampfentnahme, eine Abhängigkeit, die durch die Speicherfähigkeit des Kessels stark gemildert werden kann, so daß die Regelung keine besonderen Schwierigkeiten verursacht. Die Dampftemperatur ist bei solchen Kesseln lastabhängig. Dies trifft auch für den Einrohrkessel mit Abscheideflasche zu, denn die Heizfläche des hinter der Flasche liegenden Überhitzers ist unveränderlich. Beim BENSON-Kessel dagegen liegt der Punkt der beginnenden Überhitzung des Dampfes irgendwo im Übergangsteil, und er kann sich bei einer Änderung der Dampfentnahme oder der Feuerführung verschieben. Man kann daher bei einem solchen Kessel bei jeder Belastung die Feuerung so einstellen, daß sich eine beliebige Dampftemperatur ergibt. Dabei wird der Dampfdruck durch die Speisepumpe gehalten. Man fährt also den Kessel mit der Feuerung „auf Temperatur" und mit der Speiseregelung „auf Druck". Da nun das Wasser zum Durchlauf durch den Kessel mehrere Minuten benötigt, so wirkt sich eine Änderung der Feuerführung nur langsam auf die Dampftemperatur aus, und es muß eine Vorrichtung angebracht werden, die die Temperaturänderung so schnell meldet, daß die Feuerung früh genug umgestellt werden kann. Dies geschieht beim BENSON-Kessel durch die „Nebenheizfläche", das ist ein einzelnes Rohr, das von den Rauchgasen mitbeheizt wird, in dem aber nicht Heißdampf erzeugt, sondern nur Wasser erwärmt wird. Diese Nebenheizfläche spricht auf Änderungen im Gleichgewicht zwischen Wasser- und Rauchgasmenge sofort an, indem sich die Temperatur des durchströmenden Wassers ändert. Man fährt also die Feuerung nach der Wassertemperatur in der Nebenheizfläche und braucht dann nur noch die Heißdampftemperatur zu beobachten, um kleine Korrekturen anzubringen. Letzteres geschieht in einfacher Weise durch Einspritzen von Kondensat in den Überhitzer. Da dies selbsttätig eingerichtet werden kann, ist es möglich, alle Temperaturspitzen abzufangen. Dabei kommt allerdings auch die Trägheit der Feuerung mit ins Spiel, der auf der Kesselseite keine äquivalente Speicherfähigkeit gegenübersteht. Da die Probleme der Kesselregelung in diesem Buche nicht behandelt werden, sei auf das einschlägige Schrifttum verwiesen.

Wird ein BENSON-Kessel so betrieben, daß er bei allen Belastungen Dampf von gleicher Temperatur erzeugt, vergrößert sich bei Teillast der Anteil der Heizfläche, der als Überhitzer wirkt, während der Anteil des Verdampfers entsprechend zurückgeht. Dadurch verlagert sich

---

[1] Technische Vorschriften für Dampfkesselanlagen, Entwurf 1956. Köln-Berlin: Verlag Carl Heymann 1956.

bei Teillast der Punkt der beginnenden Überhitzung leicht in den Strahlungsteil hinein, auch wenn er bei Vollast im Übergangsteil im zweiten Kesselzug lag. Um dies zu vermeiden, muß man bei der Auslegung des Kessels die Strahlungsheizfläche des Verdampfers entsprechend beschränken. So wird der Vorteil, daß man bei allen Leistungsstufen die gleiche Heißdampftemperatur erzeugen kann, mit einer entsprechenden Einschränkung der konstruktiven Freiheit erkauft.

Arbeitet ein BENSON-Kessel in „Blockschaltung" auf eine Turbine, so kann man auch das „Gleitdruckverfahren" nach GLEICHMANN anwenden, indem man den Kesseldruck von der Turbinenleistung abhängig macht. Dies hat für die Turbine eine ähnliche Wirkung wie eine Drosselregelung; da aber der Umweg über den hohen Druck vermieden wird, fallen die Drosselverluste, die sich in der unnötig großen Speisepumpenleistung äußern, fort.

Schaltet man in den BENSON-Kessel hinter dem Verdampfer eine Kesseltrommel ein, wie es ja auch im SULZER-Kessel durch die Abscheideflasche geschieht, so wird die Betriebsweise wieder die gleiche wie beim Kessel mit natürlichem Wasserumlauf (Abb. 165). Hier durchläuft das Speisewasser hinter dem Vorwärmer den gesamten Verdampfer, ehe es in die Trommel gelangt. Der Vorverdampfer des gewöhnlichen Strahlungskessels ist also zum Hauptverdampfer erweitert und tritt an die Stelle des eigentlichen Kessels. Diese von der Werft Blohm & Voss entwickelte Bauart hat sich u. a. als Schiffskessel sehr gut bewährt[1]. Als Trommel wird ein stehender Behälter von geringem Durchmesser verwendet. Eingespeist wird eine um etwa 10% größere Wassermenge als der Kesselleistung entspricht. Der Überschuß wird zur Speisepumpe zurückgeführt. Auf diese Weise erhält man stabile Strömungsverhältnisse im Rohrsystem bis zu den kleinsten Belastungen herunter.

Eine Sonderausführung des Zwangdurchlaufkessels als Kleinkessel für ortsfeste Anlagen, z. B. Prüffelder, und

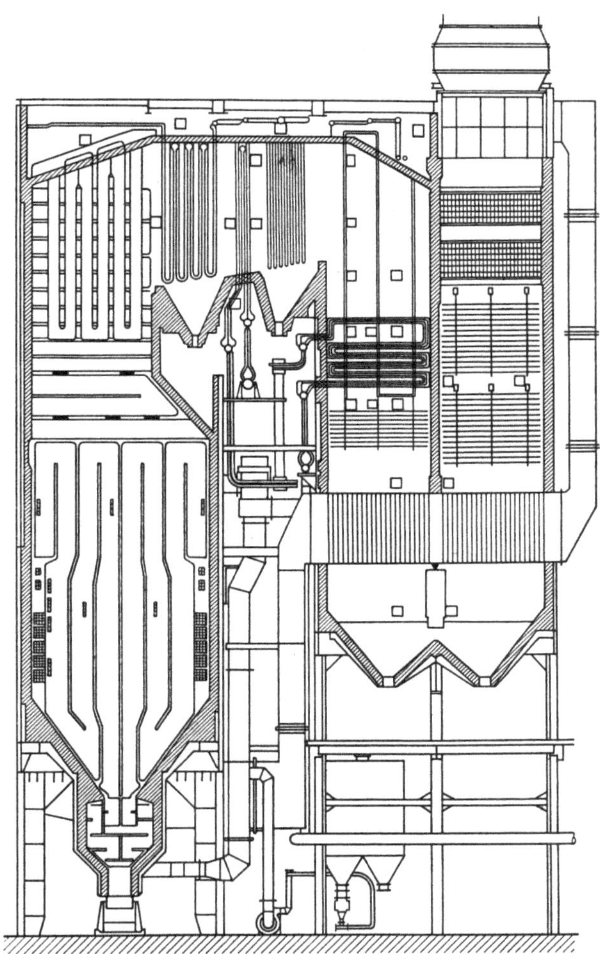

Abb. 166. Einrohrkessel mit Eckenfeuerung für Steinkohle und Gichtgas (Buckau), Leistung 160/210 t/h, 125 atü 525 °C, Zwischenüberhitzung bei 33 atü von 362 auf 525 °C

Fahrzeuge ist der DOBLE-Kessel[2]. Die Feuerung dieses Kessels wird mit einer selbsttätigen Aussetzregelung derart gesteuert, daß sie abgeschaltet wird, sobald Dampftemperatur und Druck die Sollwerte überschreiten. Auch die Speisewasserzufuhr wird abhängig von Druck und Temperatur geregelt.

Als Beispiel für einen Einrohrkessel ist in Abb. 166 ein Dreizugkessel für eine Leistung von 210 t/h Dampf von 125 atü dargestellt. Die Heißdampftemperatur ist 525 °C. Im zweiten Zug

---

[1] MICHEL, F.: Die Dampftrommel beim Bensonkessel, Z. VDI 84, 261—264 (1940).
[2] Vgl. R. ROOSEN: Hochdruckkleinkessel mit Zwangdurchlauf für ortsfeste Anlagen, Z. VDI 85, 168—171 (1941).

liegt der Zwischenüberhitzer, der den Dampf, nachdem er aus dem Hochdruckteil der Turbine zurückgeführt ist, bei 33 atü nochmals auf 525 °C erhitzt. Der Kessel besitzt eine kombinierte Eckenfeuerung für Kohlenstaub und Gichtgas. Der Luftvorwärmer ist unterteilt, mit zwischengeschalteten Speisewasservorwärmer- und Vorverdampferheizflächen. Das Bild zeigt die Führung der Brennkammerkühlsysteme auf- und absteigend im unteren Teil der Kammer und hin-

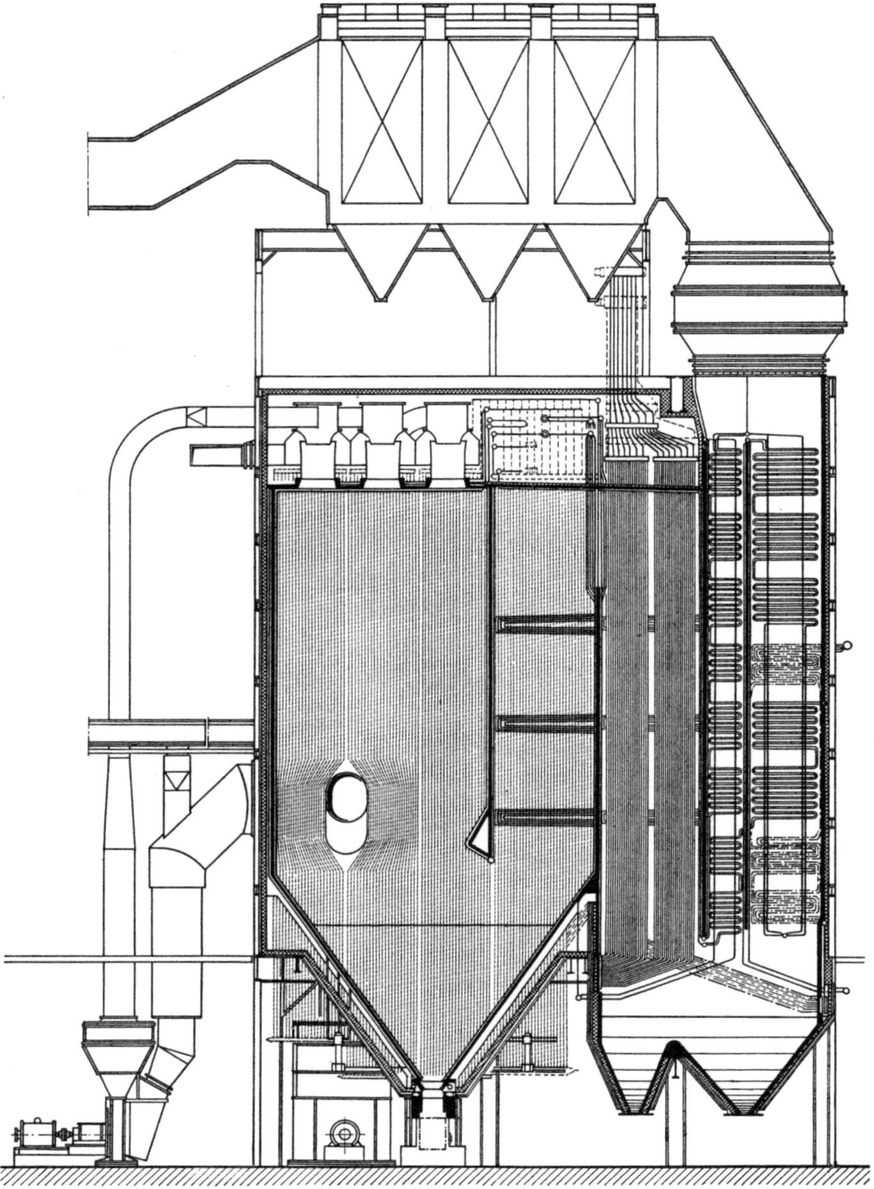

Abb. 167. BENSON-Kessel mit Deckenfeuerung für Rohbraunkohle (Steinmüller)
Leistung 450 t/h, 205 atü, 530 °C, Zwischenüberhitzer für 530 °C

und hergehend im oberen Teil. Der Überhitzer besteht aus Berührungs- und Schottüberhitzer.

Der BENSON-Kessel (Abb. 167) ist gleichzeitig ein Beispiel für eine Brennkammer mit absteigender Strömung. Der Kessel leistet 450 t/h Dampf von 205 atü. Die Frischdampfüberhitzung und die Zwischenüberhitzung sind beide 530 °C. Der Brennstoff ist Rohbraunkohle, die durch Wirbelbrenner in der Brennkammerdecke zugeführt wird. Die Verbrennungsluft wird in einem LJUNGSTRÖM-Vorwärmer vorgewärmt, außerdem wird aus der Brennkammer noch Rauchgas zur Lufttrocknung in den Schlagradmühlen angesaugt. Der vierte Zug des Kessels ist geteilt, und man kann durch Verstellen von Rauchgasklappen die Dampftemperatur im Zwischenüberhitzer regeln. Letzterer liegt am Eintritt der vierten Zuges.

Abb. 168 zeigt einen Dreizug-BENSON-Kessel mit Doppelschmelzkammer für 400 t/h Dampf von 200 atü, 545 °C. Auch die Temperatur des Dampfes hinter dem Zwischenüberhitzer ist 545 °C. Auch an diesem Kessel ist der letzte Zug geteilt, so daß man durch Klappenverstellung die Dampftemperatur im Zwischenüberhitzer regeln kann. Der LJUNGSTRÖM-Luftvorwärmer liegt oberhalb des 36 m hohen Kesselblocks.

D. Hochgeschwindigkeitskessel

1. Allgemeines

Die Gl. (216) für den Wärmeübergang durch Berührung an querangeströmte Rohrbündel

$$\alpha_0 = 42{,}8\,\lambda\left(\frac{\gamma\,w}{\eta\,g}\right)^{0,62}\frac{1}{d^{0,38}}$$

zeigt, daß dieser mit der 0,62ten Potenz der Geschwindigkeit w und der Wichte γ zunimmt.

Steigert man z. B. die Geschwindigkeit auf das Zehnfache, so nimmt hiernach α_0 auf den $10^{0,62} = 4{,}17$fachen Wert zu.

Erhöht man ferner den Rauchgasdruck im Kessel von 1 auf 5 ata, so ergibt das durch die entsprechende Zunahme der Wichte γ eine weitere Steigerung des α_0-Wertes auf das 2,71fache. Insgesamt erreicht man also mit der zehnfachen Geschwindigkeit und dem fünffachen Gasdruck

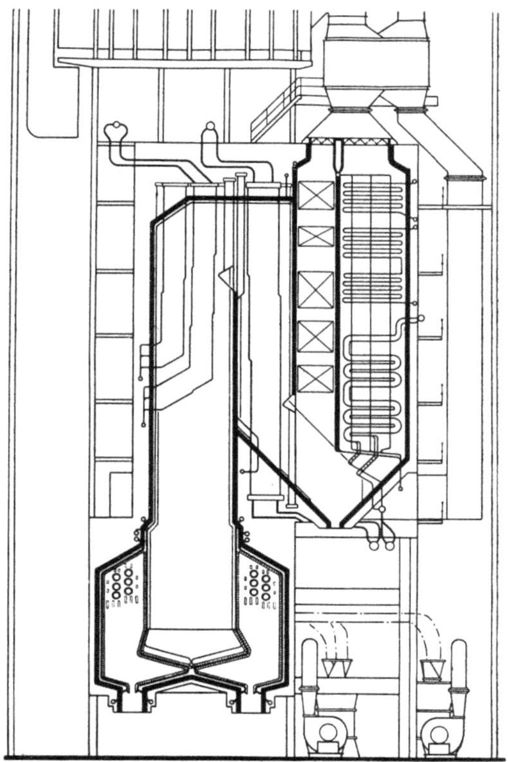

Abb. 168. BENSON-Kessel mit Doppelschmelzkammer für Steinkohle (Vereinigte Kesselwerke), Leistung 400 t/h, 200 atü, 545 °C mit Zwischenüberhitzer und Regelzug

einen auf das $4{,}17 \cdot 2{,}71 = 11{,}3$fache erhöhten Wärmeübergang oder eine auf den elften Teil verkleinerte Heizfläche. Dabei ist nicht berücksichtigt, daß über die Veränderung der Wärmeleitzahl und der Zähigkeit η bei dem höheren Druck so gut wie nichts bekannt ist; aber in der Größenordnung wird sich an dem Ergebnis nichts ändern. Ferner wird man bei den kleinen Gesamtabmessungen, die durch die engen Gaskanäle und den geringen Heizflächenbedarf gegeben sind, auch noch engere Rohre wählen, als beim gewöhnlichen Kessel und dadurch die Wärmeübergangszahl noch weiter erhöhen.

Diese Betrachtung bezieht sich allerdings nur auf den Wärmeübergang durch Berührung, der Wärmeübergang durch Strahlung wird durch die Erhöhung der Rauchgasgeschwindigkeit nicht beeinflußt. Für feste Brennstoffe, die eine sehr große Brennkammer benötigen, bringt daher eine durch zusätzliche Komplikationen erkaufte Verbesserung des Wärmeübergangs in den Berührungsheizflächen keine Vorteile. Der Hochgeschwindigkeitskessel ist daher eine besonders beachtenswerte Konstruktion für Gasfeuerungen und vielleicht, mit einigen Vorbehalten, auch für Ölfeuerungen.

Der Zugverlust steigt mit dem Quadrat der Rauchgasgeschwindigkeit. Um den Vergleich mit anderen Kesseln durchzuführen, ist aber zu beachten, daß infolge der Verkleinerung der Berührungsheizflächen auch der Zugwiderstand wieder abnimmt.

Weiterhin wird der Energieaufwand zur Überwindung der Strömungswiderstände dadurch verringert, daß man die Feuerung mit dem erforderlichen Überdruck fährt, um das Rauchgas durch den Kessel hindurch zu drücken. Dann benötigt man keinen Saugzug, der das heiße Abgas von 160—180 °C fördern müßte, sondern nur den Ventilator für die kalte Verbrennungsluft, dessen Leistungsbedarf geringer ist.

2. Hochgeschwindigkeitskessel für Ölfeuerung

F. MÜNZINGER[1] empfiehlt Rauchgasgeschwindigkeiten von 30—50 m/s und errechnet hierfür einen Zugwiderstand von 470 bzw. 820 mm WS, wofür ein Leistungsbedarf von 1—2,5% der Kesselleistung für das Unterwindgebläse aufzuwenden wäre. Dieser Kessel ist in erster Linie für Ölfeuerung gedacht, weil das Öl für die Zerstäubung auf jeden Fall mit einem hohen Druck angeliefert wird und kein zusätzlicher Aufwand erforderlich ist, um es in die Brennkammer zu befördern. Der Kessel kann mit hoher Luftvorwärmung arbeiten, wodurch die eigentliche Kesselheizfläche noch erheblich verringert wird.

Derartige Kessel können in jeder Bauart hergestellt werden, je nachdem, wie es für den gegebenen Zweck am besten ist, mit Zwangdurchlauf, Zwangumlauf, Naturumlauf oder als Mischbauart aus verschiedenen dieser Möglichkeiten; die Phantasie des Konstrukteurs ist in dieser Beziehung durch die hohe Rauchgasgeschwindigkeit in keiner Weise eingeschränkt. Er muß nur beachten, daß der Kessel nach außen durch einen Blechmantel vollkommen abgedichtet ist. Solche Kessel erscheinen als Kleinkessel besonders vorteilhaft für Fahrzeuge, und zwar sowohl für Schienenfahrzeuge als auch Schiffe. Als Großkessel dürften sie wiederum besonders auf Schiffen wettbewerbsfähig sein.

Bedingung für ihre Anwendung ist einwandfreies Speisewasser und ein Brennöl mit äußerst geringem Aschengehalt. Zu beachten ist bei der Ölfeuerung, daß diese eine Brennkammer benötigt; denn wenn die Ölflamme unmittelbar die Heizflächen bespült, sind Rußausscheidungen unvermeidlich.

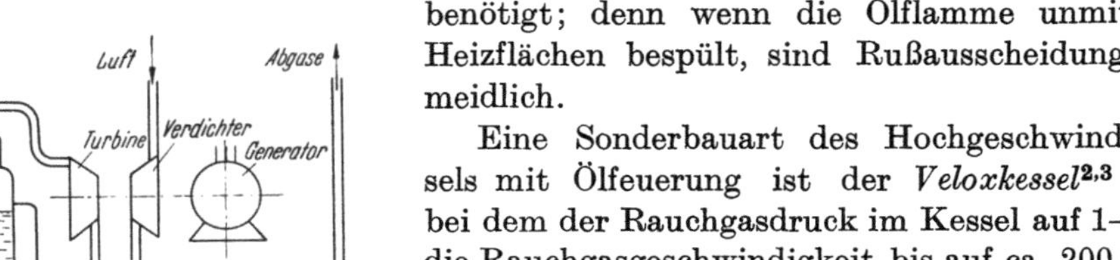

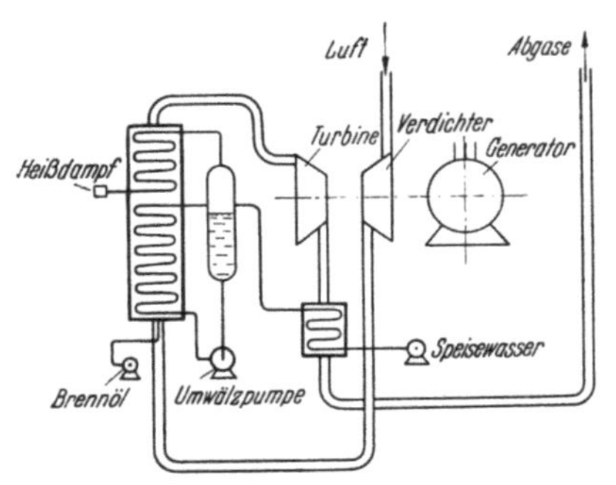

Abb. 169. Schema eines VELOX-Kessels für Ölfeuerung

Eine Sonderbauart des Hochgeschwindigkeitskessels mit Ölfeuerung ist der *Veloxkessel*[2,3] Abb. 169, bei dem der Rauchgasdruck im Kessel auf 1—2 atü und die Rauchgasgeschwindigkeit bis auf ca. 200 m/s gesteigert wird. Hier genügt nicht mehr, im Ventilator die Verbrennungsluft auf den erforderlichen Druck zu bringen; man benötigt einen Verdichter, zu dessen Antrieb eine Abgasturbine benutzt wird. An einem von STODOLA untersuchten Veloxkessel von 34 000 kp/h Dampfleistung von 28 atü 460 °C war der Zugwiderstand 0,276 at oder 2760 mm WS. Die Abgasturbine liegt rauchgasseitig zwischen dem Überhitzer und dem Speisewasservorwärmer und kühlt das Rauchgas von 534 auf 427 °C ab. Dieser Kessel muß in einen runden Behälter hineingebaut werden, der gegen den Gasdruck von 1—2 atü und darüber hinaus gegen gelegentliche Verpuffungen in der Feuerung standhält. Beim Veloxkessel sind Kessel, Überhitzer und Vorwärmer in verschiedenen Behältern untergebracht. Bei dem untersuchten Kessel betrug die Speisewassertemperatur 55 °C, deshalb war es möglich, die Abgase hinter der Gasturbine im Vorwärmer auf 129 °C abzukühlen und einen sehr hohen Wirkungsgrad zu erreichen. Läuft das Speisewasser aber mit 160—180 °C zu, wie es in Hochdruckanlagen mit Anzapfvorwärmung gemacht wird, so müßte das Abgas durch einen Luftvorwärmer abgekühlt werden. Da sich jedoch die Luft im Verdichter selbst schon erwärmt, hat man für einen Luftvorwärmer keinen Spielraum mehr. Auf den Vorteil der Anzapfvorwärmung muß man daher beim Veloxkessel verzichten.

---

[1] MÜNZINGER, F.: Dampfkraft, 3. Aufl., S. 394. Berlin/Göttingen/Heidelberg: Springer 1949.

[2] B.B.C.-Nachrichten **19**, 3ff. (1930).

[3] NOACK, W. G.: Heutiger Stand des Veloxkessels. Z. VDI **85**, 967—975 (1941); A. STODOLA: Leistungs- und Regelversuche an einem Velox-Dampferzeuger, Z. VDI **79**, 429—436 (1935).

Da beim Anfahren des Veloxkessels noch kein Rauchgas zum Antrieb der Abgasturbine vorhanden ist, ist ein Zusatzmotor erforderlich, der den Verdichter solange antreibt, bis die Turbine auf Leistung kommt. Diese Dynamomaschine wird auch benutzt, um bei der Regelung der Anlage vorübergehende Unstimmigkeiten zwischen Turbinenleistung und Leistungsbedarf des Verdichters auszugleichen.

Der Veloxkessel ist ein Zwangumlaufkessel mit stehend angeordneter Kesseltrommel, die mit einem Fliehkraft-Wasserabscheider ausgerüstet ist, um das vom Verdampfer kommende Dampf-Wasser-Gemisch zu trennen.

Die Konstruktionselemente dieses Dampferzeugers, die für mittlere Drücke, bis 75 atü, entwickelt worden sind, weichen von den im Kesselbau üblichen z. T. erheblich ab. Hervorzuheben sind die Verdampferelemente in der Brennkammer, das sind Wasserrohre großen Durchmessers, die innen noch Rauchrohre tragen, durch die die aus der Brennkammer kommenden Rauchgase strömen, ehe sie in den Überhitzer gelangen. Der Brennkammermantel wird durch diese Rohre so stark gekühlt, daß ein 20—25 mm breiter Luftspalt zwischen zwei Blechmänteln genügt, um den Behälter nach außen ausreichend zu isolieren. Auch das Überhitzergehäuse wird durch Verdampferrohre isoliert. Die Überhitzerrohre selbst und auch die Vorwärmerrohre werden im Parallelstrom bestrichen, weil dies baulich große Vorteile bietet.

Im einzelnen sei auf die Veröffentlichungen von NOACK verwiesen, die viele konstruktive Gedanken enthalten, die für die weitere Entwicklung der Hochgeschwindigkeitskessel wertvoll sein können.

NOACK weist noch auf den Vorteil hin, der erzielt werden kann, wenn man die Gasturbine in ein Gebiet höherer Rauchgastemperatur verlegt. Schon wenn man das Rauchgas mit 560 °C in die Turbine eintreten läßt, erzielt man eine Überschußleistung von 2,5—3,0% der Leistung der Anlage. Dies ist bemerkenswert, weil für die kWh Gasturbinenleistung nur 1150—1250 kcal notwendig sind, während der Dampfbetrieb etwa das Doppelte erfordert.

3. Hochgeschwindigkeitskessel für Druckgasfeuerung

Wenn als Brennstoff Druckgas zur Verfügung steht, ist folgerichtig, auch die Feuerung und den Kessel für den Betrieb mit Druckgas einzurichten und den Druck des Abgases in einer Abgasturbine auszunutzen. In einem solchen Fall ist der Gasdruck gewöhnlich noch viel höher als im Veloxkessel, er beträgt in den Ferngasleitungen aus wirtschaftlichen Gründen etwa 5—6 atü.

Dann muß auch die Verbrennungsluft auf diesen Überdruck verdichtet werden, und der Leistungsbedarf des Verdichters wird entsprechend größer. Das Arbeitsprinzip der Veloxanlage läßt sich jedoch ohne weiteres auf diesen Fall übertragen. Vgl. Abb. 170.

Die Gasfeuerung hat den Vorteil, daß sie theoretisch überhaupt keine Brennkammer benötigt. Das bedeutet praktisch, daß vor den Brennern ein sehr kleiner Raum genügt, in dem sich die Flamme entwickeln kann. Diese darf aber in das Heizflächenbündel des Kessels hineinschlagen, weil sie nicht rußt und keine Asche enthält. Ein solcher Kessel wird daher so klein, wie ein

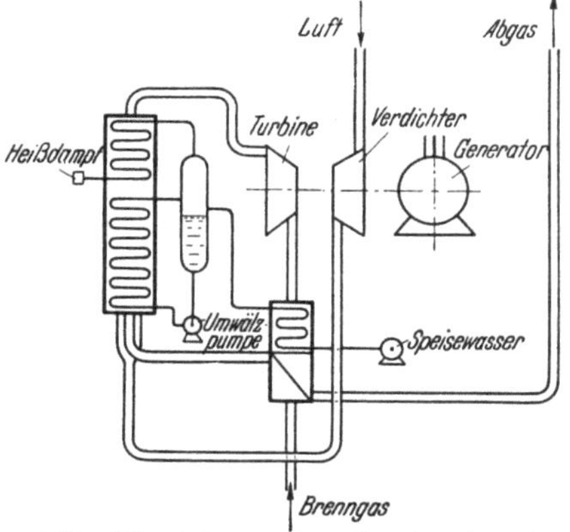

Abb. 170. Schema eines Druckgaskessels mit Brenngas-Vorwärmung.

Kessel überhaupt werden kann, denn er hat eine äußerst kleine Brennkammer und Heizflächen, die weniger als ein Zehntel derjenigen eines normalen Kessels ausmachen. Bei Anwendung des Veloxprinzips kann man im Druckgaskessel auch hochvorgewärmtes Speisewasser verwenden, denn man kann das Rauchgas durch einen Brenngasvorwärmer auf eine niedrige Abgastemperatur abkühlen. Dabei ist aber zu bedenken, daß man die Temperatur in der Flamme nicht so hoch treiben darf, daß sich das Methan zersetzt. Dann würde sich Ruß ausscheiden.

Ein solcher Kessel muß in einem Behälter untergebracht werden, der gegen den Gasdruck von 5—6 atü und darüber hinaus gegen die in der Brennkammer möglicherweise auftretenden Verpuffungen standhält. Er kann mit Zwangumlauf oder Zwangdurchlauf gebaut werden; die Entscheidung hierüber hängt von regeltechnischen Anforderungen ab. Die Anwendung des natürlichen Wasserumlaufs wird wegen konstruktiver Schwierigkeiten nicht in Frage kommen.

Es erscheint noch verfrüht, über den Aufbau solcher Kessel an dieser Stelle Vorschläge zu machen. Nach Untersuchungen des Verfassers dürfte es nicht schwierig sein, in einem Behälter von etwa 2 m Durchmesser und 10 m Höhe eine Dampfleistung von 50 000 kp/h unterzubringen. Die Hintereinanderschaltung mehrerer Behälter kleineren Durchmessers ist beim Veloxkessel bereits erprobt. Schließlich kann auch zwischen stehender und liegender Bauweise gewählt werden.

Besonders reizvoll ist an allen gas- und ölgefeuerten Hochgeschwindigkeitskesseln der Umstand, daß die Bekohlungs- und Entaschungsanlagen fortfallen, und daß sie wegen ihrer kleinen Abmessungen und „handlichen" Form als Behälter im Turbinenhaus neben der Maschine aufgestellt werden können, wodurch man das ganze Kesselhaus und viele Rohrleitungen einspart. Es liegt dann nahe, Kessel und Turbine als Leistungseinheit zu betrachten und die Regelung entsprechend einzurichten. Auch hier sei ausdrücklich betont, daß man die Rauchgastemperatur vor der Abgasturbine möglichst hoch wählen sollte, um den thermischen Wirkungsgrad der Anlage zu erhöhen. Der Wasservorwärmer und der Brenngasvorwärmer werden also immer hinter der Abgasturbine liegen.

XII. Die Einmauerung

A. Baustoffe

1. Allgemeines

Die Einmauerungsteile der Brennkammern und der Kesselzüge müssen hohen Anforderungen genügen. Sie sind hohen Temperaturen und durch das Anheizen und Abstellen der Kessel starken, schroffen Temperaturwechseln ausgesetzt. Sie kommen bei hoher Temperatur mit flüssiger Brennstoffschlacke in Berührung, werden von den heißen Rauchgasen bespült und sollen diesen chemischen Angriffen gegenüber möglichst beständig sein. Sie sollen auch den Wärmeabfluß nach außen behindern und sind auf der Feuerseite viel wärmer als auf der Gegenseite, wobei sie eine möglichst geringe Formänderung erleiden sollen. Schließlich wird eine hohe Standfestigkeit verlangt.

Diese Bedingungen werden am besten von Schamottesteinen erfüllt. Für die außerordentlich hohen Beanspruchungen in Schmelzkammerfeuerungen kommen außerdem Sonderbaustoffe wie Sillimanit oder Siliziumkarbid in Betracht.

2. Temperaturbeständigkeit

Als Maß für die Temperaturbeständigkeit wird der Segerkegel benutzt, das ist ein Probekörper aus einem einheitlichen Stoff mit einem eindeutigen Schmelzpunkt. Die Zuordnung der Segerkegel zur Schmelztemperatur ist in Tab. 44 angegeben.

Die Schamottesteine werden in Gütegruppen eingeteilt, die auf der Temperaturbeständigkeit aufgebaut sind; dies zeigt

Tabelle 44. *Segerkegel und Schmelztemperatur*

Segerkegel	Schmelztemperatur °C	Segerkegel	Schmelztemperatur °C
26	1580	34	1750
27	1610	35	1770
28	1630	36	1790
29	1650	37	1825
30	1670	38	1850
31	1690	39	1880
32	1710	40	1920
33	1730	41	1960
		42	2000

Tab. 45, S. 254, die aus den VGB-Richtlinien für die Einmauerung von Hochleistungs-dampfkesseln[1] entnommen ist.

Der Erweichungspunkt von Schamottesteinen liegt bei einer Belastung des Probekörpers mit 2 kp/cm² um 300—500 grd unter dem Schmelzpunkt. Er liegt um so höher, je höher die Vorbrandtemperatur des Steines ist.

Wie man aus der Tabelle ersieht, ist die Qualität des Steins von seinem Tonerdegehalt abhängig. Die Schamottesteine enthalten daneben etwa

$$1{,}7—2{,}8\% \ Fe_2O_3, \qquad 0{,}7—1{,}1\% \ CaO + MgO,$$
$$1{,}4—1{,}7\% \ TiO_2, \qquad 1{,}3—3{,}0\% \ Alkalien,$$

der Rest, 56—64%, ist SiO_2.

3. Temperaturwechselbeständigkeit

Diese wird durch einseitiges Erhitzen auf 950 °C und anschließendes Abschrecken im Wasser festgestellt. Ein brauchbarer Stein soll diese Behandlung mindestens elfmal aushalten ohne zu zerspringen.

Nach K. ENDELL[2] ist die Temperaturwechselbeständigkeit unmittelbar proportional der Wärmeleitfähigkeit und der elastischen bzw. plastischen Verformbarkeit und umgekehrt proportional der Wärmeausdehnung, während eine Abhängigkeit von der Schmelztemperatur nicht festzustellen ist.

Ein dichter Stein von hoher Druckfestigkeit ist gegen Temperaturwechsel wenig wider-standsfähig. Auch ein hoher Kieselsäuregehalt ist ungünstig.

Eine hohe Vorbrandtemperatur beeinflußt die Temperaturwechselbeständigkeit nicht günstig; da sie aber die Erweichungstemperatur erhöht, muß man eine begrenzte Wechsel-beständigkeit in Kauf nehmen. Dies ist auch in neuzeitlichen gekühlten Brennkammern möglich.

Die große Verformbarkeit und geringe Wärmeausdehnung sind erwünschte Eigenschaften. Die Wärmeleitfähigkeit dagegen sollte gering sein. Wenn sie aber die Temperaturwechsel-beständigkeit erhöht, so muß in Kauf genommen werden, daß ein haltbarer Stein nicht so gut isoliert wie ein anderer.

Die Verformbarkeit wird durch den Verdrehungsversuch bestimmt. Der in dieser Beziehung günstigste Stein ist der Silikastein mit 90—94% SiO_2, der aber für gewöhnliche Kesselein-mauerungen wegen seiner hohen Löslichkeit in eisenhaltigen Schlacken ungeeignet ist. Über eine nennenswerte Vergrößerung der Verformbarkeit von Schamottesteinen durch verbesserte Herstellungsverfahren ist bisher nichts bekannt geworden.

4. Wärmeausdehnung

Ein Schamottestein soll sich bei der Erwärmung auf 1400 °C um nicht mehr als 0,6 bis höchstens 1% ausdehnen. Je höher der Stein vorgebrannt wird, um so größer ist seine „Raum-beständigkeit" bei der Erwärmung. Die Wärmeausdehnung von Sillimanit und Siliziumkarbid liegt noch niedriger.

5. Druckfestigkeit

Die Druckfestigkeit eines Schamottesteines in kaltem Zustand soll wenigstens 130 bis 150 kp/cm², in Sonderfällen über 200 kp/cm² betragen. Sie ist um so größer, je dichter der Stein ist. Da dies aber die Temperaturwechselbeständigkeit herabsetzt, muß man darauf achten, daß hoch temperaturbelastete Steine nicht zu viel zu tragen haben. Bei der Anwendung von Gewölben aus feuerfesten Steinen ist daher Vorsicht am Platze.

---

[1] Essen 1951.
[2] ENDELL, K.: Über den Vorgang der Verschlackung feuerfester Steine. Ber. dtsch. keram. Ges. **19**, 491—513 (1938).

Tabelle 45. *Gütegruppen für Schamottematerial für Kesseleinmauerungen*
(Gütetoleranzen nach DIN 1086)

Prüfung nach DIN	Gütegruppe[1]	0	I	II	III	IV	V	VI
1062	Tonerdegehalt[2] .... %	ca. 44	42/44	40/42	36/39	32/35	—	—
1063	Segerkegel[2] .... SK	> 34	33/34	33	32	31	28/30	26/28
1064	Druckfeuerbeständigkeit t_a bei 2 kp/cm² ...... °C DFB[3]	1430	1380	1330	1300	1280	1250	—
1065	max. Gesamtporenvolumen[3] . %	22/24	22/24	26/28	26/28	26/28	30	—
1066	Raumbeständigkeit ..... %	0,5	0,5	1,0	1,0	1,0	1,0	—
	Längenänderung bei .... °C	1400 °C — 2 h			1350 °C — 2 h			—
1067	Kaltdruckfestigkeit KDF[3] kp/cm²	200	230	130	150	160	150	150
1068	Temperaturwechselbeständigkeit TWB　　Abschr.	> 15	> 15	> 10	> 8	> 5	> 4	> 3
Formgebungs-Toleranzen								
	Maßabweichungen zulässig　　±%	1,0	1,0	2,0	2,0	2,0	2,0	3,0
	Durchbiegung zulässig...... %	0,5	0,5	1,5	1,5	1,5	1,5	2,0
Anwendungsgebiete								
	Schlackengefährdete Teile und Hängedecken　1100 °C				XXX			
	1200 °C			XXX				
	1300 °C		XXX					
	1350 °C	XXX						
	> 1350 °C	XXX						
	Temperaturwechselbeanspruchte Teile　1100 °C					XXX		
	1200 °C				XXX			
	1300 °C			XXX				
	1350 °C	XXX	XXX					
	> 1350 °C	XXX						
	Normales Mauerwerk　1100 °C						XXX	
	1200 °C					XXX		
	1300 °C			XXX	XXX			
	1350 °C		XXX					
	> 1350 °C	XXX						bei Temperaturen unter 800 °C

[1] Den Gütegruppen entsprechen folgende Bezeichnungen der Industrie feuerfester Produkte:

Gütegruppe　0 = A_0　Hartschamotte　　　　IV = A_{III} handelsübliche Schamotte
　　　　I = A_I　Spezial-Hartschamotte　　　V = B_{III} handelsübliche Schamotte
　　　　II = A_I　handelsübliche Schamotte　　VI = Tonstein (kalkfrei)
　　　　III = A_{II} handelsübliche Schamotte

[2] Die Angabe des Tonerdegehaltes sowie des Segerkegels stellt keine Forderung dar, sondern gibt lediglich einen Anhaltspunkt.

[3] Auf Hängedecken der Gütegruppen 0, I und II brauchen diese Werte nicht unbedingt angewendet zu werden.

6. Verschlackungsbeständigkeit [1]

a) Physikalische Bedingungen

Je dichter ein Stein ist, und je enger die Fugen zwischen den Steinen gemacht werden, um so besser widersteht er dem Angriff der Schlacke. Die Porosität, ausgedrückt in Prozent Porenvolumen, ist ein wichtiges Merkmal des feuerfesten Steins. Wenn flüssige Schlacke an einem Stein herabfließt, so diffundiert sie in den Stein hinein, und zwar um so leichter, je poröser der Stein ist. Diese Einwirkung wird in Millimeter Kantenlängenabnahme eines Prüfstabes in der Stunde gemessen; sie ist genau umgekehrt proportional der Viskosität der Schlacke, die in Poise gemessen wird. Hiernach müßte man im Feuerungsbau nur ganz dichte Steine ver-

---

[1] FEHLING, R.: Der Angriff von Kohlenschlacke auf feuerfeste Steine. Bericht D 78 des Reichskohlenrates. Berlin: VDI-Verlag 1938.

wenden. Das ist aber wegen der geringen Temperaturwechselbeständigkeit solcher Steine nicht möglich, und man muß ein Kompromiß schließen. Nach R. RASCH[1] ist eine Porigkeit von 28% aus festigkeitstechnischen Gründen erforderlich. Für sehr aggressive Schlacken geht man mit der Porigkeit der Steine auf 25—22% herunter. Um sie gegen Schlackenangriffe noch besser zu schützen, werden sie oft auf der Feuerseite mit einer feuerfesten Anstrichmasse überzogen oder mit feinkörnigem Mörtel abgeschlemmt.

b) Chemische Bedingungen

Für das System Al_2O_3—SiO_2—Fe_2O_3 mit einem Zusatz von 5% $CaO + MgO$ sind die Schmelzpunkte von MOODY und LANGAN[2] durchgemessen worden. Das Ergebnis zeigt Abb. 171. Hieraus kann man den Einfluß des Eisens in der Schlacke auf den Stein sehr gut ablesen. Verbindet man das Feld, das die Schamottesteine andeutet, durch gerade Linien mit der Ecke $Fe_2O_3 = 95\%$ des Diagramms, so sieht man, daß das Eisen einen sehr guten Schamottestein mit etwa 43% Al_2O_3 löst, wenn das Gemisch

bei 1500 °C	11% Fe_2O_3	bei 1300 °C	20% Fe_2O_3
bei 1400 °C	15% Fe_2O_3	bei 1200 °C	35% Fe_2O_3

enthält. Für einen minderwertigen Stein mit nur 23% Al_2O_3 liegen die Werte folgendermaßen:

bei 1500 °C	0% Fe_2O_3	bei 1300 °C	14% Fe_2O_3
bei 1400 °C	6% Fe_2O_3	bei 1200 °C	21% Fe_2O_3.

Die Löslichkeit der Schamottesteine in Fe_2O_3-haltiger Schlacke nimmt mit steigendem Eisengehalt sehr schnell zu. Reduzierende Atmosphäre unterstützt die Vorgänge wesentlich, weil sich das zu FeO reduzierte Eisenoxyd mit SiO_2 unmittelbar verbindet.

Diese Zusammenhänge gelten nach Abb. 171 für eine Schlacke mit sehr geringem Kalkgehalt, also für Steinkohlenschlacke. Verfolgt man die Vorgänge aber im Allgemeinen Schmelzdiagramm Abb. 11, so kommt man zu dem Schluß, daß durch den Kalküberschuß in der Braunkohlenschlacke der Einfluß des Eisens auf das System $SiO_2 + Al_2O_3$ kaum wesentlich geändert werden dürfte.

Eine Braunkohlenasche mit hohem CaO-Gehalt, aber geringem Fe_2O_3-Gehalt ist bei den vorkommenden Brennkammertemperaturen nicht aggressiv. Es handelt sich bei der Beurteilung der chemischen Einwirkungen der Schlacke auf Schamottesteine daher fast ausschließlich um die Einwirkung des Eisens.

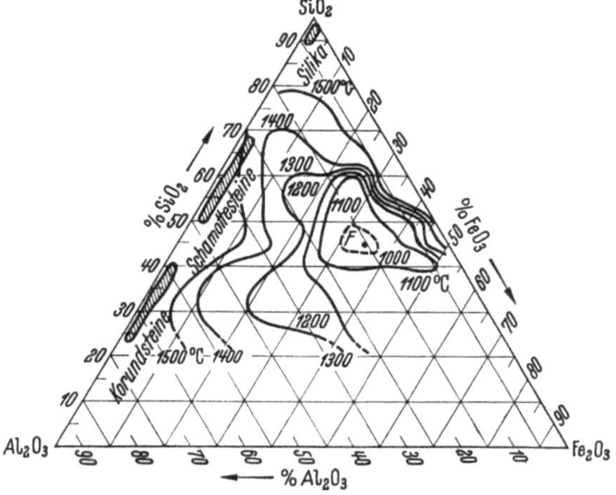

Abb. 171. Isothermen der Schmelzpunkte des Systems Al_2O_3/SiO_2/Fe_2O_3 mit 5% $CaO + MgO$ nach MOODY und LANGAN

FEHLING hat die hydrodynamischen Bedingungen beim Herabfließen der Schlacke an einem Schamottestein genauer untersucht und findet folgende Gesetzmäßigkeiten:

a) Von der Schlacke werden etwa 15—25% der theoretisch löslichen Steinmenge aufgenommen, dann erlischt der Lösungsvorgang.

b) Die Dicke eines Schlackenfilms ist von seiner Viskosität abhängig. Der Einfluß der Neigung der Wand auf die Filmdicke ist gering.

c) Die isolierende Wirkung des Schlackenfilms setzt die Temperatur an der Steinoberfläche herab und bringt die Diffusion der Schlacke in den Stein hinein zum Erliegen. Ein solcher

---

[1] RASCH, R.: Dampfkessel-Einmauerungen. Berlin: VDI-Verlag 1939.
[2] MOODY, A. H., u. D. D. LANGAN: Combustion 6, 13 (1935).

dünner Schlackenfilm kann daher ein willkommenes Schutzmittel für die Steine gegen Schlacken sein, die ähnlich zusammengesetzt sind wie der Film. Bedingung hierfür ist eine gute Wärmeabfuhr nach außen, die allerdings durch dicke Schamottewände nicht gefördert wird. Als günstig wird von FEHLING und ENDELL angegeben, wenn die Oberflächentemperatur des Steins 50 grd über der Schmelztemperatur der Schlacke liegt.

Tonerdearme Schlacken lösen aus dem Stein bei hoher Temperatur Tonerde heraus, um sich zu sättigen. Deshalb gilt die Regel, daß bei basischen, also tonerdereichen Schlacken, auch ein tonerdereicher Stein verwendet werden soll. Da aber in vielen Anlagen die Brennstoffe oft wechseln, und auch nicht in ein und derselben Grube sicher ist, daß die Asche immer eine gleichartige Zusammensetzung haben wird, kann man mit dieser Regel wenig anfangen. Zum Glück handelt es sich aber in der Steinkohle im allgemeinen um basische oder neutrale Schlacken, so daß man mit basischen, Al-reichen Steinen die besten Erfolge erzielt.

7. Wärmeleitfähigkeit

In der Tab. 46 sind die Wärmeleitzahlen λ für die wichtigsten Einmauerungs- und Isolierstoffe in kcal/mh · grd angegeben.

Tabelle 46. *Wärmeleitfähigkeit λ einiger Stoffe*

	Temperatur °C					
	100	200	300	500	800	1000
Sillimanit (22%)	—	—	1,38	1,35	1,30	1,26
Silikastein (28%)	—	—	1,02	1,11	1,28	1,39
Siliziumkarbid (50%)	—	—	4,1	3,9	3,6	3,4
Korundstein (25% Ton)	—	—	2,03	1,96	1,81	1,79
Schamottestein (28%)	—	—	1,03	1,11	1,17	1,19
Leichtschamotte (60%)	0,20	0,22	0,23	0,28	0,36	
Ziegelstein	0,75		0,31	0,39	0,45	
Sandschüttung	∼ 0,5					
Asbest	0,17	0,176	0,183	0,19		
Kieselgurstein	0,8—1,5	1,0—1,6	1,1—1,7	1,3—1,8	1,5—1,9	
Glaswolle	0,05	0,06	0,07	0,08		
Schlackenwolle	0,04—0,05	0,05—0,06	0,07	0,08		
Ruhende Luftschichten senkrecht	∼ 1,0					

B. Gestaltung der Einmauerung

1. Einmauerung mit Klinkereinfassung

Man unterscheidet „Einmauerungen" in engerem Sinne, worunter man aus Klinkersteinen aufgeführte Wände mit Schamottefutter versteht, und die „Ausmauerung" von Blechwänden, bei denen die Klinkersteine durch Isolierplatten ersetzt sind.

Die übliche Ausführung der Wände mit Mauerwerksumhüllung besteht aus dem hochwertigen Schamottefutter von der Dicke eines Normalsteins oder 250 mm, dahinter einer Schicht von einer halben Steindicke, entsprechend 123 mm aus geringerem Schamotte größerer Porosität oder Leichtschamottesteinen oder Schlackensteinen und der Einfassung durch Klinker in der Dicke eines Steins von 250 mm Länge. Eine solche Wand wird mit Fugen 650 mm dick. Man erhält dann nach PETERS, wenn die Wand innen auf 900 °C erwärmt ist, außen eine Oberflächentemperatur von etwa 80 °C.

Läßt man die Leichtschamotteschicht fort und dafür einen Luftspalt zwischen Schamotte- und rotem Mauerwerk stehen, so wird die Außentemperatur etwa 15 grd höher. Diese Anordnung wird oft gewählt, um die Fallrohre des Strahlungsteils in dem Luftschacht unterzubringen.

Für die Einfassung der nachgeschalteten Heizflächen genügt eine Schamotteschicht entsprechender Qualität von einem halben Stein Dicke und dahinter eine ein Stein dicke Wand aus Ziegelmauerwerk. Eine solche Mauer ist 380 mm dick.

Das Ziegelmauerwerk wird manchmal außen noch mit weißen Verblendsteinen eingefaßt, um die Wärmeausstrahlung zu vermindern. Seine Haltbarkeit gegen Verwerfungen und Risse infolge Wärmeeinwirkung wird durch Anwendung des Bogenmauerwerkes vergrößert. Dann wird die Kesselwand durch senkrecht stehende T-Eisen-Anker eingefaßt, zwischen denen flache Mauerwerksbögen von der Dicke eines halben Steins hochgemauert werden. Der Abstand der Anker beträgt etwa 1 m.

Bei Großwasserraumkesseln, die kein Kesselgerüst haben, wird die Einmauerung vielfach durch eine Verankerung eingefaßt. Diese besteht aus passenden Profileisen an den Ecken und in den Seiten der Einmauerung, die untereinander durch Zuganker verbunden sind. Bei der Verwendung von Bogenmauerwerk zwischen diesen Profileisen ergibt sich eine gewisse Elastizität des Mauerwerks, so daß die Anker imstande sind, den auftretenden Wärmedehnungen im Mauerwerk Widerstand zu leisten und die Einmauerung zusammen zu halten.

Mauert man aber den Kessel mit glatten Wänden ein, dann können die Verankerungen die Rißbildung im Mauerwerk nicht immer verhindern. Besonders wenn die Anker selbst sich durch die Erwärmung längen, wird der Zweck der Verankerung nicht erfüllt.

Das Schamottefutter der Einmauerung muß sehr sorgfältig ausgeführt werden. Die Fugen sollen mit feinkörnigem, feuerfestem Mörtel ausgefüllt werden und möglichst dünn sein, auf keinen Fall dicker als 2--3 mm. Die Wände sollen glatt sein und möglichst keine Vorsprünge aufweisen. Da die hochfeuerfesten Steine nur eine beschränkte Druckfestigkeit besitzen, dürfen keine weitgespannten Gewölbe oder sonstige Anordnungen, die die Steine stark belasten, angewendet werden. Besonders sind auch auftretende Wärmedehnungen zu beachten. Die Einmauerung wird deshalb in Felder eingeteilt, die getrennt im Kesselgerüst abgefangen werden. Die Dehnfugen dazwischen werden mit Asbestschnur ausgelegt; sie müssen im toten Winkel des Feuerraumes untergebracht und vor der unmittelbaren Flammeneinwirkung geschützt werden. Sehr hohe senkrechte selbsttragende Wände werden in Abständen von höchstens 5 m im Kesselgerüst abgefangen.

2. Blechverkleidung mit Ausmauerung

Im neuzeitlichen Dampferzeugerbau werden die Kessel mit Blechtafeln verkleidet. Die „Ausmauerung" dieser Verkleidung besteht aus dem Schamottefutter und der Isolierung. Letztere wird aus Leichtschamotte, Diatomit und ähnlichen Massen in Form von Platten oder Granulat gebildet. Dicht unter der Blechwand liegt dann oft noch eine dünne Schicht aus Schlackenwolle, Bims oder einem anderen für niedrigere Temperaturen geeigneten Material. Macht man das Schamottefutter einen Stein dick, also 250 mm, und die Diatomitschicht 175 mm dick, so erreicht man bei einer Innentemperatur der Wand von 900 °C außen etwa 60 °C. Vermindert man die Diatomitschicht auf 105 mm, so steigt die Außentemperatur um etwa 20 grd an.

Abb. 172 zeigt die Wand einer Brennkammer mit eingebauter Konsole, mit der noch eine Halterung der Brennkammerrohre verbunden ist. Solche Konsolen sind in Abständen von höchstens 5 m notwendig, damit die Schamottesteine nicht zu hoch belastet werden.

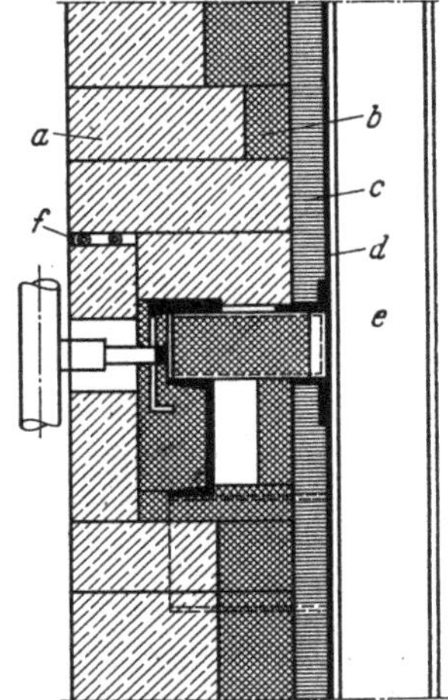

Abb. 172. Ausmauerung einer Brennkammer mit Konsole und Rohrhalterung (Babcock) *a* Schamottefutter, *b* Isolierung, *c* Bims, *d* Blechmantel, *e* Gerüstsäule, *f* Dehnfuge

Bei sehr dicht mit Rohren verkleideten Kammern, insbesondere also auch bei Schmelzkammern ist die Oberflächentemperatur des Schamottefutters so niedrig, daß man mit der Dicke eines halben Steins auskommt. In Abb. 173 ist ein Teil aus einer Einmauerungszeichnung einer Schmelzkammer dargestellt, der nähere Einzelheiten zeigt.

Eine besonders leichte Form einer Ausmauerung bildet die Detrick-Wand nach Abb. 174, bei der nur Formsteine verwendet werden, die reihenweise an Schienen aufgehängt sind. Hier können einzelne Steine oder Gruppen von Steinen für sich ausgewechselt werden[1].

Ein Verfahren zur Herstellung des Schamottefutters ohne Fugen besteht in der Verwendung von Stampfschamotte. Man verwendet hierzu eine mörtelartige, abbindefähige Schamottemasse, die in den erforderlichen Qualitäten hergestellt wird. Solche Wände werden ähnlich wie beim Betonieren durch Einschalung mit glatten Bretterwänden, hinter denen die Schamottemasse eingebracht und festgestampft wird, errichtet. An Fugen bleiben bei dieser Bauart nur die erforderlichen Dehnfugen der Einmauerung übrig. Dieses Verfahren ist auch besonders an solchen Stellen der Brennkammer und der Züge vorteilhaft, wo die Wand von Rohren oder Ankern durchdrungen wird; man kommt dann vollständig ohne Formsteine aus.

Kesselteile, die vor der Bestrahlung durch die Flamme geschützt werden sollen, werden torkretiert. Sie werden mit einem Drahtgitter aus zunderbeständigem Draht umhüllt und dann mit der Torkretmasse angespritzt, bis sich eine ausreichende Isolierschicht gebildet hat, die

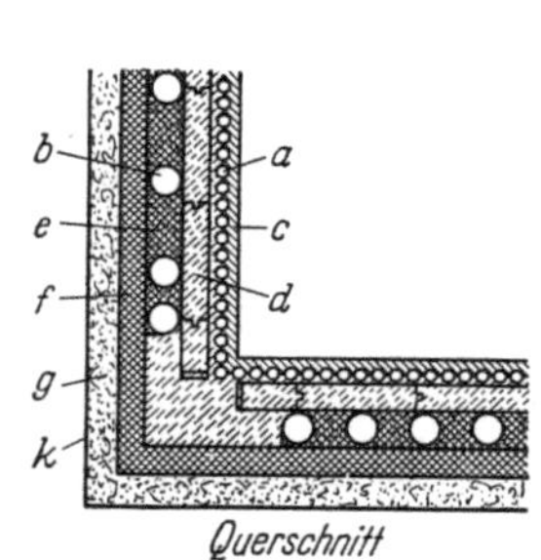

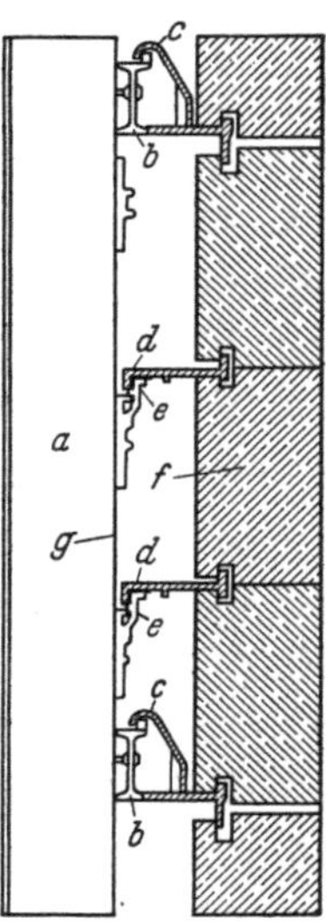

Abb. 173. Wand der Schmelzkammer eines Dürr-Kessels (Karrena). a bestiftete Steigrohre, b Fallrohre, c Sillimanitverkleidung der Stiftrohre, d Schamottefutter, e Isolier-Granulat, f Isolierplatten, g Schlackenwollmatten, h Brenneröffnungen, i Bimssteine, k Blechverkleidung

Abb. 174. Detrick-Wand. a Säule aus Profileisen, b Gußeiserne Trageisen, c Hängeeisen, d Haltehaken, e Lose eingelegte Winkeleisen, f Schamottesteine, g Blechverkleidung. Der Raum zwischen den Schamottesteinen und der Blechverkleidung wird mit Isoliergranulat ausgefüllt

durch das Drahtgitter gehalten wird. Die Torkretmasse ist ebenfalls eine abbindefähige Schamottemasse. Dieses Verfahren ist in vielen Fällen vorteilhafter als die Anwendung von Formsteinen, die in an die Kesselteile angeschweißten Halteeisen gelagert werden müssen. Bei solchen Steinen besteht immer die Gefahr, daß gelegentlich einer davon abplatzt, wodurch das zu schützende Kesselteil von seiner Isolierung entblößt wird. Derartige Schäden werden nicht immer sofort bemerkt und können dann Beschädigungen der Kesselteile nach sich ziehen. Bei der Torkretierung ist die Gefahr einer derartigen Entblößung der Kesselteile geringer.

---

[1] PETERS, H. Der Einfluß des modernen Wasserrohrkesselbaues auf die Einmauerung und die Wärmeverluste der Kesselwandungen. Die Wärme 60, Nr. 19 (1937).

3. Hängedecken

An Stelle der Gewölbe aus Schamottesteinen verwendet man im neuzeitlichen Kesselbau Hängedecken. Die Formsteine werden entweder in gußeisernen Schienen aufgereiht, oder

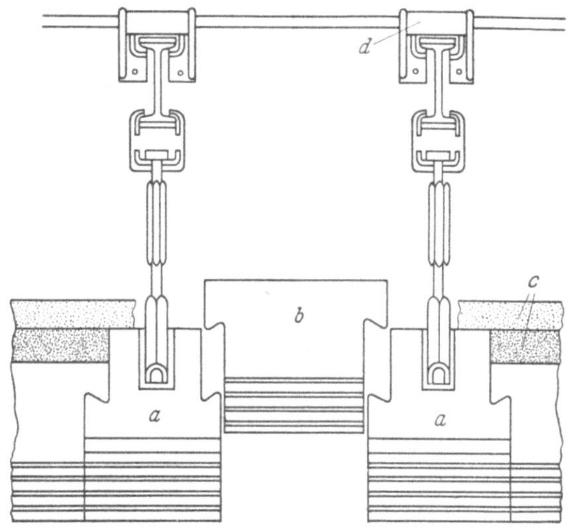

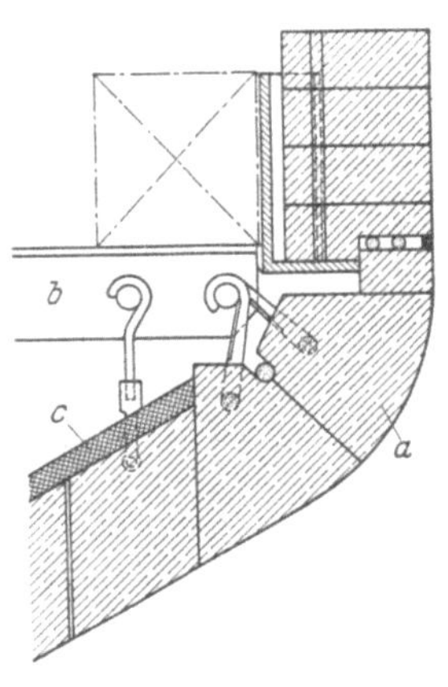

Abb. 175. Hängedecke mit Isolierung (Karrena)
a Tragsteine, *b* Zwischenstein, *c* Isolierung, *d* gußeiserne Schiene

Abb. 176. Hängedecke mit Einzelaufhängung der Steine (Babcock)
a Hängedeckensteine, *b* Tragschiene, *c* Isolierung

einzeln an Ankern aufgehängt. Abb. 175 zeigt die Konstruktion einer Hängedecke, bei der jeweils zwischen zwei an Ankern aufgehängten Steinen ein dritter Stein liegt, der mit Nut und Feder von seinen Nachbarn gehalten wird. Auf die Steine der Hängedecke wird eine doppelte Isolierschicht aufgebracht.

Bei der Hängedecke nach Abb. 176 sind die Tragschienen aus Stahl horizontal angeordnet. Das Bild zeigt auch den Übergang von der Hängedecke zum Schamottefutter der Vorderwand mit einer zwischengeschalteten Dehnfuge.

Eine interessante Lösung der Hängedeckenkonstruktion zeigt Abb. 177. Die Decke besteht aus lauter gleich geformten konischen Steinen. Die eine Serie ist an der gußeisernen Tragschiene unmittelbar ohne Anker aufgehängt, die andere Serie ist umgekehrt und zwischen die Tragsteine geschoben, so daß eine geschlossene Deckenfläche entsteht. Die in der Abbildung dargestellte Decke ist die rückwärtige Decke einer Wanderrostfeuerung.

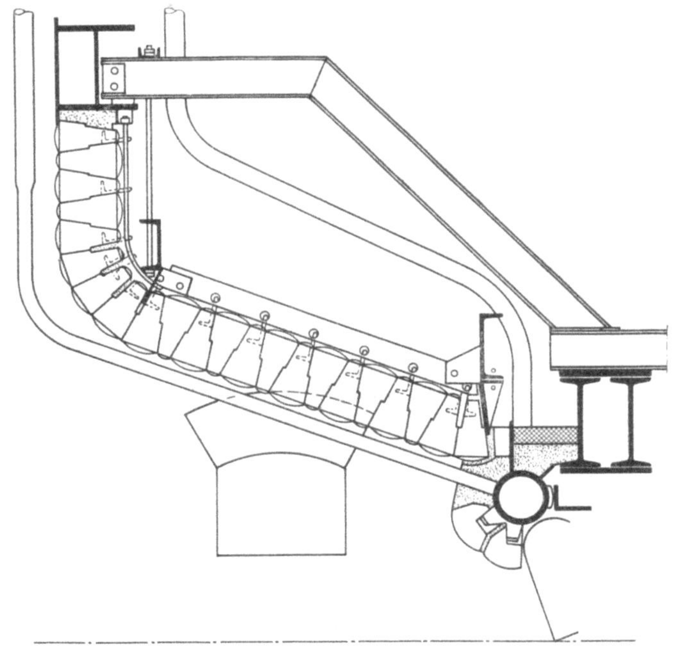

Abb. 177. Hängedecke mit lauter gleichen auf Schienen aufgereihten Steinen (Ein-Stein-Hängedecke von Steinmüller)

XIII. Speisewasserpflege

A. Übersicht

Das Kesselwasser kann Bestandteile enthalten, die den Betrieb erschweren oder sogar gefährden. Die wichtigsten Erscheinungen dieser Art sind folgende:

a) Bildung von Kesselstein, der sich an der Wasserseite der Heizflächen festsetzt und den Wärmeübergang erschwert. Hierdurch wird der Rohr- oder Blechwerkstoff übermäßig erwärmt und oft überbeansprucht. Außerdem wird durch starke Ansätze die Strömung des Wassers gestört.

b) Durch Teilchen von kolloidaler Größe, insbesondere durch organische Substanzen können sich Emulsionen von hoher Oberflächenspannung bilden, die das Wasser zum Schäumen bringen. Hierdurch entsteht die Gefahr, daß der Kessel überkocht, und daß mit dem Wasser Salze und feste Teilchen in den Überhitzer gelangen, wo sie sich festsetzen und ähnliche Schäden verursachen, wie der Kesselstein in den Siederohren. Vgl. Abschn. VII F 1, S. 183.

c) Durch Gase und Säuren wird der Kesselwerkstoff angegriffen. So entstehen unter Umständen Korrosionsschäden von großem Umfange in den Vorwärmern und Verdampfern.

Aufgabe der Speisewasserpflege ist die Beseitigung des Kesselsteins, der kolloidalen Teilchen und der aggressiven Gase und Säuren.

Salze, die im Wasser gelöst sind, können in geringem Umfange in den Dampf übergehen und bei Hochdruck auch z. T. in Dampf gelöst auftreten. Sie setzen sich dann im Überhitzer ab und verursachen hier eine manchmal gefährliche Erhöhung der Rohrtemperatur. Auch in der Beschaufelung der Dampfturbinen treten Salzablagerungen und Niederschläge auf, die die Strömung stören und die Leistung der Maschine beeinträchtigen.

Aus diesem Grunde ist bei Hochdruckanlagen ein Kesselwasser mit hohem Salzgehalt unerwünscht.

Andererseits soll aber das Kesselwasser eine gewisse Alkalität aufweisen, damit die Resthärte des Speisewassers unschädlich gemacht und das Auftreten von Säuren verhindert wird.

Das Gebiet der Speisewasseraufbereitung, der Wasser- und Dampfkorrosionen und der Beschaffenheit des Kesselwassers ist ein großes Sondergebiet der anorganischen und physikalischen Chemie. Für den Kesselingenieur wird es wertvoll sein, hier eine Übersicht über die grundsätzlichen Begriffe und Verfahren zu finden, die ihm das Verständnis für diese Fragen erleichtern soll.

B. Begriffe

1. Härte

a) Definition

Die Härte des Wassers ist ein Maß für den Gehalt an Kesselsteinbildnern. Der Kesselstein besteht aus Stoffen, die in Wasser unlöslich sind und sich an den Rohrwänden festsetzen. Sie stammen im allgemeinen aus wasserlöslichen Verbindungen, die sich bei der Erwärmung spalten und den unlöslichen Anteil ausscheiden. Davon zu unterscheiden sind Schlämme, die zwar auch nicht löslich sind, die aber nicht die Tendenz haben, sich bei der im Kessel vorhandenen Temperatur an den Wänden festzusetzen, sondern in feiner Form im Wasser verteilt bleiben.

In der Härte unterscheidet man zwei Arten:

a) die Karbonathärte, bestehend aus den wasserlöslichen Bikarbonaten

$$Ca(HCO_3)_2 \quad oder \quad CaCO_3 \cdot 2CO_2 \cdot H_2O$$

und

$$Mg(HCO_3)_2 \quad oder \quad MgCO_3 \cdot 2CO_2 \cdot H_2O,$$

die bei einer Erwärmung des Wassers auf 50–60 °C unter Abscheidung von gasförmigem CO_2 und flüssigem H_2O die Bodenkörper $CaCO_3$ und $MgCO_3 \cdot 3H_2O$ ausscheiden. Bei der chemischen Aufbereitung des Speisewassers mit Ätzkalk geht das Magnesiumkarbonat noch in $Mg(OH)_2$ über, das ebenfalls als Bodenkörper ausfällt. Bei allen Fällungsverfahren schaltet man die thermische Korbonatenthärtung vor, um den Verbrauch an Chemikalien einzuschränken.

b) Die Nichtkarbonathärte, bestehend aus festen Sulfaten, Chloriden, Nitraten und Silikaten nämlich

$CaSO_4$	$\cdot 2H_2O$, Gips	$MgCl_2$	$\cdot 6H_2O$
$MgSO_4$	$\cdot 1H_2O$, Kieserit	$Ca(NO_3)_2$	$\cdot 4H_2O$
$MgSO_4$	$\cdot 7H_2O$, Bittersalz	$Mg(NO_3)_2$	$\cdot 6H_2O$
$CaCl_2$	$\cdot 6H_2O$	$CaSiO_3$.	

Alle diese Stoffe müssen durch die Aufbereitung des Wassers beseitigt werden.

b) Härtemaße

Die Härte eines Wassers wird als Grad Härte gemessen.

1° deutscher Härte, 1° d, entspricht 10 mp/l CaO,

1° französischer Härte entspricht 10 mp/l $CaCO_3$,

1° englischer Härte entspricht 7 mp/l $CaCO_3$,

1 ppm (USA) entspricht 1 mp/l $CaCO_3$.

Einen Vergleich dieser Maße zeigt die Tab. 47.

Die Resthärte eines aufbereiteten Speisewassers soll unter 0,2° d, bei Hochdruckanlagen unter 0,05° d liegen. Das bedeutet, daß man bestrebt sein soll, die Härte möglichst vollständig zu beseitigen.

Tabelle 47. *Härtemaße für Wasser*

Stoff	Deutschland 1° d. H. mp/l	Frankreich 1° franz. H. mp/l	England 1° engl. H. mp/l	USA 1 ppm mp/l
CaO	*10,00*	5,603	3,92	0,563
MgO	7,19	4,03	2,82	0,403
SO_3	14,28	8,00	5,60	0,800
CO_2	7,86	4,40	3,08	0,440
Cl_2	12,64	7,08	4,96	0,708
$CaCO_3$	17,87	*10,00*	*7,00*	*1,000*
$CaSO_4$	24,28	13,60	9,50	1,360
$CaCl_2$	19,80	11,09	7,76	1,109
$MgCO_3$	15,03	8,425	5,90	0,8425
$MgSO_4$	21,47	12,03	8,42	1,203
$MgCl_2$	16,98	9,51	6,66	0,951
SO_4	17,13	9,60	6,72	0,960
CO_3	10,70	6,00	4,20	0,600

2. Salzgehalt

a) Definition

Lösliche Salze, die bei der chemischen Aufbereitung benutzt werden oder entstehen und im Wasser gelöst bleiben, sind folgende:

Na_2CO_3, Soda ist $Na_2CO_3 + 10H_2O$.
$NaHCO_3$, zerfällt beim Erwärmen in $Na_2CO_3 + CO_2 + H_2O$.
NaCl, Kochsalz oder Steinsalz.
Na_2SiO_3, Wasserglas.
Na_2SO_4, Glaubersalz ist $Na_2SO_4 + 10H_2O$.
NaOH, Ätznatron.
Na_3PO_4, Trinatriumphosphat.
Um die Härte mit Sicherheit zu beseitigen, ist eine gewisse Alkalität, d. h. ein gewisser Überschuß an basischen oder alkalischen Salzen erforderlich.

b) Die Natronzahl

Ein Maß für die Alkalität des Kesselwassers als Schutz gegen Kesselstein ist die Natronzahl. Hierbei wird NaOH als Basis benutzt und die Wirkung der übrigen Salze damit verglichen.

1,85 p/l Soda hat die gleiche Wirkung wie 0,4 p/l Ätznatron; man kommt also mit $\frac{0,4}{1,85} = \frac{1}{4,5}$ p/l Soda aus, um die Wirkung von 1 p/l Ätznatron zu erzielen. Die entsprechenden Zahlen für Na_2SO_4 und Na_3PO_4 sind $\frac{1}{4,5}$ und $\frac{1}{1,5}$. Man definiert nun die Natronzahl N wie folgt:

$$N = NaOH + \frac{Na_2CO_3}{4,5} + \frac{Na_2SO_4}{4,5} + \frac{Na_3PO_4 \text{ (krist.)}}{1,5} . \tag{371}$$

c) Die Alkalitätszahl

Ein leichter benutzbares Maß für die Alkalität des Wassers ist die Alkalitätszahl, die auf folgender Überlegung beruht.

Man benutzt die Farbindikatoren Phenolphthalein (p) und Methylorange (m) und verfährt folgendermaßen:

1. Man färbt das Wasser mit einigen Tropfen Phenolphthalein rot und setzt solange $\frac{1}{10}$ n HCl zu, bis die Färbung verschwindet. Die verbrauchte Menge von $\frac{1}{10}$ n HCl ist ein Maß für den p-Wert.

2. Hinterher färbt man das Wasser erneut mit einigen Tropfen Methylorange gelb und setzt wieder so lange $\frac{1}{10}$ n HCl zu, bis die Färbung in orange umschlägt. Die verbrauchte Menge $\frac{1}{10}$ n HCl ist dann ein Maß für den m-Wert.

Dann gelten folgende Zusammenhänge:

a) Wenn m kleiner als 2p ist:

$$40(2p\text{-}m) = \text{mg/l Ätznatron } NaOH$$
$$106(m\text{-}p) = \text{mg/l Soda } Na_2CO_3;$$

b) wenn m größer als 2p ist:

$$106p = \text{mg/l Soda } Na_2CO_3$$
$$84(m\text{-}2p) = \text{mg/l Na-Bikarbonat } NaHCO_3.$$

Der p-Wert allein gibt an, welcher Anteil der im Kesselwasser vorhandenen alkalischen Reagenzien $NaOH$, Na_2CO_3, Na_3PO_4 unter den gegebenen Bedingungen als Natronlauge $NaOH$ wirkt. Bei fällungschemisch aufbereitetem Speisewasser ist im allgemeinen m kleiner als 2p. Als Alkalitätszahl bezeichnet man den Wert

$$A = 40p. \tag{372}$$

Dieser Maßstab reicht für die Beurteilung der Alkalität des Wassers aus, weil sich die Soda ohnehin bei höherer Temperatur in $NaOH$ und CO_2 spaltet.

Richtwerte für die Alkalitätszahl im Kesselwasser findet man in Tab. 31, Abschn. VII F 1, S. 184.

Neben der Alkalitätszahl wird der Phosphatgehalt gesondert angegeben. Er soll zwischen 20 und 30 mp/l liegen, um die Resthärte sicher zu beseitigen.

d) Dichte des Kesselwassers

Die Dichte des Kesselwassers ist ein Maß für die gesamten im Kesselwasser gelösten Salze. Sie wird mit der BAUMÉ-Spindel bestimmt. 1 Grad Baumé, °Bé, entspricht einem spezifischen Gewicht $\gamma = 1,007$ des kalten Wassers. In bezug auf die im Wasser gelösten Salze gelten folgende Vergleichszahlen:

1 °Bé entspricht   10 p/l oder 1,0% $NaCl$, Kochsalz
                                   12 p/l oder 1,2% Na_2SO_4, Glaubersalz
                                   7 p/l oder 0,7% Na_2CO_3, Soda
                                   9 p/l oder 0,9% $NaNO_3$, Natronsalpeter
                                   10 p/l oder 1,0% $NaOH$, Ätznatron.

Dieses Maß ist nicht ganz eindeutig, weil auch organische Stoffe die Dichte beeinflussen können, es ist also kein vollwertiger Ersatz für die Alkalitätszahl.

Der Salzgehalt des Kesselwassers wird vielfach als Anhalt für die Neigung des Wassers zum Schäumen betrachtet, und man hat Richtwerte aufgestellt, die zwischen 3000 mp/l oder 0,3 °Bé bei etwa 20 atü und 1200 mp/l oder 0,12 °Bé bei Hochdruckanlagen liegen, die nicht überschritten werden sollen. Die Erfahrungen zeigen jedoch, daß Kessel mit wesentlich höherem Salzgehalt noch einwandfrei arbeiten und solche mit einem außerordentlich niedrigen Salzgehalt vor dem Schäumen keineswegs sicher waren. Hiernach wird man die Beurteilung des Kesselwassers nach seinem Salzgehalt revidieren müssen. Wie unter VII F 1 schon vermerkt wurde, dürfte nicht der Salzgehalt, sondern der Gehalt an kolloidalen Teilchen für die Neigung zum Schäumen bestimmend sein.

3. Gehalt an organischen Stoffen

Der Gehalt des Kesselwassers an organischen Stoffen wird durch den Verbrauch an $\frac{n}{100}$ KMnO$_4$ (Kaliumpermanganat) gemessen, das zur Neutralisierung dieser Stoffe erforderlich ist. Die Richtwerte für Kesselwasser liegen zwischen 200 und 50 mp/l KMnO$_4$-Verbrauch, wobei die kleinere Zahl für den höheren Druck gilt. Die organischen Stoffe sind als Schaumbildner besonders gefürchtet.

4. Säurestufen des Wassers und Korrosionen

a) Korrodierende Wirkung reinen Wassers und Wasserdampfes

Die Wirkung von Wasser und Wasserdampf ohne Luftzutritt wird durch das CHAUDRONsche Gleichgewicht dargestellt. Sie verläuft unterhalb 200 °C so langsam, daß sie vernachlässigt werden kann, von 300 °C an ist die Wirkung schon zu beachten, und oberhalb 400 °C verläuft sie sehr lebhaft. Die chemischen Vorgänge, die hierbei auftreten, werden durch folgende Gleichungen dargestellt:

$$1.\ 3\,Fe + 4\,H_2O = Fe_3O_4 + 4\,H_2 - 23{,}4\ \text{kcal/kmol}$$
$$2.\ Fe + H_2O = FeO + H_2 - 4{.}5\ \text{kcal/kmol}$$
$$3.\ 3\,FeO + H_2O = Fe_3O_4 + H_2 - 9{,}9\ \text{kcal/kmol} \tag{373}$$
$$4.\ 2\,Fe_3O_4 + H_2O = 3\,Fe_2O_3 + H_2 - 0{,}3\ \text{kcal/kmol}\,.$$

Die Gleichgewichtskurven der drei ersten dieser Gleichungen kann man in der Form der Abb. 178 darstellen.

Hieraus ersieht man, daß bei niedriger Temperatur, bei der zwar der Vorgang sehr langsam fortschreitet, das Gleichgewicht erst dann erreicht wird, wenn fast der gesamte Wasserdampf verbraucht ist. Die Tatsache, daß das Eisen der Wasser oder Wasserdampf führenden Kesselteile überhaupt eine große Lebensdauer hat, ist nur so zu erklären, daß sich durch die Reaktion 1 eine dichte Oxyduloxydschicht auf der Oberfläche des Eisens bildet, die den weiteren Zutritt von H$_2$O-Molekülen zum Eisen vollständig unterbindet. Das Diagramm zeigt, daß bis 570 °C

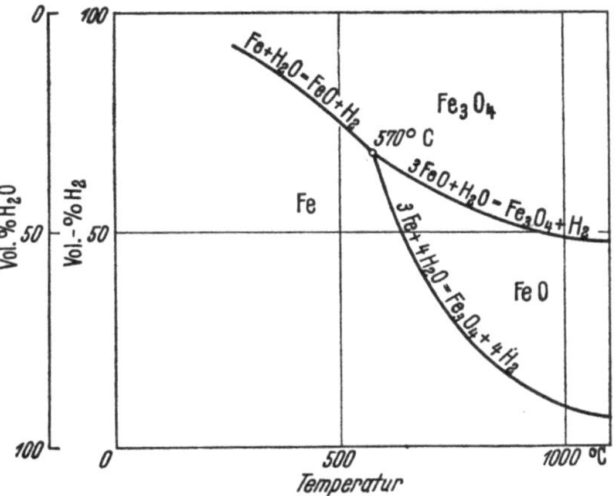

Abb. 178. Chaudron-Gleichgewicht zwischen Fe, H$_2$ und H$_2$O

nur Fe$_3$O$_4$ entstehen kann, erst oberhalb dieser Temperatur ist auch FeO beständig. Wird also in einem Rohr neben Fe$_3$O$_4$ auch FeO gefunden, so ist damit eindeutig bewiesen, daß die Temperatur an dieser Stelle im Betrieb höher als 570 °C gewesen ist. Man muß aber daran denken, daß bei einem aufgeplatzten Rohr dieser Befund durch Sauerstoffzutritt von außen gefälscht werden kann.

Korrosionen dieser Art bedecken die befallene Rohrwand flächenförmig. Sie sind nur möglich, wenn die schützende Fe_3O_4-Schicht zerstört wird und treten ein, wenn das Rohr starken Temperaturschwankungen unterworfen wird. Dies ist der Fall in Kesselrohren, in denen der Wasserumlauf stillsteht. Dort bilden sich große Dampfpolster, die sehr heiß werden. Bei dieser erhöhten Temperatur platzt die Schutzschicht auf, so daß das Wasser unmittelbar an das reine Eisen herangelangt. Auch in den Rohren des Übergangsteils von trommellosen BENSON-Kesseln sind diese Voraussetzungen gegeben. Denn wenn diese bei hoher Kesselleistung von Wasser benetzt werden, bei kleiner Belastung aber als Überhitzer arbeiten, so platzt auch hier die Oxyduloxydschicht auf, besonders wenn sich dieser Vorgang in Strahlungsteilrohren der Kessel abspielt. Ungleiche Beheizung der Rohre kann diese Erscheinung stark verschlimmern[1].

b) Die Wirkung der Kohlensäure

Der Einfluß kohlensäurehaltigen Wassers auf Eisen kann folgendermaßen dargestellt werden:

$$Fe + 2H_2CO_3 = Fe(HCO_3)_2 + H_2. \tag{374}$$

Die Kohlensäure kann ursprünglich im Wasser vorhanden sein oder durch die Fällung der Bicarbonate von Ca und Mg in das Wasser hineingelangen. Durch Alkalisierung des Wassers werden die Säuren neutralisiert. Allerdings hat man auch vereinzelt in alkalisch gefahrenen Kesseln CO_2-Korrosionen gefunden. Warum dies möglich ist, ist bisher noch nicht geklärt worden.

Der Verfasser möchte in diesem Zusammenhang darauf hinweisen, daß Eisen auch als Reduktionsmittel auf freie Kohlensäure wirken kann.

$$2Fe + 3CO_2 = Fe_2O_3 + 3CO - 6 \text{ kcal/kmol}. \tag{375}$$

Diese Reaktion verläuft bei niedriger Temperatur von rechts nach links, kann aber bei steigender Temperatur, wie K. A. HOFMANN[2] und U. R. HOFMANN erwähnen, auch von links nach rechts gehen, wodurch sich z. B. die gleichzeitige Anwesenheit von CO und CO_2 im Gichtgas erklärt. Es wäre zu untersuchen, ob derartige Vorgänge im Kessel möglich sind. Die Reaktionsprodukte würden sich dann anschließend weiter verändern, und zwar würde das Eisenoxyd aus der Rohrwand weiteres Fe herauslösen, um sich in Fe_3O_4 zu verwandeln. Das CO würde sich mit dem Wasserdampf nach der homogenen Wassergasreaktion weiter umsetzen. So würde also eine Einwirkung von Kohlensäure auf die Rohrwand möglich sein, bei der sich kein Carbonat bildet.

Durch Impfen des Wassers mit schwefliger Säure werden die Carbonate aus dem Wasser entfernt, so daß sie in Sulfate umgewandelt werden, wobei gleichzeitig der Vorteil vorhanden ist, daß letzte Reste von freiem Sauerstoff gebunden werden.

c) Wirkung anderer Säuren

Einige Chloride, besonders $MgCl_2$, aber auch $CaCl_2$, zersetzen sich in Wasser bei ausreichender Temperatur; so entsteht Salzsäure, HCl, die das Eisen stark angreift. Ihre Wirkung kann durch Alkalisierung des Wassers neutralisiert werden. Ähnliches gilt für die Nitrate. Spuren von Salpetersäure in Wasser greifen das Eisen jedoch nur dann an, wenn außerdem Härtebildner anwesend sind.

---

[1] WERNER, M., H. PÜTZ u. H. LIST: Bensonkesselschäden. Mitt. VGB **4**, 1—33 (1948).

[2] HOFMANN, K. A., u. U. R. HOFMANN: Anorganische Chemie. 10. Aufl., S. 599. Braunschweig: F. Vieweg & Sohn 1943.

d) Maß für basisches und saures Wasser

Bei steigender Temperatur zersetzt sich das Wasser nach folgender Regel:

$$2H_2O = H_2^+ + 2(OH)^- \qquad (376)$$

Das Ionenprodukt K_w

$$K_w = H^+ \cdot OH^- \qquad (377)$$

ist abhängig von der Temperatur. Bei 23 °C ist $K_w = 1 \cdot 10^{-14}$.

In saurem Wasser ist $H^+ > 10^{-7}$; in neutralem Wasser ist $H^+ = OH^- = 10^{-7}$; in basischem (alkalischem) Wasser ist $H^+ < 10^{-7}$.

Kesselwasser muß alkalisch gehalten werden und somit die Konzentration $H^+ < 10^{-7}$ besitzen. Der Absolutwert dieses Exponenten, dessen Grenzwert hier die Größe 7 hat, ist der p_H-Wert. Kaltes alkalisches Wasser hat hiernach einen p_H-Wert, der größer als 7 ist. Wasser mit einem niedrigeren p_H-Wert greift das Rohrmaterial des Kessels an.

Abb. 179 zeigt den Einfluß von Salzen und von Kohlensäure auf die Säurestufe des Wassers. Man sieht den starken Einfluß der Kohlensäure, die durch die Entgasung zusammen mit dem Sauerstoff vollständig entfernt werden muß.

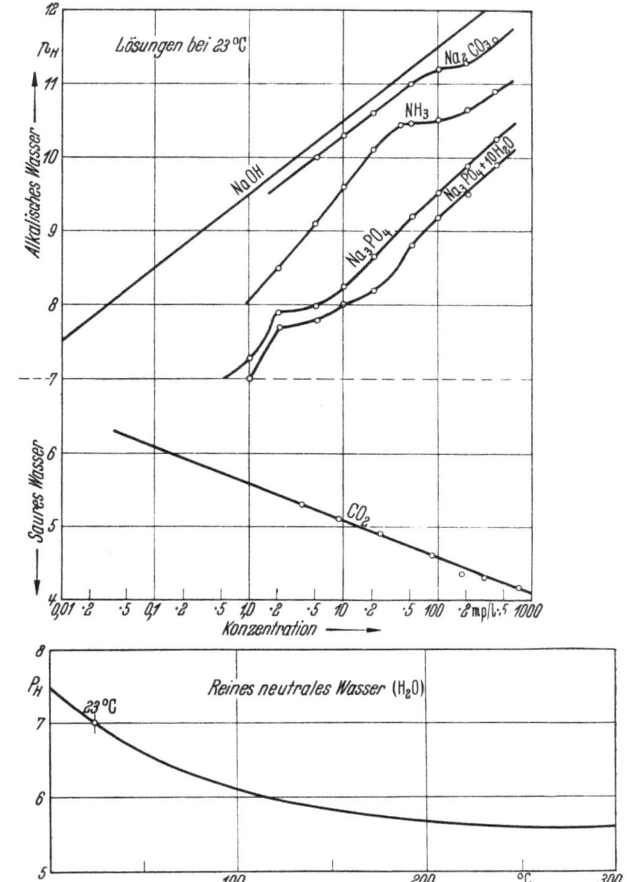

Abb. 179. Säurestufen von Wasser, Exponent p_H der Wasserstoff-Ionen

C. Aufbereitung

1. Allgemeines

Bei der chemischen Aufbereitung des Speisewassers entstehen je nach der Art der zugesetzten Stoffe

a) Bodenkörper, c) Säuren,
b) Salze, d) Gase.

Die wichtigsten Bodenkörper, die bei den bekannten Aufbereitungsverfahren entstehen, sind

$CaCO_3$, Kalziumkarbonat,
$Mg(OH)_2$ Magnesiumhydroxyd,
$Ca(OH)_2 \cdot 3Ca_3(PO_4)_2$ }
$Mg(OH)_2 \cdot 3Mg_3(PO_4)_2$ } Hydroxylapatite.

Die beiden erstgenannten Verbindungen stellen Kesselstein dar; sie fallen beim Zusatz von Ätzkalk, $CaOH$, aus; die Apatite bilden sich als Schlamm beim Zusatz von Trinatriumphosphat. Da sie sich nicht als Kesselstein absetzen, kann man unter Umständen die Reaktion mit Trinatriumphosphat im Kessel selbst zulassen.

Salze entstehen bei der Aufbereitung mit Natriumverbindungen, wie Ätznatron, Soda, Natriumpermutit usw.

Flüchtige Säuren bilden sich bei der Verwendung von Wasserstoffverbindungen wie Wasserstoffpermutit und festen Wofatitsäuren. An Gasen entsteht vorzugsweise CO_2, seltener SO_2 und H_2S, außerdem enthält jedes Wasser freien Sauerstoff.

Reines Destillat erhält man durch Verdampfen und anschließendes Kondensieren des Wassers, ferner bei der Verwendung von Dampfumformern, in denen der Dampf nach einer Arbeitsleistung in der Kraftmaschine niedergeschlagen wird, wobei er seine Wärme zur Erzeugung von Fabrikations- oder Heizdampf niederen Druckes abgibt.

2. Fällungsverfahren

a) Ätzkalk-Soda-Verfahren

Durch Zusatz von Ätzkalk, $Ca(OH)_2$, wird aus den Härtebildnern Kalziumbikarbonat und Magnesiumbikarbonat die Härte in Form von $CaCO_3$ und $Mg(OH)_2$ ausgefällt. Durch Zusatz von Soda, Na_2CO_3, wird die Nichtkarbonathärte in $CaCO_3$ umgewandelt, während die dabei entstehenden Säurereste mit dem Natrium zusammen lösliche Salze bilden.

a) Enthärtung durch $Ca(OH)_2$. Beseitigung der Karbonathärte.

$$
\begin{aligned}
Ca(HCO_3)_2 + Ca(OH)_2 &= 2\,CaCO_3 + 2\,H_2O \\
MgCO_3 + Ca(OH)_2 &= \overline{CaCO_3 + Mg(OH)_2} \\
CO_2 + Ca(OH)_2 &= \overline{CaCO_3 + H_2O} \\
\left\{ Mg(HCO_3)_2 + Ca(OH)_2 \right. &= CaCO_3 + MgCO_3 + 2\,H_2O \\
\left. MgCO_3 + Ca(OH)_2 \right. &= CaCO_3 + Mg(OH)_2 \\
\hline
Mg(HCO_3)_2 + 2\,Ca(OH)_2 &= 2\,CaCO_3 + \overline{Mg(OH)_2} + 2\,H_2O\,.
\end{aligned}
\tag{378}
$$

b) Enthärtung durch Na_2CO_3. Beseitigung der Ca-Nichtkarbonathärte.

$$
\left.
\begin{aligned}
CaSO_4 + Na_2CO_3 &= CaCO_3 + Na_2SO_4 \\
CaCl_2 + Na_4CO_3 &= \overline{CaCO_3} + 2\,NaCl \\
Ca(OH)_2 + Na_2CO_3 &= \overline{CaCO_3} + 2\,NaOH
\end{aligned}
\right\}
\begin{aligned}
&\text{Sodaüberschuß} \\
&\text{erforderlich.}
\end{aligned}
\tag{379}
$$

c) Gemeinsame Enthärtung durch $Ca(OH)_2$ und Na_2CO_3. Beseitigung der Mg-Nichtkarbonathärte.

$$
\begin{aligned}
\left\{ MgSO_4 + Na_2CO_3 \right. &= MgCO_3 + Na_2SO_4 \\
\left. MgCO_3 + Ca(OH)_2 \right. &= CaCO_3 + Mg(OH)_2 \\
\hline
MgSO_4 + Na_2CO_3 + Ca(OH)_2 &= CaCO_3 + \overline{Mg(OH)_2} + Na_2SO_4
\end{aligned}
\tag{380}
$$

$$
\begin{aligned}
\left\{ MgCl_2 + Na_2CO_3 \right. &= \overline{MgCO_3 + 2\,NaCl} \\
\left. MgCO_3 + Ca(OH)_2 \right. &= CaCO_3 + Mg(OH)_2 \\
\hline
MgCl_2 + Na_2CO_3 + Ca(OH)_2 &= CaCO_3 + \overline{Mg(OH)_2} + 2\,NaCl\,.
\end{aligned}
\tag{381}
$$

Die Stoffe Na_2SO_4 (Glaubersalz), $NaCl$ (Kochsalz) und $NaOH$ (Ätznatron) bleiben im Wasser gelöst.

Die Stoffe $CaCO_3$ und $Mg(OH)_2$ werden als Schlamm ausgeschieden.

Ist $\mathfrak{Ca}$ die Kalkhärte[1]
        $\mathfrak{Mg}$ die Magnesiumhärte
        $\mathfrak{K}$ die Karbonathärte
        $\mathfrak{N}$ die Nichtkarbonathärte
        c die CO_2-Härte,

so ist der Verbrauch an Ätzkalk gegeben als $10{,}0\ (\mathfrak{K} + \mathfrak{Mg} + c)$ mp/l, und der Verbrauch an Soda als $18{,}9\ \mathfrak{N}$ mp/l.

---

[1] HUNDESHAGEN, F.: Z. öffentl. Chem. **13,** Heft 23 (1907).

b) Ätznatron-Soda-Verfahren

Durch die Verwendung von Ätznatron an Stelle von Ätzkalk entstehen bei der Enthärtung weniger Bodenkörper und mehr Natronsalze.

a) Enthärten durch NaOH. Beseitigung der Karbonathärte.

$$Ca(HCO_3)_2 + 2NaOH = \underline{CaCO_3} + Na_2CO_3 + 2H_2O$$
$$MgCO_3 + 2NaOH = \overline{Mg(OH)_2} + Na_2CO_3$$
$$CO_2 + 2NaOH = \overline{Na_2CO_3} + H_2O \qquad (382)$$
$$\left\{ \begin{array}{l} Mg(HCO_3)_2 + 2NaOH = MgCO_3 + Na_2CO_3 + 2H_2O \\ MgCO_3 + 2NaOH = Mg(OH)_2 + Na_2CO_3 \end{array} \right.$$
$$\overline{Mg(HCO_3)_2 + 4NaOH = \underline{Mg(OH)_2} + 2Na_2CO_3 + 2H_2O}$$

b) Enthärten durch Na_2CO_3. Beseitigung der Ca-Nichtkarbonathärte.

$$CaSO_4 + Na_2CO_3 = \underline{CaCO_3} + Na_2SO_4 \qquad (383)$$
$$CaCl_2 + Na_2CO_3 = \overline{CaCO_3} + 2NaCl.$$

c) Gemeinsame Enthärtung durch NaOH und Na_2CO_3. Beseitigung der Mg-Nichtkarbonathärte.

$$\left\{ \begin{array}{l} MgSO_4 + Na_2CO_3 = MgCO_3 + Na_2SO_4 \\ MgCO_3 + 2Na(OH) = Mg(OH)_2 + Na_2CO_3 \end{array} \right. \qquad (384)$$
$$\overline{MgSO_4 + 2Na(OH)\,[+ Na_2CO_3] = \underline{Mg(OH)_2} + Na_2SO_4\,[+ Na_2CO_3]}$$
$$\left\{ \begin{array}{l} MgCl_2 + Na_2CO_3 = \overline{MgCO_3} + 2NaCl \\ MgCO_3 + 2Na(OH) = Mg(OH)_2 + Na_2CO_3 \end{array} \right. \qquad (385)$$
$$\overline{MgCl_2 + 2NaOH\,[+ Na_2CO_3] = \underline{Mg(OH)_2} + 2NaCl\,[+ Na_2CO_3]}$$

Die Soda (Na_2CO_3) bleibt erhalten.

Die Stoffe Na_2SO_4 (Glaubersalz), NaCl (Kochsalz) und Na_2CO_3 (Soda) bleiben im Wasser gelöst.

Die Stoffe $CaCO_3$ und $Mg(OH)_2$ werden als Schlamm ausgeschieden.

Der Verbrauch an NaOH ist gegeben als $\frac{10,0}{0,7}\,(\mathfrak{K} + \mathfrak{Mg} + \mathfrak{C})$ mp/l.

Der Verbrauch an Na_2CO_3 ist gegeben als $18,9\,(\mathfrak{Ca} - (2\mathfrak{K} + c))$ mp/l.

c) Enthärtung mit Trinatriumphosphat

Dieses Verfahren ist zur Beseitigung der Härte sehr wirksam und wird zur Nachenthärtung von Speisewasser, das bereits nach einem anderen Verfahren aufbereitet worden ist, verwendet. Da sich bei diesem Verfahren im Wasser Soda bildet, kann man diese dazu benutzen, um eine Vorenthärtung durchzuführen. Man muß dann eingedicktes Kesselwasser zum Speisewasserbehälter zurückführen, um die Soda auf das Speisewasser einwirken zu lassen. In diesem Falle kann man auf die Zugabe anderer Chemikalien verzichten[1].

Wie die folgenden Reaktionsgleichungen zeigen, muß jedoch im Wasser ein Überschuß von Ätznatron vorhanden sein[2]. Zur Nachenthärtung benötigt man etwa 10—30 mp/l NaOH.

a) Beseitigung der Karbonatresthärte.

$$\overset{\text{Hydroxyl-Apatit}}{}$$
$$10Ca(HCO_3)_2 + 22NaOH + 6Na_3PO_4 = \overline{Ca(OH)_2 \cdot 3Ca_3(PO_4)_2} + 20Na_2CO_3 + 20H_2O$$
$$10Mg(HCO_3)_2 + 22NaOH + 6Na_3PO_4 = Mg(OH)_2 \cdot 3Mg_3(PO_4)_2 + 20Na_2CO_3 + 20H_2O. \qquad (386)$$

b) Beseitigung der Sulfatresthärte.

$$CaSO_4 + 2NaOH + 6Na_3PO_4 = Ca(OH)_2 \cdot 3Ca_3(PO_4)_2 + 10Na_2SO_4$$
$$MgSO_4 + 2NaOH + 6Na_3PO_4 = Mg_3(OH)_2 \cdot 3Mg_3(PO_4)_2 + 10Na_2SO_4. \qquad (387)$$

---

[1] (Verfahren Budenheim) A. SEEGER: Die Phosphatenthärtung als Rücklaufverfahren. Arch. Wärmew. **23**, 105—109 (1942).

[2] KLEIN, R.: Reinigung verschmutzter Kondensate. Die Wärme **56**, 756 (1933).

c) Wirkung auf $CaCO_3$.

$$CaCO_3 + 2\,NaOH + 6\,Na_3PO_4 = Ca(OH)_2 \cdot 3\,Ca_3(PO_4)_2 + 10\,Na_2CO_3. \qquad (388)$$

Die Salze Na_2CO_3 (Soda) und Na_2SO_4 (Glaubersalz) bleiben im Wasser gelöst.

Die Anreicherung dieser Neutralsalze im Kesselwasser kann durch die Kesselwasserrückführung in erträglichen Grenzen gehalten werden.

Die entstandenen Apatite fallen als Schlamm aus.

3. Stoffaustauschverfahren

a) Basenaustausch im Permutitfilter[1]

Die natürlichen Zeolithe und künstlichen Permutite haben die Struktur

$$(Na,\ K,\ Ca,\ Mg)_u\ [(Si,\ Al)\ O_2]_v \cdot w\,H_2O.$$

Sie bestehen also aus einem $(Si, Al)O_2$-Gerüst von dreidimensionaler Ausdehnung, in das Alkalien oder Erdalkalien verhältnismäßig lose eingelagert sind. Diese können gegeneinander ausgetauscht werden, und zwar werden im Permutitfilter Alkalien an die Härtebildner im Wasser abgegeben, während deren Erdalkalien in die Kristallstruktur des Permutitfilters eingelagert werden. Dadurch entstehen Salze, und das Permutitverfahren gilt als dasjenige Enthärtungsverfahren, bei welchem am meisten Salze im Speisewasser des Kessels entstehen. Diese Vorgänge erfordern keine Vorwärmung des aufzubereitenden Wassers.

Die Permutite werden hergestellt beispielsweise durch Zusammenschmelzen von zwei Teilen Kaolin, $Al_4[(OH)_8/Si_4O_{10}]$ mit 4,5 Teilen Orthoklas, $K(Si_3AlO_8)$ und 8,2 Teilen Soda, Na_2CO_3, oder von Na-Silikaten mit Al-Salzen.

Neopermutit beruht auf der Basis Grünerde (Seladonit usw.).

Bezeichnet man den Permutitrest mit P, so läßt sich die Enthärtung des Wassers im Permutitfilter wie folgt darstellen:

a) Beseitigung der Karbonathärte:

$$\left.\begin{array}{l} Na_2P + Ca(HCO_3)_2 = CaP + 2\,NaHCO_3 \\ Na_2P + Mg(HCO_3)_2 = MgP + 2\,NaHCO_3 \end{array}\right\} \begin{array}{l}NaHCO_3 \text{ zerfällt in warmem} \\ \text{Wasser zu } Na_2CO_3 + H_2O + \underline{CO_2}.\end{array} \qquad (389)$$

b) Beseitigung der Sulfathärte:

$$\left.\begin{array}{l} Na_2P + CaSO_4 = CaP + Na_2SO_4 \\ Na_2P + MgSO_4 = MgP + Na_2SO_4. \end{array}\right. \qquad (390)$$

c) Beseitigung der Chloridhärte:

$$\left.\begin{array}{l} Na_2P + CaCl_2 = CaP + 2\,NaCl \\ Na_2P + MgCl_2 = MgP + 2\,NaCl \end{array}\right. \qquad (391)$$

ferner

$$Na_2P + NH_4Cl = NH_3P + 2\,NaCl. \qquad (392)$$

Regenerierung des Filters mit NaCl.

b) Wasserstoffpermutitverfahren[2]

Für die Entfernung der Karbonathärte wird H_2P verwendet, für die Nichtkarbonathärte Na_2P.

a) Beseitigung der Karbonathärte:

$$\left.\begin{array}{l} H_2P + Ca(HCO_3)_2 = CaP + 2\,H_2CO_3 \\ H_2P + Mg(HCO_3)_2 = MgP + 2\,H_2CO_3 \end{array}\right\} \begin{array}{l}\text{Die Erzeugung überschüssiger} \\ \text{Soda } (Na_2CO_3) \text{ fällt hier fort.}^3\end{array} \qquad (393)$$

---

[1] STEFFENS, W.: Gegenwärtiger Stand der Speisewasserpflege. Mitt. VGB **52**, 102 (1935).

[2] SCHUBERT, S.: Betriebsergebnisse einer Wasserstoff-Permutit-Enthärtungsanlage. Arch. Wärmew. **19**, 129—131 (1938).

[3] SPLITTGERBER, A.: Bericht über die Sondertagung der Chemiker des Arbeitsausschusses für Speisewasserpflege der VGB. Mitt. VGB **50**, 324 (1934).

b) Beseitigung der Nichtkarbonathärte:

$$Na_2P + CaSO_4 = CaP + Na_2SO_4$$
$$Na_2P + MgSO_4 = MgP + Na_2SO_4$$
$$Na_2P + CaCl_2 = CaP + 2\,NaCl \qquad (394)$$
$$Na_2P + MgCl_2 = MgP + 2\,NaCl$$
$$Na_2P + NH_4Cl = NH_4P + 2\,NaCl.$$

Regenerierung des Filters mit HCl und NaCl.

c) Ionenaustausch mit Wofatit[1]

Kationen, Ca, Mg, NH_4 usw. werden ausgetauscht in festen Wofatitsäuren; das sind aromatische Grundkörper, Phenole, aromatische und aliphatische Sulfo- und Karbonsäuren mit Aldehyden, insbesondere Formaldehyd.

Anionen, SO_3, Cl werden ausgetauscht in festen Wofatitbasen, das sind aromatische und aliphatische Amine (NH_2-Verbindungen) mit Aldehyden und verwandten Verbindungen.

Arbeitsweise der Wofatitsäuren: Kationenaustausch.

$$H_2\text{-Wofatit} + CaSO_4 = Ca\text{-Wofatit} + H_2SO_4$$
$$H_2\text{-Wofatit} + Ca(HCO_3)_2 = Ca\text{-Wofatit} + 2\,H_2O + 2\,CO_2 \qquad (395)$$
$$H_2\text{-Wofatit} + MgCl = Mg\text{-Wofatit} + 2\,HCl$$
$$H_2\text{-Wofatit} + Na_2SO_4 = Na_2\text{-Wofatit} + H_2SO_4 \text{ usw.}$$

Es werden hier also auch die Alkalien aufgenommen und gegen Säuren ausgetauscht, so daß das Wasser auch von den Salzen befreit wird.

Arbeitsweise der Wofatitbasen: Anionenaustausch.

$$NH_2\text{-Wofatit} + HCl = HCl \cdot NH_2\text{-Wofatit} \qquad (396)$$

usw. (freie CO_2 muß durch Entgasen beseitigt werden).

Regenerierung der Wofatitsäuren durch HCl.

Regenerierung der Wofatitbasen durch NaOH oder Na_2CO_3.

Die Wofatitfilter arbeiten bei 50—80 °C, man schaltet daher zweckmäßig eine thermische Abtrennung der Karbonathärte (mit Filter zur Beseitigung des Schlammes) vor.

Mit diesem Verfahren können alle Härtebildner und Salze aus dem Wasser entfernt werden.

4. Entgasung

Die im Speisewasser enthaltenen Gase werden durch Kochen des Wassers ausgetrieben. Dies geschieht entweder im Vakuum bei Temperaturen unter 100 °C oder bei einem ganz geringen Überdruck von 0—0,1 atü und einer Temperatur von 100—105 °C.

Als zuverlässiges chemisches Mittel, um die letzten Spuren freier Kohlensäure zu binden, ist Ammoniak bekannt, dessen Wirkung durch die Reaktion

$$CO_2 + NH_4(OH) = NH_4HCO_3 \qquad (397)$$

gekennzeichnet ist. Ammoniak erhöht den p_H-Wert des Wassers, ohne Salze zu bilden und wirkt dadurch besonders günstig.

Zur chemischen Bindung restlicher Spuren von Sauerstoff wird Hydrazin, N_2H_4, empfohlen. Dabei entsteht unschädlicher freier Stickstoff:

$$N_2H_4 + O_2 = N_2 + 2\,H_2O. \qquad (398)$$

---

[1] WESLY, W.: Entsalzung und Entgasung von Speisewasser für Höchstdruckkessel. Arch. Wärmew. **23**, 265—269 (1942).

XIV. Wärmetechnische Berechnung eines Strahlungskessels mit Wanderrost

1. Die Aufgabe

Leistung: normal 25000 kp/h, maximal 32000 kp/h Dampf.
Betriebsdruck: 40 atü in der Kesseltrommel.
Heißdampftemperatur: 450 °C von Normallast ab.
Speisewassertemperatur: 105 °C.
Abgastemperatur bei Normallast 170 °C.
Unterwind-Zonen-Wanderrost für Gasflammfeinkohle,
Unterer Heizwert $H_u = 7000$ kcal/kp; $k_{max} = 18,8\%$.

2. Dampfzustandswerte

Enthalpie des Heißdampfes hinter dem Überhitzer . .	i	$= 795,0$ kcal/kp
Enthalpie des trocken gesättigten Dampfes	i''	$= 669,0$,,
Überhitzungswärme	$i - i''$	$= 126,0$,,
Enthalpie des Speisewassers	i_0	$= 105,0$,,
Erzeugungswärme für den Heißdampf	$i - i_0$	$= 690,0$,,
Erzeugungswärme für den Sattdampf	$i'' - i_0$	$= 564,0$ ..
Sattdampftemperatur	t'	$= 251$ ° C
Enthalpie des Wassers bei Sattdampftemperatur . . .	i'	$= 259,5$ kcal/kp
Verdampfungswärme	$r = i'' - i'$	$= 409,5$,,
Erzeugungswärme für Wasser von Sattdampftemperatur	$i' - i_0$	$= 154,5$,,

3. Wirkungsgrad des Kessels

Der Wirkungsgrad wird für die drei Belastungsstufen 50, 80 und 100% ermittelt, um daraus den stündlichen Brennstoffverbrauch zu berechnen. Aus diesem ergibt sich dann die Rauchgasmenge, die bei der Verbrennung entsteht und durch die Kesselzüge strömt. Zur Abschätzung des Wirkungsgrades werden die Verluste der Anlage zusammengestellt, sie werden in % der im Brennstoff und der Verbrennungsluft zugeführten Wärme dargestellt.

Die auftretenden Verluste sind folgende:

a) Der Feuerungsverlust, bestehend aus Herdverlust und Flugkoksverlust. Der Herdverlust ist das Unverbrannte in der Rostschlacke oder bei Staubfeuerung in der Brennkammerschlacke. Der Verlust durch Flugkoks wird durch das Unverbrannte in der Flugasche dargestellt.

b) Der Abgasverlust. Dieser ist nach Abschn. III C 2 zu berechnen. Hierzu benötigt man die Abgastemperatur und den Kohlensäuregehalt bzw. den Luftüberschuß in den Abgasen. Im vorliegenden Falle ist die Abgastemperatur vorgeschrieben.

c) Der Verlust durch Abstrahlung. Dieser ist nach dem Kurvenblatt Tafel 53 abzuschätzen.

d) Bei Abnahmeversuchen kommt noch ein Posten für ungenügenden Beharrungszustand hinzu, der in der Größenordnung von 0—1% liegt. Hierdurch wird die Beeinträchtigung des Wirkungsgrades durch das Nachregeln bei wechselnder Belastung berücksichtigt.

Addiert man alle Verluste, so ergibt sich der Wirkungsgrad der Anlage als

$$\eta = 100 - \Sigma \text{ Verluste } \%.$$

Belastung $\%$	50	80	100
Feuerungsverlust (Erfahrungswerte) . . . . %	3,0	3,6	4,0
Verhältnis Verbrannter Brennstoff B : aufgegebener Brennstoff B_0 B/B_0	0,970	0,964	0,960
CO_2-Gehalt im Abgas k (Erfahrungswert) . . . . %	12,0	13,0	13,0
Luftverhältnis im Abgas $\lambda = k_{max}/k$	1,57	1,45	1,45
Abgastemperatur t_a . . . . °C	~ 150	170	~ 190
Außentemperatur t_0 . . . . °C	20	20	20
Abgasverlustfaktor α (Tafel 4)	0,057	0,053	0,053
Abgasverlust $A = \alpha \dfrac{B}{B_0}(t_a - t_0)$ . . . . %	7,2	7,7	8,6
Abstrahlungsverlust (Erfahrungswert Tafel 53) . . . . . %	3,3	2,2	1,8
Σ Verluste . . . . %	13,5	13,5	14,4
Wirkungsgrad η . . . . %	86,5	86,5	85,6

4. Brennstoffmenge, Rostfläche

Belastung %	50	80	100
Aufzugebende Brennstoffmenge $B_0 = \dfrac{D\,(i - i_0)}{\eta\,H_u}$ . . . kp/h	1820	2850	3700
Verbrannte Brennstoffmenge $B = \dfrac{B}{B_0}\,B_0$ . . . . . . kp/h	1770	2740	3550

Diese Zahlen treffen, falls die Wirkungsgrade richtig abgeschätzt wurden, nur für diejenige Belastung genau zu, für die der Kessel dimensioniert wird, für die anderen Belastungsstufen wird sich voraussichtlich eine etwas andere Heißdampftemperatur ergeben, so daß mit den hier berechneten Brennstoffmengen nicht genau die zugehörigen Dampfmengen erzielt werden, sondern z. B. bei Teillast eine etwas höhere Dampfmenge mit einer etwas niedrigeren Heißdampftemperatur. Bei Maximallast wird die erzeugte Dampfmenge etwas geringer sein als 32 000 kp/h und dadurch die Heißdampftemperatur etwas über 450 °C ansteigen. Die genauen Werte können am Schluß der Durchrechnung durch eine Wärmebilanz festgestellt werden.

Der Berechnung der Rauchgasmengen darf nicht die gesamte zugeführte Brennstoffmenge B_0 zugrunde gelegt werden, weil der als Feuerungsverlust angesetzte Anteil nicht verbrennt und infolgedessen auch kein Rauchgas bildet. Wir müssen also die tatsächlich verbrannte Brennstoffmenge B ermitteln, die um den Feuerungsverlust kleiner als die Brennstoffmenge B_0 ist.

Die Rostfläche wird für die maximale Dauerlast bemessen. Die zulässige Rostbelastung ist nach Tafel 17 $\varrho = 1,13 \cdot 10^6$ kcal/m²h, daraus ergibt sich die erforderliche Rostfläche

$$F_R = \frac{B_0\,H_u}{\varrho} = \frac{3700 \cdot 7000}{1,13 \cdot 10^6} = 23\ \mathrm{m^2}.$$

Gewählt wird ein Rost von 4,0 m Breite und 6,0 m Länge, dieser hat eine Rostfläche von 24,0 m².

5. Form der Brennkammer

Die Kesselrohre sollen einen äußeren Durchmesser von 70 mm erhalten, die in Abständen von 110 mm von Rohrmitte zu Rohrmitte die Brennkammerwände bedecken. Der Abstand der Rohrmitte von der Wand ist etwa 100 mm. Für diese Anordnung ist das Teilungsverhältnis

$$t = \frac{s}{d} = 1,57,$$

was in Tafel 17, Kurve b, auf eine Strahlungsaustauschzahl

$$\eta = 0,90$$

führt.

Die Brennkammerbreite ist bei dem 4 m breiten Rost von Rohrmitte zu Rohrmitte $b = 4,20$ m, von Wand zu Wand 4,4 m.

In der Länge wird für die vordere Hängedecke etwa 1,0 m benötigt, für die hintere Hängedecke etwa 1,4 m; somit ergibt sich, daß die Brennkammer in ihrem oberen Teil um etwa 2,4 m kürzer wird, als die wirksame Rostlänge beträgt. Sie hat also eine Länge von 3,6 m von Wand zu Wand, oder $l = 3,4$ m von Rohrmitte zu Rohrmitte. Das weiter unten benötigte Verhältnis der Breite zur Länge der Kammer ist $\dfrac{b}{l} = 1,235$.

Die Höhe der Brennkammer ergibt sich aus der wärmetechnischen Berechnung. Es soll vorgeschrieben werden, daß das Rauchgas mit höchstens 1050 °C in die Berührungsheizfläche des Kessels eintreten darf, um Anbackungen an den Rohren durch teigige Aschenteilchen unmöglich zu machen. Die Berechnung ist also so anzulegen, daß bei Maximallast nicht mehr als 1050 °C am Ende der Brennkammer herrschen.

6. Luft- und Rauchgasmengen in der Brennkammer

	Belastung %	50	80	100
CO_2-Gehalt in der Brennkammer k_B	%	14,0	14,5	14,5
Luftverhältnis $\lambda_B = \dfrac{k_{max}}{k_B}$		1,35	1,30	1,30
Luftbedarf der Kohle V_{LO} (Tafel 1)	Nm³/kp	7,6	7,6	7,6
Spez. Luftmenge $V_L = \lambda_B V_{LO}$	Nm³/kp	10,25	9,9	9,9
Spez. Rauchgasmenge V_R (Tafel 1)	Nm³/kp	10,5	10,2	10,2
Stündliche Luftmenge $L = B V_L$	Nm³/h	18150	27100	35200
Stündliche Rauchgasmenge $R = B V_R$	Nm³/h	18600	27900	36300

7. Erster Brennkammerabschnitt; die Flamme

Bei Gasflammkohle entwickelt sich die Flamme unmittelbar hinter dem Schichtregler. Hierfür soll das Diagramm Tafel 21 verwendet werden. Über die voraussichtliche Höhe der Flamme h_F muß eine Annahme gemacht werden, die nur aus Betriebserfahrungen hergeleitet werden kann. Wir nehmen an, daß die Flamme bei Maximallast eine Höhe von etwa 2,0 m erreichen wird und stufen dann bei den anderen Belastungen entsprechend ab:

		50	80	100
Höhe der Flamme h_F	m	1,4	1,75	2,0
Verhältnis h_F/l		0,41	0,515	0,59
$E_F = \dfrac{C_s}{l^2} \Sigma \eta \, \varepsilon_F (1 - \varepsilon_{FM}) F_F$ nach Tafel 21		7,0	9,0	10,6
$l^2 E_F$		81	92,5	122,5

Diese Größe wird zur Bestimmung des Parameters

$$a = \frac{E_F \, l^2}{R_F \, c_{p m F}}$$

in Tafel 16 b benötigt.

Von der gesamten verbrannten Brennstoffmenge B wird ein Teil nicht vollständig in der Flamme verbrannt, sondern erst als Gas hinter der Flamme zur Verbrennung gelangen. Bei Gasflammkohle auf dem Wanderrost können wir annehmen, daß die Wärme von 88% des Brennstoffes in der Flamme frei wird, während 12% in dem Abschnitt hinter der Flamme zur Geltung kommen. Dann ist $\alpha = 0,88$.

Von der gesamten Verbrennungsluftmenge L wird ein Anteil von etwa 10% als Sekundärluft oberhalb der Flamme zugeführt. Ferner wird ein Teil der Luft durch den hinteren Teil des Rostes zuströmen, auf dem keine brennbare Kohle mehr liegt. So erhalten wir folgende Zahlen.

		50	80	100
Sekundärluftanteil, von L	%	10	10	10
Unwirksamer Rostluftanteil, geschätzt	%	10	7	5
Luftanteil in der Flamme β		0,80	0,83	0,85
Spez. Luftmenge in der Flamme βV_L	Nm³/kp	8,20	8,22	8,41
Spez. Luftmenge in der Flamme, bezogen auf die in der Flamme verbrannte Kohle $\dfrac{\beta V_L}{\alpha}$ . .	Nm³/kp	9,33	9,35	9,56
Luftverhältnis in der Flamme λ_F		1,23	1,23	1,255
Zugehörige spez. Rauchgasmenge V_{RF} (Tafel 1) . .	Nm³/kp	9,75	9,75	9,80
Brennstoff in der Flamme $B_F = \alpha B$	kp/h	1555	2410	3130
Rauchgasmenge in der Flamme $R_F = B_F V_{RF}$	Nm³/h	15150	23500	30600
Geschätzte Flammentemperatur, um $c_{p m F}$ abgreifen zu können	°C	~ 1225	~ 1250	~ 1275
Mittl. spez. Wärme $c_{p m F}$ (Tafel 8)	kcal/Nm³ °C	0,372	0,373	0,374
Wasserwert der Flammengase $R_F c_{p m F}$	kcal/h °C	5630	8750	11450
Parameter a		0,0149	0,0106	0,0107

Für die Benutzung der Tafel 16b benötigen wir ferner den Wert der Bezugstemperatur t_B. Im vorliegenden Falle haben wir keine vorgewärmte Luft. Wir haben auch kein strahlendes Mantelgas um die Flamme herum, denn der einzige freie Raum zwischen der Flamme und der hinteren Hängedecke wird von Luft ausgefüllt, die nicht strahlen kann. Es wird also einfach

$$t_B = \frac{\alpha\,B\,H_u}{R_F\,c_{p\,m_F}}$$

und es ist

Bezugstemperatur t_B	°C	1935	1930	1915
Flammentemperatur t_F (Tafel 16b)	°C	1225	1275	1275

8. Zweiter Brennkammerabschnitt (Restverbrennung)

a) Abmessungen. Der Raum, in dem die noch brennbaren Bestandteile hinter der leuchtenden Flamme verbrennen, wird wie folgt angenommen:

Höhe des zweiten Abschnittes Δh	m	1,0	1,25	1,5
Erreichte Höhe am Ende dieses Abschnittes h_2	m	2,4	3,0	3,5
Wandflächen $F_W = 2\,(4,2 + 3,4) \cdot h$	m²	15,2	19,0	22,8
Strahlungsaufnahme-Verhältnis η		0,90	0,90	0,90
Wirksame Wandfläche $\eta\,F_W$	m²	13,65	17,1	20,5

b) Rauchgas; Strahlung. Es wird angenommen, daß in diesem Abschnitt die gesamte Sekundärluft und Falschluft zutritt, dann ist die Rauchgasmenge die in Abschn. 6 angegebene Menge R

Rauchgasmenge R	Nm³/h	18600	27900	36300
Geschätzte Temperatur zur Ablesung von $c_{p\,m_R}$	°C	1175	1225	1250
Luftverhältnis λ		1,35	1,30	1,30
Mittl. spez. Wärme $c_{p\,m_R}$ (Tafel 8)	kcal/Nm³ grd	0,369	0,372	0,373
Wasserwert des Rauchgases $W_R = R\,c_{p\,m_R}$ . . .	kcal/h grd	6860	10370	13500
Wirksame Schichtstärke s, Mittelwert.	m	4,5	4,5	4,5
Strahlungsverhältnis ε_R (Tafel 14 I)		0,25	0,25	0,25
Strahlungszahl $C_R = \varepsilon_R\,C_S$		1,24	1,24	1,24
Parameter $a = \dfrac{\varepsilon_R\,C_S\,\eta\,F_w}{2\,R\,c_{p\,m_R}}$		0,001235	0,001025	0,000945

c) Bezugstemperatur t_B. Die Gleichung für die Bezugstemperatur lautet in diesem Abschnitt

$$t_B = t_F\,\frac{R_F + R}{2\,R} + \frac{B}{2\,R\,c_{p\,m_R}}\,(1 - \alpha)\,H_u.$$

Rauchgasmengen R_F	Nm³/h	15100	23500	30800
R	Nm³/h	18600	27900	36300
Verhältnis $\dfrac{R_F + R}{2\,R}$		0,910	0,922	0,925
Mischungstemperatur $t_F \cdot \dfrac{R_F + R}{2\,R}$	°C	1110	1175	1180
Rest-Verbrennungswärme $(1 - \alpha)\,H_u$	kcal/kp	840	840	840
$\dfrac{B}{2\,R\,c_{p\,m_R}}\,(1 - \alpha)\,H_u$	°C	108	111	110,5
Bezugstemperatur t_B der Rauchgastemperatur t_R . . .	°C	1218	1286	1299

Mittlere Rauchgastemperatur t_{Rm} (Tafel 16b)	°C	1170	1230	1235
Differenz $t_{Rm} - t_{R2} = t_F - t_{Rm}$	grd	55	45	40
Endtemperatur t_{R2}	°C	1115	1185	1195

9. Dritter Brennkammerabschnitt

a) Abmessungen. Wir rechnen diesen Abschnitt bis zur Höhe von 6 m über dem Rost. Dann hat der Abschnitt selbst folgende Höhe Δh.

Höhe des Abschnittes Δh	m	3,6	3,0	2,5
Wandflächen $F_W = 2\,(4,2 + 3,4)\,\Delta h$	m²	54,9	45,6	38,1
Strahlungsaufnahme-Verhältnis η		0,90	0,90	0,90
Wirksame Wandfläche $\eta\,F_W$	m²	49,4	41,0	34,3

b) Rauchgas; Strahlung

Geschätzte Temperatur zur Ablesung von ε_R und c_{p_R}	°C	975	1080	1125
Wirksame Schichtstärke s, Mittelwert	m	4,5	4,2	4,0
Strahlungsverhältnis ε_R (Tafel 14 I)		0,30	0,27	0,25
Strahlungszahl $C_R = \varepsilon_R\,C_S$		1,5	1,35	1,25
Wahre Spez. Wärme des Rauchgases c_{p_R} (Tafel 8) kcal/Nm³ grd		0,405	0,409	0,413
Wasserwert des Rauchgases $W_R = R\,c_{p_R}$ kcal/h grd		7530	11400	15000
Parameter $a = \dfrac{\varepsilon_R\,C_S\,\eta\,F_W}{2\,R\,c_{p_R}}$		0,0050	0,0025	0,0015

c) Temperaturen

Bezugstemperatur $t_B = t_{R_1}$	°C	1115	1185	1195
Mittlere Rauchgastemperatur t_{R_m} (Tafel 16 b)	°C	990	1095	1140
Differenz $t_{R_m} - t_{R_2} = t_{R_1} - t_{R_m}$	grd	125	90	55
Endtemperatur t_{R_2}	°C	865	1005	1085

10. Brennkammerdecke

Obwohl die Strahlung gegen die Decke aus dem letzten Brennkammerabschnitt heraus erfolgt, so ist es doch für die Berechnung zweckmäßig, hierfür einen besonderen Abschnitt einzuführen, damit man den Einfluß der Decke getrennt erfassen kann. Dadurch wird zwar die Temperatur des strahlenden Gases etwas zu niedrig angesetzt, das bedeutet aber in Anbetracht der Geringfügigkeit der zu erwartenden Abkühlung des Rauchgases keinen nennenswerten Fehler.

Die Projektion der Decke auf den Brennkammerquerschnitt ergibt die Fläche $3,4 \cdot 4,2 = 14,3$ m², die wir mit einem Strahlungsaufnahmeverhältnis $\eta = 0,9$ in Ansatz bringen. Dann ist $\eta\,F_W = 12,95$ m².

Geschätzte Temperatur zur Ablesung von ε_R und c_{p_R}	°C	850	990	1050
Wirksame Schichtstärke, geschätzt	m	2	2	2
Strahlungsverhältnis ε_R (Tafel 14 I)		0,24	0,22	0,20
Strahlungszahl $C_R = \varepsilon_R\,C_S$		1,0	1,0	1,0
Wahre spez. Wärme des Rauchgases c_{p_R} (Tafel 8) kcal/Nm³ grd		0,392	0,400	0,406
Wasserwert des Rauchgases $W_R = R\,c_{p_R}$ kcal/h grd		7280	11850	14700
Parameter $a = \dfrac{\varepsilon_R\,C_S\,\eta\,F_W}{2\,R\,c_{p_R}}$		0,00107	0,00060	0,00045
Bezugstemperatur $t_B = t_{R_1}$	°C	865	1005	1085
Mittlere Rauchgastemperatur t_{R_m} (Tafel 16 b)	°C	845	985	1060
Differenz $t_{R_m} - t_{R_2} = t_{R_1} - t_{R_m}$	grd	20	20	25
Endtemperatur t_{R_2}	°C	825	965	1035

11. Ausführung der Brennkammerhöhe

Die bei einer Höhe von 6 m erreichten Endtemperaturen des Rauchgases liegen so niedrig, daß die Kammer mit 5,5 m Höhe ausreichend bemessen erscheint. Trägt man die errechneten

Temperaturen über der Brennkammerhöhe auf, so findet man, daß die Kurven die Höhe 5,5 m bei folgenden Temperaturen schneiden (Abb. 180).

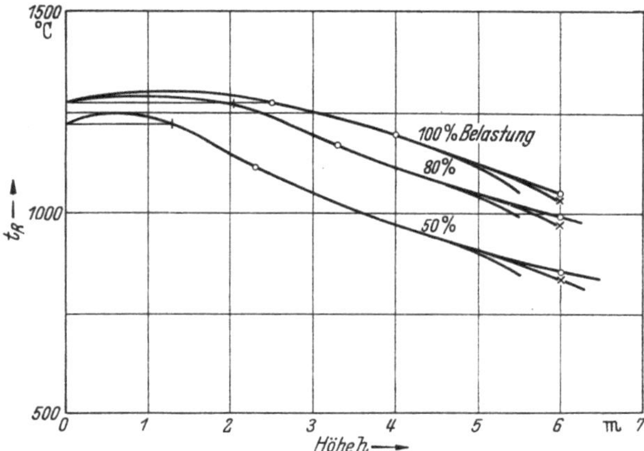

Abb. 180. Auftragung der berechneten Temperaturen in der Brennkammer

Temperatur am Ende des dritten Abschnittes				
in 5,5 m Höhe . . . . °C		880	1020	1095
Abzug für die Decke . . . . grd		35	40	45
Endtemperatur . . . . °C		845	990	1050

Mit dieser Temperatur tritt das Rauchgas in die Berührungsheizfläche des Kessels ein.

12. Berührungsheizfläche hinter der Brennkammer

a) Anordnung. Die Rückwandrohre der Brennkammer werden oberhalb der Rückwand in vier Reihen auseinandergezogen, um den Durchtritt des Rauchgases zu ermöglichen. An der Rückwand liegen bei der lichten Breite von 4,2 m und 110 mm Rohrteilung $\frac{4200}{110} - 1 = 37$ Rohre. So erhält jede Reihe im Mittel 9 Rohre von 70 mm Durchmesser. Die Entfernung zwischen dem oberen Ende der Rückwand und der Trommelverkleidung wird etwa 2,5 m betragen. Dann gibt eine solche Rohrreihe für den Rauchgasdurchtritt folgenden Querschnitt frei: $2,5 (4,2 - 9 \cdot 0,07) = 8,95$ m². Die Heizfläche der gesamten 37 Rohre ist

$$F = 37 \cdot 2,5 \cdot 0,07 \, \pi = 20,5 \text{ m}^2.$$

b) Wärmeübergang

	Belastung %	50	80	100
Rauchgasmenge R . . . . Nm³/h		18600	27900	36300
Geschätzte mittl. Temperatur . . . . °C		800	950	1000
Rauchgasmenge R . . . . .m³/s		20,5	34,8	47,1
Rauchgas-Geschwindigkeit w_R . . . . m/s		2,3	3,9	5,3
Wandtemperatur, ca-Wert . . . . °C		260	260	260
Wärmeübergangszahl α_0 (Tafel 33) . . . . . kcal/m² h grd		17	22	28
Korrektur für 4 Rohrreihen: ξ-Wert (Tafel 32)		0,25	0,25	0,25
Anordnungsfaktor f_o (Tafel 32) für				
$t_q = \frac{440}{70} = 6,3$ und $t_l = \frac{200}{70} = 2,9$		0,75	0,75	0,75
Faktor f_a (Tafel 31)		1,0	1,0	1,0
Differenz $\xi (f_a - f_o)$		0,0625	0,0625	0,0625
Anordnungsfaktor $f = f_a - \xi (f_a - f_o)$		0,938	0,938	0,938
Wärmeübergangszahl durch Berührung α_B (Tafel 24)				
kcal/m² h grd		16,0	20,5	26,0

Schichtstärke der Gasstrahlung $\sigma = s/d$ (Tafel 28) . . . m	~ 15	~ 15	~ 15
Schichtstärke der Gasstrahlung $s = \sigma\, d$ . . . . m	1,1	1,1	1,1
Wärmeübergangszahl durch Strahlung α_S (Tafel 24) kcal/m² h grd	22	26,5	28,5

Wegen der Berücksichtigung der Gasstrahlung aus der Brennkammer heraus auf dieses Rohrsystem in der Brennkammerberechnung wird hier nur noch die Hälfte der α_S-Werte eingesetzt. Dann ergibt sich:

Gesamte Wärmeübergangszahl $\quad \alpha = \alpha_B + \dfrac{1}{2}\,\alpha_S$ kcal/m² h grd	27,0	33,7	40,3
Wärmedurchgangszahl $k = 0{,}88\,\alpha$ . . . . kcal/m² h grd	23,8	29,6	35,6

c) Temperaturen

Wirksamkeit der Heizfläche $k\,F$ . . . . kcal/h grd	487	608	730
Rauchgasmenge R . . . . Nm³/h	18600	27900	36300
spez. Wärme des Rauchgases c_{p_R} (Tafel 8) . . kcal/Nm³ grd	0,388	0,398	0,402
Wasserwert des Rauchgases $W_R = R\,c_{p_R}$ . . . . kcal/h grd	7200	11100	14600
Quotient $k\,F/R\,c_{p_R}$	0,068	0,055	0,050
Quotient $\varDelta t_R/(t_{1R} - t_D)$ ist bei so kleinen Werten . . . . . gleich dem Quotienten $k\,F/R\,c_{p_R}$	0,068	0,055	0,050
Dampftemperatur t_D . . . . °C	250	250	250
Rauchgas-Anfangstemperatur t_{1R} . . . . °C	845	990	1050
Temperaturspanne $t_{1R} - t_D$ . . . . °C	595	740	800
Rauchgasabkühlung $\varDelta t_R$ . . . . grd	40	40	40
Rauchgas-Endtemperatur t_{2R} . . . . °C	805	950	1010

Mit dieser Temperatur tritt das Rauchgas in den Überhitzer ein.

13. Überhitzer

a) Dampfseitige Schaltung. Da die Querteilung der Überhitzerschlangen durch die lichte Kesselbreite einerseits und die Anzahl der nebeneinanderliegenden Schlangen andererseits bestimmt ist, hängt sie nicht nur von rauchgasseitig bedingten Gesichtspunkten ab, sondern auch von der Dampfmenge und der Schaltung des Überhitzers auf der Dampfseite. Es muß untersucht werden, welche Dampfgeschwindigkeit sich bei einer Parallelschaltung aller im Rauchgasstrom nebeneinander liegenden Schlangen ergibt, oder ob es zweckmäßig erscheint, sie in mehrere dampfseitig hintereinander geschaltete Gruppen aufzuteilen.

Wir untersuchen also zunächst die Dampfseite.

Der Überhitzer soll aus Rohrschlangen mit 32 mm äußerem Durchmesser bestehen, deren Wanddicke nach der Festigkeitsberechnung 2,5 mm beträgt. Der Innendurchmesser der Rohre ist also 0,027 m, und ihr Querschnitt 0,000570 m². Das spez. Volumen des zugeführten Sattdampfes ist $v' = 0{,}05$ m³/kp. Bei Vollast gehen 32000 kp/h Dampf durch den Überhitzer, das sind 8,88 kp/s oder 0,444 m³/s. Die Eintrittsgeschwindigkeit des Dampfes soll in der Größenordnung von 20 m/s liegen; damit ist eine gleichmäßige Verteilung des Dampfes auf alle Rohre zu erwarten. Diese Vorschrift würde einen Gesamtquerschnitt von $0{,}444/20 = 0{,}022$ m² erfordern, der sich durch $0{,}022/0{,}00057 =$ etwa 39 Rohre verwirklichen ließe.

Nach dieser Vororientierung betrachten wir die Verhältnisse auf der Rauchgasseite. Wir wollen die Überhitzerrohre in den oberen Teil des zweiten Zuges hinüberführen, um das obere Paket der Vorwärmerrohre daran aufzuhängen. Dann müssen wir die Teilung im Überhitzer auf die Teilung im Vorwärmer abstimmen. Dort soll mit Rücksicht auf die zu erwartende sehr große Heizfläche die sogenannte „BENSON-Wicklung" benutzt werden, die im Abschn. VIII C 2 b beschrieben worden ist. Dann muß der Abstand der Aufhängerohre gleich dem doppelten kleinsten Krümmungsradius der Schlangenrohre gewählt werden. Der kleinste Krümmungsradius für Rohre von 32 mm Durchmesser ist 60 mm. Damit ist die Teilung im Überhitzer zu $2 \cdot 60 = 120$ mm gegeben. Zwischen den Seitenwänden des Kessels ist der Abstand 4,4 m. In diesem Raum können wir also $4{,}4/0{,}12 = 36$ Rohre unterbringen.

Damit ist der Gesamtquerschnitt für den Dampf $36 \cdot 0{,}00057 = 0{,}0205$ m², was auf eine Eintrittsgeschwindigkeit von $0{,}444/0{,}0205 = 21{,}7$ m/s führt. Hiermit ist entschieden, daß wir mit einem Durchgang für den Dampf auskommen. Der Überhitzer kann also einfach im Gegenstrom angeordnet werden.

Da die Vorschrift gemacht wurde, die Überhitzung von 450 °C solle von Normallast ab erreicht werden, ist die wärmetechnische Berechnung des Überhitzers für 25 t/h Dampf durchzuführen. Von dieser Belastung ab wird die Einschaltung eines Heißdampfkühlers vorgesehen.

Der Überhitzer soll hängend im Übergang vom ersten zum zweiten Kesselzug untergebracht werden. Nachdem die Rohrabstände festliegen, hängt der freie Rauchgasquerschnitt nur noch von der Höhe, also von der Länge der Rohrwindungen ab.   .

Die Rauchgasgeschwindigkeit soll hier nicht groß sein, um den Zugwiderstand an dieser Stelle, unmittelbar unter der Kesseldecke, niedrig zu halten, denn hier herrscht nur ein Unterdruck von 1—2 mm WS, und eine merkliche Stauwirkung kann leicht dazu führen, daß der Kessel „pufft", daß Rauchgas an undichten Stellen in das Kesselhaus geblasen wird. Wir wollen deshalb die Rauchgasgeschwindigkeit im Überhitzer bei Normallast nicht über 5 m/s kommen lassen.

Wir bestimmen die mittlere Rauchgasgeschwindigkeit im Überhitzer. Die an den Dampf übergehende Wärme ist das Produkt aus Dampfmenge und Überhitzungswärme $D(i - i'') = 25\,000 \cdot 126$ kcal/h. Für das Rauchgas ist $R = 27\,900$ Nm³/h und $c_{p_R} = 0{,}395$, abgelesen bei der geschätzten Mitteltemperatur von 850 °C. Die Abkühlung des Rauchgases im Überhitzer ist also bei Normallast

$$\Delta t_R = \frac{25\,000 \cdot 126}{27\,900 \cdot 0{,}395} = 285 \text{ grd.}$$

Hinter dem Überhitzer wird also die Temperatur voraussichtlich $950 - 285 = 665$ °C sein. Das ergibt eine mittlere Rauchgastemperatur von etwa 810 °C.

Die Rauchgasmenge in der Sekunde ist 7,75 Nm³/s, das Rauchgasvolumen bei 810 °C also 31,0 m³/s. Der freie Querschnitt ist nach den vorausgegangenen Angaben

$$Q = h\,(4{,}4 - 36 \cdot 0{,}032) = 3{,}25\,h \text{ m}^2,$$

woraus sich die mittlere Rauchgasgeschwindigkeit zu

$$w_{m_R} = \frac{31{,}0}{3{,}25\,h} = \frac{9{,}55}{h} \text{ m/s}$$

ergibt. Wir wählen nun die Höhe $h = 2$ m, und finden $w_{m_R} = 4{,}78$ m/s. Damit sind die Windungen des Überhitzers nach Teilung und Länge vollständig bestimmt.

b) Wärmeübergang. Der freie Querschnitt für das Rauchgas ist $Q = 3{,}25 \cdot h = 6{,}50$ m². Die Rohre sind fluchtend angeordnet und haben folgende Teilung:

$$\text{quer } t_q = \frac{120}{32} = 3{,}75$$

$$\text{längs } t_l = \frac{120}{32} = 3{,}75.$$

Die Rohrwandtemperatur ist im Mittel etwa 350 °C.

Belastung %	50	80	100
Rauchgastemperatur am Eintritt t_{1R} . . . . °C	805	950	1010
Mittlere Rauchgastemperatur t_{mR} . . . . °C	ca. 660	810	ca. 870
Rauchgasmenge R . . . . Nm³/h	18600	27900	36300
Rauchgasvolumen . . . . m³/s	17,8	31,0	42,5
Rauchgas-Geschwindigkeit w_{Rm} . . . . m/s	2,74	4,78	6,55
Wärmeübergangszahl α_0 (Tafel 33) . . . . . kcal/m² h grd	27	36	44
Anordnungsfaktor f_a (Tafel 31)	1,0	1,0	1,0
Wärmeübergangszahl durch Berührung $\alpha_B = f_a \alpha_o$			
kcal/m² h grd	27	36	44
Schichtstärke der Gasstrahlung (Tafel 28)			
$\sigma = 9,5$; $s = 9,5 \cdot 0,032 = 0,3$ m . . . . m	0,3	0,3	0,3
Wärmeübergangszahl durch Strahlung α_S (Tafel 24/25)			
kcal/m² h grd	11	14	15
Gesamte Wärmeübergangszahl $\alpha = \alpha_B + \alpha_S$ kcal/m² h grd	38	50	59
Wärmedurchgangszahl $k = 0,85 \alpha$ . . . . . kcal/m² h grd	32,5	42,5	50,0

c) Temperaturen bei Normallast; Heizfläche

	50	80	100
Geschätzte Mitteltemperatur zur Ablesung von c_{p_R} . . °C	660	810	870
Spez. Wärme des Rauchgases c_{p_R} (Tafel 8) . .kcal/Nm³ grd	0,378	0,390	0,394
Wasserwert des Rauchgases $W_R = R\, c_{PR}$ . . . . kcal/h grd	7050	10900	14300

Spez. Wärme des Dampfes	
$c_{PD} = \dfrac{i - i''}{t - t_s} = \dfrac{126}{450 - 251} = 0,635$ . . . . .kcal/kp grd	0,635
Wasserwert des Dampfes $W_D = D\, c_{p_R}$ . . . . . kcal/h grd	15850
Verhältnis W_R/W_D	0,688
Anfangstemperatur des Rauchgases t_{1R} . . . . °C	950
Abkühlung des Rauchgases $\Delta t_R = \dfrac{450 - 251}{0,688}$ . . . . grd	290
Endtemperatur des Rauchgases $t_{2R} = t_{1R} - \Delta t_R$ . . . °C	660
Temperaturspanne $t_{1R} - t_{1D}$ . . . . grd	699
Verhältnis $\Delta t_R/(t_{1R} - t_{1D})$	0,415
Verhältnis $k\,F/R\,c_{p_R}$ (Tafel 42)	0,64
Wirksamkeit der Heizfläche $k\,F$ . . . . kcal/h grd	7000
Wärmedurchgangszahl k . . . . .kcal/m² h grd	42,5
Heizfläche des Überhitzers F . . . . m²	165

Jede Rohrreihe besteht aus 36 Rohren, 32 mm Durchmesser, 2 m lang. Das sind $36 \cdot 0,032\,\pi \cdot 2,0 = 7,25$ m². Erforderlich sind also $165/7,25 = 23$ Rohrreihen. Davon rechnen wir noch 1 Reihe für die Deckenkühlrohre ab, während wir 2 Reihen für die Aufhängerohre des oberen Vorwärmerteils, die in ihrem unteren Teil durch die Berührung mit dem Vorwärmer gekühlt werden, nicht berücksichtigen. Dann sind noch 22 Reihen im Überhitzer erforderlich.

Der Platzbedarf des Überhitzers in Richtung des Rauchgasweges ist hiernach $22 \cdot 120 = 2640$ mm.

Mit dieser Heizfläche von 165 m² rechnen wir nun den Überhitzer noch einmal nach, und zwar für die drei Belastungsstufen. Bei Halblast und Vollast kennen wir allerdings noch nicht die genauen Dampfmengen, trotzdem können wir die Abkühlung des Rauchgases bei diesen Belastungsstufen schon jetzt ermitteln, wenn wir für den Parameter W_R/W_D eine Annahme machen. Ein Blick auf Tafel 42 zeigt, daß eine kleine Abweichung in diesem Parameter auf das Verhältnis $\Delta t_R/(t_{1R} - t_{1D})$ keinen großen Einfluß hat, so daß wir richtige Ergebnisse erwarten dürfen. Die Erfahrung zeigt, daß bei einem Berührungsüberhitzer, wie wir ihn hier vor uns haben, die Heißdampftemperatur bei Halblast um etwa 30° tiefer und bei Vollast um etwa 20° höher liegt als bei Normallast. Da wir nun die Heizfläche des Überhitzers etwas größer machen wollen als sie sich rechnerisch ergeben hat, so wollen wir annehmen, daß wir bei Normallast um etwa 10 grd höher kommen werden, als verlangt wurde, also auf etwa 460 °C.

Wir kommen hiermit auf folgenden Berechnungsgang:

Belastung %	50	80	100
Angenommene Dampftemperatur t_D . . . . °C	430	460	480
Zugehörige Enthalpie i_D . . . . kcal/kp	784	801	812
Enthalpie des Sattdampfes i'' . . . . kcal/kp	669	669	669
Überhitzungswärme Δi_D . . . . kcal/kp	115	132	143
Sattdampftemperatur t'' . . . . °C	251	251	251
Dampferwärmung im Überhitzer Δt_D . . . . grd	179	209	229
Spezifische Wärme des Heißdampfes c_{p_D} . . . .kcal/kp grd	0,64	0,63	0,625
Speisewasserenthalpie i_0 . . . . kcal/kp	105	105	105
Erzeugungswärme des Dampfes $i_D - i_0$ . . . . . . kcal/kp	679	696	707
Erzeugungswärme nach der Auslegung $(i_D - i_0)_A$ . . kcal/kp	690	690	690
Dampfmenge $D' = D \dfrac{(i_D - i_0)_A}{i_D - i_0}$ . . . . kp/h	16300	24800	31200
Wasserwert des Dampfes W_D . . . . kcal/h grd	10400	15600	19500
Wasserwert des Rauchgases W_R . . . . kcal/h grd	7050	10900	14300
Verhältnis W_R/W_D	0,68	0,70	0,735
Wirksamkeit der Heizfläche $k\,F$ . . . . kcal/h grd	5750	7520	8850
Verhältnis $k\,F/W_R$ . . . . kcal/h grd	0,815	0,690	0,620
Verhältnis $\Delta t_{1R}/(t_{1R} - t_D)$ (Tafel 42) . . . . —	0,48	0,435	0,405
Anfangstemperatur des Rauchgases t_{1R} . . . .°C	805	950	1010
Temperaturspanne $t_{1R} - t_{1D}$ . . . . grd	554	699	759
Rauchgasabkühlung Δt_R . . . . grd	266	304	307
Endtemperatur des Rauchgases . . . . °C	537	646	703
Wirkliche Dampferwärmung bei Normallast			
$\Delta t_D = \Delta t_R \dfrac{W_R}{W_D}$ . . . . grd		212	
Dampftemperatur bei Normallast . . . . °C		463	

Hiermit sind die Rauchgastemperaturen hinter dem Überhitzer bei allen drei Belastungsstufen ermittelt; die Dampftemperatur kennen wir aber nur für die Normallast, für die anderen Belastungsstufen können wir sie erst berechnen, wenn wir den Kessel rauchgasseitig ganz durchgerechnet haben und wissen, welche Dampfmengen bei diesen Belastungen tatsächlich erzeugt werden.

14. Vorwärmer

a) Reststrahlungsverlust. Die Stelle zwischen Überhitzer und Vorwärmer ist geeignet, um hier den Rest des Strahlungsverlustes durch eine entsprechende Herabsetzung der Rauchgastemperatur zu berücksichtigen. Der andere Teil des Strahlungsverlustes wird in der Wärmebilanz dadurch berücksichtigt, daß die in der Brennkammer erzeugte Dampfmenge um soviel kleiner angesetzt wird, als sie der Rauchgasabkühlung nach sein müßte, wie es dem anteiligen Strahlungsverlust entspricht.

Belastung %	50	80	100
Abstrahlungsverlust insgesamt h_A . . . .%	3,3	2,2	1,8
Davon in der Brennkammer angesetzt h_{AB} . . . .%	2,0	1,3	1,0
Rest des Abstrahlungsverlustes $h_A - h_{AB}$ . . . .%	1,3	0,9	0,8
Verbrannte Brennstoffmenge B . . . . .kp/h	1770	2740	3550
Gesamte im Brennstoff zugeführte Wärme $B\,H_u$ . . kcal/h	$12,4 \cdot 10^6$	$19,2 \cdot 10^6$	$24,8 \cdot 10^6$
Davon in der Brennkammer verloren $h_{AB} \cdot B\,H_u$ . . kcal/h	$0,25 \cdot 10^6$	$0,25 \cdot 10^6$	$0,25 \cdot 10^6$
Im Restkessel verloren $(h_A - h_{AB})\,B\,H_u$ . . . . . kcal/h	$0,16 \cdot 10^6$	$0,17 \cdot 10^6$	$0,20 \cdot 10^6$
Entsprechende Enthalpiedifferenz des Rauchgases			
$\Delta i_R = \dfrac{(h_A - h_{AB})\,B\,H_u}{R}$ . . . .kcal/Nm³	8,7	6,5	5,5
Spez. Wärme des Rauchgases c_{p_R} . . . . . kcal/Nm³ grd	0,368	0,378	0,383
Rauchgasabkühlung durch Abstrahlung $\Delta t_R = \dfrac{\Delta i_R}{c_{p_R}}$ . . grd	24	16	14
Rauchgastemperatur vor Vorwärmer t_R . . . .°C	515	630	689

b) Anteil der Verdampfung. Zunächst untersuchen wir, welcher Teil des Vorwärmers als Verdampfer wirkt. Dafür müssen wir feststellen, welcher Anteil der gesamten Dampfmenge in der Brennkammer erzeugt wird. Der Rest entfällt dann auf den Vorwärmer.

Gehen wir dabei von den in der Überhitzerberechnung angesetzten Dampfmengen D' aus, so haben wir zu beachten, daß dieser Wert nur für die Normallast richtig und für die beiden anderen Belastungsstufen geschätzt ist.

Spez. Rauchgasmenge in der Brennkammer V_R . . Nm³/kp	10,5	10,2	10,2
Theoretische Enthalpie des Rauchgases $i_{R0} = \dfrac{H_u}{V_R}$ .kcal/Nm³	668	685	685
Rauchgastemperatur vor Überhitzer t_R . . . . °C	805	950	1010
Mittl. spez. Wärme bei dieser Temperatur $c_{p\,m_R}$ (Tafel 8) kcal/Nm³ grd	0,356	0,362	0,364
Enthalpie vor Überhitzer $i_R = t_R\, c_{p\,m_R}$ . . . . . .kcal/Nm³	286	344	367
Enthalpiedifferenz $i_{R0} - i_R$ . . . . .kcal/Nm³	382	341	318
Rauchgasmenge in der Brennkammer R . . . . . .Nm³/h	18600	27900	36300
Abgestrahlte Wärme $Q_0 = R\,(i_{R0} - i_R)$ . . . . kcal/h	$7,10 \cdot 10^6$	$9,50 \cdot 10^6$	$11,52 \cdot 10^6$
Strahlungsverlust in der Brennkammer $h_{AB}\,B\,H_u$ . . kcal/h	$0,25 \cdot 10^6$	$0,25 \cdot 10^6$	$0,25 \cdot 10^6$
In der Brennkammer nutzbar gemachte Wärme $Q = Q_0 - h_{AB}\,B\,H_u$ . . . . kcal/h	$6,85 \cdot 10^6$	$9,25 \cdot 10^6$	$11,27 \cdot 10^6$
Verdampfungswärme r . . . . kcal/kp	409,5	409,5	409,5
In der Brennkammer erzeugte Dampfmenge $\dfrac{Q}{r}$ . . . .kp/h	16700	22600	27600
Gesamtdampfmenge nach Überhitzerberechnung D' . .kp/h	ca. 16300	24800	ca. 31200
Im Vorwärmer zu erzeugende Dampfmenge $D_v = D' - \dfrac{Q}{r}$ . . . . .kp/h	ca. − 400	2200	ca. 3600
Dasselbe in % von D' . . . .%	ca. − 0,25	8,9	11,55
Im Verdampferteil zu übertragende Wärme $D_v\,r$ . . . kcal/h	—	$0,90 \cdot 10^6$	$1,47 \cdot 10^6$
Enthalpiedifferenz des Rauchgases $\Delta i_R = \dfrac{D_v\,r}{R}$ . . kcal/Nm³	—	32,3	40,5
Spez. Wärme des Rauchgases $c_{p\,R}$ (Tafel 8) . kcal/Nm³ grd	—	0,373	0,376
Temperaturabfall des Rauchgases $\Delta t_R = \dfrac{\Delta i_R}{c_{p_R}}$ . . . . . grd	—	87	108
Rauchgastemperatur hinter dem Verdampferteil t_{2R} . . .°C	515	543	581

Das Minuszeichen bei Halblast bedeutet, daß im Vorwärmer keine Verdampfung auftritt. In diesem Falle wird im Vorwärmer die Sattdampftemperatur nicht ganz erreicht.

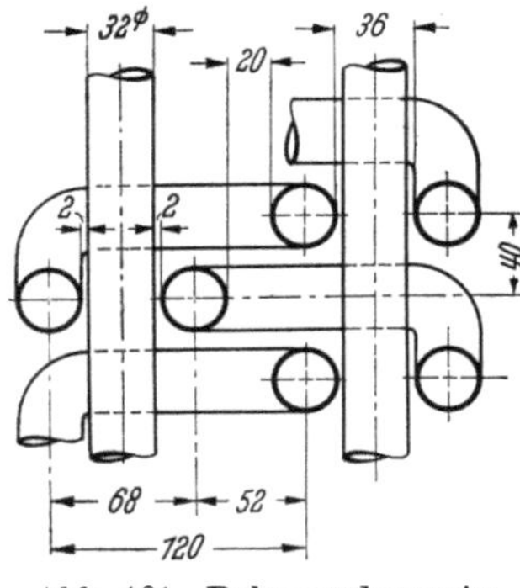

Abb. 181. Rohranordnung im Vorwärmer

c) Bauart des Vorwärmers. Die gewählte Rohranordnung ist aus der Skizze (Abb. 181) zu ersehen. Dabei ergeben sich 36 Rohre mit dem Querschnitt von 0,00057 m² je Rohr, oder insgesamt 0,0205 m². Dies führt bei Vollast des Kessels mit 8,88 kp/s Wasser, das ein spez. Volumen von 0,00105 m³/kp hat, auf $8,88 \cdot 0,00105/0,0205 = 0,455$ m/s, eine Geschwindigkeit, die zulässig erscheint.

Rauchgasseitig ist die Querteilung zwischen zwei nebeneinander liegenden Rohren 68 mm, der freie Durchgang für das Rauchgas $68 - 32 = 36$ mm. Zwischen zwei versetzt liegenden Rohren ist der Mittenabstand $\sqrt{40^2 + 52^2} = 65$ mm, der freie Durchgang $65 - 32 = 33$ mm. Zwischen zwei Rohrschlangen ist also der gesamte freie Durchgang im Mittel $36 + 33 = 69$ mm, das ergibt bei insgesamt 36 Schlangen einen freien Gasdurchgang von 2,48 m.

Wir notieren an dieser Stelle ferner noch den Anordnungsfaktor f_a nach Tafel 31 und nehmen das Mittel aus den Anordnungsfaktoren für versetzte und fluchtende Anordnung der Rohre.

Wir finden

für versetzte Rohre

$$t_q = 2\frac{52}{32} = 3{,}25 \left.\begin{array}{c} \\ \\ \end{array}\right\} f_a = 1{,}0,$$
$$t_l = \frac{40}{32} = 1{,}25$$

für fluchtende Rohre

$$t_q = \frac{60}{32} \text{ im Mittel} = 1{,}88 \left.\begin{array}{c} \\ \\ \end{array}\right\} f_a = 0{,}9.$$
$$t_l = \frac{80}{32} = 2{,}5$$

Das ergibt im Mittel $f_a = 0{,}95$. Nach diesen vorbereitenden Feststellungen kann nun die Heizfläche für Normallast berechnet werden.

d) CO_2-Abfall im Vorwärmer. Im zweiten Zug des Kessels wird das Rauchgas zunehmend durch eintretende Falschluft verdünnt, und wir müssen hierüber bestimmte Annahmen machen, die wir der Berechnung zugrunde legen.

Der Kessel wird so betrieben werden, daß an der höchsten Stelle des Rauchgasraumes noch ein Unterdruck von 0—2 mm WS herrscht, so daß kein Rauchgas durch Undichtigkeiten des Kesselmauerwerkes austreten kann. Dann steht infolge des starken Auftriebes in der Brennkammer die gesamte Feuerung unter einem größeren Unterdruck. Der hierdurch verursachte Falschluftzutritt zur Brennkammer wurde durch die Annahme berücksichtigt, daß 10% der Verbrennungsluft nicht durch den Rost strömen, sondern unmittelbar in die Brennkammer gelangen.

Im zweiten Zug dagegen, wo der Unterdruck auf dem Wege vom Überhitzer bis zum Kesselende stark zunimmt, müssen wir die Falschluftmengen dadurch berücksichtigen, daß wir für die Rauchgasmenge von Heizfläche zu Heizfläche ansteigend größere Beträge einsetzen. Wir tun das in der Weise, daß wir uns die Rauchgasmenge hinter jedem zu berechnenden Heizflächenabschnitt schrittweise durch den Zutritt kalter Luft vergrößert denken und auch die durch die Mischung herbeigeführte Abkühlung des Rauchgases berechnen und berücksichtigen.

Bei dem vorliegenden Kessel haben wir über den Luftüberschuß folgende Annahme gemacht:

Luftverhältnis im vorderen Kesselteil λ_1	1,35	1,30	1,30
Luftverhältnis hinter dem Vorwärmer λ_3	1,57	1,45	1,45

Für die Berechnung machen wir folgende Abstufung:

Luftverhältnis hinter dem Verdampferteil λ_2	1,45	1,37	1,37

Dann haben wir hinter dem Verdampferteil eine Verdünnung des Rauchgases durch den Übergang von λ_1 auf λ_2 zu berücksichtigen, während wir den Übergang von λ_2 auf λ_3 an das Ende des Vorwärmers verlegt denken.

Den Verdampferteil des Vorwärmers rechnen wir also noch mit denselben Rauchgasmengen wie den Überhitzer (Tafel 1):

Spez. Rauchgasmenge V_{R1} im Verdampferteil . . . .Nm³/kp	10,5	10,2	10,2
Spez. Rauchgasmenge V_{R2} im Restvorwärmer. . . .Nm³/kp	11,4	10,6	10,6
Spez. Rauchgasmenge V_{R3} im Abgas . . . . .Nm³/kp	12,2	11,4	11,4

e) Heizfläche des Verdampferteils. Bei Normallast ist die mittlere Temperatur in diesem Teil etwa 590 °C. Das ergibt bei $R = 27900$ Nm³/h ein sekundliches Rauchgasvolumen von 24,5 m³/s. Wir wählen eine Länge der einzelnen Schlangen von 2,0 m; da der freie Gasdurchgang 2,48 m war, erhalten wir dann eine mittlere Rauchgasgeschwindigkeit von 4,95 m/s.

Hiermit ergibt sich folgender Rechnungsgang:

Rauchgasmenge R	Nm³/h	18600	27900	36300
Mittlere Rauchgastemperatur t_{m_R}	°C	—	586	645
Rauchgasvolumen R	m³/s	—	24,4	33,9
Freier Rauchgasquerschnitt Q	m²	—	4,96	4,96
Mittlere Rauchgasgeschwindigkeit w_{m_R}	m/s	—	4,92	6,83
Wärmeübergangszahl α_0 (Tafel 33)	kcal/m² h grd	—	39,5	47,0
Anordnungsfaktor f_a		—	0,95	0,95
Wärmeübergangszahl $\alpha = f_a\,\alpha_0$	kcal/m² h grd	—	37,5	44,5
Wärmedurchgangszahl $k = 0{,}87\,\alpha$	kcal/m² h grd	—	32,6	38,7
Rauchgastemperatur am Eintritt t_{1R}	°C	—	630	689
Rauchgastemperatur am Austritt t_{2R}	°C	—	543	581
Rauchgasabkühlung Δt_R	grd	—	87	108
Dampftemperatur t_D	°C	—	251	251
Temperaturspanne $t_{1R} - t_D$	grd	—	379	430
Verhältnis $\Delta t_R/(t_{1R} - t_D)$		—	0,230	0,252
Verhältnis $k\,F/W_R$ (Tafel 42)		—	0,205	0,225
Spez. Wärme des Rauchgases c_{p_R} (Tafel 8)	kcal/Nm³ grd	—	0,372	0,376
Wasserwert des Rauchgases $W_R = R\,c_{p_R}$	kcal/h grd	—	10350	13650
Wirksamkeit der Heizfläche $k\,F$	kcal/h grd	—	2120	3070
Heizfläche des Verdampferteils F	m²	—	65,0	79,5
Heizfläche je Rohrreihe $2 \cdot 0{,}032\,\pi \cdot 36$	m²	—	7,2	7,2
Anzahl der Reihen, die als Verdampfer wirken		—	8,9	11,0

f) Abkühlung durch Luftzutritt im Vorverdampfer

Vergrößerung der Rauchgasmenge $V_{R2} - V_{R1}$ . . .	Nm³/kp	0,9	0,6	0,6
Verhältnis $(V_{R2} - V_{R1})/V_{R2}$		0,079	0,057	0,057
Temperatur hinter Verdampferteil	°C	515	543	581
Abkühlung durch Falschluft	grd	40	31	33
Temperatur vor Vorwärmteil	°C	475	512	548

g) Heizfläche des Restvorwärmers. Zunächst ist die Abkühlung des Rauchgases im Restvorwärmer durch den Zutritt von Falschluft zu ermitteln, denn dadurch erhält man die Endtemperatur, für die der Vorwärmer zu berechnen ist.

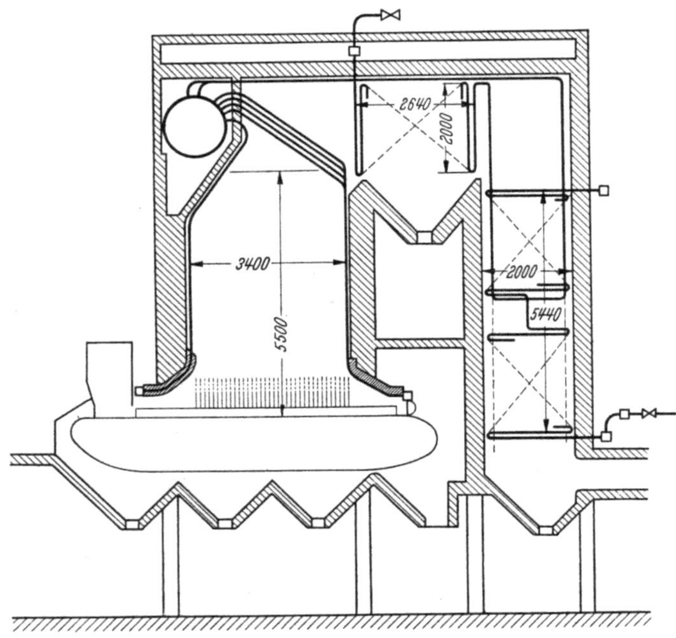

Abb. 182. Skizze des berechneten Kessels

Spez. Rauchgasmenge im Vorwärmer V_{R2}	Nm³/kp	11,4	10,6	10,6
Spez. Abgasmenge V_{R3}	Nm³/kp	12,2	11,4	11,4
Differenz $V_{R3} - V_{R2}$	Nm³/kp	0,8	0,8	0,8
Verhältnis $(V_{R3} - V_{R2})/V_{R3}$		0,065	0,070	0,070
Abgastemperatur t_{3R} (vorgeschrieben)	°C	ca. 150	170	ca. 190
Abkühlung durch Falschluft . . . . grd		ca. 10	12	ca. 13
Rechnerische Temperatur hinter Vorwärmer	°C		182	

Hiernach ergibt sich folgender Rechnungsgang zur Ermittlung der Heizfläche:

Rauchgasmenge R	Nm³/h	20200	29000	38300
Rauchgasabkühlung Δt_R . . . . grd			330	
Temperaturspanne $t_{1R} - t_{1D}$ . . . . grd		370	407	443
Verhältnis $\Delta t_R/(t_{1R} - t_{1D})$			0,810	
Wasseraufwärmung Δt_D . . . . grd			146	
Enthalpiezunahme des Wassers Δi_D	kcal/kp		154,5	
Spez. Wärme des Wassers c_{p_D} . . . . .kcal/kp grd		1,06	1,06	1,06
Wassermenge D	kp/h	ca. 16300	24800	ca. 31200
Wasserwert des Wassers $W_D = D c_{p_D}$ . . . . . kcal/h grd		ca. 17300	26300	ca. 33100
Mittlere Rauchgastemperatur t_{mR}	°C	320	350	375
Spez. Wärme des Rauchgases c_{p_R} (Tafel 8) . . kcal/Nm³ grd		0,347	0,350	0,353
Wasserwert des Rauchgases $W_R = R c_{p_R}$ . . . . . kcal/h grd		ca. 7000	10150	ca. 13500
Verhältnis W_R/W_D		ca. 0,405	0,386	ca. 0,409
Verhältnis $k F/W_R$ (Tafel 42)			2,10	
Wirksamkeit der Heizfläche $k F$ . . . . kcal/h grd			21300	
Rauchgasvolumen R . . . . m³/s		12,2	18,4	25,3
Rauchgasgeschwindigkeit w_{mR} . . . . m/s		2,46	3,71	5,10
Wärmeübergangszahl α_0 (Tafel 33) . . . . . kcal/m² h grd		27,0	34,0	42,5
Anordnungsfaktor f_a		0,95	0,95	0,95
Wärmeübergangszahl $\alpha = f_a \alpha_0$ . . . . kcal/m² h grd		25,7	32,3	41,4
Wärmedurchgangszahl $k = 0,87 \alpha$ . . . . . kcal/m² h grd		22,3	28,0	36,0
Heizfläche F . . . . m²			760	
Heizfläche je Rohrreihe . . . . m²		7,2	7,2	7,2
Anzahl der Rohrreihen des Vorwärmteils			105,5	

Somit erhält der gesamte Vorwärmer $105,5 + 8,9 = 114,4$ Rohrreihen, was auf eine gerade Anzahl von 116 Reihen zu erhöhen ist. Da die Reihen nach der Skizze 181 einen Abstand von 0,04 m haben, wird der Vorwärmer 4,64 m hoch. Er wird in zwei Gruppen von je 58 Schlangen unterteilt, mit einem Zwischenraum von etwa 0,8 m Höhe. Die gesamte Bauhöhe des Vorwärmers ist dann 5,44 m. Der obere Teil wird an Überhitzerrohren aufgehängt, der untere Teil an Ankern, die an diesen Überhitzerrohren durch Schellen befestigt werden.

Die Skizze Abb. 182 zeigt den nunmehr festliegenden Aufbau des gesamten Kessels.

15. Betrieb bei Halblast und Vollast

a) Abgastemperatur. Mit der berechneten Vorwärmerheizfläche kann man nun die Abkühlung des Rauchgases bei Halblast und Vollast ermitteln und erhält so die bei diesen Belastungen sich ergebende Abgastemperatur. Die gesamte Heizfläche des Vorwärmers ist jetzt $116 \cdot 7,2 = 835 \text{ m}^2$.

Heizfläche des Vorwärmers . . . . m²		835	835	835
Davon Verdampferteil . . . . m²		0	65	79,5
Vorwärmteil . . . . m²		835	770	755,5
Temperatur vor dem Vorwärmteil . . . . °C		475	512	548
Wasserwert des Rauchgases W_R . . . . kcal/h grd		7000	10150	13500
Wärmedurchgangszahl k . . . . kcal/m² h grd		22,3	28,0	36,0
Wirksamkeit der Heizfläche $k F$ . . . . kcal/h grd		18600	21600	27200
Verhältnis $k F/W_R$		2,66	2,13	2,01
Verhältnis W_R/W_D		0,405	0,385	0,41
Verhältnis $\Delta t_R/(t_{1R} - t_{1D})$ (Tafel 42)		0,862	0,820	0,795
Temperaturspanne $t_{1R} - t_{1D}$ . . . . grd		370	407	443
Rauchgasabkühlung Δt_R . . . . grd		319	334	352
Rauchgastemperatur hinter Vorwärmer t_{2R} . . . . . . °C		156	178	196
Rauchgasabkühlung durch Falschluft . . . . grd		10	12	13
Abgastemperatur . . . . °C		146	166	183

b) Erzeugte Dampfmenge und Überhitzung

Belastung %	50	80	100
Im Vorwärmer übertragene Wärme $R\,c_{p_R}\,\Delta t_R$ . . . . kcal/h	$2{,}23 \cdot 10^6$	$3{,}40 \cdot 10^6$	$4{,}75 \cdot 10^6$
Im Vorverdampfer übertragene Wärme $R\,c_{p_R}\,\Delta t_R$ . . kcal/h	0	$0{,}90 \cdot 10^6$	$1{,}47 \cdot 10^6$
In der Brennkammer übertragene Wärme Q . . . . kcal/h	$6{,}85 \cdot 10^6$	$9{,}25 \cdot 10^6$	$11{,}27 \cdot 10^6$
Gesamte zur Sattdampferzeugung übertragene Wärme . kcal/h	$9{,}08 \cdot 10^6$	$13{,}55 \cdot 10^6$	$17{,}49 \cdot 10^6$
Erzeugungswärme für 1 kp Sattdampf . . . . . . kcal/kp	564	564	564
Erzeugte Dampfmenge D . . . . .kp/h	16100	24100	31000
Im Überhitzer übertragene Wärme $R\,c_{p_R}\,\Delta t_R$ . . . . kcal/h	$1{,}875 \cdot 10^6$	$3{,}32 \cdot 10^6$	$4{,}40 \cdot 10^6$
Überhitzungswärme für 1 kp Dampf . . . . kcal/kp	116,5	137,5	142
Enthalpie des Heißdampfes i . . . . kcal/kp	785,5	806,5	811
Heißdampftemperatur t . . . . °C	434	470	478

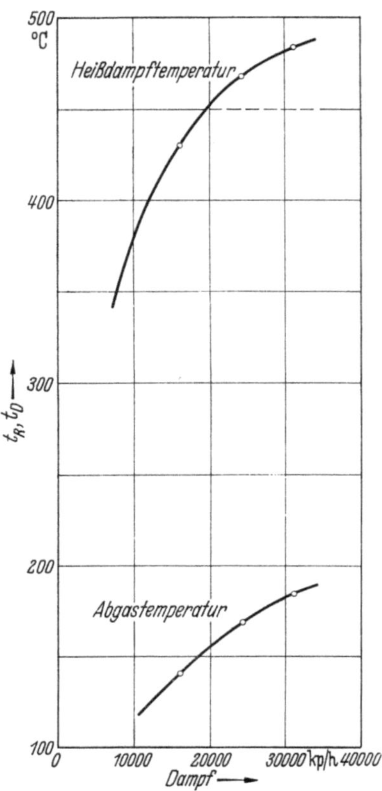

Abb. 183. Heißdampftemperatur und Abgastemperatur

Hiermit ist die Berechnung abgeschlossen. Die Unterschiede, die sich am Schluß der Berechnung in den erzeugten Dampfmengen und der Überhitzung gegenüber den Ausgangswerten ergeben, sind auf die willkürliche Verteilung der zutretenden Falschluft in der Berechnung zurückzuführen. Die Abweichungen liegen in zulässigen Grenzen.

In Abb. 183 sind die Werte der Heißdampftemperatur und der Abgastemperatur abhängig von der Kesselbelastung aufgetragen. Nach diesem Diagramm wird die verlangte Heißdampftemperatur von 450 °C etwa bei einer Belastung von 20000 kp/h erreicht. Von dieser Leistung ab kann also die Dampftemperatur durch einen Heißdampfkühler konstant gehalten werden.

Namenverzeichnis

721/49/56

Tafel-Anhang

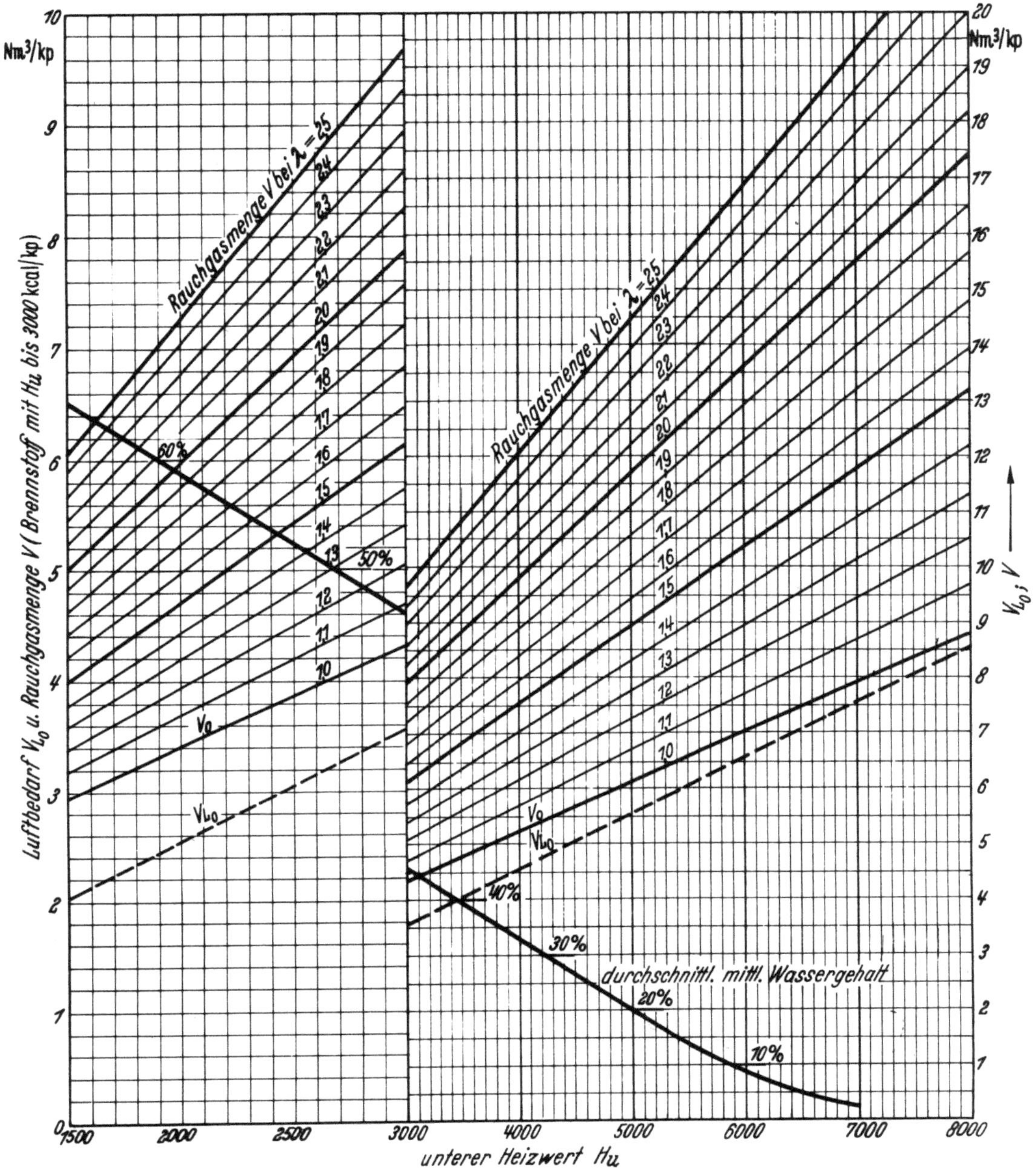

Luftbedarf V_{L_0} und Rauchgasmenge V von festen Brennstoffen (Text Seite 40)

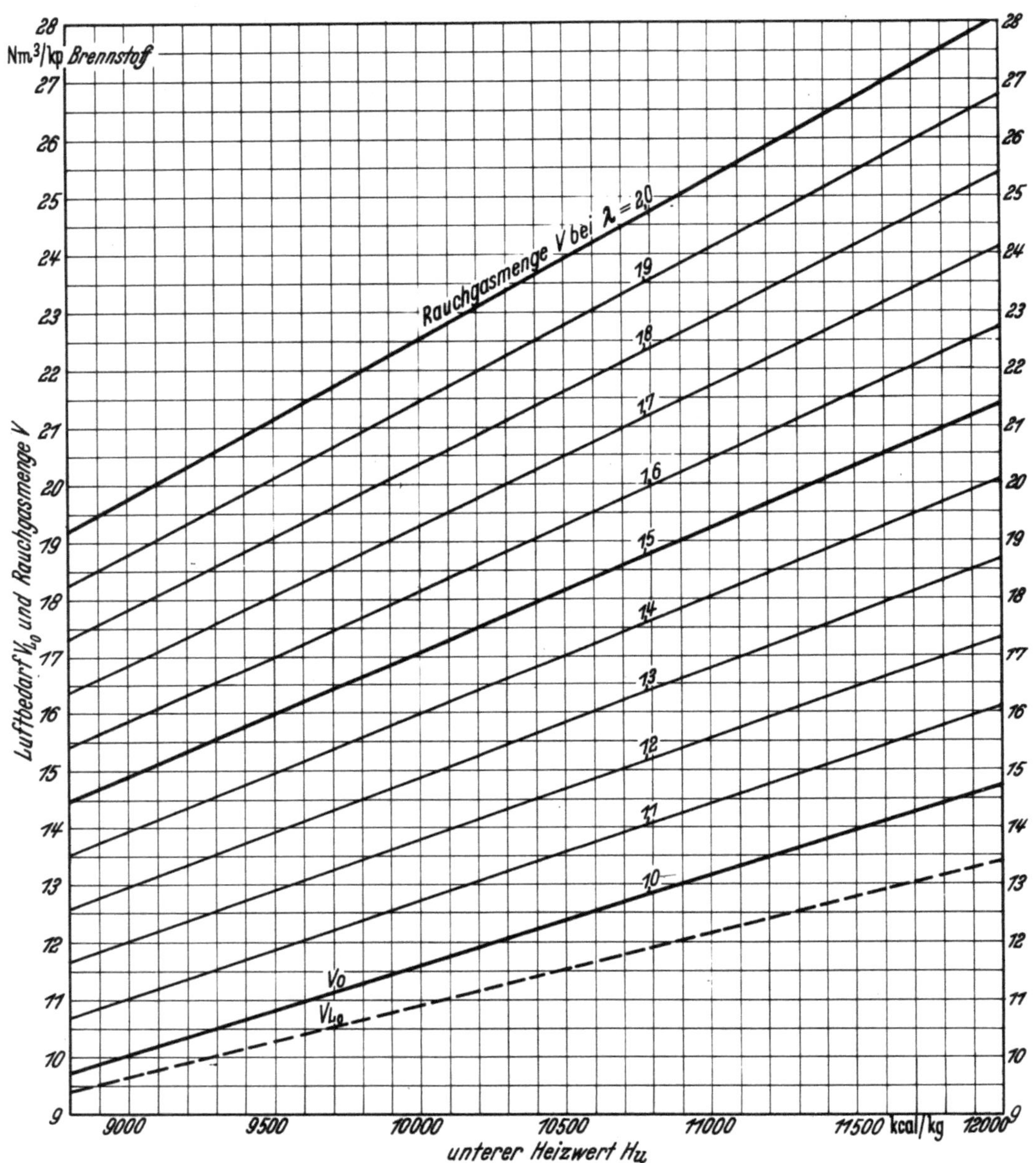

Luftbedarf V_{L_0} und Rauchgasmenge V von flüssigen Brennstoffen (Text Seite 40)

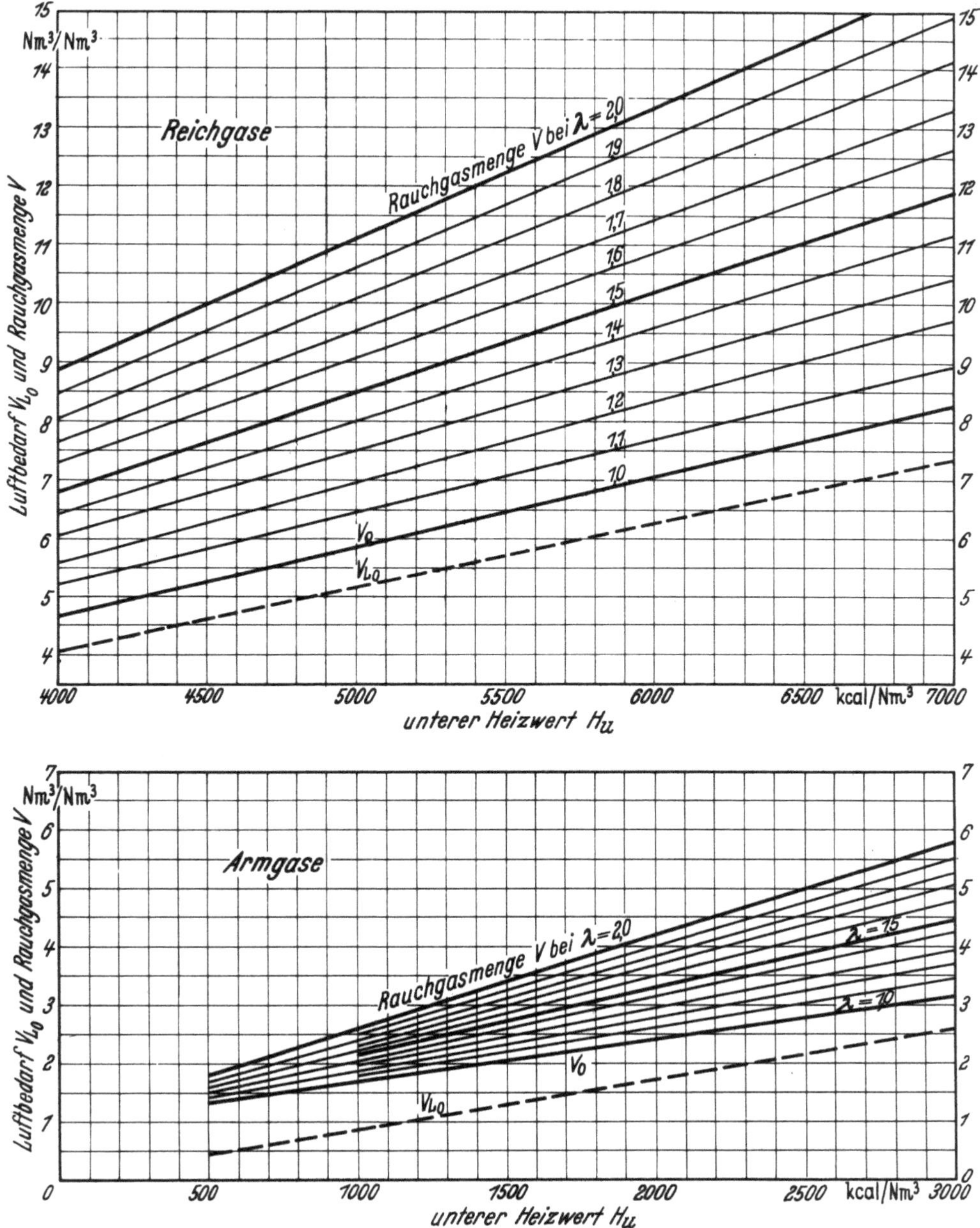

Luftbedarf V_{L_0} und Rauchgasmenge V von Brenngasen (Text Seite 40)

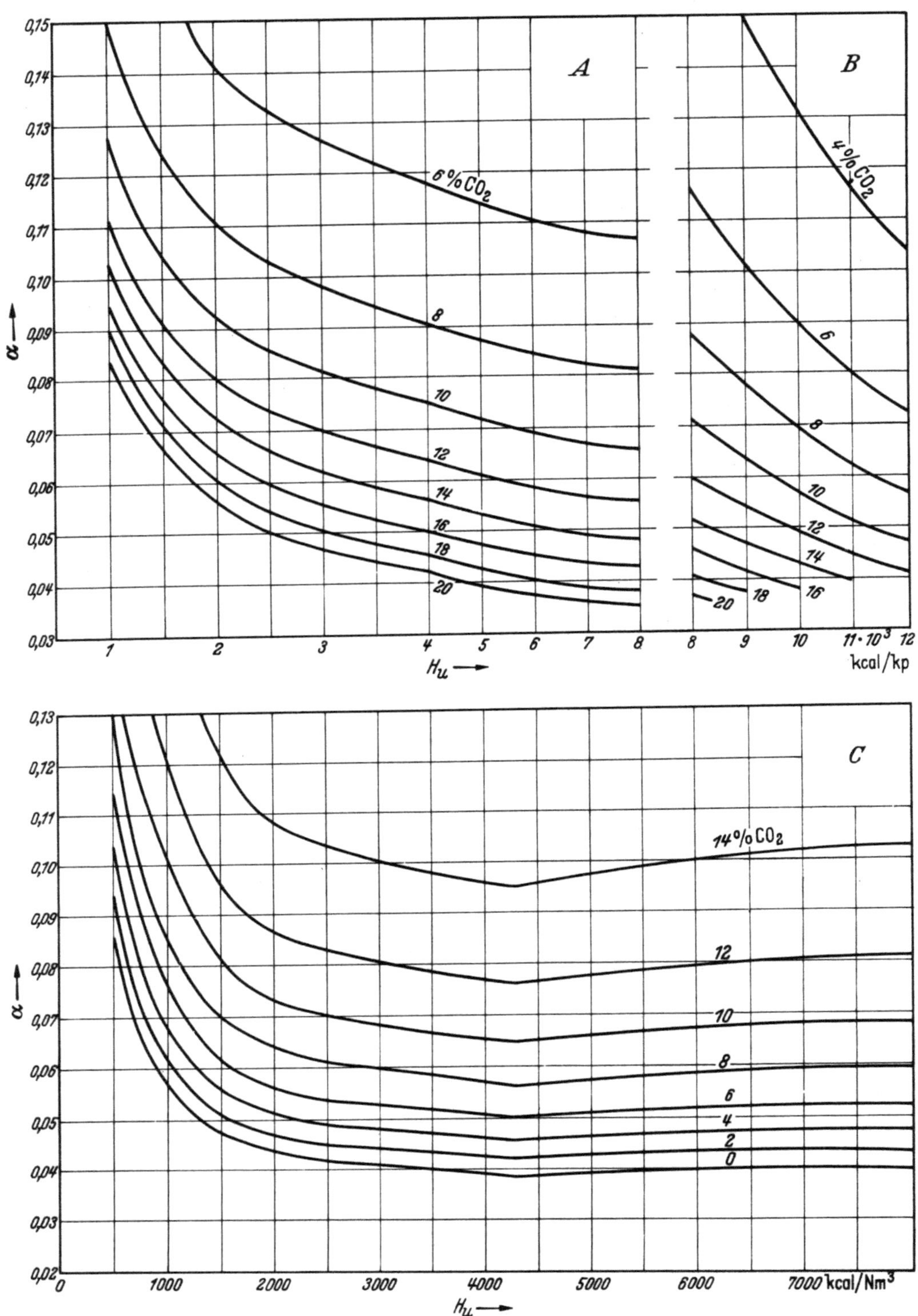

Abgasverlust: Faktor α in der Gleichung

$$A = \alpha \frac{B}{B_0}\,(t_a - t_0)\ \%$$

A für feste Brennstoffe, B für Brennöle, C für Brenngase

Die Kurven stimmen mit den entsprechenden Kurven in den Regeln für Abnahme-
versuche an Dampferzeugern, DIN 1942 überein (Text Seite 46)

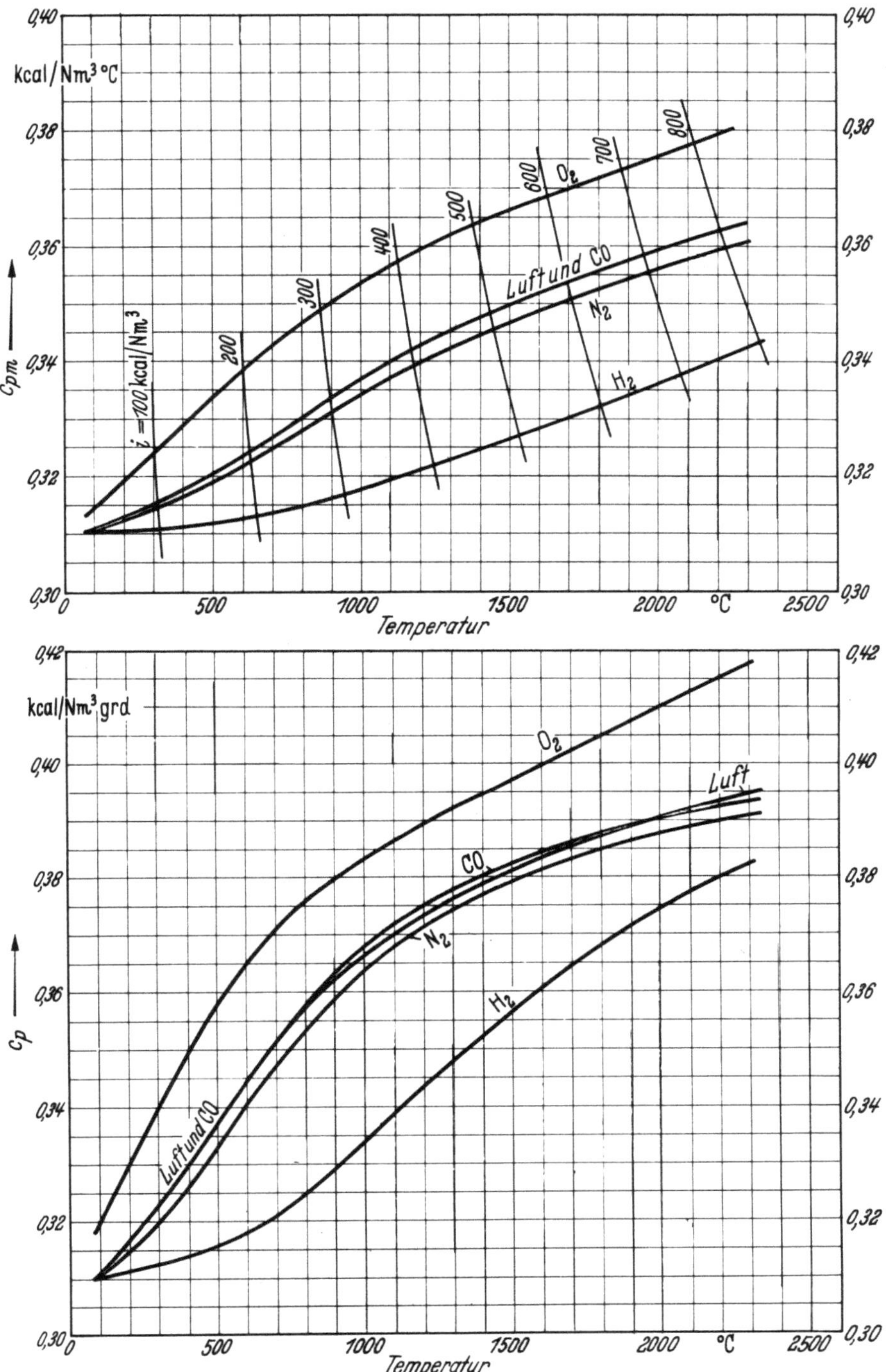

Spezifische Wärme c_p und c_{pm} von Rauchgasbestandteilen und Luft
I. H_2, N_2, CO, O_2 und Luft (Text Seite 50)

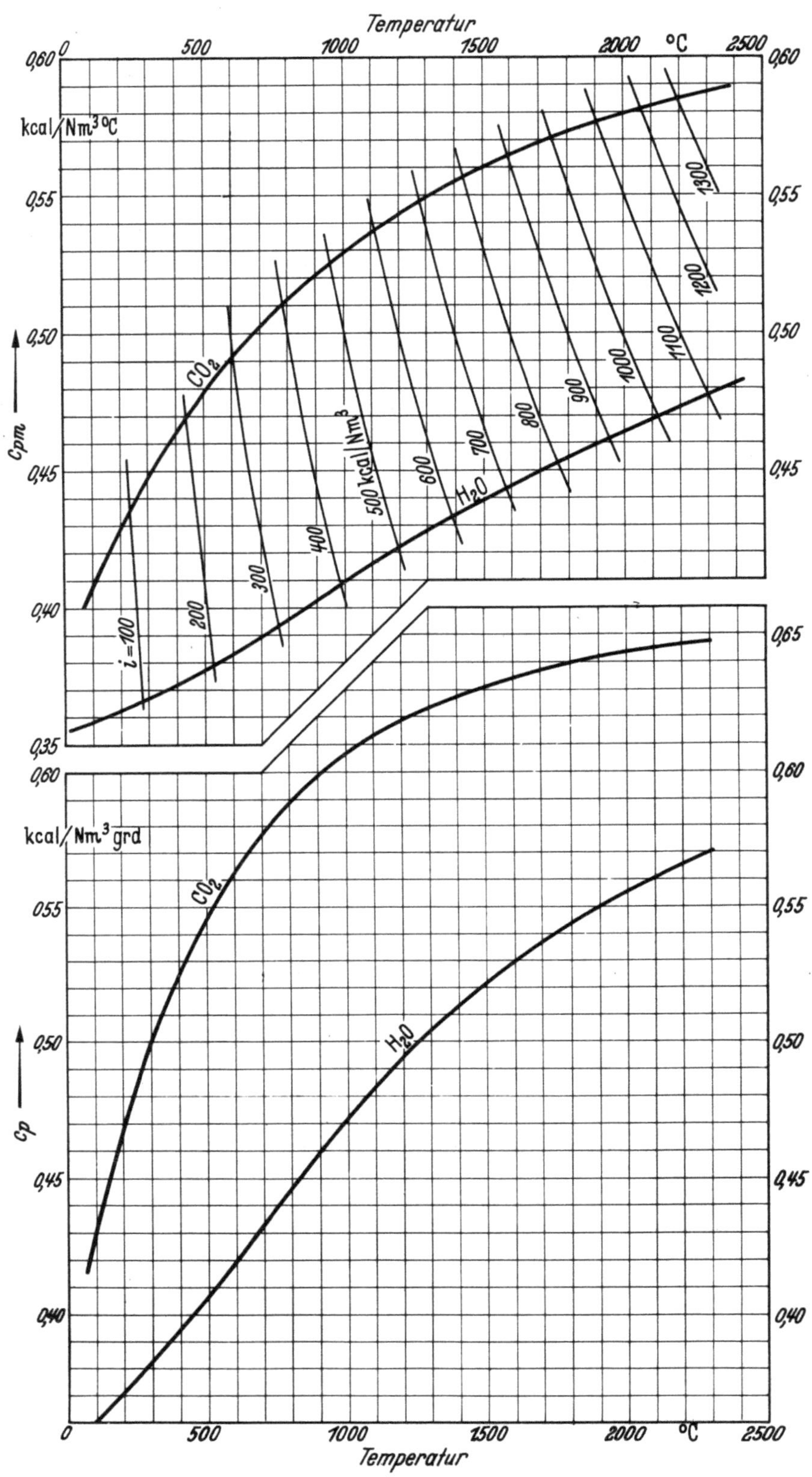

Spezifische Wärme von Rauchgasbestandteilen und Luft
II. H_2O und CO_2 (Text Seite 50)

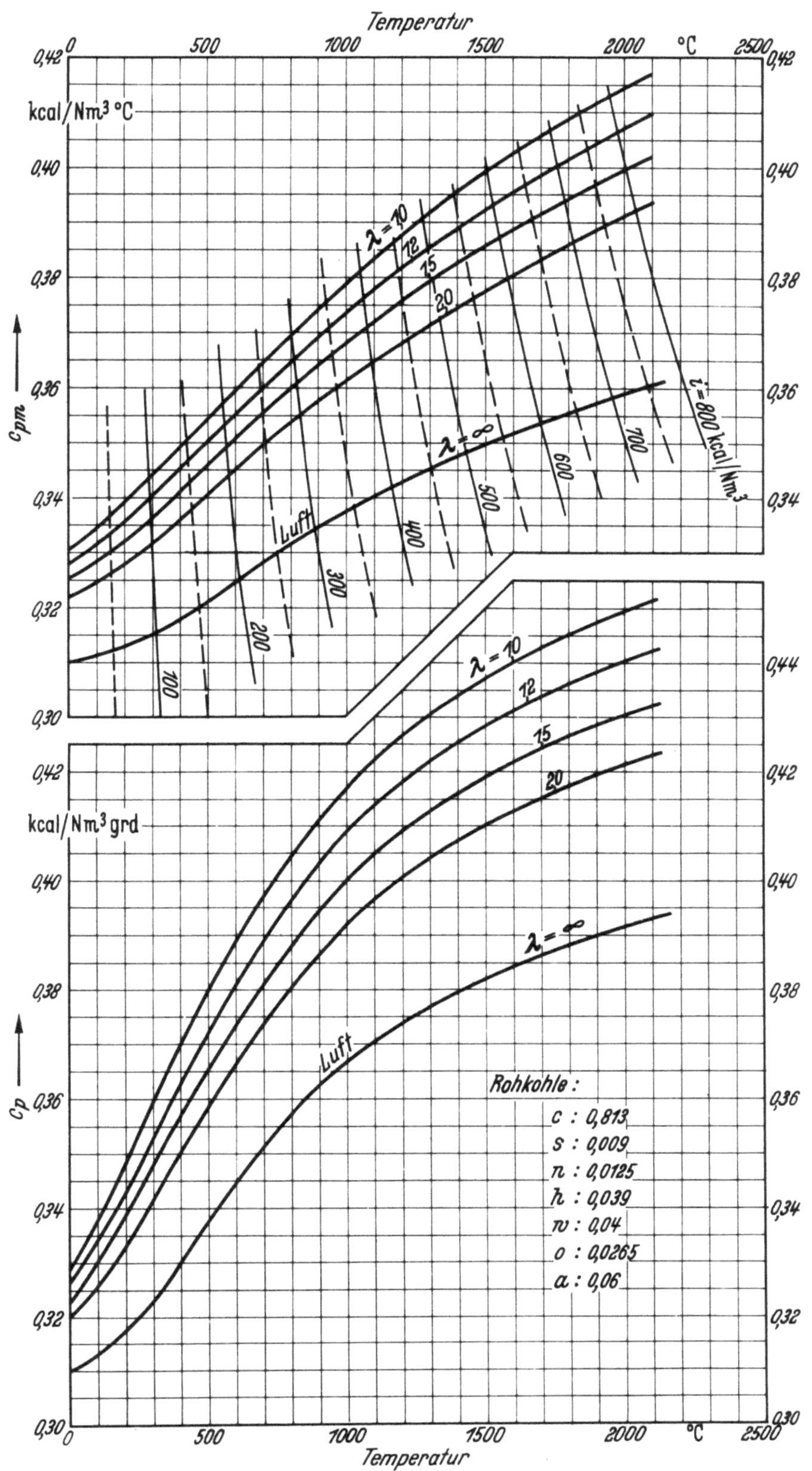

Spezifische Wärme des Rauchgases von Ruhr-Eßkohle (Text Seite 51)

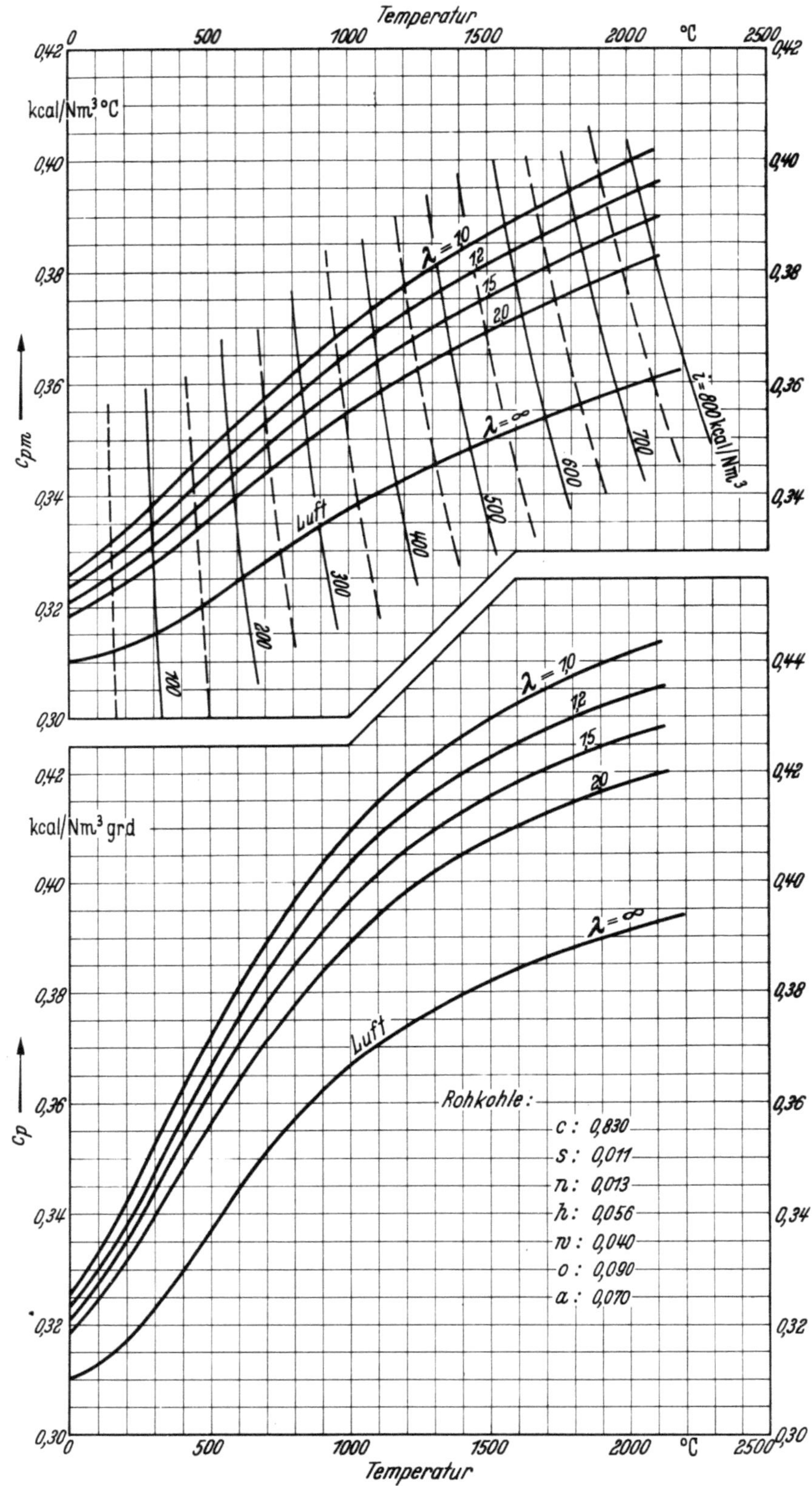

Spezifische Wärme des Rauchgases von Ruhr-Gasflammkohle (Text Seite 51)

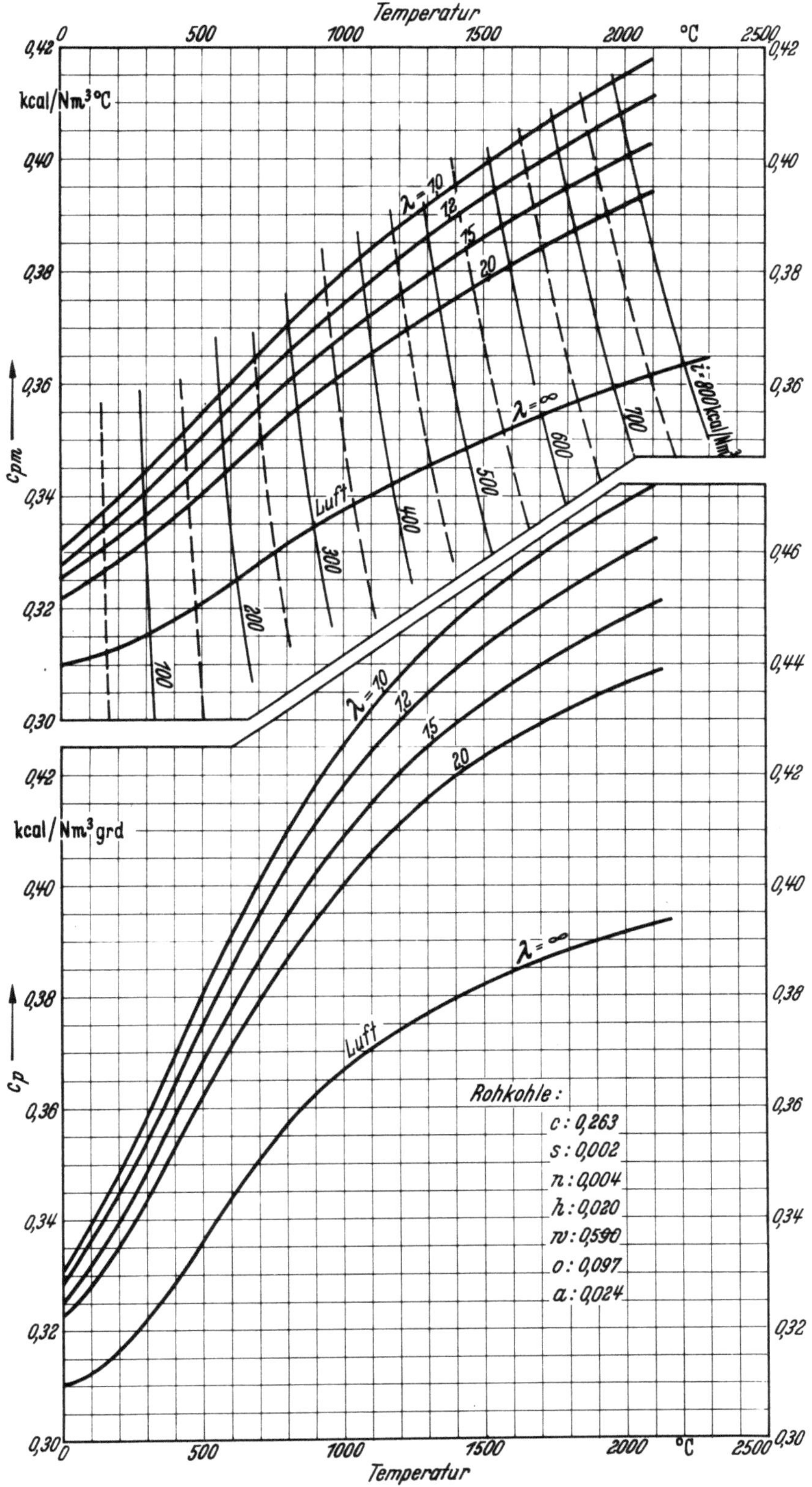

Spezifische Wärme des Rauchgases von rheinischer Braunkohle (Text Seite 51)

b*

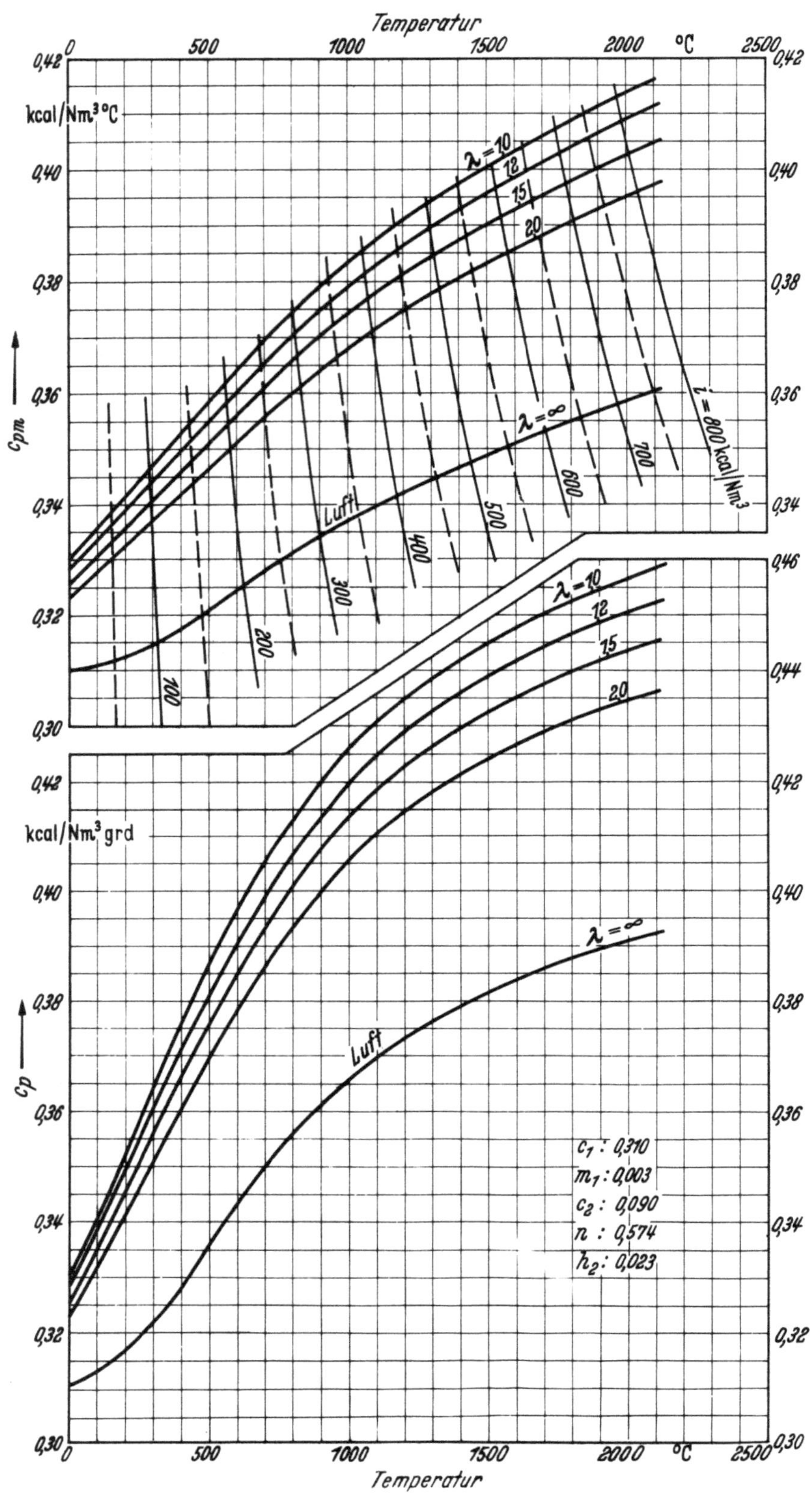

Spezifische Wärme des Rauchgases von Gichtgas (Text Seite 51)

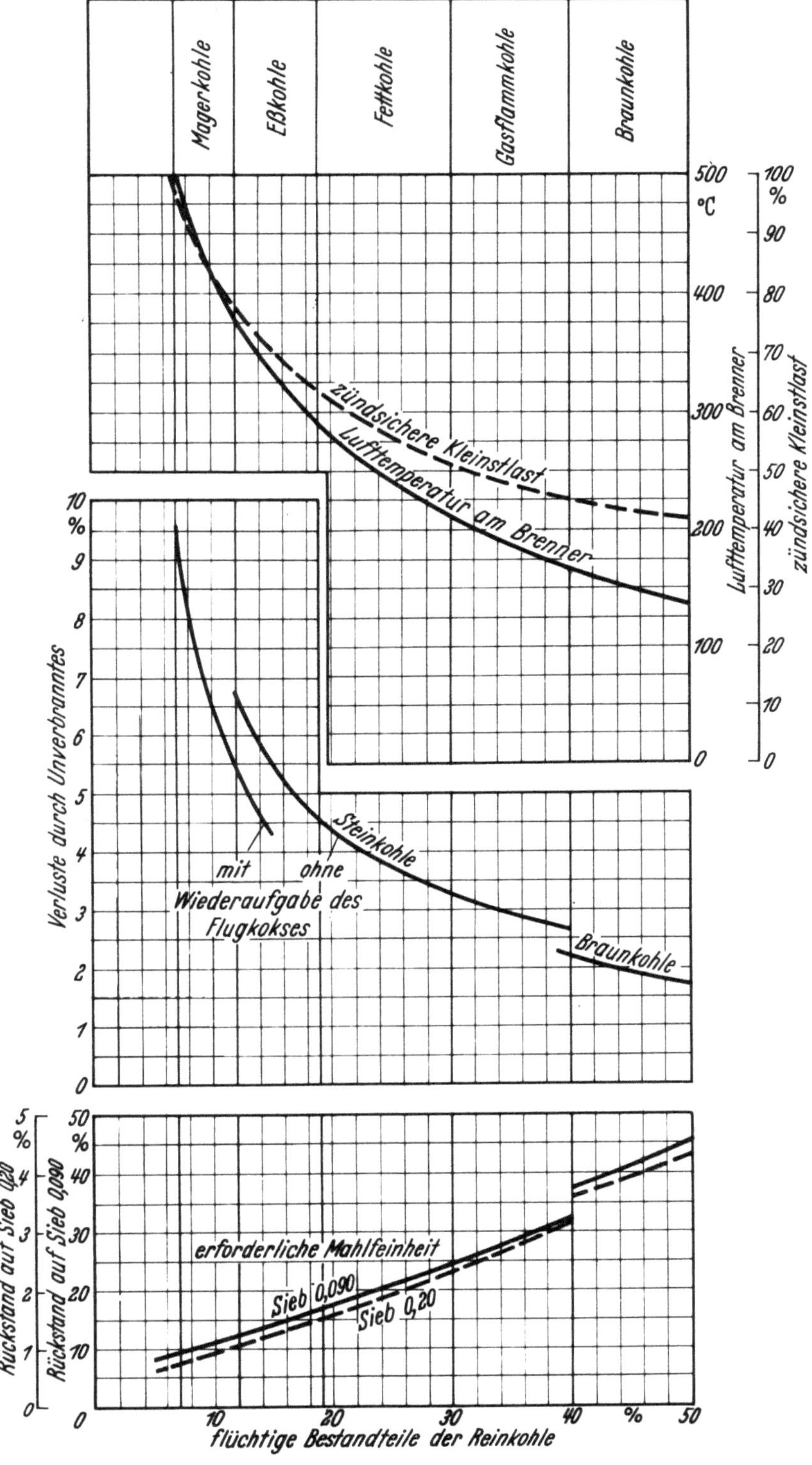

Leistungs- und Betriebsdaten für Kohlenstaub-Brennerfeuerungen (Text Seite 105)

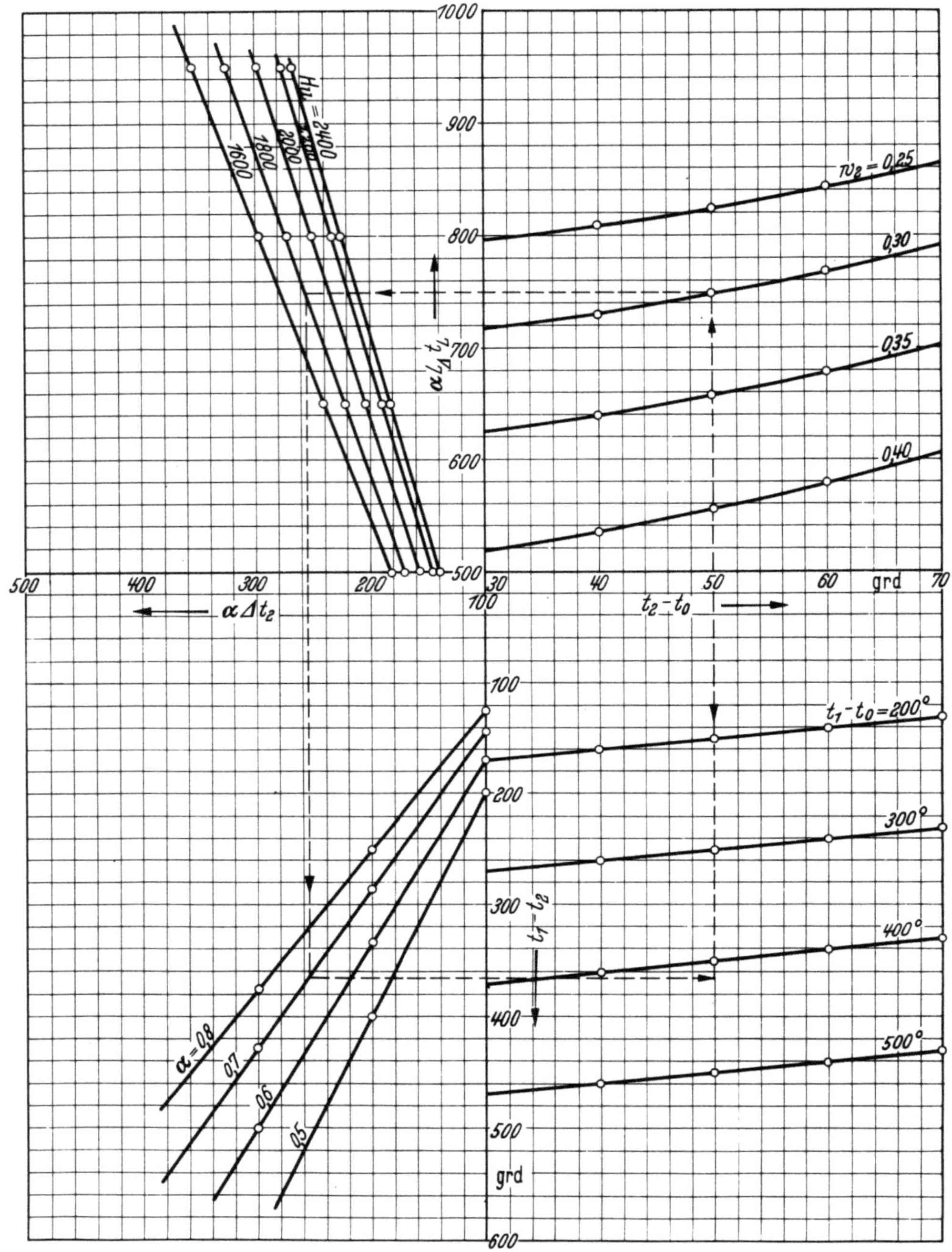

Mahltrocknung. Temperaturen und Trocknung bei Rohbraunkohle. t_2 Temperatur des Luft-Wasserdampfgemisches hinter der Mühle, w_2 Wassergehalt der Kohle hinter der Mühle, t_1 Temperatur der vorgewärmten Luft, α Anteil der Verbrennungsluft, der durch die Mühle geht, t_0 Außentemperatur
Gilt genau für Rohbraunkohle mit 55% Wassergehalt, Luftüberschuß 25%
(Text Seite 105)

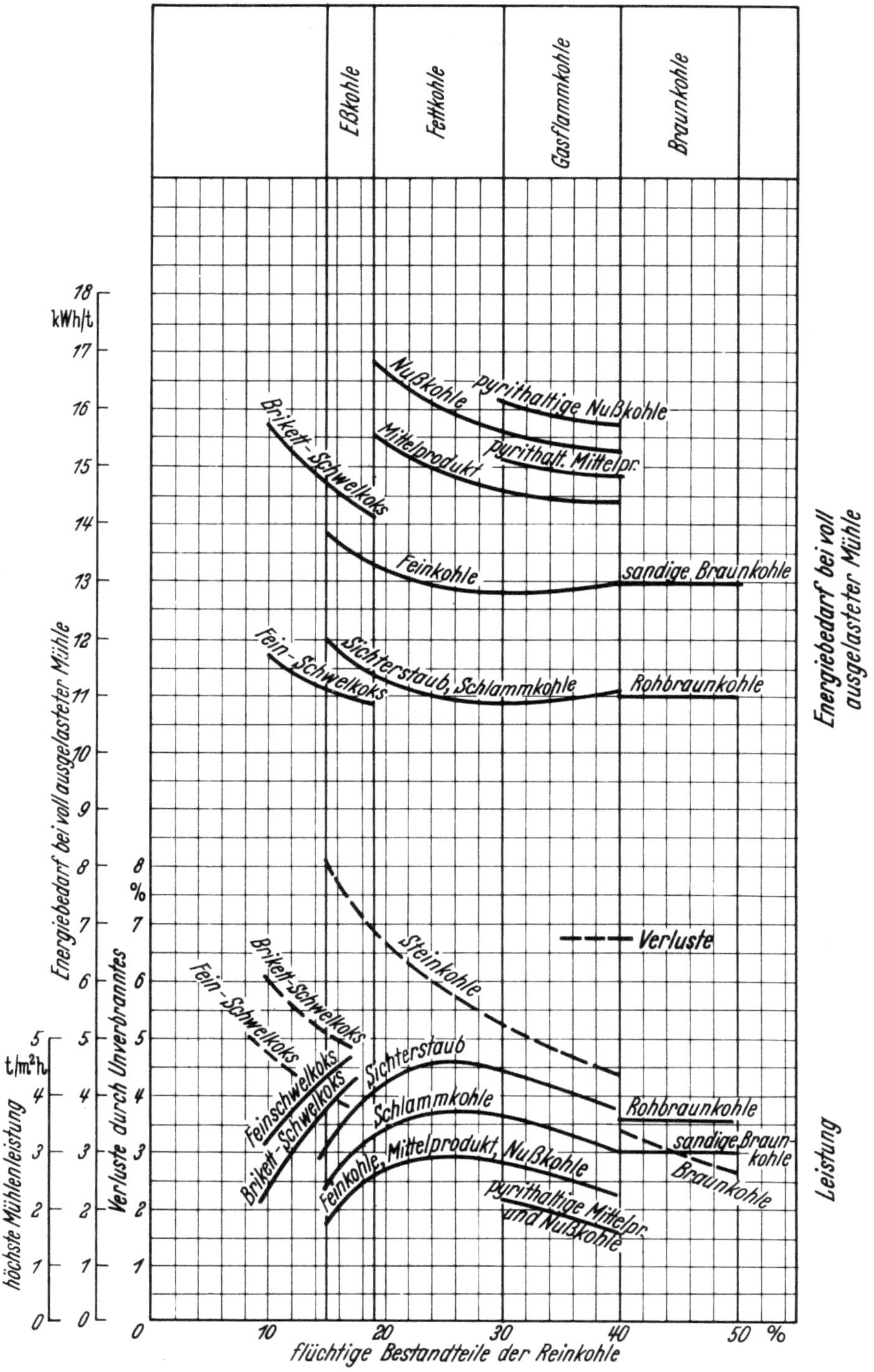

Leistungs- und Betriebsdaten für Krämer-Mühlenfeuerungen (Text Seite 109)

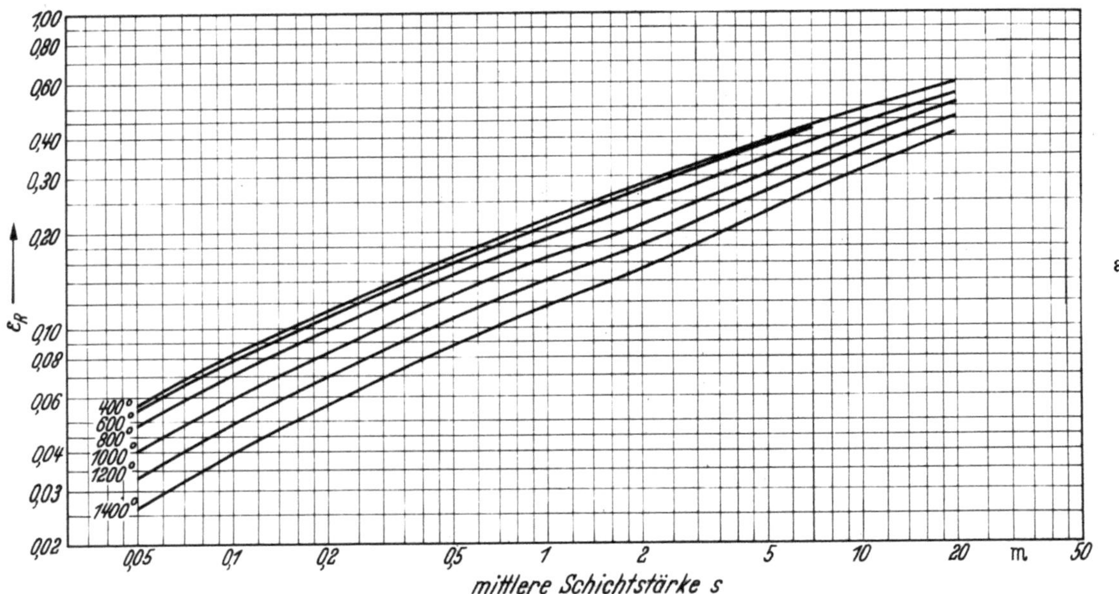

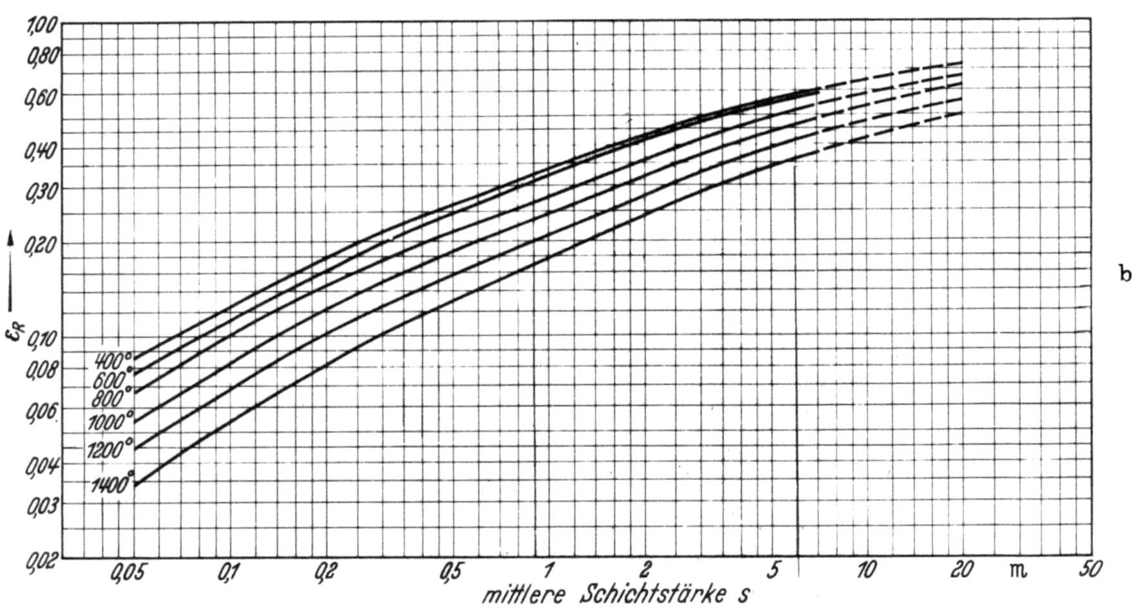

Emissionsverhältnis e_R eines Rauchgases
a aus *Steinkohle*,   b aus *Braunkohle* (Text Seite 133)

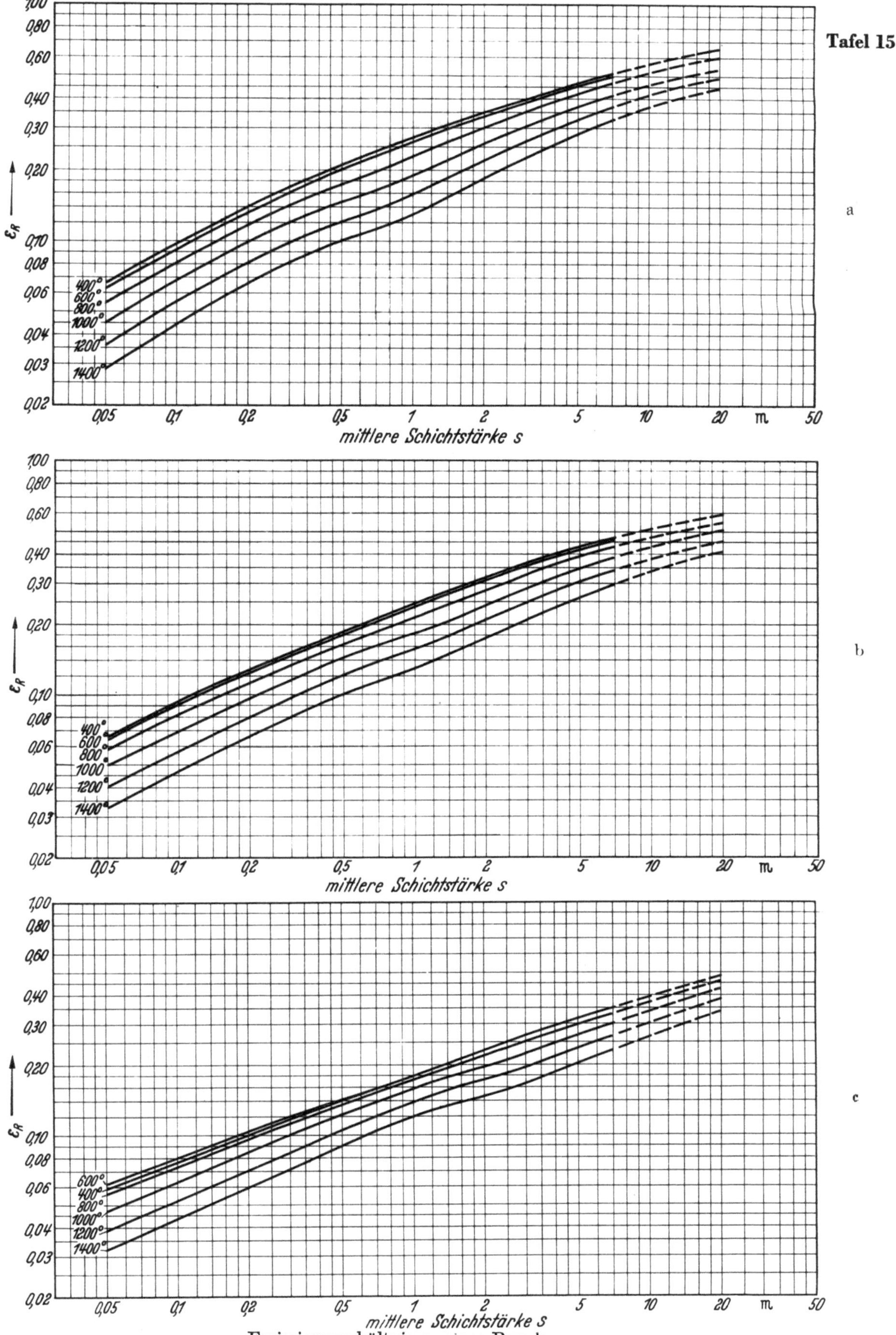

Emissionsverhältnis ε_R eines Rauchgases

a aus *Heizöl*,   b aus *Generatorgas*,   c aus *Gichtgas* (Text Seite 133)

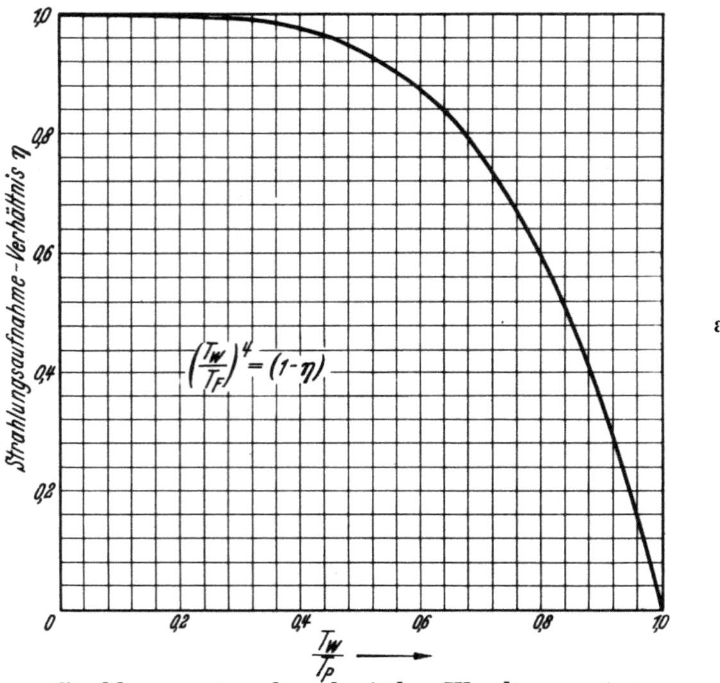

Strahlungsaustausch und mittlere Wandtemperatur
bei unmittelbarer Flammenbestrahlung (Text Seite 137)

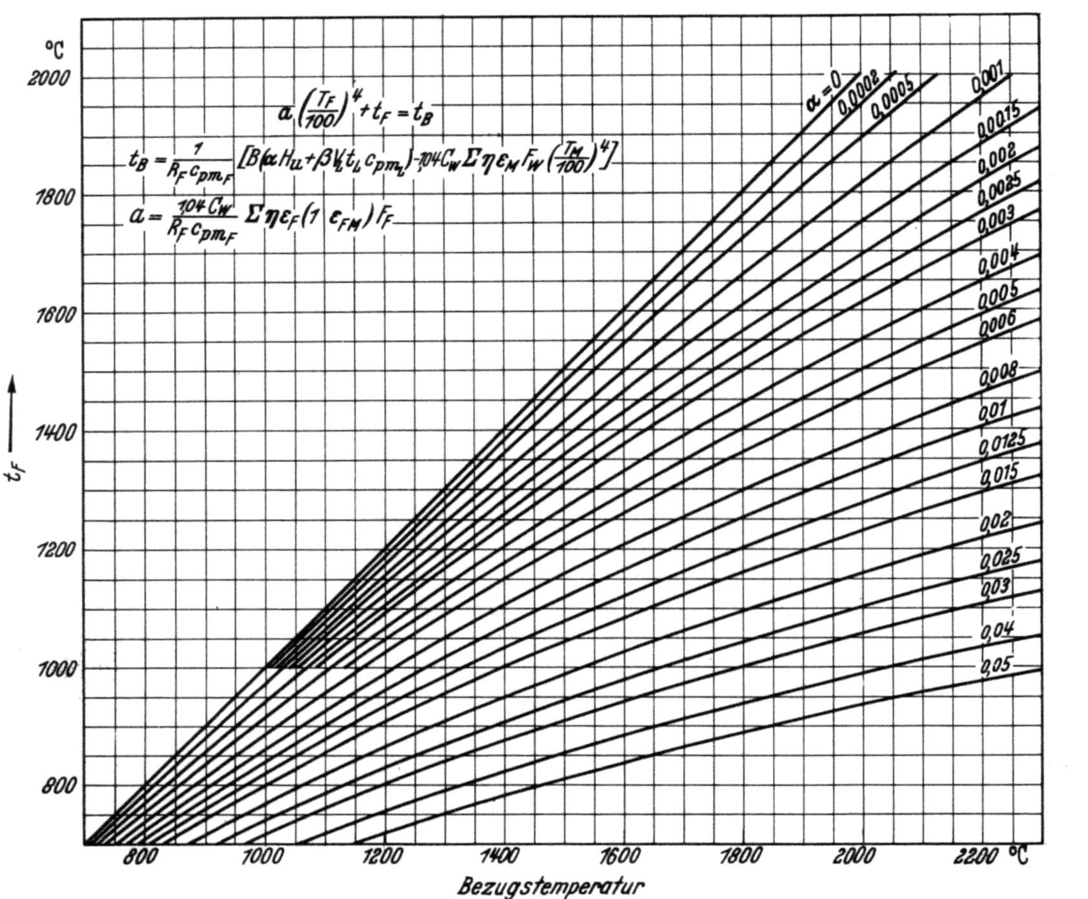

Flammentemperatur t_F (Text Seite 138)

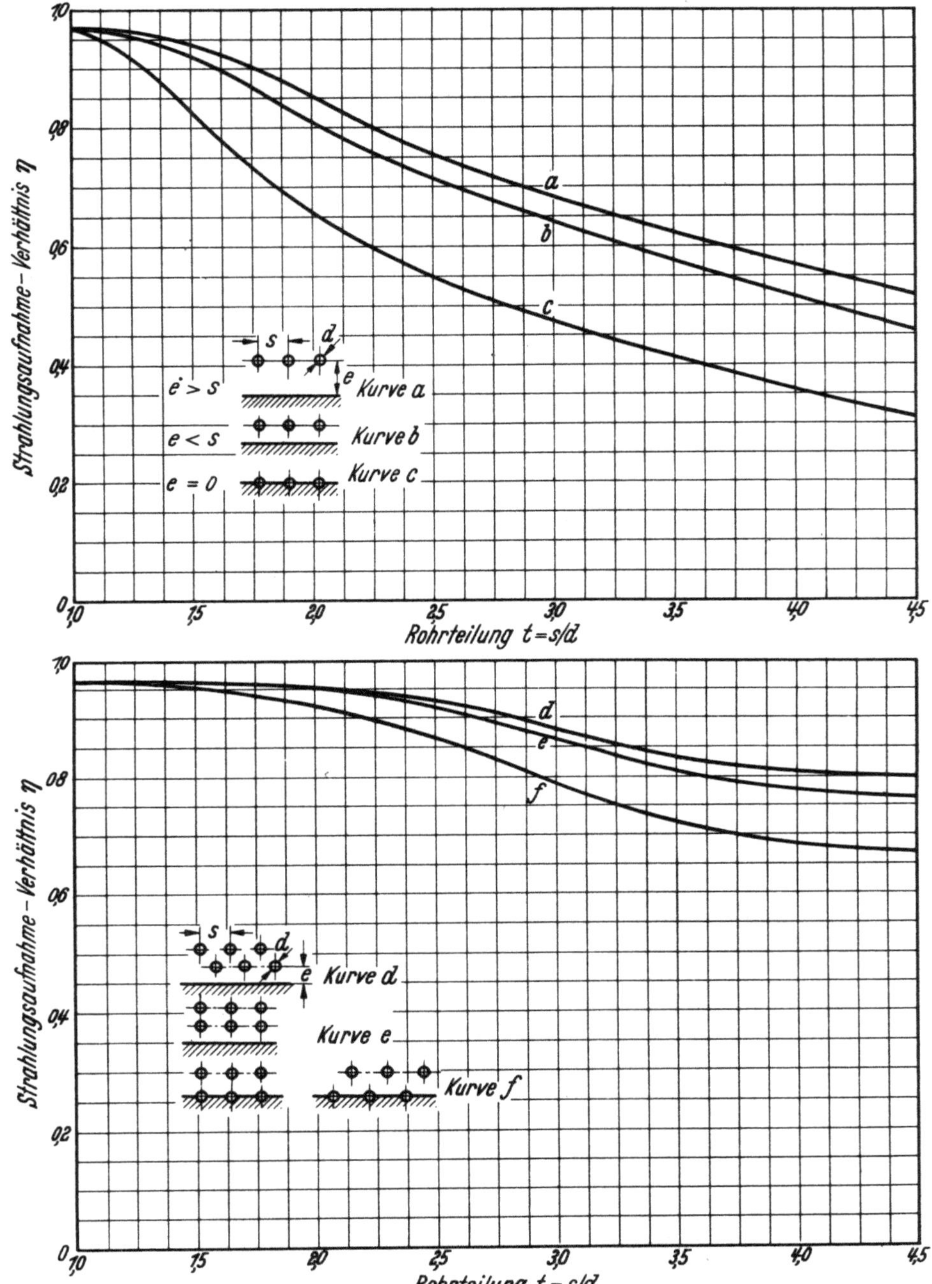

Wandkühlung und Strahlungsaustausch (Text Seite 140)

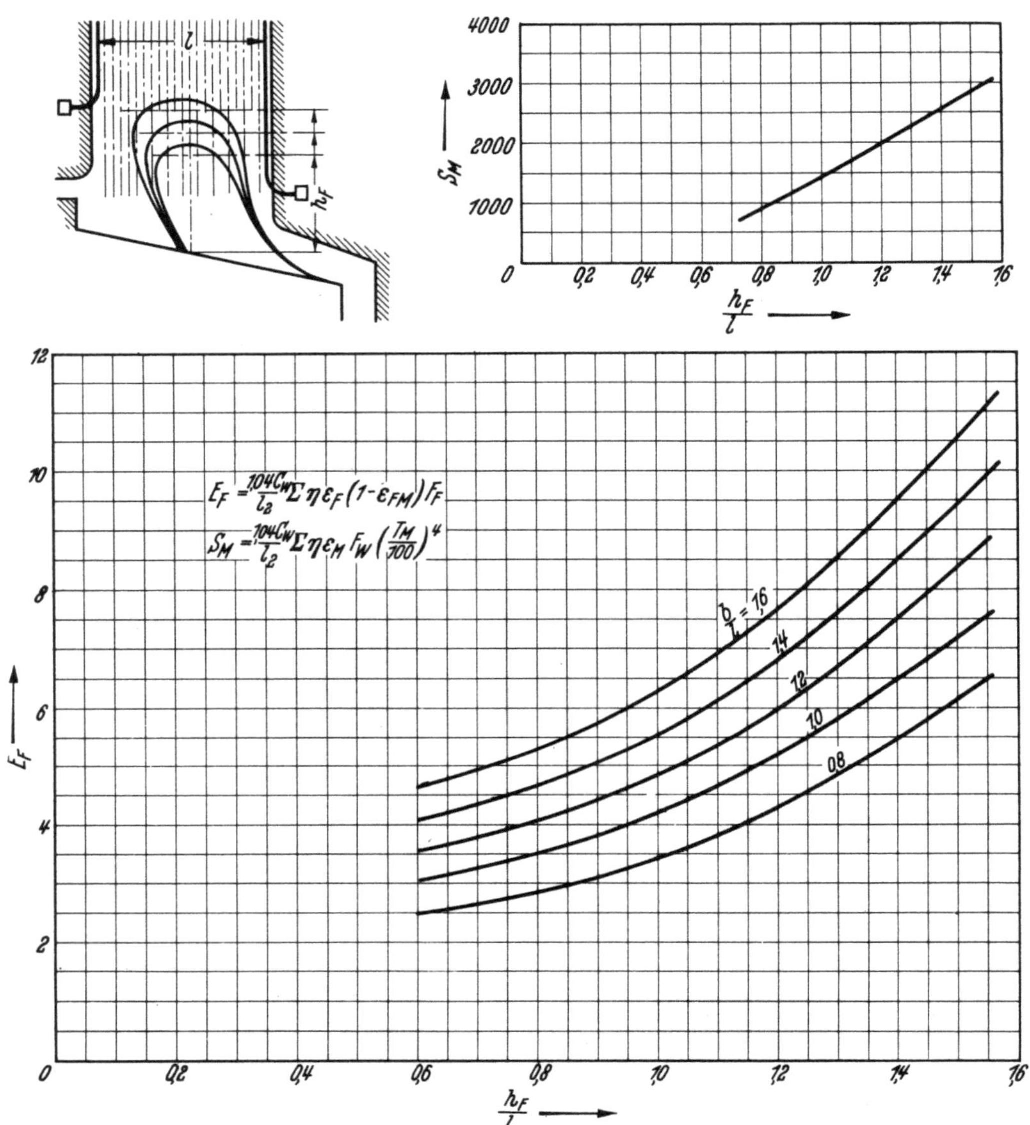

Strahlungsaustausch zwischen Flamme und Wand
Schürrost mit Rohbraunkohle (Text Seite 142)

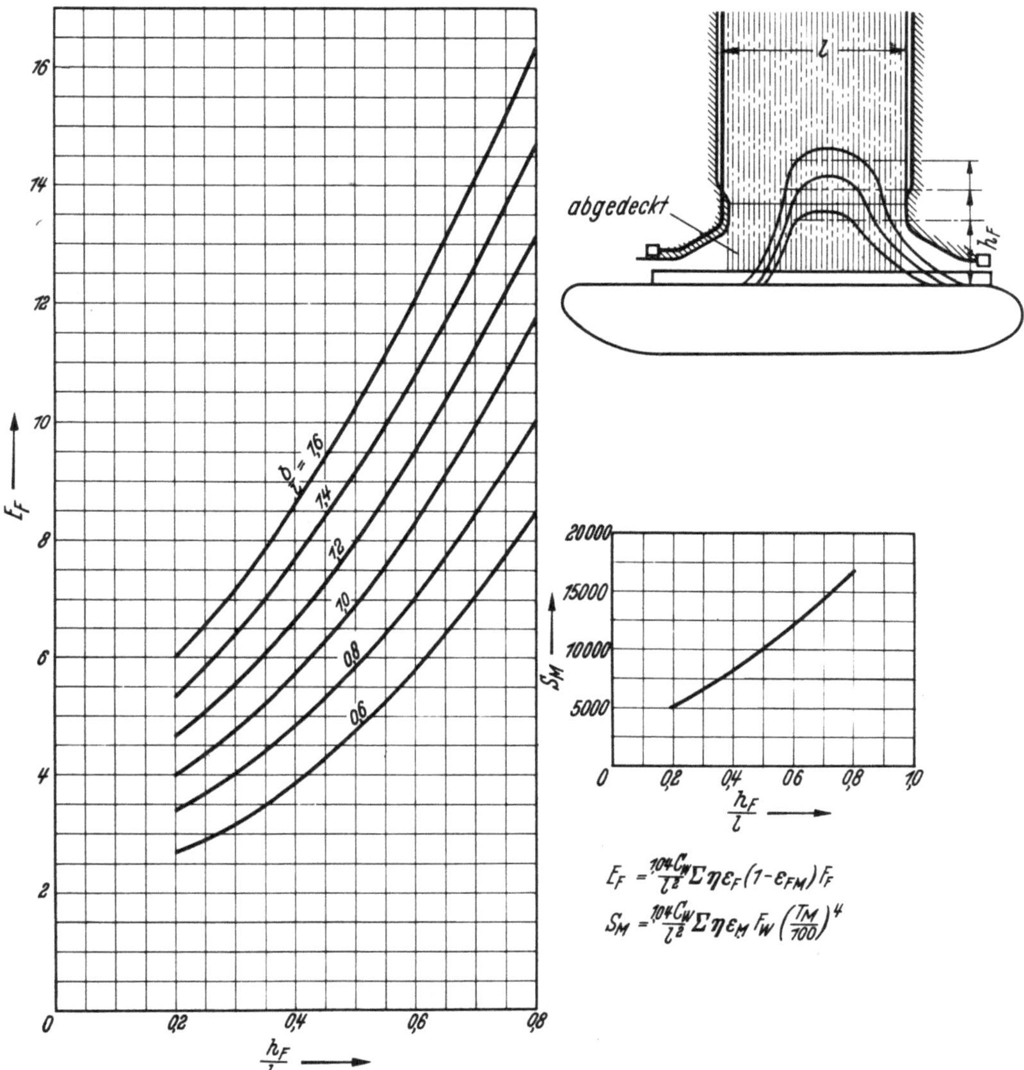

$$E_F = \frac{10^4 C_W}{l^2} \Sigma \eta \, \varepsilon_F \, (1-\varepsilon_{FM}) \, F_F$$

$$S_M = \frac{10^4 C_W}{l^2} \Sigma \eta \, \varepsilon_M \, F_W \left(\frac{T_M}{100}\right)^4$$

Strahlungsaustausch zwischen Flamme und Wand
Wanderrost mit Magerkohle (Text Seite 143)

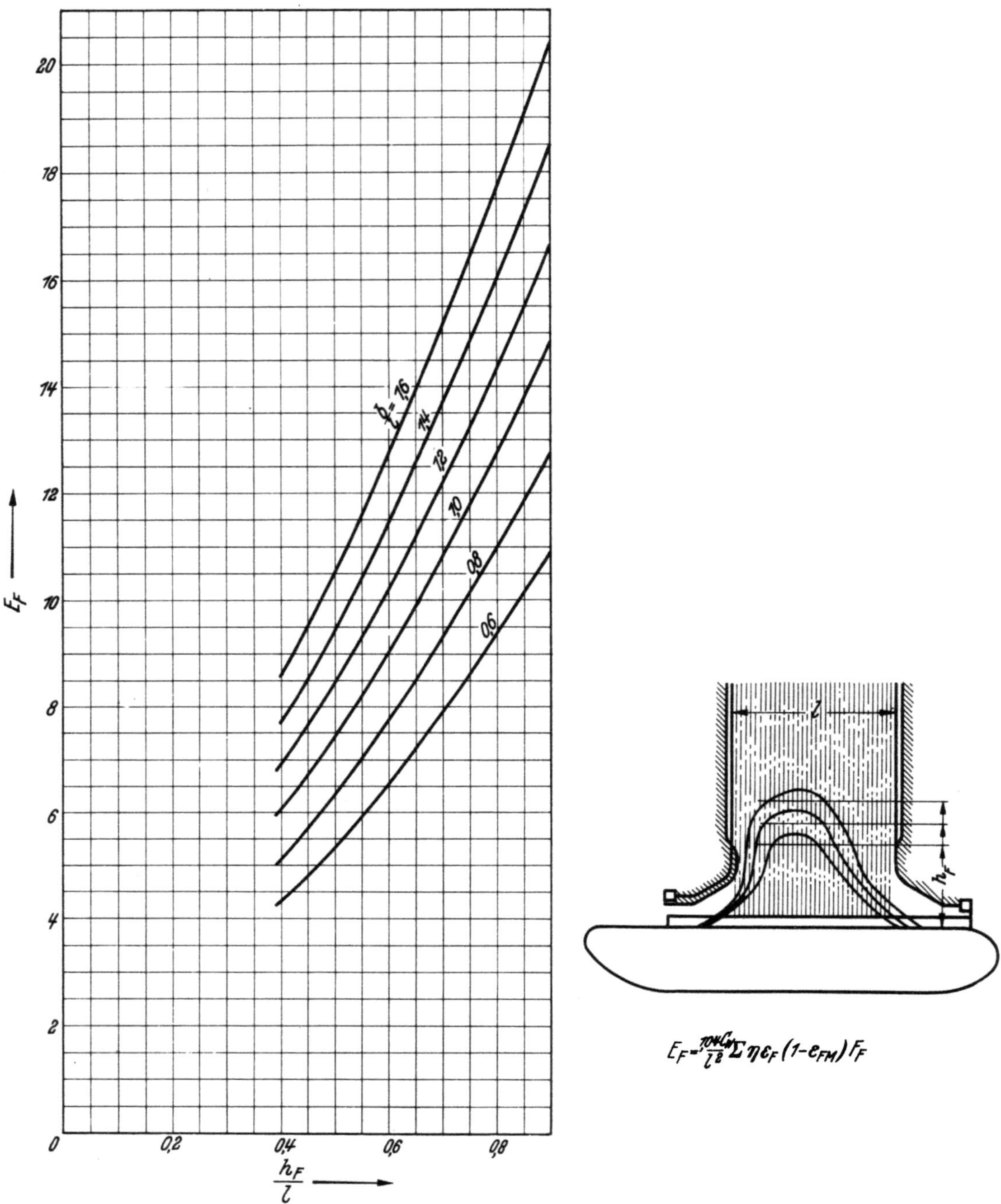

Strahlungsaustausch zwischen Flamme und Wand
Wanderrost mit Fettkohle (Text Seite 143)

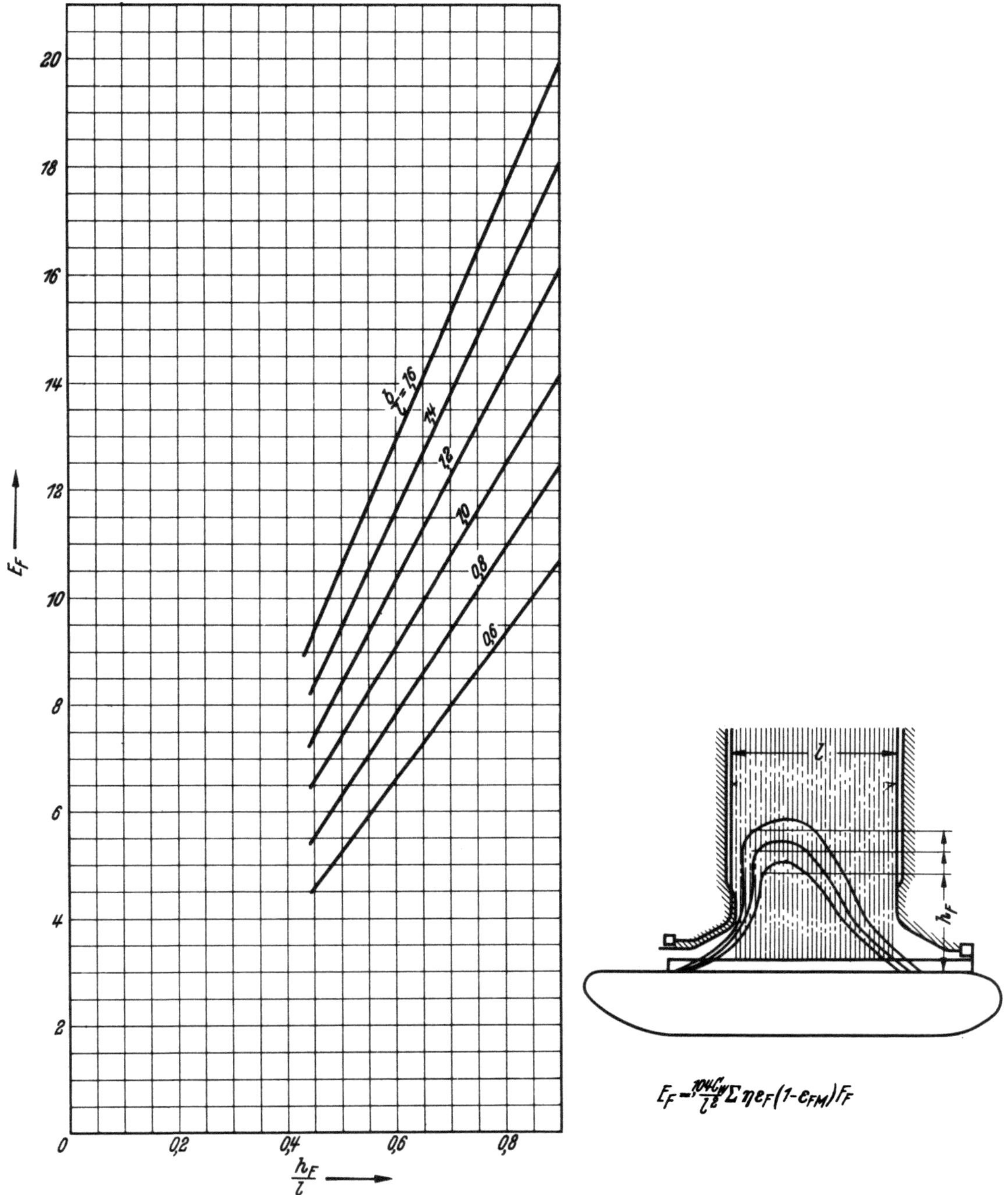

Strahlungsaustausch zwischen Flamme und Wand
Wanderrost mit Gasflammkohle (Text Seite 143)

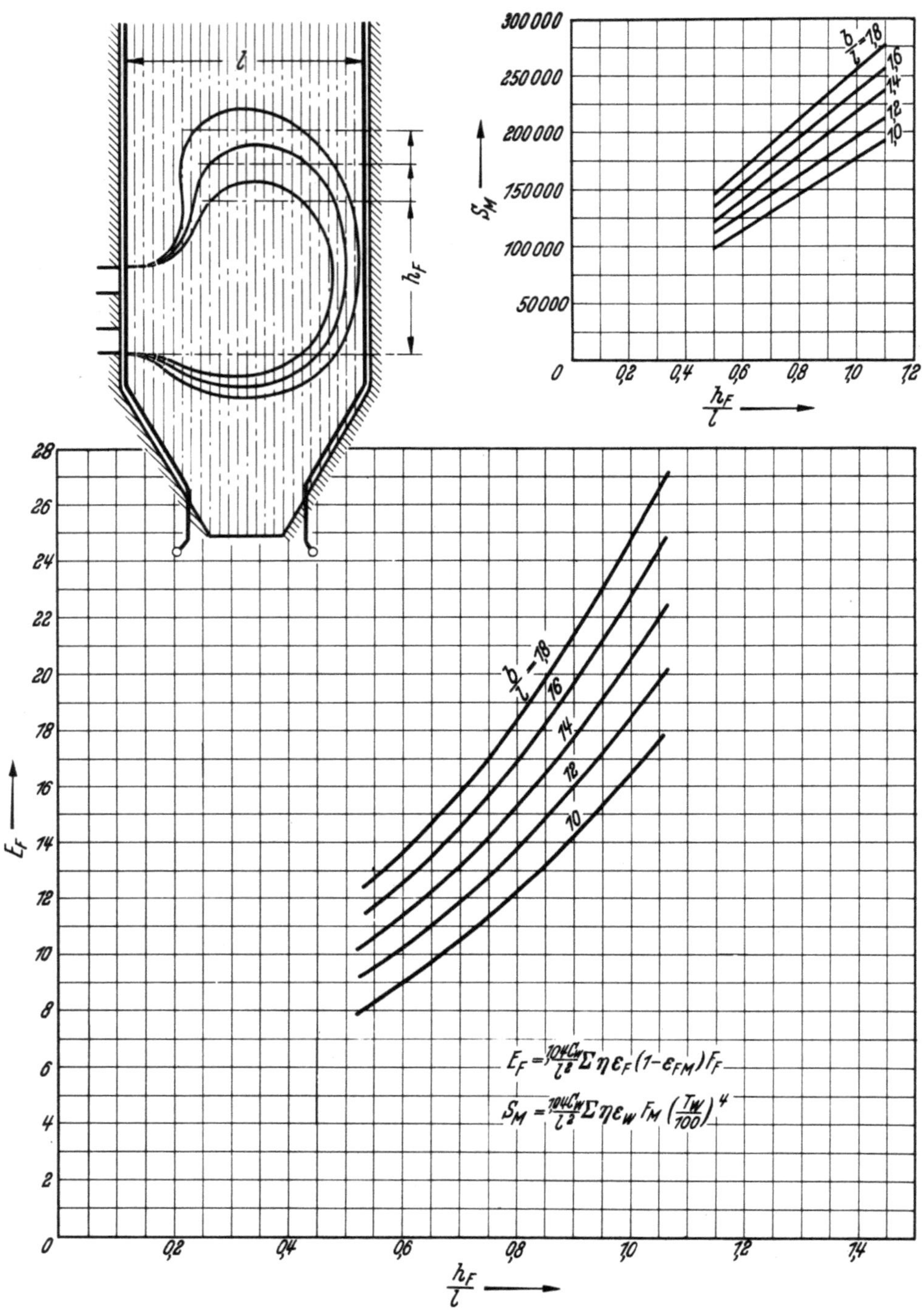

$$E_F = \frac{104\,C_n}{l^2}\,\Sigma\,\eta\,\varepsilon_F\,(1-\varepsilon_{FM})\,f_F$$

$$S_M = \frac{104\,C_n}{l^2}\,\Sigma\,\eta\,\varepsilon_W\,F_M\left(\frac{T_W}{100}\right)^4$$

Strahlungsaustausch zwischen Flamme und Wand
Staub-Frontfeuerung (Text Seite 143)

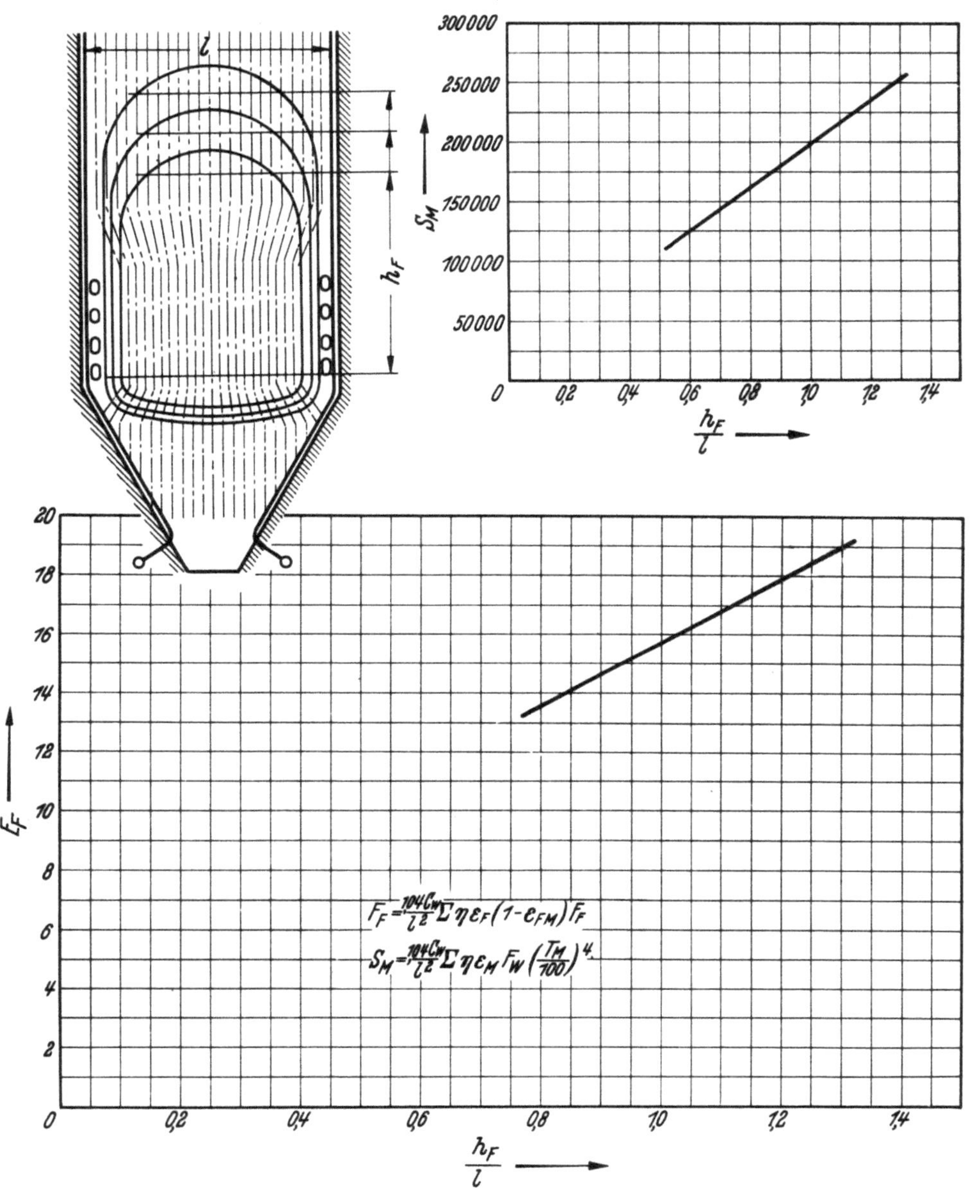

Strahlungsaustausch zwischen Flamme und Wand
Eckenfeuerung (Text Seite 144)

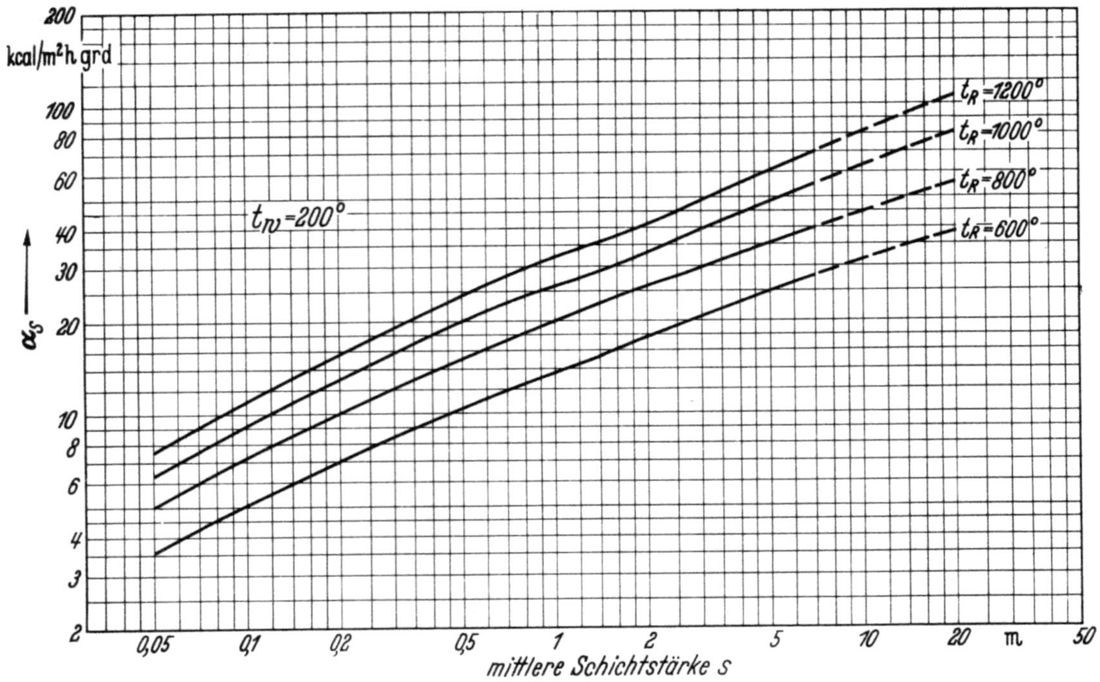

I. Wandtemperatur 200° C

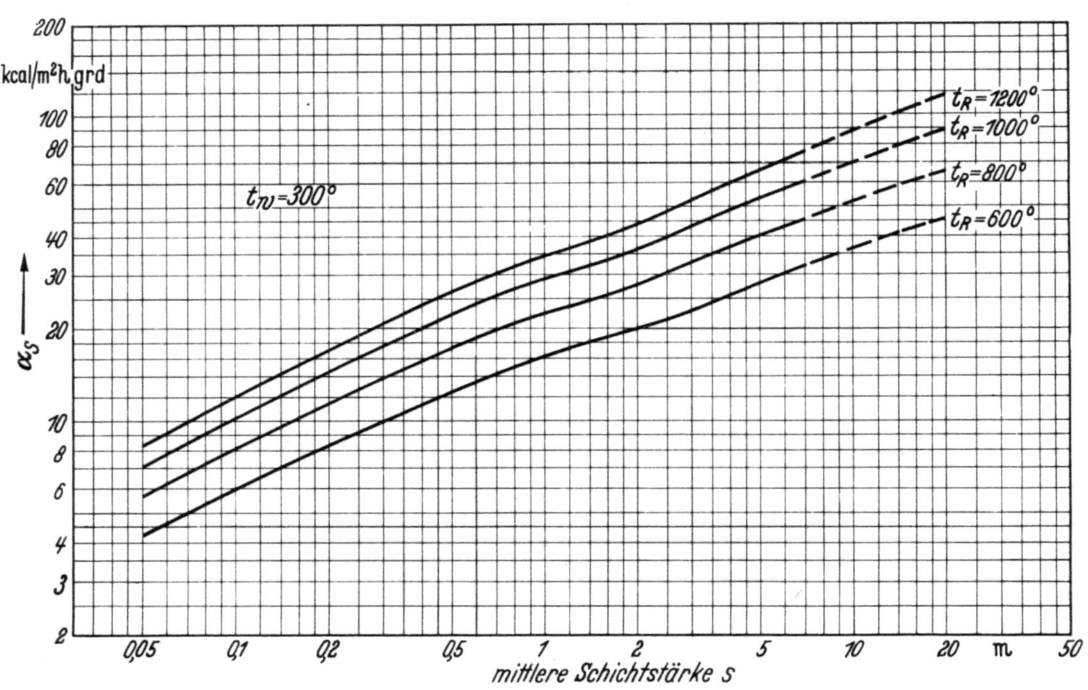

II. Wandtemperatur 300° C

Wärmeübergangszahl α_S durch Strahlung
für Rauchgas aus Steinkohle (Text Seite 144)

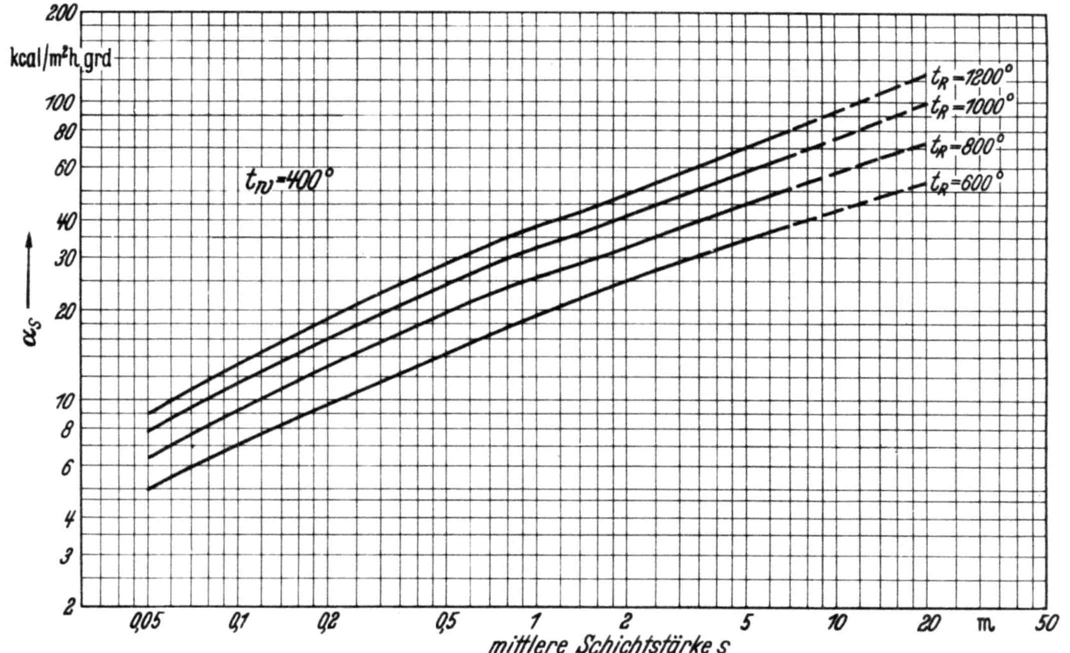

III. Wandtemperatur 400° C

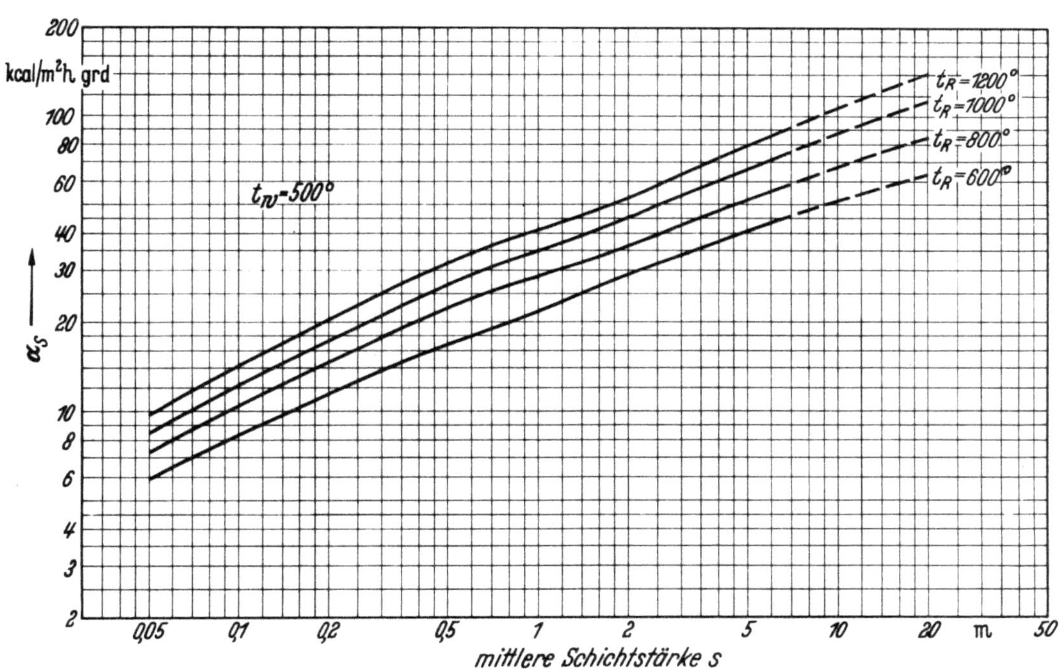

IV. Wandtemperatur 500° C

Wärmeübergangszahl α_S durch Strahlung
für Rauchgas aus Steinkohle (Text Seite 144)

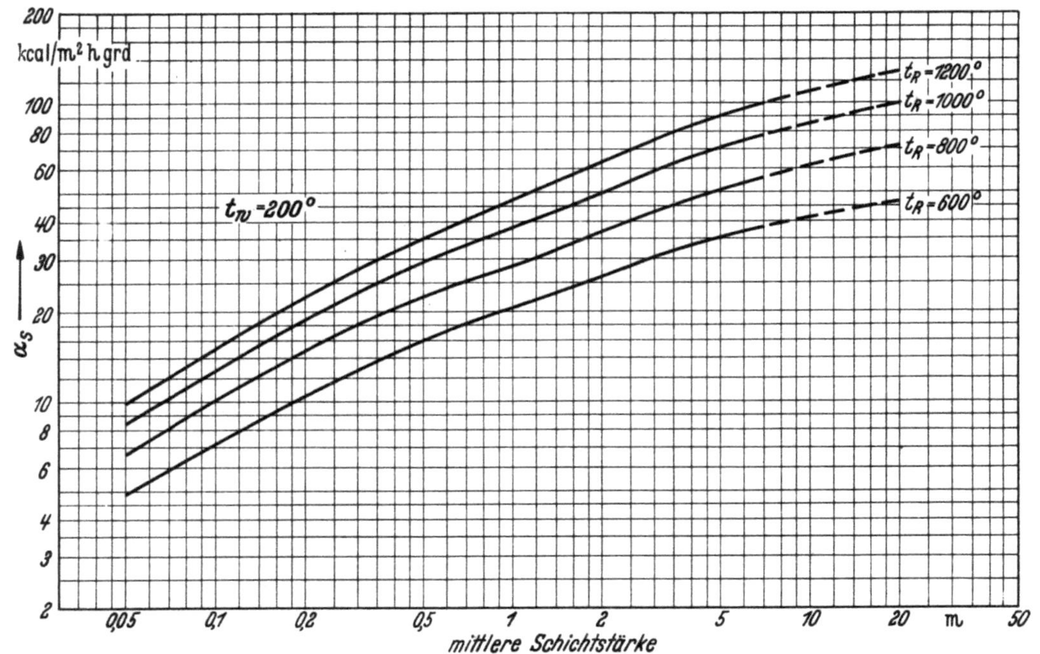

I. Wandtemperatur 200° C

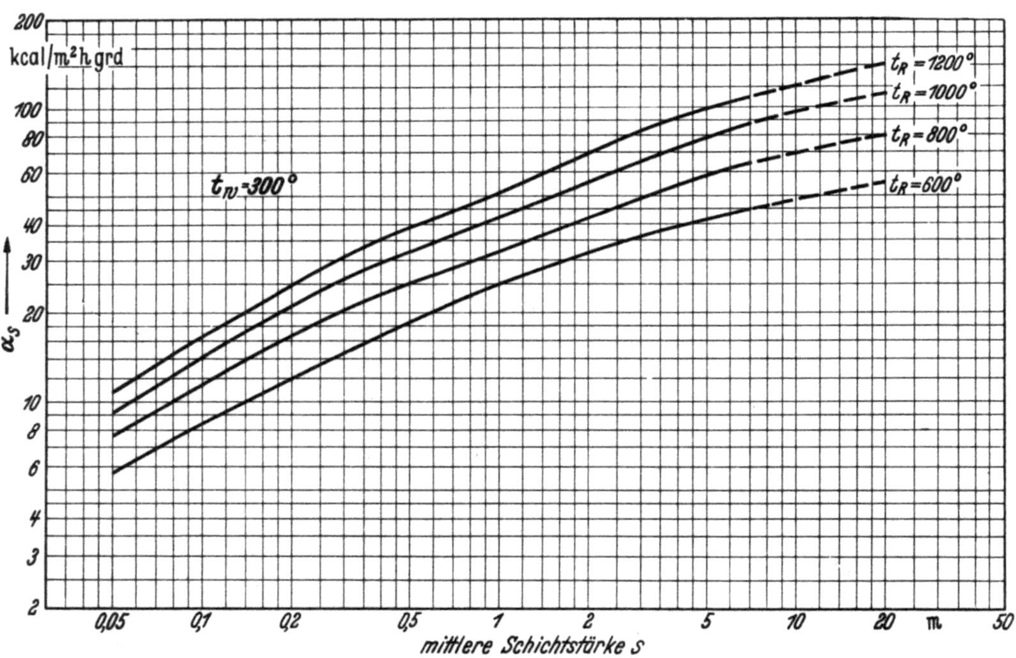

II. Wandtemperatur 300° C

Wärmeübergangszahl α_S durch Strahlung
für Rauchgas aus Braunkohle (Text Seite 144)

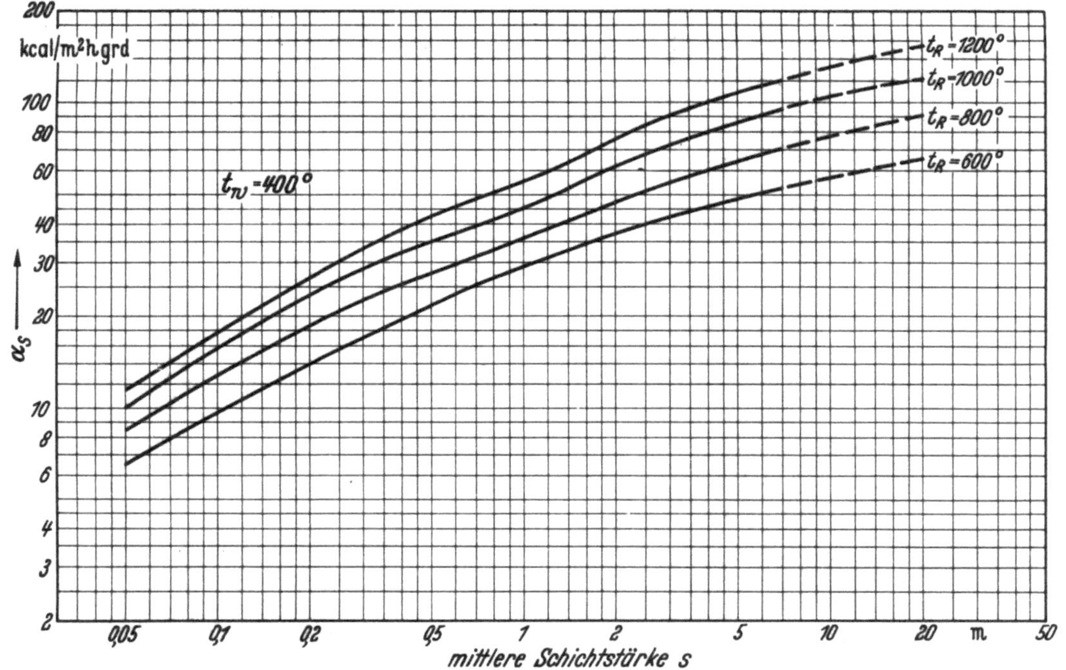

III. Wandtemperatur 400° C

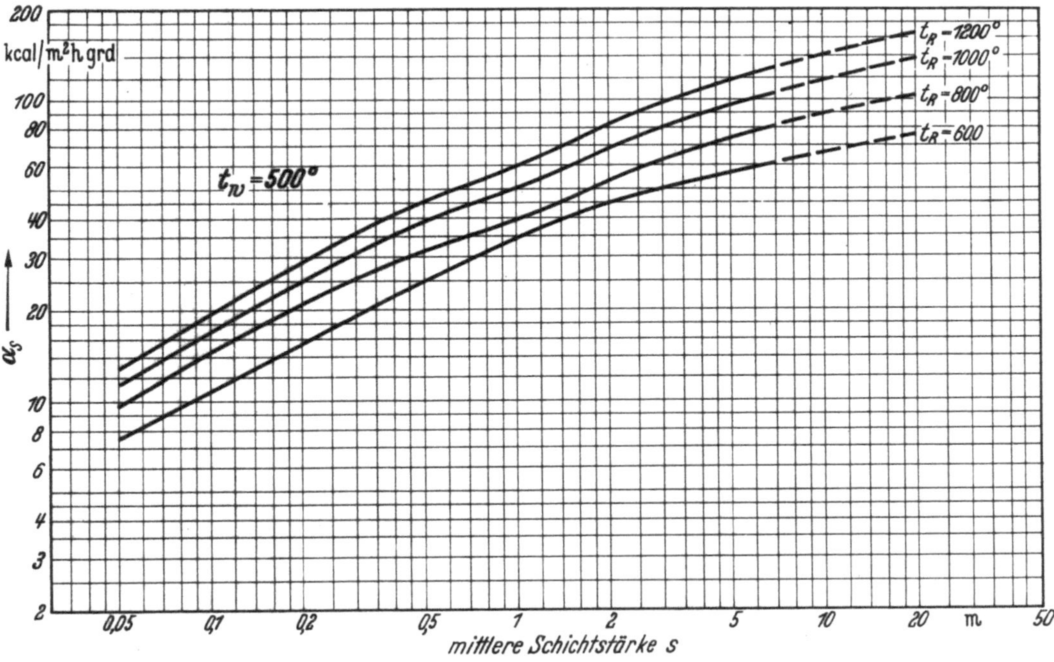

IV. Wandtemperatur 500° C

Wärmeübergangszahl α_s durch Strahlung
für Rauchgas aus Braunkohle (Text Seite 144)

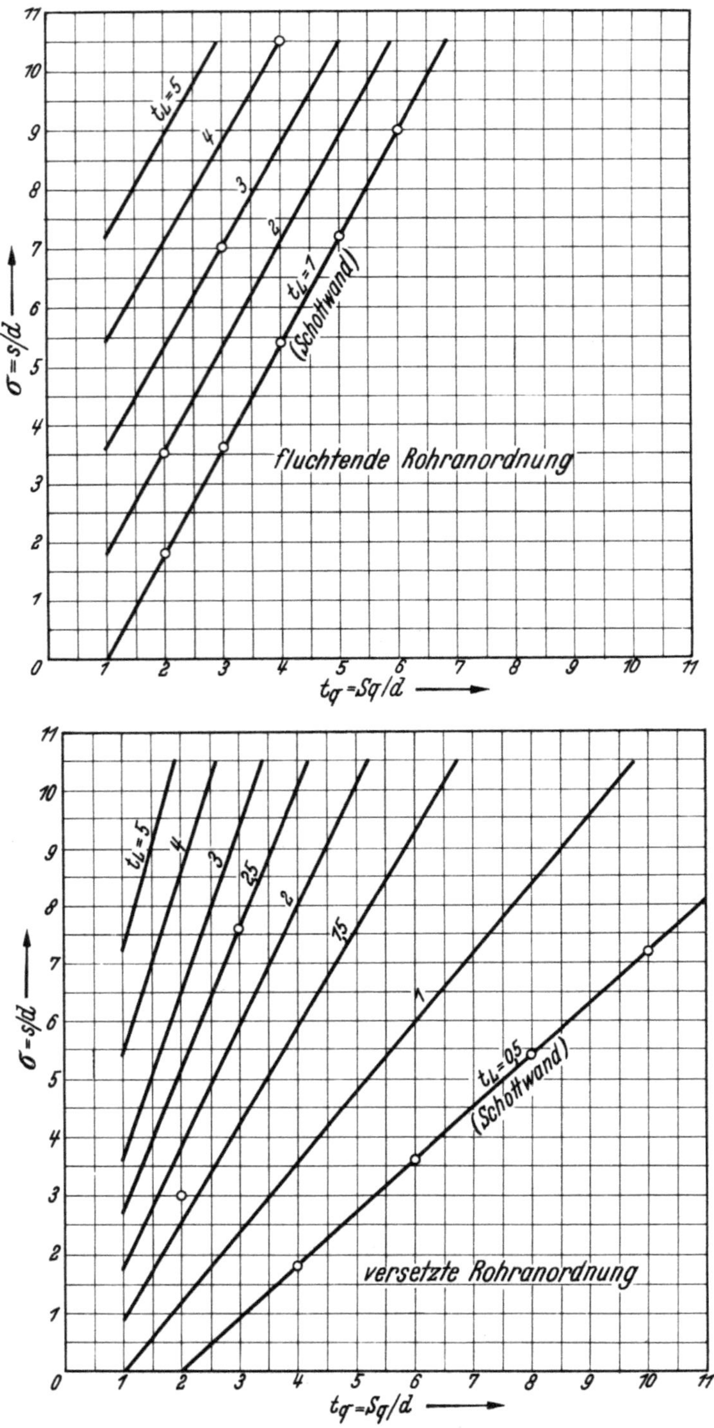

Schichtstärke der Gasstrahlung in Rohrbündeln (Text Seite 145)

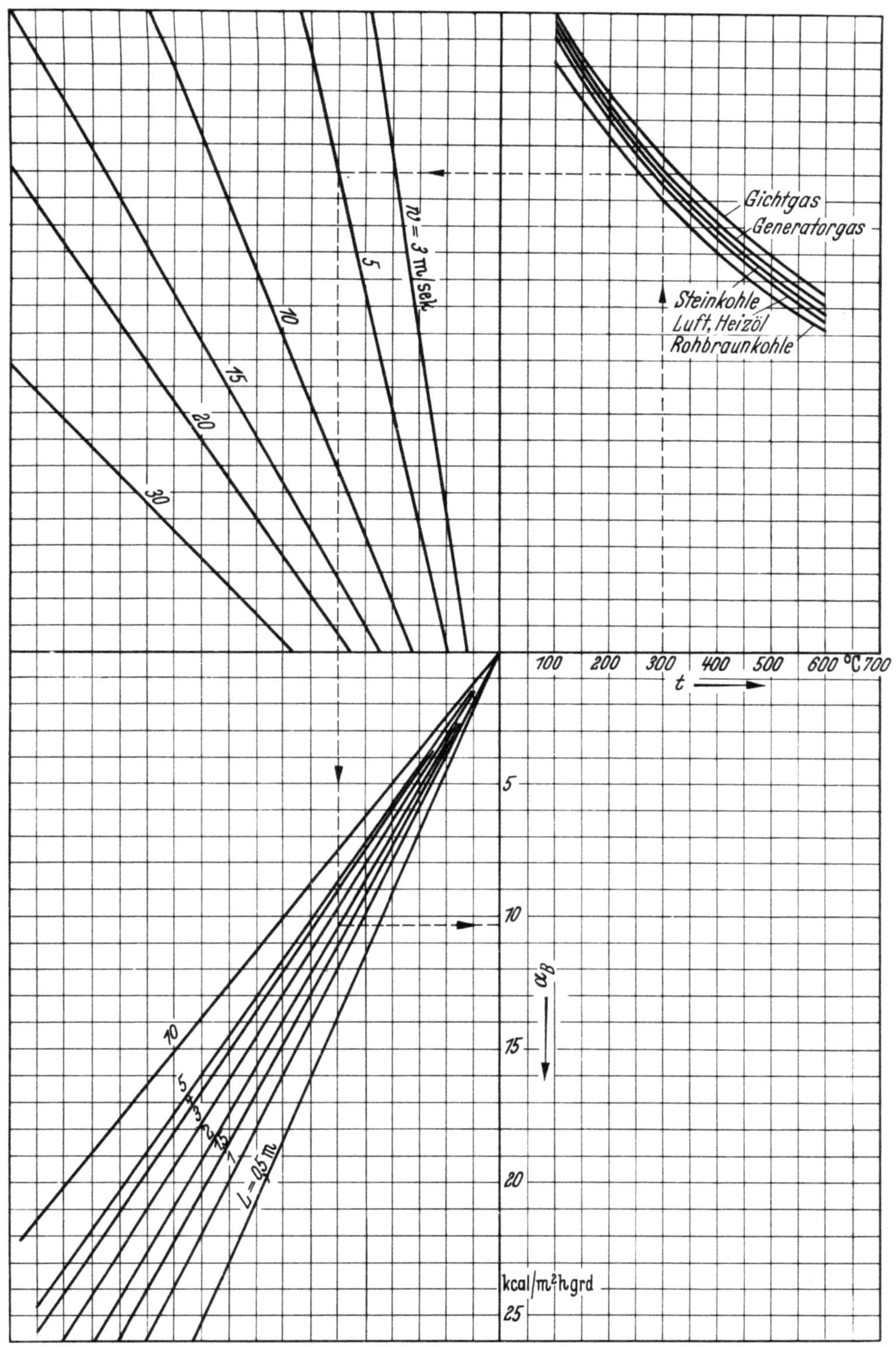

Wärmeübergangszahl α_B an längs angeströmten Platten
t ist die Gastemperatur, w die Gasgeschwindigkeit, L die Länge der Platte
(Text Seite 151)

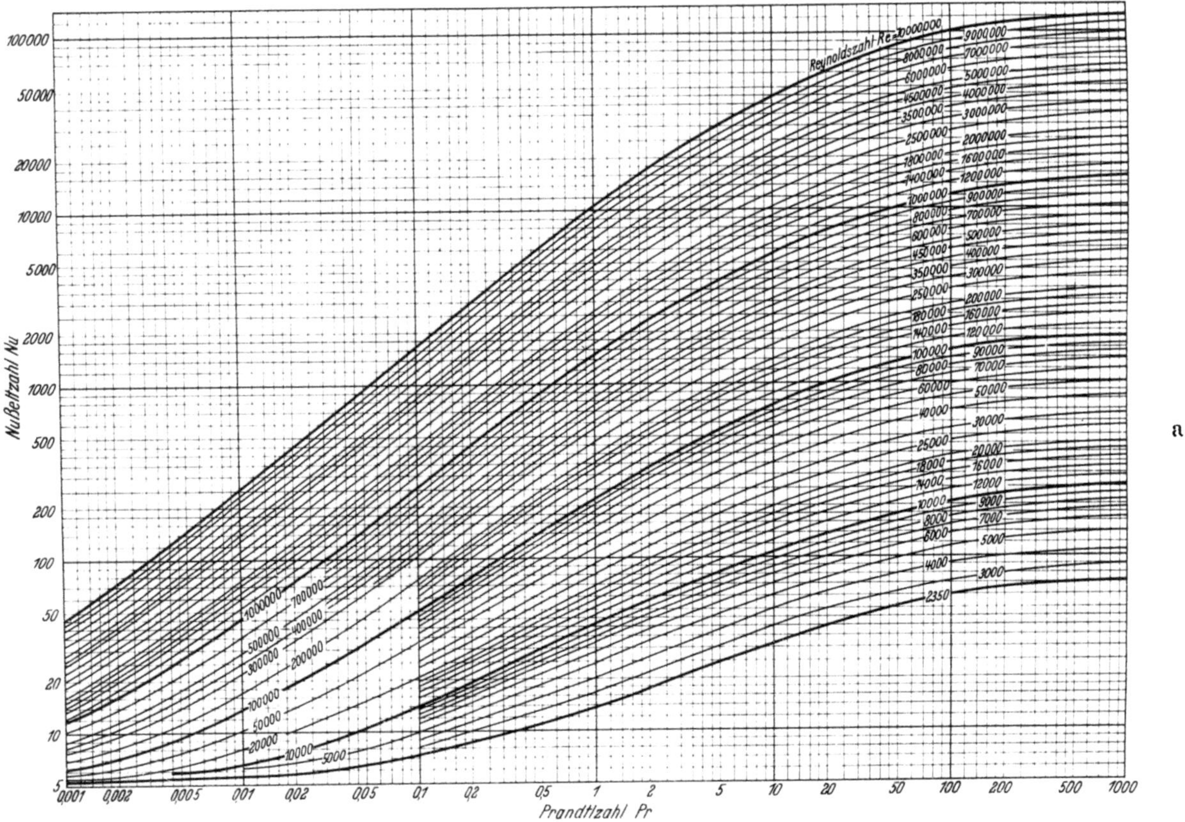

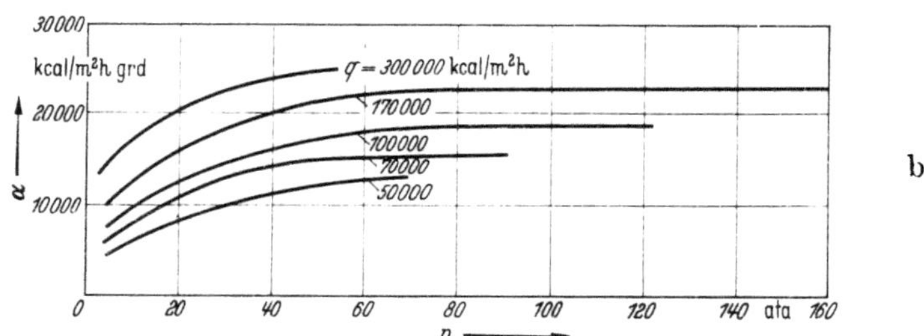

Der Wärmeübergang im Rohr (Text Seite 152)
a für alle Stoffe,   b für siedendes Wasser

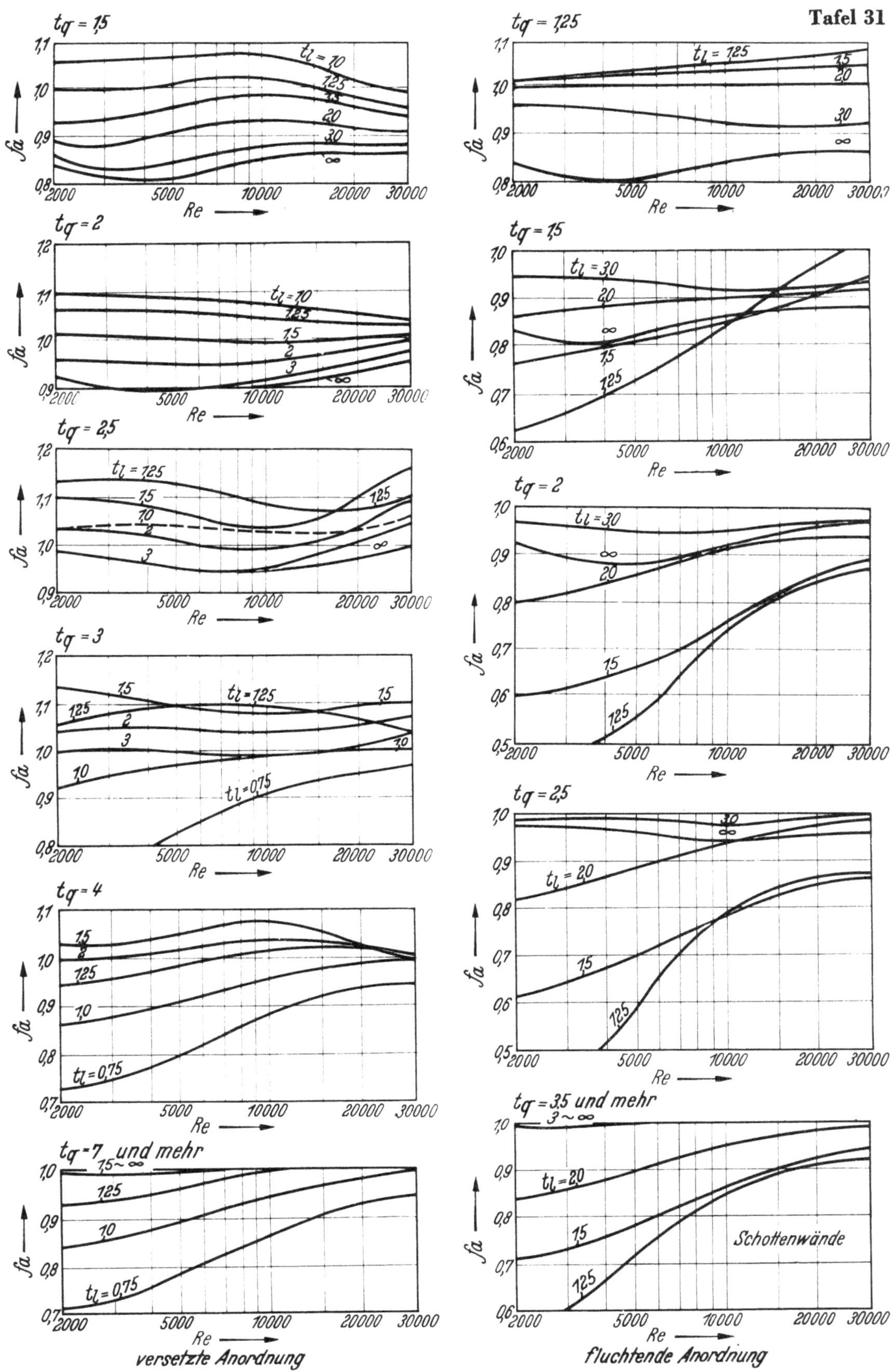

Anordnungsfaktor $fa = f(Re)$ für verschiedene Teilungsverhältnisse
gültig für mindestens 10 Rohrreihen (Text Seite 154)

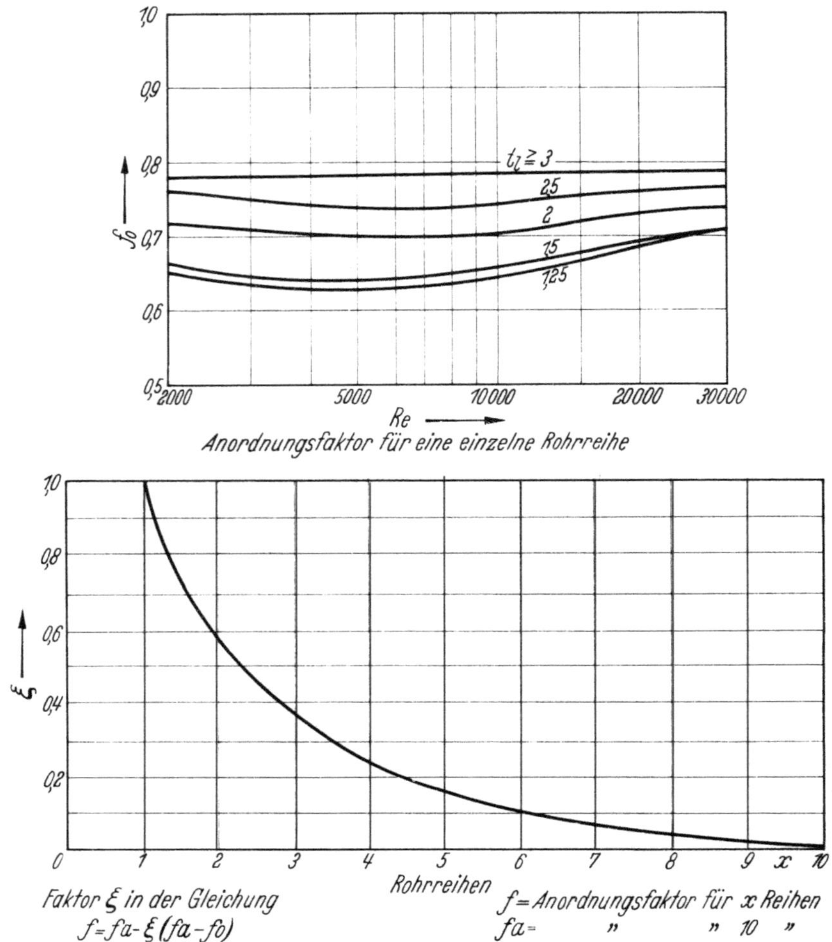

Umrechnung des Anordnungsfaktors für weniger als 10 Rohrreihen (Text Seite 154)

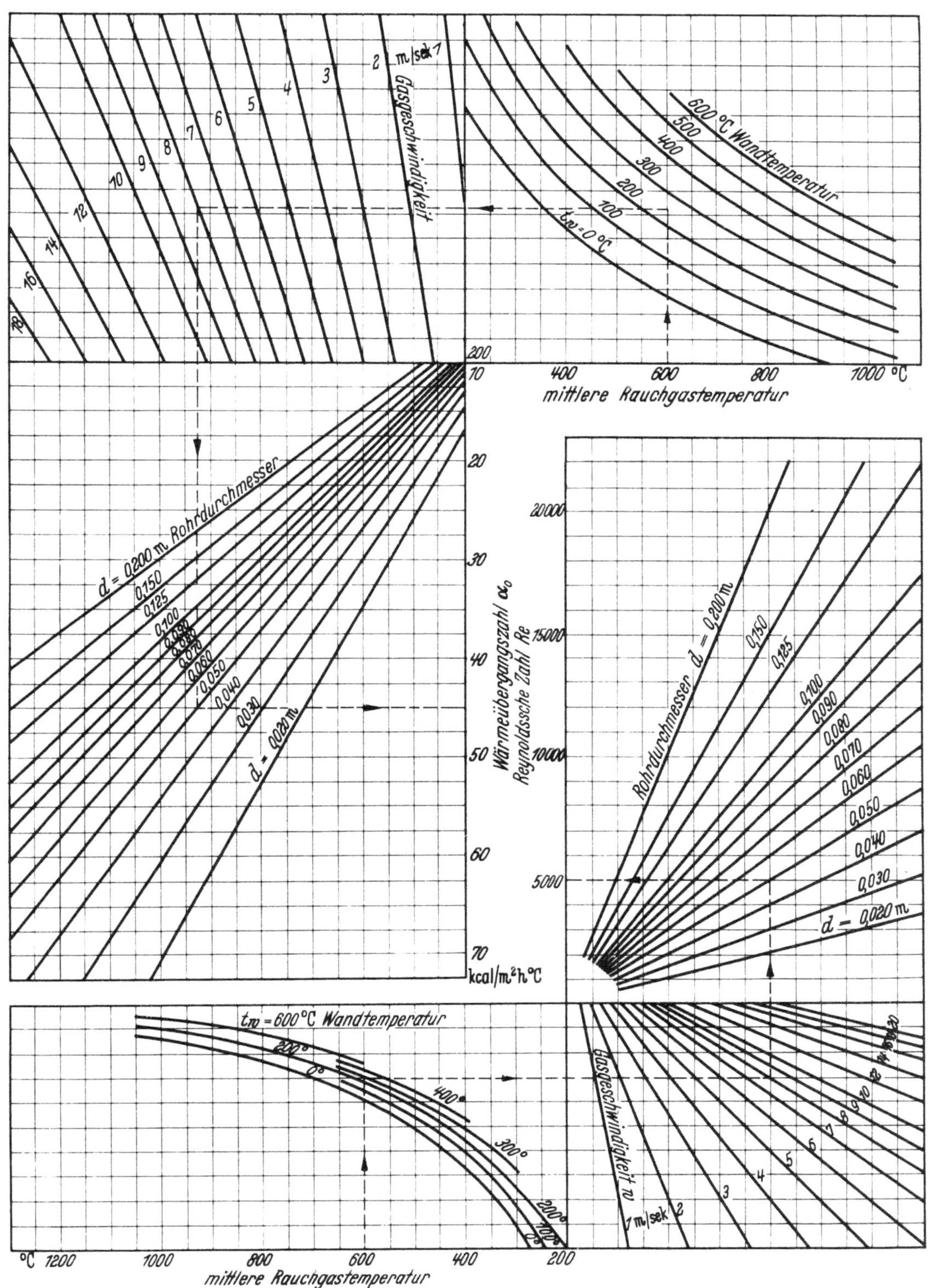

Wärmeübergangszahl α_0 und Reynoldssche Zahl Re
I. für Steinkohlenrauchgas (Text Seite 154)

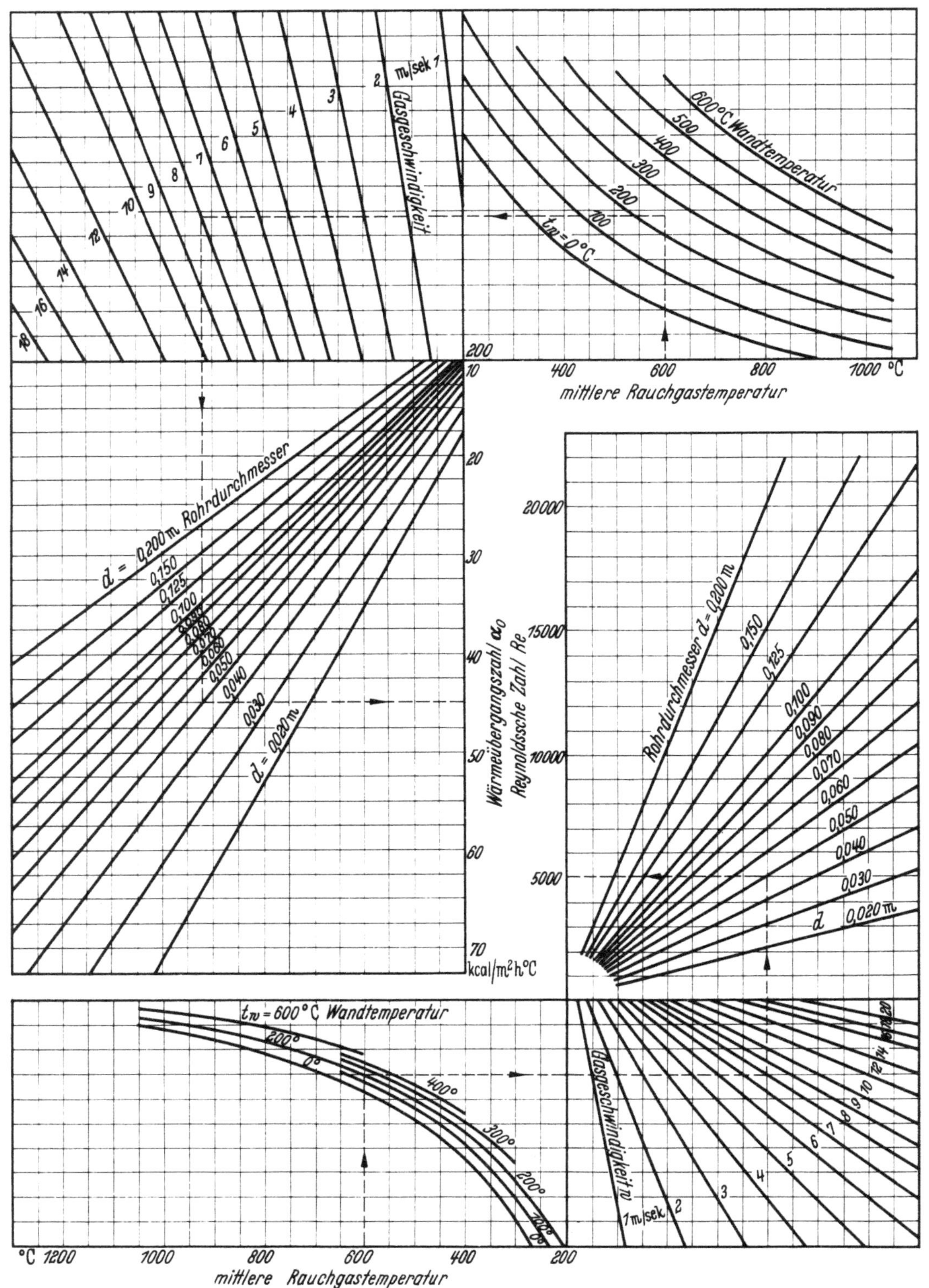

Wärmeübergangszahl α_0 und Reynoldssche Zahl *Re*
II. für Braunkohlenrauchgas (Text Seite 154)

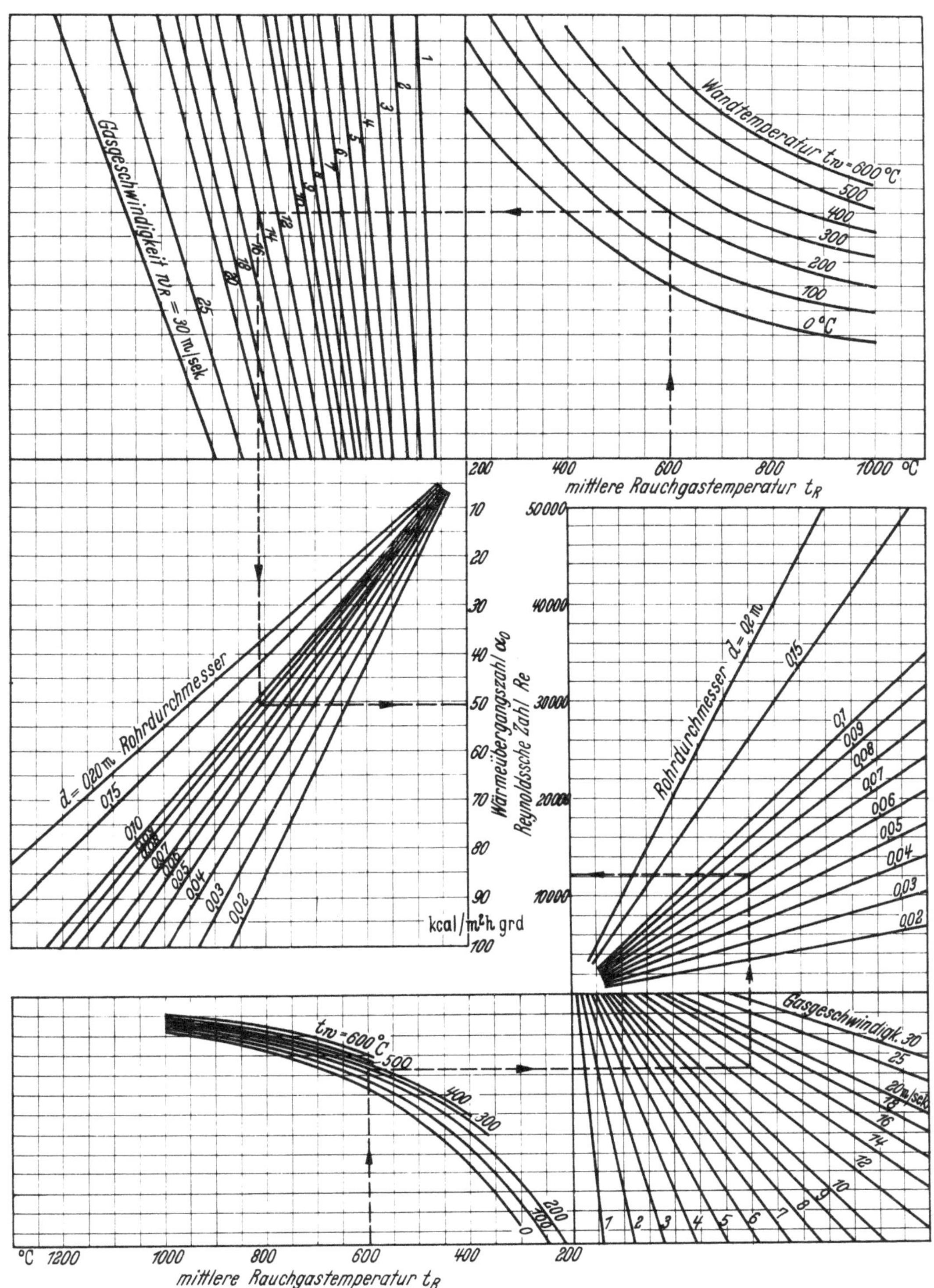

Wärmeübergangszahl α_0 und Reynoldssche Zahl *Re*
III. für Rauchgas aus Heizöl (Text Seite 154)

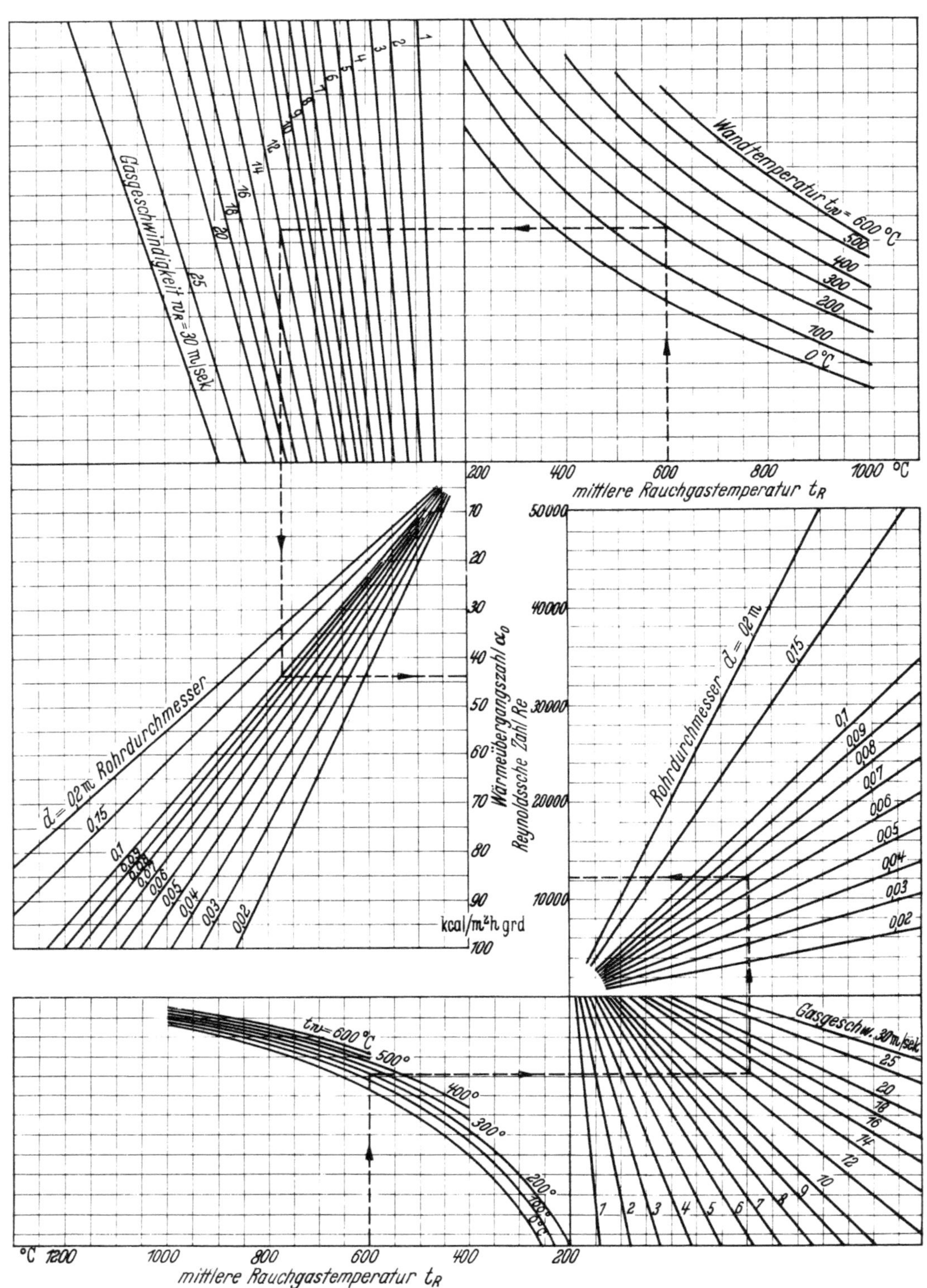

Wärmeübergangszahl α_0 und Reynoldssche Zahl Re
IV. für Rauchgas aus Generatorgas (Text Seite 154)

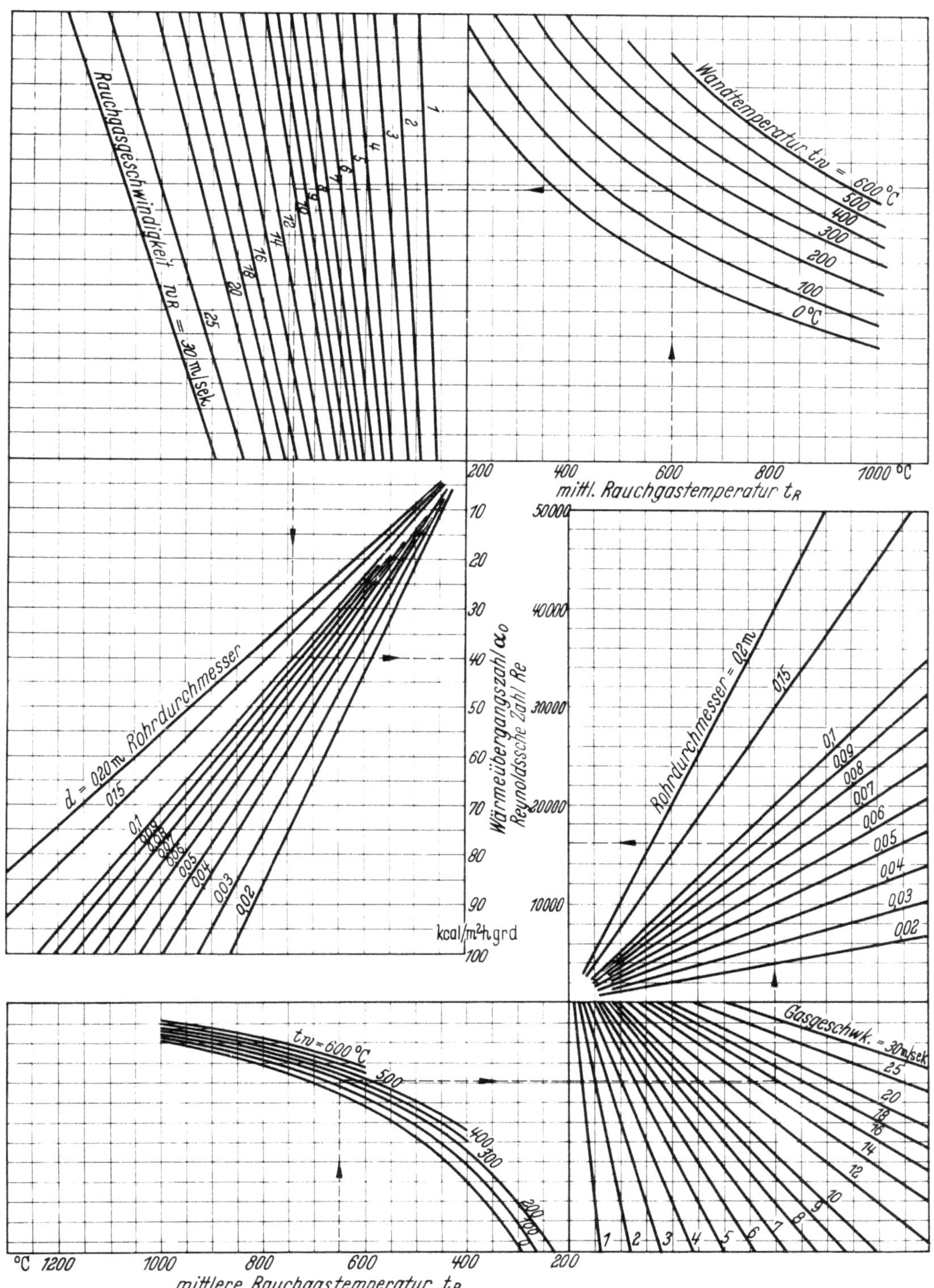

Wärmeübergangszahl α_0 und Reynoldssche Zahl Re
V. für Rauchgas aus Gichtgas (Text Seite 154)

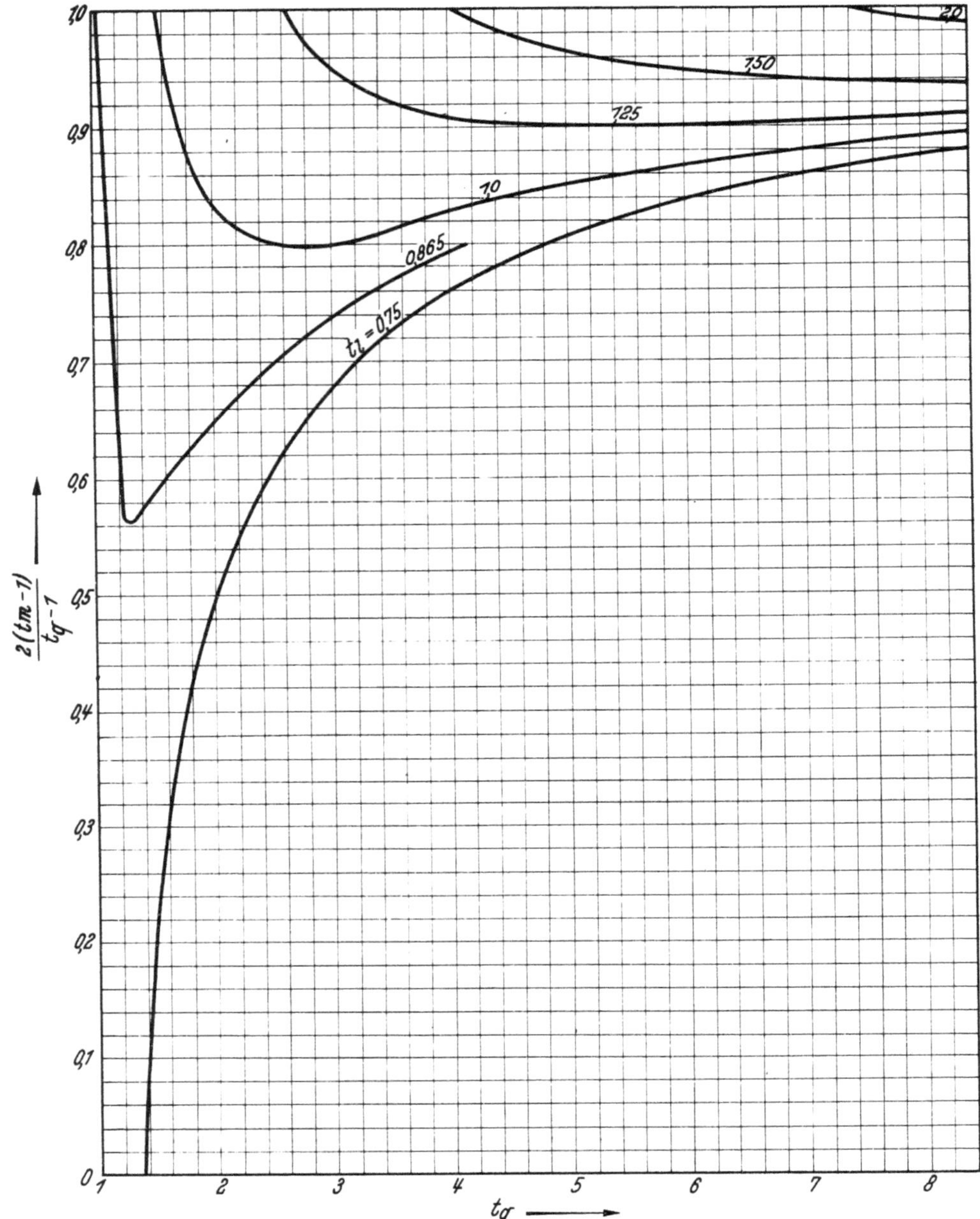

Querschnittsverengung $2(tm-1)/(tq-1)$ bei versetzter Rohranordnung gegenüber fluchtender (Text Seite 154)

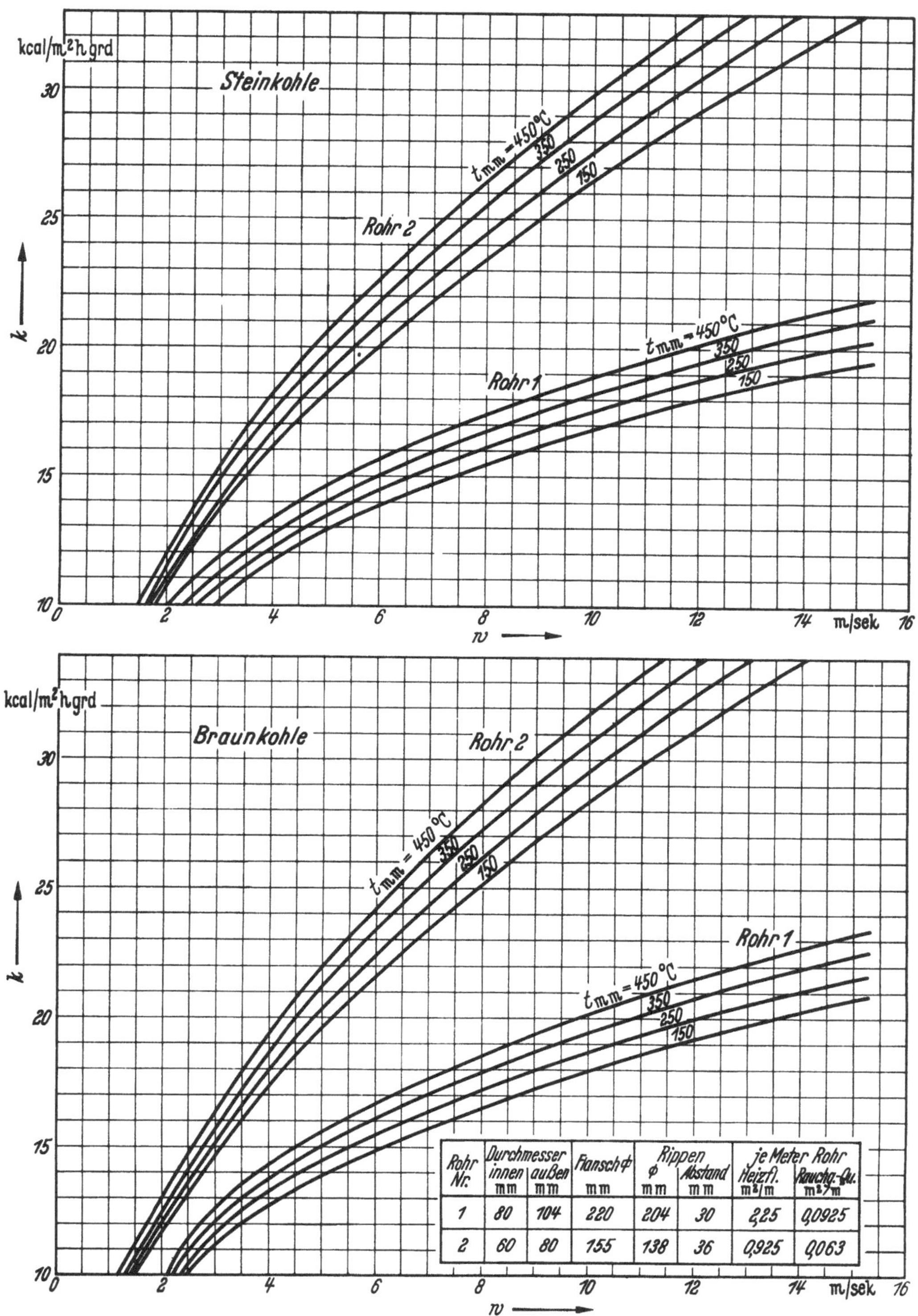

Rohr Nr.	Durchmesser innen mm	außen mm	Flansch∅ mm	Rippen ∅ mm	Abstand mm	je Meter Rohr Heizfl. m²/m	Rauchg.-Qu. m²/m
1	80	104	220	204	30	2,25	0,0925
2	60	80	155	138	36	0,925	0,063

Wärmedurchgangszahl k von gußeisernen Rippenrohren

$$t_{mm} = \frac{(t_m)\ \text{Rauchg.} + (t_m)\ \text{Wass.}}{2}$$

(Text Seite 155)

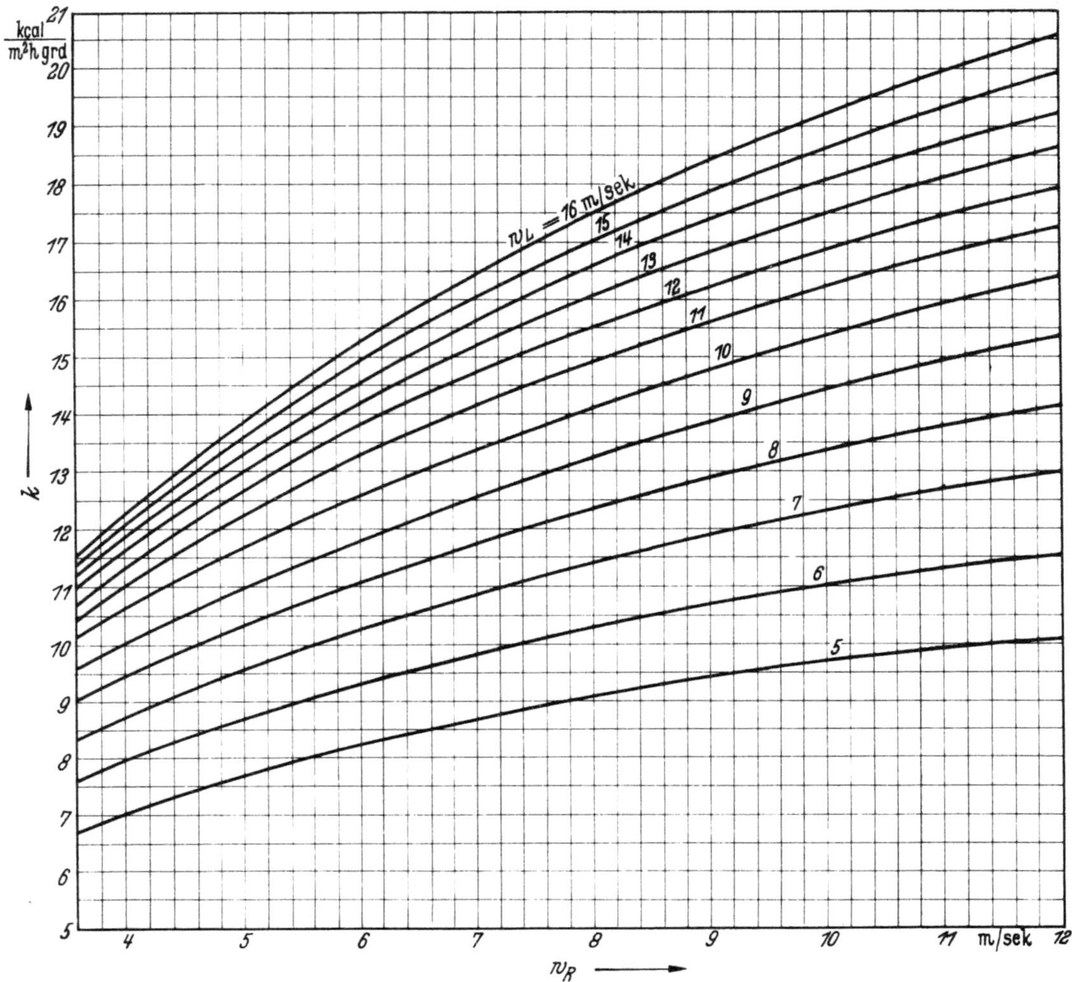

Wärmedurchgangszahl k für das Einheits-Rippenrohr von Luftvorwärmern
(Text Seite 155)

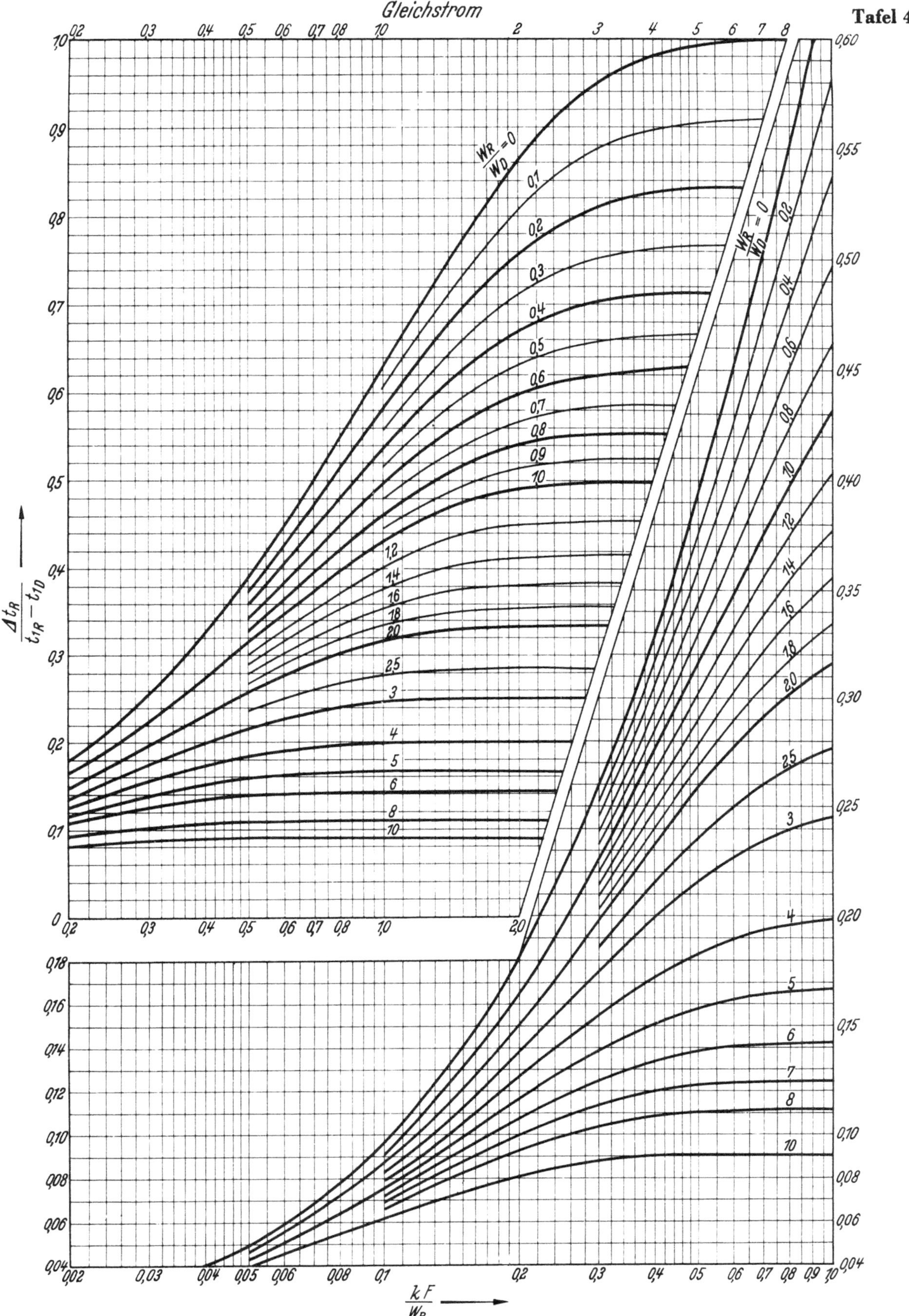

Wirksamkeit der Heizfläche und relative Rauchgasabkühlung
1. Gleichstrom (Text Seite 157)

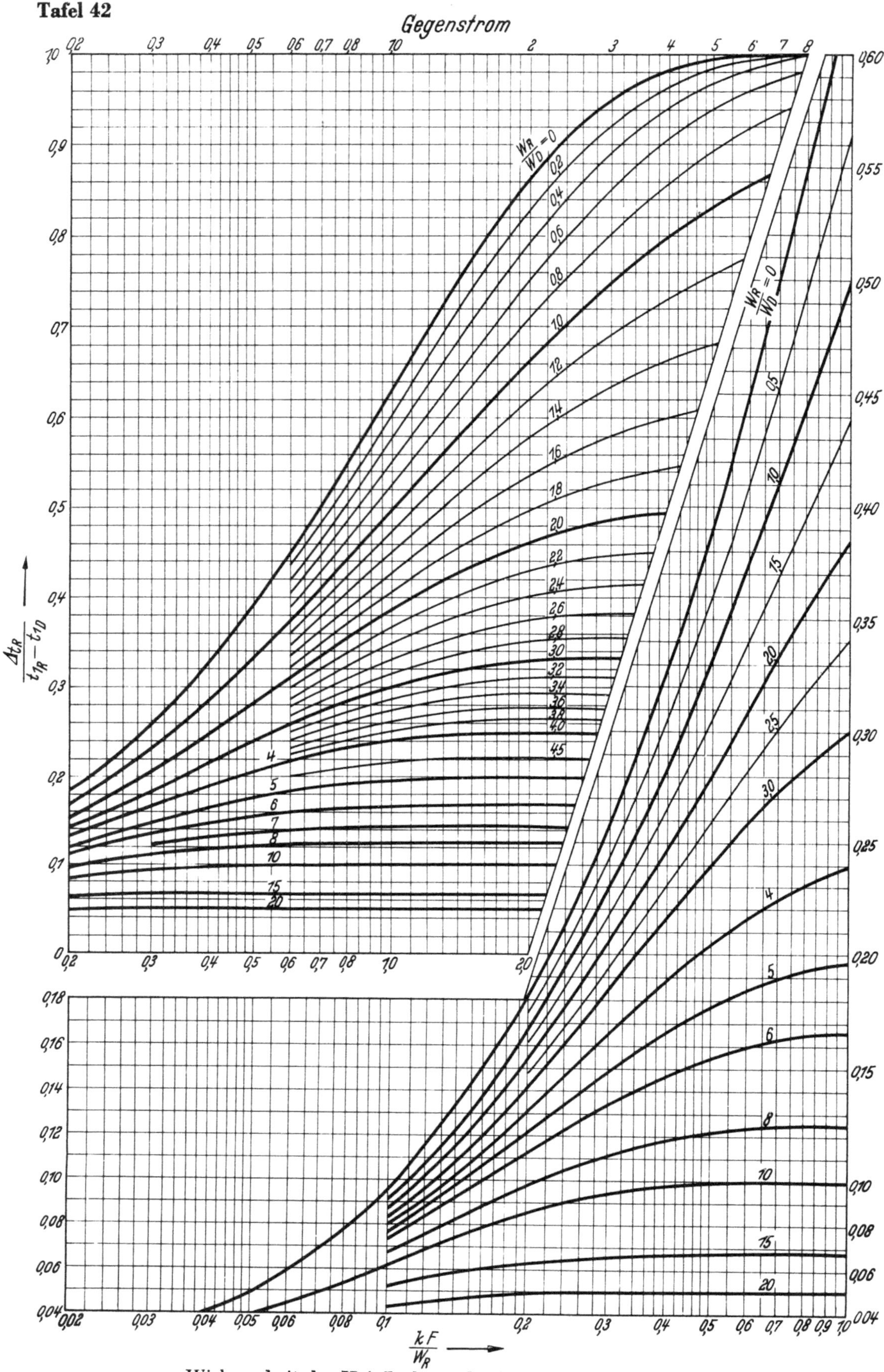

Wirksamkeit der Heizfläche und relative Raumgasabkühlung
2. Gegenstrom (Text Seite 157)

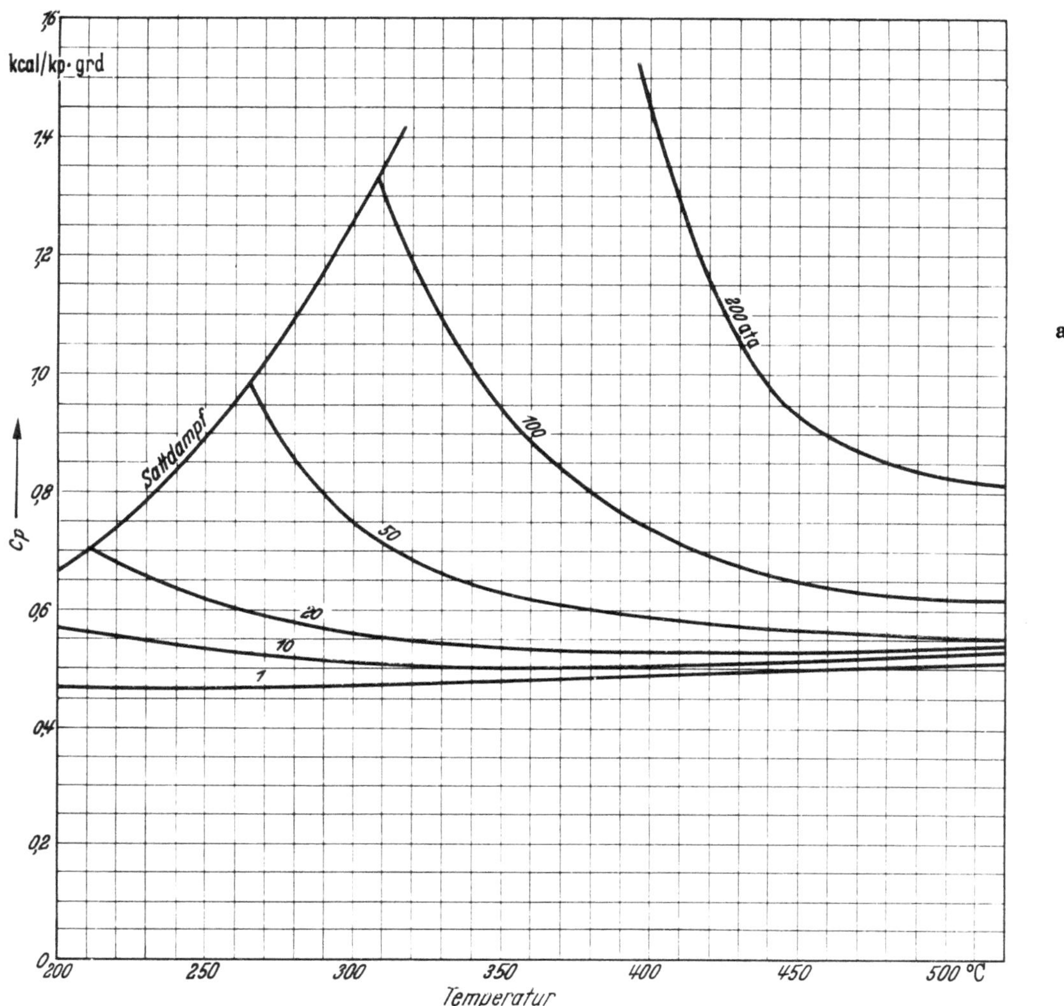

Spezifische Wärme von Wasserdampf (Text Seite 157)

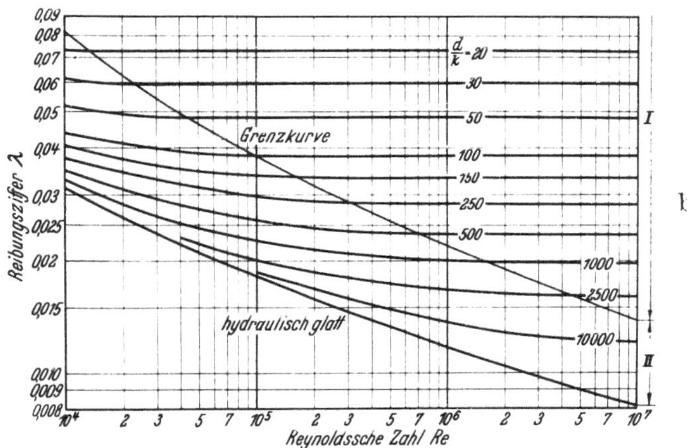

Rohrreibungszahl λ (Text Seite 159)

Tafel 44

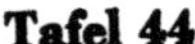

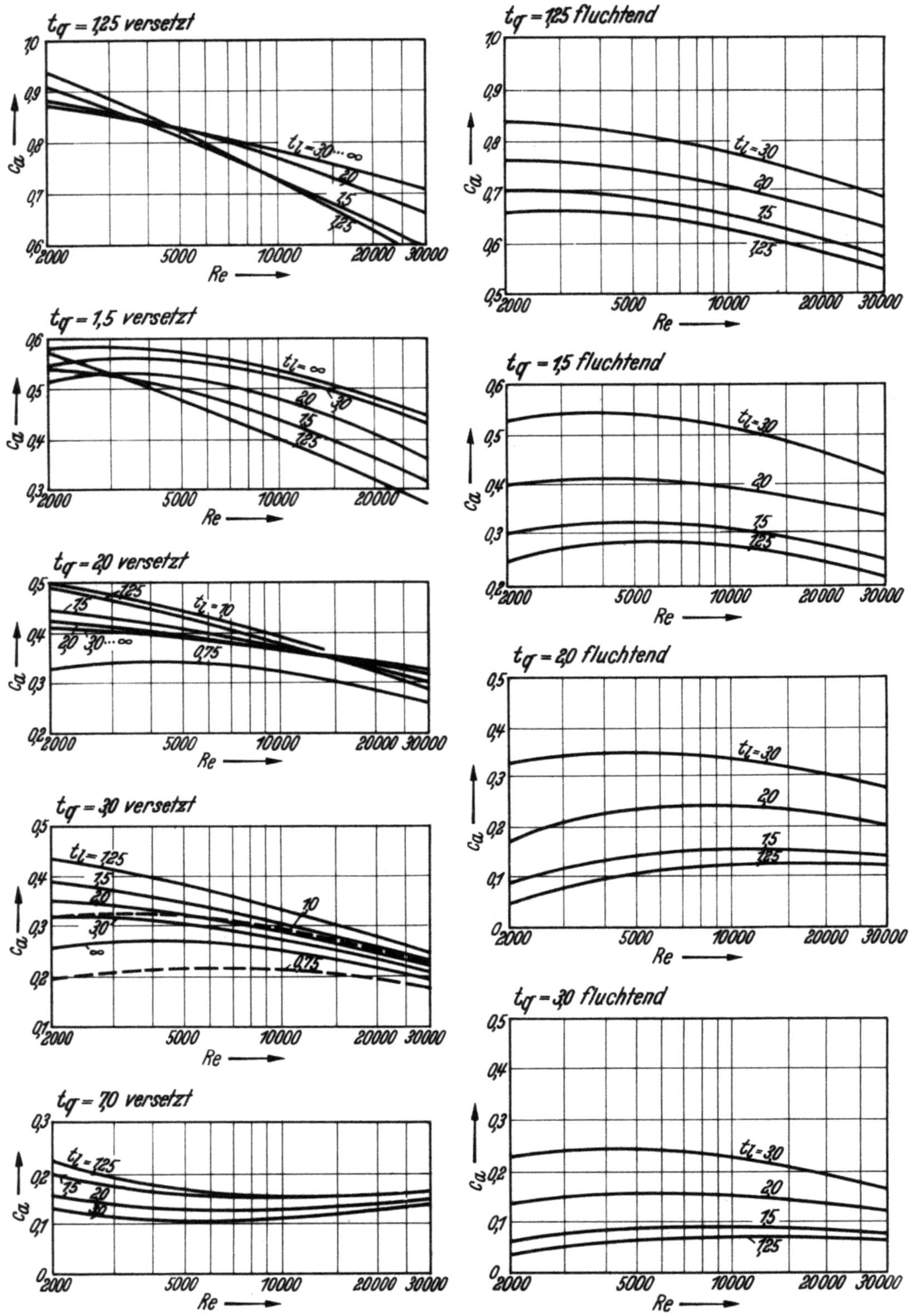

Druckverlustfaktor $C_a = \Delta p / H_w$ für verschiedene Teilungsverhältnisse gültig für mindestens 10 Rohrreihen (Text Seite 160)

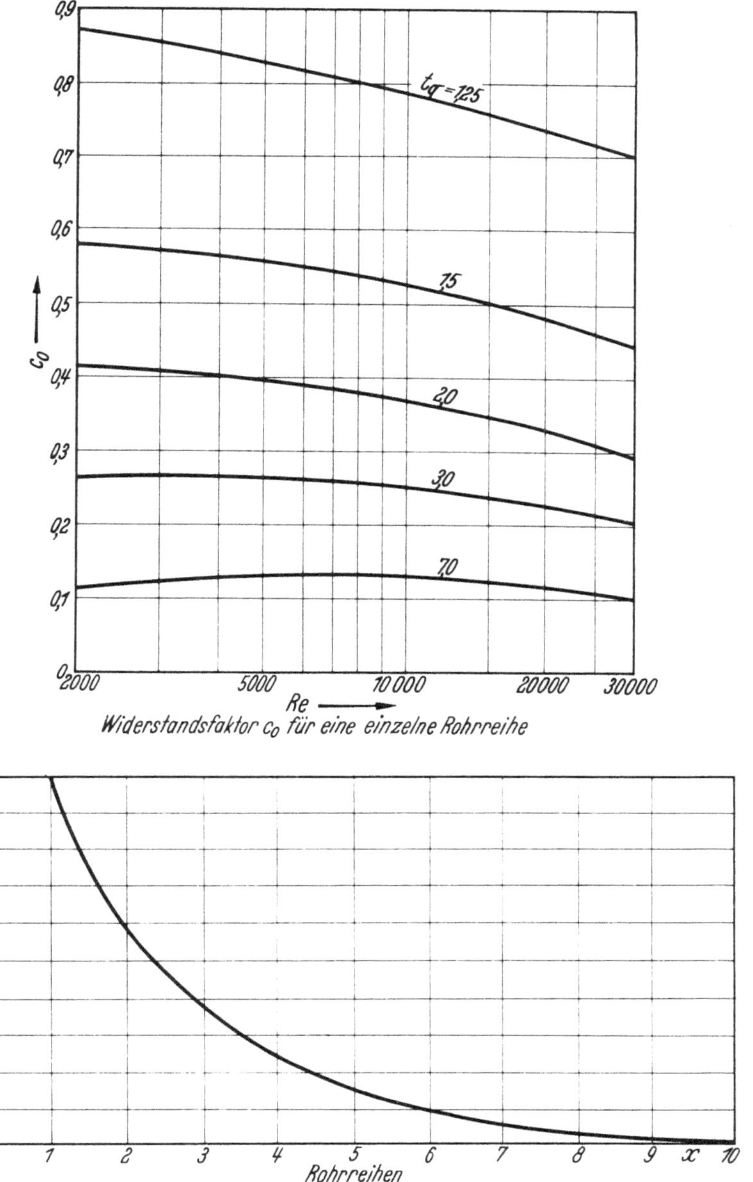

Faktor ξ' in der Gleichung
$$c = c_a - \xi'(c_a - c_0)$$

c = Widerstandsfaktor für x Reihen
c_a =   "   "   10   "

Umrechnung des Widerstandsfaktors für weniger als 10 Rohrreihen (Text Seite 160)

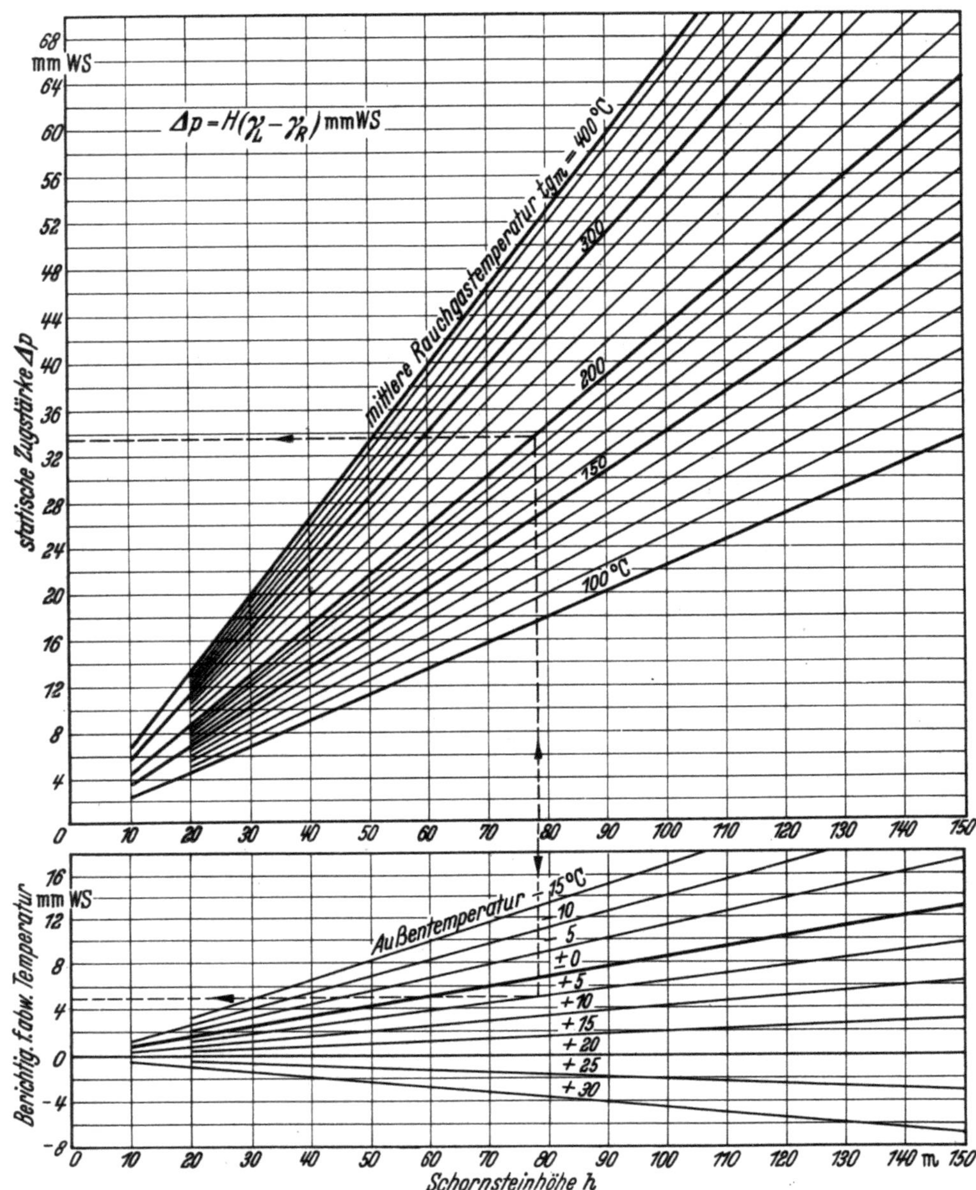

Zugstärke von Schornsteinen (Text Seite 161)

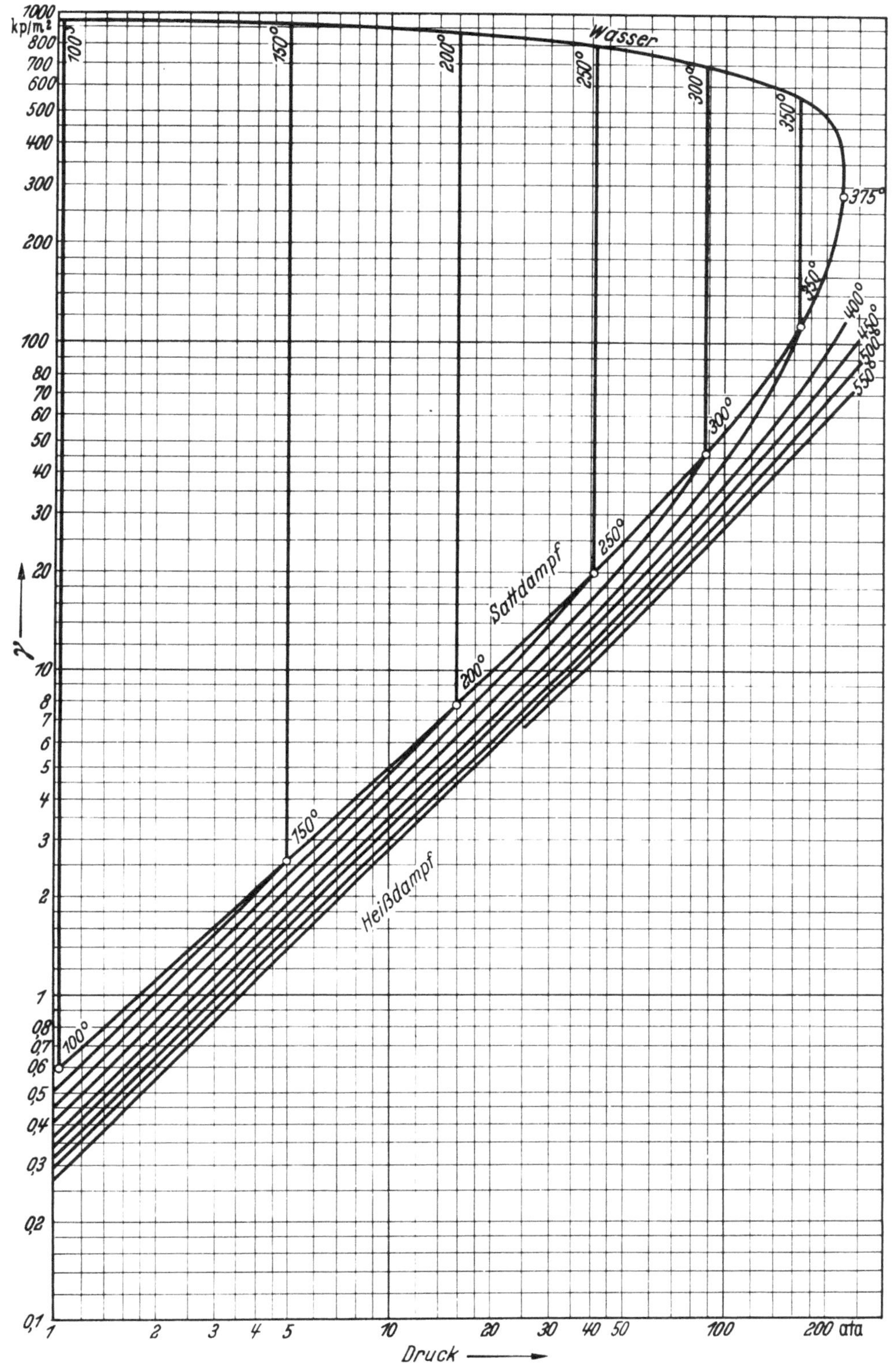

Wichte von Wasser und Wasserdampf (Text Seite 163)

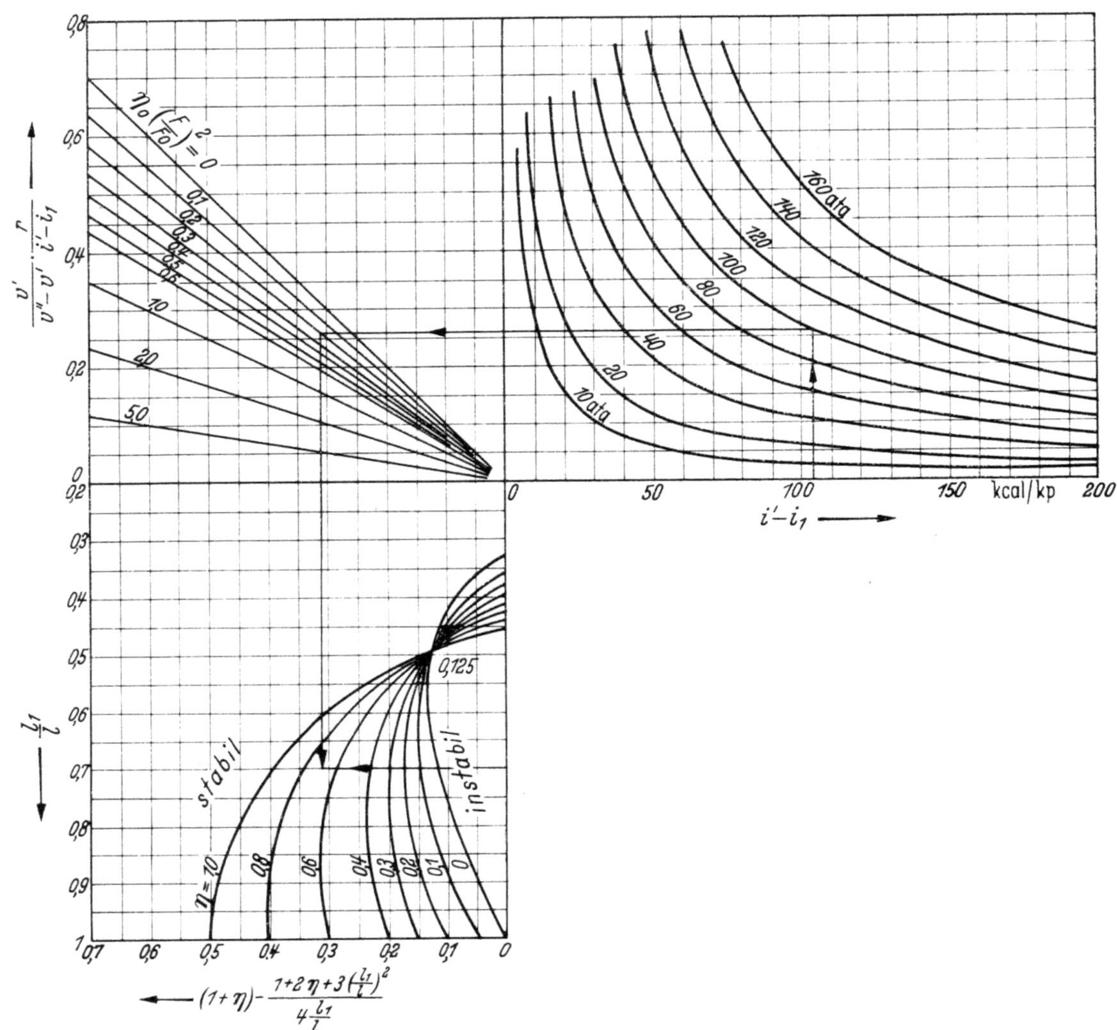

Stabilität der Strömung in Zwangdurchlauf-Verdampfern (Text Seite 169)

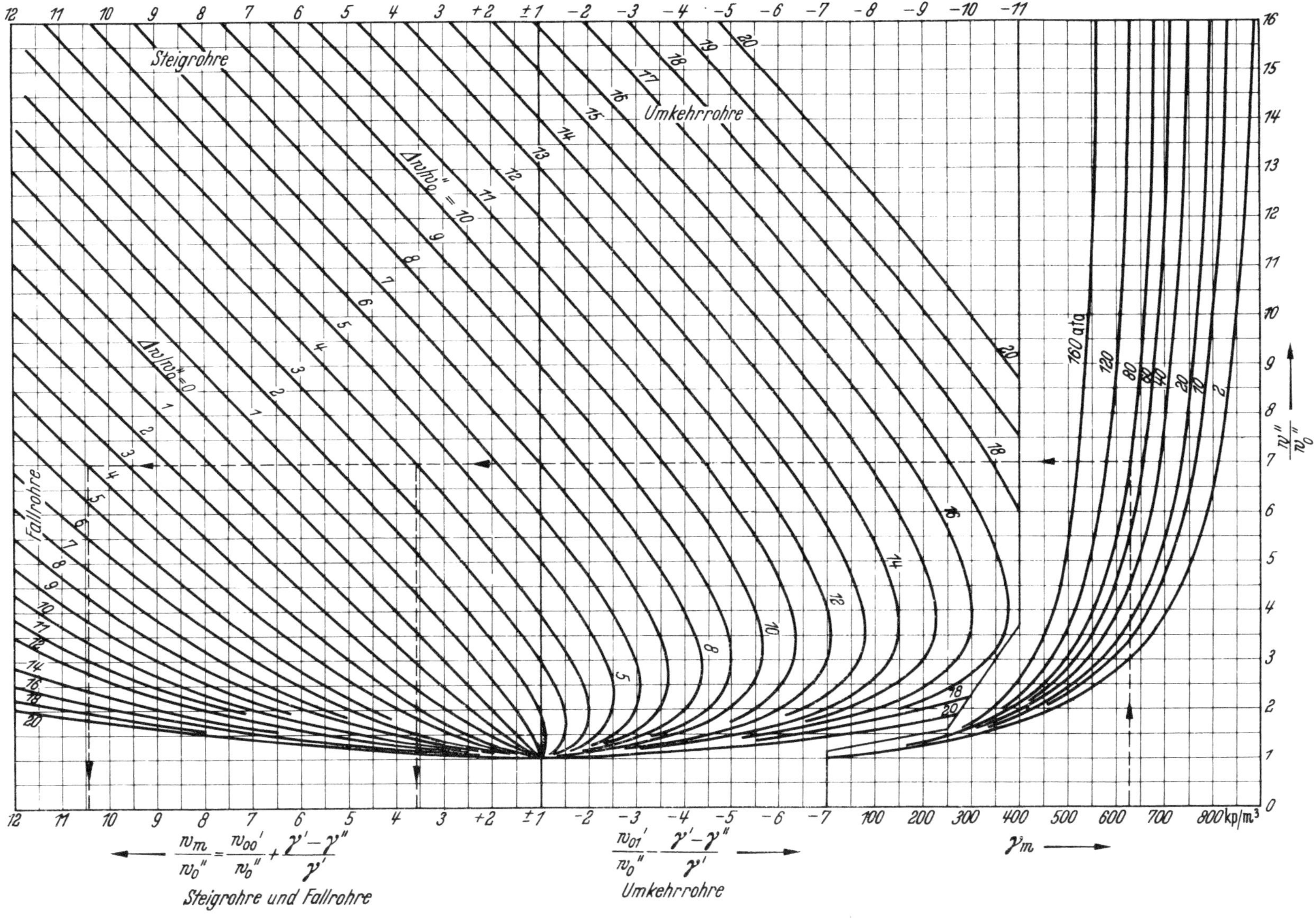

Wasserumlaufsberechnung (Text Seite 174)

g*

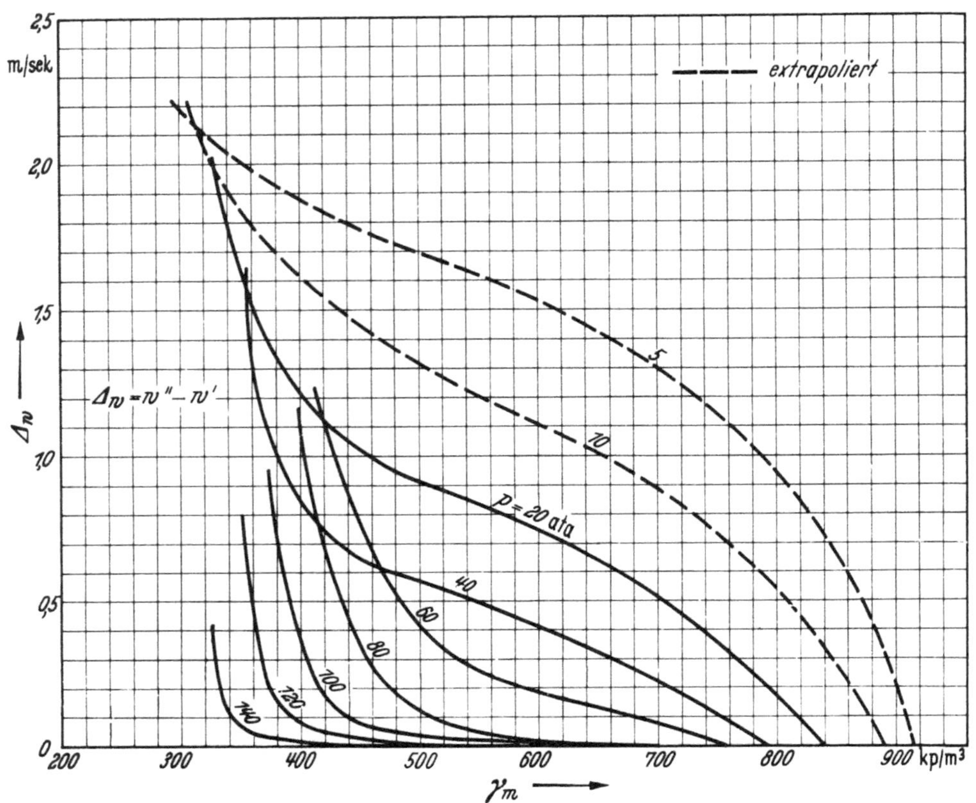

Relativgeschwindigkeit w der Dampfblasen gegenüber dem Wasser (Text Seite 176)

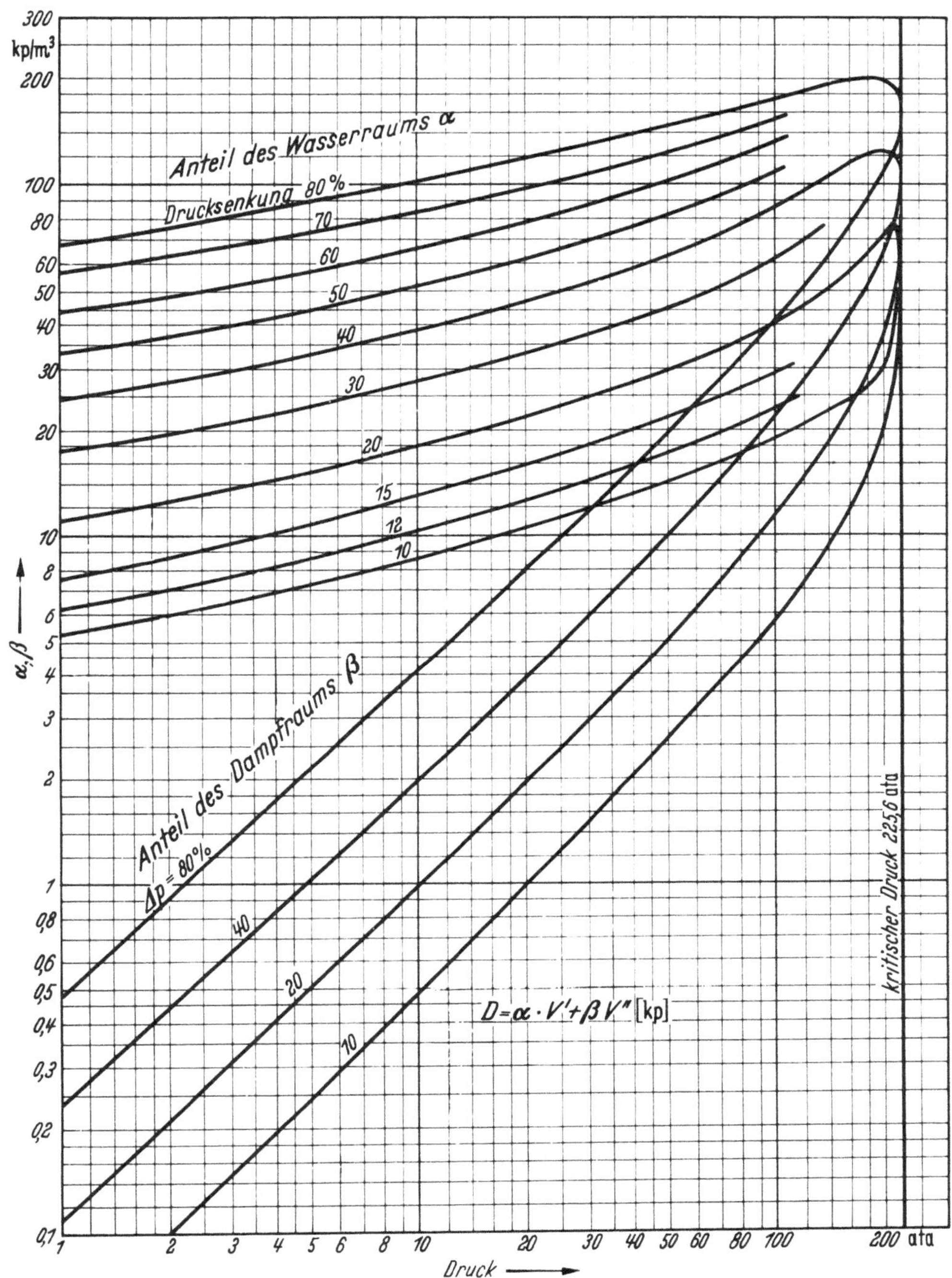

Speicherfähigkeit von Wasser und Dampf (Text Seite 183)

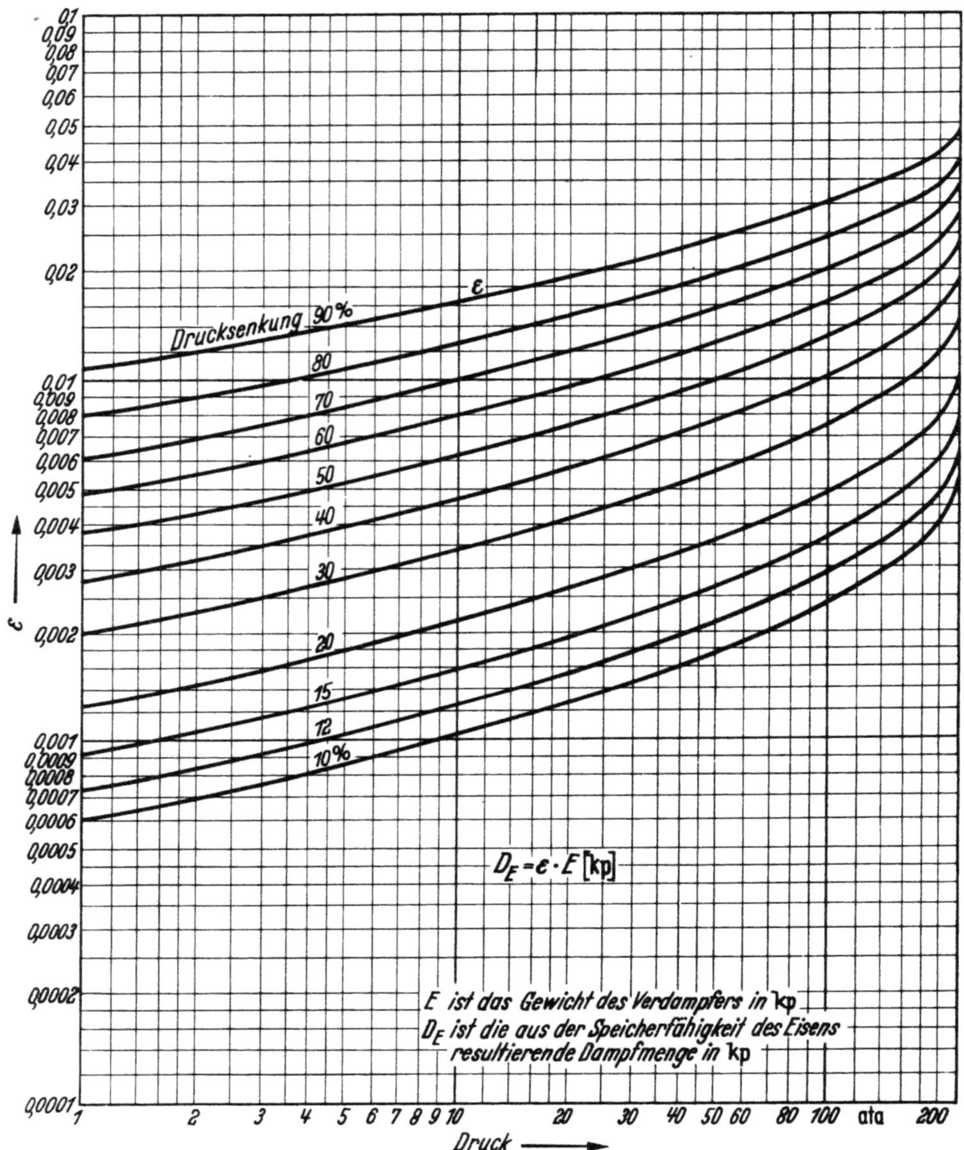

Speicherfähigkeit aus der Wärmekapazität des Eisens (Text Seite 183)

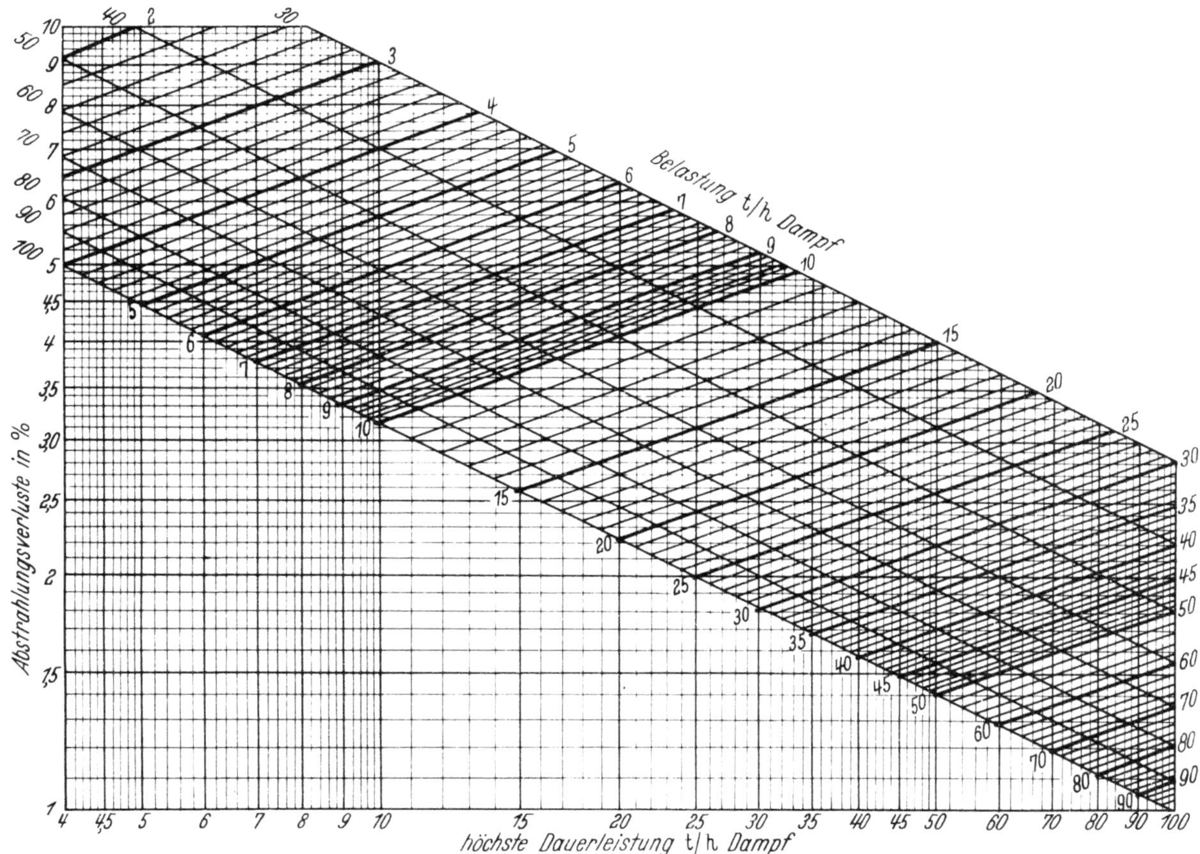

Abstrahlungsverlust von Wasserrohrkesseln
Die Werte des Diagramms werden oft unterschritten (Text Seite 270, im Beispiel)

MIX
Papier aus verantwortungsvollen Quellen
Paper from responsible sources
FSC® C105338

If you have any concerns about our products,
you can contact us on
ProductSafety@springernature.com

In case Publisher is established outside the EU,
the EU authorized representative is:
Springer Nature Customer Service Center GmbH
Europaplatz 3, 69115 Heidelberg, Germany

Printed by Libri Plureos GmbH
in Hamburg, Germany